中 国 国 家 标 准 汇 编

634

GB 31234～31261

（2014 年制定）

中国标准出版社　编

中国标准出版社

北　京

图书在版编目(CIP)数据

中国国家标准汇编:2014 年制定.634:GB 31234～31261/中国标准出版社编.—北京:中国标准出版社,2015.12
ISBN 978-7-5066-8003-5

Ⅰ.①中… Ⅱ.①中… Ⅲ.①国家标准-汇编-中国-2014 Ⅳ.①T-652.1

中国版本图书馆 CIP 数据核字(2015)第 184073 号

中 国 标 准 出 版 社 出 版 发 行
北京市朝阳区和平里西街甲 2 号(100029)
北京市西城区三里河北街 16 号(100045)
网址 www.spc.net.cn
总编室:(010)68533533 发行中心:(010)51780238
读者服务部:(010)68523946
中国标准出版社秦皇岛印刷厂印刷
各地新华书店经销
*
开本 880×1230 1/16 印张 36 字数 1 107 千字
2015 年 12 月第一版 2015 年 12 月第一次印刷
*
定价 220.00 元

出 版 说 明

1.《中国国家标准汇编》是一部大型综合性国家标准全集。自1983年起，按国家标准顺序号以精装本、平装本两种装帧形式陆续分册汇编出版。它在一定程度上反映了我国建国以来标准化事业发展的基本情况和主要成就，是各级标准化管理机构，工矿企事业单位，农林牧副渔系统，科研、设计、教学等部门必不可少的工具书。

2.《中国国家标准汇编》收入我国每年正式发布的全部国家标准，分为"制定"卷和"修订"卷两种编辑版本。

"制定"卷收入上一年度我国发布的、新制定的国家标准，顺延前年度标准编号分成若干分册，封面和书脊上注明"20××年制定"字样及分册号，分册号一直连续。各分册中的标准是按照标准编号顺序连续排列的，如有标准顺序号缺号的，除特殊情况注明外，暂为空号。

"修订"卷收入上一年度我国发布的、被修订的国家标准，视篇幅分设若干分册，但与"制定"卷分册号无关联，仅在封面和书脊上注明"20××年修订-1，-2，-3，……"字样。"修订"卷各分册中的标准，仍按标准编号顺序排列（但不连续）；如有遗漏的，均在当年最后一分册中补齐。需提请读者注意的是，个别非顺延前年度标准编号的新制定的国家标准没有收入在"制定"卷中，而是收入在"修订"卷中。

读者配套购买《中国国家标准汇编》"制定"卷和"修订"卷则可收齐由我社出版的上一年度我国制定和修订的全部国家标准。

3. 由于读者需求的变化，自1996年起，《中国国家标准汇编》仅出版精装本。

4. 2014年我国制修订国家标准共1 611项。本分册为"2014年制定"卷第634分册，收入国家标准GB 31234～31261的最新版本。

中国标准出版社

2015年8月

目　　录

ICS 29.260.20
K 25

中华人民共和国国家标准

GB/T 31234—2014

YBZT 系列隔爆型超高效率铸铜转子三相异步电动机(机座号 80～200)技术条件

Technical specification for YBZT series flameproof premium efficiency three-phase induction motor with copper rotor(frame size 80 to 200)

2014-09-30 发布　　2015-04-01 实施

中华人民共和国国家质量监督检验检疫总局
中国国家标准化管理委员会　发布

前　言

本标准按照GB/T 1.1—2009给出的规则起草。

本标准由中国机械工业联合会提出。

本标准由全国防爆电气设备标准化技术委员会防爆电机标准化分技术委员会(SAC/TC 9/SC 1)归口。

本标准起草单位:南阳防爆集团股份有限公司、南阳防爆电气研究所、中国标准化研究院、云南铜业科技发展股份有限公司、国际铜业协会(中国)、山东山防防爆电机有限公司。

本标准主要起草人:吴宣东、玉佳彬、王军、李梅兰、赵跃进、杨旭、赵凯、梁栋、董庆强、曹旭。

YBZT 系列隔爆型超高效率铸铜转子三相异步电动机(机座号 80～200)技术条件

1 范围

本标准规定了 YBZT 系列隔爆型超高效率铸铜转子三相异步电动机的型式、基本参数与尺寸、技术要求、试验方法与检验规则,以及标志、包装及保用期的要求。

本标准适用于转子采用铸铜结构的隔爆型超高效率三相异步电动机(机座号 80～200)(以下简称电动机)。凡属本系列电动机派生的各系列电动机也可参照执行。

2 规范性引用文件

下列文件对于本文件的应用是必不可少的。凡是注日期的引用文件,仅注日期的版本适用于本文件。凡是不注日期的引用文件,其最新版本(包括所有的修改单)适用于本文件。

GB/T 191—2008 包装储运图示标志(ISO 780:1997,MOD)

GB 755—2008 旋转电机 定额和性能(IEC 60034-1:2004,IDT)

GB/T 997—2008 旋转电机结构型式、安装型式及接线盒位置的分类(IM 代码)(IEC 60034-7:2001,IDT)

GB/T 1032—2012 三相异步电动机试验方法

GB/T 1993—1993 旋转电机冷却方法(eqv IEC 60034-6:1991)

GB 1971—2006 旋转电机 线端标志与旋转方向(IEC 60034-8:2002,IDT)

GB/T 2423.4—2008 电工电子产品环境试验 第 2 部分:试验方法 试验 Db:交变湿热(12 h+12 h 循环)(IEC 60068-2-30:2005,IDT)

GB 3836.1—2010 爆炸性环境 第 1 部分:设备 通用要求(IEC 60079-0:2007,MOD)

GB 3836.2—2010 爆炸性环境 第 2 部分:由隔爆外壳“d”保护的设备(IEC 60079-1:2007,MOD)

GB/T 4772.1—1999 旋转电机尺寸和输出功率等级 第 1 部分:机座号 36～400 和凸缘号 55～1 080 (idt IEC 60072-1:1991)

GB/T 4942.1—2006 旋转电机整体结构的防护等级(IP 代码)分级(IEC 60034-5:2000,IDT)

GB 10068—2008 轴中心高为 56 mm 及以上电机的机械振动 振动的测量、评定及限值(IEC 60034-14: 2007,IDT)

GB/T 10069.1—2006 旋转电机噪声测定方法及限值 第 1 部分:旋转电机噪声测定方法(ISO 1680: 1999,MOD)

GB/T 12665 电机在一般环境条件下使用的湿热试验要求

GB/T 22719.1—2008 交流低压电机散嵌绕组匝间绝缘 第 1 部分:试验方法

3 型式、基本参数与尺寸

3.1 电动机型号由产品代号和规格代号两部分组成。

示例：YB ZT - 100L1 - 4

- 4——极数，4 极
- 100L1——规格代号，100 表示中心高、L 表示长机座，1 表示 1 号铁芯
- ZT——铸铜
- YB——产品代号，Y 表示三相异步电动机、B 表示隔爆型

3.2 电动机应按 GB 3836.1—2010 和 GB 3836.2—2010 的规定制成隔爆型，其防爆标志为 Exd Ⅰ Mb、Exd Ⅱ AT4 Gb、Exd Ⅱ BT4 Gb。

3.3 电动机外壳防护等级为 IP55(见 GB/T 4942.1—2006)。

3.4 电动机的冷却方法为 IC411、IC410(见 GB/T 1993—1993)。

3.5 电动机的定额是以连续工作制(S1)为基准的连续定额。

3.6 电动机的结构及安装型式为 IM B3、IM B5、IM B6、IM B7、IM B8、IM B14、IM B34、IM B35、IM V1、IM V3、IM V5、IM V6、IM V15、IM V17、IM V19、IM V35 和 IM V37(见 GB/T 997—2008)，按表 1 的规定制造。

表 1 机座号与结构及安装型式的对应关系

机座号	结构及安装代号(IM)
80～112	B14、B34、V18、V19
80～160	B3、B5、B6、B7、B8、B35、V1、V3、V5、V6、V15、V17、V35、V37
180～200	B3、B5、B35、V1

3.7 电动机的额定电压为 380 V、400 V、660 V、690 V 、220/380 V、380/660 V、400/690 V，额定频率为 50 Hz。

3.8 电动机应按下列额定功率制造：0.75 kW、1.1 kW、1.5 kW、2.2 kW、3 kW、4 kW、5.5 kW、7.5 kW、11 kW、15 kW、18.5 kW、22 kW、30 kW、37 kW。

3.9 电动机的机座号与转速及功率的对应关系应符合表 2 的规定。

表 2 机座号与转速及功率的对应关系

<table>
<tr><td rowspan="3">机座号</td><td colspan="3">同 步 转 速
r/min</td></tr>
<tr><td>3 000</td><td>1 500</td><td>1 000</td></tr>
<tr><td colspan="3">功率
kW</td></tr>
<tr><td>80M1</td><td>0.75</td><td>—</td><td rowspan="2">—</td></tr>
<tr><td>80M2</td><td>1.1</td><td>0.75</td></tr>
<tr><td>90S</td><td>1.5</td><td>1.1</td><td>0.75</td></tr>
<tr><td>90L</td><td>2.2</td><td>1.5</td><td>1.1</td></tr>
<tr><td>100L1</td><td rowspan="2">3</td><td>2.2</td><td rowspan="2">1.5</td></tr>
<tr><td>100L2</td><td>3</td></tr>
</table>

表 2（续）

<table>
<tr><td rowspan="3">机座号</td><td colspan="3">同 步 转 速
r/min</td></tr>
<tr><td>3 000</td><td>1 500</td><td>1 000</td></tr>
<tr><td colspan="3">功率
kW</td></tr>
<tr><td>112M</td><td>4</td><td>4</td><td>2.2</td></tr>
<tr><td>132S1</td><td>5.5</td><td rowspan="2">5.5</td><td rowspan="2">3</td></tr>
<tr><td>132S2</td><td>7.5</td></tr>
<tr><td>132M1</td><td rowspan="2">—</td><td rowspan="2">7.5</td><td>4</td></tr>
<tr><td>132M2</td><td>5.5</td></tr>
<tr><td>160M1</td><td>11</td><td rowspan="2">11</td><td rowspan="2">7.5</td></tr>
<tr><td>160M2</td><td>15</td></tr>
<tr><td>160L</td><td>18.5</td><td>15</td><td>11</td></tr>
<tr><td>180M</td><td>22</td><td>18.5</td><td>—</td></tr>
<tr><td>180L</td><td>—</td><td>22</td><td>15</td></tr>
<tr><td>200L1</td><td>30</td><td rowspan="2">30</td><td>18.5</td></tr>
<tr><td>200L2</td><td>37</td><td>22</td></tr>
</table>

3.10 电动机尺寸及公差

3.10.1 电动机的安装尺寸及公差应符合表 3～表 8 的规定；外形尺寸不大于表 3～表 8 的规定。尺寸符号见图 1～图 6。

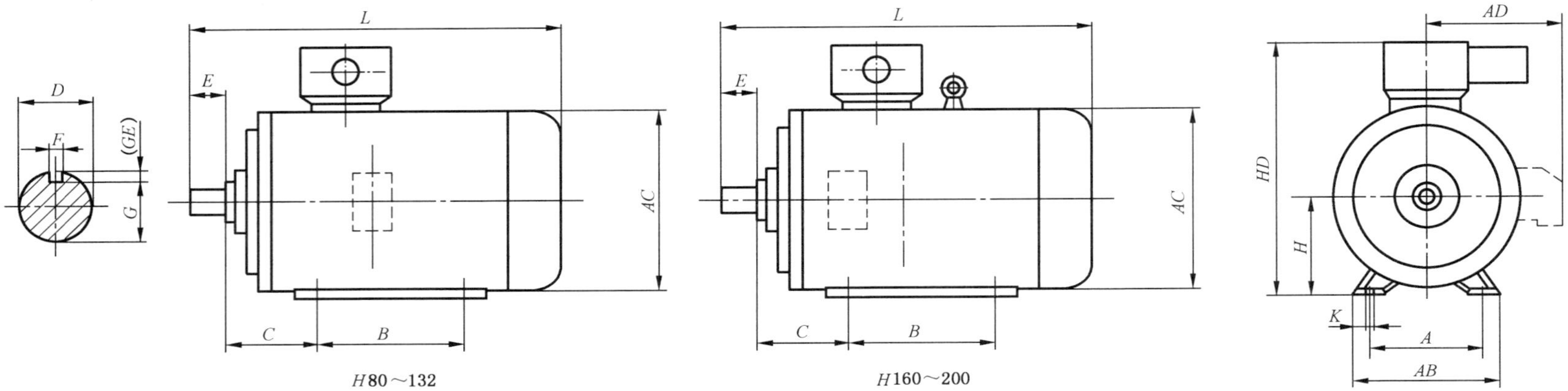

图 1　机座带底脚、端盖上无凸缘的电动机尺寸示意图

表 3　机座带底脚、端盖上无凸缘的电动机

单位为毫米

机座号	极数	安装尺寸及公差 A	B	C 基本尺寸	C 极限偏差	D 基本尺寸	D 极限偏差	E 基本尺寸	E 极限偏差	F 基本尺寸	F 极限偏差	G^a 基本尺寸	G^a 极限偏差	H 基本尺寸	H 极限偏差	K^b 基本尺寸	K^b 极限偏差	K^b 位置度公差	外形尺寸 AB	AC	AD	HD	L
80M	2、4	125	100	50	±1.5	19	+0.009 −0.004	40	±0.31	6	0 −0.030	15.5	0 −0.10	80	0 −0.5	10	+0.36 0	ϕ1.0 Ⓜ	165	175	300	310	330
90S	2、4、6	140		56		24		50		8	0 −0.036	20	0 −0.20	90					180	185		390	370
90L			125																				410
100L		160	140	63	±2.0	28		60	±0.37			24		100		12	+0.43 0		200	205	330	430	440
112M		190		70										112					245	240		440	475
132S		216		89		38	+0.018 +0.002	80		10		33		132					280	300	355	490	510
132M			178																				550
160M		254	210	108	±3.0	42		110	±0.43	12	0 −0.043	37		160		14.5		ϕ1.2 Ⓜ	330	360	390	550	680
160L			254																				720
180M		279	241	121		48				14		42.5		180					350	405	405	595	730
180L			279																				750
200L		318	305	133		55	+0.030 +0.011			16		49		200		18.5	+0.52 0		390	440	465	665	805

[a] $G=D-GE$。GE 的极限偏差对机座号 80 及以下为($^{+0.10}_{0}$)，其余为($^{+0.20}_{0}$)。

[b] K 孔的位置度公差以轴伸的轴线为基准。

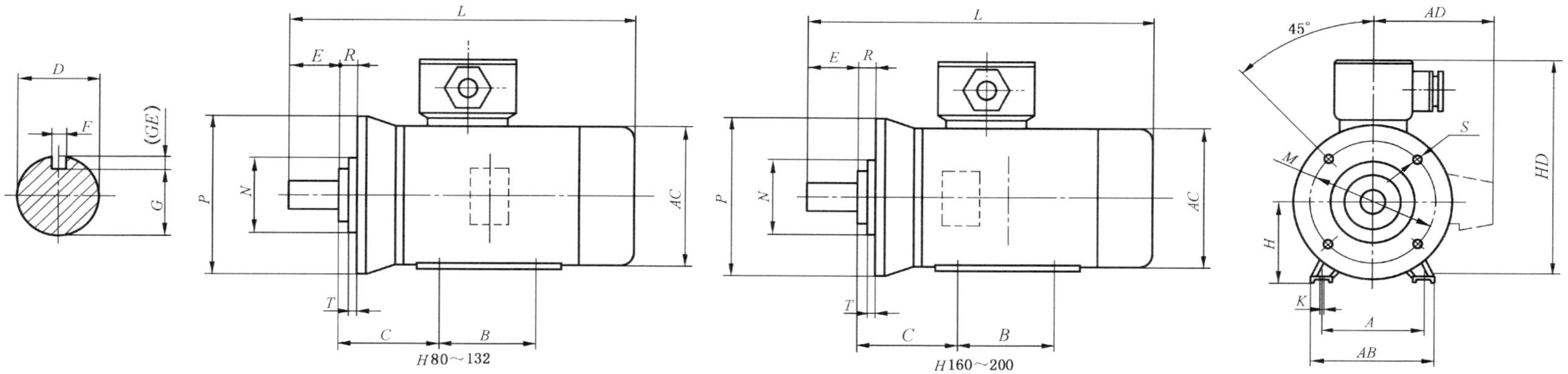

图 2　机座带底脚、端盖上有凸缘(带通孔)的电动机尺寸示意图

表 4　机座带底脚、端盖上有凸缘(带通孔)的电动机

单位为毫米

机座号	凸缘号	极数	安装尺寸及公差 A	B	C 基本尺寸	C 极限偏差	D 基本尺寸	D 极限偏差	E 基本尺寸	E 极限偏差	F 基本尺寸	F 极限偏差	G^a 基本尺寸	G^a 极限偏差	H 基本尺寸	H 极限偏差	K^b 基本尺寸	K^b 极限偏差	K^b 位置度公差	M	N 基本尺寸	N 极限偏差	P^c	R^d 基本尺寸	R^d 极限偏差	S^b 基本尺寸	S^b 极限偏差	S^b 位置度公差	T 基本尺寸	T 极限偏差	凸缘孔数	外形尺寸 AB	AC	AD	HD	L
80M	FF165	2、4	125	100	50	±1.5	19	+0.009/−0.004	40	±0.31	6	0/−0.030	15.5	0/−0.10	80	0/−0.5	10	+0.36/0	ϕ1.0 Ⓜ	165	130	+0.014/−0.011	200	0	±1.5	12	+0.43/0	ϕ1.0 Ⓜ	3.5	0/−0.12	4	165	175	300	310	330
90S		2、4、6	140		56		24		50		8		20		90																	180	185		390	370
90L				125																																410
100L	FF215		160	140	63	±2.0	28		60	±0.37		0/−0.036	24	0/−0.20	100		12	+0.43/0		215	180		250		±2.0	14.5			4			200	205	330	430	440
112M			190		70										112																	245	240		440	475
132S	FF265		216		89		38		80		10		33		132					265	230		300									280	300	355	490	510
132M				178																																550
160M	FF300		254	210	108		42	+0.018/+0.002	110	±0.43	12		37		160		14.5		ϕ1.2 Ⓜ	300	250	+0.016/−0.013	350		±3.0	18.5	+0.52/0	ϕ1.2 Ⓜ	5			330	360	390	550	680
160L				254																																720
180M			279	241	121	±3.0	48				14	0/−0.043	42.5		180																	355	405	405	595	730
180L				279																																750
200L	FF350		318	305	133		55	+0.030/+0.011			16		49		200		18.5	+0.52/0		350	300	±0.016	400									390	440	465	665	805

[a] $G=D-GE$。GE 的极限偏差对机座号 80 及以下为$\left(^{+0.10}_{0}\right)$，其余为$\left(^{+0.20}_{0}\right)$。

[b] K、S 孔的位置度公差以轴伸的轴线为基准。

[c] P 尺寸为最大限值。

[d] R 为凸缘配合面至轴伸肩的距离。

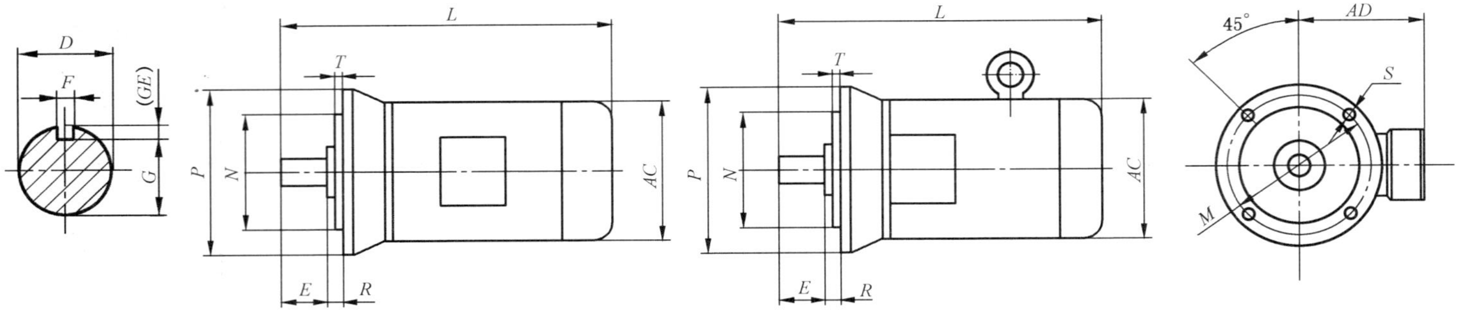

*H*80～132　　*H*160～200

图 3　机座不带底脚、端盖上有凸缘(带通孔)的电动机尺寸示意图

表 5　机座不带底脚、端盖上有凸缘(带通孔)的电动机

单位为毫米

机座号	凸缘号	极数	安装尺寸及公差																						外形尺寸		
			D		*E*		*F*		*G*[a]		*M*	*N*		*P*[b]	*R*[c]		*S*[d]			*T*		凸缘孔数	*AC*	*AD*	*L*
			基本尺寸	极限偏差	基本尺寸	极限偏差	基本尺寸	极限偏差	基本尺寸	极限偏差		基本尺寸	极限偏差		基本尺寸	极限偏差	基本尺寸	极限偏差	位置度公差	基本尺寸	极限偏差				
80M	FF165	2、4	19	+0.009 −0.004	40	±0.31	6	0 −0.030	15.5	0 −0.10	165	130	+0.014 −0.011	200	0	±1.5	12	+0.43 0	ϕ1.0 Ⓜ	3.5	0 −0.120	4	175	300	330
90S		2、4、6	24		50		8	0 −0.036	20	0 −0.20													185		370
90L																									410
100L	FF215		28		60	±0.37			24		215	180		250		±2.0	14.5		ϕ1.2 Ⓜ	4			205	330	440
112M																							240		475
132S	FF265		38	+0.018 +0.002	80		10		33		265	230	+0.016 −0.013	300									300	355	510
132M																									550
160M	FF300		42		110	±0.43	12	0 −0.043	37		300	250		350		±3.0	18.5	+0.52 0		5			360	390	680
160L																									720
180M			48				14		42.5														405	405	730
180L																									750
200L	FF350		55	+0.030 +0.013			16		49		350	300	±0.016	400									440	465	805

[a] $G=D-GE$。GE 的极限偏差对机座号 80 及以下为($^{+0.10}_{0}$),其余为($^{+0.20}_{0}$)。

[b] S 孔的位置度公差以轴伸的轴线为基准。

[c] P 尺寸为最大限值。

[d] R 为凸缘配合面至轴伸肩的距离。

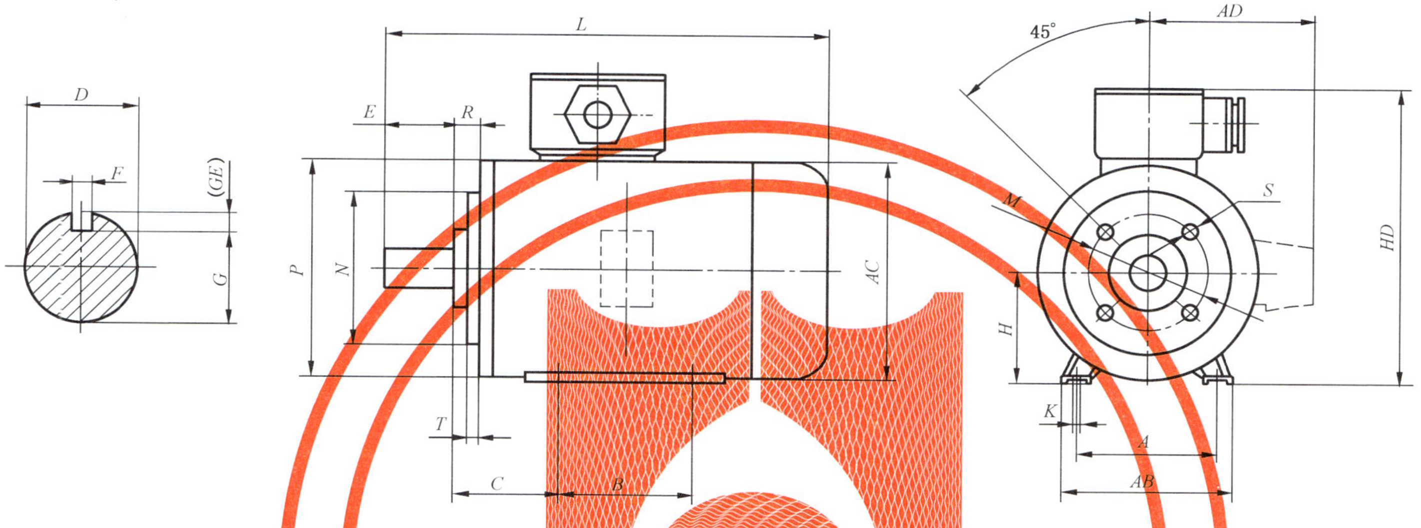

图 4　机座带底脚、端盖上有凸缘(带螺孔)的电动机尺寸示意图

表 6　机座带底脚、端盖上有凸缘(带螺孔)的电动机

单位为毫米

机座号	凸缘号	极数	安装尺寸及公差 A	B	C 基本尺寸	C 极限偏差	D 基本尺寸	D 极限偏差	E 基本尺寸	E 极限偏差	F 基本尺寸	F 极限偏差	G[a] 基本尺寸	G[a] 极限偏差	H 基本尺寸	H 极限偏差	K[b] 基本尺寸	K[b] 极限偏差	K[b] 位置度公差	M	N 基本尺寸	N 极限偏差	P[c]	R[d] 基本尺寸	R[d] 极限偏差	S[b] 基本尺寸	S[b] 位置度公差	T 基本尺寸	T 极限偏差	凸缘孔数	外形尺寸 AB	AC	AD	HD	L
80M	FF100	2、4	125	100	50	±1.5	19	$^{+0.009}_{-0.004}$	40	±0.31	6	$^{0}_{-0.030}$	15.5	$^{0}_{-0.10}$	80	$^{0}_{-0.5}$	10	$^{+0.36}_{0}$	φ1.0Ⓜ	100	80	$^{+0.013}_{+0.009}$	120	0	±1.5	M6	φ0.5Ⓜ	3.0	$^{0}_{-0.10}$	4	165	175	300	310	330
90S	FF115	2、4、6	140		56		24		50		8	$^{0}_{-0.036}$	20	$^{0}_{-0.20}$	90					115	95		140			M8	φ1.0Ⓜ				180	185		390	370
90L				125																															410
100L	FF130		160	140	63	±2.0	28		60	±0.37			24		100		12	$^{+0.43}_{0}$		130	110		160					3.5	$^{0}_{-0.12}$		200	205	330	430	440
112M			190		70										112																245	240		440	475

[a] $G=D-GE$。GE 的极限偏差对机座号 80 及以下为($^{+0.10}_{0}$)，其余为($^{+0.20}_{0}$)。

[b] K、S 孔的位置度公差以轴伸的轴线为基准。

[c] P 尺寸为最大限值。

[d] R 为凸缘配合面至轴伸肩的距离。

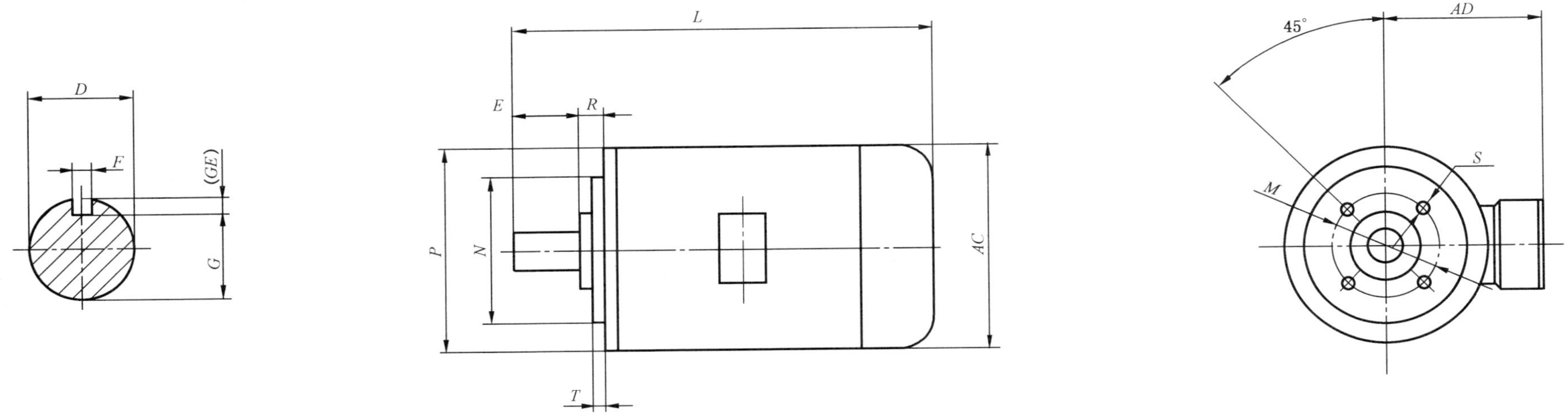

图 5　机座不带底脚、端盖上有凸缘（带螺孔）的电动机尺寸示意图

表 7　机座不带底脚、端盖上有凸缘（带螺孔）的电动机

单位为毫米

机座号	凸缘号	极数	安装尺寸及公差 D 基本尺寸	D 极限偏差	E 基本尺寸	E 极限偏差	F 基本尺寸	F 极限偏差	G^{a} 基本尺寸	G^{a} 极限偏差	M	N 基本尺寸	N 极限偏差	P^{b}	R^{c} 基本尺寸	R^{c} 极限偏差	S^{d} 基本尺寸	S^{d} 位置度公差	T 基本尺寸	T 极限偏差	凸缘孔数	外形尺寸 AC	AD	L
80M	FF100	2、4	19	+0.009 −0.004	40	±0.31	6	0 −0.030	15.5	0 −0.10	100	80	+0.013 +0.009	120	0	±1.5	M6	ϕ0.5Ⓜ	3.0	0 −0.10	4	175	300	330
90S	FF115	2、4、6	24		50		8	0 −0.036	20	0 −0.20	115	95		140			M8	ϕ1.0Ⓜ				195		370
90L																								410
100L	FF130		28		60	±0.37			24		130	110		160					3.5	0 −0.12		205	330	440
112M																						240		475

[a] $G=D-GE$。GE 的极限偏差对机座号 80 及以下为$\left(\begin{smallmatrix}+0.10\\0\end{smallmatrix}\right)$，其余为$\left(\begin{smallmatrix}+0.20\\0\end{smallmatrix}\right)$。

[b] S 孔的位置度公差以轴伸的轴线为基准。

[c] P 尺寸为最大限值。

[d] R 为凸缘配合面至轴伸肩的距离。

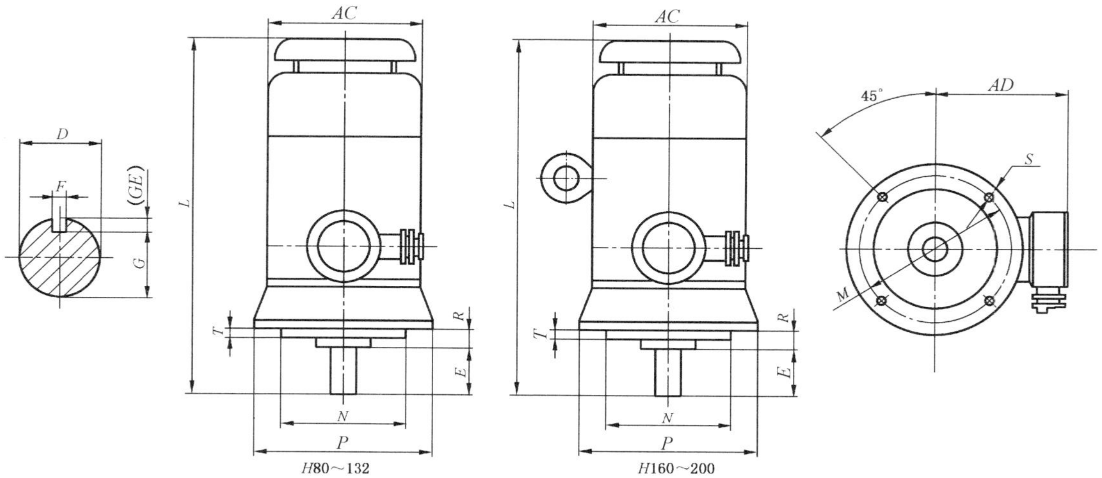

图 6 立式安装、机座不带底脚、端盖上有凸缘(带通孔)、轴伸向下的电动机尺寸示意图

表 8 立式安装、机座不带底脚、端盖上有凸缘(带通孔)、轴伸向下的电动机

单位为毫米

机座号	凸缘号	极数	安装尺寸及公差																				外形尺寸		
			D		E		F		G[a]		M	N		P[b]	R[c]		S[d]			T		凸缘孔数	AC	AD	L
			基本尺寸	极限偏差	基本尺寸	极限偏差	基本尺寸	极限偏差	基本尺寸	极限偏差		基本尺寸	极限偏差		基本尺寸	极限偏差	基本尺寸	极限偏差	位置度公差	基本尺寸	极限偏差				
80M	FF165	2、4	19	+0.009 −0.004	40	±0.31	6	0 −0.030	15.5	0 −0.1	165	130	+0.014 −0.011	200	0	±1.5	12	+0.43 0	ϕ1.0 Ⓜ	3.5	0 −0.120	4	175	300	355
90S		2、4、6	24		50		8	0 −0.036	20														185		395
90L																									435
100L	FF215		28		60	±0.37			24		215	180		250		±2.0	14.5		ϕ1.2 Ⓜ	4			205	330	470
112M																							240		510
132S	FF265		38	+0.018 −0.002	80		10		33	0 −0.2	265	230	+0.016 −0.013	300									300	355	545
132M																									585
160M	FF300		42		110	±0.43	12		37		300	250		350		±3.0	18.5	+0.52 0		5			360	390	750
160L																									790
180M			48				14	0 −0.043	42.5														405	405	800
180L																									820
200L	FF350		55	+0.030 −0.011			16		49		350	300	±0.016	400									440	465	875

a $G=D-GE$。GE 的极限偏差对机座号 80 及以下为($^{+0.10}_{0}$)，其余为($^{+0.20}_{0}$)。

b P 尺寸为最大限值。

c R 为凸缘配合面至轴伸肩的距离。

d S 孔的位置度公差以轴伸的轴线为基准。

3.10.2 电动机轴伸键的尺寸及公差应符合表 9 的规定。

表 9 轴伸键的尺寸及公差

单位为毫米

轴伸直径 D	键宽 F	键高 GD
19	$6_{-0.018}^{0}$	$6_{-0.030}^{0}$
24	$8_{-0.022}^{0}$	$7_{-0.090}^{0}$
28		
38	$10_{-0.022}^{0}$	$8_{-0.090}^{0}$
42	$12_{-0.027}^{0}$	
48	$14_{-0.027}^{0}$	$9_{-0.090}^{0}$
55	$16_{-0.027}^{0}$	$10_{-0.090}^{0}$

3.10.3 电动机轴伸长度一半处的径向圆跳动公差应符合表 10 的规定。

表 10 径向圆跳动公差

单位为毫米

轴伸直径 D	圆跳动公差
$18<D\leqslant 30$	0.040
$30<D\leqslant 50$	0.050
$50<D\leqslant 55$	0.060

3.10.4 凸缘止口对电动机轴线的径向圆跳动公差和凸缘配合面对电动机轴线的端面圆跳动公差应符合表 11 的规定。

表 11 径向圆跳动及端面圆跳动公差

单位为毫米

凸缘止口直径 N	圆跳动公差
$95<N\leqslant 230$	0.100
$230<N\leqslant 300$	0.125

3.10.5 电动机轴线对底脚支承面的平行度公差为 0.40 mm。

3.10.6 电动机底脚支承面的平面度公差应符合表 12 的规定。

表 12 平面度公差

单位为毫米

AB 或 BB 中的最大尺寸	平面度公差
$160<AB(BB)\leqslant 250$	0.15
$250<AB(BB)\leqslant 400$	0.20
注：AB 为电动机底脚外边缘间的距离(端视)；BB 为电动机底脚外边缘间的距离(侧视)。	

3.10.7　电动机轴伸键槽对轴中心线的对称度公差应符合表 13 的规定。

表 13　键槽的对称度公差

单位为毫米

键槽宽度　*F*	对称度公差
4≤*F*≤6	0.018
8≤*F*≤10	0.022
12≤*F*≤16	0.030

4　技术要求

4.1　电动机应符合本标准的要求，并按照经规定程序批准的图样及技术文件制造。

4.2　电动机在下列环境条件下应能正常运行：

a)　海拔不超过 1 000 m。

b)　环境空气最高温度随季节而变化，但不超过 40 ℃。如电动机指定在海拔超过 1 000 m 或环境空气温度高于或低于 40 ℃的条件下使用时，应按 GB 755—2008 的规定。

c)　环境空气最低温度为 −20 ℃。

d)　环境空气最大相对湿度不超过 95%(当温度为 25 ℃时)(煤矿井下)或最湿月月平均最高相对湿度为 90%，同时该月月平均最低温度不高于 25 ℃(工厂)。

e)　工厂存在引燃温度组别为 T1～T4 组的可燃性气体或蒸气与空气形成的爆炸性混合物场所。

f)　存在有甲烷混合物及煤尘爆炸危险的煤矿井下。

4.3　电动机运行期间电源电压和频率与额定值的偏差应按 GB 755—2008 的规定。

4.4　电动机在功率、电压及频率为额定时，其效率和功率因数的保证值应符合表 14 的规定。效率测量采用 B 法——测量输入和输出功率的损耗分析法。在计算中，效率值取四位有效位数、功率因数值取三位有效位数。

表 14　效率和功率因数的保证值

功率 kW	同步转速/(r/min)					
	3 000	1 500	1 000	3 000	1 500	1 000
	效率 η/%			功率因数　$\cos\phi$		
0.75	80.7	82.5	78.9	0.82	0.70	0.68
1.1	82.7	84.1	81.0	0.82	0.70	0.68
1.5	84.2	85.3	82.5	0.83	0.70	0.69
2.2	85.9	86.7	84.3	0.84	0.75	0.72
3	87.1	87.7	85.6	0.86	0.81	0.72
4	88.1	88.6	86.8	0.87	0.81	0.72
5.5	89.2	89.6	88.0	0.87	0.81	0.74
7.5	90.1	90.4	89.1	0.88	0.82	0.74
11	91.2	91.4	90.3	0.89	0.85	0.77
15	91.9	92.1	91.2	0.89	0.86	0.81
18.5	92.4	92.6	91.7	0.89	0.86	0.81
22	92.7	93.0	92.2	0.89	0.86	0.81
30	93.3	93.6	—	0.89	0.86	—
37	93.7	—		0.89	—	

4.5 在额定电压下，电动机堵转转矩对额定转矩之比、电动机最大转矩对额定转矩之比、电动机最小转矩对额定转矩之比的保证值应符合表15的规定。

表15 堵转转矩、最大转矩、最小转矩对额定转矩之比的保证值

<table>
<tr><th rowspan="3">功率
kW</th><th colspan="9">同步转速/(r/min)</th></tr>
<tr><th>3 000</th><th>1 500</th><th>1 000</th><th>3 000</th><th>1 500</th><th>1 000</th><th>3 000</th><th>1 500</th><th>1 000</th></tr>
<tr><th colspan="3">堵转转矩/额定转矩</th><th colspan="3">最大转矩/额定转矩</th><th colspan="3">最小转矩/额定转矩</th></tr>
<tr><td>0.75</td><td rowspan="6">2.3</td><td rowspan="6">2.3</td><td rowspan="4">2.1</td><td rowspan="2">2.5</td><td rowspan="2">2.8</td><td>2.6</td><td rowspan="3">1.5</td><td rowspan="3">1.6</td><td>1.5</td></tr>
<tr><td>1.1</td><td>2.5</td><td rowspan="7">1.3</td></tr>
<tr><td>1.5</td><td rowspan="12">2.4</td><td>2.7</td><td>2.4</td></tr>
<tr><td>2.2</td><td rowspan="2">2.5</td><td rowspan="2">2.3</td><td rowspan="3">1.4</td><td rowspan="3">1.5</td></tr>
<tr><td>3</td><td rowspan="3">2.0</td></tr>
<tr><td>4</td><td rowspan="8">2.4</td><td rowspan="7">2.2</td></tr>
<tr><td>5.5</td><td rowspan="8">2.2</td><td rowspan="2">2.0</td><td rowspan="4">1.2</td><td rowspan="4">1.4</td></tr>
<tr><td>7.5</td><td rowspan="2">2.1</td></tr>
<tr><td>11</td><td rowspan="5">2.2</td><td rowspan="4">1.2</td></tr>
<tr><td>15</td><td>2.0</td></tr>
<tr><td>18.5</td><td rowspan="2">2.1</td><td rowspan="4">1.1</td><td rowspan="3">1.2</td></tr>
<tr><td>22</td></tr>
<tr><td>30</td><td rowspan="2">—</td><td rowspan="2">—</td><td rowspan="2">—</td></tr>
<tr><td>37</td><td>—</td><td>—</td><td>—</td></tr>
</table>

4.6 在额定电压下，电动机堵转电流对额定电流之比的保证值应符合表16的规定。

表16 堵转电流对额定电流之比的保证值

<table>
<tr><th rowspan="3">功率
kW</th><th colspan="3">同步转速/(r/min)</th></tr>
<tr><th>3 000</th><th>1 500</th><th>1 000</th></tr>
<tr><th colspan="3">堵转电流/额定电流</th></tr>
<tr><td>0.75</td><td>6.8</td><td>6.5</td><td>5.8</td></tr>
<tr><td>1.1</td><td>7.3</td><td>6.6</td><td>5.9</td></tr>
<tr><td>1.5</td><td>7.6</td><td>6.9</td><td>6.0</td></tr>
<tr><td>2.2</td><td>7.8</td><td>7.5</td><td>6.0</td></tr>
<tr><td>3</td><td>8.1</td><td>7.6</td><td>6.2</td></tr>
<tr><td>4</td><td>8.3</td><td>7.7</td><td>6.8</td></tr>
<tr><td>5.5</td><td>8.0</td><td>7.5</td><td>7.1</td></tr>
<tr><td>7.5</td><td>7.8</td><td>7.4</td><td>6.7</td></tr>
<tr><td>11</td><td>7.9</td><td>7.5</td><td>6.9</td></tr>
<tr><td>15</td><td>8.0</td><td>7.5</td><td>7.2</td></tr>
<tr><td>18.5</td><td>8.1</td><td>7.7</td><td>7.2</td></tr>
<tr><td>22</td><td>8.2</td><td>7.8</td><td>7.3</td></tr>
<tr><td>30</td><td>7.5</td><td>7.2</td><td rowspan="2">—</td></tr>
<tr><td>37</td><td>7.5</td><td>—</td></tr>
<tr><td colspan="4">注：计算堵转电流对额定电流之比时，所采用的额定电流值应按额定功率、额定电压及效率和功率因数的保证值(不计容差)求得。</td></tr>
</table>

4.7 电动机电气性能保证值的容差应符合表 17 的规定。对 4.5～4.6 数值修约间隔规定为 0.01。

表 17 电气性能保证值的容差

序号	电气性能名称	容差
1	效率 η	$-0.15(1-\eta)$
2	功率因数 $\cos\phi$	$-(1-\cos\phi)/6$，最小绝对值 0.02，最大绝对值 0.07
3	堵转转矩	保证值的－15%，＋25%（经协议可超过＋25%）
4	最小转矩	保证值的－15%
5	最大转矩	保证值的－10%
6	堵转电流	保证值的＋20%
7	转差率（在满载和工作温度下） $P_N<1$ kW $P_N\geqslant1$ kW	 保证值的±30% 保证值的±20%
注：转差率保证值＝[同步转速－额定转速（铭牌值）]/同步转速。		

4.8 电动机定子绕组温升和最高表面温度

4.8.1 电动机采用 155(F)级绝缘，当使用环境条件符合 4.2 的规定时，定子绕组的温升限值（电阻法）应不超过 80 K。

如试验地点的海拔或环境空气温度与 4.2 的规定不同时，温升限值按 GB 755—2008 的规定进行修正。

4.8.2 用电阻法测量绕组温度时，应在温升试验结束就尽快使电动机停转。电动机切断电源后能在 30 s 时间内测得第一点读数，则以此读数计算得到的温升不需外推至断电瞬间。

如不能在上述时间间隔内测得第一点读数，则应按 GB 755—2008 的规定。

4.8.3 外壳最高表面温度（温度计法）在规定允许最不利的工作条件下应不超过 130 ℃。

4.8.4 电动机轴承的允许温度（温度计法）应不超过 95 ℃。

4.9 电动机在热状态或逐渐增加转矩的情况下，应能承受 4.5 所规定的最大转矩值（计及容差），历时 15 s 的短时过转矩试验而无转速突变、停转及发生有害变形。此时，电压和频率应维持在额定值。

4.10 电动机的最大安全运行转速：除非铭牌上另有标明，电动机应能在 GB 755—2008 中表 17 所列出的转速之内安全运行。

4.11 电动机在空载情况下，应能承受提高转速至 1.2 倍的最大安全运行转速，历时 2 min 的超速试验而不发生有害变形。

4.12 电动机定子绕组的绝缘电阻在热状态时或温升试验后应不低于表 18 的规定。

表 18 绝缘电阻

额定电压/V	绝缘电阻/MΩ
≤380	0.38
400	0.40
660	0.66
690	0.69

4.13 电动机定子绕组应能承受为时 1 min 的耐电压试验而不发生击穿，试验电源频率为 50 Hz，并尽可能为正弦波，试验电压的有效值应符合表 19 的规定。

在传送带上大批连续生产的电动机进行检查试验时，允许将试验时间缩短至 1 s，试验电压的有效值应符合表 19 的规定。

表 19　试验电压有效值

单位为伏特

额定电压	试验电压	
	1 s	1 min
≤380	2 110	1 760
400	2 160	1 800
660	2 780	2 320
690	2 860	2 380

4.14　电动机的定子绕组应进行匝间冲击耐电压试验而不发生击穿，其试验冲击电压峰值按表 20 的规定。波前时间为 0.2 μs(容差 $^{+0.3}_{-0.1}$ μs)。

表 20　冲击电压峰值

单位为伏特

额定电压	试验电压
≤380	2 600
400	
660	3 400
690	3 500

4.15　电动机应能承受 1.5 倍额定电流，历时不少于 2 min 的偶然过电流试验而不损坏。

4.16　带加热器的电动机除外，工厂用电动机的定子绕组应按 GB/T 12665 的规定进行 6 周期的 40 ℃交变湿热试验，煤矿井下用电动机的定子绕组在按 GB/T 2423.4—2008 所规定的 40℃交变湿热试验方法进行 12 周期。试验后绝缘电阻应不低于 0.38 MΩ(额定电压为 380 V 及以下)或 0.4 MΩ(额定电压为 400 V)或 0.66 MΩ(额定电压为 660V)或 0.69 MΩ(额定电压为 690 V)，并应能承受 4.13 所规定的耐电压试验而不发生击穿，但电压的有效值应符合表 21 的规定，试验时间为 1 min。且样品的隔爆面不应锈蚀。

表 21　试验电压有效值

单位为伏特

额定电压	试验电压
≤380	1 500
400	
660	1 970
690	2 000

4.17　电动机的机械振动

4.17.1　电动机在空载时测得的振动强度限值应不超过表 22 的规定。

4.17.2　电动机在检查试验时，只测量振动速度。在型式试验时，所有三种振动量值均应测量。

注：当检查试验是在自由悬置安装条件下进行，型式试验必须包括刚性安装条件下的试验。

4.17.3 在测得振动位移有效值的数值时，修约间隔为1；在测得振动速度、加速度有效值的数值时，修约间隔为0.1。

表22 不同轴中心高 *H*(mm)用位移、速度和加速度表示的振动强度限值(方均根值)

轴中心高 *H*/mm	80≤*H*≤132			132<*H*≤200		
安装方式	位移 μm	速度 mm/s	加速度 m/s^2	位移 μm	速度 mm/s	加速度 m/s^2
自由悬置	25	1.6	2.5	35	2.2	3.5
刚性安装	21	1.3	2.0	29	1.8	2.8

4.18 电动机在空载时测得的A计权声功率级的噪声数值应符合表21的规定，负载噪声为表23和表24之和。噪声数值的容差为+3 dB(A)。修约间隔为1。

表23 A计权声功率级的噪声数值

中心高 *H* mm	极数		
	2	4	6
	声功率级/dB(A)		
80	67	58	55
90	75	63	60
100	79	67	61
112	80	69	67
132	82	72	70
160	84	74	70
180	85	77	74
200	87	80	77

表24 负载噪声数值的增值

中心高 *H* mm	极数		
	2	4	6
	声功率级/dB(A)		
H=80	2	5	7
90≤*H*≤160	2	5	7
180≤*H*≤200	2	4	6

4.19 当三相电源平衡时，电动机三相空载电流任何一相与三相平均值的偏差应不大于三相平均值的10%。

4.20 电动机在检查试验时，空载与堵转的电流与损耗，应在某一数据范围内，该数据范围应能保证电动机性能符合4.4～4.7的规定。

4.21 电动机有一个圆柱形轴伸，双方另有协议时允许电动机制成两个轴伸，第二个轴伸应能传递额定功率，但只能用联轴器传动。

4.22 电动机应制成三个或六个出线端，并同时设置接线标志图。从主轴伸端视之，接线盒位于电动机顶部，用户有要求时也可位于侧部。

4.23 电动机的外壳和铠装电缆接线盒的外部以及接线盒内均应有接地端子，并应在接地端子附近设有接地标志"⏚"，接地标志不应放在可能拆卸的零部件上。接地端子的设计应保证与接地导线具有良好的连接和足够的接触面积。

4.24 电动机上所有标志应清晰、耐用，在整个使用时期内不易磨灭和脱落。

4.25 电动机出线端标志的字母顺序与三相电源的电压相序方向相同时，从主轴伸端视之，电动机应为顺时针方向旋转(见GB 1971—2006)。

4.26 电动机的隔爆性能符合GB 3836.1—2010和GB 3836.2—2010的规定。

5 试验方法与检验规则

5.1 电动机应取得国家授权的质量监督检验部门发给的"防爆合格证"。

5.2 每台电动机须经检验合格后才能出厂，并应附有"产品合格证"。

5.3 每台电动机应经过检查试验，检查试验项目包括：

a) 机械检查(按5.8、5.9的规定)；

b) 定子绕组对机壳及绕组相互间绝缘电阻的测定(检查试验时可测量冷态绝缘电阻，但应保证热状态时绝缘电阻不低于4.12的规定)；

c) 定子绕组在实际冷态下直流电阻的测定；

d) 耐电压试验；

e) 匝间绝缘试验；

f) 空载电流和损耗的测定；

注：在型式试验时需量取空载特性曲线。

g) 堵转电流和损耗的测定；

注：在型式试验时需量取堵转特性曲线。

h) 振动的测定；

i) 噪声的测定；

j) 旋转方向的检查。

5.4 除5.3的规定外，电动机及其零部件的检查试验项目还应包括图样中按GB 3836.1—2010和GB 3836.2—2010规定的检验项目。

5.5 凡遇下列情况之一者，应进行型式试验：

a) 经鉴定定型后制造厂第一次试制或小批试生产时；

b) 设计或工艺上的变更，足以引起某些特性和参数发生变化时；

c) 当检查试验结果和以前进行的型式试验结果发生不可容许的偏差时；

d) 成批生产的电动机定期的抽试，每年抽试一次，当需要抽试的数量过多时，抽试间隔时间可适当延长，但至少每2年抽试一次。

5.6 电动机的型式试验项目包括：

a) 检查试验的全部项目；

b) 热试验；

c) 效率、功率因数和转差率的测定；

d) 最大转矩的测定；

e) 短时过转矩试验；

f) 超速试验(用户有要求时进行)；

g) 起动过程中最小转矩的测定；

h) 电动机最高表面温度的测定。

5.7 凡属下列情况之一者，应按 GB 3836.1—2010 和 GB 3836.2—2010 的规定进行图样及文件审查和防爆性能试验：

a) 未取得“防爆合格证”的产品；

b) 已取得“防爆合格证”的产品，当局部更改涉及防爆性能的有关规定时，则更改部分的图样、文件及说明，应送原检验单位重新审查；

c) 检验单位需要对已发给“防爆合格证”的产品进行复查时；

d) “防爆合格证”有效期满时。

5.8 电动机的机械检查项目包括：

a) 转动检查：电动机运行时，平稳轻快、无停滞现象，声音均匀和谐而无有害的杂音；

b) 外观检查：检查电动机的装配是否完整正确，电动机表面油漆应干燥完整、均匀，无污损、碰坏、裂痕等现象；

c) 尺寸及公差的检查：安装尺寸和外形尺寸应符合 3.10.1 的规定，键的尺寸符合 3.10.2 的规定；

d) 圆跳动、底脚支承面的平行度和平面度及键槽对称度的检查：圆跳动应符合 3.10.3 和 3.10.4 的规定；底脚支承面的平行度和平面度应分别符合 3.10.5 和 3.10.6 的规定；轴伸键槽的对称度应符合 3.10.7 的规定。底脚支承面的平行度和平面度及键槽的对称度允许在零件上进行检查。

5.9 5.8 的 a)、b)应每台检查，5.3 的 h)和 i)及 5.8 的 c)、d)可以进行抽查，抽查办法由制造单位制定。

5.10 5.3[其中 e)、h)～j)除外]和 5.6[其中 h)除外]所规定的各项试验，其试验方法按 GB/T 1032—2012 进行，其中效率按 B 法——测量输入和输出功率的损耗分析法。5.3 的 e)按 GB/T 22719.1 进行，h)按 GB 10068—2008 进行，i)按 GB/T 10069.1—2006 进行，负载噪声按 GB/T 10069.1—2006 的附录 D 进行；j)按 GB 1971 进行；5.6 的 h)按 GB 3836.1—2010 的 26.5.1 进行；5.8 的 c)和 d)按 GB/T 4772.1—1999 进行。

5.11 电动机外壳防护等级的试验、偶然过电流试验和 40 ℃交变湿热试验均可在产品结构定型或当结构和工艺有较大改变时进行。外壳防护等级的试验方法按 GB/T 4942.1—2006 进行，试验时电动机应处于正常运行状态，其结合面上应涂防锈油。40 ℃交变湿热试验按 GB/T 2423.4—2008 进行。

6 标志、包装及保用期

6.1 铭牌材料及铭牌上的数据刻划方法，应保证其字迹在电动机整个使用时期内不易磨灭。

6.2 铭牌应固定在电动机机座的上半部，铭牌应标明的项目如下：

a) 制造厂名；

b） 电动机型号；

c） 电动机名称；

d） 防爆标志；

e） 外壳防护等级；

f） 额定功率，单位为千瓦（kW）；

g） 额定电压，单位为伏特（V）；

h） 额定电流，单位为安培（A）；

i） 额定转速，单位为转每分（r/min）；

j） 额定频率，单位为赫兹（Hz）；

k） 效率，以百分数（%）表示；

l） 额定功率因数；

m） 噪声，单位为分贝[dB(A)]；

n） 热分级，155（F）；

o） 接线方法；

p） 标准编号；

q） 制造厂出品编号和出品年月；

r） 防爆合格证编号；

s） 重量，单位为千克（kg）。

6.3 电动机定子绕组的出线端及接线盒内的接线装置处均应有相应的标志，并应保证其字迹在电动机整个使用时期内不易磨灭，其标志按表 25 的规定。

表 25 出线端标志

定子绕组名称	三个出线端标志	六个出线端标志	
		始端	末端
第一相	U	U1	U2
第二相	V	V1	V2
第三相	W	W1	W2

6.4 电动机应在明显处标有清晰的的防爆标志。

6.5 电动机的轴伸平键须绑扎在轴上，轴伸及平键表面应加防锈措施。凸缘式电动机必须在凸缘的加工面上加防锈及保护措施。

6.6 电动机的轴伸平键、使用维护说明书（同一用户同一型式的一批电动机至少供应一份）及产品合格证应随每台电动机供给用户。

6.7 电动机的包装应能保证在正常的储运条件下，至发货之日起的 1 年时间内不致因包装不善而受潮与损坏。

6.8 包装箱外壁的文字和标志应清楚整齐，内容如下：

a） 发货站及制造厂名称；

b） 收货站及收货单位名称；

c） 电动机型号和出厂编号；

d） 电动机净重及连同包装箱的毛重；

e) 包装箱尺寸；

f) 在包装箱外的适当位置应标有“小心轻放”“由此吊起”“怕雨”等字样，其图形应符合GB/T 191—2008的规定。

6.9 在用户按照使用维护说明书的规定，正确地使用与存放电动机的情况下，制造厂应保证电动机在使用的1年内，但自制造厂起运的日期不超过2年的时间内，能良好地运行。如在此规定的时间内电动机因制造质量不良而发生损坏或不能正常工作时，制造厂应无偿地为用户修理或更换零件或电动机。

ICS 29.240.20
K 47

中华人民共和国国家标准

GB/T 31235—2014

±800 kV 直流输电线路金具技术规范

Technical specification for fittings of ±800 kV DC overhead transmission line

2014-09-30 发布　　2015-04-01 实施

中华人民共和国国家质量监督检验检疫总局
中国国家标准化管理委员会　发布

前　言

本标准按照 GB/T 1.1—2009 给出的规则起草。

本标准由中国电力企业联合会提出。

本标准由全国高压直流输电工程标准化技术委员会(SAC/TC 324)归口。

本标准负责起草单位:中国电力科学研究院。

本标准参加起草单位:国家电网公司。

本标准主要起草人:刘泽洪、王景朝、孙涛、刘胜春、王洪、樊宝珍、李庆峰、周立宪、侯继勇、刘臻、牛海军、孙娜。

±800 kV 直流输电线路金具技术规范

1 范围

本标准规定了±800 kV 直流架空输电线路导线配套金具的一般技术要求、设计与制造、连接与紧固、检验与试验、标志与包装等。

本标准适用于±800 kV 直流架空输电线路导线用配套金具。

2 规范性引用文件

下列文件对于本文件的应用是必不可少的。凡是注日期的引用文件，仅注日期的版本适用于本文件。凡是不注日期的引用文件，其最新版本(包括所有的修改单)适用于本文件。

GB/T 41 六角螺母 C 级

GB 93 标准型弹簧垫圈

GB/T 95 平垫圈 C 级

GB/T 699 优质碳素结构钢

GB/T 700 碳素结构钢

GB/T 1173 铸造铝合金

GB/T 1804 一般公差 未注公差的线性和角度尺寸的公差

GB/T 2314—2008 电力金具通用技术条件

GB/T 2315 电力金具 标称破坏载荷系列及连接型式尺寸

GB/T 2317.1 电力金具试验方法 第 1 部分:机械试验

GB/T 2317.2 电力金具试验方法 第 2 部分:电晕和无线电干扰试验

GB/T 2317.3 电力金具试验方法 第 3 部分:热循环试验

GB/T 2317.4 电力金具试验方法 第 4 部分:验收规则

GB/T 4437.1 铝及铝合金热挤压管 第 1 部分:无缝圆管

GB/T 5780 六角头螺栓 C 级

GB/T 8162 结构用无缝钢管

DL/T 284 输电线路杆塔及电力金具用热浸镀锌螺栓与螺母

DL/T 373 电力复合脂技术条件

DL/T 683 电力金具产品型号命名方法

DL/T 760.3 均压环、屏蔽环和均压屏蔽环

DL/T 763 架空线路用预绞式金具技术条件

DL/T 764.1 电力金具专用紧固件 六角头带销孔螺栓

DL/T 764.2 电力金具专用紧固件 闭口销

DL/T 768.2 电力金具制造质量 锻制件

DL/T 768.3 电力金具制造质量 冲压件

DL/T 768.5 电力金具制造质量 铝制件

DL/T 768.6 电力金具制造质量 焊接件

DL/T 768.7 电力金具制造质量 钢铁件热镀锌层

DL/T 1098　间隔棒技术条件和试验方法
DL/T 1099　防振锤技术条件和试验方法
YB/T 4165　防振锤用钢绞线

3　一般技术要求

3.1　金具的设计、尺寸公差和制造图样应满足 GB/T 2314 的规定，未注尺寸公差的应按 GB/T 1804 的规定选用 JS-14 级。在供货合同图样内应标示出金具的特征尺寸，必要时还应提供金具的装配说明或施工图样。

3.2　金具的连接尺寸应符合 GB/T 2315 的规定。

3.3　金具应满足晴夜在 1.1 倍最高极线运行电压下不产生可见电晕，无线电干扰电压不大于 1 000 μV（也可由需方确定）。

3.4　金具的电气接触面及与导线表面直接接触的压缩金具的压缩接触面，在安装前应采取必要的保护措施。

3.5　标称破坏载荷在 160 kN 及以上的钢铁制件，制造材料的额定抗拉强度不应低于 500 MPa，且屈强比不宜大于 0.80。

3.6　金具的材料应便于加工制造和适用于批量生产，并符合 GB/T 2314—2008 中附录 A 的相关规定。

3.7　压缩金具的材料应能经受冷压加工。钢制压缩件在压缩以后还应具有足够的冲击强度。

3.8　金具的电气接触面积宜按电流密度 0.12 A/mm^2～0.15 A/mm^2 设计。

3.9　金具部件使用的非金属材料应抗老化，能经受住运行温度且不影响其性能，在运行温度条件下具有足够的抗臭氧、抗紫外线辐射、抗空气污染能力，且不应对与之接触的材料诱发腐蚀。

3.10　在同一联板上的不同位置施加不同载荷时，联板厚度的设计应以最大的载荷作为基准。

3.11　金具应具有耐受大气污染的能力，且能防止运输、库存及运行中的腐蚀。所有运行中暴露在大气中的黑色金属部件应按 DL/T 768.7 进行热浸镀锌防腐。

3.12　金具的命名按 DL/T 683 的规定执行。

4　分类要求

4.1　间隔棒

4.1.1　间隔棒应能抑制导线微风振动和次档距振荡，能防止不均匀覆冰或脱冰引起的极导线扭转。

4.1.2　除短路情况以外，间隔棒在安装位置处应保持子导线间距。

4.1.3　间隔棒应能承受安装、运行(包括短路)和维护条件下的机械负荷，任何部件不能损坏或出现永久性变形。

4.1.4　在正常的运行条件下，应避免对导线的损伤。

4.1.5　间隔棒应易于安装和拆卸，而勿需全部拆散。

4.1.6　线夹应能补偿导线因蠕变引起的松弛，保证适当握紧而又不损伤导线。线夹内补偿导线蠕变松弛装置和线夹的材料，应有适合其工作范围的静态负荷特性。

4.1.7　间隔棒耐短路电流向心力可按照 DL/T 1098 进行计算，其整体机械强度应满足短路电流向心力的要求。

4.1.8　间隔棒线夹的基本要求见表 1。

表 1 间隔棒线夹的基本要求

项目	要求值
顺线握力	≥2.5 kN
扭握力矩	≥40 N·m
线夹本体破坏载荷	≥6 kN
线夹间拉力、压力	≥6 kN

4.1.9 间隔棒疲劳试验方法及要求按 DL/T 1098 的规定执行。

4.1.10 间隔棒线夹的表面，不得有明显棱角、毛刺等，弧与弧连接过渡应自然、圆滑，并满足 3.3 的要求，必要时可进行抛光处理。

4.1.11 用于档内的间隔棒应为柔性结构，且具备阻尼性能。线夹关节应有足够灵活性，使线夹在导线分裂圆切线方向有±15°的活动范围，在顺线方向有±5°的活动范围。

4.1.12 安装框架与线夹连接螺栓应采取防止螺栓在运行中松动的措施。

4.1.13 橡胶阻尼型间隔棒的线夹关节及夹紧导线的部位均应填充橡胶，配合尺寸应保证橡胶的固有弹性。

4.1.14 硬跳线中软导线的间隔棒可采用刚性间隔棒，跳线间隔棒线夹应内衬橡胶垫。

4.2 悬垂线夹

4.2.1 导线使用的悬垂线夹应为防晕型。

4.2.2 悬垂线夹应考虑减少微风振动对导线产生的影响，线夹应具有良好的动态特性，其船体能自由、灵活地转动，相对于回转轴的转动惯量宜尽量减小。

4.2.3 悬垂线夹设计应除考虑正常的张拉应力外，在线夹出口(包括线夹内)处还应考虑弯曲应力和挤压应力，单侧的出口角一般在 0°～25°之间，也可根据特定要求适当加大。

4.2.4 悬垂线夹的连接装置应有足够的耐磨性，不应在长时间运行后因磨损而破坏。

4.2.5 悬垂线夹的线槽及压条等与导线相互接触的表面应平整光滑，不允许存在毛刺、凸出物及可能磨损导线的缺陷。

4.2.6 在悬垂线夹内安装导线时，若使用护线条，护线条端部宜为鸭嘴型，并符合 DL/T 763 的规定。

4.2.7 悬垂线夹船体线槽的曲率半径不应小于导线直径的 8 倍。

4.2.8 悬垂线夹的握力与导线额定拉断力的比值不应小于表 2 的规定。

表 2 悬垂线夹握力与导线额定拉断力之比

导线类别	铝钢截面比 α	百分比(%)
钢芯铝绞线 钢芯铝合金绞线 铝包钢芯铝绞线 铝包钢芯铝合金绞线	$\alpha \leqslant 2.3$	14
	$2.3 < \alpha \leqslant 3.9$	16
	$3.9 < \alpha \leqslant 4.9$	18
	$4.9 < \alpha \leqslant 6.9$	20
	$6.9 < \alpha \leqslant 11.0$	22
	$\alpha > 11.0$	24
铝合金绞线、铝合金芯铝绞线	—	24

4.2.9 悬垂线夹的结构型式应便于带电作业，可采用带电作业工具进行线夹的安装或拆卸，并使线夹的组成部件数最少。

4.2.10 悬垂线夹的本体和压盖宜采用铝合金制造。

4.2.11 悬垂线夹的U型挂板等附件采用抗拉强度不低于500 MPa的钢材制造。所有用钢制造的附件、紧固件均采用热镀锌进行防腐处理。

4.3 耐张线夹和接续金具

4.3.1 耐张线夹和接续金具的设计应防止运行中潮气侵入和滞留。

4.3.2 耐张线夹和接续管对导线的握力不应小于导线额定拉断力的95%。

4.3.3 耐张线夹和接续金具的设计应避免应力集中，管口内侧应做成圆弧倒角。压接管的拔稍长度宜为管外径的1倍～2倍。

4.3.4 耐张线夹和引流线夹的平面端宜采用双面接触，装配间隙不应大于0.8 mm。接触面的平面度不应大于30 μm，表面粗糙度 *Ra* 不应大于3.2 μm。外侧面应平整、无划伤，周边光滑。

4.3.5 铝管表面应光滑平整，不应有裂纹、划伤、剥层及碰伤等缺陷。

4.3.6 钢管中心同轴度公差不应大于0.5 mm，钢管出口端应去毛刺、倒圆角。

4.3.7 耐张线夹和接续管的本体及引流板材料可选用铝纯度不低于99.5%的热挤压或拉拔成型铝管，铝管抗拉强度不应小于80 MPa，延伸率不应小于12%。

4.3.8 铝合金导线配套的耐张线夹和接续管的本体可使用铝合金材料制造，铝合金管强度不应小于135 MPa，延伸率不应小于12%。

4.3.9 引流板应选用铝纯度不低于99.5%的工业用铝，不宜铸造。

4.3.10 耐张线夹钢锚应符合GB/T 699或GB/T 700的规定，接续管的钢管应符合GB/T 8162的规定，成品的布氏硬度不应大于156 HB。

4.3.11 耐张线夹钢锚应采用整体锻造工艺加工，非加工表面钢印深度不应大于1 mm，宽度不应大于3 mm，不应有裂纹、剥层及氧化皮存在。钢锚应采用热浸镀锌防腐，钢管内壁应无锌。

4.3.12 耐张线夹和接续金具在压缩施工时均应在与导线的接触面上敷以电力复合脂，复合脂应符合DL/T 373的规定。

4.4 均压环（不含复合绝缘子的中环和小环）和屏蔽环

4.4.1 均压环和屏蔽环应具有足够的机械强度，能承受不小于2 000 N的静态机械载荷，环体、连接支架和紧固件不得因风致振动引起松脱、变形或疲劳损坏。

4.4.2 均压环和屏蔽环与绝缘子串金具的连接应保证安装方便、运行可靠。

4.4.3 均压环和屏蔽环应采用铝管制造，铝管管壁厚度不应小于4 mm，环体及部件的材料应符合DL/T 760.3的规定。

4.4.4 均压环的结构设计应充分考虑绝缘子串结构形状的影响。均压环、屏蔽环铝管环径和管径应满足机械强度和电场强度计算要求。均压环环体铝管外径或等效计算外径不应小于120 mm，铝管中心线至绝缘子轴线的垂直距离不应小于500 mm；屏蔽环环体铝管外径或等效计算外径不应小于120 mm。

4.4.5 环体在制造过程中应避免管体开裂、严重变形等缺陷，管径的径向变形量应控制在铝管直径的±3%以内，环体弯曲半径公差不应超过环体半径的±1%。

4.4.6 均压环和屏蔽环表面应光滑，满足不产生可见电晕的要求。

4.4.7 均压环和屏蔽环的支架与环体应采用氩弧焊连接。

4.5 连接金具

4.5.1 连塔金具本体应采用锻制，并进行热处理。

4.5.2 球头挂环和碗头挂板均应整体锻造，并进行热处理。

4.5.3 与连塔金具配套的螺栓和螺母应符合 DL/T 284 的要求，螺栓强度等级不应低于 6.8 级。

4.5.4 悬垂联板宜采用整体式联板，局部可以焊接加强筋板；耐张联板宜采用分体式组合联板。

4.5.5 悬垂联板和耐张联板的设计应保证强度等级与绝缘子的强度等级相匹配，并使得载荷通过联板均匀传递到每联绝缘子上。

4.5.6 与联板相连接的金具在转动时不得与联板相碰，悬垂线夹可在垂直导线的平面内自由摆动 ±40°。

4.6 跳线金具

4.6.1 跳线金具应具有良好的电气性能，满足导流要求，电气连接部件不应降低跳线的导电能力。金具的额定载流量不应小于导线的载流量。

4.6.2 跳线金具应能经受安装、运行和维护时产生的各种机械荷载，并能经受工作电流（包括短路电流）下的运行温度以及周围环境条件等各种情况的考验。

4.6.3 采用笼式跳线结构时，跳线的中间段应使用间隔棒和刚性支架固定多分裂跳线。

4.6.4 采用铝管式跳线结构时，跳线的中间段应使用铝管作为导流体，铝管终端线夹与导线耐张线夹的连接采用软导线。铝管采用分段连接时，接头应采取可靠的防松措施。

4.6.5 铝管式跳线用铝管应按 GB/T 4437.1 的规定，选用热挤压成型铝合金管。

4.6.6 铝管两端与软跳线的连接部分的引流板部件应选用铝纯度不低于 99.5% 的热挤压板。

4.7 防振锤

4.7.1 防振锤的一般技术要求按 DL/T 1099 的规定执行。

4.7.2 防振锤应具有良好的机械性能和耐疲劳性能，在运行过程中不滑移，锤头不脱落，各部件不松动。

4.7.3 防振锤的锤头表面应进行热浸镀锌处理。

4.7.4 线夹宜采用铝合金固定线夹，材料应符合 GB/T 1173 的规定，也可采用预绞式线夹。

4.7.5 防振锤用钢绞线应符合 YB/T 4165 的要求，钢绞线单线抗拉强度不应低于 1 570 MPa，绞合节径比不应大于 11，且绞线不散股、不锈蚀。

5 连接与紧固

5.1 金具紧固件的外螺纹应在热镀锌前加工或辗制，然后进行热浸镀锌，内螺纹在热浸镀锌前后均可加工，如果在热浸镀锌后加工应涂防腐油脂。

5.2 螺栓一般应加装闭口销，不安装闭口销的螺栓露出螺母外的螺纹不应少于 2 扣。

5.3 用于承受较大机械载荷（160 kN 及以上）的连接螺栓，其强度等级不应低于 6.8 级，并应符合 DL/T 764.1的规定，闭口销应按 DL/T 764.2 执行。

5.4 紧固用螺栓应符合 GB/T 5780 的规定，有防电晕要求时宜采用半圆头螺帽或在螺栓端部安装防晕螺帽。

5.5 螺母应按 GB/T 41 的规定执行，垫圈应按 GB 93 和 GB/T 95 的规定执行。

6 制造工艺和质量控制

6.1 金具的制造质量应符合 DL/T 768.2、DL/T 768.3、DL/T 768.5 和 DL/T 768.6 的相关要求。

6.2 金具的铸造工艺应适用于批量生产，宜采用金属模重力铸造、压力铸造等方式。

6.3 联板类金具板件厚度在 12 mm 及以上的螺栓孔，宜采用钻孔；如采用冲孔工艺，冲后应绞孔。

6.4 铝和铝的焊接应采用氩弧焊工艺，应选择合适的焊接坡口形式及尺寸以保证焊接质量。

6.5 金具的外观质量应符合 GB/T 2314 的规定。

7 试验与检验

7.1 金具的试验包括型式试验、例行试验和抽样试验。

7.2 金具的试验项目应按照表 3 进行，对防振锤、间隔棒尚需满足 DL/T 1099 及 DL/T 1098 规定的其他试验要求。

7.3 金具的机械试验项目及方法按照 GB/T 2317.1 执行。

7.4 电气接续(接触)试验的试验项目及方法按照 GB/T 2314 及 GB/T 2317.3 执行。

7.5 电晕与无线电干扰试验可参照 GB/T 2317.2 进行，试验布置要求和规定试验电压参见附录 A。

7.6 在规定试验电压下，金具应无可见电晕，无线电干扰电压不应大于 1 000 μV。

7.7 金具抽样试验的抽样数量按照 GB/T 2317.4 的规定，或由供需双方商定。抽样试验项目按照表 3 的规定执行。

8 标志与包装

8.1 金具标志与包装应满足 GB/T 2314 的要求。

8.2 金具应有易于识别的、清晰的永久性标识，包括：规格型号、制造商标识及其他唯一性标识等，应能保证对金具每个部件进行有效跟踪。

8.3 对于多个部件连接组合而成的金具，应提供产品安装说明书(文字和图样)。

8.4 对于使用螺栓紧固的金具，应配以螺栓安装扭矩说明。

8.5 导线压缩金具的标识应包括适配导线规格、压缩位置和施压方向等。

8.6 产品出厂前，对金具的电气接触面应采取有效的防护措施，防止表面划伤和氧化、腐蚀等。

8.7 金具的包装应有适当的衬垫、保护性的填充物、垫板或隔片等，防止在任何运输过程及装卸中产品受到损坏。

8.8 金具的外包装应有足够的强度，能在短途搬运、货场储存和装车、装船中承受意外冲击。

8.9 全部包装应标记清楚和正确，每一包装上的标记应不能轻易抹除。

8.10 包装上的标记应标明卖方名称和买方名称、项目名称、合同号、商品的品种和数量、净重及毛重、到达的目的地以及其他必需的信息。

表 3　±800 kV 直流线路金具试验的项目及数量

序号	试验项目	悬垂线夹			连接金具			耐张线夹			接续金具			防护金具			试件最少数量/件	试验方法
		型式	抽样	例行	型式	抽样	例行	型式	抽样	例行	型式	抽样	例行	型式	抽样	例行		
1	外观	○	○	○[a]	○	○	○[a]	○	○	○[a]	○	○	○[a]	○	○	○[a]	10	按 GB/T 2314
2	尺寸	○	○	○[a]	○	○	○[a]	○	○	○[a]	○	○	○[a]	○	○	○[a]	10	按图样要求
3	组装	○	○		○	○		○	○		○	○		○	○		10	按图样要求
4	热镀锌锌层	○	○		○	○		○	○		○			○	○		3	采用标准 DL/T 768.7
5	非破坏性试验[b]		○[a]	○[a]		○[a]	○[a]		○[a]	○[a]					○[a]	○[a]	3	采用标准 GB/T 2317.1
6	振动试验													○	○[a]	○[a]	3	采用标准 GB/T 2317.1
7	破坏载荷	○	○		○	○								○			3	采用标准 GB/T 2317.1
	握力	○						○			○			○			3	采用标准 GB/T 2317.1
8	电阻							○			○						4	采用标准 GB/T 2317.3
	温升							○			○						4	采用标准 GB/T 2317.3
	热循环							○			○						4	采用标准 GB/T 2317.3
9	电晕和无线电干扰	○						○			○			○			3	采用标准 GB/T 2317.2

[a] 供需双方商定。

[b] 对重要的铸件和焊接处受力的金具采取探伤或其他不对金具本身产生破坏的手段进行试验。

附 录 A
（资料性附录）
电晕与无线电干扰试验方法

A.1 试验布置

A.1.1 试品的布置和组装应按照或尽可能接近工程实际，带电部分对地距离不小于10 m。

A.1.2 在进行水平方向多只金具测试时，金具间距离不小于6 m。

A.1.3 紫外成像仪可用于白天进行可见电晕电压试验。试验步骤和方法可按照肉眼（望远镜）观测法进行。试验后应进行拍照，照片应能反映试品的起晕部位。

A.2 规定试验电压计算方法

规定试验电压按式（A.1）计算：

$$U_0 = 1.1 \times k_1 \times k_2 \times k_3 \times 816 \qquad \cdots\cdots(A.1)$$

式中：

U_0——可见电晕试验规定试验电压，单位为千伏（kV）；

k_1——试品位置修正系数，根据金具在工程中的使用位置确定，一般悬垂金具和档中金具取1.0，耐张金具取1.1；

k_2——试品悬挂高度修正系数，$k_2 = 1 + (h - 10) \times 0.025$；$h$ 为带电部分为对地高度，单位为米（m）。

k_3——气象修正系数，在环境温度为10 ℃～40 ℃、相对湿度为20%～30%的条件下，只作空气密度修正：

$$k_3 = \frac{p_1}{p_2} \times \frac{273 + t_0}{273 + t_1} \qquad \cdots\cdots(A.2)$$

式中：

p_1——试验时的大气压强，单位为千帕（kPa）；

p_2——标准大气压强，单位为千帕（kPa）；

t_0——标准温度20 ℃；

t_1——试验时温度，单位为摄氏度（℃）。

ICS 29.240
K 45

中华人民共和国国家标准

GB/T 31236—2014

1 000 kV 线路保护装置技术要求

Specification for 1 000 kV transmission line protection equipment

2014-09-30 发布 2015-04-01 实施

中华人民共和国国家质量监督检验检疫总局
中国国家标准化管理委员会 发布

前言

本标准按照 GB/T 1.1—2009 给出的规则起草。

本标准由中国电力企业联合会提出。

本标准由中国电力企业联合会归口。

本标准负责起草单位：国家电网公司、中国电力科学研究院、南京南瑞继保电气有限公司/国网南京自动化研究院、北京四方继保自动化股份有限公司、许继电气股份有限公司、国电南京自动化股份有限公司、华北电网调度通信中心。

本标准主要起草人：程道、张晓莉、周泽昕、周春霞、郑玉平、徐振宇、李瑞生、王峰、张岩、李斌。

1 000 kV 线路保护装置技术要求

1 范围

本标准规定了特高压输电线路继电保护装置的基本技术要求、试验方法、检验规则及对标志、包装、运输、贮存的要求。

本标准适用于 1 000 kV 输电线路继电保护装置(以下简称装置),作为该类装置科研、设计、制造、检验和应用的依据。

2 规范性引用文件

下列文件对于本文件的应用是必不可少的。凡是注日期的引用文件,仅注日期的版本适用于本文件。凡是不注日期的引用文件,其最新版本(包括所有的修改单)适用于本文件。

GB/T 191—2008 包装储运图示标志

GB/T 2423.3—2006 电工电子产品环境试验 第 2 部分:试验方法 试验 Cab:恒定湿热试验

GB/T 2887—2011 计算机场地通用规范

GB/T 2900.17 电工术语 量度继电器

GB/T 2900.49 电工术语 电力系统保护

GB/T 7261—2008 继电保护和安全自动装置基本试验方法

GB/T 7268—2005 电力系统二次回路控制、保护装置用插箱及插件面板基本尺寸系列

GB/T 9361—2011 计算机场地安全要求

GB/T 11287—2000 电气继电器 第 21 部分:量度继电器和保护装置的振动、冲击、碰撞和地震试验 第 1 篇:振动试验(正弦)

GB/T 14285 继电保护和安全自动装置技术规程

GB/T 14537—1993 量度继电器和保护装置的冲击和碰撞试验

GB/T 14598.9—2010 量度继电器和保护装置 第 22-3 部分:电气骚扰试验——辐射电磁场骚扰试验

GB/T 14598.10—2012 电气继电器 第 22-4 部分:量度继电器和保护装置的电气骚扰试验——电快速瞬变/脉冲群抗扰度试验

GB/T 14598.13—2008 电气继电器 第 22-1 部分:量度继电器和保护装置的电气骚扰试验 1 MHz 脉冲群抗扰度试验

GB/T 14598.14—2010 量度继电器和保护装置的电气干扰试验 第 2 部分:静电放电试验

GB/T 14598.16—2002 电气继电器 第 25 部分:量度继电器和保护装置的电磁发射试验

GB/T 14598.17—2005 电气继电器 第 22-6 部分:量度继电器和保护装置的电气骚扰试验——射频场感应的传导骚扰的抗扰度

GB/T 14598.18—2012 量度继电器和保护装置 第 22-5 部分:电气骚扰试验 浪涌抗扰度试验

GB/T 14598.19—2007 电气继电器 第 22-7 部分:量度继电器和保护装置的电气骚扰试验——工频抗扰度试验

GB 14598.27—2008 量度继电器和保护装置 第 27 部分:产品安全要求

GB/T 17626.8—2006　电磁兼容　试验和测量技术　工频磁场抗扰度试验

GB/T 17626.9—2011　电磁兼容　试验和测量技术　脉冲磁场抗扰度试验

DL/T 667—1999　远动设备及系统　第5部分:传输规约　第103篇:继电保护设备及信息接口配套标准(idt IEC 60870-5-103:1997)

DL/T 860(系列标准)　变电站通信网络和系统

DL/T 871—2004　电力系统继电保护产品动模试验

3　术语和定义

GB/T 2900.17、GB/T 2900.49 和 GB/T 14285 界定的以及下列术语和定义适用于本文件。

4　技术要求

4.1　环境条件

4.1.1　正常工作大气条件

a)　环境温度:−10 ℃～+55 ℃;

b)　相对湿度:5%～95%(产品内部,不应凝露、结冰);

c)　大气压力:80 kPa～110 kPa。

4.1.2　试验的标准大气条件

a)　环境温度:+15 ℃～+35 ℃;

b)　相对湿度:45%～75%;

c)　大气压力:70 kPa～106 kPa。

4.1.3　基准试验的标准大气条件

a)　环境温度:+20 ℃±2 ℃;

b)　相对湿度:45%～75%;

c)　大气压力:86 kPa～106 kPa。

4.1.4　贮存、运输极限环境温度

装置的贮存、运输允许的环境温度为−25 ℃～+70 ℃,相对湿度不大于85%,在不施加任何激励量的条件下,不出现不可逆变化。温度恢复后,装置性能应符合4.4、4.6、4.8的规定。

4.1.5　周围环境

装置的使用地点应无爆炸危险、无腐蚀性气体及导电尘埃、无严重霉菌、无剧烈振动源;不存在超过4.9规定的电气骚扰;有防御雨、雪、风、沙、尘埃及防静电措施;场地应符合GB/T 9361—2011中B类安全要求,接地电阻应符合GB/T 2887—2011中4.4的规定。

4.1.6　特殊环境条件

当超出4.1.1～4.1.5规定的环境条件时,由用户与制造厂商定。

4.2 额定电气参数

4.2.1 直流电源

a) 额定电压:220 V、110 V;

b) 允许偏差:−20%～+15%;

c) 纹波系数:不大于 5%。

4.2.2 交流回路

a) 交流电流:1 A 或 5 A;

b) 交流电压:100 V、100/V;

c) 频率:50 Hz。

4.3 功率消耗

a) 交流电流回路:在额定电流下,每相不大于 0.5 VA;

b) 交流电压回路:在额定电压下,每相不大于 0.5 VA;

c) 直流电源回路:当正常工作时,不大于 50 W;
当装置动作时,不大于 80 W。

4.4 装置的主要功能

4.4.1 装置应具有独立性、完整性、成套性,应含有输电线路必须的能反映各种故障的保护功能。

4.4.2 装置应具有在线自动检测功能,包括保护硬件损坏、功能失效和二次回路异常运行状态的自动检测。自动检测应是在线自动检测,不应由外部手段起动;并应实现完善的检测,做到只要不告警,装置就处于正常工作状态,但应防止误告警。除出口继电器外,装置内的任一元件损坏时,装置不应误动作跳闸,自动检测回路应能发出告警或装置异常信号,并给出有关信息指明损坏元件的所在部位,在最不利情况下应能将故障定位至模块(插件)。

4.4.3 装置应具有独立的启动元件,只有在电力系统发生扰动时,才允许开放出口跳闸回路。保护装置的采样回路应使用 A/D 冗余结构,采样频率不应低于 1 000 Hz,启动元件和出口元件应采用不同的硬件结构。

4.4.4 装置应具有故障记录功能,以记录保护的动作过程,为分析保护的动作行为提供详细、全面的数据信息,并且能以 COMTRADE 数据格式输出上传至保护信息管理子站。动作报告的格式应符合线路保护及辅助装置标准化设计规范。应能至少记录 32 次故障记录,故障记录按时序循环覆盖,但应能保存最新的 8 次跳闸报告。装置应保证发生故障时不丢失故障记录信息,在装置直流电源消失时不丢失已经记录的信息,记录不可人为清除;应能记录故障时的输入模拟量和开关量、输出开关量、动作元件、动作时间、相别。

4.4.5 装置应按时间顺序记录正常操作信息,如开关变位、开入量变位、压板切换、定值修改、定值切换等。每一类事件至少记录 32 次。在装置直流电源消失时不丢失已经记录的信息;所有事件记录按时序循环覆盖;记录不可人为清除。

4.4.6 装置的动作信号在直流电源消失后应能自保持,只有当运行人员复归后,信号触点才能返回,人工复归应能在装置外部实现。

4.4.7 装置的定值应满足保护功能的要求,应尽可能做到简单、易理解、易整定;定值需改变时,应设置不少于 8 套可切换的定值。电流定值可整定范围应在 $0.05I_n \sim 15I_n$,其他定值整定的范围应满足工程需要。

4.4.8 装置应能输出装置本身的自检信息及动作时间、动作采样值数据、开入、开出和内部状态信息、定值报告等。自检信息如装置硬件损坏、CT 断线、PT 断线等信息至少记录 32 次。在装置直流电源消失时不丢失已经记录的信息；所有事件记录按时序循环覆盖；记录不可人为清除。

4.4.9 装置应提供三个与监控系统和故障信息系统相联的通信接口(以太网或 RS 485 口)、调试接口、打印接口。通信接口的通信数据格式应符合 DL/T 667—1999 或 DL/T 860 系列标准的有关规定，并提供必要的功能软件，如通讯软件、定值整定辅助软件、故障记录分析软件。

4.4.10 装置宜具有调试用的通信接口，并提供相应的辅助分析软件。

4.4.11 装置应具有硬件时钟电路，装置在失去直流电源时，硬件时钟应能正常工作。装置应具有与外部标准授时源的 IRIG-B(RS485 接口)对时接口。

4.4.12 在拉、合装置直流电源时或直流电压缓慢下降及上升时，装置不应误动。直流电源消失时，应有输出触点以起动告警信号。直流电源恢复时，装置应能自动恢复工作。

4.4.13 装置应有足够的跳闸触点以跳开相应的断路器，装置的跳闸接触点应保证断路器可靠动作切除故障，故障消失后跳闸触点的返回时间不应大于 30 ms。

4.5 保护的主要功能

4.5.1 主保护和后备保护

a) 主保护采用分相电流差动保护或纵联距离保护，每套保护均应具有完整的后备保护功能，主保护与后备保护由同一套装置实现。
b) 纵联距离保护装置的主保护应能反应高阻接地故障，可采用纵联零序保护或其他纵联保护。
c) 装置应配置快速反映近端严重故障的、不依赖于通道的快速距离保护。
d) 纵联距离保护的通道采用光纤通道。
e) 纵联距离保护应具有弱馈功能。
f) 后备保护应配有完整的三段式相间距离保护和接地距离保护，接地距离 I 段保护应选相跳闸。
g) 零序电流保护应设置二段定时限，一段反时限。其中定时限第一段带方向(VT 断线时自动取消方向)，第二段不宜带方向。
h) 零序功率方向元件采用自产零序电压，方向元件的判别不应受零序电压过低或零序互感的影响。

4.5.2 重合闸

a) 若采用常规重合闸，则重合闸功能由断路器保护完成，线路保护的常规重合闸功能退出；
b) 若采用按相顺序重合方式，重合闸指令由线路保护装置来完成。断路器保护根据线路保护的指令以及断路器操作机构的工况完成按相顺序重合闸出口功能。

4.5.3 远跳就地判别装置

每套线路保护需配置一套含过电压保护功能的远跳就地判别装置。每回线路各侧的就地判别装置按“一取一”的跳闸逻辑配置。

4.6 装置的主要技术性能

保护应能达到下面的性能指标。本标准未规定的指标由下级标准规定。

4.6.1 动作时间：

a) 主保护动作时间(不包括通道传输时间)：光纤分相电流差动主保护整组动作时间不大于

30 ms;纵联距离保护在金属性故障时整组动作时间不应大于 30 ms;近端严重故障动作时间不大于 20 ms。

b) 后备保护动作时间(含出口继电器时间):

距离Ⅰ段(0.7 倍整定值):不超过 30 ms。

4.6.2 暂态超越:

距离Ⅰ段暂态超越:不应超过±5%。

4.6.3 精确测量范围:

电压:0.01 U_n～1.4 U_n

电流:0.05 I_n～20 I_n 或 0.1 I_n～40 I_n(I_n 指 TA 额定电流,下同)

4.6.4 测量元件特性的准确度:

a) 测量误差:不超过±2.5%或不超过 0.02 I_n;

b) 温度变差:在正常工作环境温度范围内,相对于+20 ℃±2 ℃时,不超过±2.5%。

c) 时间元件误差:不超过 1%或不超过 40 ms。

4.6.5 装置自身时钟精度:

装置时钟精度:24 h 不超过±2 s;经过时钟同步后相对误差不超过±1 ms。

4.6.6 在线路空载、轻载、满载等各种状态下,保护在发生区内金属性和非金属性故障(包括单相接地、两相接地、两相不接地短路、三相短路)时,保护应能正确动作。

4.6.7 在保护范围外发生各种故障时,装置不应误动。

4.6.8 每套保护均应有独立的选相功能,并有单相和三相跳闸逻辑回路。

4.6.9 对于区内外转换性故障,保护应能可靠切除区内故障。

装置应具备联跳三相功能,线路发生故障时,保护动作且开关跳三相,向对侧发联跳三相信号。收到联跳三相信号,中止发送联跳三相信号。收到联跳三相信号且本侧保护动作后,强制性三跳。

4.6.10 在外部故障切除、功率倒向及系统操作等情况下,保护不应误动作。

4.6.11 线路处于空充状态时再发生故障,主保护应能动作切除故障。

4.6.12 非全相运行时 装置不应误动,非全相运行健全相再发生故障时,应能瞬时动作跳三相。

4.6.13 手动合闸或自动重合于故障线路时,装置应可靠快速三相跳闸;单相故障单相跳开后,重合于故障时,装置应加速跳闸;手动合闸或自动重合于无故障线路时,装置应可靠不动作。

4.6.14 系统发生全相或非全相振荡,保护装置不应误动作跳闸;系统在全相或非全相振荡过程中,被保护线路如发生各种类型的不对称故障,保护装置应有选择性地动作跳闸,纵联保护仍应快速动作;系统在全相振荡过程中发生三相故障,故障线路的保护装置应可靠动作跳闸,并允许带短延时。

4.6.15 系统发生经高过渡电阻单相接地故障时,对于分相电流差动保护,当故障点电流大于 800 A 时,保护应能选相动作切除故障;对于光纤距离保护,当零序电流($3I_0$)大于 300 A 时,保护应能选相动作切除故障。

4.6.16 装置在保护范围末端经小过渡电阻相间故障时应具有抗静态超越的能力,静态超越指标不大于 5%。

4.6.17 装置在反方向出口经小过渡电阻相间故障时,距离保护不应发生误动作;在反方向出口经小电阻三相短路时,当残压不超过 5%额定电压时,距离保护不应发生误动作。

4.6.18 装置应能根据电压电流量判别线路运行状态,以实现线路非全相状态的判别和重合后加速跳闸。

4.6.19 在由分布电容、并联电抗器、变压器(励磁涌流)、高压直流输电设备和串联补偿电容等所产生的稳态和暂态的谐波分量和直流分量的影响下,装置不应误动作或拒动。光纤电流差动保护应对电容电流进行补偿。

4.6.20 装置在电压互感器二次回路断线时应发出告警信号,并闭锁可能误动的保护。装置在电流互感器二次回路一相或二相断线时,应发出告警信号。装置应适用于线路两侧使用不同变比电流互感器的情况。

4.6.21 当因电流互感器暂态饱和,波形维持正确传变时间大于 5 ms 时,区内故障应瞬时正确动作,区外故障不应误动。

4.6.22 系统发生频率偏移在±2 Hz 时,发生各种区内故障时,装置应能正确动作;发生各种区外故障时,装置不应误动。

4.6.23 按相重合闸技术要求:

a) 按相顺序重合闸按线路配置;
b) 线路保护综合两回线的信息,完成双回线的按相顺序重合闸功能,断路器保护根据线路保护的重合闸指令并结合断路器自身重合条件完成按相顺序重合闸出口功能;
c) 当按相顺序重合闸退出时,应能自动转为常规重合闸方式。

4.6.24 保护通道:

a) 装置与通道接口设备之间采用光缆连接。
b) 通道接口设备与通信设备之间采用 ITU-T 2 Mbit/s G703 协议。
c) 应具有对复用光纤通道的监视功能,当通道中断时应能发出告警信号,并闭锁与通道有关的保护。

4.6.25 装置应能可靠起动失灵保护,直到故障切除,电流元件返回为止。

4.6.26 装置的输出触点应能满足双断路器及一个半断路器接线方式下启动/闭锁重合闸、启动断路器失灵保护的需要。

4.6.27 装置单相及三相跳闸时,应分别有独立的、足够的输出触点,供启动计算机监控信号、远动信号、事件记录以及安全自动装置。

4.6.28 远跳就地判别装置:

a) 就地故障判别装置应保证在相邻线路末端故障,且本侧的中断路器失灵时,具有足够的灵敏度。
b) 远跳及过电压保护出口应分开。
c) 远跳保护装置输出触点应满足控制两台断路器的要求。
d) 远方跳闸。

远方跳闸应采用就地判据,即收到对侧保护发来的远方跳闸信号、且本侧就地判据动作才允许跳闸。就地判据应采用电流变化量元件、零负序电流元件、电压元件、低功率因数元件等。低功率因数判据因电流小于精工电流时,判低功率因数元件动作,低功率因数的最小精工电流不应大于 50 mA。

e) 过电压保护

过电压保护按相装设。应能在线路出现任何危及设备绝缘的工频过电压时,断开有关的断路器。在系统正常运行或系统暂态过程的干扰下不应误动作。过电压保护的返回系数应大于 0.98。过电压保护动作后,可选择“经”或“不经”本侧断路器的跳闸位置状态控制发远跳信号,使线路对侧断路器跳闸。过电压保护远方跳闸信号的发送和接受,与失灵保护、电抗器保护共用。

4.7 过载能力

a) 交流电流回路:2 倍额定电流连续工作;
   40 倍额定电流允许 1 s;
b) 交流电压回路:1.2 倍额定电压连续工作允许 1 s;
   1.4 倍额定电压允许 10 s。

装置经受电流电压过载后,应无绝缘损坏,并符合 4.8 和 4.9 的规定。

4.8 绝缘性能

4.8.1 绝缘电阻

在试验的标准大气条件下，装置的外引带电回路部分和外露非带电金属部分及外壳之间，以及电气上无联系的各回路之间，装置的各电路对外露的导电件之间，各独立电路之间（每个独立电路的端子连接在一起），用500 V的直流兆欧表测量其绝缘电阻值，不应小于100 MΩ。

4.8.2 介质强度

a） 在试验的标准大气条件下，装置应能承受频率为50 Hz，历时1 min的工频耐压试验而无击穿闪络及元器件损坏现象；

b） 工频试验电压值按表1选择。也可以采用直流试验电压，其值应为规定的工频试验电压值的1.4倍；

c） 试验过程中，任一被试回路施加电压时其余回路等电位互联接地。

表 1 工频试验电压值

单位为伏

被试回路	额定绝缘电压	试验电压
整机引出端子和背板线—地	63～250	2 000
直流输入回路—地	63～250	2 000
交流输入回路—地	63～250	2 000
信号输出触点—地	63～250	2 000
无电气联系的各回路之间	63～250	2 000
整机带电部分—地	≤63	500
出口继电器的常开触点之间	63～250	2 000

4.8.3 冲击电压

在试验的标准大气条件下，装置的直流输入回路、交流输入回路、信号输出触点等诸回路对地，以及回路之间，应能承受1.2/50 μs的标准雷电波的短时冲击电压试验。当额定绝缘电压大于63 V时，开路试验电压为5 kV；当额定绝缘电压不大于63 V时，开路试验电压为1 kV。试验后，装置的性能应符合4.4和4.6的规定。

4.9 耐湿热性能

根据试验条件和使用环境，在以下两种方法中选择其中一种。

4.9.1 恒定湿热

装置应能承受GB/T 7261—2008第9章规定的恒定湿热试验。在试验结束前2 h内，用500 V直流兆欧表，测量各外引带电回路部分对外露非带电金属部分及外壳之间、以及电气上无联系的各回路之间的绝缘电阻值不应小于1.5 MΩ；介质强度不低于4.8.2规定的介质强度试验电压值的75%。

4.9.2 交变湿热

装置应能承受GB/T 7261—2008第9章规定的交变湿热试验。在试验结束前2 h内，用500 V直流兆欧表，测量各外引带电回路部分对外露非带电金属部分及外壳之间、以及电气上无联系的各回路之间的绝缘电阻不应小于1.5 MΩ;介质强度不低于4.8.2规定的介质强度试验电压值的75%。

4.10 电磁兼容性能

4.10.1 1 MHz和100 kHz脉冲群抗扰度

装置应能承受GB/T 14598.13—2008中规定的严酷等级的1 MHz和100 kHz脉冲群抗扰度试验。试验期间及试验后,装置性能应符合表2的规定。

表2 电磁兼容性能试验后装置的验收准则

功能	验收准则
保护	在规定的限值内性能正常
命令与控制	在规定的限值内性能正常
测量	在试验期间性能暂时下降,试验后自行恢复。存储数据不丢失
人机接口和可视报警	在试验期间性能暂时下降或功能丧失,试验后自行恢复。存储数据不丢失
数据通信	在试验期间误码率可能增加,但传输数据不丢失

4.10.2 静电放电干扰

装置应能承受GB/T 14598.14—2012中规定的严酷等级为4级的静电放电干扰试验。试验期间及试验后,装置性能应符合表2的规定。

4.10.3 辐射电磁场骚扰

装置应能承受GB/T 14598.9—2010中规定的严酷等级的辐射电磁场骚扰试验,试验场强为10 V/m(有效值)。试验期间及试验后,装置性能应符合表2的规定。

4.10.4 电快速瞬变/脉冲群抗扰度

装置应能承受GB/T 14598.10—2012中规定的严酷等级为4级的电快速瞬变/脉冲群抗扰度试验,试验期间及试验后,装置性能应符合表2的规定。

4.10.5 浪涌抗扰度

装置应能承受GB/T 14598.18—2012中规定的严酷等级的浪涌抗扰度试验,试验期间及试验后,装置性能应符合表2的规定。

4.10.6 射频场感应的传导骚扰抗扰度

装置应能承受GB/T 14598.17—2005中规定的严酷等级的射频场感应的传导骚扰抗扰度试验,试验电压电平为140 dB(μV)或10 V(有效值),试验期间及试验后,装置性能应符合表2的规定。

4.10.7 工频磁场抗扰度

装置应能承受GB/T 17626.8—2006中规定的严酷等级为5级的工频磁场抗扰度试验,试验期间及试验后,装置性能应符合表2的规定。

4.10.8 脉冲磁场抗扰度

装置应能承受GB/T 17626.9—2011中规定的严酷等级为5级的脉冲磁场抗扰度试验,试验期间及试验后,装置性能应符合表2的规定。

4.10.9 工频抗扰度

装置应能承受 GB/T 14598.19—2007 中规定的严酷等级为 A 级的工频抗扰度试验，试验期间及试验后，装置性能应符合表 2 的规定。

4.11 电源影响

a) 在试验的标准大气条件下，分别改变 4.2.1 中规定的极限参数，装置应可靠工作，性能及参数符合 4.4 和 4.6 的规定；
b) 按 GB/T 7261—2008 中第 10 章的规定进行直流电源中断 20 ms 影响试验，装置不应误动；
c) 装置加上电源、断电、电源电压缓慢上升或缓慢下降，装置均不应误动作或误发信号。当电源恢复正常后，装置应自动恢复正常运行；
d) 将直流电源的纹波系数调整至额定值 5%时，装置应正确工作。
e) 交流电源频率频率偏差 2 Hz，装置应正常工作。

4.12 动态模拟

装置应进行动态模拟试验。在各种故障类型下，装置动作行为应正确，信号指示应正常，应符合 4.4 和 4.6 的规定。

4.13 连续通电

装置完成调试后，出厂前应进行连续通电试验。试验期间，装置工作应正常，信号指示应正确，不应有元器件损坏，或其他异常情况出现。试验结束后，性能指标应符合 4.4 和 4.6 的规定。

4.14 机械性能

4.14.1 振动(正弦)

a) 振动响应

装置应能承受 GB/T 11287—2000 中 3.2.1 规定的严酷等级为Ⅰ级的振动响应试验，试验期间及试验后，装置性能应符合 GB/T 11287—2000 中 5.1 的规定。

b) 振动耐久

装置应能承受 GB/T 11287—2000 中 3.2.2 规定的严酷等级为Ⅰ级的振动耐久试验，试验期间及试验后，装置性能应符合 GB/T 11287—2000 中 5.2 的规定。

4.14.2 冲击

a) 冲击响应

装置应能承受 GB/T 14537—1993 中 4.2.1 规定的严酷等级为Ⅰ级的冲击响应试验，试验期间及试验后，装置性能应符合 GB/T 14537—1993 中 5.1 的规定。

b) 冲击耐久

装置应能承受 GB/T 14537—1993 中 4.2.2 规定的严酷等级为Ⅰ级的冲击耐久试验，试验期间及试验后，装置性能应符合 GB/T 14537—1993 中 5.2 的规定。

4.14.3 碰撞

装置应能承受 GB/T 14537—1993 中 4.3 规定的严酷等级为Ⅰ级的碰撞试验，试验期间及试验后，装置性能应符合 GB/T 14537—1993 中 5.2 的规定。

4.15 结构、外观及其他

4.15.1 机箱尺寸应符合 GB/T 7268—2005 的规定。

4.15.2 装置应采取必要的抗电气骚扰措施，装置的不带电金属部分应在电气上连成一体，并具备可靠接地点。

4.15.3 装置应有安全标志，安全标志应符合 GB 14598.27—2008 中的规定。

4.15.4 金属结构件应有防锈蚀措施。

5 试验方法

5.1 试验条件

5.1.1 除另有规定外，各项试验均在 4.1.2 规定的试验的标准大气条件下进行。

5.1.2 被试验装置和测试仪表必须良好接地，并考虑周围环境电气骚扰对测试结果的影响。

5.2 技术性能试验

5.2.1 静态模拟试验

a) 各种保护的定值；

b) 各种保护的动作特性；

c) 各种保护的动作时间特性；

d) 装置整组的动作正确性。

5.2.2 其他性能试验

a) 硬件系统自检；

b) 硬件系统时钟功能；

c) 通信及信息显示、输出功能；

d) 开关量输入输出回路；

e) 数据采集系统的精度和线性度；

f) 定值切换功能。

5.2.3 动态模拟试验

装置通过 5.2.1 和 5.2.2 各项试验后，按照 DL/T 871—2004 的规定，在电力系统动态模拟系统上进行整组试验，或使用继电保护试验装置、仿真系统进行试验。试验结果应满足 4.4 和 4.6 的规定。

试验项目如下：

a) 区内单相接地、两相短路接地、两相短路和三相短路时的动作行为；

b) 区外和反向单相接地、两相短路接地、两相短路和三相短路时的动作行为；

c) 区内转换性故障时的动作行为；

d) 暂态超越；

e) 装置的选相性能；

f) 非全相运行中再故障的动作行为；

g) 手合在空载线上及合环时装置的行为，拉合空载变压器时装置的行为；

h) 手合在永久性故障线上装置的动作行为；

i) 装置和重合闸配合工作时，在瞬时性和永久性故障条件下的动作行为；

j) 电压回路断线或短路对装置的影响；

k) 在接入线路电压互感器条件下,线路两侧开关跳开后以及合闸时装置的行为;
l) 允许式或闭锁式全线速动保护,在各种类型故障以及区外故障功率倒向时的动作行为;
m) 装置在电力系统振荡过程中的性能;
n) 区内转区外或区外转区内各种转换性故障时装置的动作行为。

5.3 温度试验

根据4.1.1 a)的要求,按GB/T 7261—2008第9章的规定和方法进行高低温试验,温度变差应满足4.6.4 b)的要求。

5.4 温度贮存试验

按GB/T 7261—2008第9章的规定和方法进行试验,试验后装置的性能应符合4.1.4的规定。

5.5 功率消耗试验

根据4.3的要求,按GB/T 7261—2008第7章的规定和方法,对装置进行功率消耗试验。

5.6 过载能力试验

根据4.7的要求,按GB/T 7261—2008第14章的规定和方法,对装置进行过载能力试验。

5.7 绝缘试验

根据4.8的要求,按GB/T 7261—2008第12章的规定和方法,分别进行绝缘电阻测量、介质强度及冲击电压试验。

5.8 湿热试验

根据4.9的规定,在以下两种方法中选择其中一种。

5.8.1 恒定湿热试验

根据4.9.1的要求,按GB/T 2423.3—2006第9章的规定和方法,对装置进行恒定湿热试验。

5.8.2 交变湿热试验

根据4.9.2的要求,按GB/T 7261—2008第9章的规定和方法,对装置进行交变湿热试验。

5.9 电磁兼容性能试验

5.9.1 1 MHz和100 kHz脉冲群抗扰度试验

根据4.10.1的要求,按GB/T 14598.13—2008的规定和方法,对装置进行脉冲群干扰试验。

5.9.2 静电放电干扰试验

根据4.10.2的要求,按GB/T 14598.14—2010的规定和方法,对装置进行静电放电干扰试验。

5.9.3 辐射电磁场骚扰试验

根据4.10.3的要求,按GB/T 14598.9—2010的规定和方法,对装置进行辐射电磁场骚扰试验。

5.9.4 电快速瞬变/脉冲群抗扰度试验

根据4.10.4的要求,按GB/T 14598.10—2012的规定和方法,对装置进行电快速瞬变/脉冲群抗扰度试验。

5.9.5 浪涌抗扰度试验

根据4.10.5的要求,按GB/T 14598.18—2012的规定和方法,对装置进行浪涌抗扰度试验。

5.9.6 射频场感应的传导骚扰抗扰度试验

根据4.10.6的要求,按GB/T 14598.17—2005的规定和方法,对装置进行射频场感应的传导骚扰抗扰度试验。

5.9.7 工频磁场抗扰度试验

根据4.10.7的要求,按GB/T 17626.8—2006的规定和方法,对装置进行工频磁场抗扰度试验。

5.9.8 脉冲磁场抗扰度试验

根据4.10.8的要求,按GB/T 17626.9—2011的规定和方法,对装置进行脉冲磁场抗扰度试验。

5.9.9 工频抗扰度试验

根据4.10.9的要求,按GB/T 14598.19—2007的规定和方法,对装置进行工频抗扰度试验。

5.10 电源影响试验

根据4.11的要求,按GB/T 7261—2008中规定的方法,对装置进行电源影响试验。

5.11 连续通电试验

a) 根据4.13的要求,装置出厂前应进行连续通电试验;
b) 被试装置只施加直流电源,必要时可施加其他激励量进行功能检测;
c) 试验时间为室温100 h(或+40 ℃±2 ℃ 72 h)。

5.12 机械性能试验

5.12.1 振动试验

根据4.14.1的要求,按GB/T 11287—2000的规定和方法,对装置进行振动响应和振动耐久试验。

5.12.2 冲击试验

根据4.14.2的要求,按GB/T 14537—1993的规定和方法,对装置进行冲击响应和冲击耐久试验。

5.12.3 碰撞试验

根据4.14.3的要求,按GB/T 14537—1993的规定和方法,对装置进行碰撞试验。

5.13 结构和外观检查

按4.15及GB/T 7261—2008第5章的要求逐项进行检查。

6 检验规则

产品检验分出厂检验和型式检验两种。

6.1 出厂检验

每台装置出厂前必须由制造厂的检验部门进行出厂检验，出厂检验在试验的标准大气条件下进行。出厂检验项目见表 3。

6.2 型式检验

型式检验在试验的标准大气条件下进行。

6.2.1 型式检验规定

凡遇下列情况之一，应进行型式检验：

a) 新产品定型鉴定前；
b) 产品转厂生产定型鉴定前；
c) 连续批量生产的装置每四年一次；
d) 正式投产后，如设计、工艺、材料、元器件有较大改变，可能影响产品性能时；
e) 产品停产一年以上又重新恢复生产时；
f) 国家质量监督检验检疫机构或受其委托的质量技术检验部门提出型式检验要求时；
g) 合同规定时。

6.2.2 型式检验及出厂检验项目

型式检验及出厂检验项目见表 3。

表 3 型式检验及出厂检验项目

检验项目名称	出厂检验项目	型式检验项目	技术要求章条	试验方法章条
a) 结构与外观	√	√	4.15	5.13
b) 装置的主要功能	√	√	4.4	5.2
c) 技术性能	√	√	4.6	5.2
d) 功率消耗		√	4.3	5.5
e) 高温、低温		√	4.1.1 a)、4.6.4 b)	5.3
f) 电源影响		√	4.11	5.10
g) 连续通电	√		4.13	5.11
h) 抗电气干扰		√	4.10	5.9
i) 温度贮存		√	4.1.4	5.4
j) 耐湿热性能		√	4.9	5.8
k) 绝缘性能	√[a]	√	4.8	5.7
l) 过载能力		√	4.7	5.6
m) 机械性能		√	4.14	5.12
n) 动态模拟		√[b]	4.12	5.2.3

[a] 只测绝缘电阻及介质强度，不测冲击电压；
[b] 新产品定型鉴定前做。

6.2.3 型式检验的抽样与判定规则

a) 型式检验从出厂检验合格的产品中任意抽取两台作为样品，然后分A、B两组进行。
   A组样品按6.2.2中规定的a)、b)、c)、d)、e)、f)、g)、h)各项进行检验；
   B组样品按6.2.2中规定的i)、j)、k)、l)、m)各项进行检验。
b) 样品经过型式检验，未发现主要缺陷，则判定产品本次型式检验合格。检验中如发现有一个主要缺陷，则进行第二次抽样，重复进行型式检验，如未发现主要缺陷，仍判定该产品本次型式检验合格。如第二次抽取的样品仍存在此缺陷，则判定该产品本次型式检验不合格。
c) 样品型式检验结果达不到4.3～4.12要求中任一条时，均按存在主要缺陷判定。
d) 检验中样品出现故障允许进行修复。修复内容，如对已做过检验项目的检验结果没有影响，可继续往下进行检验。反之，受影响的检验项目应重做。

7 标志、包装、运输、贮存

7.1 标志

7.1.1 每台装置应在机箱的显著部位设置持久明晰的标志或铭牌，标志下列内容：
a) 产品型号、名称；
b) 制造厂全称及商标；
c) 主要参数；
d) 对外端子及接口标识；
e) 出厂日期及编号。

7.1.2 包装箱上应以不易洗刷或脱落的涂料作如下标记：
a) 发货厂名、产品型号、名称；
b) 收货单位名称、地址、到站；
c) 包装箱外形尺寸(长×宽×高)及毛重；
d) 包装箱外面书写“防潮”“向上”“小心轻放”等字样；
e) 包装箱外面应规定叠放层数。

7.1.3 标志标识，应符合GB/T 191—2008的规定。

7.1.4 产品执行的标准应予以明示。

7.1.5 安全设计标志应按GB 14598.27—2008的规定明示。

7.2 包装

7.2.1 产品包装前的检查

a) 产品合格证书和装箱清单中各项内容应齐全；
b) 产品外观无损伤；
c) 产品表面无灰尘。

7.2.2 包装的一般要求

产品应有内包装和外包装，插件插箱的可动部分应锁紧扎牢，包装应有防尘、防雨、防水、防潮、防震等措施。包装完好的装置应满足4.1.4规定的贮存运输要求。

7.3 运输

产品应适于陆运、空运、水运(海运),运输装卸按包装箱的标志进行操作。

7.4 贮存

长期不用的装置应保留原包装,在4.1.4规定的条件下贮存。贮存场所应无酸、碱、盐,无有害气体及尘烟,有防御雨、雪、风、沙的措施。

8 其他

用户在遵守本标准及产品说明书所规定的运输、贮存条件下,装置自出厂之日起,至安装不超过两年,如发现装置和配套件非人为损坏,制造厂应负责免费维修或更换。

ICS 29.240.10
K 45

中华人民共和国国家标准

GB/T 31237—2014

1 000 kV 系统继电保护装置及安全自动装置检测技术规范

Inspection specification for 1 000 kV power system protection relay and automation device

2014-09-30 发布 2015-04-01 实施

中华人民共和国国家质量监督检验检疫总局
中国国家标准化管理委员会 发布

前言

本标准按照 GB/T 1.1—2009 给出的规则起草。

本标准由中国电力企业联合会提出。

本标准由中国电力企业联合会归口。

本标准主要起草单位：国家电网公司、中国电力科学研究院、南京南瑞继保电气有限公司/国网南京自动化研究院、许继电器股份有限公司、北京四方继保自动化股份有限公司、国电南京自动化股份有限公司。

本标准主要起草人：王德林、周春霞、艾淑云、周泽昕、刘洪涛、赵希才、胥岱遐、李瑞生、黄少峰、王峰、李斌。

1 000 kV 系统继电保护装置及安全自动装置检测技术规范

1 范围

本标准规定了 1 000 kV 电力系统继电保护装置及安全自动装置的检测技术条件、检测项目、技术要求、试验方法及检测结果的判定方法。

本标准适用于电力系统继电保护检测部门和研制部门在进行型式试验时应遵循的基本方法。

2 规范性引用文件

下列文件对于本文件的应用是必不可少的。凡是注日期的引用文件，仅注日期的版本适用于本文件。凡是不注日期的引用文件，其最新版本(包括所有的修改单)适用于本文件。

GB/T 2422 电工电子产品环境试验 术语

GB/T 2900.1 电工术语 基本术语

GB/T 2900.17 电工术语 电气继电器

GB/T 2900.49 电工术语 电力系统保护

GB/T 4365—2003 电工术语 电磁兼容

GB/T 7261—2008 继电器及继电保护装置基本试验方法

GB/T 7268—2005 电力系统二次回路控制、保护装置用插箱及插件面板基本尺寸系列

GB/T 11287—2000 电气继电器 第 21 部分：量度继电器和保护装置的振动、冲击、碰撞和地震试验 第 1 篇 振动试验(正弦)

GB/T 14537—1993 量度继电器和保护装置的冲击和碰撞试验

GB/T 14598.3—2006 电气继电器 第 5 部分：量度继电器和保护装置的绝缘配合要求和试验

GB/T 14598.9—2010 量度继电器和保护装置 第 22-3 部分：电气骚扰试验——辐射电磁场骚扰试验

GB/T 14598.10—2012 电气继电器 第 22-4 部分：电气骚扰试验 电快速瞬变/脉冲群抗扰度试验

GB/T 14598.13—2008 电气继电器 第 22-1 部分：量度继电器和保护装置的电气骚扰试验 1 MHz 脉冲群抗扰度试验

GB/T 14598.14—2010 量度继电器和保护装置 第 22-2 部分：电气骚扰试验——静电放电试验

GB/T 14598.16—2002 电气继电器 第 25 部分：电气继电器量度继电器和保护装置的电磁发射试验

GB/T 14598.17—2005 电气继电器 第 22-6 部分：量度继电器和保护装置的电气骚扰试验——射频场感应的传导骚扰的抗扰度

GB/T 14598.18—2012 量度继电器和保护装置 第 22-5 部分：电气骚扰试验 浪涌抗扰度试验

GB/T 14598.19—2007 电气继电器 第 22-7 部分：量度继电器和保护装置的电气骚扰试验——工频抗扰度试验

GB/T 14598.20—2007 电气继电器 第 26 部分：量度继电器和保护装置的电磁兼容要求

GB 14598.27—2008 量度继电器和保护装置 第 27 部分：产品安全要求

GB/T 17626.8—2006 电磁兼容 试验和测量技术 工频磁场抗扰度试验
GB/T 17626.9—2011 电磁兼容 试验和测量技术 脉冲磁场抗扰度试验
GB/T 17626.17—2005 电磁兼容 试验和测量技术 直流电源输入端口纹波抗扰度试验
GB/T 26864—2011 电力系统继电保护产品动模试验
GB/T 29322—2012 1 000 kV 变压器保护装置技术要求
GB/T 29323—2012 1 000 kV 断路器保护装置技术要求
GB/Z 29327—2012 1 000 kV 电抗器保护装置技术要求
GB/T 31236—2014 1 000 kV 线路保护装置技术要求
DL/T 1276 1 000 kV 母线保护装置技术要求

3 术语和定义

GB/T 2422、GB/T 2900.1、GB/T 2900.17、GB/T 2900.49 和 GB/T 4365—2013 界定的术语和定义适用于本文件。

4 检测条件

4.1 检测的环境条件

检测的正常试验环境条件：
环境温度 15 ℃～35 ℃；
相对湿度 45%～75%；
大气压力 86 kPa～106 kPa。

4.2 检测的基准条件

有准确度要求的，试验应在基准条件下进行。基准条件为：
环境温度：20 ℃±2 ℃；
相对湿度：45%～75%；
大气压力：86 kPa～106 kPa。

4.3 检测用设备

检测所使用的仪器、仪表必须经过检验合格，并应满足 GB/T 7261—2008 中的规定，定值检验所使用的仪器、仪表的准确级应不低于 0.5 级。

5 结构及外观检查

5.1 试验方法

依据 GB/T 7261—2008 中第 5 章的规定和方法进行。

5.2 技术要求

a) 产品所有零件锡焊处的质量，应不存在虚焊假焊现象。
b) 产品表面的涂复层的颜色应均匀一致，无明显的色差和眩光，涂复层表面应无砂粒、趋皱、流痕等缺陷。

c） 产品铭牌标志和端子号应正确、清晰、齐全。

d） 装置应采取必要的抗电气干扰措施，装置的不带电金属部分应在电气上连成一体，并具备可靠接地点。

e） 装置应有安全标志，安全标志应符合 GB 14598.27—2008 中 9.1 的规定。

f） 机箱尺寸应符合 GB/T 7268—2005 的规定。

g） 金属结构件应有防锈蚀措施。

6 功率消耗测试

6.1 试验方法

依据 GB/T 7261—2008 中第 7 章的规定和方法进行。

6.2 技术要求

交流电流回路，每相不超过 0.5 VA；
交流电压回路，每相不超过 0.5 VA；
直流电源回路，由产品标准规定。

7 环境试验

7.1 试验方法

7.1.1 高低温试验

试验条件和方法依据 GB/T 7261—2008 中第 9 章的规定和方法进行。

7.1.2 温度贮存试验

试验条件和方法依据 GB/T 7261—2008 中第 9 章的规定和方法进行。

7.1.3 耐湿热性能试验

试验条件和方法依据 GB/T 7261—2008 中第 9 章的规定和方法进行。

7.2 技术要求

7.2.1 高低温试验

在试验过程中施加规定的激励量，温度的变差相对于 20 ℃±2 ℃时，不超过±2.5%。

7.2.2 温度贮存试验

试验结束后，放在室温下恢复 2 h，装置电气性能应满足产品标准要求，外观检查零部件的材料不应出现不可恢复的损伤。

7.2.3 耐湿热性能试验

在试验结束前 2 h 内，测量绝缘电阻值不应小于 1.5 MΩ；介质强度不低于 10.1.2 规定的介质强度试验电压值的 75%。

8 电源影响试验

8.1 试验方法

依据 GB/T 7261—2008 中第 10 章的规定和方法进行。

8.1.1 辅助激励量电压波动影响试验

按产品标准规定分别将交流或直流辅助激励量电压调整至其标称范围的极限值，施加于产品进行试验，其他影响量或影响因素为基准值。按产品标准规定的试验项目进行试验，确定准确度等性能指标，并与基准条件下的测试结果进行比较，依据 GB/T 7261—2008 中 6.5.4 规定的方法计算变差。

8.1.2 直流电源中断试验

中断时间为 20 ms。辅助激励量中断方式，采用突然发生的方式。即辅助激励量突然从额定值变化到零或者从零变化到额定值；重复试验五次，每两次之间的间隔时间至少应为试验持续时间的 10 倍。

8.1.3 交流电源频率影响试验

按产品标准规定分别将电源频率调整至其标称范围的极限值，施加于产品进行试验，其他影响量或影响因素为基准值。按产品标准规定的试验项目进行试验，确定准确度等性能指标，并与基准条件下的测试结果进行比较，依据 GB/T 7261—2008 中 6.5.4 规定的方法计算变差。

8.1.4 直流电源波纹系数(失真度)影响试验

直流辅助激励量纹波系数影响试验的设备应满足 GB/T 17626.17—2005 的要求。

8.2 技术要求

8.2.1 辅助激励量电压波动影响试验

将直流电源电压调整至额定值 80%和 115%时，装置应正确动作。

8.2.2 直流电源中断

不误动不复位，确定对特性量准确度的影响，确定对动作时间的影响。

8.2.3 交流电源频率影响试验

频率偏差 2 Hz，装置应正常工作。

8.2.4 直流电源波纹系数(失真度)影响试验：

将直流电源的纹波系数调整至额定值 5%时，装置应正确工作。

9 机械性能试验

9.1 试验方法

9.1.1 振动

依据 GB/T 11287—2000 规定的方法进行。

9.1.2 冲击

依据 GB/T 14537—1993 规定的方法进行。

9.1.3 碰撞

依据 GB/T 14537—1993 规定的方法进行。

9.2 技术要求

9.2.1 振动

振动响应：产品应具有承受 GB/T 11287—2000 中 3.2.1 规定的严酷等级为Ⅰ级的振动响应能力。振动响应试验产生的变差应满足产品标准的要求。试验结束后产品无紧固零件松动、机械损坏现象；有关性能应满足产品标准的要求。

振动耐久：产品应具有承受 GB/T 11287—2000 中 3.2.2 规定的严酷等级为Ⅰ级的振动耐久能力。产品无紧固零件松动、机械损坏现象；振动后通电测试，性能正常。

9.2.2 冲击

冲击响应：产品应具有承受 GB/T 14537—1993 中 4.2.1 规定的严酷等级为Ⅰ级的冲击响应能力。冲击响应试验产生的变差应满足产品标准的要求。试验结束后产品无紧固零件松动、机械损坏现象；有关性能应满足产品标准的要求。

冲击耐久：产品应具有承受 GB/T 14537—1993 中 4.2.2 规定的严酷等级为Ⅰ级的冲击耐久能力。产品无紧固零件松动、机械损坏现象；冲击后通电测试，性能正常。

碰撞：产品应具有承受 GB/T 14537—1993 中 4.3 规定的严酷等级为Ⅰ级的碰撞能力。产品无紧固零件松动、机械损坏现象；碰撞后通电测试，性能正常。

10 绝缘试验

10.1 试验方法

10.1.1 绝缘电阻

试验部位：

a) 各电路对外露的导电件(相同电压等级的电路互联)；

b) 各独立电路之间(每一独立电路的端子互联)。

额定绝缘电压高于 63 V 时，用开路电压为 500 V(额定绝缘电压不超过 63 V 时，用开路电压为 250 V)的测试仪器测定其绝缘电阻值。

10.1.2 介质强度

具体的被试电路及介质强度试验值见表 1，也可采用直流试验电压，其值应为规定的工频试验电压值的 1.4 倍。

表 1　介质强度试验电压值

单位为伏

被试电路	额定绝缘电压	试验电压
整机输出端子——地	63～250	2 000
直流输入回路——地	63～250	2 000
交流输入回路——地	63～250	2 000
信号和报警输出触点——地	63～250	2 000
无电气联系的各回路之间	63～250	2 000
	≤63	500
出口继电器的常开触点之间	—	1 000
各带电部分分别——地	≤63	500

10.1.3　冲击电压

冲击电压试验部位：

a)　同 10.1.1a)；

b)　同 10.1.1b)。

冲击电压试验值：

上述部位应能承受标准雷电波 1.2/50 μs(见 GB/T 14598.3—2006 中 6.1.3)的短时冲击电压试验，试验电压的峰值为 1 kV(额定绝缘电压≤63 V)或 5 kV(额定绝缘电压>63 V)。

10.2　技术要求

10.2.1　绝缘电阻

上述部位测定其绝缘电阻值不应小于 100 MΩ。

10.2.2　介质强度

上述部位应能承受频率为 50 Hz 的工频耐压试验，历时 1 min，产品各部位不应出现绝缘击穿或闪络现象。

10.2.3　冲击电压

产品承受冲击电压试验后，其主要性能指标应符合产品企业标准规定的出厂试验项目要求。试验过程中，允许出现不导致绝缘损坏的闪络，如果出现闪络，则应复查绝缘电阻及介质强度，此时介质强度试验电压值为规定值的 75%。

11　电磁兼容

11.1　试验方法及严酷等级

11.1.1　1 MHz 脉冲群抗扰度试验

1 MHz 和 100 kHz 脉冲群抗扰度试验依据 GB/T 14598.13—2008 规定的方法进行。试验部位及试验规格依据 GB/T 14598.20—2007 中 4.2 的要求进行，通过 3 级。

11.1.2 静电放电抗扰度试验

静电放电抗扰度试验依据 GB/T 14598.14—2010 规定的方法进行。试验部位及试验规格依据 GB/T 14598.20—2007 中 4.2 的要求进行，通过 4 级。

11.1.3 辐射电磁场抗扰度试验

辐射电磁场抗扰度试验依据 GB/T 14598.9—2010 规定的方法进行。试验部位及试验规格依据 GB/T 14598.20—2007 中 4.2 的要求进行，通过 3 级。

11.1.4 电快速瞬变/脉冲群抗扰度试验

电快速瞬变/脉冲群抗扰度试验依据 GB/T 14598.10—2012 规定的方法进行。试验部位及试验规格依据 GB/T 14598.20—2007 中 4.2 的 A 级要求进行，通过 4 级。

11.1.5 浪涌(冲击)抗扰度试验

浪涌(冲击)抗扰度试验依据 GB/T 14598.18—2012 规定的方法进行。试验部位及试验规格依据 GB/T 14598.20—2007 中 4.2 的要求进行。严酷等级为最高线对地±2 kV；线对线±1 kV。

11.1.6 射频场感应的传导骚扰抗扰度试验

射频场感应的传导骚扰抗扰度试验依据 GB/T 14598.17—2005 规定的方法进行。试验部位及试验规格依据 GB/T 14598.20—2007 中 4.2 的要求进行。

11.1.7 工频磁场抗扰度试验

工频磁场抗扰度试验依据 GB/T 17626.8—2006 规定的试验方法进行。外壳端口：通过 5 级。

11.1.8 脉冲磁场抗扰度试验

脉冲磁场抗扰度试验依据 GB/T 17626.9—2011 规定的试验方法进行。外壳端口：通过 5 级。

11.1.9 工频抗扰度试验

工频抗扰度试验依据 GB/T 14598.19—2007 规定的方法进行。试验部位及试验规格依据 GB/T 14598.20—2007 中 4.2 的要求进行。

11.1.10 电磁发射试验

传导发射限值试验和辐射发射限值试验依据 GB/T 14598.16—2002 规定的方法进行。测试部位及发射限值要求依据 GB/T 14598.20—2007 中 4.1 的要求进行。

11.2 技术要求

11.2.1 1 MHz 脉冲群抗扰度试验

被试装置的延时应设置为它们预期应用的最小实用值。试验进行时，应将等于额定值的辅助激励量施加到相应的电路上，输入的激励量的值应在动作值上下的 10%以内。

验收准则：

如果被试装置在整个试验期间均满足其抗扰度要求，并且在试验结束后仍符合相关的性能要求，则试验结果合格。表 2 列出保护装置具有的重要功能，在试验中宜监视这些功能。

表 2　试验中监视功能

功　能	验收准则
保护	在规定的限值内性能正常
命令与控制	在规定的限值内性能正常
测量	在试验期间性能暂时下降，试验后自行恢复。存储数据不丢失
人机接口和可视报警	在试验期间性能暂时下降或功能丧失，试验后自行恢复。存储数据不丢失
数据通信	在试验期间误码率可能增加，但传输数据不丢失

11.2.2　静电放电抗扰度试验

被试装置的延时应设置为它们预期应用的最小实用值。试验进行时，应将等于额定值的辅助激励量施加到相应的电路上，输入的激励量的值应在动作值上下的10％以内。验收准则同11.2.1。

11.2.3　辐射电磁场抗扰度试验

被试装置的延时应设置为它们预期应用的最小实用值。试验进行时，应将等于额定值的辅助激励量施加到相应的电路上，输入的激励量的值应在动作值上下的10％以内。验收准则同11.2.1。

11.2.4　电快速瞬变/脉冲群抗扰度试验

被试装置的延时应设置为它们预期应用的最小实用值。试验进行时，应将等于额定值的辅助激励量施加到相应的电路上，输入的激励量的值应在动作值上下规定的暂态误差的两倍之内。试验电压应以共模的方式逐次施加于每一个端口，每个极性至少1 min。并应检查与验收准则的一致性。验收准则同11.2.1。

11.2.5　浪涌(冲击)抗扰度试验

被试装置的延时应设置为它们预期应用的最小实用值。试验进行时，应将等于额定值的辅助激励量施加到相应的电路上，输入的激励量的值应在动作值上下规定的暂态误差的两倍之内。由于实用的原因，不考虑在暂态或动作状态时对被试装置施加浪涌试验。浪涌应施加在线与线和线与地之间。验收准则同11.2.1。

11.2.6　射频场感应的传导骚扰抗扰度试验

被试装置的延时应设置为它们预期应用的最小实用值。试验进行时，应将等于额定值的辅助激励量施加到相应的电路上，输入的激励量的值应在动作值上下规定的暂态误差的两倍之内。验收准则同11.2.1。

11.2.7　工频磁场抗扰度试验

被试装置的延时应设置为它们预期应用的最小实用值。试验进行时，应将等于额定值的辅助激励量施加到相应的电路上，输入的激励量的值应在动作值上下的10％以内。验收准则同11.2.1。

11.2.8　脉冲磁场抗扰度试验

被试装置的延时应设置为它们预期应用的最小实用值。试验进行时，应将等于额定值的辅助激励量施加到相应的电路上，输入的激励量的值应在动作值上下的10%以内。验收准则同11.2.1。

11.2.9 工频抗扰度试验

被试装置的延时应设置为它们预期应用的最小实用值。试验进行时，应将等于额定值的辅助激励量施加到相应的电路上，输入的激励量的值应在动作值上下的10%以内。验收准则同11.2.1。

11.2.10 电磁发射试验

应将辅助激励量和输入激励量的额定值施加于被试设备的相应回路。所施加的值应代表正常的工作静止状态，被试设备不应处于暂态动作状态，也不应处于动作后状态。试验中传导和辐射发射的限值不超过4.1、4.2给出的限值。

12 过载试验

12.1 试验方法

试验方法依据GB/T 7261—2008中第14章的规定和方法进行。

交流电流回路：2倍额定电流，连续工作；
40倍额定电流，允许1 s；
交流电压回路：1.2倍额定电压，连续工作；
1.4额定电压，允许10 s。

12.2 技术指标

试验过程和试验结束后应满足下列要求：绝缘无损坏，包括无液化、无碳化或无烧焦现象；线圈及结构零件无永久性机械变形。

13 测量元件准确度及装置功能

13.1 线路保护装置

满足GB/T 31236—2014的要求。

13.2 变压器保护装置

满足GB/T 29322—2012的要求。

13.3 电抗器保护装置

满足GB/Z 29327—2012的要求。

13.4 母线保护装置

满足DL/T 1276的要求。

13.5 断路器保护装置

满足GB/T 29323—2012的要求。

14 动态模拟试验

本标准未规定部分参照 GB/T 26864—2011 的规定。

14.1 1 000 kV 输电线路保护装置

14.1.1 输电线路模型系统

当线路长度为 200 km 时，只考虑在线路一侧接入并联电抗器，其补偿度约为 65%；当线路长度为 300 km～600 km 时，考虑在线路两侧和中间接入并联电抗器，其补偿度每侧约为 35%。

对于带串联补偿电容的线路，串联补偿电容器可根据需要分别放置在线路一端或线路中点，并在串补电容器两侧分别设置短路点。串联补偿电容的补偿度可根据工程需要调整。对于 1 000 kV 线路的模拟系统，推荐采用图 A.1 所示的典型接线方案。

14.1.2 检测项目及要求

线路模拟系统，应分别在各回线路的出口，中点及各母线设置短路点，应分别在线路轻载、中载、满载情况下进行各种短路故障试验，并能够模拟下列故障：

a) 暂态超越试验：装置的暂态超越应不超过 5%。70%处动作时间测试：70%处动作时间不超过 30 ms。

b) 区内金属性故障：模拟保护线路区内各点单相接地、两相短路接地、两相相间短路、三相短路以及三相短路接地故障。上述故障为瞬时性及永久性两种情况。

   装置应能有选择的正确动作，区内单相故障选相动作，多相故障跳三相，动作时间不超过 30 ms，区内单相永久性故障重合于故障后，加速动作，后加速距离保护动作时间不超过 60 ms，后加速零序动作时间不超过 120 ms。

c) 保护应有联跳三相功能。保护动作且开关跳三相，向对侧发联跳三相信号。收到联跳三相信号，中止发送联跳三相信号。收到联跳三相信号且本侧保护动作后，强制性三跳。

d) 区外金属性故障：模拟母线和保护区外各短路点单相接地、两相短路接地、两相相间短路、三相短路以及三相短路接地故障。两侧断路器相继动作，使被保护线路电流出现突然倒向情况。保护不应误动作。

e) 发展性故障：模拟保护区内同一故障点经不同时间由单相接地故障发展成为两相接地或者三相接地短路故障；模拟被保护线路出口(区内)与相邻线路出口(区外)异名相间经不同时间相继发生单相接地故障的发展性故障。发展性故障的两次故障间隔时间为 5 ms～200 ms。

   同塔输电线路模型，还应模拟被保护线路与相邻线路同名相或异名相之间的跨线故障。

   以上故障装置均应能有选择的正确动作。

f) 系统稳定破坏：对长距离线路系统进行静稳定破坏和暂态稳定破坏的模拟，以及系统振荡后的被保护线路区内外单相接地、两相短路接地、两相相间短路、三相短路以及三相短路接地故障。系统全相和非全相振荡过程中，装置不应误动，全相振荡过程中区内单相故障装置应选相动作，区内其他故障跳三相；区外非对称性故障，装置不误动，对称性故障不考核。

   非全相振荡中，区内故障，装置应跳三相，区外故障不考核。

g) 模拟系统经过渡电阻短路，模拟区内经过渡电阻单相接地故障时，当故障点电流大于 800 A 时，保护应能切除故障，分相差动保护应能选相动作。区外经小电阻短路，当残压不超过 5% 额定电压时，距离保护不应误动。模拟送端保护装置在保护范围末端经小过渡电阻相间故障时，应具有抗静态超越的能力。

h) 模拟系统频率偏移±2 Hz,模拟区内外各种金属性短路。装置应能有选择的正确动作,区内单相故障应选相动作。

i) 系统操作:无故障分、合线路开关、操作刀闸时保护装置均不应误动作;操作线路开关使线路合于故障,装置应能加速动作。

j) 弱电源方式:在系统弱电源的运行方式下模拟各种区内外金属性故障,装置应能正确选相动作。

k) CT 断线:模拟 CT 断线,保护装置应能发 CT 断线告警信号,动作行为与整定设置一致。

l) VT 断线:模拟 VT 断线,保护装置应能发 VT 断线告警信号并闭锁可能引起误动的带方向的保护,断线后模拟区外故障装置不应误动。

m) 直流断续试验:模拟直流断续和闪络,保护装置不应发生误动和丢失信息。

14.2 1 000 kV 变压器保护装置

14.2.1 1 000 kV 变压器模型

变压器保护模拟系统,典型接线见图 A.2。

14.2.2 检测项目及要求

变压器保护模拟系统,应分别在变压器高压侧、中压侧、低压侧区内外以及变压器内部设置故障点,应分别在变压器轻载、中载、满载情况下进行各种短路故障试验,并能够模拟下列故障:

a) 在变压器额定抽头下,分别模拟重载和轻载的情况下,变压器各侧区内、外金属性各类短路故障及区外断线故障,装置应能有选择的正确动作,区内故障动作时间差动不超过 30 ms;差速断不超过 20 ms。调节调压变抽头,在重载的情况下,模拟变压器各侧区内、外金属性各类短路故障及区外断线故障,装置应能有选择的正确动作,区内故障动作时间不超过 30 ms。

b) 在大方式下模拟 1 000 kV 侧区内外和 500 kV 侧区内外大电流短路故障,装置在区内故障时应正确动作,差流速断动作时间应不超过 20 ms,区外故障不误动。

c) 经过渡电阻故障模拟变压器 1 000 kV 侧和 500 kV 侧经 0 Ω～25 Ω 相间短路故障和经 0 Ω～100 Ω 单相接地故障,装置应能有选择的正确动作。

d) 变压器匝间短路:在重载和轻载的情况下,模拟变压器匝间短路,匝间短路范围≥3%时,装置应能正确动作。

e) 励磁涌流试验:空投变压器于 1 000 kV 侧和空投变压器于 500 kV 侧,保护装置应有躲励磁涌流的能力。

f) 手合断路器于故障变压器,装置应能正确动作。

g) 发展性故障:在变压器重载情况下,分别模拟高压侧及中压侧区外同一点发生不同故障类型的转换,如单相接地故障转换成两相短路接地,故障转换时间为 20 ms～300 ms 装置不应误动;在变压器重载及空载的情况下,分别模拟高压侧及中压侧区外单相接地故障转换为区内同名相接地故障,故障转换时间为 20 ms～300 ms,在转为区内故障后装置应正确动作切除故障;在变压器重载及空载的情况下,模拟区外故障转换为变压器绕组内部匝间短路,故障转换时间为 20 ms～300 ms,在转为区内 3%以上的匝间故障后装置应正确动作切除故障;重载时变压器内部匝间短路由 1%发展成 3%,故障转换时间 20 ms～300 ms,要求保护装置能在 3%匝间短路时正确切除故障。

h) 投切 110 kV 侧电容、电抗器:在变压器空载情况下,模拟投切低压侧母线上的电容器和电抗器,装置不应误动。

i) 系统振荡及振荡中再发生故障:模拟系统静稳破坏后出现系统振荡,在振荡过程中,保护区内外发生单相接地、两相短路接地、两相相间短路、三相短路以及三相短路接地故障。振荡过程中要求装置不误动，振荡中区内故障正确动作切除故障，区外故障不误动。

j) 和应涌流及穿越性涌流：模拟系统及变压器在正常运行状态，被试变压器保护投入运行。空投另一台并联运行的变压器。要求另一台主变空投励磁涌流应不小于2倍额定电流，重复五次。

k) CT饱和：模拟区外故障使变压器一侧CT出现暂态饱和的情况，装置应有一定的抗饱和能力，当正常波形大于5 ms时，装置不应有拒动和误动现象。

l) VT断线：分别模拟高、中、低压侧的VT断线模拟系统VT断线，装置应有VT断线判别功能，与电压量相关的保护不能误动。

m) 后备距离保护功能：将系统故障时间延长到超过后备保护整定时间。在高压侧和中压侧模拟金属性单相接地，使故障点分别在带方向零序保护的正方向及反方向。在高压侧和中压侧分别模拟金属性两相接地、两相短路、三相短路、三相短路接地故障及低压侧线路上两相短路、三相短路故障。对有相间或接地阻抗保护的装置，应分别模拟测量阻抗在圆内、外的相间故障和接地故障。间歇性故障：模拟故障满足被试保护动作条件，第一次故障时间不超过被试后备保护整定时间；故障间断，间断时间为30 ms～100 ms，然后出现第二次故障，故障持续时间大于被试后备保护的整定时间。要求后备保护装置能按整定正确动作。

n) 调压变及补偿变匝间短路故障：模拟调压变、补偿变匝间短路当差流大于整定值时，装置应能正确动作切除故障。

o) 直流电源断续及直流电压波动试验：模拟直流断续和闪络及直流电压波动，保护装置不应发生误动、死机和丢失信息。

14.3 1 000 kV并联电抗器保护装置

14.3.1 1 000 kV并联电抗模型

并联电抗器保护模拟系统，典型接线如图A.4所示。

14.3.2 检测项目及要求

并联电抗器保护模拟系统，应分别在并联电抗器高压侧、低压侧区内外以及并联电抗器内部设置故障点，进行各种短路故障试验，并能够模拟下列故障：

a) 区内外金属性故障

模拟区内不同位置瞬时性单相接地故障，当电抗器绕组内部距中性点侧绕组匝数大于等于10%处发生接地故障时，保护应可靠动作装置应能正确动作，动作时间不超过30 ms；

模拟区外瞬时性单相接地、两相接地、两相短路三相短路和三相短路接地故障，模拟线路上永久性单相接地及三相短路故障，区外故障装置不误动。

模拟线路上的单相断线、两相断线故障。装置不应误动。在非全相过程中模拟电抗器区内故障和6%匝间短路，装置应能正确动作；模拟区外故障装置不应误动。

b) 电抗器匝间短路

模拟电抗器绕组匝间短路。匝间短路范围1.0%～10%。大于等于3%匝间短路时装置应能正确动作。

c) 区内外经过渡电阻故障

在电抗器内不同位置经100欧过渡电阻的接地故障，装置应能正确动作。

d) 线路上经过渡电阻的接地短路故障，故障装置不误动。

e) 改变系统运行方式的操作

模拟系统方式改变时，如空充本线路及邻近线路、分相拉合本线路、与发电机并网及空投变压器等情况，故障装置不误动。

f) 手合于故障电抗器

模拟各种工况下带线路手合故障电抗器。电抗器故障形式分别为单相接地及大于5%范围的匝间短路，装置应能正确动作。

g) 转换性发展性故障

模拟区外同一故障点不同故障类型的转换，故障装置不误动。

区外故障转换为区内单相接地故障，转为区内故障后装置应能正确动作。

区外故障转换为电抗器内部匝间短路，当匝间范围大于5%时，装置应能正确动作。

h) 模拟线路振荡及振荡中电抗器内部故障

模拟线路振荡，要求保护不误动；振荡中模拟线路上发生单相接地、两相短路接地、两相相间短路、三相短路以及三相短路接地故障，装置应不误动；振荡中模拟电抗器内部发生单相接地、两相短路接地、两相相间短路、三相短路、三相短路接地、大于6%匝间短路故障，装置应能正确动作。

i) CT断线

分别模拟电抗器高端、低端CT二次回路单相断线，装置应具有CT断线判别功能，并能发告警信号。断线后发生区内故障，保护应能够动作。

j) VT断线

模拟电抗器二次回路电压单相断线，装置应具有VT断线判别功能，并能闭锁可能误动的保护。

k) 直流电源断续及直流电压波动试验：模拟直流断续和闪络及直流电压波动，保护装置不应发生误动、死机和丢失信息。

14.4 母线保护装置

14.4.1 母线模型系统

1 000 kV母线保护产品的动模试验应考虑CT变比不同。试验中断路器典型接线方式参照图A.5。

14.4.2 1 000 kV母线保护产品的试验项目及要求

母线保护模拟系统，应分别在各母线、与母线相连的各分支及母联死区设置故障点，进行各种短路故障试验，并能够模拟下列故障：

a) 保护区内外金属性故障：模拟保护区内瞬时金属性单相接地、两相短路接地、两相相间短路、三相短路以及三相短路接地故障，要求保护装置正确动作，动作时间不超过15 ms；保护区外瞬时性金属性单相接地、两相短路接地、两相相间短路、三相短路以及三相短路接地故障，要求保护装置不误动。

b) 发展性故障：模拟同一母线经不同时间由单相接地故障发展成为两相接地或者三相接地短路故障；模拟区外与区内同名相和异名相间经不同时间相继发生单相接地故障的发展性故障；模拟区内一段母线与另一段母线之间的发展性故障及两段母线(双母线接线)同时故障，发展性故障的两次故障间隔时间为10 ms～500 ms。区外故障要求保护装置不误动；区内故障要求保护装置正确动作切除故障。

c) 区内外经过渡电阻短路：模拟保护区内外经0 Ω～100 Ω的过渡电阻发生单相接地故障；模拟带不超过5%额定电压的过渡电阻发生两相短路接地、两相相间短路、三相短路和三相短路接地故障。区外故障要求保护装置不误动；区内故障要求保护装置正确动作切除故障。

d) 断路器失灵:分别模拟主变、线路、母线间隔内部故障,对应边开关(中开关)失灵,断路器失灵保护不应拒动,延时跳相关断路器。边断路器相关开关包括连接母线的所有分支开关,同串中断路器,相连接的变压器各侧开关,或相连接的线路对侧开关。中断路器相关开关包括同串两个边断路器,相连接的变压器各侧开关,或相连接的线路对侧开关。

e) 振荡中再故障:模拟由于稳定破坏引起的系统振荡中母线区内外发生各种类别的故障(振荡中心接近母线)。振荡过程中及振荡中区外故障装置不能误动,振荡中区内故障装置应正确动作。

f) 倒闸操作过程中的故障:在倒闸操作过程中(即同一出线的两隔离开关同时接通两段母线时)模拟各种区内外故障。在隔离开关位置触点失灵时,模拟各种区内外故障。

g) CT 饱和试验:模拟区内外金属性故障和发展性故障,使单个 CT 或多个 CT 不同程度的暂态饱和;模拟区外故障使一个 CT 出现饱和后再转区内故障。

h) CT 回路断线:在有负荷情况下,模拟 CT 回路单相、三相断线及断线后的区内外故障。在 CT 断线后要求保护装置能发 CT 断线报警信号并闭锁差动保护。

i) 空充母线和线路:模拟由一段母线向另一段母线(或旁母)充电;由母线向空载线路充电;由母线向空载变压器充电;由一段母线向另一段(或旁母)带故障母线或线路充电。装置不应误动。

j) 在解列点解列和并网:模拟系统在解列点的解列和并网。装置不应误动。

k) 断路器的非全相保护:模拟断路器非全相运行。装置不应误动。

l) 在母线故障时母线有流出电流的模拟:模拟区内故障有电流流出的情况,当分流不超过 30% 时的区内故障装置应能正确动作。

m) 系统频率偏移:使模拟系统分别运行在 48 Hz 和 52 Hz,模拟保护区内外金属性单相接地、两相短路接地、两相相间短路、三相短路和三相短路接地故障。装置应能正确动作。

n) 特殊项目的试验:根据被试保护产品的有关技术说明确定相应的试验项目。

附 录 A
（规范性附录）
1 000 kV 模试验模型典型接线及参数

A.1 输电线路典型接线及系统参数

图 A.1 所示 1 000 kV 线路的典型接线。图中各元件所模拟的设备容量、线路参数在表 A.1 和表 A.2中列出。

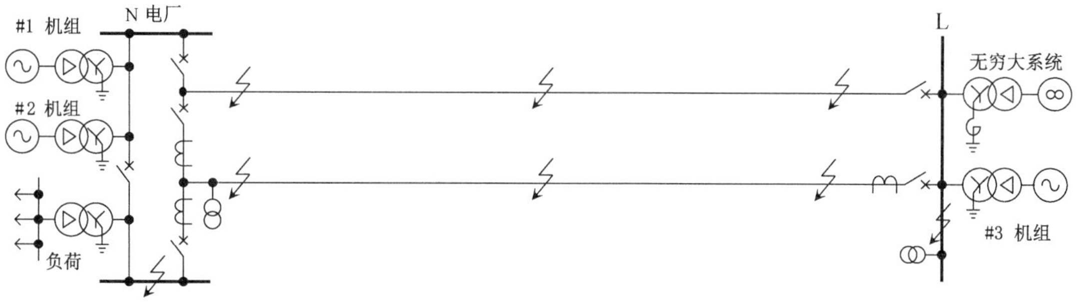

图 A.1 1 000 kV 长距离线路模拟接线方案

表 A.1 典型的 1 000 kV 长距离系统设备容量及线路距离

模拟设备名称		1 000 kV 原型的线路模拟系统设备容量及线路距离	
		长距离	短距离
N 电厂	＃1 机组 ＃2 机组	6 000 MW 690 MW～10 500 MW	6 000 MW 690 MW～10 500 MW
N 电站变压器 负荷		12 000 MVA 3 500 MW×3	12 000 MVA 3 500 MW×3
N-L 线路		每回 600 km	每回 150 km
L 侧无穷大 电源短路容量		最小 4 000 MVA 最大 86 000 MVA	最小 4 000 MVA 最大 86 000 MVA
L 侧＃3 机组		3 500 MW	3 500 MW

表 A.2 线路参数

U_n	X_1	ϕ_1	C_1	X_0	ϕ_0	C_0
1 000 kV	26.3 Ω	88.35°	1.397 μF	83.06 Ω	79.5°	0.93 μF

A.2 1 000 kV 变压器模型

变压器保护模拟系统，典型接线见图 A.2 所示。

变压器形式：自藕变压器（系统接线图中的 T1）。

变压器主要参数参见表 A.3。

表 A.3 变压器参数

容量(St)	3×1 000 MVA
容量比(St Ratio)	1∶1∶1/3
电压比(Voltage)	$\frac{1\ 050}{\sqrt{3}}$ kV/$\frac{525}{\sqrt{3}}$×(1±5%)kV/110 kV
短路电抗(Xk)	高中(H-M):15%　高低(H-L):62%　中低(M-L):46%
接线方式(Connection)	$Y_{0自}$/△-12-11

变压器保护动模试验系统接线如图 A.2 所示,模拟系统中发电机组为送电端(N 侧),通过一条总长为 600 公里的 1 000 kV 线路送至 M 母线。M 母线接入 1 000 kV 等值系统 3 W,其短路容量为 92 000 MVA; 1 W 为等 500 kV 等值系统,其短路容量大方式为 31 000 MVA;小方式为 23 000 MVA。试验中除振荡中 1 W 短路容量为小方式外,其他情况下 1 W 均为大方式。110 kV 的母线上接有电容和电抗补偿,其中电抗补偿容量为 240 MVA;电容补偿电容量为 240 MVA。故障点 K5、K4,K2 分别为高、中、低压侧内部故障点;K12、K11、K9 分别为高、中、低压侧外部故障点;K6 为高压绕组匝间短路故障点。

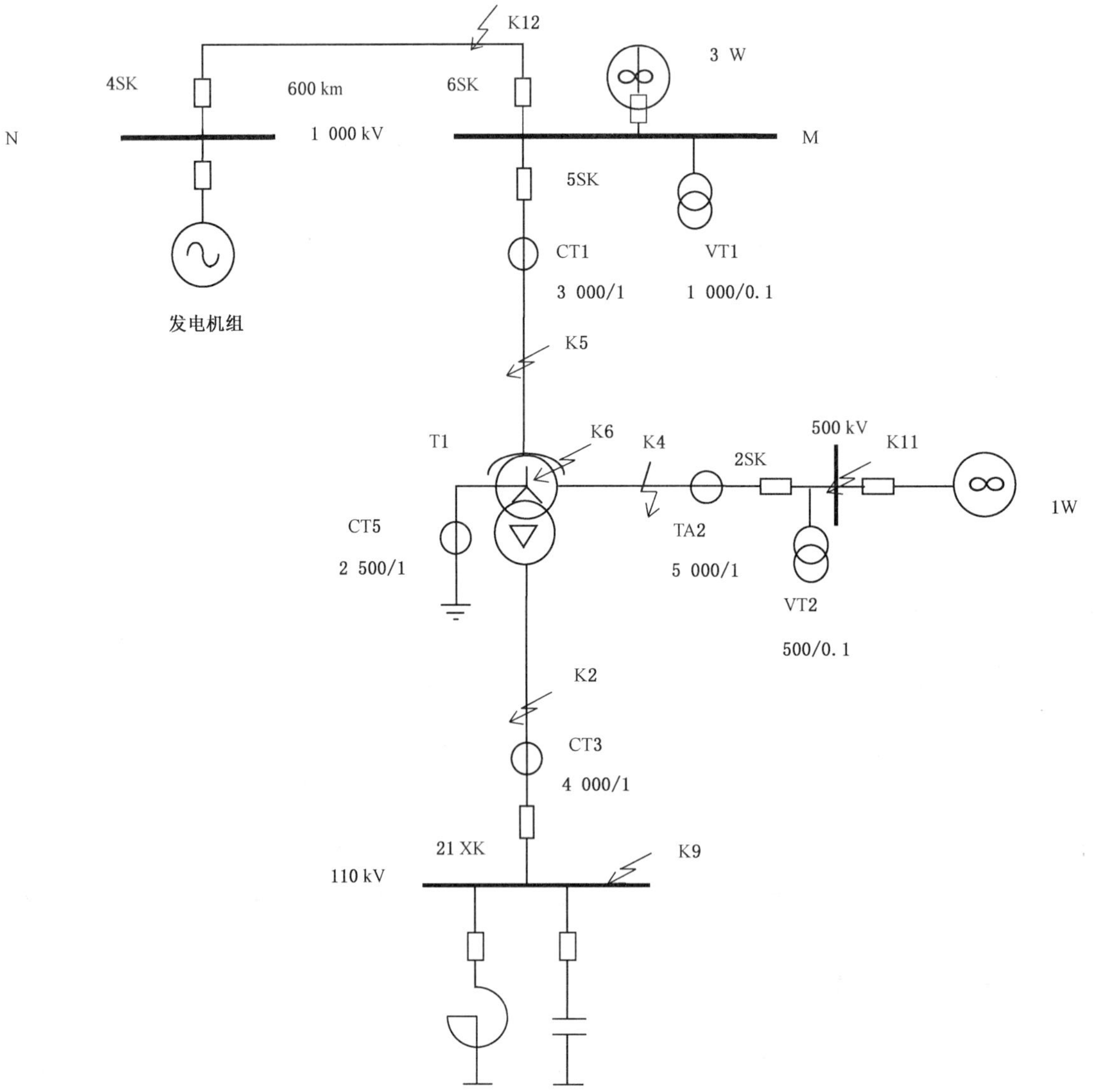

图 A.2 1 000 kV 变压器保护动模试验系统接线

主变压器的 CT 的配置情况为:高压侧配置变比为 3 000/1 的开关 CT1;中压侧配置变比为 5 000/1 的开关 CT2;低压侧配置变比为 4 000/1 的开关 CT3 及变比为 4 000/1 的套管 CT4。公共绕组配置变比为 2 500/1 的套管 CT5。补偿变的 CT 的配置情况为:补偿变的励磁绕组侧(与调压变的调压绕组并联的绕组)配置 1 000/1 的套管 CT6。调压变的 CT 的配置情况为:调压变的励磁绕组侧(与主变低压绕组并联的绕组)配置 1 000/1 的套管 CT7。以上 CT 配置图见图 A.3。

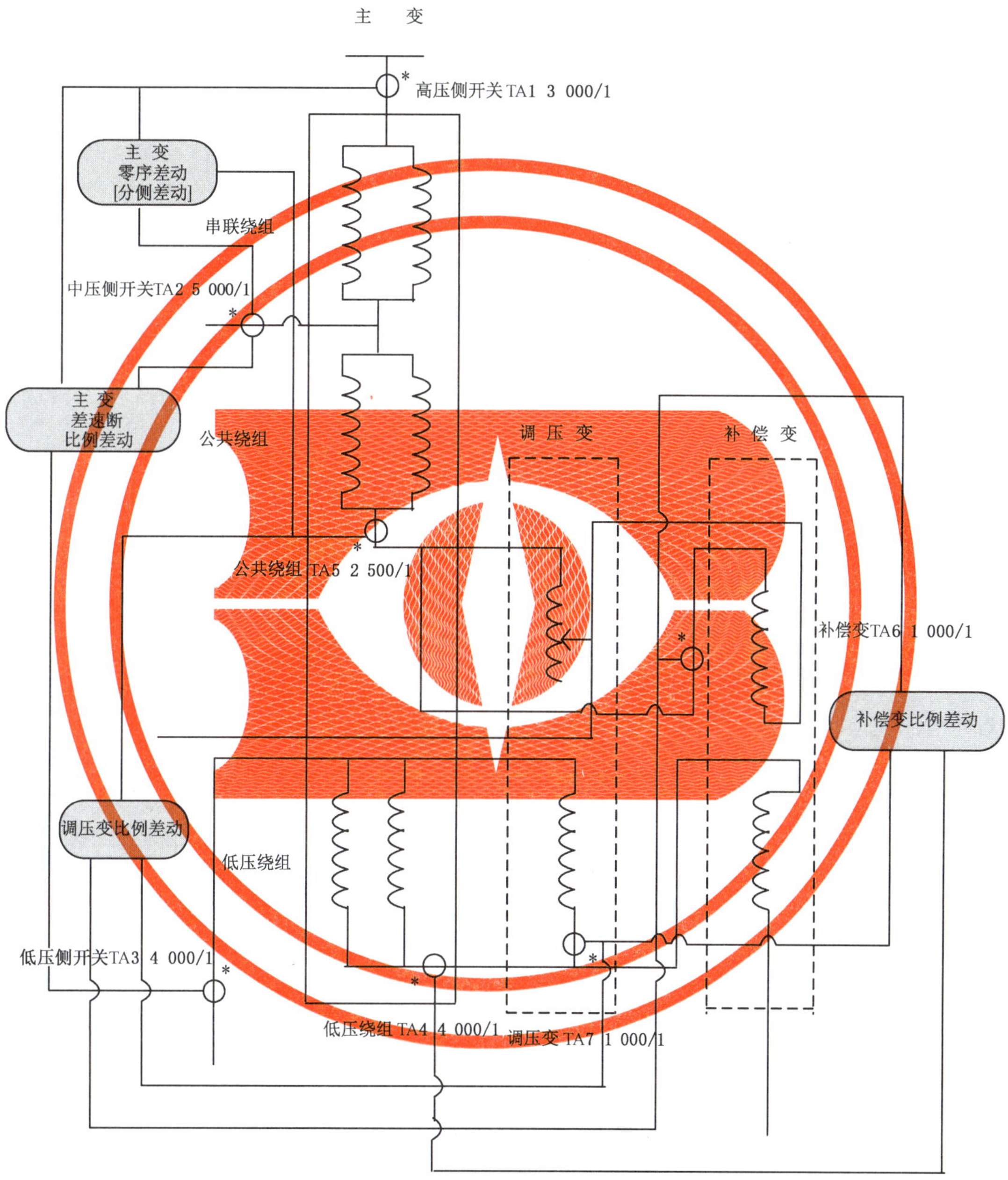

图 A.3 1 000 kV 变压器差动保护及 CT 配置图(包括主变、调压变、补偿变)

A.3 1 000 kV 电抗器典型模型

接线见图 A.4,电抗器参数见表 A.4,系统参数同线路部分。

表 A.4 电抗器典型参数

电抗阻抗角	大于 89.30°
正序电抗额定容量	500 Mvar～1 000 Mvar
中性点小电抗的额定电抗	280 Ω～440 Ω
CT 变比(A/A)	2 000/1
VT 变比(kV/kV)	1 000/0.1

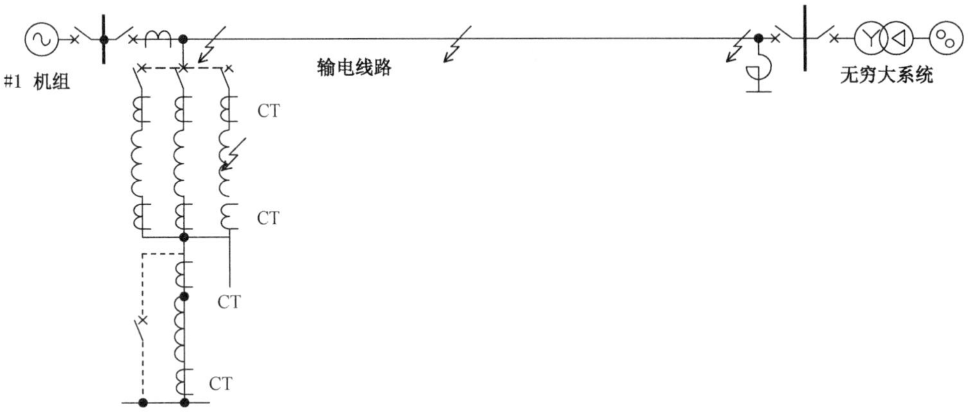

图 A.4 并联电抗器动模试验典型接线图

A.4 1 000 kV 母线模型系统

试验中断路器典型接线方式的参见图 A.5,线路分支可带电抗器,系统参数参照线路。

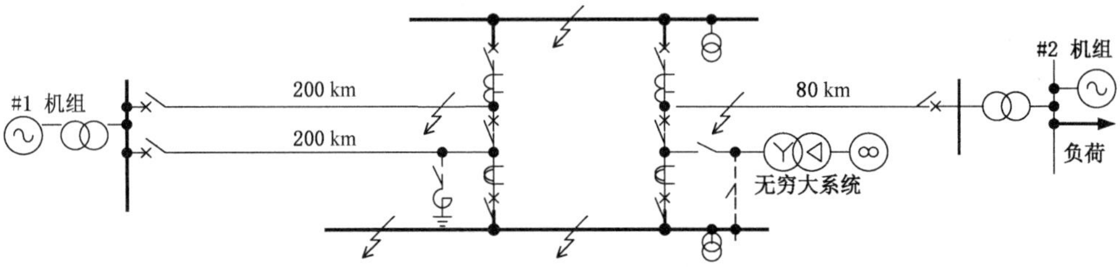

图 A.5 3/2 断路器接线试验系统

ICS 29.120
K 34

中华人民共和国国家标准

GB/T 31238—2014

1 000 kV 交流电流互感器技术规范

1 000 kV Current transformers technical specifications

2014-09-30 发布 2015-04-01 实施

中华人民共和国国家质量监督检验检疫总局
中国国家标准化管理委员会 发布

前　言

本标准按照GB/T 1.1—2009给出的规则起草。

本标准由中国电力企业联合会提出并归口。

本标准负责起草单位：国家电网公司、国网电力科学研究院。

本标准参加起草单位：中国电力科学研究院、中国电力工程顾问集团公司、湖北省电力公司电力试验研究院、西安西电高压开关有限责任公司、平高集团有限公司、上海MWB互感器有限责任公司、南京智达电气有限公司。

本标准主要起草人：王晓琪、孙岗、余春雨、陈国强、叶国雄、郭克勤、金涛、吴士普、李璿、王玲。

1 000 kV 交流电流互感器技术规范

1 范围

本标准规定了 1 000 kV 交流系统 GIS 和套管用电磁式电流互感器的使用条件、额定值、技术性能要求 、结构要求和试验等方面的要求。

本标准适用于装设于 1 000 kV GIS 和套管中,供电气测量仪表和继电保护装置用的电流互感器。

2 规范性引用文件

下列文件对于本文件的应用是必不可少的。凡是注日期的引用文件,仅注日期的版本适用于本文件。凡是不注日期的引用文件,其最新版本(包括所有的修改单)适用于本文件。

GB 1208 电流互感器

GB/T 2900.15 电工术语 变压器、互感器、调压器和电抗器

GB/T 2900.50 电工术语 发电、输电及配电 通用术语

GB/T 2900.57 电工术语 发电、输电及配电 运行

GB/T 11021 电气绝缘的耐热性分级

GB 16847 保护用电流互感器暂态特性技术要求

GB/Z 24836—2009 1 100 kV 气体绝缘金属封闭开关设备技术规范

GB/Z 24843—2009 1 000 kV 单相油浸式自耦电力变压器技术规范

3 术语和定义

GB 1208、GB/T 2900.15、GB/T 2900.50、GB/T 2900.57 和 GB 16847 界定的以及下列术语和定义适用于本文件。

4 使用条件

4.1 正常使用条件

4.1.1 环境温度

最高环境温度:40 ℃。

日平均温度:不超 35 ℃。

最低环境温度:−25 ℃,(必要时可按−40 ℃)。

4.1.2 海拔

海拔不超过 1 000 m。

4.2 特殊使用条件

4.2.1 环境温度

安装地点的环境温度明显超出 4.1.1 所列的正常使用条件范围时,最低和最高环境温度优先的范

围应规定为：

a）特别寒冷的环境温度

－50 ℃和＋40 ℃。

b）特别炎热的环境温度

－5 ℃和＋50 ℃。日平均温度超过 35 ℃。

4.2.2 海拔

安装处海拔超过 1 000 m 时，在正常大气压空气中的部件，其温升应按式(1)校正：

$$\Delta\Theta_c = \Delta\Theta_m\left[1 - 0.03\frac{(H - 1\,000)}{1\,000}\right] \quad \cdots\cdots(1)$$

式中：

$\Delta\Theta_c$ ——校正后的温升值；

$\Delta\Theta_m$——低海拔处测得的温升值；

H ——使用地区的海拔，单位为米(m)。

4.3 系统的接地方式

中性点有效接地系统。

5 额定值

5.1 额定一次电流标准值

标准值为：1 000 A、1 250 A、1 500 A、2 000 A、2 500 A、3 000 A、4 000 A、5 000 A、6 000 A、8 000 A。

5.2 额定二次电流标准值

额定二次电流的标准值为 1 A。

5.3 额定连续热电流

额定连续热电流 表示为额定一次电流的百分数。额定扩大一次电流的标准值为 120%。

5.4 额定输出的标准值

2.5 VA、5 VA、10 VA、15 VA。

5.5 短时电流额定值

a）额定短时热电流

额定短时热电流(I_{th})不小于系统短路电流，如：50 kA、63 kA。

b）额定动稳定电流

额定动稳定电流(I_{dyn})，通常为额定短时热电流的 2.5 倍。

6 技术性能要求

6.1 绝缘要求

6.1.1 绝缘水平

按套管用电流互感器所安装的 1 000 kV 变压器和断路器的绝缘水平。

(依据 GB/Z 24836 和 GB/Z 24843 规定)。

6.1.2 二次绕组的绝缘要求

二次绕组绝缘的额定短时工频耐受电压为 3 kV(方均根值)。

绕组匝间绝缘的额定耐受电压为 4.5 kV(峰值)。

二次绕组之间、二次绕组对地的绝缘电阻大于 1 000 MΩ。

6.2 温升限值

当电流互感器的一次电流等于额定连续热电流,且带有相当于额定输出的负荷,其功率因数为 0.8(滞后)～1 时,绕组的温升应不超过表 1 所列数值。表 1 中的温升限值以 4.1 的使用条件为基础。如果周围气温高于 4.1.1 的数值时,应将温升限值减去气温超出的值。如果规定了互感器是在海拔 1 000 m 以上的地区工作,而试验是在海拔低于 1 000 m 处进行时,应按工作地点海拔每高出 100 m,将温升限值减去 0.5%。在铁心或其他金属件表面所测得的温升值,应不超过它们所接触的或靠近的绝缘材料的温升限值 。

表 1 互感器的温升限值

绝缘等级 (依据 GB/T 11021)	最高温升 K
浸于油中的所有等级	60
浸于油中且全密封的所有等级	65
充填沥青胶的所有等级	50
不浸油或不充沥青胶的各等级	
Y	45
A	60
E	75
B	85
F	110
H	135
注:对某些材料(例如树脂),制造方应指明其相当的绝缘等级。	

6.3 误差性能

6.3.1 测量绕组:计量绕组准确级 0.2 级,测量绕组 0.5 级,仪表保安系数 FS10。

6.3.2 保护绕组:准确级 5P,准确限值系数 ALF:20、30、40。

6.3.3 暂态保护用绕组(TPY):

a) 工作循环

C—100 ms—O,故障开断时间 100 ms,保证准确限值时间 40 ms。在额定准确限值条件下最大峰值瞬时误差不大于 10%。

C—100 ms—O—500 ms—C—100 ms—O ,第一次和第二次故障开断时间 100 ms,第二次保证准确限值时间 40 ms。在额定准确限值条件下最大峰值瞬时误差不大于 10%。

b) 一次时间常数 Tp(ms):100,120,150。

c) 对称短路电流倍数 Kssc:20,25,30。

d) 短路电流直流分量:100%。

e) 电阻性负载(Ω):7.5,10,15。

7 结构要求

7.1 铁心的要求

计量绕组铁心要求采用坡莫合金。

7.2 绕组抽头

计量和测量绕组允许抽头。铭牌应标明绕组抽头额定输出。

7.3 接地螺栓和接地符号

电流互感器二次出线端子板应设有直径不小于 8 mm 的接地螺栓，或其他面积足够且有连接孔的接地板，接地处旁应有明显的接地符号"⏚"或"地"字样。接地应有可靠的防锈镀层，或采用不锈钢材料。

7.4 出线端子

电流互感器的二次出线端子螺杆应防转动，直径不得小于 6 mm。二次出线端子(包括螺栓、螺母、垫圈等)应用铜或铜合金制成，二次出线端子板防潮性能应良好。

7.5 防护要求

外置式电流互感器应采取措施防止小动物进入、防止积水。

8 试验

8.1 型式试验

每种型式互感器应进行的试验，用来验证按同一技术规范制造的互感器应满足的要求。互感器的型式试验报告，对具有较少差别的互感器可认为是有效的。但此差别应经制造厂与用户协商同意。型式试验应在同一台互感器上进行。互感器在经受本条规定的型式试验后，应能承受 8.2 所规定的全部例行试验。

下列试验是型式试验：

a) 温升试验；

b) 短时电流试验；

c) 传递过电压试验(特殊试验)；

d) TPY 暂态误差试验；

e) 误差测定。

8.2 例行试验

每台互感器都应承受的试验。下列试验是例行试验：

a) 端子标志检验；

b) 二次绕组工频耐压试验；

c) 二次绕组直流电阻测量；

d) 绝缘电阻测量；

e) 绕组极性试验；

f) 匝间过电压试验;

g) 保护绕组励磁特性试验;

h) 误差测定;

i) TPY 绕组暂态参数测量。

除误差测定是在 a)~i)试验后进行外,其余试验项目的前后顺序均未标准化。

9 包装、运输、储存保管及出厂文件

9.1 互感器的包装,应保证产品及其组件、零件在整个运输和储存期间不致损坏及松动,还应保证在整个运输和储存期间不致受雨淋。

9.2 互感器供电气连接的接触面(包括接地处的金属平面)在运输和储存期间应有防蚀措施。

9.3 互感器在运输过程中应无严重振动、颠簸和冲击现象。

9.4 出厂文件应妥善包装,防止受潮。每台电流互感器出厂应附有下列文件:

a) 产品合格证;

b) 例行试验报告;

c) 安装使用说明书(包括产品外形尺寸图及组件安装使用说明等);

d) 拆卸运输零件(如需要)和备件(如果有)一览表。

9.5 根据用户要求,制造厂应提供有关型式试验报告的结果。制造厂可提供保护用电流互感器的励磁特性试验数据。

ICS 29.240.10
K 14

中华人民共和国国家标准

GB/T 31239—2014

1 000 kV 变电站金具技术规范

Technical specification for fittings of 1 000 kV substation

2014-09-30 发布　　2015-04-01 实施

中华人民共和国国家质量监督检验检疫总局
中国国家标准化管理委员会　发布

前　言

本标准按照GB/T 1.1—2009给出的规则起草。

本标准由中国电力企业联合会提出。

本标准由中国电力企业联合会归口。

本标准负责起草单位:国家电网公司、中国电力科学研究院。

本标准主要起草人:王景朝、邱宁、侯继勇、樊宝珍、周立宪、刘胜春。

引　言

为满足今后我国特高压交流工程建设需要，明确和规范 1 000 kV 变电站金具的技术要求，特制定本标准。

本标准是在 GB/T 2314—2008《电力金具通用技术条件》的基础上，结合我国 1 000 kV 特高压交流试验示范工程变电站金具的设计、制造、试验、施工和运行成果编制的，侧重在金具结构合理性和安全可靠性方面提出具体规定，部分技术指标和要求在现行金具标准或规范基础上有所提高。

1 000 kV 变电站金具技术规范

1 范围

本标准规定了 1 000 kV 变电站金具的一般技术要求、分类要求、连接与紧固、制造工艺和质量控制、试验与检验、标志与包装等。

本标准适用于 1 000 kV 变电站内处于系统标称电压为 1 000 kV 的所有回路中构架跨线、设备间连接导体和绝缘子串的配套金具。

2 规范性引用文件

下列文件对于本文件的应用是必不可少的。凡是注日期的引用文件，仅注日期的版本适用于本文件。凡是不注日期的引用文件，其最新版本(包括所有的修改单)适用于本文件。

GB/T 41 六角螺母 C 级

GB/T 93 标准型弹簧垫圈

GB/T 95 平垫圈 C 级

GB/T 1804 一般公差 未注公差的线性和角度尺寸和公差

GB/T 2314—2008 电力金具通用技术条件

GB/T 2315 电力金具 标称破坏载荷系列及连接型式尺寸

GB/T 2317.1 电力金具试验方法 第 1 部分：机械试验

GB/T 2317.2 电力金具试验方法 第 2 部分：电晕和无线电干扰试验

GB/T 2317.3 电力金具试验方法 第 3 部分：热循环试验

GB/T 2317.4 电力金具试验方法 第 4 部分：验收规则

GB/T 5780 六角头螺栓 C 级

GB/T 16927.1 高电压试验技术 第 1 部分：一般定义及试验要求

DL/T 284 输电线路杆塔及电力金具用热浸镀锌螺栓与螺母

DL/T 373 电力复合脂技术条件

DL/T 683 电力金具产品型号命名方法

DL/T 760.3 均压环、屏蔽环和均压屏蔽环

DL/T 764.1 电力金具专用紧固件 六角头带销孔螺栓

DL/T 764.2 电力金具专用紧固件 闭口销

DL/T 768.2 电力金具制造质量 锻制件

DL/T 768.3 电力金具制造质量 冲压件

DL/T 768.5 电力金具制造质量 铝制件

DL/T 768.6 电力金具制造质量 焊接件

DL/T 768.7 电力金具制造质量 钢铁件热镀锌层

3 一般技术要求

3.1 金具的设计、材料、尺寸公差和制造图样应满足 GB/T 2314 的规定，未注尺寸公差的应按

GB/T 1804的规定选用JS-14级。在供货合同图样内应标示出金具的特征尺寸，必要时还应提供金具的装配说明或施工图样。

3.2 金具的连接尺寸应符合GB/T 2315的规定。

3.3 对于复杂连接的整套金具，应以制造简单、工艺容易实现、加工分散性小、安装方便、便于检修为基本原则。对于电气接触的金具，应尽量减少连接环节。

3.4 金具的设计应减少磁滞、涡流损失，降低能耗。

3.5 金具应尽量限制电晕的影响，并应满足晴天夜晚在1.1倍最高运行相电压下不产生可见电晕，无线电干扰电压不大于规定值(通常为1 000 μV，也可由需方确定)。

3.6 对于与软导线配套的金具，其运行温度 T_j 与软导线的运行温度 T_d 应满足 $(T_d-T_j)\geqslant 20$ ℃。

3.7 变电站内跨线金具、导线金具及绝缘子串均压屏蔽环在最高运行相电压峰值下运行时其表面电场强度不应超过20 kV/cm，设备连接线金具及设备均压屏蔽环的表面电场强度不应超过15 kV/cm。

3.8 金具的电气接触面及与导线表面直接接触的压缩金具的压缩接触面，应根据金具的安装方向采取开孔措施防止积水。在安装前要采取必要的保护措施，压缩操作前应涂敷电力复合脂，电力复合脂应符合DL/T 373的规定。

3.9 标称破坏载荷在160 kN及以上的钢铁制件，其制造材料的额定抗拉强度不应低于500 MPa，且屈强比宜不大于0.75。

3.10 制造承受电气负荷的金具所使用的铝或变形铝应充分考虑材料导电率的影响，应保证金具的载流量不小于被安装较小导体的载流量。

3.11 对于铝质金具的电气接触面积，设计计算时电流密度宜按0.12 A/mm^2～0.15 A/mm^{2}选取。

3.12 金具的材料应便于加工制造和适用于批量生产。

3.13 压缩金具的材料应能经受住冷加工。

3.14 承担导流的金具宜使用铝合金螺栓。

3.15 铝制金具的焊接采用熔化极氩弧焊工艺，焊接必须有30°的坡口，焊缝应具有细密平整的细鳞波纹状表面；焊缝应封闭，并在全长上保持一致；焊缝四周不得有焊渣，避免点焊、虚焊等缺陷。

3.16 接线板铜铝过渡方式可采用钎焊工艺或铜铝复合板，铜铝过渡金具与铜质设备端子板连接的接触面应镀银。

3.17 接线板导流面粗糙度宜不大于 Ra 3.2 μm，平面度宜不大于30 μm。

3.18 金具表面应光滑，不得有尖角、锐边、棱刺或其他明显缺陷，处于屏蔽范围之外的金具应具备自身屏蔽功能。

3.19 金具本身应具有耐受大气污染的能力，且能防止运输、库存及运行中的腐蚀。所有运行中暴露在大气中的黑色金属部件应按DL/T 768.7的规定进行热浸镀锌防腐。

3.20 对于新开发的金具，其命名原则参考DL/T 683进行。

4 分类要求

4.1 间隔棒

4.1.1 间隔棒应能承受安装、运行(包括短路)和维护条件下的机械负荷，任何部件不能损坏或出现永久性变形。除短路情况以外，在间隔棒安装位置上应能保持子导线的间距。

4.1.2 间隔棒应便于安装和拆卸，而勿需全部拆散。此外，线夹应能在设计力矩下拆卸和重新安装。

4.1.3 间隔棒线夹宜采用铰链式结构，应有可靠的锁紧效果，橡胶垫材料应满足GB/T 2314的要求，在要求的运行条件下，线夹应能补偿导线因蠕变引起的松弛，保证适当握紧而又不损伤导线。

4.1.4 间隔棒整体机械强度必须满足短路电流条件下向心力的要求。

4.1.5 间隔棒线夹的顺线握力应不小于2.5 kN、扭握力矩应不小于40 N·m，线夹破坏载荷应不低于

6 kN,线夹间抗拉、抗压破坏载荷应不低于 6 kN。

4.2 悬垂线夹

4.2.1 软导线使用的悬垂线夹应为防晕型。

4.2.2 悬垂线夹应考虑减少微风振动对导线产生的影响,应具有良好的动态特性,其船体能自由、灵活地转动,相对于回转轴的转动惯量宜尽量小。

4.2.3 悬垂线夹除考虑正常的软导线张拉应力外,在线夹出口(包括线夹内)处还应考虑软导线弯曲应力和挤压应力,单侧的出口角一般在 0°～20°之间。

4.2.4 悬垂线夹的连接装置应具有足够的耐磨性。

4.2.5 悬垂线夹的线槽及压条等与软导线相互接触的表面应平整光滑,不允许存在毛刺、凸出物及可能磨损导线的缺陷。

4.2.6 在悬垂线夹内安装软导线时,可以是裸线也可使用包缠物。

4.2.7 悬垂线夹船体线槽的曲率半径不应小于导线直径的 8 倍。

4.2.8 悬垂线夹的握力不应低于软导线额定拉断力的 10%。

4.2.9 悬垂线夹的本体和压条应采用铝合金制造。

4.2.10 悬垂线夹的附件应采用抗拉强度不低于 375 MPa 的钢材制造。

4.3 耐张线夹

4.3.1 耐张线夹宜采用液压型。

4.3.2 液压型耐张线夹本体应减少内部空腔,防止运行中潮气侵入和滞留。

4.3.3 耐张线夹对软导线的握力不应小于软导线额定拉断力的 65%。

4.3.4 耐张线夹不应使安装后导线与原接触面的应力增大而在微风振动时导致破坏。

4.3.5 耐张线夹应避免引起软导线应力集中,出线口内侧应有圆弧倒角。压接管的拔稍长度宜为软导线外径的 1～1.5 倍。

4.3.6 与软导线适配的耐张线夹的钢锚宜锻制,并按照软导线内部结构进行相应加工。

4.3.7 铝管表面应光滑平整,不应有裂纹、划伤、剥层及碰伤等缺陷。

4.3.8 耐张线夹本体压缩区段应标注有清晰指示标志。

4.3.9 耐张线夹的本体及引流板材料应选用纯度不低于 99.5%的热挤压铝(铝合金)管或拉拔成型铝(铝合金)管,铝的抗拉强度不应低于 80 MPa,伸长率不应低于 12%;铝合金的抗拉强度不应低于 160 MPa,伸长率不应低于 12%。引流板选用铝纯度不低于 99.5%的工业用铝,不宜铸造。

4.3.10 耐张线夹与软导线压接前应在软导线的压接部位涂敷电力复合脂,电力复合脂应符合 DL/T 373的规定。

4.4 均压环和屏蔽环

4.4.1 均压环和屏蔽环应具有足够的机械强度和刚度,环体应能承受不小于 2 000 N 的静态机械载荷,环体和连接支架都不得因风致振动发生松脱或疲劳损坏。

4.4.2 均压环和屏蔽环与绝缘子串金具的连接应以方便、可靠为基本原则。

4.4.3 均压环和屏蔽环应采用工业铝制造,环体及部件的材料应符合 DL/T 760.3 的规定。

4.4.4 均压环的结构设计应充分考虑绝缘子串的悬挂方式。均压环和屏蔽环的管外径或等效计算外径不小于 150 mm,管壁厚不小于 3.5 mm,管中心与盘形绝缘子中心的距离不小于 600 mm。

4.4.5 环体在制造过程中应避免开裂、严重变形等缺陷。

4.4.6 均压环和屏蔽环环体铝管的直径变形量不大于$\pm 2.5\%D$(D 为铝管外径),弯曲半径公差不大于 $1\%R$(R 为弯曲半径)。

4.4.7 均压环和屏蔽环的设计应便于安装和检修，支架与环体连接、环体的对接采用氩弧焊工艺。

4.4.8 均压环和屏蔽环表面应光滑，满足不产生可见电晕的要求。

4.5 连接金具

4.5.1 与变电构架连接的金具在设计时应防止上部与变电构架连接处的磨损。金具本体应锻制，并进行热处理，配套的螺栓强度等级不低于6.8级。

4.5.2 联板的挂点不允许使用套筒焊接。

4.5.3 在同一联板上的不同位置施加不同载荷时，连接尺寸的设计应以最大的载荷作为基准。

4.5.4 连接在联板上的金具在转动时不得与板相碰，安装有导线的悬垂线夹可在垂直导线的平面内自由摆动±15°。

4.6 设备线夹和软导线T型线夹

4.6.1 设备线夹和软导线T型线夹应采用制造简单、安装方便的结构型式。应能承受安装、运行和维护时产生的各种机械载荷，并能承受工作电流运行温度以及周围环境条件等各种情况的考验。

4.6.2 设备线夹的载流量不应小于所适配设备端子的载流量。

4.6.3 T型线夹的载流量不应小于所适配引下线的载流量。

4.6.4 设备线夹宜采用液压型，引流板部件宜选用铝纯度不低于99.5%的工业用铝制造，铝管与引流板应采用氩弧焊方式焊接。

4.6.5 四分裂导线T接引下宜采用双导线单引下式的T型线夹，连接板应防电晕。

4.6.6 四分裂导线设备线夹的结构型式应为分体组合式。

4.6.7 四分裂导线设备线夹通常分为0°、30°、45°和90°四种规格。

4.6.8 设备线夹和T型线夹对适配导线的握力不小于导线额定拉断力的10%。

4.7 八变四金具

4.7.1 八变四金具适用于八分裂导线和四分裂软导线的连接。

4.7.2 八变四金具的结构设计应尽可能减少电气接触面的数量。

4.7.3 八变四金具的每个部件应与其他部件或适配导线可靠连接，并能承受运行中各种复杂的机械和电气载荷。

4.7.4 八变四金具的温升和载流量限值以导体截面积较小的导线为基准。

4.8 管母线金具

4.8.1 管母线金具的表面过渡应自然、圆滑，边缘曲率半径的设计应满足不产生可见电晕的要求。

4.8.2 管母线金具的紧固螺栓设计时宜嵌在本体内，安装螺栓的凹槽处应有排水槽。

4.8.3 对于需承受弯曲载荷的管母线固定金具，应与连接的支柱绝缘子的抗弯强度相匹配。

4.8.4 管母线之间的伸缩金具按照管母线的载流量匹配，和设备连接的伸缩金具的载流量不应小于回路的额定载流量。

4.8.5 管母线滑动金具应保证管母线在热胀冷缩时能自由伸缩。

4.8.6 管母线伸缩节在承受伸缩量±50 mm内往返10^3次以后，不得发生疲劳损坏。

4.8.7 管母线终端球的直径不应小于700 mm，球面应光滑平整，不得有明显缺陷。

4.8.8 管母线封端盖应为阻尼型。封端盖与铝管配合宜为内嵌式。

4.8.9 管母线T接金具的载流量不应小于回路中载流量较小的导体载流量。

5 连接与紧固

5.1 金具用紧固件的外螺纹应在热镀锌前加工或辗制，然后进行热浸镀锌，内螺纹在热浸镀锌前后均可加工，如果在热浸镀锌后加工应涂防腐油脂。

5.2 螺栓一般应加装闭口销，并应符合 DL/T 764.2 的规定；不安装闭口销的螺栓应符合 GB/T 5780 的规定，露出螺母的螺纹应为 2～4 扣。

5.3 与变电构架连接的金具配套的螺栓以及其他承受较大机械载荷（160 kN 及以上）的螺栓的强度等级不应低于 6.8 级，并应符合 DL/T 764.1 或 DL/T 284 的规定。

5.4 紧固用螺栓应符合 GB/T 5780 的规定，有防电晕要求时宜采用半圆头螺帽或在螺栓端部安装防晕螺帽。

5.5 螺母应按 GB/T 41 的规定执行，垫圈按 GB 93 和 GB/T 95 的规定执行。

6 制造工艺和质量控制

6.1 金具的制造工艺应符合 DL/T 768.2、DL/T 768.3、DL/T 768.5 和 DL/T 768.6 的相关要求。

6.2 金具的外观质量控制应符合 GB/T 2314 的要求。

6.3 金具的铸造工艺应适用于批量生产，宜采用金属模重力铸造、压力铸造等方式。

6.4 铝合金铸件在熔炼时应严格控制合金的配料成分，保证元素配比正确。

6.5 铝合金按照其材料特性和制造工艺进行合适的热处理。

6.6 经多次冷加工的部件在镀锌前应进行退火处理。

6.7 铝和铝的焊接应采用氩弧焊工艺，焊接应有坡口。

6.8 连接板类金具，板件厚度在 12 mm 及以上的螺栓孔，宜采用钻孔；如采用冲孔工艺（冷冲或热冲），冲后应绞孔。

6.9 联板上相对于中心线对称布置的眼孔，其轴线与中心线的垂直距离偏差不应大于 1 mm。

7 试验与检验

7.1 金具必须进行型式试验。型式试验项目包括机械试验、电气接续（接触）试验和高压试验。

7.2 金具的抽样试验可由供需双方商定。

7.3 金具的机械试验项目及方法按 GB/T 2317.1 的规定执行，并满足表 1 的要求；电气接续（接触）试验项目及方法按 GB/T 2314 及 GB/T 2317.3 的规定执行，并满足表 2 的要求；高压试验包括电晕与无线电干扰试验、绝缘子电位分布测量，试验方法按 GB/T 16927.1 和 GB/T 2317.2 的规定执行，并满足表 3 的要求。

表 1 1 000 kV 变电金具机械性能试验项目

金具种类	试验项目
四分裂间隔棒	耐短路电流向心力试验、线夹强度试验、线夹扭握力矩试验、线夹顺线握力试验、线夹间拉压力试验
接续金具、耐张线夹 （设备线夹、耐张线夹等）	握力试验[a]、高温握力试验[b]
悬垂线夹	本体强度试验、握力试验[a]
管母线伸缩金具	疲劳试验[c]

表 1 （续）

金具种类	试验项目
管母线固定金具	抗弯试验[d]
绝缘子串连接金具	机械强度破坏试验

[a] 以线夹与导线间出现相对滑动位移为评判标准。

[b] 将导线通以额定电流，使导线表面温度上升至最高允许运行温度，恒温 2 h 后保持温度不变进行握力试验。高温握力试验仅适用于与耐热导线配套的金具。

[c] 伸缩量为±50 mm，频率 40 次/h～60 次/h。

[d] 仅适用于具有抗弯强度要求的管母线固定金具。

表 2　1 000 kV 变电金具电气接续试验项目

金具种类	试验项目
八变四金具 设备线夹 软导线 T 型线夹 耐张线夹 管母线伸缩金具 管母线 T 接金具	接续电阻试验、温升试验、热循环试验

注：试验标准中“等长导体”依据电流通过的路径长度作为计算基准。管母线伸缩线夹的电气性能以温升作为考核指标。八变四金具进行试验时以与之连接的八分裂导线中的子导线作为参考导线。

表 3　1 000 kV 变电金具高压电气试验项目

金具种类	试验项目
绝缘子串金具	可见电晕试验、无线电干扰试验、绝缘子串电压分布测量
均压环、屏蔽环 四分裂间隔棒 设备线夹 软导线 T 型线夹 八变四金具 四分裂导线固定金具 管母线固定金具 管母线 T 接金具 管母线伸缩金具 管母线终端金具 未采取屏蔽措施的其他管母线金具	可见电晕试验、无线电干扰试验

注：变电金具试验样品可进行单件试验，也可通过配套导体连接组合试验。组合试验情况下，“起晕电压”的测量值以任一个样品开始产生可见电晕时的试验电压值为考核指标；“熄灭电压”的测量值以最后一个试验样品可见电晕完全消失时的电压值为考核指标。

7.4　在金具的批量生产过程中，应通过产品抽样试验对金具的质量加以控制。抽样的方法和试验项目参照 GB/T 2317.4 的相关规定进行。

8 标志与包装

8.1 金具标志与包装应满足 GB/T 2314 要求。

8.2 金具应有易于识别的、清晰的永久性标识，包括：规格型号、制造商标识及其他唯一性标识等。

8.3 对于多个部件连接组合而成的金具，应提供产品安装说明书（文字和图样）。

8.4 对于使用螺栓紧固的金具，应提供螺栓安装力矩值。

8.5 导线压缩金具的标识应包括适配导线规格、压缩位置和施压方向等。

8.6 产品出厂前，对金具的电气接触面应采取有效的防护措施，防止表面划伤和氧化、腐蚀等。

8.7 金具的包装应有适当的衬垫、保护性的填充物、垫板或隔片等，防止在任何运输过程及装卸中产品受到损坏。

8.8 金具的外包装应有足够的强度，能在短途搬运、货场储存和装车、装船中承受意外冲击。

8.9 全部包装应标记清楚和正确，每一包装上的标记不应能轻易抹除。

8.10 外包装的标记应标明卖方名称和买方名称、项目名称、合同号、商品的品种和数量、净重及毛重、到达的目的地以及其他必须的信息。

ICS 33.040.20;35.200
L 65

中华人民共和国国家标准

GB/T 31240—2014/ISO/IEC 18010:2002

信息技术 用户建筑群布缆的路径和空间

Information technology—Pathways and spaces for customer premises cabling

(ISO/IEC 18010:2002,IDT)

2014-12-05 发布 2015-04-01 实施

中华人民共和国国家质量监督检验检疫总局
中国国家标准化管理委员会 发布

前　言

本标准按照 GB/T 1.1—2009 给出的规则起草。

本标准采用翻译法等同采用 ISO/IEC 18010:2002《信息技术　用户建筑群布缆的路径和空间》,并将 ISO/IEC 18010:2002/Amd 1:2005《多用户路径和空间》的内容直接纳入本标准的条款中。修正案涉及的条款已通过在其外侧页边空白位置的垂直双线(‖)进行了标示。

本标准主要做了下列编辑性修改:

——修改了编辑性错误;

——增加了文中使用但在第 3 章未列出的缩略语"EMC""HD"和"PBX";

——删除了 7.1 中"下列路径按照字母顺序进行排序";

——7.1 中,将原文中含义如下的表述"对于金属路径的等电位联结和接地的安全规则,见当地法规"修改为"金属路径的等电位联结和接地安全应遵循我国有关标准",为便于标准使用和实施,在脚注中列出了相关的国家标准;

——按照 GB/T 1.1—2009 中对于表头格式的规定,修改了表 A.1 的表头形式。

与本标准中规范性引用的国际文件有一致性对应关系的我国文件如下:

——GB/T 2900.71—2008　电工术语　电气装置(IEC 60050-826:2004,IDT)

——GB 16895.6—2000　建筑物电气装置　第 5 部分:电气设备的选择和安装　第 52 章:布缆系统(IEC 60364-5-52:1993,IDT)

——GB/T 16895.10—2010　低压电气装置　第 4-44 部分:安全防护　电压骚扰和电磁骚扰防护(IEC 60364-4-44:2007,IDT)

——GB 16895.21—2011　低压电气装置　第 4-41 部分:安全防护 电击防护(IEC 60364-4-41:2005, IDT)

——GB/T 18233—2008　信息技术　用户建筑群的通用布缆(ISO/IEC 11801:2002,IDT)

——与 IEC 61084 有一致性对应关系的我国文件如下:

- GB/T 19215.1—2003　电气安装用电缆槽管系统　第 1 部分:通用要求(IEC 61084-1:1991+A1:1993,MOD)
- GB/T 19215.2—2003　电气安装用电缆槽管系统　第 2 部分:特殊要求　第 1 节:用于安装在墙上或天花板上的电缆槽管系统(IEC 61084-2-1:1996,IDT)
- GB 19215.3—2012　电气安装用电缆槽管系统　第 2 部分:特殊要求　第 2 节:安装在地板下和与地板齐平的电缆槽管系统(IEC 61084-2-2:2003,IDT)

——与 IEC 61386 有一致性对应关系的我国文件如下:

- GB/T 20041.1—2005　电气安装用导管系统　第 1 部分:通用要求(IEC 61386-1:1996,IDT)
- GB 20041.21—2008　电缆管理用导管系统　第 21 部分:刚性导管系统的特殊要求(IEC 61386-21:2002,IDT)
- GB 20041.22—2009　电缆管理用导管系统　第 22 部分:可弯曲导管系统的特殊要求(IEC 61386-22:2002,IDT)
- GB 20041.23—2009　电缆管理用导管系统　第 23 部分:柔性导管系统的特殊要求(IEC 61386-23:2002,IDT)
- GB 20041.24—2009　电缆管理用导管系统　第 24 部分:埋入地下的导管系统的特殊要

求(IEC 61386-24:2004,IDT)

——GB/T 29269—2012 信息技术 住宅通用布缆(ISO/IEC 15018:2004,IDT)

请注意本文件的某些内容可能涉及专利。本文件的发布机构不承担识别这些专利的责任。

本标准由全国信息技术标准化技术委员会(SAC/TC 28)提出并归口。

本标准起草单位:中国电子技术标准化研究院、泰科电子(上海)有限公司、浙江一舟电子科技股份有限公司、德特威勒电缆系统(上海)有限公司。

本标准主要起草人:杨宏、孙承恩、肖必龙、曾松鸣、孙慧永、王公儒、尹岗、陈宇通。

引　言

通信基础设施是建筑物设计中必不可少的部分。通信基础设施可能包含语音、数据、环境控制、安全、音频、电视、传感、报警、寻呼及其他低电压和有限功率的信号系统。这些系统变化频繁。路径和空间的设计宜适应这种动态行为。本标准对其他建筑物服务的设计，如电力、供暖、通风和空调(HAVC)有重大影响。

本标准不推荐具体的电信路径和空间设计选项。如未描述导管系统与托架系统之间的优劣。由电信设计者基于相应的应用和限制进行适当的选择。

本标准未给出路径和空间尺寸的特定要求。读者宜参照以下文件：

——我国相关法规和标准；

——电信服务提供商规则；

——厂商指南。

信息技术
用户建筑群布缆的路径和空间

1 范围

本标准规定了按照 ISO/IEC 11801 和 ISO/IEC 15018 设计的，规定了用于建筑物内或建筑物之间的信息交换的电信布缆的路径和空间的结构和要求。

本标准也影响建筑物内部的空间部署。本标准考虑了住宅及商用的单住户和多住户建筑物。 ‖

本标准不涉及建筑物设计的安全方面、消防措施或要求特殊安全措施的电信系统。

2 规范性引用文件

下列文件对于本文件的应用是必不可少的。凡是注日期的引用文件，仅注日期的版本适用于本文件。凡是不注日期的引用文件，其最新版本(包括所有的修改单)适用于本文件。

IEC 60050(826) 信息技术词汇 第 826 章：建筑物电子安装(International Electrotechnical Vocabulary)

IEC 60364-4-41 建筑物电气装置 第 4-41 部分：安全保护 电击保护(Low-voltage electrical installations—Part 4-41: Protection for safety—Protection against electric shock)

IEC 60364-4-44 低电压电气装置 第 4-44 部分：安全保护 电压干扰和电磁干扰保护(Electrical installations of buildings—Part 4-44: Protection for safety—Protection against voltage disturbances and electromagnetic disturbances)

IEC 60364-5-52 建筑物电气装置 第 5-52 部分：电气设备的选择和安装 布缆系统(Electrical installations of buildings—Part 5: Selection and erection of electrical equipment—Chapter 52: Wiring systems)

IEC 61084(所有部分) 电气安装用电缆槽管系统(Cable trunking and ducting systems for electrical installations)

IEC 61386(所有部分) 电缆管理用导管系统(Conduit systems for cable management)

ISO/IEC 11801 信息技术 用户建筑群通用布缆(Information technology—Generic cabling for customer premises)

ISO/IEC 14763-1 信息技术 用户建筑群布缆的实现和操作 第 1 部分：管理(Information technology—Implementation and operation of Customer Premises cabling—Part 1: Administration)

ISO/IEC 15018 信息技术 住宅通用布缆(Information technology—Generic cabling for homes)

3 术语、定义和缩略语

3.1 术语和定义

ISO/IEC 11801 和 IEC 60050(826)界定的以及下列术语和定义适用于本文件。

3.1.1

活动地板 access floor

由完全可移动的和可互换的地板块组成的系统，地板块由支架或纵梁(或以上两者)支撑，其下方空间能够人手可以触及。

3.1.2

架空设施　aerial facility

由电线杆、线缆支撑绳索和支撑系统组成的建筑物入口设施的组成部分。

3.1.3

替代入口　alternate entrance

使用不同的路由进入建筑物的备用的建筑物入口设施，提供各种建筑物入口设施以确保服务的连续性。

3.1.4

天线入口　antenna entrance

从天线到相关设备的路径设施。

3.1.5

建筑物路径　building pathway

建筑内连接电信进线间、设备间和电信间的路径设施。

3.1.6

线缆管道系统　cable ducting system

非圆截面的封闭式系统，用来隔离绝缘导线、线缆和软线，允许将它们拉出或放回。

3.1.7

线缆管网系统　cable management system

线缆槽、线缆管道或导管系统的集合，提供绝缘导体和(或)线缆的护壳。

3.1.8

线缆槽系统　cable trunking system

包含带有可移动盖板的底座的封闭系统，可将绝缘导线、电缆、软线和/或其他电气配件完全包裹。

3.1.9

园区路径　campus pathway

园区环境中用来连接不同建筑物的电信进线间或空间的路径设施。

3.1.10

共用设备间(电信)　common equipment room(telecommunications)

用于建筑物内多个住户的设备和主干线缆互连的封闭空间。

3.1.11

共用电信间　common telecommunications room

用于建筑物内多个住户的主干线缆互连的封闭空间，这个封闭空间还可放置设备。

3.1.12

用户建筑群　customer premises

用户控制之下的建筑物、地面及附属物(附件)。

3.1.13

设备(与工作区相关的)　device(as related to a work area)

电话、个人计算机、图形或视频终端、传感器等物品。

3.1.14

直埋线缆　directly buried cable

安装于地表以下直接与土壤接触的线缆。

3.1.15

进入点(电信) entrance point(telecommunications)

电缆从管道通过外墙、地下进入进线间的点。

3.1.16

进线间或空间 entrance room or space

一种空间(房间更好),园区和建筑物主干设施在这里相连接。

注:进线间也可能放置提供电信(IT)功能的电气设备。

3.1.17

手孔 handhole

比较小的、人员不能进入其中实施操作的维护孔。

3.1.18

头管道 header ducting

布设在地板下,用来将分布管道的线缆汇聚至电信间的线缆管道。

3.1.19

基础设施(电信) infrastructure(telecommunication)

为建筑物或园区内所有信息的分配提供基础支持的通信部件(不包括有源设备)的集合。

3.1.20

管内管道 inner duct

布设在管道内部的管道。

注:也称为子管。

3.1.21

主配线区 main terminal space

来自外部电信网络的线缆与建筑群布缆系统交叉连接点的位置。

3.1.22

人孔(电信) maintenance hole(telecommunication)

修建于地下或地表下的作为地下管网系统的一部分的地下室,用于放置设施、连接和维护线缆以及放置相关设备,人可进入进行操作。

3.1.23

开放式办公家具系统 open office furniture system

相邻工作区群,通常包括开放式办公环境里的各个分隔的空间、工作面、存贮空间和座位。

3.1.24

路径 pathway

放置通信线缆的设施。

3.1.25

强制通风空间 plenum

与一条或多条通风管道相通的隔间或封闭间,是空气调节系统的一部分。

3.1.26

立柱 service pole

从吊顶延伸到家具或地板的封闭路径,构成电气线缆或通信线缆的(或这两者的)路径。

注:也用于安装或包含供连接用的硬件。

3.1.27

空间(电信) space(telecommunication)

用于容纳电信设备(IT)和布缆设施的安装和端接的区域。

注:空间的例子包括设备间、电信间、工作区和人孔/手孔。

3.1.28

吊顶 suspended ceiling

一种天花板,在天花板材料与其上面的建筑结构之间形成一个区域或空间。

3.2 缩略语

下列缩略语适用于本文件。

CER:共用设备间(Common Equipment Room)

CTR:共用电信间(Common Telecommunications Room)

EMC:电磁兼容(Electro Magnetic Compatibility)

EMI:电磁干扰(Electro Magnetic Interference)

HD:家用配线箱(Home Distributor)

HVAC:供暖、通风与空调(Heating, Ventilation and Air Conditioning)

IT:信息技术(Information Technology)

PBX:用户级交换机(Private Branch eXchange)

4 符合性

对于符合本标准的路径和空间基础设施,下列各项要求应适用:

a) 建筑物内的通信基础设施的应设计和安装在第6章描述的空间中及其周边,使用第7章中规定的一个或多个路径系统;

b) 使用一个或多个路径系统的用户建筑群(园区)中的建筑物之间的通信基础设施,应设计和安装在第6章描述的空间中及其周边;

c) 对于多住户建筑物的要求见附录A;

d) 遵守我国有关法规和标准。

5 路径和空间基础设施的结构

图1所示为建筑物内主电信路径和空间元素之间的关系。

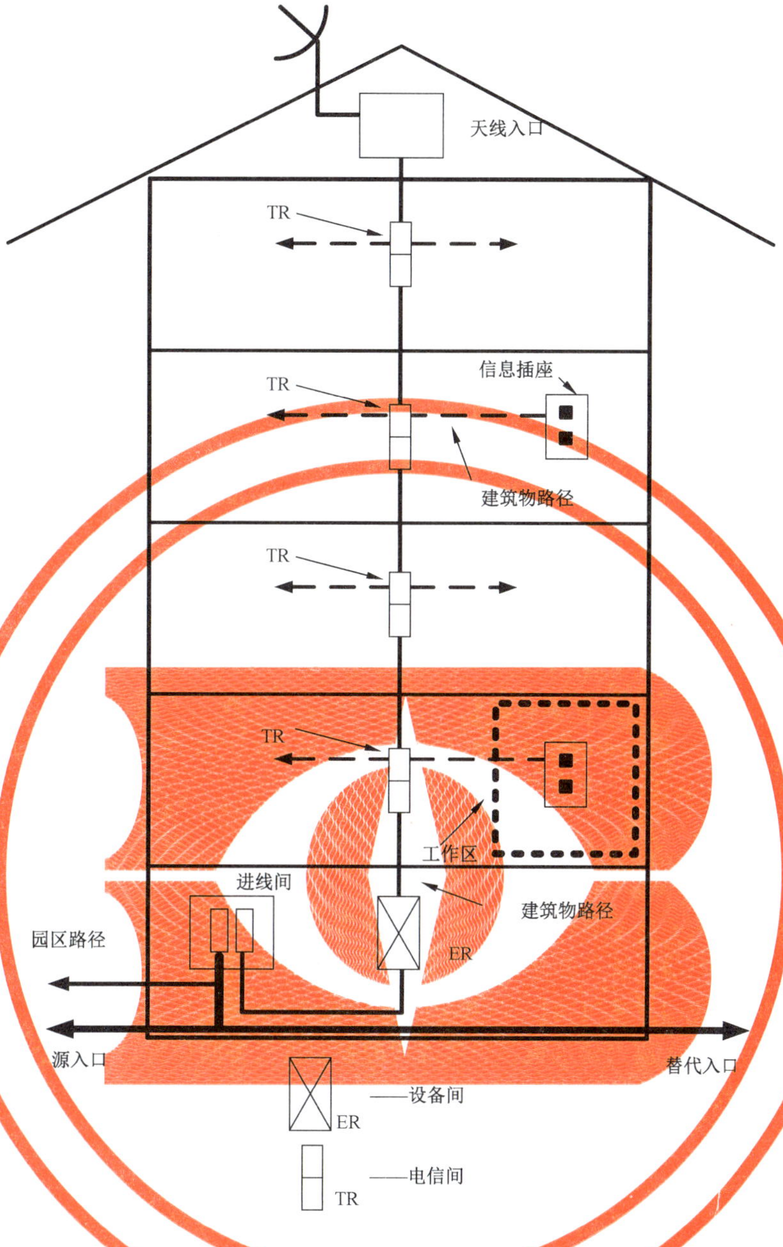

图 1 路径和空间基础设施的基本元素

6 建筑物电信空间

6.1 一般要求

空间应具有充分的光照且防尘。

6.2 工作区

如果建筑区内难以后续添加电信插座(如私人办公室),该区初始设计时,宜至少提供两个单独插座位置。其位置应能最大程度地为工作区未来的移动提供灵活性,如位于私人办公空间对面的墙上。

电信插座位置宜与家具的布局相协调。每个电信插座附近宜至少安装一个电源插座。

对那些对电信设备有密集要求的区域,如控制中心,应为为其服务电信间和设备间提供独立和直达路径。

6.3 电信间

电信间应能够包含通信设备、线缆端接设备和相应的交叉连接线缆。

电信间位置宜尽量接近所服务的区域，最好位于核心区域中。水平路径宜终止于与所服务的区域处于同一层的电信间。

电信间空间应专门用于通信功能及相关的支持设施。电信间空间除了完成通信功能外不宜供电气装置使用。

每条单独的电路应至少提供两个专用的电源插座为设备供电。房间周围应按规定的间隔布设补充的电源插座。

注：电源的分布应遵守我国有关法规和标准的规定。

与电信间无关的设备（如水泵、管道系统等）不应安装于、穿过或进入电信间。

电信间温度和湿度应为已安装的运行设备提供长期工作条件。可依据本地环境条件，要求设置加湿和除湿设备。

下列环境要求仅适用于基于ISO/IEC 11801的布缆。在设计电信间时宜考虑HVAC，以保持与相邻办公区相同的温度。在规划可能的事宜时，如果要求连续的HVAC(24小时/天，365天/年)，应将HVAC纳入初始设计中。应至少每小时调整一次气流，或按照我国有关法规进行调整，以保持正压。如果装有有源设备（发热装置），宜提供充分的气流调整来散热。如果建筑物中有备用电源，电信间所用的HAVC系统宜连接到备用电源。

6.4 设备间

设备间可以提供电信间或建筑物入口设施的部分或者全部功能。

设备间应仅放置与通信系统及其环境支持系统直接相关的设备。

设备间的位置应避免因受建筑物构件（如电梯或承重墙）限制而难以扩展。设备间宜提供大型设备进出通道。共用空间的出入应由建筑物所有者或代理控制。设备间位置最好靠近主干路径。

设备间的楼板荷载能力应足以承受所安装设备的分布载荷和集中载荷。

设备间不应位于水位线以下，除非部署了防止渗水装置。除非设备间中的设备有直接要求，设备间不应安装水管或排水管。如果存在进水风险，设备间应安装地面排水系统。

设备间温度和湿度应为已安装的运行设备提供长期工作条件。可依据本地环境条件，要求设置加湿和除湿设备。

设备间有关主HVAC系统的设计考虑与电信间的相同(见6.3)。

设备间应布置在远离电磁干扰源的地方。特别要注意电源变压器、电动机和发电机、X射线设备、无线电设备或雷达发射机以及电磁感应焊接装置等。

设备间大小应满足已知特定设备的要求。设备间大小除了考虑当前设备的尺寸之外，还应考虑将来的规划。

当房间或空间不只用作设备间（如主终端和/或入口设施）时，应相应地扩充其尺寸，以满足相应章条对这些设施规定的要求。

6.5 主配线区

主配线区可能同时具备建筑物入口设施和设备间的特征。在多住户建筑物中通常将其作为独立空间以服务于全部住户。

主配线区应仅放置与通信系统及其环境支持系统直接相关的设施。

6.6 家用配线箱(HD)

HD应能包含通信设备、线缆端接设备和相应的交叉连接线缆。

HD宜尽可能接近所服务区域的中心,最好是在核心区域中。

HD空间应只用于放置HD功能设施及相关支持设施。HD空间不宜用于放置除通信设备之外的电气设施。

应为HD设备至少提供一个专用电源插座。

注:电源的分布应遵守我国有关法规和标准的规定。

6.7 进线间或空间

如果进线间内要求网络接口设备和电信设备,则需要额外的空间支持。

进线间或空间应位于不会被水淹没的干燥空间,应尽量接近建筑物入口点且接近电气服务间,以减少电气接地系统的等电位联结导线的长度。

是否提供房间或开放区域取决于安全、数量、保护装置类型、建筑物规模及建筑物中的物理位置等。

进线间大小应满足特定保护装置的要求。其大小除了应考虑现存要求之外,同时考虑将来的规划。

应根据应用标准及相应法规的规定设置电信接地系统的接入。

天线接入间应按照每个应用标准和地方法规进行单独设计。天线接入间位置应尽量接近天线区域。

6.8 集合点

集合点应位于可触及的永久位置。只有当家具永久固定于建筑结构上时,才能将集合点安装于开放式办公家具系统中。在保证不移动建筑物固定装置、设备或沉重家具,且不打扰建筑物住户的情况下,集合点可使用吊顶上的空间或活动地板下的空间。在所有情形下,在强制通风空间使用集合点,应符合我国相关法规和标准。

集合点应按照与ISO/IEC 14763-1中规定的电信布缆、硬件、路径和空间相同的方式进行管理。

6.9 多用户电信插座组件

多用户电信插座组件应位于可触及的、永久位置。该组件不应安装于开放式办公家具系统中,除非该家具单元被固定于建筑结构上。

多用户电信插座组件应按照与ISO/IEC 14763-1中规定的电信布缆、硬件、路径和空间相同的方式进行管理。

6.10 过路盒和接线盒

过路盒和接线盒可与路径相关。在本标准中,将过路盒和接线盒视为空间。

线缆管网系统的过路盒应被用于以下目的:

——安装牵引绳或线缆;

——将线缆引入过路盒,并将引入到下一长度线缆管网系统的线缆盘留。通常用于较小线缆;

——过路盒不可以用于接续电缆。

接线盒除了可用于牵引电缆外,还可用于接续电缆。

过路盒和接线盒应放置在可以触及的地方。

过路盒和接线盒宜放置于线缆管网系统的直线部分,而不能放置于弯曲的位置。线缆管网系统的相应末端宜相互对齐。线管配件应不用于过路盒和接线盒中。

7 建筑物路径

7.1 一般要求

建筑物路径通过水平和主干布缆路径系统构建。某些系统可被用于区域布缆。一些系统可以通过管内管道(也称为子管道)进行细分。

金属路径的等电位联结和接地安全应遵循我国相应标准[1)],并考虑参考 IEC 61000-5-1[2)] 和 IEC 61000-5-2[3)]。

路径设施最低设计要求为能够处理 ISO/IEC 11801 和 ISO/IEC 15018 规定的所有通信介质。当确定路径的尺寸、线缆的数量和尺寸时,应考虑将来对于弯曲半径的要求和未来扩展预留。除非相应法规允许,否则路径不可位于电梯升降井中。

建筑物路径应安装于干燥位置以防止线缆的潮湿级别超过建筑物内部的操作范围。所有的路径系统应符合相应法规。

IEC 60364-4-41、IEC 60364-4-44 和 IEC 60364-5-52 中规定了与通信线缆和电力电缆同时安装的安全问题。EMI 间隔距离宜考虑以下内容:

——和电力电缆之间的距离间隔;

——槽内的距离间隔和隔板;

——插座盒内或隔间内的距离间隔。

当支持条件(在水平或垂直平面内)改变和/或当穿越墙壁时,要维持上述距离间隔。

7.2 活动地板

活动地板用于计算机房、设备间、电信间和通用办公区域。活动地板包括易燃、非易燃、复合地板。活动地板共分为标准高度地板和低高度地板两种类型。当使用活动地板时,同时要考虑使用活动地板下的空间用于空气流动的影响。当地板下空间为强制通风空间时,不建议使用低高度活动地板。

在新的建筑中,安装活动地板的区域地面宜下沉于楼板面。下沉的深度宜与完成的活动地板下净高度相同。

在地面楼板未下沉或下沉高度与完成的活动地板下净高不等时,应在地面提供斜坡或楼梯设施。斜坡和楼梯设施应遵循建筑规范。

电信插座应安装于与工作区位置相互配合的位置,以便于使用。电信插座不应安装于过道区域或对住户造成伤害的位置。

宜保证活动地板之下有足够的空间。宜考虑以下内容:

——线缆的数量,特别是对于活动空间受到限制的区域;

——二级路径系统,如有;

——线缆交叉;

——线缆引出时线缆弯曲半径受到限制;

——足够接入空间;

——其他服务。

活动地板布局应在设备或电信布缆安装之前确定。

电信间与其服务的活动地板区域的位置宜相邻。

---

1) 等电位联结和接地安全规则可参考 GB 50174、GB 50343 和 GB 50057 中相关规定。

2) IEC 61000-5-1 电磁兼容(EMC) 第 5 部分:装配和减缓指南 第 1 部分:通用考虑。

3) IEC 61000-5-2 电磁兼容(EMC) 第 5 部分:装配和减缓指南 第 2 部分:接地和布缆。

7.3 线缆槽系统

线缆槽系统类型包括：

——墙和吊顶线缆槽系统；

——地板线缆槽系统；

——立柱线缆槽系统。

注：地板安装的槽/管系统见7.10。

线缆槽系统应符合IEC 61084。

线缆槽系统可用于建立到达服务区域的周边路径，可通过墙壁到达电信设备。线缆槽系统，包括线缆槽、接头、弯管及类似装置和设备安装装置，安装于墙表面的合适高度上，以提供连续的周边路径。电信插座的位置沿着路径分布，在初始安装之后，可被改变或增加。

房间中的设备及周边路径依赖于固定墙壁区域的服务。在有隔间的大房间中，路径可被延伸至工作区域。

与地板表面齐平安装的系统应在整个长度上具有可移动的盖板，使得线缆能够直接放置其中，而不是从外面拉线。盖板的高度应与最终地板表面持平，并应设计为防水系统。

7.4 线缆桥架和梯架系统

线缆桥架和梯架系统是支持线缆或导线的预装配式结构，在路径安装之后放置或敷设线缆或导线。

线缆桥架的敷设方式典型示例如下：

——信道线缆桥架；

——梯架；

——实底线缆托盘；

——多孔线缆托盘；

——脊椎状托盘(中心轨道结构)；

——电缆槽盒(焊接结构)；

——网眼线缆托盘(金属网眼或塑料网眼)。

线缆桥架可位于吊顶之上或之下，也可位于活动地板内部。

应考虑线缆最小弯曲半径及路径承重的要求。

7.5 导管系统和线缆管道系统

导管系统类型包括：

——硬导管系统；

——软导管系统；

——可弯曲导管系统。

导管系统应符合IEC 61386。

线缆管道系统应符合IEC 61084。

仅在下列情况下，导管系统或线缆管道系统作为的电信布缆的路径系统使用：

——由相应法规规定；

——插座位置固定；

——设备密度低；

——不要求灵活性。

楼板内的导管系统或线缆管道系统因通常被掩埋在混凝土中，而不便于进行施工。

已安装导管的最低要求，如支撑性、末端保护和连续性等在相关标准或法规中进行规定。

过路盒之间的导管长度不宜超过 15 m。过路盒之间(如插座、电信间或过路盒)不应包含多于 2 个等于(或相当于)90°的弯曲。线缆中任何有反向(U 型)弯曲的位置应采用过路盒。

导管内部的弯曲半径应至少为内直径的 6 倍。导管内的弯曲部位不应有任何的线缆纽结或者中断,因为在线缆牵引操作中会对线缆护套产生不利的影响。

从电信间延伸出的单根导管应至多连接 3 个插座盒。导管尺寸宜从最远的插座盒到电信间逐渐增加。

电信间导管引出楼板表面部分应为 25 mm～75 mm。该引出可防止混凝土在建筑施工过程中进入到导管中,且可使用防火材料封堵以保护布缆免受水和其他液体进入。

7.6 家具路径

用于开放式办公家具系统的路径从建筑物墙壁、柱子、吊顶或地板进入。

通常,厂商、用户/设计者和安装者之间需共享以下信息:

——每个工作区内要求的线缆连接的数目、类型和位置;

——每种类型线缆的直径和最小弯曲半径;

——建筑物路径连接到家具路径的策略,包括数目、位置和接口区域的横截面积;

——家具路径横截面积和线缆容量;

——家具群中工作区的数量。

推荐使用物理测量确定路径的线缆容量。与建筑物路径互连的路径应具有足够的横截面积,为工作区或工作区群提供服务。

多数家具内的路径允许放入线缆,因此不要求使用弯管。在拐角处或在电信插座/连接器之后,家具路径的有效横截面积可能减小。家具制造商应在其产品上标示相应信息,以允许用户判断路径有效横截面积对应的线缆。

家具路径通常与电力电缆路径平行布设。在这种情况下,家具内电力电缆管道和布缆管道之间的间隔应遵循我国相关标准的要求。

在使用可拆卸隔墙隐藏线缆的情况下,应提供嵌入式面板或盖子。如果提供可进行操作的空间或足够大的导管,也可采用空心墙隐藏线缆。

7.7 墙面布缆

在法规和标准允许的情况下,可使用干燥墙面的空间用于垂直通过螺栓之间的开放空间或螺栓之间的电信布缆。可使用导管或紧固件用于引导和支持线缆。

7.8 非连续性的紧固件和固定件的路径

吊顶和活动地板区域的路径可能需要使用特别设计的紧固件和固定件。强制通风空间和非强制通风空间安装的规则在相应法规和标准中进行规定。

带紧固件和固定件的路径系统应满足以下条件:

——不可进入的区域,如被贴有瓷砖、石膏板墙体或灰砖墙等可变更位置的区域,不可用于分布路径。瓷砖应可移动;

——设计规划的吊顶或活动地板区域具有足够和合适的空间。

在设计中应提供适当的方式和方法以支持从电信间到其服务的工作区之间的线缆或电信间之间的主干线缆。紧固件和固定件可安装于建筑结构或子结构上,如横梁、法兰、支柱、吊线(悬垂线系统)。线缆不应直接放置于吊顶天花板或围栏上。

吊顶上应至少有 75 mm 空隙,以使吊顶可移动及用于维护水平布缆和路径。

紧固件和固定件之间宜保持 1.2 m～1.5 m 的距离。中间点处线缆的下垂不宜超过 0.3 m。紧固件和固定件的设计应为线缆提供充分的弯曲半径。

7.9 立柱

立柱为吊顶到工作区之间的电线和线缆提供路径。用于通信线缆和电力线敷设的共用立柱应符合相应法规和标准。

立柱应牢固地固定于适当的结构件上,最好为吊顶主支持通道。只有立柱被牢固固定在主支持通道上,才可固定于横断或较短通道。当使用立柱时,应严格安装主吊顶围栏并加固以防止其发生水平和垂直移动。

7.10 地板安装的槽/管系统

地板安装的槽/管系统是内置于地板中的线缆管网系统。接入或手孔单元应位于分支布设位置以允许在路由方向的改变,方便牵引线缆。

地板结构影响地板中适用的系统类型。混凝土的总厚度和浇注的方式将决定系统的选择。

——整体浇铸时,系统一般安装于水泥楼板中间;

——在水泥楼板结构建筑中,宜特殊考虑系统级别的维护;

——在双层浇铸时,系统安装于结构水泥楼板中,二次浇铸时将系统掩埋起来;

——在钢筋混凝土浇铸时,系统应使用预置嵌入方法进行安装;

——当使用预置钢筋混凝土构件时,系统掩埋于混凝土上部。

注:地板线缆槽系统见7.3。

平行支管槽布设设计完成后,主管道及其接入单元的交叉布设由服务需求的密度和电信间所提供服务的区域决定。应规定通过若干封闭的主管道将系统连接至电信间。如适用,系统应通过沟槽或弯头终结于电信间。

接入或手孔单元为两个或多个管道连接部位提供接入。在多管道规划中,应对接入单元内的空间进行分区以允许系统的完全隔离。盖板的设计应防止水进入,且应提供将水分散到周围地板区域的方法。

服务装置类型不同,提供多种不同服务。如果某个综合装置同时服务于电气电源,则装置应完全分开。

专门的地板盒安装于地板分布规划的预置层中,提供到所有服务的接入功能。当需要提供服务时,包含系统连接设备的组件与地面电信插座面板一起安装。

8 园区路径和相关空间

8.1 一般要求

园区路径将不同建筑物的进线间连接在一起,包括地下的、掩埋的、空中的和隧道路径。路径设施的设计应至少能够支持ISO/IEC 11801中识别的全部线缆媒体。

园区中应提供园区入口路径。该设施应至少为一个本地电信业务提供商提供接入。当多个服务提供商要求接入园区/建筑物时,附录C给出了建筑物所有者提供的路径系统的示例。

在确定所需路径的总数目时,设计者应考虑以下因素:

a) 建筑物的类型和用途;

b) 期望的扩展;

c) 未来添加路径的难度;

d) 替代入口;

e) 拟安装的线缆类型和数量。

路径的建设可能需要土地使用许可或路权的使用等。当存在安全、服务连续性或其他特殊要求时，宜提供备用的建筑物入口设施。

8.2 直埋路径

直埋设施是建筑物入口设施的一个部件，其通信线缆完全掩埋在地下。直埋通过壕沟、挖沟等方式进行。设计者宜考虑，直埋线缆方法最初可能较经济，但线缆设施不易实施加固或进行更换。尽管本标准中规定了直埋方法，但用户建筑群布缆中不推荐使用。

8.3 地下路径

地下入口的预设计应包括土地开发、地形限制和地下设施的评估等，应满足排水的要求。设施可能需要释放气体蒸汽。地下路径上盖板的厚度的确定应考虑交通和地形因素，也应考虑对地下路径外裹混凝土的必要性。

地下电信设施与其他公用设施(如处于同一沟槽的水管或电线等)最好不要处于同一垂直平面。公用设施服务宜位于同一水平面，符合我国相关标准和法规。

8.4 隧道

园区环境中到建筑物的服务入口可通过共用隧道实现。

8.5 架空

当使用架空设施时，需考虑以下内容：

a) 建筑物及周边的美学设计；
b) 暴风雨或结冰抗击力；
c) 树木的位置及成长情况；
d) 适用的本地法规；
e) 与电线和路之间的净空和间隔；
f) 机械保护；
g) 跨度间隔；
h) 建筑物附件；
i) 便于未来线缆加固；
j) 涉及线缆的数量。

8.6 建筑物入口设施

建筑物入口设施由建筑物的电信服务入口构成，包括通过建筑物的墙壁的入口，并延续至入口间或空间。建筑物入口设施可包括连接到主配线区及园区环境中其他建筑物的主干路径。天线入口也可构成建筑物入口设施的一部分。

所有为建筑物提供服务的运营商和电信提供商宜签订合同，确定需求并探讨提供服务的选项。在选取电信建筑物入口设施位置时，应考虑其他公用设施的位置，如电、水、煤气和排水管等。当存在安全、服务连续性或其他特殊要求时，宜提供备用的建筑物入口设施。

应提供服务入口路径。在确定所要求的路径总数目时，设计者应考虑：

a) 建筑物的类型和用途；
b) 扩容；
c) 未来增加路径的难度；
d) 备用入口；

e) 拟安装的线缆的类型和尺寸；

在下列情况下，建筑物内部入口点位置应安装过路盒以便于线缆拉线和拼接：

f) 建筑物导管从入口导管处扩展而来；或者

g) 保证延伸导管的长度；或者

h) 弯曲量超过相当于两个90°的弯曲。

8.7 人孔

人孔用于在地下、隐蔽方式下拉线和接续线缆。人孔应配备集水坑、耐腐蚀拉铁、按照相应法规接地的电缆架和梯架。只有当电信设备要求时，电信人孔才能用于电力和照明导线路径。

人孔尺寸的考虑包括：

——最大管道结构；

——位于人孔中的设备的需要；

——与其他公用设施的共存。

人孔外框和盖板应满足位置的要求。包括针对重型交通和轻型负荷的类型。

8.8 手孔

手孔的使用应考虑以下内容：

a) 使用手孔帮助拉出线缆，当：

  1) 弯曲超出两个90°或超过180°；或者

  2) 导管的长度要求将线缆分两段来拉。

b) 手孔不应被用于代替主系统设施中的人孔；

c) 手孔不宜被用于接续线缆；

d) 进入到手孔中的线管应与相对的墙上的管孔处于同一高度。

附 录 A
（规范性附录）
多住户建筑物的附加要求

A.1 引言

附录A和附录B规定了多住户建筑物和园区共用的路径和空间。

多住户建筑物内的电信路径和空间会受到其使用阶段的影响。建筑物建设完成，第一批住户入住之后，住户对于电信设施的需求可立即导致对建筑物的修改。经过几年使用之后，随着住户及住户需求的不断变化，建筑物所有者/代理需要对相关设施进行修改以满足住户需求。

多住户商务办公室和住宅建筑物具有与单住户建筑物相对应的生命周期。很多建筑物寿命长达100年。随着时间推移，住户对于电信连接的需求日益增加，此类较老的建筑物在支持日益增加的路径和空间的需求上面临严重挑战。

图A.1所示为建筑物中包含多住户路径和空间的多功能元素的代表性模型。其不是作为无所不包的展示。主要体现了构成一个完整系统的元素及其配置之间的关系。表A.1提供了电信空间的总结。

多住户空间元素包括，但不限于以下条目：

——进线间；

——接入提供商空间；

——服务提供商空间；

——共用设备间；

——共用电信间。

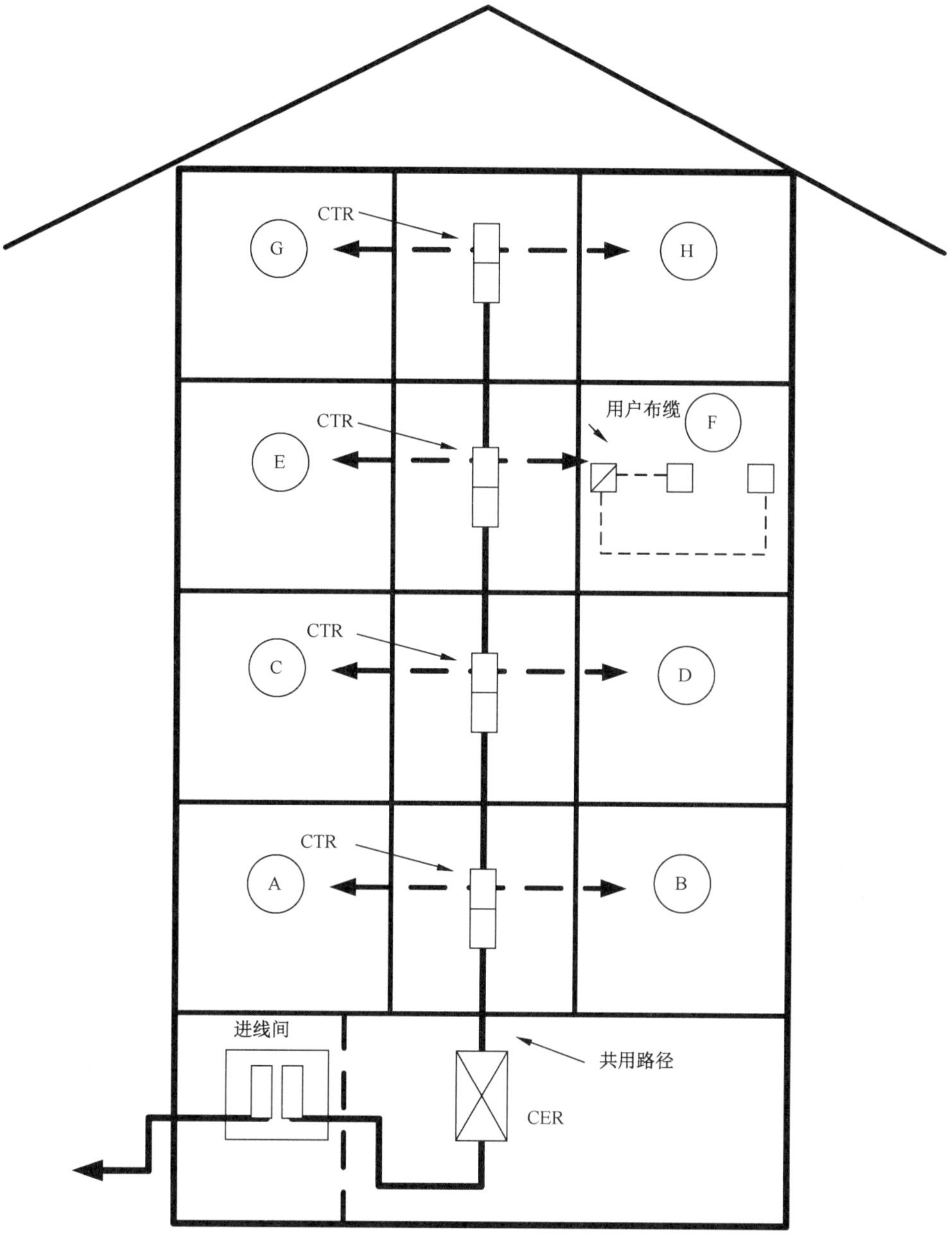

说明：

A 到 H ——用户空间

CER ——共用设备间

CTR ——共用电信间

图 A.1 服务多住户的建筑物所使用的路径和空间组件的示例

表 A.1 服务多住户的建筑物所使用空间的总结

空间名称	缩写	主责任方/次责任方
进线间		建筑物所有人或代理
接入提供商空间		接入提供商/建筑物所有者或代理
服务提供商空间		服务提供商/建筑物所有者或代理
共用设备间	CER	建筑物所有者或代理

A.2 入口设施

A.2.1 入口位置考虑

宜根据居住者和使用者对于有线和无线连接的需求进行设施设计。如果对有线及无线服务均有要求,可根据要求对入口设施的尺寸、数量和位置进行调整。与支持入口设施无关的机械装置(如管子、管道、气体管道)不宜安装于、通过或进入到电信入口设施。

A.2.2 电信服务入口路径

应规定电信服务入口路径以支持初始的和未来的电信需求,包括其服务的整个建筑环境和住户对有线、无线连接的需求。建筑物所有者和设计者应在未来通信需求上达成一致。为支持多接入提供商,宜设置多服务入口点。

A.2.3 接入

应由主或次责任方(见表 A.1)控制对进线间的接入。如果使用标牌,其设计宜包含在建筑物安全计划中。

A.2.4 无线

A.2.4.1 视线

无线传输/接收设备的位置对于其性能很关键。无线电频率、电子和物理对象等均会造成对无线传输/接收设备功能的阻碍。这些阻碍可位于同一平面、临近建筑物或一定距离范围内。当所采用的技术有要求时,无线传输/接收设备应与其目标系统处于同一视线内。如果无线传输/接收设备的视线被阻碍,此类系统功能将无法正常实现。

A.2.4.2 线缆路径

塔上架设的无线传输/接收设备的线缆路径宜在塔上可能的位置对其进行加固,并在其到达接入提供商空间的路径上保持加固状态。宜采用无线传输/接收设备到入口设施之间的最直接路径。为防止线缆的环境性损害,并保证其与行人交通相互分离,宜将线缆放置于导管内或线缆托架中,或采取其他保护其免受物理损害的措施。

A.2.4.3 位置

根据功能和现场条件,无线服务传输/接收空间可被放置于建筑物的天台、外墙或屋顶下的空间。无线服务传输/接收点也可位于建筑物内部。固定在墙上的无线传输/接收设备支持结构宜安装于可能发生步行交通的地表至少 2 m 之上。

A.2.4.4 支持结构

A.2.4.4.1 概述

在对无线传输/接收设备的支持结构进行设计和安装时,应由相关的专家进行结构性分析。

A.2.4.4.2 塔

当建筑物的位置或高度能够为无线传输/接收设备提供良好的场所时,宜考虑在建筑物顶部安装塔。塔可实现高效利用有限的屋顶空间,并为空间计划提供显著的灵活性。多接入提供商及其他住户可共享单个塔空间。

A.2.4.4.3 非穿透性无线传输/接收设备支架

重量和大小有限的无线传输/接收设备可安装于支架上,该支架不固定于建筑物结构件上。此类无线传输/接收设备底座常指雪橇支架、压载支架或非穿透性无线传输/接收设备支架。这些支架通过其自身重量及负载重量固定于屋顶以保持无线传输/接收设备的位置。要求的负载(压载物)的重量的计算同时考虑了无线传输/接收设备及支持系统上可能受到的风和冰造成的负载和压力。在某些情况下,为增加稳定性,将这些支架进行捆绑加固。相应法规可提供特定要求。建筑物所有者需考虑是否允许增加房顶的荷载。

A.2.4.4.4 穿透性无线传输/接收设备支架

通常使用穿透建筑物屋顶或墙壁的无线传输/接收设备安装系统。此类系统需要主要考虑的是安装在结构上的系统的负载及穿透点的防水。

A.2.4.5 设计考虑

根据需要,电气服务应支持但不限于以下功能:天线发光、融冰、电动操作等功能。当管理规定有要求时,应提供备用电源的自动切换。电气服务的选择应由相关专家进行。

A.3 接入提供商空间和服务提供商空间

A.3.1 概述

应由主或次责任方(见表 A.1)控制对接入提供商空间和服务提供商空间的接入。常用的方法是对空间使用可上锁的柜子和笼子进行接入控制。

A.3.2 位置

A.3.2.1 概述

接入提供商空间和服务提供商空间宜靠近 CER。宜选定可扩展的提供商空间和服务提供商空间。应对接入提供商空间和服务提供商空间进行配置,以保证可通过共用通道接入这两个区域。

无线接入提供商空间宜尽可能接近其连接的无线传输/接收设备。

A.3.2.2 电磁干扰

接入提供商和服务提供商空间宜远离电磁干扰源。干扰源包括电源转换器、发动机及发电机、X 光设备、无线或雷达发射器及感应密封设备等。

A.3.3 路径

从接入提供商空间到CER、从服务提供商空间到CER以及从接入提供商空间到服务提供商空间，宜提供充足的线缆路径。

A.3.4 设计

A.3.4.1 建筑性考虑

A.3.4.1.1 隔板

当接入提供商和服务提供商共享空间时，宜通过隔板分隔出单个空间。隔板可由金属丝网或建筑组件构成。

A.3.4.1.2 设备安装

应对设备安装给出充分的规定。

A.3.4.1.3 天花板高度

地板与天花板最低点之间的距离应至少为2.2 m。附加考虑见B.1.1中的建议。

A.3.4.1.4 处理

地板、墙壁和天花板宜进行防尘处理。家具宜粉刷成浅白颜色以加强室内亮度。地板宜考虑使用防静电材料。

A.3.4.1.5 照明

照明安装于地板之上至少2.2 m，在地板以上1 m处进行测量，照度应至少为500 lx。附加考虑见B.1.3。

注：照明灯具不宜与接入提供商空间或服务提供商空间从同一电气配电盘供电。不宜使用调光器开关，宜合理设置应急照明和安装标识，以保证正常照明中断时，紧急出口照明正常。

A.3.4.1.6 吊顶

接入提供商空间及服务提供商空间内不宜设置吊顶。当火焰可能扩散到暴露的天花板时，宜进行防火材料处理以减轻空气中的粉尘。

A.3.4.1.7 门

门的尺寸为至少宽0.65 m、高1.8 m，无门槛、无铰链，向外开、侧滑或可移动。门应安装门锁。宜考虑使用中间门柱可移动的双门。附加考虑见B.1.4。

A.3.4.1.8 地面荷载

接入提供商空间和服务提供商空间应位于地面荷载设计适当的地面空间。集中地板荷载常达到或超过5.75 kPa，地面荷载能力应进行相应的设计。应由相关专家判定拟使用设备不超过地板荷载限制。

A.3.4.1.9 标牌

如果使用标牌，其设计宜包含在建筑物安全计划中。

当采用无线接入提供商空间和服务提供商空间时，任何暴露在无线电磁场干扰中，可能对人体产生伤害的区域，宜张贴危险警告标牌。

A.3.4.1.10 地震考虑

在存在显著的地震活动风险的地区，安装实现应能保证在地震压力的情况下，仍能提供持续的电信服务。

A.3.4.2 环境性考虑

A.3.4.2.1 HVAC

A.3.4.2.1.1 概述

接入提供商和服务提供商设备常被设计为在极端环境（如温度）下进行操作。宜根据接入提供商和服务提供商空间内相关设备潜在的加热和冷却需求来确定实际的空气处理要求。

A.3.4.2.1.2 持续操作

如果部署，应提供一年365天，一天24小时的HVAC服务。如果建筑物系统不能保证大型设备应用的持续操作，则应为接入提供商和服务提供商空间提供独立单元。

A.3.4.2.1.3 备用操作

如果建筑物中备用电源可用，宜考虑将服务于电信接入提供商空间和服务提供商空间的HVAC系统也连接到备用电源。

A.3.4.2.1.4 操作

接入和服务提供商空间温度和湿度应为已安装有源设备提供持续操作。根据本地环境条件，确定安装加湿和除湿设备的需要。

A.3.4.2.1.5 正压

应提供与周围区域不同的正压。

A.3.4.2.2 电池

如果将电池用作备用电源，应提供充分的通风设施。

A.3.4.2.3 震动

设备或布缆基础设施带来的机械震动随着时间推移可导致服务失败。此类失败的常见示例为连接松动。建筑物内存在的潜在震动将通过建筑物结构传送到接入和服务提供商空间中。在此类情况下，宜向相关专家进行咨询，设计保护措施以免接入提供商空间和服务提供商空间的震动过大。

A.3.4.2.4 其他机械设施

与支持接入提供商空间和服务提供商空间无关的机械装置（如导管、管道、气体管道）不宜安装于、通过或进入到接入提供商空间或服务提供商空间。

A.3.4.3 电气考虑

A.3.4.3.1 电源

应由相应的提供商规定接入提供商和服务提供商的电源要求。最低指导方针为，每个接入提供商空间和服务提供商空间中应至少提供两个独立的非切换的电源插座。接入提供商空间和服务提供商的操作方应被允许接入方便的电源插座。

A.3.4.3.2 备用电源

如果建筑物中有备用电源可用,宜考虑将服务于电信接入提供商空间和服务提供商空间的电气系统也连接到备用电源。

A.3.4.4 渗水

当可能时,接入提供商和服务提供商空间不宜放置于低于水位线的位置,除非采取了防止渗水的措施。该空间应该不存在水,或者空间内设备不直接要求排水管。应在空间中提供地面排水管,以防止存在积水的危险。

A.4 共用设备间

A.4.1 概述

CER 宜仅包含建筑物内服务于多住户的设施。住户建筑群设备不应放于 CER 中。

超过 10 层的建筑物中,及同时存在有线及无线接入提供商和服务提供商的建筑物中可设置多于一个 CER。

应由主责任方或次责任方控制 CER 的接入。

A.4.2 位置

在临近空间中建立接入提供商空间、服务提供商空间和 CER 空间可实现高效率。CER 位置的选取宜便于其进行扩展。CER 应尽量接近建筑物垂直主干路径贯穿建筑物 CTR 的位置,以减少相关路径的长度。CER 宜允许大型线缆卷轴通过共用过道进入。

A.4.3 路径

宜为接入提供商和 CER 之间、服务提供商和 CER 之间提供充足路径。CER 到任何 CTR 之间,及从 CER 到设备间(如考虑旁路时)之间也宜提供充足路径。共用主干路径一般包含线缆托架、套管和导管。

A.4.4 设计

A.4.4.1 建筑考虑

A.4.4.1.1 尺寸

总面积达到或低于 50 000 m^2 的建筑物宜为 CER 分配 12 m^2 的地面空间。宜优先考虑可用墙壁空间的高效使用。总面积大于 50 000 m^2 的建筑物,面积每增加 10 000 m^2,CER 面积宜增加 1 m^2,并同时宜考虑机架安装设备。CER 内宽应不小于 2.2 m。附加考虑见 B.1.2 中的建议。

A.4.4.1.2 设备安装

应对设备安装给出充分的规定。

A.4.4.1.3 天花板高度

地板与天花板最低点之间的距离应至少为 2.2 m。附加考虑见 B.1.1 中的建议。

A.4.4.1.4 处理

地板、墙壁和天花板宜进行防尘处理。家具宜粉刷成浅白颜色以加强室内亮度。地板宜考虑使用防静电材料。

A.4.4.1.5 照明

照明安装于地板之上至少 2.2 m，在地板以上 1 m 处进行测量，照度应至少为 500 lx。附加考虑见 B.1.3 的建议。

注：照明灯具不宜与 CER 中的电信设备从同一电气配电盘供电。不宜使用调光器开关，宜合理安装应急照明和标识，以保证正常照明中断时紧急出口照明正常。

A.4.4.1.6 吊顶

CER 内不宜安装吊顶。当火焰可扩散到暴露的天花板时，宜进行防火材料处理以减轻空气中的粉尘。

A.4.4.1.7 门

门的尺寸为至少宽 0.65 m、高 1.8 m，无门槛、无铰链，向外开、侧滑或可移动。门应安装门锁。宜考虑使用中间门柱可移动的双门。附加考虑见 B.1.4 的建议。

A.4.4.1.8 地面荷载

CER 应位于地面荷载设计适当的地面空间。集中地板负载常达到或超过 5.75 kPa，应设计相应的地面负载能力。应由相关专家判定拟使用设备不超过地板负载限制。

A.4.4.1.9 标牌

如果使用标牌，其设计宜包含在建筑物安全计划中。

A.4.4.1.10 地震考虑

在存在显著的地震活动风险的地区，安装实现应能保证在地震压力的情况下，仍能提供持续的电信服务。

A.4.4.2 环境性考虑

A.4.4.2.1 HVAC

CER 温度和湿度应能为已安装有源设备提供持续操作。实际的空气处理要求应根据 CER 中可能存在相关设备的潜在加热和冷却需求来确定，相关设备包括但不限于：

——服务器；

——骨干数据交换机；

——PBX 和关键系统；

——同轴放大器；

——视频分配设备；

——不间断电源。

A.4.4.2.1.1 持续操作

如果部署，应提供一年 365 天，一天 24 小时的 HVAC 服务。宜考虑为 CER 提供独立单元。

A.4.4.2.1.2 备用操作

如果建筑物中备用电源可用,宜考虑将服务于 CER 的 HVAC 系统也连接到备用电源。

A.4.4.2.1.3 操作

当为 CER 提供 HVAC 时,温度和湿度应为已安装有源设备提供持续操作。根据本地环境条件,确定安装加湿和除湿设备的需要。

A.4.4.2.1.4 正压

应提供与周围区域不同的正压。

A.4.4.2.1.5 电池

如果将电池用作备用电源,应提供充分的通风设施。

A.4.4.2.2 震动

设备或布缆基础设施带来的机械震动随着时间推移可导致服务失败。此类失败的常见示例为连接松动。建筑物内存在的潜在震动将通过建筑物结构传送到接入和服务提供商空间中。在此类情况下,宜向相关专家进行咨询,设计保护措施以免 CER 震动过大。

A.4.4.2.3 其他机械设施

与支持 CER 无关的机械装置(如导管、管道、气体管道)不宜安装、通过或进入到 CER。

A.4.4.3 电气考虑

A.4.4.3.1 电源

CER 中为设备供电应至少安装 4 个非切换的方便电源插座及 4 个独立的电源插座。方便电源插座宜安装于围墙上,且互相之间保持 1.8 m 距离。应为 CER 电气控制板提供单独的电源电路。

A.4.4.3.2 备用电源

如果建筑物中备用电源可用,宜考虑将服务 CER 的电气系统连接到备用电源。

A.4.4.4 渗水

CER 不应放置于低于水位线的位置,除非采取了防止渗水的措施。该空间中不宜存在与支持空间内设备无关的水管或排水管。应在空间中提供地面排水管,以防止存在积水的危险。

A.5 共用电信间

A.5.1 概述

CTR 宜仅包含建筑物中服务多住户的设施。住户建筑群设备不应放于 CTR 中。

应由主责任方或次责任方控制 CTR 的接入。

A.5.2 位置

位于多层建筑物中的 CTR 宜尽量垂直对准。CTR 宜位于所服务区域的中心,并可通过共用通道接入。

A.5.3 路径

宜按照以下要求考虑 CTR 穿透的数目和尺寸：

——多住户共享的线缆基础设施；

——建筑物内连接需求；

——建筑物间连接需求；

——有线接入/服务提供商旁路需求；

——无线接入/服务提供商旁路需求。

当多住户共享的线缆基础设施不满足特定住户需求时，宜设置充足的路径能力以适应共享基础设施旁路。见 A.6.1.2。

A.5.4 设计

A.5.4.1 建筑考虑

A.5.4.1.1 尺寸和数量

CTR 的设计应基于现在和将来服务的空间的要求。典型的 CTR 尺寸宜为 6 m^2。当所服务的区域超过 2 000 m^2 时，宜考虑提供多个 CTR。

A.5.4.1.2 设备安装

应对设备安装给出充分的规定。

A.5.4.1.3 天花板高度

地板与天花板最低点之间的距离应至少为 2.2 m。附加考虑见 B.1.1 中的建议。

A.5.4.1.4 处理

地板、墙壁和天花板宜进行防尘处理。家具宜粉刷成浅白颜色以加强室内亮度。地板宜考虑使用防静电材料。

A.5.4.1.5 照明

照明安装于地板之上至少 2.2 m，在地板以上 1 m 处进行测量，照度应至少为 500 lx。附加考虑见 B.1.3 中的建议。

注：照明灯具不宜与 CTR 中的电信设备从同一电气配电盘供电。不宜使用调光器开关，宜合理安装应急照明和标识，以保证正常照明中断时紧急出口照明正常。

A.5.4.1.6 吊顶

CTR 内不宜安装吊顶。当火焰可扩散到暴露的天花板时，宜进行防火材料处理以减轻空气中的粉尘。

A.5.4.1.7 门

门的尺寸为至少宽 0.65 m、高 1.8 m，无门槛、无铰链，向外开、侧滑或可移动。门应安装门锁。宜考虑使用中间门柱可移动的双门。附加考虑见 B.1.4。

A.5.4.1.8 地面荷载

CTR 应位于适当地面荷载设计的地面空间。集中地板荷载常达到或超过 5.75 kPa,应设计相应的地面荷载能力。应由相关专家判定拟使用设备不超过地板荷载限制。

A.5.4.1.9 标牌

如果使用标牌,其设计宜包含在建筑物安全计划中。

A.5.4.1.10 地震考虑

在存在显著的地震活动风险的地区,安装实现应能保证在地震压力的情况下,仍能提供持续的电信服务。

A.5.4.2 环境性考虑

A.5.4.2.1 HVAC

CTR 的温度和湿度应能为已安装有源设备提供持续操作。实际的空气处理要求应根据 CTR 中可能存在相关设备的潜在加热和冷却需求确定。

A.5.4.2.1.1 持续操作

如果部署,应提供一年 365 天,一天 24 小时的 HVAC 服务。宜考虑为 CTR 提供独立单元。

A.5.4.2.1.2 备用操作

如果建筑物中备用电源可用,宜考虑将服务于 CTR 的 HVAC 系统也连接到备用电源。

A.5.4.2.1.3 操作

当为 CTR 提供 HVAC 时,温度和湿度应为已安装有源设备提供持续操作。根据本地环境条件,确定安装加湿和除湿设备的需要。

A.5.4.2.1.4 正压

应提供与周围区域不同的正压。

A.5.4.2.1.5 电池

如果将电池用作备用电源,应提供充分的通风设施。

A.5.4.2.1.6 震动

设备或布缆基础设施带来的机械震动随着时间推移可导致服务失败。此类失败的常见示例为连接松动。建筑物内存在的潜在震动将通过建筑物结构传送到接入和服务提供商空间中。在此类情况下,宜向相关专家进行咨询,设计保护措施以免 CTR 震动过大。

A.5.4.2.1.7 其他机械设施

与支持 CTR 无关的机械装置(如导管、管道、气体管道)不宜安装、通过或进入到 CTR。

A.5.4.3 电气考虑

A.5.4.3.1 电源

CTR 中为设备供电应至少安装 4 个非切换的方便电源插座及 4 个独立的电气电源插座。方便电源插座宜安装于围墙上，且互相之间保持 1.8 m 距离。

注：最好为垂直对齐的 CTR 安装专用直通电源面板。

A.5.4.3.2 备用电源

如果建筑物中备用电源可用，宜考虑将服务 CTR 的电气系统连接到备用电源。

A.5.4.4 渗水

CTR 不应放置于低于水位线的位置，除非采取了防止水分溢出的措施。该空间中不应存在与支持空间内设备无关的水管或排水管。为防止存在积水的危险，应在空间中提供地面排水管。

A.6 建筑物和园区路径要求

A.6.1 建筑物路径

A.6.1.1 概述

仅建筑物所有者/代理能够接入包含多住户线缆的建筑物路径。

A.6.1.2 共用路径和空间旁路（多线缆路由）

当建筑物的共用路径或空间无法满足住户的需求时，将产生共用路径和空间旁路。多住户建筑物中，当一个住户要将其布缆与共用路径和空间保持物理隔离时，将使用旁路路径。旁路路径将导致建筑物中共用路径和空间的容量减少。共用路径和空间旁路可通过使用本标准正文中相应的规范实现。

A.6.2 园区路径

园区环境中多住户建筑物的路径的数量宜考虑多个有线及无线接入提供商和服务提供商的旁路连接需求、住户间连接需求、多住户共享的线缆基础设施相关的路径需求及接入冗余等。

附 录 B
（资料性附录）
多住户建筑物的附加建议

附录B包含设计建议，表B.1给出了表A.1的扩展格式，图B.1～图B.3给出了共用设备间和共用电信间的设计示例。

B.1 天花板高度

为适应更高的结构及其上面的路径，天花板高度宜为3 m。

B.2 尺寸

为提供设备安装和维护的附加空间，房间净高宜为3 m。

B.3 照明

当天花板高度为3 m时，在地板之上水平面1 m处进行测量，照度应至少为500 lx。照明安装高度至少高于地板2.6 m，以保证在较高房间中照明装置的足够净空。

B.4 门

门宜至少0.9 m宽，2 m高。为适应典型设备支架，有必要使用更大尺寸的门。

表B.1 服务多住户建筑物的空间总结

空间名称	缩写	推荐的空间尺寸	样本功能/设备	主责任方/次责任方
进线间		3 m×3 m	入口、保护、接入提供商线缆的转换	建筑物所有者或代理
接入提供商空间		1.5 m×2 m	接入提供商、传输和支持设备的位置	接入提供商/建筑物所有者或代理
服务提供商空间		1.5 m×2 m	服务提供商、传输和支持设备的位置	服务提供商/建筑物所有者或代理
共用设备间	CER	3 m×4 m	——线缆基础设施路径； ——有线和无线基础设施分界点； ——寻呼； ——火/烟检测和报警； ——安全； ——接入； ——监督系统； ——建筑物自动化和控制，包括能量监控、照明控制和环境控制； ——救援设备区域	建筑物所有者或代理

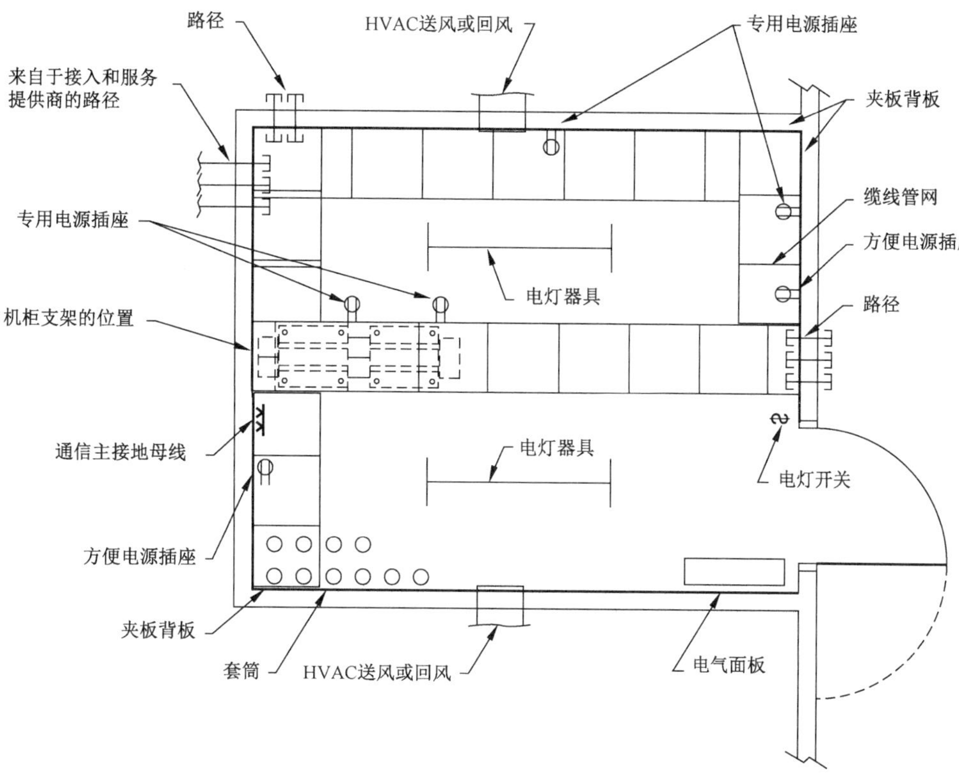

图 B.1　共用设备间示例

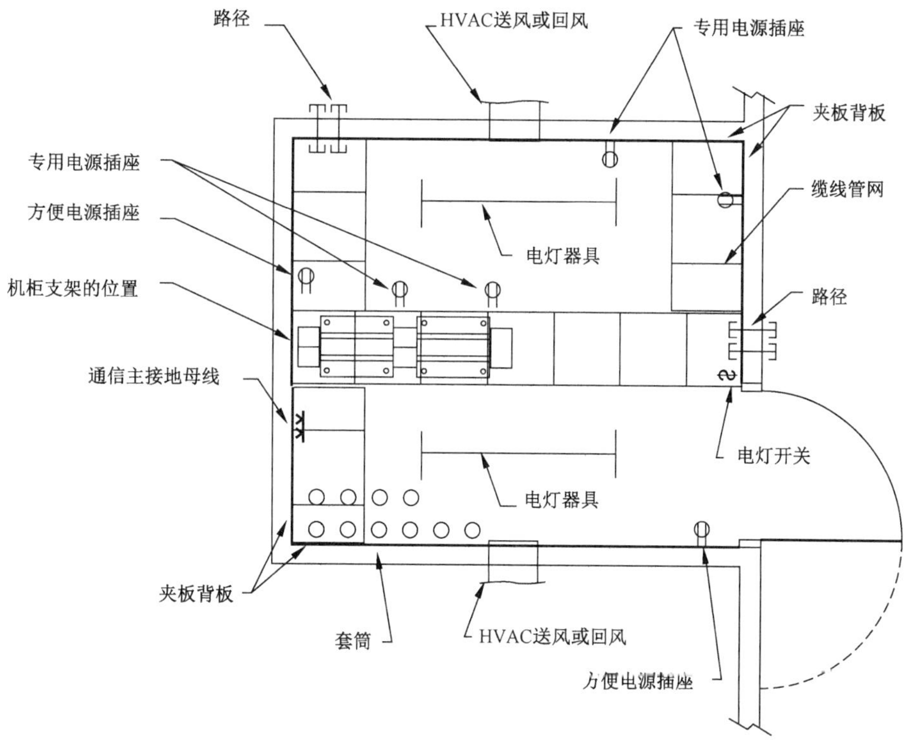

图 B.2　共用电信间示例 1

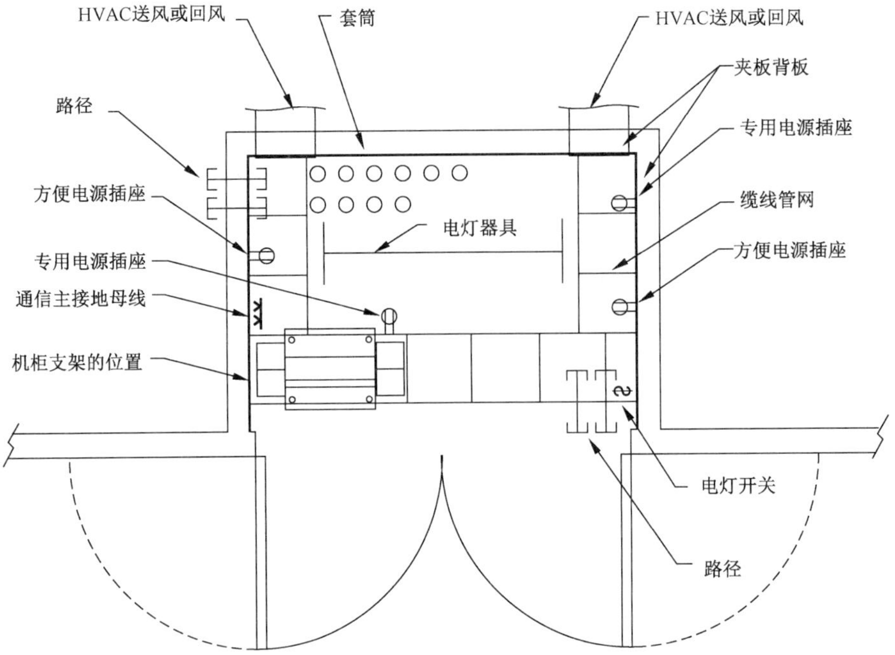

图 B.3 共用电信间示例 2

附 录 C
（资料性附录）
路径和线缆压力

表 C.1 路径和线缆压力

路径	线缆压力									备注
	拉力	抗破碎性	套管磨损	线缆重量	紫外线辐射	污染/化学侵蚀	湿度	害虫入侵	温度范围	
中空壁腔	—	—	×	—	—	—	—	—		锋利的边缘及螺栓孔周围需要的套管
墙内或墙上的导管	×	—	×	—	—	—	—	—		
墙壁内部灰泥之下的导管	—	×	×	—	—	—	*	—		* 仅在灰泥应用中需要防潮
吊顶空间：管/导管	×	—	—	—	—	—	—	—		
吊顶空间：吊盘	×	×	—	×	—	—	—	*	*	* 吊顶表面到屋顶之间的空间
吊顶空间：吊索	×	×	×	×	—	—	—	*	*	* 吊顶表面到屋顶之间的空间
吊顶空间：支持挂钩	×	—	×	×	—	—	—	*	*	* 吊顶表面到屋顶之间的空间
地板内或地板下：管/导管	×	—	×	×	—	—	—	—	—	
高架地板下的托盘	—	—	×	×	—	—	*	—	—	* 托盘宜高于地板排水层之上，防止水灾发生时水的溢出
最低层地板下的吊索 *	×	×	×	×	—	—	—	××	—	* 可用于最低层地板与地面之间存在空间时
垂直立板	×	×	×	×	—	—	—	—	—	
垂直导管	×	—	×	×	—	—	—	—	*	* 当导管处于建筑物之外时，需考虑温度
地下导管	××	—	××	—	—	*	××	××	×	* 在受污染的土地中危险
直埋于地下	—	××	×	—	—	*	××	×	××	* 在受污染的土地中危险
深挖入地下路径	×	××	××	—	—	*	××	×	××	* 在受污染的土地中危险
带可移动盖板的沟槽	—	—	×	—	—	—	×	××	××	
室外架空龙门架/托盘	—	××	×	×	××	×	×	××	××	

表 C.1（续）

路径	线缆压力									
	拉力	抗破碎性	套管磨损	线缆重量	紫外线辐射	污染/化学侵蚀	湿度	害虫入侵	温度范围	备注
管道中的架空龙门架	××	—	×	×	—	—	—	—	××	
室外天线 *	×	—	—	××	××	×	×	×	××	* 建筑物入口处需要水滴回路

弯曲半径：线缆最小弯曲半径参考厂商规范。

现场条件：建筑过程中，线缆在被拉入或放置于路径中之前，可能平放于地面上或地板上。为保证线缆不被车辆碾轧或工具等损坏，需进行物理保护。

电气和物理安全：路径的安装符合相关法规或标准规定的安全隔离和 EMC 安全间隔。

线缆类型选择：为不同应用选择正确的线缆类型。如：

- 填充率；
- 无卤素；
- 防紫外线处理；
- 防潮/凝胶填充；
- 金属铠装；
- 屏蔽；
- 耐化学腐蚀；
- 非透明；
- 防火。

路径选择：选择正确的路径系统。如：

- 液体密封；
- 耐化学腐蚀；
- 气体密封；
- 防爆/本质安全；
- 防紫外线处理；
- 承受道路交通或重物落下的压力；
- 防水/防结露。

× = 重要；×× = 非常重要。

附 录 D
（资料性附录）
建筑物入口设施

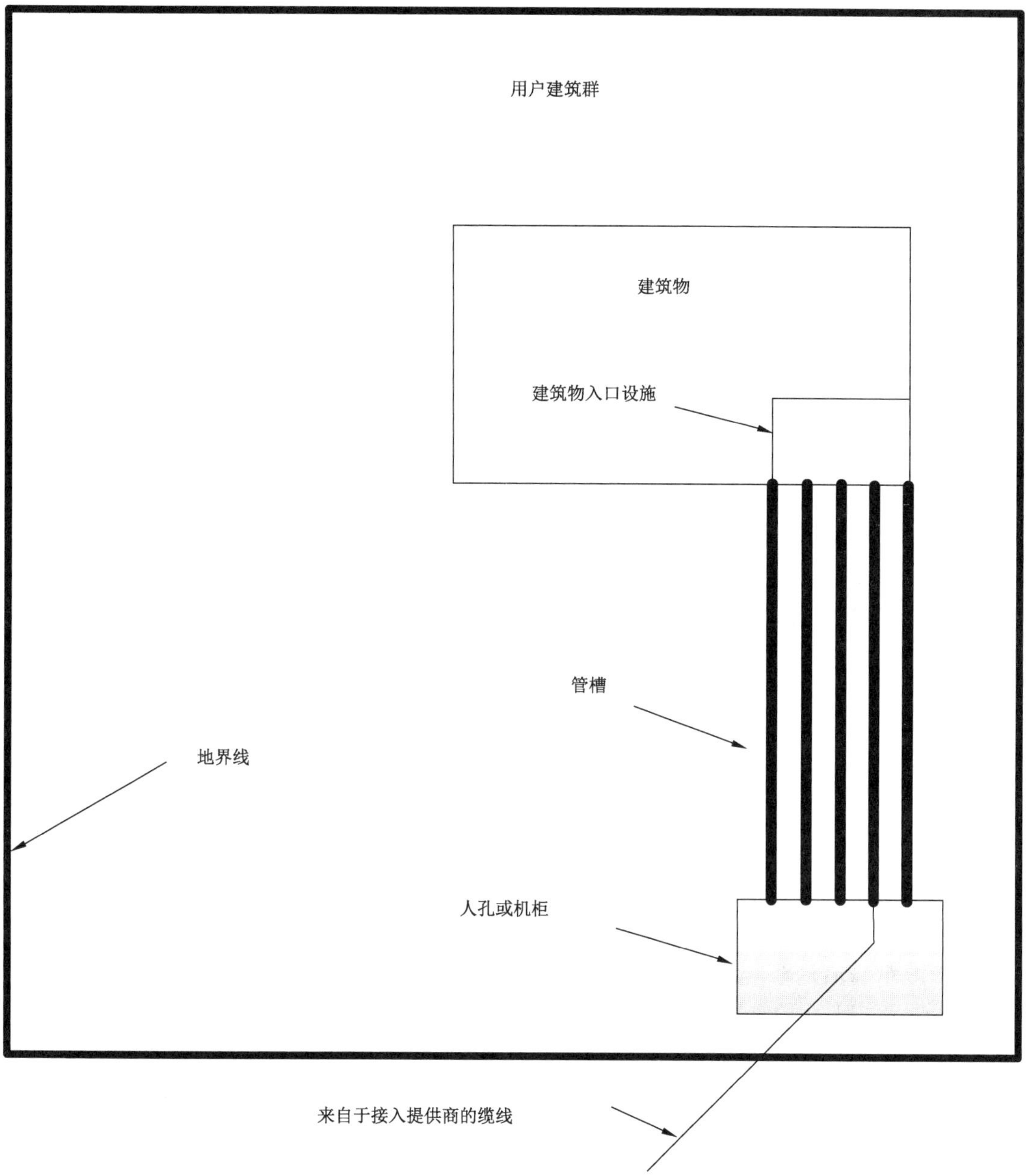

图 D.1 园区入口设施样本

参 考 文 献

[1] GB 50174—2008 电子信息系统机房设计规范

[2] GB 50343—2012 建筑物电子信息系统防雷技术规范

[3] GB 50057—2010 建筑物防雷设计规范

[4] IEC 60332-1:1993 火灾环境下的电缆测试 第1部分:单根垂直绝缘电线或线缆的测试

[5] IEC 60332-2:1989 火灾环境下的电缆测试 第2部分:单根细绝缘铜线或线缆的测试

[6] IEC/TR2 60332-3:1992 火灾环境下的电缆测试 第3部分:绞合电线或电缆的测试

[7] IEC 60364-1:2001 建筑物电气装置 第1部分:基本原理、通用属性的评估、定义

[8] IEC 60364-4-42:2001 建筑物电气设施 第4-42部分:安全防护 热效应防护

[9] IEC 60364-5-51:2001 建筑物电气装置 第5-51部分:电气设备的选择和安装 通用规则

[10] IEC 60364-5-53:2001 建筑物电气装置 第5-53部分:电气设备的选择和安装 隔离 开关和控制

[11] IEC 60364-5-54:1980 建筑物电气装置 第5部分:电气设备的选择和安装 第54节:接地配置和保护导体

[12] IEC 60364-5-548:1996 建筑物电气装置 第5部分:电气设备的选择和安装 第548节:信息技术装置的接地配置和等电位联结

[13] IEC 60364-6-61:2001 建筑物的电气装置 第6-61部分:检验 初始检验

[14] IEC 60364-7-707:1984 建筑物电气装置 第7部分:特殊装置和场所要求 第707节:数据处理设备安装的接地要求

[15] IEC 60364-7-713:1996 建筑物的电气装置 第7部分:特殊装置和场所要求 第713节:家具

[16] IEC 60423:1993 电气用导管 电气装置导管的外径和导管及配件的螺纹

[17] IEC 60439-2:2000 低压开关设备和控制设备组件 第2部分:母线干线系统的特殊要求(线路)

[18] IEC 60439-3:1990 低压开关设备和控制设备组件 第3部分:安装于非专业人员可进入场地的低压开关设备和控制设备的特殊要求 配电盘

[19] IEC 60449:1973 建筑物电气装置的电压区段

[20] IEC 60529:1989 由外壳提供的防护等级(IP代码)

[21] IEC 60614-1:1994 电气装置用导管规范 第1部分:一般要求

[22] IEC 60614-2-1:1982 电气装置用导管规范 第2部分:导管的特殊规范 第1节:金属导管

[23] IEC 60614-2-2:1980 电气装置用导管规范 第2-2部分:绝缘材料刚性无螺纹导管的特殊规范

[24] IEC 60614-2-3:1990 电气安装用导管规范 第2部分:导管的特殊规范 第3节:绝缘材料柔韧导管

[25] IEC 60614-2-4:1985 电气装置用导管规范 第2部分:导管的特殊规范 第4节:绝缘材料柔韧自复性导管

[26] IEC 60614-2-5:1985 电气装置用导管规范 第2部分:导管的特殊规范 第5节:软导管

[27] IEC 60614-2-6:1992 电气装置用导管规范 第2部分:导管的特殊规范 第6节:金属或复合材料柔韧导管

[28] IEC 60614-2-7:1995 电气装置用导管 规范 第2部分:导管的特殊规范 第7节:无螺

纹铝合金刚性导管

［29］ IEC 60695-1-1:1999 着火危险试验 第1-1部分:电工产品着火危险评定指南 通用指南

［30］ IEC 60695-1-2:1982 着火危险试验 第1部分:电工产品着火危险评定要求和测试规范制订指南 第2节:电子元件的指南

［31］ IEC 60695-1-3:1986 着火危险试验 第1部分:电工产品着火危险评定要求和测试规范制订指南 第3节:预选规程的使用指南

［32］ IEC 60695-3-1:1982 着火危险试验 第3部分:着火危险评定程序和结果说明的例子 第1节:燃烧特性及其测定的试验方法

［33］ IEC 60695-5-1:1993 着火危险试验 第5部分:火焰废气潜在腐蚀损害的评估 第1节:总则

［34］ IEC/TR2 60695-5-2:1994 着火危险试验 第5部分:火焰废气潜在腐蚀损害的评估 第2节:试验方法的使用和选择指南

［35］ IEC 60695-7-1:1993 着火危险试验 第7部分:将火中电工产品产生毒性危害降至最小的指南 第1节:总则

［36］ IEC/TS 60695-7-3:1998 着火危险试验 第7-3部分:燃烧后的毒性 测试结果的使用和说明

［37］ IEC 60695-9-1:1998 火灾危险试验 第9-1部分:火焰的表面扩展 一般指南

［38］ IEC 61084-2-1:1996 电气安装用电缆槽管系统 第2部分:特殊要求 第1节:用于安装在墙上或天花板上的电缆槽管系统

［39］ IEC 61084-2-4:1996 电气安装用电缆槽管系统 第2部分:特殊要求 第4节:立柱

［40］ IEC/TR3 61200-704:1996 电气安装指南 第704部分:建筑和拆除工地装置

［41］ IEC 61386-1:1996 电气安装用导管系统 第1部分:一般要求

［42］ IEC 61537:2001 电缆管理用电缆托架系统和电缆梯架系统

［43］ ISO/IEC 14709(所有部分) 信息技术 用户建筑群布缆(CPC)应用的配置

［44］ ISO/IEC TR 14763-2:2000 信息技术 用户建筑群布缆的实现和操作 第2部分:设计和安装

［45］ ISO 834-1:1999 耐火试验 建筑材料构件 第1部分:一般要求

［46］ ISO/DIS 834-4 耐火试验 建筑构件 第4部分:承重垂直分隔构件的特殊要求

ICS 29.220.99
K 82

中华人民共和国国家标准

GB 31241—2014

便携式电子产品用锂离子电池和电池组 安全要求

Lithium ion cells and batteries used in portable electronic equipments—Safety requirements

2014-12-05 发布 2015-08-01 实施

中华人民共和国国家质量监督检验检疫总局
中国国家标准化管理委员会 发布

前　言

本标准的全部技术内容为强制性。

本标准按照 GB/T 1.1—2009 给出的规则起草。

本标准由中华人民共和国工业和信息化部提出。

本标准由中国电子技术标准化研究院归口。

本标准由起草单位：中国电子技术标准化研究院、深圳市比克电池有限公司、天津力神电池股份有限公司、东莞新能源科技有限公司、欣旺达电子股份有限公司、飞毛腿（福建）电子有限公司、北京中星微电子有限公司、北京赛西科技发展有限责任公司。

本标准主要起草人：何鹏林、胡京平、曹璇、苏金然、陈志奎、伍渊明、李武岐、林能其、冯海玉。

引　言

本引言旨在介绍本标准的要求所依据的原则，理解这些原则对设计和生产安全的锂离子电池和电池组是很有必要的。需要注意的是本标准仅考虑锂离子电池和电池组的最基本的安全要求以提供对人身和财产的安全保护，而不涉及性能和功能特性。

随着技术和工艺的进一步发展必然会要求进一步修订本标准。

在本标准范围内锂离子电池和电池组导致的危险是指：

——漏液，可能会直接对人体构成化学腐蚀危害，或导致电池供电的电子产品内部绝缘失效间接造成电击、着火等危险；

——起火，直接烧伤人体，或对电池供电的电子产品造成着火危险；

——爆炸，直接危害人体，或损毁设备；

——过热，直接对人体引起灼伤，或导致绝缘等级下降和安全元器件性能降低，或引燃可燃液体。

漏液危险可能是由内部应力或外部应力的作用下壳体破损引起的。造成起火和爆炸危险的原因可能是电池内部发生热失控，而热失控可能是由于电池内部短路、电池材料的强烈氧化反应等引起的。

在确定电池或电池组采用何种设计方案时，需遵守以下的优先次序：

——首先，如有可能，优先选择安全性高的材料，尽量避免使用容易出现热失控的材料；

——其次，如果无法实行以上原则，那么需设计保护装置，减少或消除危险发生的可能性，如增加保护装置等；

——最后，如果上述方案和其他的措施均不能彻底避免危险的发生，那么需对残留的危险采取标识和说明的措施。

上述原则不能代替本标准的详细要求，只是让设计者了解这些要求所依据的原则。

锂离子电池和电池组的安全性与其材料选择、设计、生产工艺、运输及使用条件有关。其中使用条件包含了正常使用条件、可预见的误用条件和可预见的故障条件，还包括影响其安全的环境条件诸如温度、海拔等因素。

锂离子电池和电池组的安全要求覆盖上述所有因素对人员引起的危险。人员是指维修人员和使用人员。

维修人员是指电子产品及其电池的维修人员，维修人员在有明显危险时可以运用专业技能避免可能的伤害。但是，需对维修人员就意外危险进行防护，例如用标识或警示说明以提醒维修人员有残留的危险。

使用人员是指除维修人员以外的所有人员。安全保护要求是假定使用人员未经过如何识别危险的培训，但不会故意制造危险状况而提出的。

锂离子电池和电池组的材料选择、设计、工艺等生产过程环节对其安全性至关重要，生产过程的质量控制示例见附录A，设计和制造工艺可参考附录B。

便携式电子产品用锂离子电池和电池组安全要求

1 范围

本标准规定了便携式电子产品用锂离子电池和电池组的安全要求。

本标准适用于便携式电子产品用的锂离子电池和电池组(以下简称为电池和电池组),属于本标准范围内的便携式电子产品示例如下:

a) 便携式办公产品:笔记本电脑、PDA等。

b) 移动通信产品:手机、无绳电话、蓝牙耳机、对讲机等。

c) 便携式音/视频产品:便携式电视机、便携式DVD播放器、MP3/MP4播放器、照相机、摄像机、录音笔等。

d) 其他便携式产品:电子导航器、数码相框、游戏机、电子书等。

上述列举的便携式电子产品并未包括所有的产品,因此未列出的产品并不一定不在本标准的范围内。

对于在车辆、船舶、飞机上等特定场合使用,以及对于医疗、采矿、海底作业等特殊领域使用的便携式电子产品用锂离子电池或电池组可能会有附加要求。

2 规范性引用文件

下列文件对于本文件的应用是必不可少的。凡是注日期的引用文件,仅注日期的版本适用于本文件。凡是不注日期的引用文件,其最新版本(包括所有的修改单)适用于本文件。

GB 4943.1 信息技术设备 安全 第1部分:通用要求

GB/T 5169.5—2008 电工电子产品着火危险试验 第5部分:试验火焰 针焰试验方法 装置、确认试验方法和导则

GB/T 5330—2003 工业用金属丝编织方孔筛网

GB/T 6005—2008 试验筛 金属丝编织网、穿孔板和电成型薄板 筛孔的基本尺寸

GB 8898 音频、视频及类似电子设备 安全要求

GB/T 17626.2 电磁兼容 试验和测量技术 静电放电抗扰度试验

3 术语和定义

下列术语和定义适用于本文件。

3.1

锂离子电池 lithium ion cell

含有锂离子的能够直接将化学能转化为电能的装置。该装置包括电极、隔膜、电解质、容器和端子等,并被设计成可充电。

3.2

锂离子电池组 lithium ion battery

由任意数量的锂离子电池组合而成且准备使用的组合体。该组合体包括适当的封装材料、连接器,

也可能含有电子控制装置。

3.3

便携式电子产品　portable electronic equipment

不超过 18 kg 的预定可由使用人员经常携带的移动式电子产品。

3.4

手持式电子产品　hand-held electronic equipment

在正常使用时要用手握持的便携式电子产品。

注：例如手机、掌上电脑、掌上游戏机、便携式视频播放器等。

3.5

用户可更换型电池组　user replaceable battery

应用于便携式电子产品中且允许用户直接更换的锂离子电池组。

3.6

非用户更换型电池/电池组　non-user replaceable cell/battery

内置于便携式电子产品中且不允许用户直接更换的锂离子电池或锂离子电池组。

3.7

额定容量　rated capacity

C

制造商标明的电池或电池组容量。

注：单位为安时(Ah)或毫安时(mAh)。

3.8

充电限制电压　limited charging voltage

U_{cl}

制造商规定的电池或电池组的额定最大充电电压。

注：例如单节钴酸锂/石墨体系电池的充电限制电压一般为 4.20 V。

3.9

充电上限电压　upper limited charging voltage

U_{up}

制造商规定的电池或电池组能承受的最高安全充电电压。

注：例如单节钴酸锂/石墨体系电池的充电上限电压一般为 4.25 V。

3.10

过压充电保护电压　over voltage for charge protection

U_{cp}

制造商规定的大电压充电时的保护电路动作电压。

3.11

放电截止电压　discharge cut-off voltage

U_{do}

制造商规定的放电终止时电池或电池组的负载电压。

3.12

欠压放电保护电压　low voltage for discharge protection

U_{dp}

制造商规定的低电压放电时的保护电路动作电压。

3.13

推荐充电电流　recommendation charging current

I_{cr}

制造商推荐的恒流充电电流。

3.14

最大充电电流　maximum charging current

I_{cm}

制造商规定的最大的恒流充电电流。

3.15

过流充电保护电流　over current for charge protection

I_{cp}

制造商规定的大电流充电时的保护电路动作电流。

3.16

推荐放电电流　recommendation discharging current

I_{dr}

制造商推荐的持续放电电流。

3.17

最大放电电流　maximum discharging current

I_{dm}

制造商规定的最大持续放电电流。

3.18

过流放电保护电流　over current for discharge protection

I_{dp}

制造商规定的大电流放电时的保护电路动作电流。

3.19

上限充电温度　upper limited charging temperature

T_{cm}

制造商规定的电池或电池组充电时的最高环境温度。

注：该温度为环境温度，不是电池或电池组的表面温度。

3.20

上限放电温度　upper limited discharging temperature

T_{dm}

制造商规定的电池或电池组放电时的最高环境温度。

注：该温度为环境温度，不是电池或电池组的表面温度。

3.21

漏液　leakage

可见的液体电解质的漏出。

[GB/T 28164—2011，定义 1.3.9]

3.22

泄气　venting

电池或电池组中内部压力增加时，气体通过预先设计好的防爆装置释放出来。

3.23

破裂　rupture

由于内部或外部因素引起电池外壳或电池组壳体的机械损伤，导致内部物质暴露或溢出，但没有喷出。

［GB/T 28164—2011，定义 1.3.11］

3.24

起火　fire

电池或电池组发出火焰。

［GB/T 28164—2011，定义 1.3.12］

3.25

爆炸　explosion

电池或电池组的外壳剧烈破裂并且主要成分抛射出来。

［GB/T 28164—2011，定义 1.3.13］

3.26

防火防护外壳　fire enclosure

用来使燃烧或火焰的蔓延减小到最低限度的部件。

3.27

型式试验　type test

对有代表性的样品所进行的试验，其目的是确定其设计和制造是否能符合本标准的要求。

［GB 4943.1—2011，定义 1.2.13.1］

3.28

例行试验　routine test

在制造期间或制造后对每个独立产品进行的试验，以检验其是否符合相关的判据。

［GB 4943.1—2011，定义 1.2.13.3］

4　试验条件

4.1　试验的适用性

只有涉及安全性时才进行本标准规定的试验。

在标准内容约定某一类电池或电池组因为产品的设计、结构、功能上的制约而明确对该产品的试验不适用时，可不进行该试验。如因受产品设计、构造或功能上的制约而无法对电池或电池组进行试验，而这种试验又必须实施时，可连同使用该电池或电池组的电子产品、该电子产品附属的充电器或构成该电子产品一部分的零部件，与电池或电池组一起进行相关试验。

注：便携式电子产品及其附带的充电器或者构成其一部分的零部件来自该电池或电池组的制造商或者电子产品的制造商，并由该制造商提供操作说明。

除非另有规定，测试完成后的样品不要求还能正常使用。

4.2　试验的环境条件

除非另有规定，试验一般在下列条件下进行：

a)　温度：20 ℃±5 ℃；

b)　相对湿度：不大于 75%；

c)　气压：86 kPa～106 kPa。

4.3　参数测量公差

相对于规定值或实际值，所有控制值或测量值的准确度应在下述公差范围内：

a) 电压：±1%；

b) 电流：±1%；

c) 温度：±2 ℃；

d) 时间：±0.1%；

e) 容量：±1%。

上述公差包含了所用测量仪器的准确度、所采用的测试方法以及测试过程中引入的所有其他误差。选择模拟仪器可参见GB/T 7676，选择数字仪器可参见IEC 60485。在任何一份记录结果的报告中都应提供所使用的测试设备的详细资料。

4.4 温度测量方法

采用热电偶法来测量电池或电池组的表面温度。温度测试点应位于电池或电池组的几何中心表面或侧边接触点及其他位置，选取温度最高点作为试验判定依据。

4.5 测试用充放电程序

4.5.1 测试用充电程序

电池或电池组按照制造商规定的方法进行充电。

注：在充电前电池或电池组先按照制造商规定的方法放电至放电截止电压。

4.5.2 测试用放电程序

电池或电池组依照制造商规定的电流进行恒流放电至放电截止电压。

4.6 模拟故障或异常工作条件

如果要求施加模拟故障或异常工作条件，则应当依次施加，一次模拟一个故障。对由模拟故障或异常工作条件直接导致的故障被认为是模拟故障或异常工作条件的一部分。

当设置某单一故障时，这个单一故障包括任何元器件的失效。

应当通过检查电路板、电路图和元器件规范来确定出可以合理预计到会发生的故障条件，例如：

——半导体器件的短路和开路；

——电容器的短路和开路；

——限流器件的短路和开路；

——限压器件的短路和开路；

——使集成电路形成功耗过大的内部故障。

4.7 型式试验

除非另有说明，本标准规定的试验均为型式试验。

4.7.1 样品的要求

除非另有规定，被测试样品应当是客户将要接受的产品的代表性样品，包括小批量试产样品或是准备向客户交货的产品。

若试验需要引入导线测试或连接时，引入导线测试或连接产生的总电阻应小于20 mΩ。

4.7.2 **样品的数量**

除特殊说明外，每个试验项目的样品为3个。

4.7.3 **电池样品容量测试**

电池样品的实际容量应大于或等于其额定容量，否则不能作为型式试验的典型样品。

电池先按照4.5.1规定的充电程序充满电，搁置10 min，再按照4.5.2规定的放电程序放电，放电时所提供的容量即为电池的实际容量。

当对容量测试结果有异议时，可依据23 ℃±2 ℃的环境温度作为仲裁条件重新测试。

4.7.4 **样品的预处理**

电池或电池组按照4.5规定的充放电程序进行两个充放电循环，充放电程序之间搁置10 min。

注：对于电池样品可同时进行容量测试。

4.7.5 **试验项目**

表1为电池的型式试验项目，"样品"栏中阿拉伯数字为测试样品编号。

表1 电池型式试验

项目	本标准章条号	试验内容	样品
试验条件	4.7.3	电池容量测试	全部
	4.7.4	样品预处理	全部
一般安全要求[a]	5.2	安全工作参数	—
	5.3.1	标识要求	
电池电安全试验	6.1	常温外部短路	1～3
	6.2	高温外部短路	4～6
	6.3	过充电	7～9
	6.4	强制放电	10～12
电池环境试验	7.1	低气压	4～6
	7.2	温度循环	4～6
	7.3	振动	4～6
	7.4	加速度冲击	4～6
	7.5	跌落	13～15
	7.6	挤压	16～18
	7.7	重物冲击	19～21
	7.8	热滥用	22～24
	7.9	燃烧喷射	25～27

[a] 对厂商提供的标签、说明书、材料等进行检查和试验。

表2为电池组的型式试验项目，"样品"栏中的阿拉伯数字为测试样品编号。

表 2 电池组型式试验

项目	本标准章条号	试验内容	样品
试验条件	4.7.4	样品预处理	全部
一般安全要求[a]	5.2	安全工作参数	—
	5.3.1	标识要求	
	5.3.2	警示说明	
	5.3.3	耐久性	
电池组环境试验	8.1	低气压	1～3
	8.2	温度循环	1～3
	8.3	振动	1～3
	8.4	加速度冲击	1～3
	8.5	跌落	4～6
	8.6	应力消除	7～9
	8.7	高温	10～12
	8.8	洗涤	见 8.8
	8.9	阻燃要求	见 8.9
电池组电安全试验	9.2	过压充电	13～15
	9.3	过流充电	16～18
	9.4	欠压放电	19～21
	9.5	过载	22～24
	9.6	短路	25～27
	9.7	反向充电	28～30
	9.8	静态放电	31～33

[a] 对厂商提供的标签、说明书、材料等进行检查和试验。

对于非用户更换型电池，应将其安装在电子产品中作为整体样品进行第 8 章的测试；对于非用户更换型电池组，可以将其置于电子产品中作为整体样品进行第 8 章的测试。

对于自身带保护电路的电池组，可能还需要进行表 3 所示的试验。

表 3 保护电路型式试验

项目	本标准章条号	试验内容	样品
电池组保护电路安全要求	10.2	过压充电保护	每项试验各使用 1 个样品
	10.3	过流充电保护	
	10.4	欠压放电保护	
	10.5	过载保护	
	10.6	短路保护	
	10.7	耐高压	

对于自身不带保护电路但在其充电器或由其供电的电子产品中带有保护电路的电池组或电池，还应进行表4所示的试验。

表4 系统保护电路型式试验

项目	本标准章条号	试验内容	样品
系统保护电路安全要求	11.2	充电电压控制	样品为至少1个由该电池或电池组供电的电子产品或其控制部分
	11.3	充电电流控制	
	11.4	放电电压控制	
	11.5	放电电流控制	
	11.6	充放电温度控制	

对于多级串联构成的电池或电池组，还应满足第12章一致性的要求。

4.7.6 试验顺序

电池和电池组试验顺序见附录C。

4.7.7 试验判据

只有当某项试验的受试样品全部测试合格，才可判定该项试验合格。

5 一般安全要求

5.1 一般安全性的考虑

电池和电池组的安全性从两种应用条件加以考虑：

a) 预期使用；

b) 合理可预见误用。

5.2 安全工作参数

为确保电池和电池组在不同条件下的使用安全，应规定其安全工作条件，包括温度范围、电压范围和电流范围等参数。由于电池材料体系和结构的差异，其安全工作参数值可能不同。

注：钴酸锂-石墨体系电池的工作范围示例参见附录D。

制造商应在规格书中至少标明表5中的信息。

表5 规格书中至少标明的信息

安全工作参数	符号	电池	电池组
充电限制电压	U_{cl}	√	√
充电上限电压	U_{up}	√	√
放电截止电压	U_{do}	√	√
推荐充电电流	I_{cr}	√	√
最大充电电流	I_{cm}	√	√
推荐放电电流	I_{dr}	√	√

表 5（续）

安全工作参数	符号	电池	电池组
最大放电电流	I_{dm}	√	√
过压充电保护电压	U_{cp}	—	√
过流充电保护电流	I_{cp}	—	√
欠压放电保护电压	U_{dp}	—	√
过流放电保护电流	I_{dp}	—	√
上限充电温度	T_{cm}	√	√
上限放电温度	T_{dm}	√	√
注："√"为必选项；"—"为任选项。			

5.3 标识和警示说明

5.3.1 标识要求

应用中文至少标明以下标识：

a） 产品名称、型号；

b） 额定容量、充电限制电压；

c） 正负极性，使用"正、负"字样、"＋、－"符号或不同颜色（例如红色和黑色）表示；

d） 制造商或商标。

对于电池组，以上标识均应在电池组本体上标明，对于结构上能够保证用户在任何使用情况下都不可能导致误插的产品，可以不进行极性标识。

对于电池，额定容量、型号和正负极性应在本体上标明，其余标识允许在包装或规格书上标明，但若制造商和用户达成协议，用于组合电池组的组成电池可以不进行标识。

5.3.2 警示说明

电池组的本体或最小包装上应有中文警示说明，例如：

禁止拆解、撞击、挤压或投入火中。

若出现严重鼓胀，请勿继续使用。

请勿置于高温环境中。

注：当电池组单独销售时，最小包装是指电池组的最小包装；当电池组和电子产品一起销售时，最小包装也可以是该电子产品的最小包装。

5.3.3 耐久性

电池组本体上的标识和警示说明应清晰可辨。

本标准所要求的电池组本体上的任何标识和警示说明应当是能耐久的和醒目的。在考虑其耐久性时，应当把正常使用时对其影响考虑进去。

通过检查、擦拭标识和警示说明来检验其是否合格。擦拭标识和警示说明时，应当用一块蘸有水的棉布用手擦拭 15 s，然后再用一块蘸有 75％的医用酒精的棉布用手擦拭 15 s。试验后，标识和警示说明仍应当清晰，铭牌不应轻易被揭掉，而且不得出现卷边。

注：本条仅适用于用户可更换型电池组。

5.4 安全关键元器件

5.4.1 基本要求

在涉及安全的情况下，电池、电池组及保护电路中的元器件，如正温度系数热敏电阻器(PTC)、热熔断体等，应当符合本标准的要求，或者符合有关元器件的国家标准、行业标准或其他规范中与安全有关的要求。

注：只有当某一元器件明显属于某一元器件国家标准、行业标准或其他的适用范围内时，才能认为该标准是有关的。

5.4.2 元器件的评定和试验

元器件的评定和试验应当按下列规定进行：

a) 当元器件已被证实符合与有关的元器件国家标准、行业标准或其他规范相协调的某一标准时，应当检查该元器件是否按其额定值正确应用和使用。该元器件还应当作为电池、电池组或保护电路的一个组成部分承受本标准规定的有关试验，但不承受有关的元器件国家标准、行业标准或其他规范中规定的那部分试验；

b) 当元器件未如上所述证实其是否符合有关标准时，应当检查该元器件是否按规定的额定值正确应用和使用。该元器件还应当作为电池、电池组或保护电路的一个组成部分承受本标准规定的有关试验，而且还要按电池、电池组或保护电路中实际存在的条件，承受该元器件标准规定的有关试验；

注：为了检验元器件是否符合某个元器件的标准，通常单独对元器件进行有关试验。

c) 如果某元器件没有对应的国家标准、行业标准或其他规范，或元器件在电路中不按它们规定的额定值使用，则该元器件应当按电池、电池组或保护电路中实际存在的条件进行试验。试验所需要的样品数量通常与等效标准所要求的数量相同。

6 电池电安全试验

6.1 常温外部短路

将电池按照4.5.1规定的试验方法充满电后，放置在20 ℃±5 ℃的环境中，待电池表面温度达到20 ℃±5 ℃后，再放置30 min。然后用导线连接电池正负极端，并确保全部外部电阻为80 mΩ±20 mΩ。试验过程中监测电池温度变化，当出现以下两种情形之一时，试验终止：

a) 电池温度下降到比峰值低20%；

b) 短接时间达到24 h。

电池应不起火、不爆炸，最高温度不超过150 ℃。

注：导线的电阻率温度系数小于5×10^{-3} ℃$^{-1}$，如康铜线等。

6.2 高温外部短路

将电池按照4.5.1规定的试验方法充满电后，放置在55 ℃±5 ℃的环境中，待电池表面温度达到55 ℃±5 ℃后，再放置30 min。然后用导线连接电池正负极端，并确保全部外部电阻为80 mΩ±20 mΩ。试验过程中监测电池温度变化，当出现以下两种情形之一时，试验终止：

a) 电池温度下降到比峰值低20%；

b) 短接时间达到24 h。

电池应不起火、不爆炸，最高温度不超过150 ℃。

注：导线的电阻率温度系数小于5×10^{-3} ℃$^{-1}$，如康铜线等。

6.3 过充电

将电池按照4.5.2规定的试验方法放完电后，先用3 CA及制造商推荐充电电流的3倍中较大值恒流充电至表6的试验电压，然后用该试验电压恒压充电。

表6 不同类型正极材料的过充电电压(石墨为负极)

正极材料	钴酸锂	锰酸锂	三元材料	磷酸亚铁锂
过充电电压/V	4.6	4.6	4.6	5.0

对于其他材料体系的电池的试验电压至少应为4.6 V。

试验过程中监测电池温度变化，当出现以下两种情形之一时，试验终止：

a) 电池持续充电时间达到7 h及制造商定义充电时间中较大值；

b) 电池温度下降到比峰值低20%。

电池应不起火、不爆炸。

6.4 强制放电

将电池按照4.5.2规定的试验方法放完电后，以1 CA电流反向充电90 min。

电池应不起火、不爆炸。

7 电池环境安全试验

本章仅适用于锂离子电池，具体试验方法可参照GB/T 2423中的相关条款。

7.1 低气压

将电池按照4.5.1规定的试验方法充满电后，将电池放置于20 ℃±5 ℃的真空箱中，抽真空将箱内压强降低至11.6 kPa(模拟海拔15 240 m)，并保持6 h。

电池应不起火、不爆炸、不漏液。

7.2 温度循环

将电池按照4.5.1规定的试验方法充满电后，将电池放置在温度为20 ℃±5 ℃的可控温的箱体中进行如下步骤(见图1)：

a) 将样品放入温度为75 ℃±2 ℃的实验箱中保持6 h；

b) 后将实验箱温度降为−40 ℃±2 ℃，并保持6 h；温度转换时间不大于30 min；

c) 再次将实验箱温度升为75 ℃±2 ℃，温度转换时间不大于30 min；

d) 重复步骤a)～c)，共循环10次。

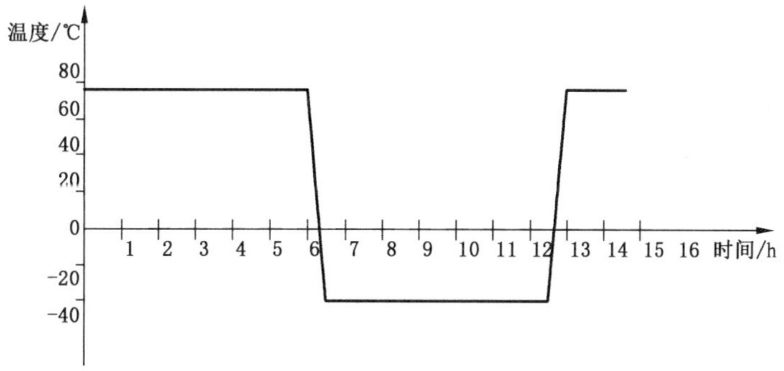

图1 温度循环流程示意图

电池应不起火、不爆炸、不漏液。

7.3 振动

将电池按照4.5.1规定的试验方法充满电后，将电池紧固在振动试验台上，按表7中的参数进行正弦振动测试。

表7 振动波形(正弦曲线)

频率		振动参数	对数扫频循环时间 (7 Hz-200 Hz-7 Hz)	轴向	振动周期数
起始	至				
f_1=7 Hz	f_2	a_1=1 g_n	15 min	X	12
f_2	f_3	S=0.8 mm		Y	12
f_3	f_4=200 Hz	a_2=8 g_n		Z	12
返回至 f_1=7 Hz				总计	36

f_1、f_4——下限、上限频率；
f_2、f_3——交越点频率(f_2≈17.62 Hz、f_3≈49.84 Hz)；
a_1、a_2——加速度幅度；
S——位移幅度。

注：振动参数是指位移或加速度的最大绝对数值，例如：位移量为0.8 mm对应的峰—峰值的位移量为1.6 mm。

每个方向进行12个循环，每个方向循环时间共计3 h的振动。

圆柱型和纽扣型电池按照其轴向和径向两个方向进行振动试验，方型和软包装电池按照三个相互垂直的方向进行振动试验。

电池应不起火、不爆炸、不漏液。

7.4 加速度冲击

将电池按照4.5.1规定的试验方法充满电后，固定在冲击台上，进行半正弦脉冲冲击实验，在最初的3 ms内，最小平均加速度为75 g_n，峰值加速度为150 g_n±25 g_n，脉冲持续时间为6 ms±1 ms。电池每个方向进行三次加速度冲击试验。

圆柱型和纽扣型电池按照其轴向和径向两个方向进行冲击试验，方型和软包装电池按照三个相互垂直的方向依次进行冲击试验。

电池应不起火、不爆炸、不漏液。

7.5 跌落

将电池按照4.5.1规定的试验方法充满电后，按1 m的跌落高度自由落体跌落于混凝土板上。

圆柱型和纽扣型电池两个端面各跌落一次，圆柱面跌落两次，共计进行四次跌落试验；方型和软包装电池每个面各跌落一次，共进行六次试验。

电池应不起火、不爆炸。

7.6 挤压

将电池按照4.5.1规定的试验方法充满电后，将电池置于两个平面内，垂直于极板方向进行挤压，两平板间施加13.0 kN±0.78 kN的挤压力。一旦压力达到最大值即可停止挤压试验，试验过程中电池不能发生外部短路。

圆柱型电池挤压时使其纵轴向与两平板平行,方型电池和软包装电池只对电池的宽面进行挤压试验。扣式电池采用电池上下两面与两平板平行的方式进行挤压试验。试验中电池放置方式参照图 2 所示。1 个样品只做一次挤压试验。

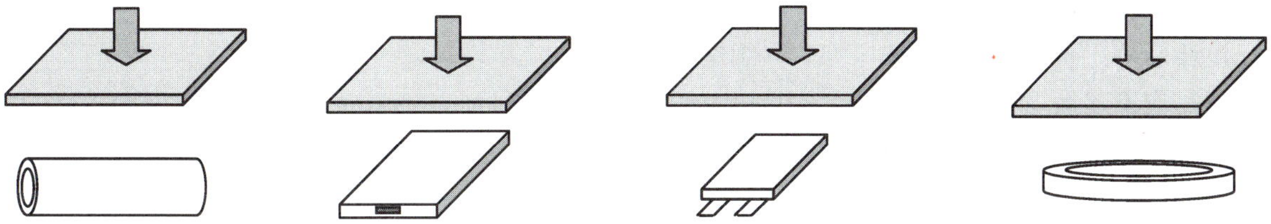

图 2　挤压实验中电池放置示意图

电池应不起火、不爆炸。

7.7　重物冲击

将电池按照 4.5.1 规定的试验方法充满电后,将电池置于平台表面,将直径为 15.8 mm±0.2 mm 的金属棒横置在电池几何中心上表面,采用质量为 9.1 kg±0.1 kg 的重物从 610 mm±25 mm 的高处自由落体状态撞击放有金属棒的电池表面,并观察 6 h。试验工装见 E.1。

要求圆柱型电池冲击试验时使其纵轴向与重物表面平行,金属棒与电池纵轴向垂直,方型电池和软包装电池只对宽面进行冲击试验。扣式电池进行冲击试验时将金属棒横跨过电池表面中心。1 个样品只做一次冲击试验。

电池应不起火、不爆炸。

7.8　热滥用

将电池按照 4.5.1 规定的试验方法充满电后,将电池放入试验箱中。试验箱以(5±2)℃/min 的温升速率进行升温,当箱内温度达到 130 ℃±2 ℃后恒温,并持续 30 min。

电池应不起火、不爆炸。

7.9　燃烧喷射

将电池按照 4.5.1 规定的试验方法充满电后,再将电池放置在试验工装的钢丝网上,试验工装见 E.2。如果试验过程中出现电池滑落的情况时,可用单根金属丝把电池样品固定在钢丝网上;如果无此类情况发生,则不可以捆绑电池。用火焰加热电池,当出现以下三种情况时停止加热:

a)　电池爆炸;

b)　电池完全燃烧;

c)　持续加热 30 min,但电池未起火、未爆炸。

试验后,组成电池的部件(粉尘状产物除外)或电池整体不得穿透铝网。

8　电池组环境安全试验

本章适用于锂离子电池组,以及由非用户更换型电池/电池组与其电子产品组成的整体样品。

8.1　低气压

将样品按照 4.5.1 规定的试验方法充满电后进行低气压试验,试验方法见 7.1。

试验后按照 4.5 规定的充放电方法继续进行一次放电充电循环。

样品应不起火、不爆炸、不漏液。

8.2 温度循环

将样品按照 4.5.1 规定的试验方法充满电后进行温度循环试验，试验方法见 7.2。

试验后按照 4.5 规定的充放电方法继续进行一次放电充电循环。

样品应不起火、不爆炸、不漏液。

8.3 振动

将样品按照 4.5.1 规定的试验方法充满电后进行振动试验，按照 3 个相互垂直的方向依次进行振动试验，试验方法见 7.3。

试验后按照 4.5 规定的充放电方法继续进行一次放电充电循环。

样品应不起火、不爆炸、不漏液。

8.4 加速度冲击

将样品按照 4.5.1 规定的试验方法充满电后进行加速度冲击试验，按照 3 个相互垂直的方向依次进行加速度冲击试验，试验方法见 7.4。

试验后按照 4.5 规定的充放电方法继续进行一次放电充电循环。

样品应不起火、不爆炸、不漏液。

8.5 跌落

将样品按照 4.5.1 规定的试验方法充满电后，按表 8 的跌落高度自由落体跌落于混凝土板上。

表 8 跌落高度分级

容　　量	跌 落 高 度
1 000 mAh 以上	1.0 m
1 000 mAh 及以下	1.5 m

注：对于如手持式电子设备等预定使用高度高于 1.0 m 的便携式电子产品供电的容量超过 1 000 mAh 的样品，其跌落高度应为 1.5 m。

对圆柱型和纽扣型电池组两个端面各跌落一次，圆柱面跌落两次，共计进行 4 次跌落试验；对方型电池组每个面各跌落一次，共进行 6 次试验；对非用户更换型电池/电池组进行带设备的跌落试验，设备每面跌落一次。

试验后按照 4.5 规定的充放电方法继续进行一次放电充电循环。

样品应不起火、不爆炸、不漏液。

8.6 应力消除

模压或注塑成形的热塑性外壳的结构应能保证外壳材料在释放由模压或注塑成形所产生的内应力时，该外壳材料的任何收缩或变形均不会暴露出内部零部件。

将样品按照 4.5.1 规定的试验方法充满电后放在 70 ℃±2 ℃的鼓风恒温箱中搁置 7 h，然后取出样品并恢复至室温。

样品外壳不应发生导致内部组成暴露的物理形变。

8.7 高温使用

样品在高温条件下使用应具有足够的安全性。

通过以下高温试验来检验其是否合格：

将满电样品置于高温试验箱内，试验箱内温度设为制造商规定的电池组的充电上限温度和放电上限温度、电池的充电上限温度和放电上限温度及 80 ℃中的最大值。待样品表面温度稳定后，保持 7 h。

样品应满足以下要求之一：

a） 切断电路，且不起火、不爆炸、不漏液；或

b） 未切断电路，在高温试验过程中按照 4.5 规定的充放电方法继续进行一次放电充电循环，样品应不起火、不爆炸、不漏液。

注：若进行一次放电充电循环的时间大于 7 h，可将高温试验时间延长至本次充放电循环结束。

8.8 洗涤

样品应通过附录 F 规定的洗涤试验来检验其是否合格，或增加警示说明。

警示说明示例如下：

电池浸水后禁止使用！

警示说明要求见 5.3.2。

8.9 阻燃要求

8.9.1 一般要求

对于充电限制电压和最大充电电流或最大放电电流的乘积超过 15 VA 的电池组，其封装所使用的材料，应当能限制火焰的蔓延，其阻燃等级应满足 8.9.2～8.9.5 的相应要求。

就可燃性特性而言，认为 VTM-0 级材料、VTM-1 级材料和 VTM-2 级材料分别与 V-0 级材料、V-1 级材料和 V-2 级材料相当，但它们的电气和机械特性没有必要等同。

材料的可燃性分级定义参见 GB 4943.1—2011 中 1.2.12。

注：对没有外壳、导线等材料的样品，相应材料的阻燃要求不适用。

8.9.2 外壳

电池组的外壳应使用防火防护外壳：

a） 对于用户可更换型电池组其外壳应是不低于 V-1 级的材料；

b） 对于非用户更换型电池组其外壳应是不低于 V-2 级的材料。

8.9.3 PCB 板

印制板应是不低于 V-1 级的材料。

8.9.4 导线

导线应能通过附录 G 的试验。

8.9.5 绝缘材料

绝缘材料应是不低于 V-1 级的材料。

9 电池组电安全试验

9.1 概述

对于自身不带保护电路但在其充电器或由其供电的电子产品中带保护电路的电池组,本章不适用。

对于自身带有保护电路的电池组:

a) 若其保护电路能通过第10章的测试,则在进行本章测试时可将其保护电路保留;

b) 若其保护电路不能通过第10章的测试,则在进行本章测试时应将其保护电路移除。

本章中 n 为电池组内电池或电池并联块的串联级数。

注:本章试验时电池组处于正常工作状态,例如对于有加密设置的电池组需处于解密状态。

9.2 过压充电

将电池组按照4.5.1规定的试验方法充满电后,继续以最大充电电流(I_{cm})恒流充电至 $n\times6.0$ V 或者可能承受的最高电压值(两者取较高者),并保持该电压进行恒压充电。

对于移除保护电路或者没有保护电路的电池组充电1 h,对于保留保护电路的电池组充电至保护电路动作。

电池组应不起火、不爆炸、不漏液。

9.3 过流充电

将电池组按照4.5.2规定的试验方法放完电,然后以1.5倍的过流充电保护电流($1.5I_{cp}$)进行恒流充电。

对于移除保护电路或者没有保护电路的电池组的充电至充电上限电压 U_{up},对于保留保护电路的电池组充电至保护电路动作。

电池组应不起火、不爆炸、不漏液。

9.4 欠压放电

将电池组按照4.5.1规定的试验方法充满电后,以其最大放电电流 I_{dm} 恒流放电。

对于移除保护电路或者没有保护电路的电池组放电至($n\times0.15$)V,对于保留保护电路的电池组放电至保护电路动作。

放电后静置10 min,并继续按照4.5.1规定的试验方法充满电。

电池组应不起火、不爆炸、不漏液。

9.5 过载

将电池组按照4.5.1规定的试验方法充满电,然后以1.5倍的过流放电保护电流($1.5I_{dp}$)恒流放电。

对于移除保护电路或者没有保护电路的电池组放电至放电截止电压,对于保留保护电路的电池组放电至保护电路动作。

电池组应不起火、不爆炸、不漏液。

9.6 外部短路

将电池组按照4.5.1规定的试验方法充满电后,短路电池组的正负极端子,外部短路总电阻为(80 ± 20)mΩ。

对于移除保护电路或者没有保护电路的电池组短路24 h,对于保留保护电路的电池组短路至保护电路动作。

电池组应不起火、不爆炸、不漏液。

9.7 反向充电

将电池组按照4.5.1规定的试验方法充满电，然后以推荐充电电流 I_{cr} 反向充电90 min。

电池组应不起火、不爆炸、不漏液。

9.8 静电放电

按GB/T 17626.2的规定对电池组每个端子或者电路板的输出端子进行4 kV接触放电测试（±4 kV各5次）和8 kV空气放电测试（±8 kV各5次），每两次放电测试之间间隔1 min。

电池组应不起火、不爆炸，如有保护电路其保护功能不应失效。

10 电池组保护电路安全要求

10.1 概述

本章适用于自身带有保护电路的电池组。

本章试验的样品可以是带有保护电路的电池组，也可以是电池组的保护电路：

a) 当试验样品为电池组时，电池组处于正常工作状态，例如对于有加密设置的电池组需处于解密状态；

b) 当试验样品为电池组的保护电路时，保护电路处于正常工作状态，例如可以为保护电路外接虚拟电池以使保护电路正常工作。

本章中 n 为电池组内电池或电池并联块的串联级数。

10.2 过压充电保护

将样品按照以下顺序进行500次循环测试：

a) 过压充电；

b) 保护装置动作后静置1 min。

过压充电时，充电电流为最大充电电流（I_{cm}），充电电压为（n×6.0）V或者可能承受的最高电压值（两者取最高者）。

每次循环时电池组的过压充电保护电路都应动作。

当样品是电池组时，试验前先按照4.5.1规定的试验方法充满电。

10.3 过流充电保护

将样品按照以下顺序进行500次循环测试：

a) 过流充电；

b) 保护装置动作后静置1 min。

过流充电时，充电电流为1.5倍的过流充电保护电流（$1.5I_{cp}$），充电电压为充电上限电压（U_{up}）。

每次循环时电池组的过流充电保护电路都应动作。

当样品是电池组时，试验前先按照4.5.2规定的试验方法将电池组放完电。并应保证电池组在试验过程中的500次循环测试都在恒流充电状态下进行，如果电池组在进行完500次循环测试之前结束恒流充电状态，则应将电池按照4.5.2规定的试验方法放完电后，继续进行上述循环测试。

10.4 欠压放电保护

将样品按照以下顺序进行 500 次循环测试：

a） 欠压放电；

b） 保护装置动作后静置 1 min。

欠压放电时，放电电流为标准放电电流（I_{dr}）。

每次循环时电池组的欠压放电保护电路都应动作，最低电压都不应低于 n 倍的电池放电截止电压（$n \times U_{do}$）或电池组的放电截止电压中的较小者。

当样品是电池组时，试验前先按照 4.5.2 规定的试验方法将电池组放完电。必要时允许在保护电路动作后在循环中增加短暂充电以重新激活电池。

10.5 过载保护

将样品按照以下顺序进行 500 次循环测试：

a） 过流放电；

b） 保护装置动作后静置 1 min。

过流放电时，放电电流为 1.5 倍的过流放电保护电流（$1.5I_{dp}$）。

每次循环时电池组的过流放电保护电路都应动作。

当样品是电池组时，试验前先按照 4.5.1 规定的试验方法充满电。并应保证电池组在试验过程中的 500 次循环测试都在未放完电的状态下进行，如果电池组在进行完 500 次循环测试之前已经放完电，则应将电池按照 4.5.1 规定的试验方法充满电后，继续进行上述循环测试。

10.6 短路保护

将样品按照以下顺序进行 500 次循环测试：

a） 短路电池组的正负极端子或保护电路中的输出端子；

b） 保护装置动作后静置 1 min。

短路时，外部短路总电阻为 80 mΩ±20 mΩ。

每次循环时电池组的短路保护电路都应动作。

当样品是电池组时，试验前先按照 4.5.1 规定的试验方法充满电。并应保证电池组在试验过程中的 500 次循环测试都在未放完电的状态下进行，如果电池组在进行完 500 次循环测试之前已经放完电，则应将电池按照 4.5.1 规定的试验方法充满电后，继续进行上述循环测试。

10.7 耐高压

将样品施加如下电压值进行恒压充电 24 h：

a） 电池组为单级电池串联时，电压为 10 V；

b） 电池组为多级电池串联时，电压为 28 V。

保护板应仍能动作，并禁止充电。

当样品是电池组时，试验前先按照 4.5.1 规定的试验方法充满电。

11 系统保护电路安全要求

11.1 概述

本章适用于自身不带保护电路但在其充电器或由其供电的电子产品（含其配件）中带有保护电路的电池组或电池。

本章的测试样品为由上述电池或电池组供电的电子产品，除特殊说明外本章测试在电池或电池组取出的状态下进行。

进行 11.2、11.3 测试时可使用电子负载等设备代替电池或电池组，进行 11.4、11.5 测试时可使用恒流恒压源等设备代替电池或电池组。

进行 11.2、11.3 和 11.6 测试时，可外接电子产品的电源或适配器，以保证其能够工作。

11.2 充电电压控制

电子产品在正常工作条件及故障条件下均不应造成对电池或电池组的过压充电。

在电子产品正常工作条件及对其模拟任何元器件的单一故障条件下，分别测量其输出的充电电压的最大值。

充电电压值的最大值不应超过电池或电池组制造商的规定值，如无规定则不应超过其充电上限电压。

11.3 充电电流控制

电子产品在正常工作条件及故障条件下均不应造成对电池或电池组的过流充电。

在电子产品正常工作条件及对其模拟任何元器件的单一故障条件下，分别测量其输出的最大的充电电流。

充电电流的最大值不应超过电池或电池组的最大充电电流（I_{cm}）。

11.4 放电电压控制

电子产品在正常工作条件及故障条件下均不应造成对电池或电池组的欠压放电。

在电子产品正常工作条件及对其模拟任何元器件的单一故障条件下，分别测量其放电的最低电压值。

放电电压的最小值不应低于电池或电池组的放电截止电压（U_{do}）。

11.5 放电电流控制

电子产品在正常工作条件及故障条件下均不应造成对电池或电池组的过流放电。

在电子产品正常工作条件及对其模拟任何元器件的单一故障条件下，分别测量其对恒流源放电的最大电流值。

放电电流的最大值不应超过电池或电池组的最大放电电流（I_{dm}）。

11.6 充放电温度控制

电子产品在非正常工作温度条件下均不应造成对电池或电池组的过温度充放电行为。

在电子产品正常工作条件及对其模拟单一温度故障的条件下，分别监测其充放电行为停止时的温度值。

充放电行为停止时的温度值不应超过电池或电池组所规定的允许的充放电温度范围。对于放电情况，可允许在超出电池或电池组所规定的允许的放电温度范围外以小于 0.1 CA 的电流进行放电。

12 一致性要求

12.1 一般要求

一致性要求仅适用于下列类型的电池或电池组：

a) 由多节电池串联构成的非用户更换型电池；

b） 由多个电池并联块串联构成的非用户更换型电池；

c） 由多节电池串联构成的电池组；

d） 由多个电池并联块串联构成电池组。

对于构成上述电池或电池组每一节电池或电池并联块，应具有足够的一致性。

应满足 12.2 的试验要求。

12.2 试验要求

试验要求正在考虑中。

附 录 A
（资料性附录）
质量控制过程要求示例

A.1 质量体系的要求

应保持与 GB/T 19000/ISO 9000 最新版要求的内容保持一致的质量体系。

A.2 工序能力和工序管理的要求

A.2.1～A.2.7 显示了在执行时可以推荐的顺序。

A.2.1 明确有关安全性的重要变数

制造者和供应者应将有关产品及工序产品安全的变数作为安全性的重要变数加以明确，并形成文件。

A.2.2 明确重要的测量工序

制造者和供应者应明确在安全性重要变数的评价中使用的重要测量工序，并形成文件。

A.2.3 重要测量工序能力的确认

制造者和供应者针对重要测量工序，应通过连续数据测量重复性和再现性分析及属性分析等测量系统分析，对测量工序能力进行评价并形成文件。

在运用测量系统分析时，制造者和供应者应确保使用的测量设备符合要求的精度，并经过严格的校验和处理，同时，应通过测量系统分析的结果，确保对重要测量工序实施充分的测量。

A.2.4 工序稳定性的确认

制造者和供应者应对有关安全性的重要工序的稳定性实施评价。工序稳定性评价的目的，是消除工序输出中基于统计学观点的、可预见的特殊原因的变动。

具有代表性的工序稳定性评价方法，是工业领域采用的使用统计型管理检验的管理图，对工序实施的监测和分析。

A.2.5 工序能力的确认

工序稳定性达成时，制造者和供应者应对所有关于安全性的重要工序实施工序能力评价。

典型的方法是通过工序能力分析进行评价，采用统计学上足够大的样品数量(通常使用 50 个样品以上)，并根据产品过程的精密程度、产品满足规格的能力、产品满足规格的能力最大值、产品满足规格的能力最小值以及关键路径法等工序能力矩阵的评价结果进行确认。

此时，除了工序稳定性及样品数量以外，还应注意数据的潜在分布形态及评价方法。此外，制造者和供应者还应证明有关安全性的重要工序在产品制造中具有充分的能力。

A.2.6 工序监测与管理失控时的应对

制造者和供应者在保持有关安全性的重要工序的稳定性及发生控制失效时，为了向责任人进行报告，应实施适当的工序管理。

发生控制失效时，制造者和供应者应制作文件，并确保调查及调查结果形成文件。

控制失效应对不仅适用于某种不良事态，还适用于工序有可能发生变化时，无论是好事还是坏事，都应对这一变化展开调查。

经常发生的情况是，在向非恒定低不良率的好的方向的变化中，不是制造工序的变化而是工序管理的测量方法造成的问题，从而导致判断失误。对此应给予充分的注意。

A.2.7 工序改进活动

制造者和供应者应通过设计，为期待的市场性能带来有利的影响，并为进一步提高工序能力，使有关安全性的重要工序的改进方针形成文件，并予以执行。

附　录　B
（资料性附录）
设计和制造工艺

B.1　电池设计和制造工艺

B.1.1　电池设计过程

B.1.1.1　材料要求

B.1.1.1.1　隔膜材料的挑选及其特性

隔膜材料对电池安全性有着非常重要的作用。它通过隔离正负极材料起到防止电池内部短路的功能，并为电池内部的离子传导提供通道，如图B.1 a)所示。当电池温度升高到一定程度时，隔膜材料的微孔会自动闭合阻断离子传导通道，如图B.1 b)所示。

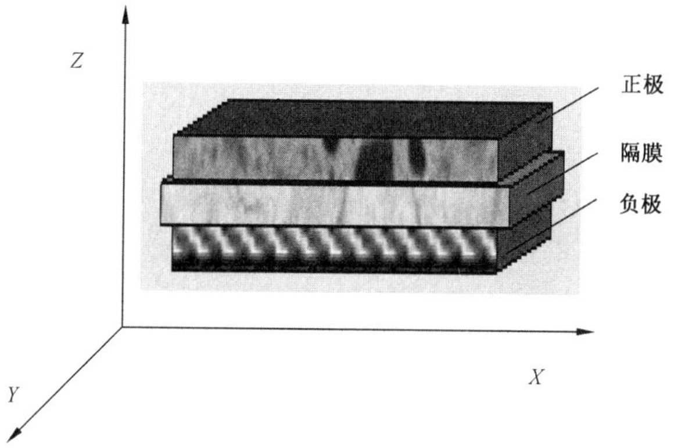

a)　正负极间隔膜材料示意图

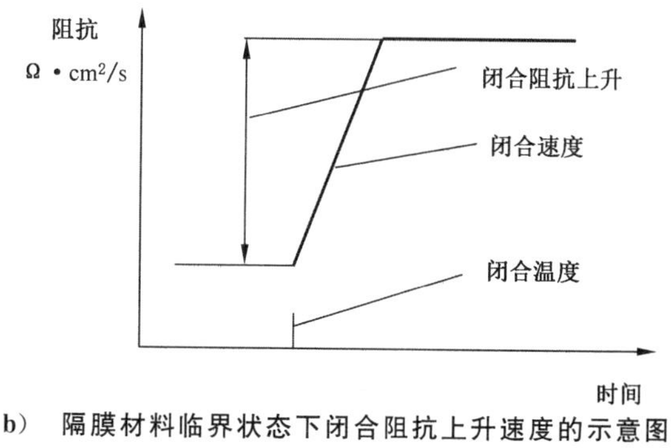

b)　隔膜材料临界状态下闭合阻抗上升速度的示意图

图 B.1　隔膜材料特性

a)　稳定性

所选隔膜材料应具有足够的化学稳定性、电化学稳定性、热稳定性和机械稳定性来满足下面b)、c)、d)及e)的要求。

b) 闭合性

当电池温度升高到闭合温度以上时，隔膜材料的微孔应自动闭合阻断离子传导通道，而表现出具有迅速增加电池内部阻抗的功能。

c) 绝缘性

隔膜材料应具有足够的电子导电的绝缘性能。

d) 强度和物理完整性

在电池设计时，隔膜强度的选择应通过实验验证。隔膜经受正常生产过程后，应具有足够的强度和物理完整性，以保证电池的安全性能。

e) 收缩量

在设计隔膜的长度和宽度时，应考虑隔膜的收缩性。为满足电池的安全要求，设计时应保证隔膜完全覆盖电极。在室温时，隔膜应分别宽于正极和负极，宽出程度应至少为过程公差加 0.1 mm，除非能证明宽出程度小于过程公差加 0.1 mm 可以保证电池的安全性能。

B.1.1.1.2　绝缘材料

电池内部除隔膜之外的绝缘材料，如绝缘胶粘带、隔圈等，在－40 ℃～130 ℃范围内应具有较好的化学、电化学、机械和热稳定性。

B.1.1.1.3　材料规格

制造商应建立原材料的分析方法，控制其杂质含量在规定的限值之下。制造商应制定原材料基本理化指标的检验标准并进行检验，以控制其一致性。

B.1.1.2　结构设计

B.1.1.2.1　电池结构示意图

常见的锂离子电池结构如图 B.2 所示。

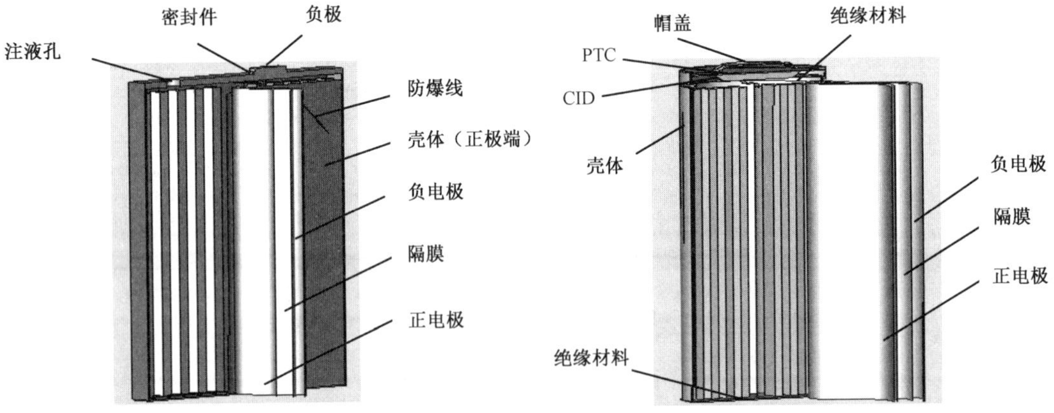

a）　方形电池　　　　b）　圆柱电池类型Ⅰ

图 B.2　锂离子电池结构实例

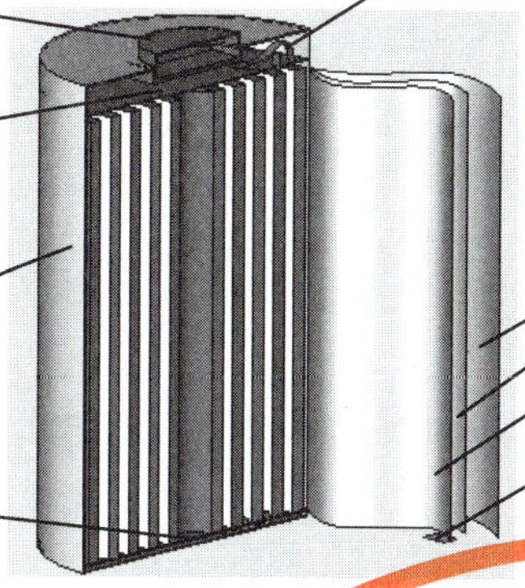

c） 圆柱电池类型Ⅱ

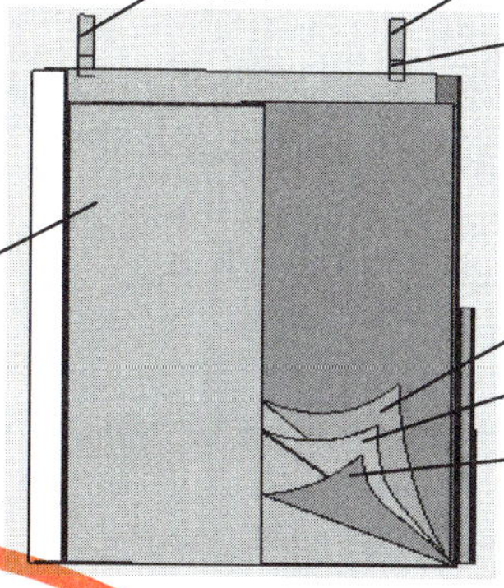

d） 软包电池

图 B.2（续）

B.1.1.2.2 电极容量平衡和电极尺寸

负极的充电容量应高于正极的充电容量，负极的可逆容量应高于正极的可逆容量。负极的有效面积应完全覆盖住正极的有效面积。

B.1.1.2.3 极耳的设计要求

极耳的设计要求如下：

a） 极耳位置

正负极极耳的放置应避免短路。

b） 极耳外露

应规定一个最佳的电极顶部和底部的极耳外露长度，并控制到规定的公差范围内，如图 B.3a）所示。

c） 极耳绝缘材料的应用

如果极耳与电池壳体极性相反，应该在极耳和壳体之间进行绝缘，如图 B.3b）所示。当极耳同相反极性的电极或相同极性的壳体之间只有一层隔膜材料隔离时，建议使用附加的绝缘材料来增加绝缘性（如隔膜材料、绝缘胶粘带等）。绝缘材料应对电池中的正负极极片不产生破坏作用。

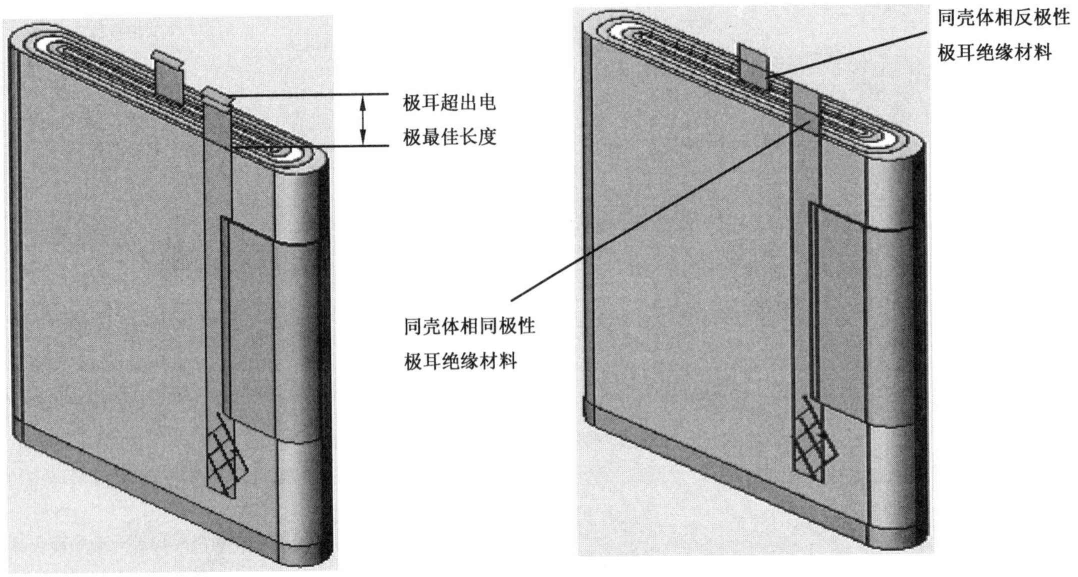

a） 电极设计中极耳最佳长度示意图　　b） 电极中极耳绝缘材料放置示意图

图 B.3 电极中极耳布局

B.1.1.2.4 电池泄压装置

除非能证明不设置泄压装置可以保证电池的安全性能，否则电池应设计必要的泄压装置。

注：泄压装置包括电流断开装置(CID)、贴箔、开刃、裂缝或划线等。

B.1.2 电池制造工艺控制

B.1.2.1 一般要求

制造商应对生产环境中影响电池安全性能工序的温度、湿度进行控制和记录，应采取有效的方法控制生产环境中影响电池安全性能的杂质。

B.1.2.2 极片加工

B.1.2.2.1 毛刺检测与控制

在极片加工过程中，制造商应采取有效的方法对毛刺进行检测，并预防和控制毛刺的产生。

B.1.2.2.2 防止极片损伤

制造商应采取有效的方法防止和消除极片起皱、撕裂、变形和划伤。

B.1.2.2.3 活性材料涂敷的一致性

活性材料涂敷层的面密度、厚度应控制在规定的公差范围内。

B.1.2.3 卷绕控制

本条内容仅适用于卷绕式电池。

卷绕期间应避免卷绕过紧、极片损害(翘曲、弯曲等)等情况产生。

B.1.2.4 短路检测

制造商应有检测内部短路电池的方法，如耐压测试(HI-POT)等。

B.1.2.5 装配控制

制造商应通过电池设计和操作保证极片正确排列且排列整齐。

B.2 电池组设计和制造工艺

B.2.1 电池组设计过程

B.2.1.1 材料阻燃要求

电池组所用的印制电路板(PCB)、外壳、导线和绝缘材料等应满足8.9的要求。

B.2.1.2 绝缘材料要求

电池组所用的起绝缘作用的材料(如绝缘胶带等)应具有足够的绝缘性能，并在－40 ℃～130 ℃范围内应具有较好的化学、电化学、机械和热稳定性。

B.2.1.3 过热断路装置要求

电池组所选用的过热断路装置(如热熔断体、正温度系数热敏电阻器等)应满足自身的标准，且与电池组的额定参数相匹配。如热熔断体应满足GB 9816的要求。

B.2.1.4 内部配线

具有内部配线的电池组其内部配线及其绝缘特性应足以承受最高的预期电流、电压和温度。内部配线的位置应有足够的空间，电流通路应保持在两极之间。内部连接的机械完整性应足以适应可合理预见的误使用条件。内部导线或导体规格应满足表B.1的要求。

表 B.1 导线或导体规格

预期最大电流 I_m A	导线或导体的最小横截面积 mm^2
$I_m \leqslant 0.2$	箔线
$0.2 < I_m \leqslant 3$	0.5
$3 < I_m \leqslant 10$	0.75
$10 < I_m \leqslant 16$	1.0
$16 < I_m \leqslant 25$	2.5
$25 < I_m \leqslant 32$	4
$32 < I_m \leqslant 40$	6
$40 < I_m \leqslant 63$	10

B.2.1.5 电池的匹配要求

对于由多节电池或电池并联块组成的电池组，其电池应来自同一供应商的同一批次产品。

B.2.2 电池组封装过程

B.2.2.1 电池的筛选

对于由多节电池通过串联或并联组成的电池组，在封装前应先按照开路电压、交流内阻和容量对电池进行筛选、分级和配对。

a) 各电池的开路电压应具有较好的一致性。

b) 各电池的交流内阻应具有较好的一致性。

在 23 ℃±2 ℃的环境温度下，对电池施加频率为 1.0 kHz±0.1 kHz 的交流电，交流电压峰值应低于 20 mV。测量 1 s～5 s 内的电压有效值 U_a 和电流有效值 I_a，交流内阻阻值 R_{ac} 为：

$$R_{ac}=U_a/I_a$$

c) 通过检查电池供应商的数据来保证电池容量的一致性。

必要时需对每一个电池按照 4.7.3 规定的测试方法进行容量测试。各电池容量的最大值和最小值之差（ΔC）应满足相应的要求。

d) 各电池应具有较好的老化一致性。

必要时进行抽样并按照电池制造商规定的充放电方法进行 500 次老化循环，老化后各电池的交流内阻、容量仍应具有较好的一致性。

B.2.2.2 点焊

每个电池的极端的焊点应具有足够的可靠性。

厂商应制定相应的控制管理方法和程序。

B.2.2.3 锡焊

线缆的焊接不应出现断丝，焊点足够大以保证大电流的通过。

对于受热易损坏的器件如热熔断体等的焊接在焊接时应采取防护措施。

B.2.2.4 绝缘保护

对需要进行绝缘的部位进行绝缘保护，如粘贴绝缘胶带、点绝缘胶等，并保证绝缘有效。

B.2.2.5 保护板功能的确认

如使用保护板，每块保护板需进行安全保护功能（包括过压充电、欠压放电、过流充电、过流放电等）的确认测试。

B.2.2.6 热电偶的固定

如电池组中使用热电偶进行温度测量，则热电偶的固定需紧贴电池表面能测量到最高温度的位置，并保证足够的强度。

附 录 C
（规范性附录）
试 验 顺 序

C.1 电池安全型式试验顺序

对电池进行第 6 章、第 7 章型式试验顺序见图 C.1。

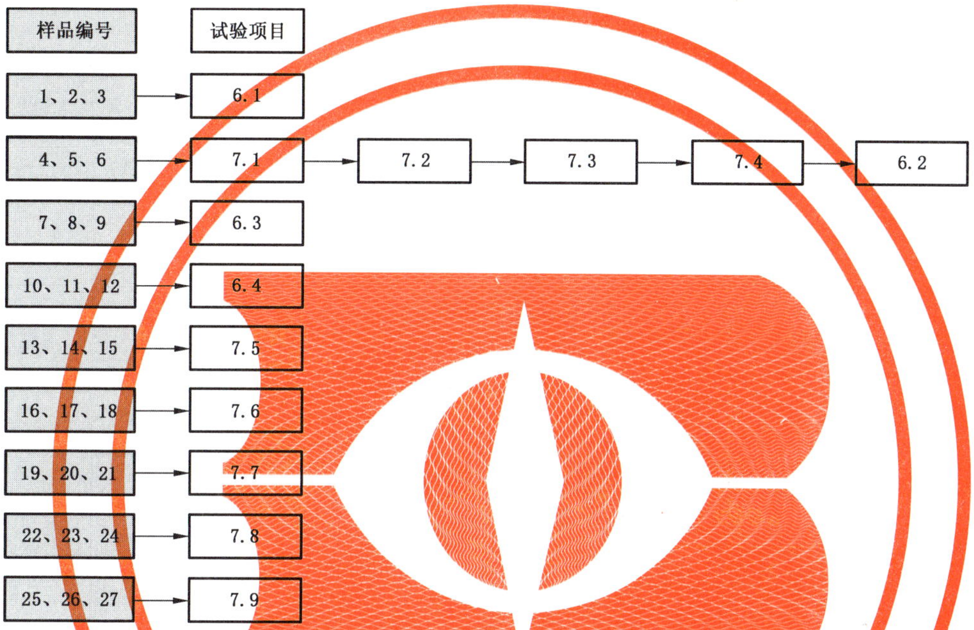

图 C.1 电池安全型式试验顺序

对于 11.1 适用条件的电池，还应满足第 11 章的要求。进行第 11 章试验时，可按任意试验顺序进行。

C.2 电池组安全型式试验顺序

C.2.1 电池组环境安全试验顺序

对电池组进行第 8 章型式试验顺序见图 C.2。

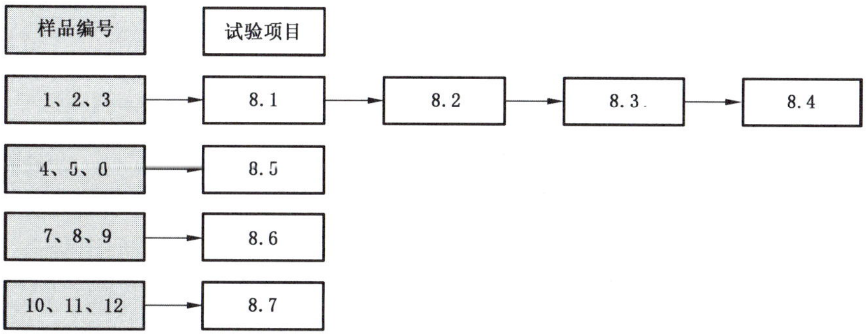

图 C.2 电池组环境安全试验顺序

若有必要进行 8.8 试验时应使用 3 个新样品。

对于非用户更换型电池/电池组及其电子产品组成的整体样品进行第 8 章试验时的试验顺序同电池组的试验顺序。

C.2.2 电池组电安全试验顺序

对电池组进行第 9 章、第 10 章、第 11 章的型式试验顺序见图 C.3。

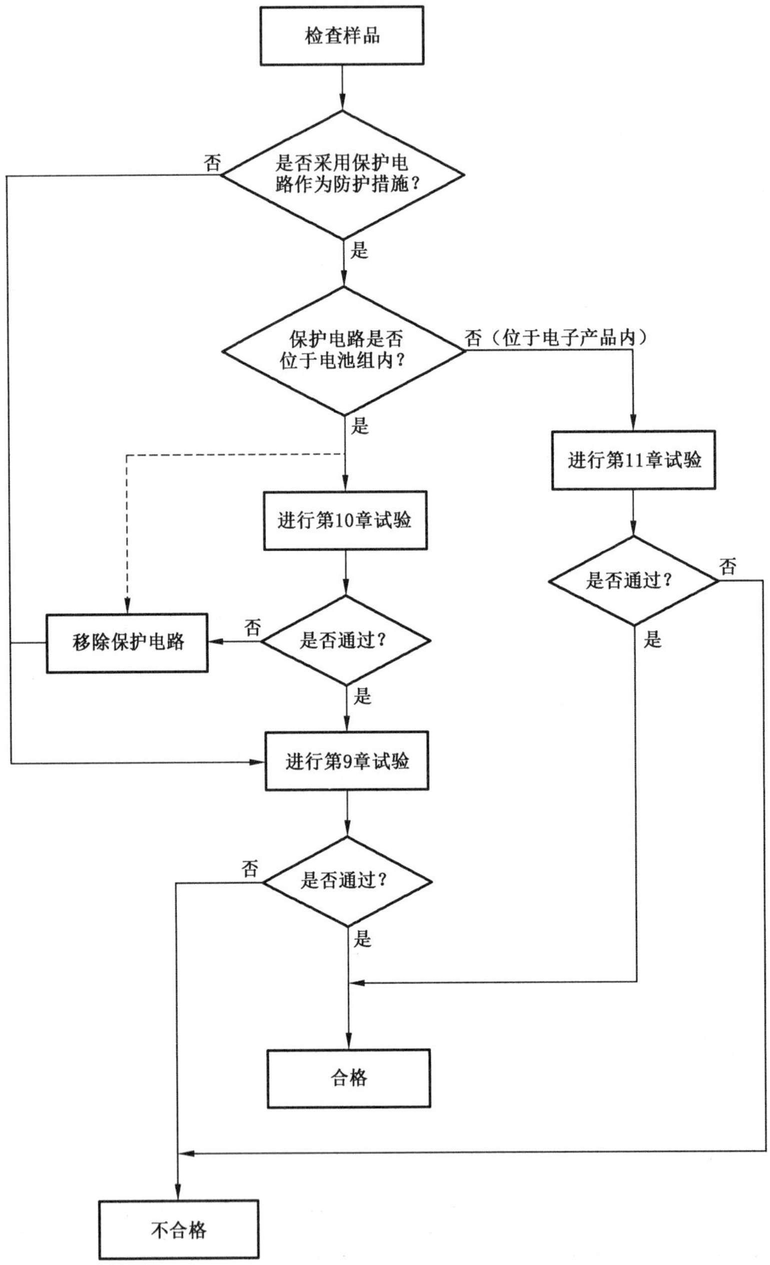

注：图中实线为默认试验顺序，制造商可以声明使用虚线表示的可选试验顺序。

图 C.3 电池组电安全试验顺序

对符合适用条件的电池组进行第 11 章试验时，可按任意试验顺序进行。

附　录　D
（资料性附录）
钴酸锂-石墨体系电池的工作范围示例

钴酸锂-石墨体系电池的工作范围示例如图 D.1 所示。

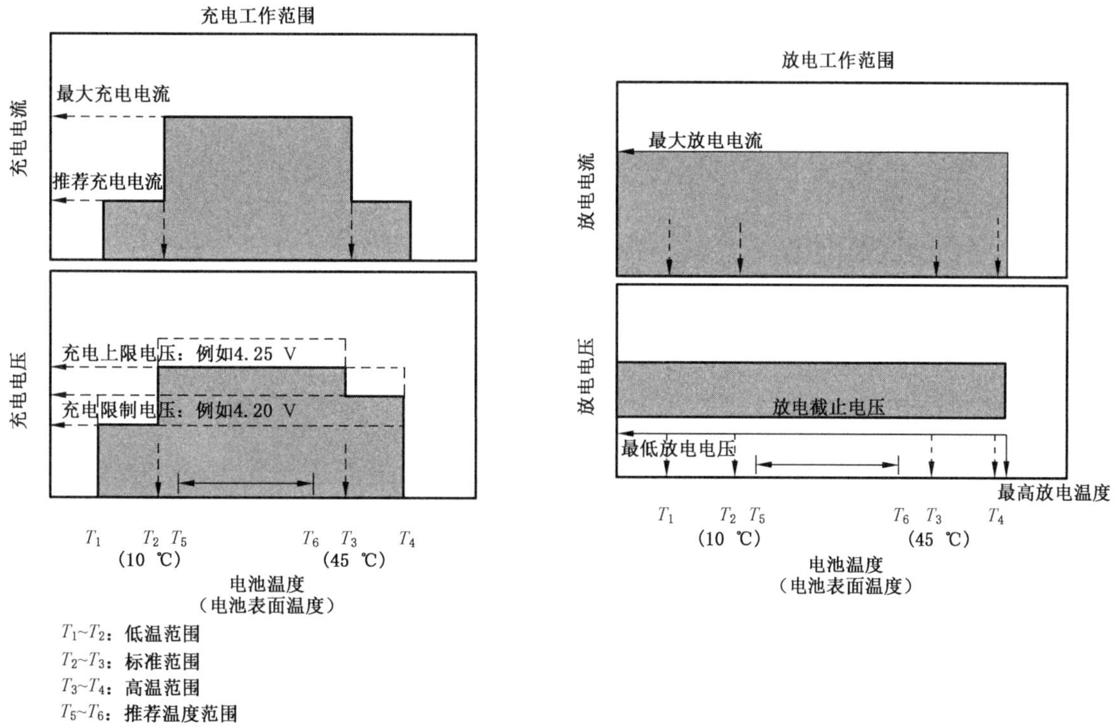

图 D.1　钴酸锂-石墨体系电池的工作范围

附 录 E
（规范性附录）
测试设备和测量仪器

E.1 重物冲击试验工装

重物冲击试验(见 7.7)的试验工装示意图见图 E.1。

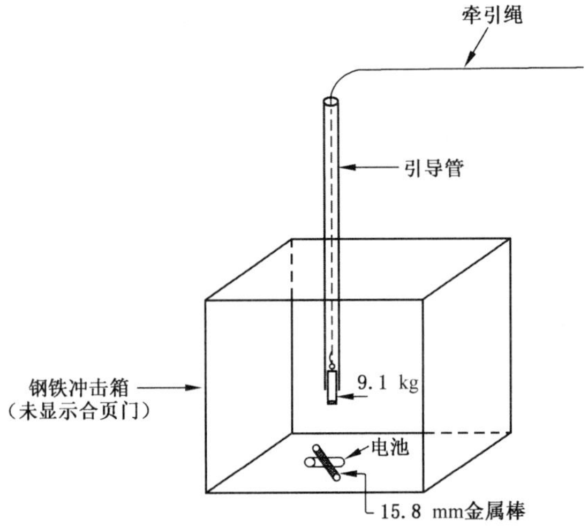

注：只要能够达到相同的效果也可以使用其他机构，如使用引导杆代替引导管等。

图 E.1 重物冲击试验工装示意图

E.2 燃烧喷射试验工装

燃烧喷射试验(见 7.9)的试验工装示意图见图 E.2。

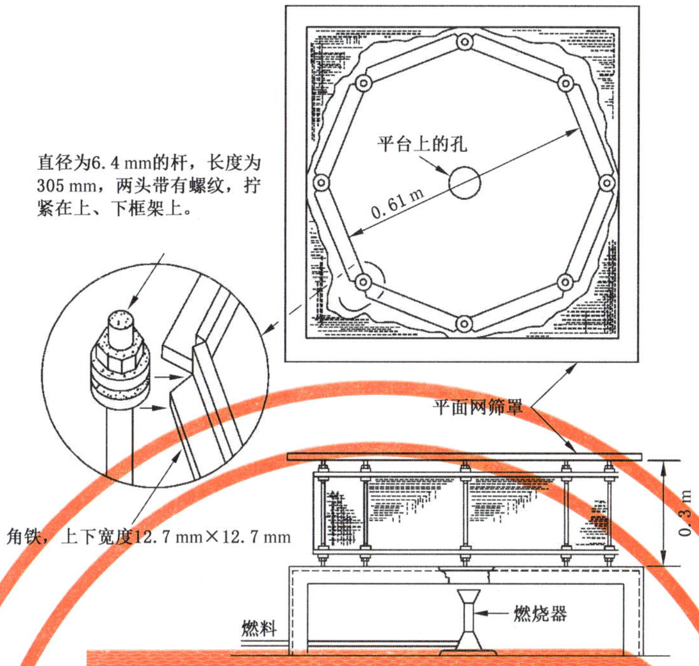

图 E.2　燃烧试验工装

在试验平台上钻一直径为(100±2)mm 的圆孔，并在圆孔上放置一钢丝网，钢丝网的规格为金属丝直径 0.45 mm，目数 20(如符合 GB/T 6005—2008 中 R20 系列的网孔基本尺寸为 800 μm、金属丝直径为 450 μm 的金属丝编织网要求的钢丝网，或者符合 GB/T 5330—2003 中 R10 和 20 系列的网孔基本尺寸为 0.800 mm、金属丝直径为 0.450 的金属丝编织网要求的钢丝网)。

钢丝网放置距离火焰上方约 38 mm 处。

并在样品周围罩上一八边形的铝丝网，铝丝网的规格为：互相平行的两边距离为(610±10)mm，高度为(305±5)mm。铝丝网的规格为金属丝直径 0.25 mm，目数 16～18(如符合 GB/T 5330—2003 中 R20 系列的网孔基本尺寸为 1.12 mm、金属丝直径为 0.250 mm 的金属丝编织网要求的铝丝网)。

E.3　洗涤试验装置

洗涤试验(见附录 F)的试验装置示意图见图 E.3。

单位为毫米

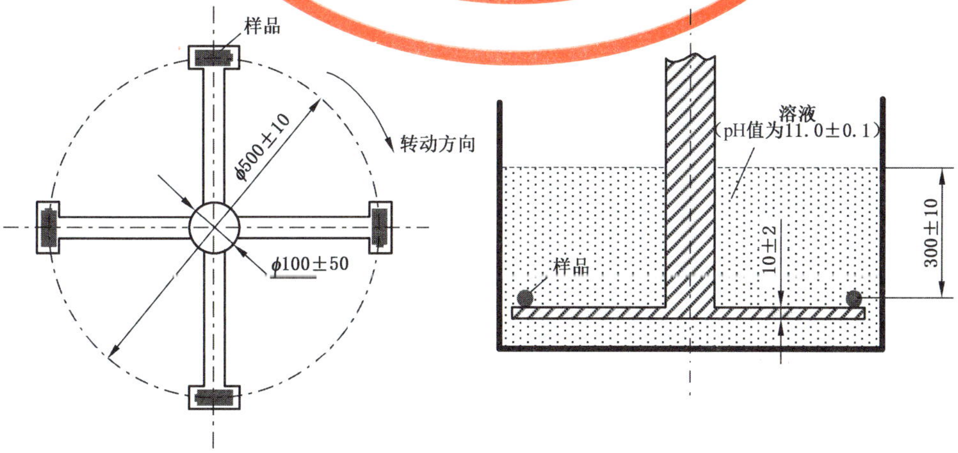

图 E.3　洗涤试验装置

附　录　F
（规范性附录）
洗涤试验

本试验适用于：

——手持式电子产品用锂离子电池组；

——可置于口袋中携带或使用的便携式电子产品用的锂离子电池组；

——其他便携式电子产品用可置于口袋中携带的电池组；

——安装非用户更换型电池/电池组的手持式电子产品。

将样品按照4.5.1规定的试验方法充满电后进行本试验。试验装置见E.3。试验按照以下步骤进行：

a) 配液：配置pH值为11.0±0.1的溶液（可使用质量分数为0.004%的NaOH溶液），并将溶液加热至(45±2)℃；

b) 浸泡：将样品固定在转动装置上（见E.3），然后将样品放置在溶液中（电池中心距液面高度为300 mm±10 mm）浸泡0.5 h，试验过程中保持溶液的温度为(45±2)℃；

c) 搅拌：将样品固定于转动装置上在溶液中转动0.5 h，转速为60 r/min；

d) 脱水：移除溶液，转动10 min，转速为800 r/min；

e) 烘干：将样品放置在高温箱中加热0.5 h，加热温度为(45±2)℃；

f) 若样品还能继续充放电，则按照4.5规定的充放电方法继续进行一次放电充电循环后结束试验；若样品不能继续充放电，则结束试验。

样品应不起火、不爆炸。

附 录 G
（规范性附录）
导线阻燃性试验方法

导线的绝缘不得有助于火焰的蔓延。

按 GB/T 5169.5—2008 的规定来检验导线是否合格。

就本标准而言，采用 GB/T 5169.5—2008 的内容并作如下修改：

第 7 章　严酷等级

施加试验火焰的时间如下：

——第一个样品：10 s；

——第二个样品：60 s；

——第三个样品：120 s。

第 9 章　试验程序

——9.2 增加下列内容：

支撑起燃烧器，使其轴线与垂直方向成 45°。导线与垂直方向也保持 45°，而其轴线所在垂直平面与燃烧器所在垂直平面成正交。

——9.3 用下列内容代替：

试验在 3 个样品上进行。

第 10 章　观察和测量

第二段用下列内容代替：

燃烧持续时间是指从试验火焰移开瞬间一直到任何火焰熄灭时的间隔时间。

第 11 章　试验结果的评定

现行条文用下列内容代替：

试验期间，绝缘材料的任何燃烧应当稳定且无明显的蔓延。在试验火焰移开后，任何火焰应当在 30 s 内自行熄灭。

参 考 文 献

[1] GB/T 5169.16—2008 电工电子产品着火危险试验 第16部分:试验火焰 50 W 水平与垂直火焰试验方法

[2] GB/T 5169.22—2008 电工电子产品着火危险试验 第22部分:试验火焰 50 W 火焰装置和确认试验方法

[3] GB 9816—2008 热熔断体的要求和应用导则

[4] GB/T 11020—2005 固体非金属材料暴露在火焰源时的燃烧性试验方法清单

[5] GB 21966—2008 锂原电池和蓄电池在运输中的安全要求

[6] GB/T 28163—2011 含碱性或其他非酸性电解质的蓄电池和蓄电池组 便携式密封蓄电池和蓄电池组的机械测试

[7] GB/T 28164—2011 含碱性或其他非酸性电解质的蓄电池和蓄电池组 便携式密封蓄电池和蓄电池组的安全性要求

[8] GB/T 30426—2013 含碱性或其他非酸性电解质的蓄电池和蓄电池组 便携式锂蓄电池和蓄电池组

[9] UN 38.3(第5版) 关于危险货物运输的建议书 试验和标准手册 第38.3节 金属锂电池和锂离子电池组

[10] UL 1642:2007 锂电池

ICS 33.180.22
M 33

中华人民共和国国家标准

GB/T 31242—2014

设备互连用单模光纤特性

Characteristics of single-mode optical fibres for equipment intraconnection

(IEC 60793-2-60:2008, Optical fibres—Part 2-60: Product specifications—Sectional specification for category C singlemode intraconnection fibres, NEQ)

2014-12-05 发布 2015-04-01 实施

中华人民共和国国家质量监督检验检疫总局
中国国家标准化管理委员会 发布

前　　言

本标准按照 GB/T 1.1—2009 给出的规则起草。

本标准使用重新起草法参考 IEC 60793-2-60:2008《互连用 C 类单模光纤》制定，与 IEC 60793-2-60 的一致性程度为非等效。

本标准由中华人民共和国工业和信息化部提出。

本标准由中国通信标准化协会归口。

本标准起草单位：长飞光纤光缆有限公司，武汉邮电科学研究院，长飞光纤光缆（上海）有限公司。

本标准主要起草人：李婧、罗杰、杨晨、王小泉、杨向荣。

设备互连用单模光纤特性

1 范围

本标准规定了设备互连用单模光纤(C类单模光纤)的几何、光学、传输、机械、环境性能的要求和测量方法。

本标准适用于光通信系统中设备内部或设备之间连接用的单模光纤。

2 规范性引用文件

下列文件对于本文件的应用是必不可少的。凡是注日期的引用文件,仅注日期的版本适用于本文件。凡是不注日期的引用文件,其最新版本(包括所有的修改单)适用于本文件。

GB/T 15972(所有部分) 光纤试验方法规范[IEC 60793-1(all parts),MOD]

ITU-T G.650.1:2010 单模光纤光缆的具有线性和确定性特性的参数定义和试验方法(Definitions and test methods for linear, deterministic attributes of single-mode fibre and cable)

ITU-T G.650.2:2007 单模光纤光缆的具有统计和非线性特性的参数定义和试验方法(Definitions and test methods for statistical and non-linear related attributes of single mode fibre and cable)

3 术语和定义

GB/T 15972、ITU-T G.650.1:2010和ITU-T G.650.2:2007界定的术语和定义适用于本文件。

4 符号和缩略语

下列符号和缩略语适用于本文件。

MFD:模场直径(Mode Field Diameter)

F_{avg}:涂覆层剥离力(均值)(Average Strip Force)

F_{peak}:涂覆层剥离力(峰值)(Peak Strip Force)

n_d:动态疲劳参数(stress corrosion parameter-dynamic)

5 分类

C类单模光纤根据典型传输波长和模场直径分为C1、C2、C3、C4四个基本子类,如表1所示。

表1 C类单模光纤的分类

基本子类	典型传输波长 nm	MFD标称值范围 μm
C1	1 260、1 550和1 625	1 310 nm处:8.6～9.5

表 1（续）

基本子类	典型传输波长 nm	MFD 标称值范围 μm
C2	1 310	1 310 nm 处:5.0～7.0
C3	1 550 和 1 625	1 550 nm 处:5.5～7.5
C4	980	980 nm 处 :4.0～7.0

每一个基本子类都可包含包层直径为 125 μm 或 80 μm 两种型号，在子类代号后用“125”和“80”来表示。代号之间用“_”分隔。例如:C1_125。

除 C1 类外，每一个基本子类还应根据模场直径的大小进一步细分，在子类代号后用“a”和“b”来表示“小模场直径”和“大模场直径”。代号之间用“_”分隔。例如:C2_125_a。

6 要求

6.1 尺寸参数

6.1.1 尺寸参数指标

C 类单模光纤的尺寸参数应符合表 2 规定。

表 2 C 类单模光纤的尺寸参数要求

项目	单位	技术指标							
		C1_125	C2_125	C3_125	C4_125	C1_80	C2_80	C3_80	C4_80
包层直径	μm	125±0.7	125±1.0			80±1.0			
包层不圆度	%	≤0.7	≤1.0			≤1.0			
芯/包层同心度误差	μm	≤0.5				≤0.5			
涂覆层直径(未着色)	μm	235～255				155～175			

6.1.2 尺寸参数的测量方法

相关尺寸参数的测量方法见表 3。

表 3 相关尺寸参数的测量方法

项目	测量方法
包层直径	GB/T 15972.20
包层不圆度	GB/T 15972.20
芯/包层同心度误差	GB/T 15972.20
涂覆层直径	GB/T 15972.21

6.2 光学特性和传输特性

6.2.1 C1 类单模光纤的光学特性和传输特性

C1 类单模光纤的光学特性和传输特性应符合表 4 规定。

表 4 C1 类单模光纤的光学特性和传输特性要求

项目	单位	技术指标
1 310 nm～1 625 nm 衰减系数	dB/km	≤0.7
1 310 nm 模场直径	μm	(8.6～9.5)±0.4
光纤截止波长	nm	≤1 280
宏弯附加损耗[a]	dB	≤1.0
[a] 16 mm 半径松绕 5 圈，在 1 625 nm 测试值。		

6.2.2 C2 类单模光纤的光学特性和传输特性

C2 类单模光纤的光学特性和传输特性应符合表 5 规定。

表 5 C2 类单模光纤的光学特性和传输特性要求

项目	单位	技术指标	
		a	b
1 310 nm 衰减系数	dB/km	≤0.75	
1 310 nm 模场直径	μm	(5.0～6.0)±0.75	(6.1～7.0)±0.75
光纤截止波长	nm	≤1 280	
宏弯附加损耗[a]	dB	≤0.02	≤0.05
[a] 10 mm 半径松绕 5 圈，在 1 550 nm 测试值。			

6.2.3 C3 类单模光纤的光学特性和传输特性

C3 类单模光纤的光学特性和传输特性应符合表 6 规定。

表 6 C3 类单模光纤的光学特性和传输特性要求

项目	单位	技术指标	
		a	b
1 550 nm 衰减系数	dB/km	≤0.6	
1 550 nm 模场直径	μm	(5.5～6.5)±0.75	(6.6～7.5)±0.75
光纤截止波长	nm	≤1 500	
宏弯附加损耗[a]	dB	≤0.02	≤0.05
[a] 10 mm 半径松绕 5 圈，在 1 625 nm 测试值。			

6.2.4 C4 类单模光纤的光学特性和传输特性

C4 类单模光纤的光学特性和传输特性应符合表 7 规定。

表 7 C4 类单模光纤的光学特性和传输特性要求

项 目	单位	技术指标	
		a	b
980 nm 衰减系数	dB/km	≤3.0	
980 nm 模场直径	μm	(4.0～5.0)±0.5	(5.1～7.0)±0.5
光纤截止波长	nm	<980	
宏弯附加损耗	dB	≤0.10[a]	—[a]
		—[b]	≤0.01[b]

注：对于 C4_a 类单模光纤，在 980 nm 波长下测试宏弯附加损耗时，由于其优异的宏弯性能，测试值将小于 0.001 dB，超出了测试精度范围，因此改为在 1 550 nm 处测试宏弯性能并给出规范。

[a] 10 mm 半径松绕 5 圈，在 1 550 nm 测试值。

[b] 10 mm 半径松绕 5 圈，在 980 nm 测试值。

6.2.5 光学特性和传输特性的测量方法

相关光学特性和传输特性的测量方法见表 8。

表 8 相关光学特性和传输特性的测量方法

项 目	测量方法
衰减系数	GB/T 15972.40
模场直径	GB/T 15972.45
截止波长	GB/T 15972.44
宏弯附加损耗	GB/T 15972.47

6.3 机械性能

6.3.1 机械性能指标

C1、C2、C3 类单模光纤的机械性能应符合表 9 规定。

表 9 C1、C2、C3 类单模光纤的机械性能要求

项 目	单位	技术指标	
		125	80
筛选应力	GPa	≥0.69	≥0.69
涂覆层剥离力(均值) F_{avg}	N	$1.0 \leq F_{avg} \leq 5.0$	$1.0 \leq F_{avg} \leq 5.0$

表 9（续）

项 目	单位	技术指标	
		125	80
涂覆层剥离力(峰值) F_{peak}	N	$F_{peak}\leqslant 8.9$	$F_{peak}\leqslant 8.9$
威布尔概率水平为 50%时抗拉强度[a]	GPa	≥3.8	≥3.8
[a] 光纤标距长度 0.5 m。			

C4 类单模光纤的机械性能应符合表 10 规定。

表 10 C4 类单模光纤的机械性能要求

项 目	单位	技术指标	
		125	80
筛选应力	GPa	≥0.69	≥0.69
威布尔概率水平为 50%时抗拉强度[a]	GPa	≥3.8	≥3.8
注：C4 类光纤的涂覆层剥离力不作要求，但应允许机械方式剥离涂覆层。对于某些种类的涂覆层类型，也可采用热剥离的方式。			
[a] 光纤标距长度 0.5 m。			

6.3.2 相关机械性能的试验方法

相关机械性能的试验方法见表 11。

表 11 相关机械性能的试验方法

项目	试验方法
筛选应力	GB/T 15972.30
涂覆层剥离力	GB/T 15972.32
光纤抗拉强度	GB/T 15972.31
动态疲劳参数	GB/T 15972.33

6.4 环境性能

6.4.1 概述

C 类单模光纤的环境性能要求包括环境试验光衰减变化和环境试验后机械性能要求。

6.4.2 环境试验光衰减变化要求

环境试验光衰减变化应符合表 12 规定。

表 12 环境试验光衰减变化要求

试验项目	试验条件	允许的衰减变化 dB/km			
		C1	C2	C3	C4
		测试波长 1 310 nm,1 550 nm	测试波长 1 310 nm	测试波长 1 550 nm	测试波长 980 nm
恒定湿热	温度为 85 ℃±2 ℃,相对湿度不低于 85%,放置 30 天	≤0.10	≤0.10	≤0.10	≤0.10
恒定干热	温度为 85 ℃±2 ℃,放置 30 天	≤0.10	≤0.10	≤0.10	≤0.10
温度特性	温度范围为−60 ℃~85 ℃,两个循环周期	≤0.10	≤0.10	≤0.10	≤0.10

注:根据器件使用环境的差异,光纤环境试验的温度范围要求可由用户和供应商协商确定。

6.4.3 环境试验后机械性能要求

仅要求在恒定湿热试验后进行机械性能测试,应符合表 13 规定。

表 13 恒定湿热试验后机械性能要求

项 目	单位	技术指标	
		125	80
涂覆层剥离力(均值)F_{avg}	N	$1.0 \leqslant F_{avg} \leqslant 5.0$	$1.0 \leqslant F_{avg} \leqslant 5.0$
涂覆层剥离力(峰值)F_{peak}	N	$F_{peak} \leqslant 8.9$	$F_{peak} \leqslant 8.9$
威布尔概率水平为 15%时抗拉强度[a]	GPa	≥2.76	≥2.76
威布尔概率水平为 50%时抗拉强度[a]	GPa	≥3.03	≥3.03
动态疲劳参数 n_d	—	≥18	≥18

[a] 光纤标距长度 0.5 m。

6.4.4 相关环境性能的试验方法

相关环境性能的试验方法见表 14。

表 14 相关环境性能的试验方法

项目	试验方法
恒定湿热	GB/T 15972.50
恒定干热	GB/T 15972.51
温度特性	GB/T 15972.52

ICS 13.030.10
Z 71

中华人民共和国国家标准

GB/T 31243—2014

通信网络产品可拆卸设计规范

Specification of design for disassembly of telecommunication infrastructure equipment

2014-12-05 发布 2015-04-01 实施

中华人民共和国国家质量监督检验检疫总局
中国国家标准化管理委员会 发布

前　言

本标准是通信产品回收处理系列标准之一，该系列标准拟分为：

——通信网络产品可拆卸设计规范；

——通信终端产品可拆卸设计规范；

——通信网络设备可回收性能评价准则；

——通信终端产品可回收性能评价准则；

——通信终端产品绿色包装规范；

——通信网络设备可回收利用率计算方法；

——通信终端产品可回收利用率计算方法；

——废弃通信产品回收处理设备要求；

——通信记录媒体的回收处理要求；

——通信网络设备的回收处理要求；

——通信终端设备的回收处理要求；

——通信用锂离子电池的回收处理要求；

——通信用铅酸蓄电池的回收处理要求；

——废弃通信产品再使用技术要求；

——废弃通信产品有毒有害物质环境无害化处理技术要求。

本标准按照 GB/T 1.1—2009 给出的规则起草。

本标准由中华人民共和国工业和信息化部提出。

本标准由中国通信标准化协会归口。

本标准起草单位：工业和信息化部电信研究院、佛山市南海讯联信息有限公司、华为技术有限公司、杭州华三通信技术有限公司、上海贝尔股份有限公司、中国移动通信集团公司。

本标准主要起草人：郭伟祥、蒋京鑫、申许民、朱永光、万晓兰、王敏、高健、彭军。

通信网络产品可拆卸设计规范

1 范围

本标准规定了通信网络产品可拆卸设计准则和评价。

本标准适用于通信网络产品。

2 规范性引用文件

下列文件对于本文件的应用是必不可少的。凡是注日期的引用文件，仅注日期的版本适用于本文件。凡是不注日期的引用文件，其最新版本(包括所有的修改单)适用于本文件。

GB/T 16288 塑料制品的标志

3 术语和定义

下列术语和定义适用于本文件。

3.1

通信网络设备 telecommunication infrastructure equipment

通信网络运营机构用以提供网络通信服务的设备。通信网络运营机构包括公网运营商和专网运营商。

3.2

可拆卸设计 design for disassembly

把产品的可拆卸性能作为设计输入要素之一，并充分考虑产品拆卸环节以及其相关的各种因素的影响，利用各种技术手段如建模、分析、评价、规划、仿真等，在保证产品功能要求的前提下，提供一套简易的拆卸理论和方法，以利于产品的维护、升级和回收利用。

4 可拆卸设计准则

4.1 材料要求

4.1.1 种类最少化原则

设计产品时应尽量减少产品组成的材料种类。当某些材料的物理或化学特性区别不大，并均能满足功能要求时，应尽量合并。

4.1.2 相容性原则

设计时不仅要考虑材料的种类，还要考虑材料的相容性。同一零部件若使用不同材料，应尽量采用相容性好的材料，以便于回收处理。例如：金属和塑料之间的相容性差，不能一起回收，应对其进行分离；塑料中的PC(聚碳酸酯)与ABS(丙烯腈-丁二烯-苯乙烯三元共聚物)的相容性好，则不必进一步分类，可一起回收处理。

4.1.3 材料单纯性原则

除非功能性需求，设计时应尽量避免采用以下材料或经过以下工艺处理后的材料：

——不相容材质互相嵌入紧固件、连接件和加强件；

——电镀、电泳；

——喷涂、滚涂；

——丝印、覆涂；

——非兼容性的油墨和标签。

注：这些材料只有经过破坏性拆卸才能实现两种材料的相对分离，且无法保证纯度，甚至不可分离。

4.1.4 危、毒、害物质使用原则

设计时尽量少用或避免采用危、毒、害物质(例如，卤化物)，确因条件所限或功能要求，无法替代时，应做以下处理：

——集成(便于集中收集)；

——防护(规避拆卸风险)；

——进行易拆解设计；

——传达充分的信息给拆卸实施者。

4.2 零部件要求

4.2.1 最少化原则

零部件种类和数量决定了拆卸工作量。种类和数量越多，关联就越多，拆卸耗时就越长，效率就越差。因此在设计过程中，应尽可能实现产品零部件的种类和数量的最少化。

4.2.2 模块化设计原则

对零部件尽可能采用模块化设计，使各部分功能相对独立，以尽量实现零部件的非破坏性拆卸。

4.2.3 标准化原则

为简化拆卸工作，应尽量采用标准化零部件。

4.3 连接要求

4.3.1 采用易于拆卸的连接方法原则

设计时应充分考虑拆卸的便利性，尽可能设计或采用最易于拆卸的连接方法，如插拔卡位等；尽量减少或避免采用焊、粘、螺丝和永久扣位等连接方法。

4.3.2 紧固件和连接件最少化原则

为使拆卸容易且省时省力，拆卸部位的紧固件和连接件数量和种类应尽可能少。

4.3.3 紧固件和连接件标准化原则

为减少拆卸工具种类，简化拆卸工作，紧固件和连接件类型应尽可能标准化。

4.4 结构要求

4.4.1 简单化原则

为了简化拆卸动作，产品设计的结构布局、外形和实体空间在连接上的逻辑关系应尽可能简单，并充分考虑到拆卸活动过程人机工程学原理。

4.4.2 深度最浅化原则

设计的时候，应尽量降低产品结构的深度，在布局时尽量将拆卸目标零部件置于易于取得的地方。

4.4.3 可达性原则

为了解决拆卸过程的可达性问题，应从3方面入手：

——视角可达，即拆卸时，应能看到内部的拆卸操作；

——实体可达，即拆卸时，操作人员直接或借助工具能够接触到拆卸部位；

——足够的拆卸操作空间，即需要拆卸的部位，其周围要有足够的空间，以方便拆卸工作，如螺栓螺母的布置应留足够的扳手空间。

4.5 拆卸信息传递要求

为使拆卸实施者提高拆卸效率和安全性，应在设计者与拆卸者之间建立有效的沟通渠道。为此，设计者应采取诸如文字、通用图示等通俗易懂的方式传递相关拆卸指导信息。例如：

——材质标识；

——材料再生属性；

——拆卸运动及施加外力的方向；

——拆卸的逻辑顺序；

——不太明显的折断点；

——隐藏的连接点；

——最佳切割线和分离线；

——拆卸工具。

4.6 特殊要求

4.6.1 电解电容

高度或直径大于2.5 cm且含有有毒有害物质的电解电容，应设计成方便拆卸的连接形式。

4.6.2 印刷电路板

印刷电路板应设计成方便拆卸的连接结构，例如采用可插拔或扣板结构。

4.6.3 电池

设备中若含有电池，应设计成方便拆卸的连接形式。

4.6.4 塑料部件材质标识

若塑料部件大于25 g，且具有规则表面，应按GB/T 16288的要求进行材料标识。

5 可拆卸设计评价

5.1 评价过程

可拆卸设计是一个对设计方案进行评价—修改—再评价—再修改，直至满足设计要求的动态过程。可拆卸性评价既可以是对拆卸方案进行仿真模拟拆卸过程的评价，也可以是对实际产品的拆卸过程进行的评价。通过评价可以提供有效的信息反馈，帮助设计人员进行设计改进，以进一步提高产品的可拆卸性能。

可拆卸设计评价的过程应包括：明确拆卸目的，确定目标零部件，选择评价指标，进行评价。

5.2 确定拆卸目的和目标零部件

拆卸目的和目标零部件不同，拆卸手段和方法也不同：

a) 在产品使用阶段，拆卸的主要目的是产品的维修和升级换代。因此需要把目标零件拆卸下来，此时主要保证与目标零部件相关联的其他部件不应受到损坏。

b) 在产品回收利用阶段拆卸的主要目的为：

——产品零部件的再使用；

——分离含有危、毒、害物质的零部件；

——分离稀有材料和贵重材料；

——通过预拆卸，降低材料分离的难度和提高回收材料的纯度。

在明确拆卸目的以后，相应确定拆卸目标零部件，并确定拆卸目标零部件及与目标零部件相关联的其他部件的拆卸后状态，主要指是否受损或发生其他物理或化学变化。

根据拆卸目的可对产品进行模拟拆卸或真实拆卸，并对拆卸过程进行可拆卸性评价。

5.3 评价指标

5.3.1 概述

与拆卸过程有关的评价指标主要包括：拆卸时间、拆卸成本和拆卸环境影响。

5.3.2 拆卸时间

拆卸时间即拆下所有目标零部件所需要的时间。产品的某一部件单元可能是由多个连接方式组合而成，则该部件单元的拆卸时间就是分离所有这些连接所消耗的时间总和。它包括基本拆卸时间和辅助时间。基本拆卸时间是指松开连接件、将待拆零件和相关连接件分离所花费的时间；辅助时间是指为完成拆卸工作所作的辅助工作所花费的时间，如拆卸工具或人的手臂接近拆卸部位的时间等。

在拆卸过程中拆卸工具、工人熟练程度、结构复杂程度对拆卸时间会有不同程度的影响，可根据具体情况调整其修正系数。

拆卸时间大小的确定应来自于实际拆卸数据的搜集、整理与分析。

5.3.3 拆卸成本

拆卸成本是指与拆卸有关的一切费用，即人力费用和投资费用等。投资费用包括拆卸场地费用、拆卸所需的工具及夹具、工具的定位及夹具送进装置的费用，拆下材料的识别、分类费用等。人力费用主要是指工人工资。产品中零部件的连接结构不同，拆卸的难易程度也不相同，拆卸成本则表现为不同的量值。

5.3.4 拆卸环境影响

拆卸过程的环境影响主要表现为噪声、能源消耗及污染物排放。拆卸设计应尽量考虑拆卸环境影响最小化。

5.4 设计评价

在选择评价指标之后，准备相关数据进行评价。这些评价指标既有定性指标也有定量指标，在可拆卸设计价中应根据不同的目的灵活运用，既可以单独使用，也可以综合考虑。

ICS 13.030.10
Z 71

中华人民共和国国家标准

GB/T 31244—2014

通信终端产品可拆卸设计规范

Specification for design for disassembly of telecommunication terminal equipment

2014-12-05 发布　　2015-04-01 实施

中华人民共和国国家质量监督检验检疫总局
中国国家标准化管理委员会　发布

前　言

本标准是通信产品回收处理系列标准之一，该系列标准拟分为：

——通信网络产品可拆卸设计规范；

——通信终端产品可拆卸设计规范；

——通信网络设备可回收性能评价准则；

——通信终端产品可回收性能评价准则；

——通信终端产品绿色包装规范；

——通信网络设备可回收利用率计算方法；

——通信终端产品可回收利用率计算方法；

——废弃通信产品回收处理设备要求；

——通信记录媒体的回收处理要求；

——通信网络设备的回收处理要求；

——通信终端设备的回收处理要求；

——通信用锂离子电池的回收处理要求；

——通信用铅酸蓄电池的回收处理要求；

——废弃通信产品再使用技术要求；

——废弃通信产品有毒有害物质环境无害化处理技术要求。

本标准按照 GB/T 1.1—2009 给出的规则起草。

本标准由中华人民共和国工业和信息化部提出。

本标准由中国通信标准化协会归口。

本标准起草单位：工业和信息化部电信研究院、佛山市南海讯联信息有限公司、华为技术有限公司、杭州华三通信技术有限公司、中国移动通信集团公司。

本标准主要起草人：郭伟祥、蒋京鑫、申许民、朱永光、万晓兰、孔令军。

通信终端产品可拆卸设计规范

1 范围

本标准规定了通信终端产品可拆卸设计准则和评价。

本标准适用于通信终端产品。

2 规范性引用文件

下列文件对于本文件的应用是必不可少的。凡是注日期的引用文件,仅注日期的版本适用于本文件。凡是不注日期的引用文件,其最新版本(包括所有的修改单)适用于本文件。

GB/T 16288 塑料制品的标志

3 术语和定义

下列术语和定义适用于本文件。

3.1

通信终端产品 telecommunication terminal equipment

连接在公用通信网末端,为用户提供发送和接收信息功能的通信设备,以及设计和预定直接连接到通信网络的信息技术设备。

3.2

可拆卸设计 design for disassembly

把产品的可拆卸性能作为设计输入要素之一,并充分考虑产品拆卸环节以及其相关的各种因素的影响,利用各种技术手段如建模、分析、评价、规划、仿真等,在保证产品功能要求的前提下,提供一套简易的拆卸理论和方法,以利于产品的维护、升级和回收利用。

4 通信终端产品可拆卸设计准则

4.1 材料要求

4.1.1 种类最少化原则

设计产品时应尽量减少产品组成的材料种类。当某些材料的物理或化学特性区别不大,并均能满足功能要求时,应尽量合并。

4.1.2 相容性原则

设计时不仅要考虑材料的种类,还要考虑材料的相容性。同一零部件若使用不同材料,要尽量采用相容性好的材料,以便于回收处理。例如:金属和塑料之间的相容性差,不能一起回收,应对其进行分离;塑料中的PC(聚碳酸酯)与ABS(丙烯腈-丁二烯-苯乙烯三元共聚物)的相容性好,则不必进一步分类,可一起回收处理。

4.1.3 材料单纯性原则

除非功能性需求，设计时应尽量避免采用以下材料或经过以下工艺处理后的材料。

——不相容材质互相嵌入紧固件、连接件和加强件；

——电镀、电泳；

——喷涂、滚涂；

——丝印、覆涂；

——非兼容性的油墨和标签。

注：这些材料只有经过破坏性拆卸才能实现两种材料的相对分离，且无法保证纯度，甚至不可分离。

4.1.4 危、毒、害物质使用原则

设计时尽量少用或避免采用危、毒、害物质，确因条件所限或功能要求，无法替代时，应做以下处理：

——集成(便于集中收集)；

——防护(规避拆卸风险)；

——进行易拆解设计；

——传达充分的信息给拆卸实施者。

4.2 零部件要求

4.2.1 最少化原则

零部件种类和数量决定了拆卸工作量。种类和数量越多，关联就越多，拆卸耗时就越长，效率就越差。因此在设计过程中，应尽可能实现产品零部件的种类和数量的最少化。

4.2.2 模块化设计原则

对零部件尽可能采用模块化设计，使各部分功能相对独立，以尽量实现零部件的非破坏性拆卸。

4.2.3 标准化原则

为简化拆卸工作，应尽量采用标准化零部件。

4.3 连接要求

4.3.1 采用易于拆卸的连接方法原则

设计时应充分考虑拆卸的便利性，尽可能设计或采用最易于拆卸的连接方法，如插拔卡位等；尽量减少或避免采用焊、粘、螺丝和永久扣位等连接方法。

4.3.2 紧固件和连接件最少化原则

为使拆卸容易且省时省力，拆卸部位的紧固件和连接件数量和种类应尽可能少。

4.3.3 紧固件和连接件标准化原则

为减少拆卸工具种类，简化拆卸工作，紧固件和连接件类型应尽可能标准化。

4.4 结构要求

4.4.1 简单化原则

为了简化拆卸动作，产品设计的结构布局、外形和实体空间在连接上的逻辑关系应尽可能简单，并

充分考虑到拆卸活动过程人机工程学原理。

4.4.2 深度最浅化原则

设计的时候，应尽量降低产品结构的深度，在布局时尽量将拆卸目标零部件置于易于取得的地方。

4.4.3 可达性原则

为了解决拆卸过程的可达性问题，应从3方面入手：

——视角可达，即拆卸时，应能看到内部的拆卸操作；

——实体可达，即拆卸时，操作人员直接或借助工具能够接触到拆卸部位；

——足够的拆卸操作空间，即需要拆卸的部位，其周围要有足够的空间，以方便拆卸工作，如螺栓螺母的布置应留足够的扳手空间。

4.5 拆卸信息传递要求

为使拆卸实施者提高拆卸效率和安全性，应在设计者与拆卸者之间建立有效的沟通渠道。为此，设计者应采取诸如文字、通用图示等通俗易懂的方式传递相关拆卸指导信息。例如：

——材质标识；

——材料再生属性；

——拆卸运动及施加外力的方向；

——拆卸的逻辑顺序；

——不太明显的折断点；

——隐藏的连接点；

——最佳切割线和分离线；

——拆卸工具。

4.6 特殊要求

4.6.1 电池

通信终端产品中若包含电池，则电池应能够方便、安全地被拆卸下来。

4.6.2 液晶显示屏

表面积大于100 cm^2 的液晶显示屏和所有的带有气体放电管逆光的显示屏应能够方便、安全地被拆卸下来。

4.6.3 印刷电路板

印刷电路板应设计成方便拆卸的连接结构。

4.6.4 含有油墨的部件

含有油墨的部件应设计成方便拆卸的连接结构。

4.6.5 塑料部件材质标识

若塑料部件大于25 g，且具有规则表面，应按照GB/T 16288的要求进行材料标识。

5 可拆卸设计评价

5.1 评价过程

可拆卸设计是一个对设计方案进行评价—修改—再评价—再修改，直至满足设计要求的动态过程。可拆卸性评价既可以是对拆卸方案进行仿真模拟拆卸过程的评价，也可以是对实际产品的拆卸过程进行的评价。通过评价可以提供有效的信息反馈，帮助设计人员进行设计改进，以进一步提高产品的可拆卸性能。

可拆卸设计评价的过程应包括：明确拆卸目的，确定目标零部件，选择评价指标，进行评价。

5.2 确定拆卸目的和目标零部件

拆卸目的和目标零部件不同，拆卸手段和方法也不同：

a) 在产品使用阶段，拆卸的主要目的是产品的维修和升级换代，因此需要把目标零件拆卸下来，此时主要保证与目标零部件相关联的其他部件不应受到损坏。

b) 在产品回收利用阶段拆卸的主要目的为：

——产品零部件的再使用；

——分离含有危、毒、害物质的零部件；

——分离稀有材料和贵重材料；

——通过预拆卸，降低材料分离的难度和提高回收材料的纯度。

在明确拆卸目的以后，相应确定拆卸目标零部件，并确定拆卸目标零部件及与目标零部件相关联的其他部件的拆卸后状态，主要指是否受损或发生其他物理或化学变化。

根据拆卸目的可对产品进行模拟拆卸或真实拆卸，并对拆卸过程进行可拆卸性评价。

5.3 评价指标

5.3.1 概述

与拆卸过程有关的评价指标主要包括：拆卸时间、拆卸成本和拆卸环境影响。

5.3.2 拆卸时间

拆卸时间即拆下所有目标零部件所需要的时间。产品的某一部件单元可能是由多个连接方式组合而成，则该部件单元的拆卸时间就是分离所有这些连接所消耗的时间总和。它包括基本拆卸时间和辅助时间。基本拆卸时间是指松开连接件、将待拆零件和相关连接件分离所花费的时间；辅助时间是指为完成拆卸工作所作的辅助工作所花费的时间，如拆卸工具或人的手臂接近拆卸部位的时间等。

在拆卸过程中拆卸工具、工人熟练程度、结构复杂程度对拆卸时间会有不同程度的影响，可根据具体情况调整其修正系数。

拆卸时间大小的确定应来自于实际拆卸数据的搜集、整理与分析。

5.3.3 拆卸成本

拆卸成本是指与拆卸有关的一切费用，即人力费用和投资费用等。投资费用包括拆卸场地费用、拆卸所需的工具及夹具、工具的定位及夹具送进装置的费用，拆下材料的识别、分类费用等。人力费用主要是指工人工资。产品中零部件的连接结构不同，拆卸的难易程度也不相同，拆卸成本则表现为不同的量值。

5.3.4 拆卸环境影响

拆卸过程的环境影响主要表现为噪声、能源消耗及污染物排放。拆卸设计应尽量考虑拆卸环境影响最小化。

5.4 设计评价

在选择评价指标之后，准备相关数据进行评价。这些评价指标既有定性指标也有定量指标，在可拆卸设计价中应根据不同的目的灵活运用，既可以单独使用，也可以综合考虑。

ICS 91.100.10
Q 13

中华人民共和国国家标准

GB/T 31245—2014

预拌砂浆术语

Ready-mixed mortar terminology

2014-12-05 发布　　2015-06-01 实施

中华人民共和国国家质量监督检验检疫总局
中国国家标准化管理委员会　发布

前言

本标准按照 GB/T 1.1—2009 给出的规则起草。

本标准由中国建筑材料联合会提出。

本标准由全国水泥制品标准化技术委员会(SAC/TC 197)归口。

本标准负责起草单位:北京市建筑材料质量监督检验站、中国建筑业协会材料分会、苏州混凝土水泥制品研究院。

本标准参加起草单位:北京建筑材料科学研究总院有限公司、北京市散装水泥办公室、北京金隅混凝土有限公司、北京市预拌砂浆工程技术研究中心、北京建筑材料检验研究院有限公司。

本标准主要起草人:马国儒、檀春丽、宋作宝、任伟峰、张全贵、郑权、刘洪波、章银祥、平永杰、徐立杰、张宇、付研、冯秀艳、黄卫、孔祥荣、孙玉丽、田瑞霞、李文超、徐景会、肖群芳。

预拌砂浆术语

1 范围

本标准规定了预拌砂浆的常用术语、定义或说明。

本标准适用于预拌砂浆的生产、贸易、科研、教学、检测、设计、施工、管理及其相关领域。

2 基本术语

2.1

预拌砂浆 ready-mixed mortar

专业生产厂生产的湿拌砂浆或干混砂浆。

2.1.1

湿拌砂浆 wet-mixed mortar

由专业生产厂生产,采用经筛分处理的干燥骨料、胶凝材料、填料、掺合料、外加剂、水以及按性能确定的其他成分,按照预先确定的比例和加工工艺经计量、拌制后,用搅拌车送至施工现场,并在规定时间内使用的拌合物。

2.1.2

干混砂浆 dry-mixed mortar

由专业生产厂生产,采用经筛分处理的干燥骨料、胶凝材料、填料、掺合料、外加剂以及按性能确定的其他成分,按照规定配比加工制成的一种混合物。分袋装砂浆和散装砂浆。

2.2

普通砂浆 ordinary mortar

满足砌筑、抹灰、地面等工程使用的一般要求,不具有特殊性能的预拌砂浆。

2.3

聚合物砂浆 polymer mortar

以聚合物或聚合物和无机胶凝材料、添加剂、矿物骨料、填料组成的预拌砂浆。包括聚合物乳液砂浆、聚合物水泥砂浆、反应型树脂砂浆等。

2.4

新拌砂浆 fresh mortar

加水和/或配套组分充分混合后,在可操作时间范围内使用的砂浆。

2.5

硬化砂浆 hardened mortar

经搅拌成型后具有一定强度或其他力学性能的砂浆。

3 产品术语

3.1

砌筑砂浆 masonry mortar

将砖、石、砌块等块材砌筑成为砌体的预拌砂浆。

3.1.1

普通砌筑砂浆　ordinary masonry mortar

灰缝厚度大于5 mm的砌筑砂浆。

3.1.2

薄层砌筑砂浆　thin-layer masonry mortar

灰缝厚度不大于5 mm的砌筑砂浆。

3.1.3

铺砌砂浆　paving mortar

铺砌在地面材料上的砌筑砂浆。

3.1.4

保水性砌筑砂浆　water retentive masonry mortar

具有保持水分不易析出性能的砌筑砂浆。

3.2

抹面砂浆　plastering mortar

涂抹在建（构）筑物表面的预拌砂浆。

3.2.1

普通抹面砂浆　ordinary plastering mortar

砂浆层厚度大于5 mm的抹面砂浆。

3.2.2

薄层抹面砂浆　thin-layer plastering mortar

砂浆层厚度不大于5 mm的抹面砂浆。

3.2.3

保水性抹面砂浆　water retentive plastering mortar

具有保持水分不易析出性能的抹面砂浆。

3.2.4

粉刷石膏　gypsum plaster

二水硫酸钙经脱水或无水硫酸钙经煅烧和/或激发，其生成物半水硫酸钙（$CaSO_4 \cdot 1/2H_2O$）和Ⅱ型无水硫酸钙（Ⅱ型$CaSO_4$）单独或两者混合后掺入外加剂，也可加入骨料制成的抹面砂浆。

3.3

粘结砂浆　bonding mortar

用于粘结瓷砖、石材等材料的预拌砂浆。

3.3.1

保温用粘结砂浆　insulation bonding mortar

把保温系统中的保温材料粘结到基材上的粘结砂浆。

3.3.2

瓷砖用粘结砂浆　mortar for bonding ceramic tile

用于陶瓷墙地砖粘贴的粘结砂浆。

3.4

地面砂浆　floor mortar

适用于普通及特殊场合的地面找平、装饰等工程的预拌砂浆。

3.4.1

水泥基自流平砂浆　cement based self-leveling floor mortar

由水泥基胶凝材料，和骨料、填料及外加剂等组成，与水或配套组分搅拌后具有流动性或稍加辅助性铺摊就能流动找平的地面砂浆。

3.4.2

石膏基自流平砂浆　gypsum based self-leveling floor mortar

以半水石膏为主要胶凝材料，和骨料、填料及外加剂等所组成，与水或配套组分搅拌后具有流动性或稍加辅助性铺摊就能流动找平的地面砂浆。

3.4.3

地面装饰砂浆　floor mineral coating mortar

具有特定装饰功能的地面砂浆。

3.4.4

垫层砂浆　bedding mortar

用于地面、设备底座等垫层处理的地面砂浆。

3.5

饰面砂浆　decorative mortar

以无机和/或有机胶凝材料、填料、添加剂和/或骨料所组成的用于建（构）筑物表面装饰的材料。

3.5.1

界面砂浆　interface treating mortar

用于改善基层或保温层表面粘结性能的聚合物水泥砂浆。

3.5.2

勾缝砂浆　filling mortar

用于在砌体或瓷砖之间进行勾缝处理的抹面砂浆。

3.6

特种砂浆　special mortar

具有抗渗、抗裂、防水、高粘结、装饰等特殊功能的预拌砂浆。

3.7

保温砂浆　thermal insulating mortar

以胶凝材料和膨胀陶粒、膨胀珍珠岩、膨胀蛭石、膨胀玻化微珠等为主要组分，掺加其他组分制成的具有特定保温性能的预拌砂浆。用于建（构）筑物墙体、地面、屋面及其他部位保温隔热。

3.8

防护砂浆　protective mortar

用于保护或修补建筑物，提高其性能或使用寿命的砂浆。

3.8.1

锚固砂浆　anchoring mortar

用于固定和锚固的水泥基或反应树脂基砂浆。

3.8.2

注浆砂浆　injection mortar

在一定压力下通过采用注射方式填充裂缝或孔洞的水泥基或反应树脂基流动性和/或触变性的砂浆。

3.8.3

灌浆砂浆　grouting mortar

用于孔洞或接缝灌浆的流动性砂浆。

3.8.4

喷射砂浆　gunite mortar

用于采用喷射法施工用的砂浆。

3.8.5

防水砂浆　waterproof mortar

用于有抗渗要求部位的预拌砂浆。

3.8.6

防潮砂浆　damp-proof mortar

用于含有水溶性盐的潮湿墙面的预拌砂浆。

3.8.7

堵漏砂浆　plugging mortar

阻止水分渗漏的预拌砂浆，通常凝结速度较快。

3.9

水泥沥青砂浆　cement asphalt mortar

由乳化沥青、水泥、细骨料、水和外加剂经特定工艺搅拌制得的具有特定性能的砂浆。

4　原材料术语

4.1

聚合物乳液　polymer emulsion

由单体（同一种单体、两种或两种以上不同单体）经乳液聚合而成的聚合乳液（或共聚乳液），也可以由液态树脂经乳化作用而形成聚合物乳液。乳液体系中包括聚合物、乳化剂、稳定剂、分散剂、消泡剂等。

4.2

可再分散乳胶粉　redispersible polymer powder

由高分子聚合物乳液加入保护胶体，经喷雾干燥制成的水溶性粉末。

4.3

反应型树脂　reaction resin

混合到一起后通过化学反应，能够凝结硬化、并保持和发展强度的合成树脂。

4.4

膨胀珍珠岩　expanded perlite

天然火山岩在加热膨胀过程中形成的、具有多孔结构保温性能的轻质粒状材料。

4.5

膨胀蛭石　expanded vermiculite

天然云母矿物在加热过程中膨胀或剥落形成的轻质片状材料。

4.6

膨胀玻化微珠　expanded and vitrified bead

由玻璃质火山熔岩矿砂经膨胀、玻化等工艺制成，表面玻化封闭、呈不规则球状，内部为多孔空腔结构的轻质粒状材料。

4.7

纤维素醚　cellulose ether

以天然纤维素为原料，在一定条件下经过碱化、醚化反应生成的一系列纤维素衍生生物的总称，是纤维素分子链上羟基被醚基团取代的产品。

4.8

淀粉醚　starch ether

从天然植物中提取的多糖化合物，与纤维素具有相同的化学结构及类似的性能。在抹灰材料中主要使用的是羟乙基淀粉。可以显著增加砂浆的稠度，同时需水量和屈服值也略有增加，但不能提高砂浆的保水能力。

4.9

稠化剂　thickening agent

不含石灰和引气成分的一种砂浆增稠材料。

4.10

触变剂　thixotropic agent

使新拌砂浆具有触变性的外加剂，如经过处理的片层状蒙脱石材料等。既可以提高砂浆的稳定性，克服砂浆滑移或结团等负面效应，又可以改善砂浆的施工性。

4.11

疏水剂　hydrophobic agent

使砂浆具备一定的憎水功能的添加剂，有脂肪酸金属盐、有机硅类、憎水性可再分散聚合物粉末等3种类型。

4.12

耐碱玻璃纤维　alkali-resistant glass fiber

由熔融耐碱玻璃以连续拉丝的工艺制造的纤维，通常用作增强材料、薄毡或织物。

4.13

合成纤维　synthetic fiber

以合成高分子化合物为原料制成的化学纤维。

4.14

木纤维　wood fiber

采用富含木质素的天然木材（松木、山毛榉）、食物纤维、蔬菜纤维等经化学处理、提取加工磨细而成的白色或灰白色粉末。呈多孔长纤维状，平均长度10 μm～2 000 μm，平均直径小于50 μm。具有保水、增稠、改善和易性、抗裂性、提高抗滑移能力、延长开放时间等效果。

5　性能术语

5.1

休止角　angle of repose

干混砂浆堆积层的自由斜面与水平面所形成的最大角。

5.2

标准扩散度用水量　water requirement for normal diffusance

砂浆达到规定扩散度时的加水量，用砂浆百分率表示。

5.3

保水性　water retention

新拌砂浆保持水分不易析出的能力。

5.4

分层度　stratification

新拌砂浆静置离析或者振动离析前后的稠度差，用以确定在运输及停放时砂浆拌合物的稳定性。

5.5

可操作时间　shelf life

在特定条件下存放的新拌砂浆保持其预期工作性能的保存时间。

5.6

校正时间 correction time

例如砌块或瓷砖在采用砂浆施工后,可以进行调整而不引起最终强度显著损失的最长间隔时间。

5.7

初期干燥抗裂性 initial dry cracking-resistance

在恒向恒速气流进行表面快速脱水情况下,表面抵抗裂纹出现的能力。

5.8

水蒸汽渗透性 water vapor permeability

恒稳状态时,单位水蒸汽压力差下单位面积砂浆的水蒸汽通过量。

5.9

表面硬度 surface hardness

表面抵抗其他物质刻划、磨蚀、切削或压入表面的能力。

5.10

剪切强度 shear strength

材料在断裂前承受的最大剪应力,是材料承受剪切载荷的极限强度。

5.11

抗拉强度 tensile strength

试件拉断前承受的最大应力值。

5.12

粘结强度 adhesion strength

指在粘结部分施加载荷使之断裂时的强度,随荷载种类不同有抗拉强度、弯曲强度、剪切强度等。

5.13

耐沾污性 stain resistance

用于建筑装饰表面的砂浆抵抗灰尘吸附、发霉、褪色等沾污作用,保持自身清洁的能力。

5.14

干燥收缩率 drying shrinkage

砂浆成型后试件经干燥养护后长度的缩小值与其原长度比值的百分率。

6 检测设备术语

6.1

真空保水率测定仪 vacuum water retention rate measuring instrument

用于测定砂浆保水性的装置,反映新拌砂浆拌合物中的拌和水不易被附着基面吸取或向空气中蒸发的能力。

6.2

卡斯通管 cass tube

用于测量砂浆试件吸水量大小的试管。

6.3

拉伸粘结强度成型框 tensile bond strength of molding box

由硅橡胶、硅酮密封材料或钢质材料制成带有方孔的平板。

6.4

砂浆拉拔仪 pulling machine of mortar

用于测定砂浆拉伸粘结强度的试验设备,分固定式和可移动式两种。

7 生产工艺与设备术语

7.1

筛分工艺 sieving process

去除骨料中的大粒径颗粒、并分离为不同粒径的过程。筛分设备有振动圆盘筛、线性水平振动筛和投影式振动筛等。

7.2

干燥工艺 drying process

借助热能蒸发砂中的水分,使其最终含水率达到设计要求的过程。干燥设备主要有旋转滚筒式干燥机、振动流化床干砂机。滚筒式干燥机又分单回程干燥机和多回程干燥机。

7.3

计量工艺 measurement process

保证干混砂浆各组成材料量值准确可靠的过程。配料计量称重系统有计量输送螺旋振动输送计量器、计量输送皮带机、旋转闸阀喂料机、计量闸阀、计量蝶阀等,称重传感器是将质量信号转变为可测量的电信号输出的装置。

7.4

混合工艺 mixing process

降低物料中的溶度、温度、密度等的不同性或梯度。按照混合原理,混合工艺类型有重力混合、强制式动力混合、气力混合;混合机有:圆锥型、卧式犁刀叶片式、单轴卧式、卧式双轴、立式(盘式)混合机,和倾斜盘式混合机。

7.5

干混砂浆包装机 dry-mixed mortar packing machine

把混合均匀的干混砂浆自动进行分袋包装的机器。

7.6

散装下料头 bulk material

由机械升降机构、卸料伸缩管和收尘管道等组成。

7.7

散装头 joint for bulk

散装头由卸料内管、外软管、散装头卷扬机构、除尘系统及电气自动控制系统组成。散装头适用于将粉料从库中卸到散装车罐中,它把装料系统与除尘系统连为一体,消除了装车时的扬尘污染,工作效率高,能达到装车过程的自动化操作。

8 施工工艺与设备术语

8.1

薄层粘贴法 film sticking method

使用齿形抹刀预先将经聚合物改性的瓷砖胶批刮到待贴砖的基层表面上使其形成有凸起条纹且厚度均匀的砂浆层,然后将瓷砖按压在它的上面并略加扭转,砂浆层的厚度大约在 2 mm～4 mm。

8.2

满批法 full sticking method

用橡胶抹刀沿瓷砖对角线方向或以环形转动方式将填缝砂浆填满缝隙,清理瓷砖表面的填缝砂浆;在填缝砂浆表干后(20 ℃时,一般为 30 min～40 min),用拧干的湿布或海绵沿瓷砖对角线方向擦拭瓷砖表面,并用专用工具使瓷砖填缝砂浆密实、无砂眼;待 24 h 后,用拧干的湿布或海绵彻底清理瓷砖上多余填缝砂浆。

8.3

干勾法　stem hook method

用填缝抹刀将搅拌好的填缝砂浆均匀地压入缝隙中,先水平后垂直方向地进行填缝,使用专用工具压实瓷砖填缝砂浆,使填缝连续、平直、光滑。

8.4

手提电动搅拌器　portable electric mixer

由手提电机与专用的湿砂浆搅拌叶片组成的砂浆现场搅拌器。

8.5

带齿镘刀　float with rack

一边或两边带有齿形构造的镘刀,可以是直齿,也可以是三角形齿。

8.6

连续混浆机　continuous mortar mixer

一种能够连续不断的将干混砂浆和水按一定配比均匀混合的机械装置。

8.7

干混砂浆散装移动筒仓　mobile silo for bulk dry-mixed mortar

是一种适用于重力或气力输送方式进出料,可以瞬间受压并能耐受一定风压,由钢制焊接容器制得的干混砂浆的储存装置。可空载或负载被运输至施工工地,与连续混浆机等施工机械配套使用。

8.8

干混砂浆风送系统　air pressure supply system for dry-mixed mortar

由专用空压机、压力罐、输送管和喂料仓组成。是把干拌砂浆从储料罐输送到移动式搅拌器的装置,压力罐的进料口接在储料罐的出料阀法兰盘上,喂料仓安装在移动式搅拌器的进料口上。

8.9

间歇式湿砂浆搅拌机　intermissive mixer for wet mortar

用于加料、搅拌、出料反复进行的一种湿砂浆搅拌设备。

8.10

砂浆泵　mortar pump

把搅拌好的砂浆拌合物喷射到工作面上的装置,可以是与搅拌器配合工作的单机,也可以是与搅拌器合为一体的整体机。

9　散装物流系统术语

9.1

散装干混砂浆运输车　bulk dry-mixed mortar truck

采用定型汽车底盘改装,配置有进料和气力输送填充装置,能够向散装干混砂浆移动筒仓或其他料仓输送干混砂浆或其他原材料的密封罐式运输车。

9.2

罐体举升式干混砂浆运输罐车　lifting type dry-mixed mortar transport tanker

利用前顶式油缸将罐体翻转到一定角度,利用干混砂浆的自重堆到卸料口,当气室压力达到一定压强时打开卸料球阀,依靠内外压差将砂浆输送到储料罐体内的散装干混砂浆运输车。

9.3

固定卧式干混砂浆运输罐车　fixed horizontal type dry-mixed mortar transport tanker

用气力输送系统将砂浆输送到储料罐体内的散装干混砂浆运输车。

9.4

背罐车　carrier vehicle for silo

配备液压装卸罐的装置,用于运输散装水泥流动罐和干拌砂浆流动罐的专用车。

9.5

罐体有效容积　tank effective capacity

车辆罐体额定装载散装干混砂浆的几何容积。

9.6

平均卸料速度　mean discharge velocity

干混砂浆的卸出质量与卸料时间的比值。

9.7

残留量　remnant weight

卸料完毕,残存在车罐体内的干混砂浆质量。

9.8

残留率　remnant ratio

干混砂浆残留量与装载质量的百分比。

索　引

汉语拼音索引

英文对应词索引

ICS 71.100.80
G 77

中华人民共和国国家标准

GB/T 31246—2014

水处理剂 阳离子型聚丙烯酰胺的技术条件和试验方法

Water treatment chemicals—Technical specification and test method of cationic polyacrylamides

2014-12-05 发布　　2015-05-01 实施

中华人民共和国国家质量监督检验检疫总局
中国国家标准化管理委员会　发布

前　言

本标准按照GB/T 1.1—2009给出的规则起草。

本标准由中国石油和化学工业联合会提出。

本标准由全国化学标准化技术委员会水处理剂分技术委员会(SAC/TC 63/SC 5)归口。

本标准负责起草单位:中海油天津化工研究设计院、重庆大学、北京恒聚化工集团有限责任公司、安徽天润化学工业股份有限公司、山东宝莫生物化工股份有限公司、爱森(中国)絮凝剂有限公司、广东慧信环保有限公司、中国石油化工股份有限公司北京化工研究院燕山分院、嘉善海峡净水灵化工有限公司、常州科威天使环保科技有限公司、中卫市江沅水务科技有限责任公司。

本标准主要起草人:朱传俊、郑怀礼、郭文礼、刘彭城、端木勉、凌静、蒋志飞、郦和生、沈烈翔、侯群锋、王英。

水处理剂　阳离子型聚丙烯酰胺的技术条件和试验方法

警告——本标准所使用的强酸具有腐蚀性，使用时应避免吸入或接触皮肤。溅到身上应立即用大量水冲洗，严重时应立即就医。

1　范围

本标准规定了阳离子型聚丙烯酰胺的要求、试验方法、检验规则以及标志、包装、运输和贮存。

本标准适用于水处理剂用阳离子型聚丙烯酰胺产品，该产品主要用作工业用水、废水和污水处理及污泥脱水处理的絮凝。

2　规范性引用文件

下列文件对于本文件的应用是必不可少的。凡是注日期的引用文件，仅注日期的版本适用于本文件。凡是不注日期的引用文件，其最新版本(包括所有的修改单)适用于本文件。

GB/T 191　包装储运图示标志

GB/T 601　化学试剂　标准滴定溶液的制备

GB/T 603　化学试剂　试验方法中所用制剂及制品的制备

GB/T 6003.1　试验筛　技术要求和检验　第1部分：金属丝编织网试验筛

GB/T 6678　化工产品采样总则

GB/T 6682　分析实验室用水规格和试验方法

GB/T 8170　数值修约规则与极限数值的表示和判定

3　结构式

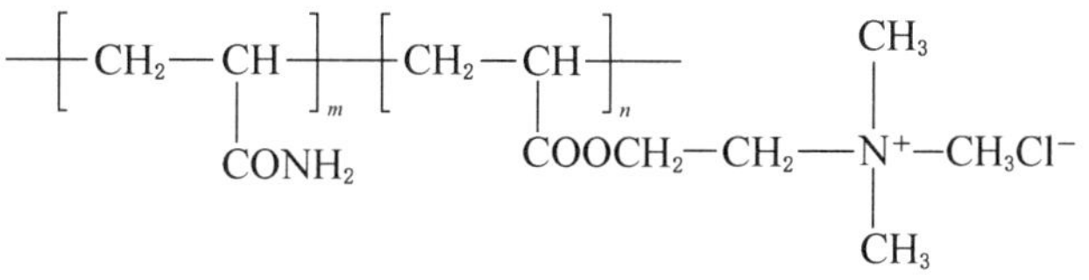

4　要求

4.1　外观

水处理剂阳离子型聚丙烯酸胺为白色或微黄色颗粒或粉末。

4.2　相对分子质量

根据用户要求提供，与标称值的相对偏差不大于10%。

4.3　阳离子度

根据用户要求提供，与标称值的绝对差值不大于3%。

4.4 指标要求

水处理剂阳离子型聚丙烯酰胺按相应的试验方法测定，应符合表1要求。

表 1

项目	指标	试验方法
相对分子质量，M	$M \geqslant 100 \times 10^4$	5.2
阳离子度，w/%	$5.0 \leqslant w \leqslant 95.0$	5.3
固含量，w_1/%	$w_1 \geqslant 88.0$	5.4
丙烯酰胺单体含量(干基)，w_2/%	$w_2 \leqslant 0.10$	5.5
溶解时间(1 g/L)，t/min	$t \leqslant 60$	5.6
水不溶物，w_3/%	$w_3 \leqslant 0.30$	5.7
筛余物(1.40 mm 筛网)，w_4/%	$w_4 \leqslant 5$	5.8
筛余物(180 μm 筛网)，w_5/%	$w_5 \geqslant 85$	5.8
硫酸盐(SO_4)含量，w_6/(g/g)	$w_6 \leqslant 0.05$	5.9
氯化物(Cl)含量，w_7/(g/g)	$w_7 \leqslant 0.05$	5.10

5 试验方法

5.1 通则

本标准所用试剂和水，除非另有规定，仅使用分析纯试剂和符合 GB/T 6682 三级水的规格。

试验中所需标准溶液、制剂及制品，在没有注明其他要求时，均按 GB/T 601、GB/T 603 的规定制备。

5.2 相对分子质量的测定

5.2.1 方法提要

使用 58.5 g/L 的氯化钠溶液将试样配制成稀溶液，用乌氏粘度计测定其特性黏度。按经验公式计算其分子量。

5.2.2 试剂和材料

5.2.2.1 氯化钠溶液：58.5 g/L。

5.2.2.2 氯化钠溶液：117.0 g/L。

5.2.3 仪器、设备

5.2.3.1 乌氏粘度计(见图1)：毛细管内径 0.55 mm(±2%)。(30±0.1)℃时，氯化钠溶液流过计时标线 E、F 的时间为 100 s～130 s 之间。

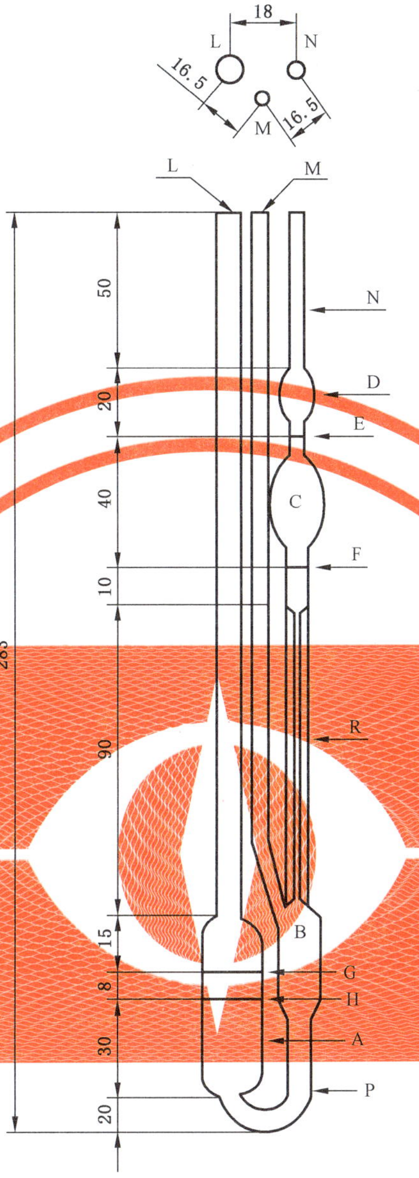

说明：

A ——底部贮球，外径 26 mm；
B ——悬浮水平球；
C ——计时球，容积 3.0 mL(±5%)；
D ——上部贮球；
E、F ——计时标线；
G、H ——充装标线；
L ——架置管，外径 11 mm；
M ——下部出口管，外径 6 mm；
N ——上部出口管，外径 7 mm；
P ——连接管，内径 6.0 mm(±5%)；
R ——工作毛细管，内径 0.55 mm(±2%)。

图 1 乌氏粘度计

5.2.3.2 恒温水浴：温度控制在(30±0.1)℃。

5.2.3.3 温度计：0 ℃～50 ℃，分度值为 0.1 ℃。

5.2.3.4 秒表：最小分度值为 0.1 s。

5.2.3.5 耐酸滤过漏斗：G_2，40 mL。

5.2.4 分析步骤

5.2.4.1 氯化钠溶液流出时间的测定

将洁净、干燥的乌氏粘度计垂直置于(30±0.1)℃的恒温水浴中，使 D 球全部浸没在水面下。将经过 G_2 耐酸滤过漏斗过滤的氯化钠溶液加入到乌氏粘度计的充装标线 G、H 之间为止，恒温 10 min～15 min。将 M 管套一胶管，用夹子夹住。用洗耳球将氯化钠溶液吸入到 D 球一半。取下洗耳球开启 M 管。用秒表测量氯化钠溶液流过计时标线 E、F 的时间。重复测定 3 次，误差不超过 0.2 s，取其平均值 t_0。

5.2.4.2 试液的制备

称取约 0.03 g 试样，精确至 0.2 mg，置于 100 mL 烧杯中。加入约 45 mL 水，置于磁力搅拌器上，开启搅拌。待试样溶解后，过滤。全部转移到 100 mL 容量瓶中。加入 50.00 mL 浓度为 117.0 g/L 的氯化钠溶液，用水稀释至刻度，摇匀。

5.2.4.3 测定

按 5.2.4.1 氯化钠溶液流出时间测定的步骤，测定试液的流出时间 t。

5.2.5 结果计算

5.2.5.1 试样溶液的相对黏度 η_r 按式(1)计算：

$$\eta_r = \frac{t}{t_0} \quad \cdots\cdots\cdots\cdots (1)$$

式中：

t ——试样溶液的流经时间，单位为秒(s)；

t_0 ——58.5 g/L 氯化钠溶液的流经时间，单位为秒(s)。

5.2.5.2 试样溶液的特性黏度[η]，以毫升每克(mL/g)表示，按式(2)计算：

$$[\eta] = \frac{\sqrt{\dfrac{2-\ln 3}{\eta_r - \ln\eta_r - 1}}(\eta_r - 1) - 2\sqrt{\dfrac{\eta_r - \ln\eta_r - 1}{2-\ln 3}}}{c\left(\sqrt{\dfrac{2-\ln 3}{\eta_r - \ln\eta_r - 1}} - 1\right)} \quad \cdots\cdots\cdots\cdots (2)$$

式中：

[η_r]——试样溶液的相对黏度，单位为毫升每克(mL/g)；

c ——试样溶液的浓度的数值，单位为克每毫升(g/mL)。

注：由求得的 η_r 在表 2 上查得相应的[η]c 值，将[η]c 值除以试样浓度也可得出特性黏度[η]。

表 2 η_r 与[η]c 的关系

η_r	[η]c									
	0	1	2	3	4	5	6	7	8	9
1.30	0.272 1	0.272 9	0.273 7	0.274 6	0.275 4	0.276 2	0.277 0	0.277 9	0.278 7	0.279 5
1.31	0.280 3	0.281 2	0.282 0	0.282 8	0.283 6	0.284 5	0.285 3	0.286 1	0.286 9	0.297 7
1.32	0.288 6	0.289 4	0.290 2	0.291 0	0.291 8	0.292 6	0.293 5	0.244 3	0.295 1	0.295 9
1.33	0.296 7	0.297 5	0.298 3	0.299 2	0.300 0	0.300 8	0.301 6	0.302 4	0.303 2	0.304 0

表 2（续）

η_r	$[\eta]c$									
	0	1	2	3	4	5	6	7	8	9
1.34	0.304 8	0.305 6	0.306 5	0.307 3	0.308 1	0.308 9	0.309 7	0.310 5	0.311 3	0.312 1
1.35	0.372 9	0.313 7	0.314 5	0.315 3	0.316 1	0.316 9	0.318 8	0.318 5	0.319 3	0.320 1
1.36	0.302 9	0.321 7	0.322 5	0.323 3	0.324 1	0.324 9	0.325 7	0.326 5	0.327 3	0.328 1
1.37	0.328 9	0.329 7	0.330 5	0.331 3	0.332 1	0.332 9	0.333 7	0.334 5	0.335 3	0.336 1
1.38	0.336 9	0.337 7	0.338 5	0.339 3	0.340 1	0.340 9	0.341 6	0.342 4	0.343 2	0.345 0
1.39	0.345 8	0.345 6	0.346 4	0.347 2	0.348 0	0.348 7	0.349 5	0.350 3	0.351 1	0.351 9
1.40	0.352 7	0.353 5	0.354 2	0.355 0	0.355 8	0.356 6	0.357 4	0.358 2	0.368 9	0.359 7
1.41	0.360 5	0.361 3	0.362 1	0.362 8	0.363 6	0.364 4	0.365 2	0.366 0	0.366 7	0.367 5
1.42	0.368 3	0.369 1	0.369 8	0.370 6	0.371 4	0.372 2	0.372 9	0.373 7	0.374 5	0.375 3
1.43	0.376 0	0.376 8	0.377 6	0.378 4	0.379 1	0.379 9	0.380 7	0.381 4	0.382 2	0.383 0
1.44	0.383 8	0.384 5	0.385 3	0.386 1	0.386 8	0.387 6	0.388 4	0.389 1	0.389 9	0.390 7
1.45	0.391 4	0.392 2	0.393 0	0.397 3	0.394 5	0.395 3	0.396 0	0.396 8	0.387 5	0.398 3
1.46	0.399 1	0.399 8	0.400 6	0.401 4	0.402 1	0.402 9	0.403 6	0.404 4	0.405 2	0.405 9
1.47	0.406 7	0.407 4	0.408 2	0.408 9	0.409 7	0.410 5	0.411 2	0.412 0	0.412 7	0.413 5
1.48	0.414 2	0.415 0	0.415 7	0.416 5	0.417 3	0.418 0	0.418 8	0.419 5	0.420 3	0.421 0
1.49	0.421 8	0.422 5	0.423 3	0.424 0	0.424 8	0.425 5	0.426 3	0.427 0	0.427 8	0.428 5
1.50	0.429 3	0.430 0	0.430 8	0.431 5	0.432 2	0.433 0	0.433 7	0.434 5	0.435 2	0.436 0

5.2.5.3 相对分子质量 M 按式(3)或式(4)计算：

$$M = 802[\eta]^{1.25} \qquad \cdots\cdots\cdots (3)$$

$$[\eta] = kM^{\alpha} \qquad \cdots\cdots\cdots (4)$$

式中：

$[\eta]$——特性黏度，单位为毫升每克(mL/g)；

k ——经验常数：4.75×10^{-3}；

α ——经验常数：0.80。

5.2.6 允许差

取平行测定结果的算术平均值为测定结果，平行测定结果的绝对差值不大于10%。

5.3 阳离子度的测定

5.3.1 方法原理

以甲苯胺蓝(T.B)为指示剂，聚2-丙烯酰胺-2-甲基丙磺酸钾(PAMPSK)为标准溶液，滴定待测阳离子试样，化学计量点后，微量过量的聚2-丙烯酰胺-2-甲基丙磺酸钾(PAMPSK)即与甲苯胺蓝(T.B)指示液结合，溶液由蓝色变为紫红色，即为终点。

5.3.2 试剂和材料

5.3.2.1 水：符合 GB/T 6682 中一级水规格。

5.3.2.2 溴代十六烷基吡啶(CPB)。

5.3.2.3 盐酸溶液：1＋35。

5.3.2.4 聚 2-丙烯酰胺-2-甲基丙磺酸钾(PAMPSK)标准滴定溶液按如下步骤制备：

a) 配制：称取聚 2-丙烯酰胺-2-甲基丙磺酸钾(PAMPSK)0.250 g～0.350 g 于烧杯中，精确至 0.1 mg。加水 500 mL 左右，搅拌溶解，移入 1 000 mL 容量瓶中，稀释至刻度。

b) 标定：称取溴代十六烷基吡啶(CPB)0.02 g～0.04 g，精确至 0.1 mg，置于 100 mL 烧杯中，用水加热溶解，转移至 100 mL 容量瓶中，稀释至刻度。移取 10 mL 溴代十六烷基吡啶(CPB)溶液于 250 mL 锥形瓶中，加 60 mL 水，加 4 滴～5 滴甲苯胺蓝(T.B)指示液，用聚 2-丙烯酰胺-2-甲基丙磺酸钾(PAMPSK)标准滴定溶液滴定，溶液由蓝色变为紫红色即为终点。同时做空白试验。

c) 结果计算：聚 2-丙烯酰胺-2-甲基丙磺酸钾(PAMPSK)标准滴定溶液浓度 c，以摩尔每升(mol/L)表示，按式(5)计算：

$$c(\mathrm{PAMPSK})=\frac{mV}{V_1M(V_2-V_0)\times10^{-3}} \qquad \cdots\cdots(5)$$

式中：

m ——溴代十六烷基吡啶(CPB)的质量的数值，单位为克(g)；

V ——移取溴代十六烷基吡啶(CPB)溶液的体积的数值，单位为毫升(mL)($V=10$)；

V_1——配制溴代十六烷基吡啶(CPB)溶液的体积的数值，单位为毫升(mL)($V_1=100$)；

M ——溴代十六烷基吡啶(CPB)的摩尔质量的数值，单位为克每摩尔(g/mol)($M=402.46$)；

V_2——滴定溴代十六烷基吡啶(CPB)时消耗聚 2-丙烯酰胺-2-甲基丙磺酸钾(PAMPSK)标准滴定溶液的体积的数值，单位为毫升(mL)；

V_0——滴定空白时消耗聚 2-丙烯酰胺-2-甲基丙磺酸钾(PAMPSK)标准滴定溶液的体积的数值，单位为毫升(mL)。

5.3.2.5 甲苯胺蓝(T.B)指示液：1 g/L 溶液。

5.3.3 测定步骤

称取约 0.3 g 试样，精确至 0.2 mg，置于 500 mL 容量瓶中，加水溶解后，稀释至刻度。移取 10 mL 该试液于 250 mL 锥形瓶中，加水 60 mL，用盐酸溶液调节 pH 值为 3～5，加 4 滴～5 滴甲苯胺蓝(T.B)指示液，边摇边用聚 2-丙烯酰胺-2-甲基丙磺酸钾(PAMPSK)标准滴定溶液滴定，溶液颜色由蓝色变为紫红色即为终点。同时做空白试验。

5.3.4 结果计算

阳离子度以摩尔分数 w 计，数值以%表示，按式(6)计算

$$w=\frac{n}{(mw_1V_1/V-nM_1)/M_2+n}\times100 \qquad \cdots\cdots(6)$$

$$其中：n=(V_2-V_0)c\times10^{-3}$$

式中：

n ——阳离子单体(DAC)的摩尔数，单位为摩尔(mol)；

m ——试料的质量的数值，单位为克(g)；

w_1——5.4 测得的固含量的质量分数；

V_1 ——移取试液的体积的数值,单位为毫升(mL)($V_1=10$);

V ——试液的体积的数值,单位为毫升(mL)($V=500$);

M_1——阳离子单体(DAC)的摩尔质量的数值,单位为克每摩尔(g/mol)($M_1=193.67$);

M_2——丙烯酰胺单体的摩尔质量的数值,单位为克每摩尔(g/mol)($M_2=71.08$);

V_2 ——试样消耗聚2-丙烯酰胺-2-甲基丙磺酸钾(PAMPSK)标准滴定溶液的体积的数值,单位为毫升(mL);

V_0 ——空白消耗聚2-丙烯酰胺-2-甲基丙磺酸钾(PAMPSK)标准滴定溶液的体积的数值,单位为毫升(mL);

c ——聚2-丙烯酰胺-2-甲基丙磺酸钾(PAMPSK)标准滴定溶液的摩尔浓度的准确数值,单位为摩尔每升(mol/L)。

5.3.5 允许差

取平行测定结果的算术平均值为测定结果。两次平行测定结果的相对偏差不大于1.0%。

5.4 固含量的测定

5.4.1 方法提要

在一定温度下,将试样置于电热干燥箱内烘干至恒量。

5.4.2 仪器、设备

5.4.2.1 干燥箱:温度可控制在120 ℃±2 ℃。

5.4.2.2 称量瓶:ϕ60 mm×30 mm。

5.4.3 分析步骤

使用预先于120 ℃±2 ℃下干燥恒量的称量瓶称取约1 g试样,精确至0.2 mg,置于干燥箱中。在120 ℃±2 ℃下干燥2 h。取出后置于干燥器中冷却至室温,称量,直至恒量。

5.4.4 结果计算

固含量以质量分数w_1计,数值以%表示,按式(7)计算:

$$w_1=\frac{m_1-m_0}{m}\times 100 \qquad (7)$$

式中:

m_1——干燥后试样与称量瓶质量的数值,单位为克(g);

m_0——称量瓶质量的数值,单位为克(g);

m ——试料的质量的数值,单位为克(g)。

5.4.5 允许差

取平行测定结果的算术平均值为测定结果。两次平行测定结果的绝对差值不大于0.5%。

5.5 丙烯酰胺单体含量的测定

5.5.1 方法提要

试样中的丙烯酰胺单体由萃取剂萃取后,以磷酸二氢钠水溶液和甲醇为流动相,使用高效液相色谱仪用紫外检测器分析,通过峰面积和斜率测出试样中的丙烯酸胺单体的含量。

5.5.2 试剂和材料

5.5.2.1 水:符合 GB/T 6682 中一级水规格。
5.5.2.2 丙烯酰胺。
5.5.2.3 异丙醇。
5.5.2.4 乙醇(色谱纯)。
5.5.2.5 甲醇(色谱纯)。
5.5.2.6 磷酸。
5.5.2.7 二水合磷酸二氢钠。
5.5.2.8 流动相:称量 6.240 g 二水合磷酸二氢钠,准确至 0.001 g,溶于约 500 mL 水中。定量转移至 2 000 mL 容量瓶中,用水稀释至刻度,摇匀。用磷酸调节 pH 值至 3.0。将甲醇和磷酸二氢钠水溶液按体积比 15/85 的比例配成流动相。
5.5.2.9 萃取剂(Ⅰ):量取 540 mL 异丙醇、450 mL 水、10 mL 乙醇置于 1 000 mL 容量瓶中,充分混匀,贮存在棕色玻璃瓶中。
5.5.2.10 萃取剂(Ⅱ):量取 740 mL 异丙醇、250 mL 水、10 mL 乙醇置于 1 000 mL 容量瓶中,充分混匀,贮存在棕色玻璃瓶中。
5.5.2.11 丙烯酰胺标准贮备溶液(1 000 mg/L):称取约 0.5 g 丙烯酰胺,精确至 0.2 mg,用约 200 mL 溶剂[萃取剂(Ⅰ)/萃取剂(Ⅱ))=1/1]溶解。转移至 500 mL 容量瓶中,并用溶剂稀释至刻度。贮存于玻璃瓶中,盖紧瓶塞,放入冰箱。此溶液至少在四周内是稳定的。
5.5.2.12 丙烯酰胺标准溶液(100 mg/L):移取 25 mL 丙烯酰胺标准贮备溶液,置于 250 mL 容量瓶中,并用溶剂稀释至刻度。贮存于冰箱中,此溶液可放置一周。

5.5.3 仪器

5.5.3.1 高效液相色谱仪:配有紫外检测器。
5.5.3.2 过滤器:滤膜孔径约 0.45 μm。
5.5.3.3 微量进样器:100 μL。
5.5.3.4 定量环:20 μL。
5.5.3.5 超声波清洗器。

5.5.4 分析步骤

5.5.4.1 试样制备

称取约 2 g 试样,精确至 0.2 mg,置于 25 mL 具塞玻璃瓶中,加 10.00 mL 萃取剂(Ⅰ),加塞振荡 45 min。然后加 10.00 mL 萃取剂(Ⅱ),加塞振荡 45 min。

5.5.4.2 测定

在下列条件下用 HPLC 分析提取溶液、空白溶液以及校准溶液:
——流动相:85%的 pH 值为 3.0 的 0.02 mol/L 磷酸二氢钠溶液/15%的甲醇溶液;
——流速:1.0 mL/min;
——柱温:40 ℃;
——波长:最大吸收波长 210 nm。

5.5.5 结果计算

丙烯酰胺单体含量以质量分数 w_2 计,数值以%表示,按式(8)计算:

$$w_2=\frac{(\sigma_1-\sigma_0)\rho V\times10^{-6}}{(\sigma_2-\sigma_0)mw_1}\times100 \qquad \cdots\cdots(8)$$

式中：

σ_1 ——试样溶液的峰面积的数值，单位为平方毫米（mm^2）；

σ_0 ——空白溶液的峰面积的数值，单位为平方毫米（mm^2）；

σ_2 ——标准溶液的峰面积的数值，单位为平方毫米（mm^2）；

ρ ——丙烯酰胺标准溶液的浓度，单位为毫克每升（mg/L）；

V ——溶剂的体积的数值，单位为毫升（mL）（$V=20$）；

m ——试料的质量的数值，单位为克（g）；

w_1——5.4 测得的固含量的质量分数。

5.5.6 允许差

取平行测定结果的算术平均值为测定结果。两次平行测定结果的绝对差值不大于 0.02%。

5.6 溶解时间的测定

5.6.1 方法提要

随着试样的不断溶解，溶液的电导值不断增大。全部溶解后，电导值恒定。一定量的试样在一定量水中溶解时，电导值达到恒定所需时间，为试样的溶解时间。

5.6.2 仪器、设备

5.6.2.1 电导仪：测量范围 0 $\mu\Omega$/cm～10^5 $\mu\Omega$/cm，配有记录仪，量程 4 mV。

5.6.2.2 恒温槽：温度可控制（30±1）℃。

5.6.2.3 电磁搅拌器：具有加热和控温装置，配有长度为 3 cm 的搅拌子。

5.6.3 分析步骤

将盛有 100 mL 水和搅拌子的 200 mL 烧杯放入电磁搅拌器上的恒温槽中。将电导仪的电极插入烧杯，与烧杯壁距离 5 mm～10 mm，与搅拌子距离约 5 mm。开动电磁搅拌，调节液面旋涡深度约 20 mm。打开加热装置，使恒温槽温度升至（30±1）℃，恒温 10 min～15 min，调节记录纸线速度，选择电导仪量程。

称取（0.10±0.002）g 试样，由旋涡上部加入至烧杯中。

当记录仪指示的电导值 3 min 内无变化时，停止试验。

5.6.4 分析结果的表述

从加入试样至电导值开始恒定的时间为溶解时间。

以 min 表示的溶解时间由记录仪的走纸长度换算。

5.6.5 允许差

取平行测定结果的算术平均值为测定结果，两次平行测定结果的绝对差值不大于 2 min。

5.7 水不溶物的测定

5.7.1 方法提要

将一定量的聚丙烯酰胺试样溶解后，采用加压过滤系统过滤，然后洗涤、干燥、称量。

5.7.2 仪器、设备

5.7.2.1 加压过滤系统。
5.7.2.2 微孔滤膜：直径为 47 mm～50 mm，孔径为 0.22 μm～0.45 μm。
5.7.2.3 不锈钢筛网：孔径 25 μm。
5.7.2.4 电磁搅拌器或立式搅拌器。
5.7.2.5 干燥箱：温度可控制在(120±2)℃。

5.7.3 测定

5.7.3.1 称取约 2 g 试样，精确至 0.2 mg，将其加入到盛有 500 mL 水的烧杯中。置于搅拌器上，开动搅拌，使其完全溶解。
5.7.3.2 安装好过滤系统，用事先干燥恒量的不锈钢筛网过滤该溶液，过滤后，再用约 500 mL 水冲洗筛网。将不锈钢筛网连同不溶物置于干燥箱中，在(120±2)℃下干燥 2 h。取出后置于干燥器中冷却至室温，称量，直至恒量。

5.7.4 结果计算

水不溶物以质量分数 w_3 计，数值以%表示，按式(9)计算：

$$w_3 = \frac{m_2 - m_1}{m} \times 100 \qquad \cdots\cdots(9)$$

式中：
m_2——不锈钢筛网及不溶物质量的数值，单位为克(g)；
m_1——不锈钢筛网质量的数值，单位为克(g)；
m——试料的质量的数值，单位为克(g)。

5.7.5 允许差

取平行测定结果的算术平均值为测定结果，两次平行测定结果的绝对差值不大于 0.02%。

5.8 筛余物的测定

5.8.1 方法提要

将一定量的试样置于试验筛中，在振筛机上筛分一定时间，计算不同筛网的筛余物。

5.8.2 仪器、设备

5.8.2.1 试验筛：符合 GB/T 6003.1 的规定，规格：ϕ200 mm×50 mm，配有 1.40 mm 筛网的筛盘、180 μm 筛网的筛盘以及筛盖、底盘。
5.8.2.2 振筛机：偏心频率约 350 次/min。

5.8.3 分析步骤

将已经称量过的底盘、180 μm 筛网的筛盘、1.40 mm 筛网的筛盘由下至上依次安装好。

称取约 200 g 试样，精确至 1 g，置于最上层试验筛中，盖好筛盖，固定在振筛机上。启动振筛机筛分 20 min。

振筛结束，仔细地自上而下逐一分开筛堆，迅速称量载有筛留物的每个试验筛和载有筛出物的底盘(精确至 1 g)。

5.8.4 结果计算

5.8.4.1 1.40 mm 筛网筛余物以质量分数 w_4 计，数值以%表示，按式(10)计算：

$$w_4 = \frac{m_2 - m_1}{m} \times 100 \qquad \cdots\cdots (10)$$

式中：

m_2——1.40 mm 筛网的筛盘及物料质量的数值，单位为克(g)；

m_1——1.40 mm 筛网的筛盘质量的数值，单位为克(g)；

m ——试样的质量的数值，单位为克(g)。

5.8.4.2　180 μm 筛网筛余物以质量分数 w_5 计，数值以%表示，按式(11)计算：

$$w_5 = \frac{m_4 - m_3}{m} \times 100 \qquad \cdots\cdots (11)$$

式中：

m_4——180 μm 筛网的筛盘及物料质量的数值，单位为克(g)；

m_3——180 μm 筛网的筛盘质量的数值，单位为克(g)；

m ——试样的质量的数值，单位为克(g)。

5.8.5　允许差

取平行测定结果的算术平均值为测定结果，两次平行测定结果的绝对差值不大于2%。

5.9　硫酸盐(SO_4)含量的测定

5.9.1　方法提要

试样用丙酮/水溶剂洗涤后，溶液中的硫酸盐与氯化钡反应生成硫酸钡沉淀，使溶液混浊。与标准比浊溶液进行目视比浊。

5.9.2　试剂和材料

5.9.2.1　氯化钡溶液：100 g/L。

5.9.2.2　盐酸溶液：约 0.5 mol/L。

5.9.2.3　丙酮/水溶剂：将 800 mL 丙酮和 200 mL 水充分混匀，贮存在棕色玻璃瓶中。

5.9.2.4　硫酸盐(SO_4)标准溶液：0.1 mg/mL。

5.9.3　试液的制备

称取约 0.50 g 试样，精确至 0.01 g，置于 125 mL 具塞玻璃瓶中，用约 150 mL 丙酮/水溶剂分多次洗涤。洗涤后的溶液移入 250 mL 容量瓶中，用水稀释至刻度，此为试液 B。

5.9.4　分析步骤

标准比浊溶液的制备：移取硫酸盐(SO_4)标准溶液 2.5 mL 于 50 mL 比色管中，加入 1 mL 氯化钡溶液、5 mL 盐酸溶液，用水稀释至 50 mL，摇匀，放置 2 min。

移取 2.5 mL 试液 B 于 50 mL 比色管中，与标准比浊溶液同时同样处理。其浊度不得大于标准比浊溶液。

5.10　氯化物(Cl)含量的测定

5.10.1　方法提要

试样用丙酮/水溶剂洗涤后，在酸性介质中，溶液中的氯离子与硝酸银反应生成氯化银沉淀，使溶液混浊。与标准比浊溶液进行目视比浊。

5.10.2 试剂和材料

5.10.2.1 硝酸溶液：1＋3。

5.10.2.2 硝酸银溶液：17 g/L。

5.10.2.3 氯化物(Cl)标准溶液：0.1 mg/mL。

5.10.3 分析步骤

标准比浊溶液的制备：移取氯化物(Cl)标准溶液 2.5 mL 于 50 mL 比色管中，加入 1 mL 硝酸溶液、1 mL 硝酸银溶液，用水稀释至 50 mL，摇匀，放置 2 min。

移取 2.5 mL 试液 B 于 50 mL 比色管中，与标准比浊溶液同时同样处理。其浊度不得大于标准比浊溶液。

6 检验规则

6.1 本标准规定的全部指标项目为出厂检验项目。

6.2 阳离子型聚丙烯酰胺产品每批不超过 20 t。

6.3 按 GB/T 6678 确定采样单元数。

6.4 采样时，用采样器垂直插入至料层深度 3/4 处采样。用四分法将所采样品缩分至不少于 200 g，分装入两个清洁、干燥的塑料瓶中，密封。瓶上贴标签，注明：生产厂名、产品名称、批号、采样日期和采样者姓名。一瓶供检验用，另一瓶保存 3 个月备查。

6.5 采用 GB/T 8170 规定的修约值比较法判定检验结果是否符合要求。

6.6 检验结果中如有一项指标不符合本标准要求时，应重新自两倍量的包装单元中采样核验。核验结果仍有一项不符合本标准要求时，整批产品为不合格。

7 标志、包装、运输、贮存

7.1 阳离子型聚丙烯酰胺产品的包装上应涂刷牢固的标志，内容包括：生产厂名、产品名称、商标、批号或生产日期、净质量、厂址、本标准编号以及 GB/T 191 规定的“怕热”和“怕湿”标志。

7.2 每批出厂的阳离子型聚丙烯酰胺产品应附有质量检验报告和质量合格证。

7.3 阳离子型聚丙烯酰胺产品采用双层包装，每袋(桶)净质量 25 kg 或 50 kg。

7.4 运输时应使用有篷的工具，严防雨淋、曝晒。

7.5 阳离子型聚丙烯酰胺产品应贮存在阴凉、通风干燥的库房内，贮存期为两年。

ICS 13.220.20
C 82

中华人民共和国国家标准

GB 31247—2014

电缆及光缆燃烧性能分级

Classification for burning behavior of electric and optical cables

2014-12-05 发布　　　　2015-09-01 实施

中华人民共和国国家质量监督检验检疫总局
中国国家标准化管理委员会　发布

前　言

本标准第 4 章～第 6 章为强制性的，其余为推荐性的。

本标准按照 GB/T 1.1—2009 给出的规则起草。

本标准由中华人民共和国公安部提出。

本标准由全国消防标准化技术委员会防火材料分技术委员会(SAC/TC 113/SC 7)归口。

本标准负责起草单位：公安部四川消防研究所。

本标准参加起草单位：上海电缆研究所、电信科学技术第五研究所、公安部沈阳消防研究所、四川明星电缆股份有限公司、中利科技集团股份有限公司、远东控股集团有限公司、上海市高桥电缆厂有限公司、杭州虎牌中策电缆有限公司、安徽华海特种电缆集团有限公司、杜邦中国集团有限公司、(苏州)康普国际贸易有限公司、百通赫思曼网络系统国际贸易(上海)有限公司、大金氟化工(中国)有限公司、耐克森凯讯(上海)电缆有限公司、苏威(上海)有限公司、3M 中国有限公司、华迅工业(苏州)有限公司。

本标准主要起草人：程道彬、李风、冯军、屈励、王鹏翔、包光宏、余威、张翔、龚国祥、丁宏军、朱亚明、唐勇、胡新宇。

本标准为首次发布。

引　　言

推广使用阻燃电缆及光缆对建筑防火安全具有重要意义。长期以来，由于缺少电缆及光缆燃烧性能分级标准，我国工程建设防火规范中对一些必要场所采用阻燃电缆的规定很笼统，而事实上针对不同使用性质的场所，比如一些人员密集场所和需要特殊保护的场所，应对其采用的电缆及光缆规定较高的燃烧性能等级。通过量化电缆及光缆燃烧性能分级技术指标，使防火安全要求更加科学合理，并将可能产生的火灾危害降至最低。

本标准是根据我国建设工程防火安全的实际需要，为满足对电缆及光缆燃烧性能的分级要求而制定的。为确保同工程建设防火规范相协调，并与实际工程应用相匹配，本标准在确定电缆及光缆燃烧性能分级技术指标时，充分考虑了我国电缆及光缆行业的现有发展水平，并进行了大量的试验验证。

电缆及光缆燃烧性能分级

1 范围

本标准规定了电缆及光缆燃烧性能的术语与定义、燃烧性能等级及判据、附加信息和标识。

本标准适用于建设工程中使用的电缆及光缆的燃烧性能分级，不适用于电缆及光缆的耐火性能分级。

2 规范性引用文件

下列文件对于本文件的应用是必不可少的。凡是注日期的引用文件，仅注日期的版本适用于本文件。凡是不注日期的引用文件，其最新版本(包括所有的修改单)适用于本文件。

GB 8624—2012 建筑材料及制品燃烧性能分级

GB/T 14402 建筑材料及制品的燃烧性能 燃烧热值的测定

GB/T 17650.2 取自电缆或光缆的材料燃烧时释出气体的试验方法 第2部分：用测量pH值和电导率来测定气体的酸度

GB/T 17651.2 电缆或光缆在特定条件下燃烧的烟密度测定 第2部分：试验步骤和要求

GB/T 18380.12 电缆和光缆在火焰条件下的燃烧试验 第12部分：单根绝缘电线电缆火焰垂直蔓延试验 1 kW预混合型火焰试验方法

GB/T 20285 材料产烟毒性危险分级

GB/T 31248—2014 电缆或光缆在受火条件下火焰蔓延、热释放和产烟特性的试验方法

3 术语和定义

GB 8624—2012和GB/T 31248—2014界定的以及下列术语和定义适用于本文件。为了便于使用，以下重复列出了GB 8624—2012和GB/T 31248—2014中的某些术语和定义。

3.1

总热值 gross calorific potential

PCS

单位质量的材料完全燃烧，燃烧产物中所有的水蒸气凝结成水时所释放出来的全部热量。

[GB 8624—2012，定义3.22]

3.2

烟气毒性 smoke toxicity

烟气中的有毒有害物质引起损伤/伤害的程度。

[GB 8624—2012，定义3.19]

3.3

热释放速率 heat release rate

HRR

在规定条件下，材料在单位时间内燃烧所释放出的热量。

[GB/T 31248—2014，定义3.1]

3.4

热释放总量　total heat release

THR

热释放速率在规定时间内的积分值。

示例：THR_{1200} 表示在受火 1 200 s 内的总热释放量。

[GB/T 31248—2014，定义 3.2]

3.5

产烟速率　smoke production rate

SPR

单位时间内烟的生成量。

[GB/T 31248—2014，定义 3.3]

3.6

产烟总量　total smoke production

TSP

产烟速率在规定时间内的积分值。

示例：TSP_{1200} 表示在受火 1 200 s 内的总产烟量。

[GB/T 31248—2014，定义 3.4]

3.7

燃烧增长速率指数　fire growth rate index

FIGRA

试样燃烧的热释放速率值与其对应时间的比值的最大值，用于燃烧性能分级。

[GB/T 31248—2014，定义 3.6]

3.8

燃烧滴落物/微粒　flaming droplet/particle

在燃烧试验过程中，从试样上分离的物质或微粒。

[GB/T 31248—2014，定义 3.7]

3.9

烟密度　smoke density

按 GB/T 17651.2 测定的最小透光率，以 I_t 表示。

3.10

火焰蔓延　flame spread

FS

按 GB/T 31248—2014 测定的火焰在成束电缆表面产生的最大炭化距离。

3.11

垂直火焰蔓延　vertical flame spread

H

按 GB/T 18380.12 测定的火焰在单根电缆表面产生的炭化部分上起始点与下起始点之间的距离。

3.12

腐蚀性　corrosion

周围介质对材料腐蚀的能力。

注：本标准以电缆或光缆各组件上的材料在燃烧时释放出气体的酸度大小来评价其腐蚀性。

4 燃烧性能等级及判据

4.1 电缆及光缆燃烧性能等级见表1。

表1 电缆及光缆的燃烧性能等级

燃烧性能等级	说明
A	不燃电缆(光缆)
B_1	阻燃1级电缆(光缆)
B_2	阻燃2级电缆(光缆)
B_3	普通电缆(光缆)

4.2 电缆及光缆燃烧性能等级判据见表2。

表2 电缆及光缆燃烧性能等级判据

燃烧性能等级	试验方法	分级判据
A	GB/T 14402	总热值 PCS≤2.0 MJ/kg[a]
B_1	GB/T 31248—2014 (20.5 kW火源) 且	火焰蔓延 FS≤1.5 m; 热释放速率峰值 HRR峰值≤30 kW; 受火1 200 s内的热释放总量 THR_{1200}≤15 MJ; 燃烧增长速率指数 FIGRA≤150 W/s; 产烟速率峰值 SPR峰值≤0.25 m^2/s; 受火1 200 s内的产烟总量 TSP_{1200}≤50 m^2
	GB/T 17651.2 且	烟密度(最小透光率)I_t≥60%
	GB/T 18380.12	垂直火焰蔓延 H≤425 mm
B_2	GB/T 31248—2014 (20.5 kW火源) 且	火焰蔓延 FS≤2.5 m; 热释放速率峰值 HRR峰值≤60 kW; 受火1 200 s内的热释放总量 THR_{1200}≤30 MJ; 燃烧增长速率指数 FIGRA≤300 W/s; 产烟速率峰值 SPR峰值≤1.5 m^2/s; 受火1 200 s内的产烟总量 TSP_{1200}≤400 m^2
	GB/T 17651.2 且	烟密度(最小透光率)I_t≥20%
	GB/T 18380.12	垂直火焰蔓延 H≤425 mm
B_3	未达到 B_2 级	

[a] 对整体制品及其任何一种组件(金属材料除外)应分别进行试验,测得的整体制品的总热值以及各组件的总热值均满足分级判据时,方可判定为A级。

5 附加信息

5.1 一般规定

5.1.1 电缆及光缆的燃烧性能等级附加信息包括燃烧滴落物/微粒等级、烟气毒性等级和腐蚀性等级。

5.1.2 电缆及光缆燃烧性能等级为 B_1 级和 B_2 级的，应给出相应的附加信息。

5.2 燃烧滴落物/微粒等级

5.2.1 燃烧滴落物/微粒等级分为 d_0 级、d_1 级和 d_2 级，共三个级别。

5.2.2 燃烧滴落物/微粒等级及分级判据见表 3。

表 3 燃烧滴落物/微粒等级及分级判据

等 级	试验方法	分级判据
d_0	GB/T 31248—2014	1 200 s 内无燃烧滴落物/微粒
d_1		1 200 s 内燃烧滴落物/微粒持续时间不超过 10 s
d_2		未达到 d_1 级

5.3 烟气毒性等级

5.3.1 烟气毒性等级分为 t_0 级、t_1 级和 t_2 级，共三个级别。

5.3.2 烟气毒性等级及分级判据见表 4。

表 4 烟气毒性等级及分级判据

等 级	试验方法	分级判据
t_0	GB/T 20285	达到 ZA_2
t_1		达到 ZA_3
t_2		未达到 t_1 级

5.4 腐蚀性等级

5.4.1 腐蚀性等级分为 a_1 级、a_2 级和 a_3 级，共三个级别。

5.4.2 腐蚀性等级及分级判据见表 5。

表 5 腐蚀性等级及分级判据

等 级	试验方法	分级判据
a_1	GB/T 17650.2	电导率≤2.5 μs/mm 且 pH≥4.3
a_2		电导率≤10 μs/mm 且 pH≥4.3
a_3		未达到 a_2 级

6 标识

6.1 依照本标准检验符合规定要求的电缆及光缆，应在其产品和包装上标识出燃烧性能等级。

6.2 燃烧性能等级为 B_1 级和 B_2 级的电缆及光缆，应按第 5 章的规定给出燃烧滴落物/微粒等级、烟气毒性等级和腐蚀性等级等附加信息标识。

6.3 电缆及光缆的燃烧性能等级及附加信息标识如下：

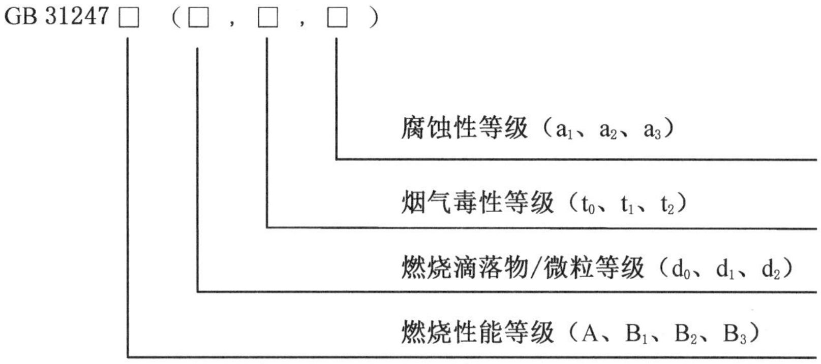

示例：GB 31247 B_1-(d_0，t_1，a_1)表示电缆或光缆的燃烧性能等级为 B_1 级，燃烧滴落物/微粒等级为 d_0 级，烟气毒性等级为 t_1 级，腐蚀性等级为 a_1 级。

ICS 13.220.40
C 84

中华人民共和国国家标准

GB/T 31248—2014

电缆或光缆在受火条件下火焰蔓延、热释放和产烟特性的试验方法

Test methods for the measurement of flame spread, heat release and smoke production on electric or optical fibre cables under fire conditions

2014-12-05 发布　　2015-04-01 实施

中华人民共和国国家质量监督检验检疫总局
中国国家标准化管理委员会　发布

前　　言

本标准按照 GB/T 1.1—2009 给出的规则起草。

本标准修改采用 EN 50399:2011《电缆在受火条件下的通用试验方法　电缆在火焰传播试验中的热释放和产烟特性测试　试验装置、程序和结果》(英文版)。

考虑到我国国情,在采用 EN 50399:2011 时,本标准做了一些修改,有关技术性差异及其原因在附录 A 中列出以供参考。

为了便于使用,本标准对 EN 50399:2011 做了下列编辑性修改:

——标准名称做了修改,以适合我国的习惯;

——将“本欧盟标准”一词改为“本标准”;

——删除了欧盟标准的前言和部分参考文献;

——用小数点“.”代替作为小数点的逗号“,”。

本标准由中华人民共和国公安部提出。

本标准由全国消防标准化技术委员会防火材料分技术委员会(SAC/TC 113/SC 7)归口。

本标准负责起草单位:公安部四川消防研究所。

本标准参加起草单位:杜邦中国集团有限公司、(苏州)康普国际贸易有限公司、百通赫思曼网络系统国际贸易(上海)有限公司、大金氟化工(中国)有限公司、耐克森凯讯(上海)电缆有限公司、苏威(上海)有限公司、3M 中国有限公司、华迅工业(苏州)有限公司。

本标准主要起草人:李风、程道彬、冯军、包光宏、胡锐、朱亚明、曾绪斌。

本标准为首次发布。

引　言

本标准描述的是成束电缆或光缆的中等规模火灾试验。试验时将电缆安装在垂直标准梯上,采用规定的点火源点火,以此来评价电缆的燃烧行为和燃烧性能。通过试验可以获得电缆火灾初起阶段的燃烧性能数据,通过热释放速率的测试反映火焰沿电缆蔓延的危险性以及起火源对相邻区域的潜在影响,通过烟密度测试体现起火区域能见度和烟气对人身安全所带来的危险。

试验可以得到电缆或光缆在特定燃烧条件下的下述特性:

——火焰蔓延;

——热释放速率;

——热释放总量;

——产烟速率;

——产烟总量;

——燃烧增长速率指数;

——燃烧的滴落物/微粒。

本试验装置基于 GB/T 18380.31—2008《电缆和光缆在火焰条件下的燃烧试验　第 31 部分:垂直安装的成束电线电缆火焰垂直蔓延试验　试验装置》(IEC 60332-3-10:2000,IDT)建立,同时增加了热释放和产烟特性测试设备。与 GB/T 18380.31—2008 相比,本标准具有测试方法更加精确灵敏、综合性更强、对燃烧性能等级评价更加科学的特点。

电缆的实际安装结构可能是影响实际火灾中火焰蔓延、热释放和烟气生成的重要因素,因此在试验中应特别注意电缆的实际安装方式对相关测量数据的影响。这些测量数据取决于如下因素:

a) 暴露在外部火灾和电缆本身燃烧产生的火焰或热量中可燃材料的体积;

b) 电缆的几何形状,以及与试验空间围挡结构的关系;

c) 从电缆释放的各种气体的引燃温度;

d) 给定温升条件下,从电缆释放出的可燃气体量;

e) 通过电缆燃烧室的空气流量;

f) 电缆的结构,如铠装或非铠装,多芯或单芯。

本标准确定了电缆的安装条件,包括暴露材料的体积,试验标准梯上电缆的几何结构,以及通过燃烧室的空气流量。这些标准化的条件为电缆的燃烧性能分级提供了基础。

电缆或光缆在受火条件下火焰蔓延、热释放和产烟特性的试验方法

1 范围

本标准规定了在特定试验条件下，对垂直安装的成束电线电缆或光缆的火焰蔓延、热释放和产烟特性进行评价的试验装置和试验方法。

本标准适用于评价电缆或光缆的燃烧性能。

注：本标准中提及的"电线电缆"包括所有用于能量或信号传输的金属导体绝缘电缆。

2 规范性引用文件

下列文件对于本文件的应用是必不可少的。凡是注日期的引用文件，仅注日期的版本适用于本文件。凡是不注日期的引用文件，其最新版本(包括所有的修改单)适用于本文件。

GB/T 5907 消防基本术语 第一部分

GB/T 16839.1—1997 热电偶 第1部分：分度表(IEC 60584-1:1995,IDT)

GB/T 18380.31—2008 电缆和光缆在火焰条件下的燃烧试验 第31部分：垂直安装的成束电线电缆火焰垂直蔓延试验 试验装置(IEC 60332-3-10:2000,IDT)

3 术语和定义

GB/T 5907 界定的以及下列术语和定义适用于本文件。

3.1

热释放速率 heat release rate

HRR

在规定条件下，材料在单位时间内燃烧所释放出的热量。

3.2

热释放总量 total heat release

THR

热释放速率在规定时间内的积分值。

示例：THR_{1200} 表示在受火 1 200 s 内的总热释放量。

3.3

产烟速率 smoke production rate

SPR

单位时间内烟的生成量。

3.4

产烟总量 total smoke production

TSP

产烟速率在规定时间内的积分值。

示例：TSP_{1200} 表示在受火 1 200 s 内的总产烟量。

3.5

火焰蔓延　flame spread

FS

火焰前沿的传播，本标准中特指火焰在电缆表面产生的最大炭化距离。

3.6

燃烧增长速率指数　fire growth rate index

FIGRA

试样燃烧的热释放速率值与其对应时间的比值的最大值，用于燃烧性能分级。

注：FIGRA 的计算参见附录 B。

3.7

燃烧滴落物/微粒　flaming droplet/particle

在燃烧试验过程中，从试样上分离的物质或微粒。

3.8

E 值　E-value

消耗单位体积氧产生的燃烧热。

4　试验装置

4.1　概述

试验装置由燃烧室、空气供给系统、标准梯、点火源等组成。试验装置示意图见图 1。

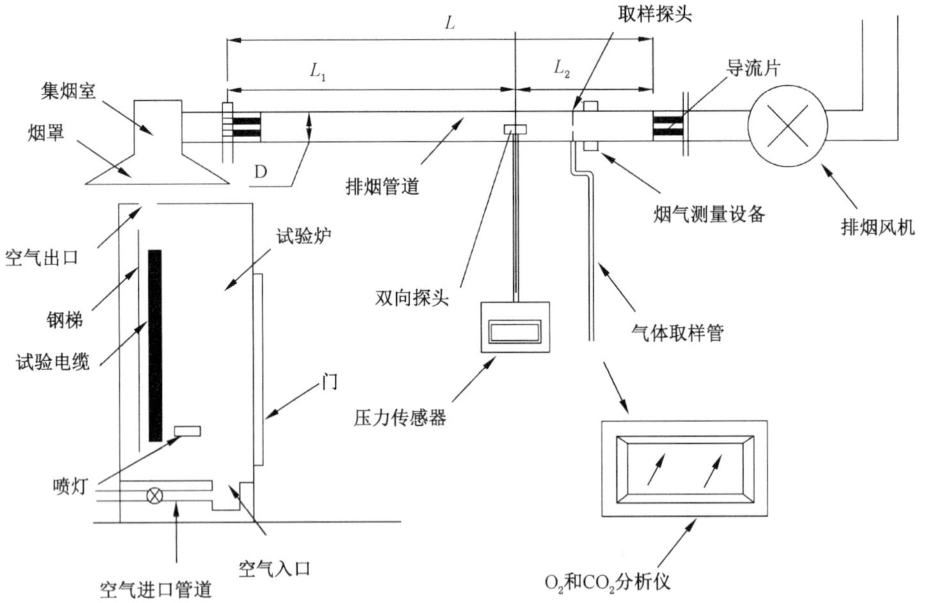

注：

L ——最小为 12D（D 为管道内径）；

L_1 ——最小为 8D；

L_2 ——最小为 4D。

图 1　试验装置简图

与 GB/T 18380.31—2008 相比，本标准增加了 4.2～4.8 规定的试验设备，同时增加测量以下试验数据：

——燃烧的耗氧量；
——燃烧的二氧化碳生成量；
——排烟管道中气体的体积流量；
——排烟管道中烟气的透光率。

试验过程中，应至少每 3 s 对上述变量进行 1 次数据采集。计算材料的热释放速率时，每 30 s 取一次平均值；计算材料的产烟速率时，每 60 s 取一次平均值。

根据上述测量数据，计算材料的以下燃烧特性：

a) 热释放：
   1) 热释放速率(HRR)(见附录 C)；
   2) 热释放总量(THR)；
   3) 燃烧增长速率指数(FIGRA)；
b) 产烟(见附录 D)：
   1) 产烟速率(SPR)；
   2) 产烟总量(TSP)。

4.2 空气供给系统

空气通过安装于进气口下的空气箱直接引入到燃烧室，空气箱的尺寸与进气口大小应基本一致。空气箱的深度为 150 mm±10 mm，空气由风机通过矩形直管道吹入空气箱中，矩形管道宽 300 mm±10 mm，高 80 mm±5 mm，长至少为 800 mm，其底面与空气箱底面的间距不超过 10 mm；管道应平行于地面，同时沿着喷灯的中心线敷设，并通过空气箱最长边的中间处将空气引入。为了使空气流动保持一致，应在进气口处安装一格栅。格栅由 2 mm 厚的钢板制成，钢板上应有标称直径为 5 mm、中心距为 8 mm 的钻孔。

试验前，应在矩形管道之前的圆形管道横截面上测量空气流量，并将空气流量设置为 8 000 L/min ±400 L/min，试验过程中应维持稳定的空气流量，其偏差应在设定值的 10% 范围内。

4.3 吸烟罩

吸烟罩(见图 2)安装于燃烧室排烟口的正上方，高于燃烧室排烟口 200 mm～400 mm，最长边应与排烟口的最长边平行，底面的最小尺寸应为 1 500 mm×1 000 mm。吸烟罩上方设有一个与排烟管道相连的集烟室。为使吸烟罩里的空气与烟气充分混合，宜在其进烟口处安装挡板。

试验过程中产生的所有气体应通过排烟管排出，整个过程不能有任何火焰的穿出和烟气的泄漏。在常压和 25 ℃的条件下，系统的排烟能力至少应达到 1 m^3/s。通风系统的设计不应基于自然通风条件。为排出电缆燃烧过程中产生的大量烟气，系统的排烟能力推荐为 1.5 m^3/s。

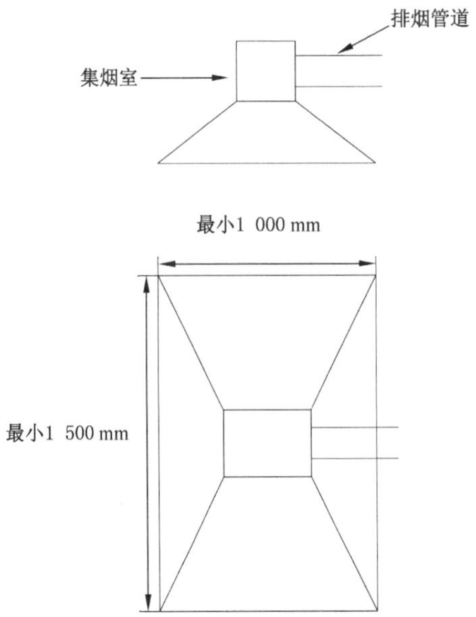

图 2　吸烟罩简图

4.4　排烟管道

按 4.3 的规定，排烟管道与吸烟罩相连。管道的内径 D 应在 250 mm～400 mm 范围内。为了在测量点处形成均匀的流量分布，管道的直管段长度至少应大于 12 D。同时为了可以精确测量流量，本标准推荐按 EN 14390 的规定，通过导流片(见图 3)，在测试段的前后形成匀流面。

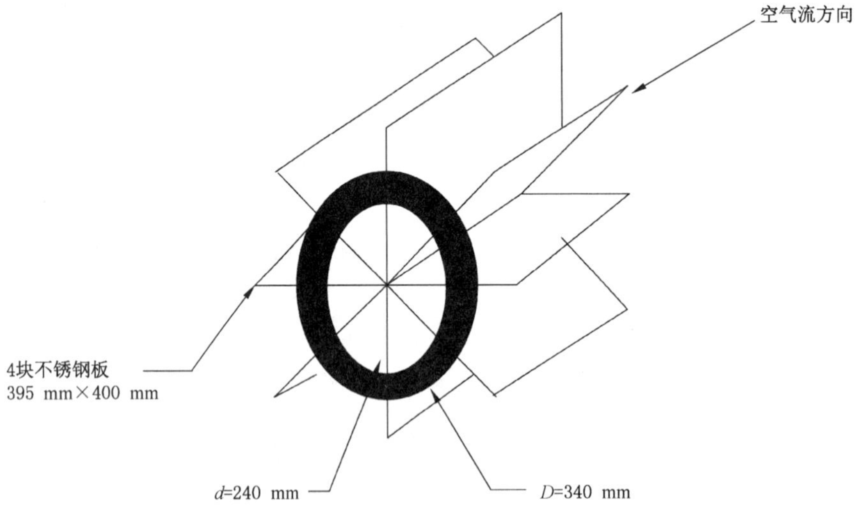

注：标注的尺寸适用于直径 400 mm 的管道。

图 3　典型导流片

4.5　排烟管道中的测试仪器

4.5.1　双向探头

双向探头(见图 4)用来测量排烟管道中的体积流量。探头安装在距排烟管道始端长度不小于 8 *D*(*D* 是通风管道的内径)的管道中心线位置上,至排烟管道末端的连接管道长度不小于 4 *D*。探头为长 32 mm、外径 16 mm 的圆柱体,由不锈钢材料制成。气室分为两个相同的腔室,通过压力传感器测量两个室的压差。探头响应与雷诺系数之间的关系如图 5 所示(也可参见附录 E)。

压力传感器的测量精度应在±5 Pa 以内,量程应为 0 Pa～200 Pa。连接双向探头和压力传感器的两个连接管长度应相同,且尽可能短。

采用符合 GB/T 16839.1—1997 规定的 K 型铠装热电偶测量探头附近区域的气体温度。热电偶丝径最大不能超过 1.5 mm。热电偶应固定良好,确保双向探头周围的流速分布。

单位为毫米

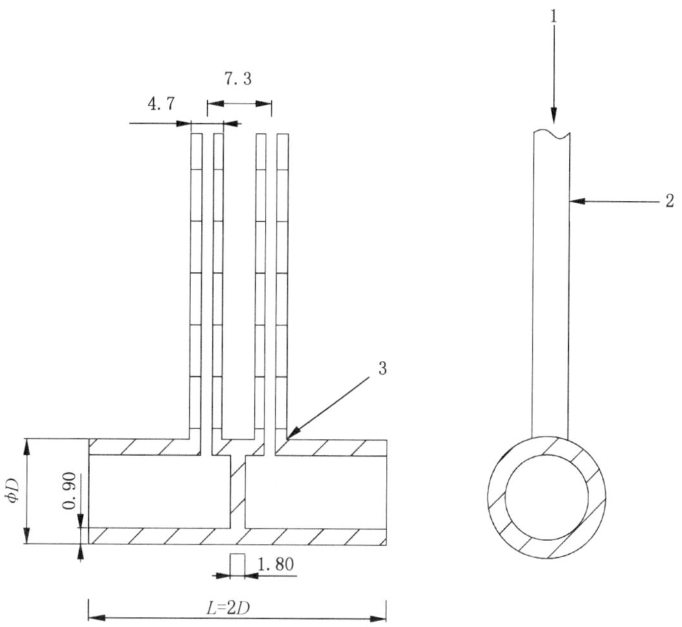

说明:

1——Δ*p* 测压设备;

2——可变长度支撑管;

3——焊接。

图 4　双向探头

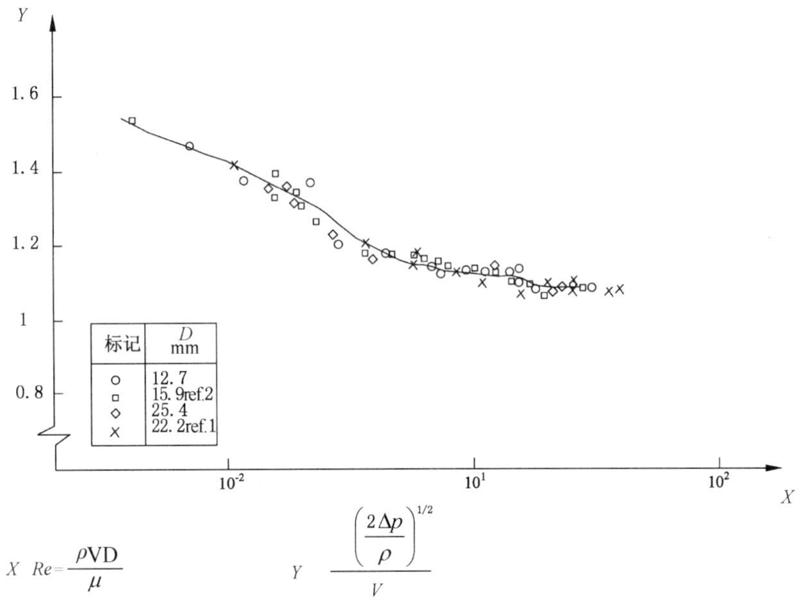

图 5 探头响应度与雷诺系数的关系

4.5.2 取样探头

取样探头应安装在排烟管道中烟气充分混合处。取样探头为圆柱形(如图 6 所示),以此减小对其周围烟气流动的干扰。烟气的取样位置应沿着排烟管道的整个直径设置,为避免烟尘阻塞取样探头,取样探头上的小孔方向应调整向下。取样探头应通过合适的取样管与氧气和二氧化碳气体分析仪相连。

单位为毫米

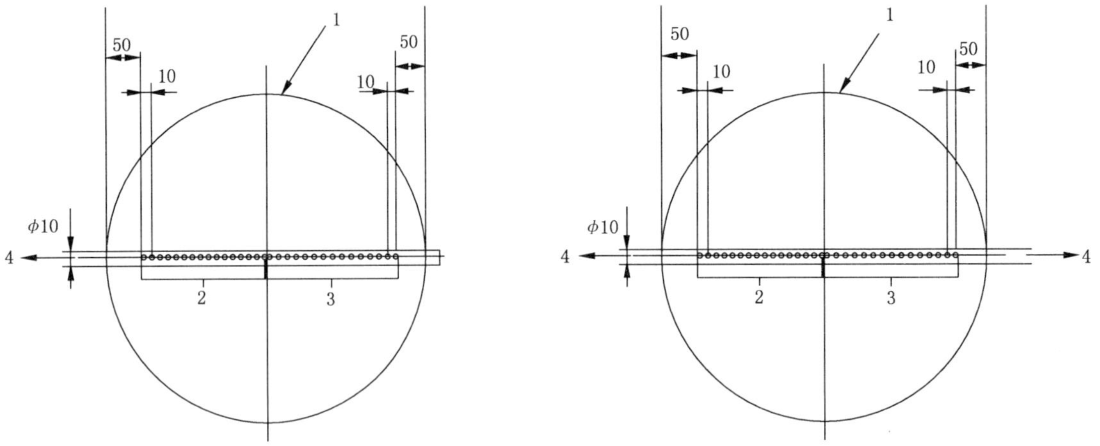

a) 单向流　　　b) 双向流

说明:

1——排烟管道(内径为 400 mm);

2——侧流的下游均有 16 个直径为 2 mm 的小孔;

3——侧流的下游有 15 个小孔(单向流小孔直径为 3 mm,双向流小孔直径为 2 mm);

4——样气流。

图 6 取样探头

4.5.3 取样管

取样管应采用耐腐蚀性材料[如聚四氟乙烯(PTFE)材料等]制成。可通过加热避免取样管中水汽的凝结。燃烧产生的气体应由过滤器进行多级过滤，以达到分析仪器要求的粒子浓度等级。系统应具备排除多余水蒸气的能力。

用于抽取燃烧气体的泵不应产生会污染混合气体的油脂或类似产物。泵的排出能力应在 10 L/min～50 L/min。为了减少烟气对过滤器的堵塞，该泵应产生不低于 10 kPa 的压差。

取样管的末端应与氧气和二氧化碳气体分析仪相连(见图 7)。

说明：

1——取样探头；

2——排烟管道；

3——取样管；

4——气体分析仪；

5——过滤器；

6——气体冷却系统；

7——隔膜泵；

8——气体流量计。

图 7 采样管路简易图

4.6 风机

在排烟管道末端应安装一个排烟风机。在温度为 25 ℃和常压的条件下，风机的排风能力宜不低于 1.5 m^3/s。

如有必要可在燃烧室上安装收集和洗涤烟尘的装置。该装置不应改变通过燃烧室内的空气流量。

4.7 烟密度测量设备

4.7.1 概述

采用 4.7.2 和 4.7.3 描述的两种不同的测量技术进行烟密度测量。光学系统的整体布置见图 8。烟密度测量设备应设置在排烟管道内气流混合均匀的位置。

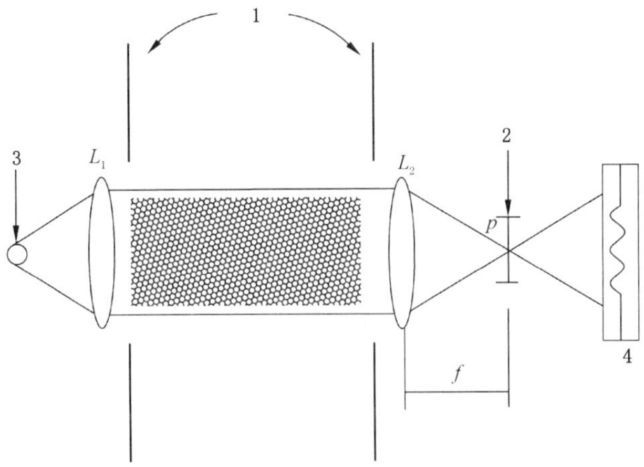

说明：
1——排烟管道壁；
2——孔径；
3——白炽灯；
4——探测器。
注：
L_1，L_2——透镜；
f ——焦距；
p ——焦点。

图 8 光学系统布置图

4.7.2 白光系统

采用柔性接头将白光型光衰减系统安装于排烟管的侧管上。该系统包含以下装置：

a) 白炽灯，在 2 900 K±100 K 的色温下使用；电源为稳定的直流电，且电流的波动范围在 0.5% 以内(包括温度，短期和长期稳定性)；
b) 透镜系统，将入射光转化为成直径不小于 20 mm 的平行光束；光电管的发光孔应位于其前方透镜的焦点上，且其直径(d)应视透镜的焦距(f)而定，应使 d/f 小于 0.04；
c) 探测器，其光谱分布响应度与 CIE 的 $V(\lambda)$ 函数(光照曲线)的重合精度至少能达到±5%；在 1%～100%的探测器输出范围内，其输出值应在所测量透光率的 3%以内或绝对透光率的 1%以内保持线性。

光衰减系统的校准见附录 F 中的 F.4。系统输出 90%的响应时间不应超过 3 s。

侧管内应导入空气，使光学器件保持符合光衰减漂移要求的洁净度(见 F.4.2)。可用压缩空气替代自吸入的空气。

4.7.3 激光系统

激光光度计应使用输出功率在 0.5 mW～2.0 mW 的氦-氖激光。

侧管内应导入空气，使光学器件保持符合光衰减漂移要求的洁净度(见 F.4.2)。可用压缩空气替代自吸入的空气。

4.8 烟气分析设备

4.8.1 概述

在对试验过程中产生的烟气进行氧气和二氧化碳含量分析前，应首先对其进行干燥处理，去除所有水蒸气。

4.8.2 氧气分析仪

氧气分析仪应为顺磁型,测量氧浓度的适宜量程为16%～21%(V_{O_2}/V_{air})。按照附录F.2.3的要求,在30 min的周期内,测试氧气分析仪的噪声和漂移应不超过0.01%,氧气分析仪的响应时间应不超过12 s,分析仪到数据采集系统的输出最小分辨率应为0.01%。

4.8.3 二氧化碳分析仪

二氧化碳分析仪应为红外光谱分析仪且可对二氧化碳进行连续分析,对二氧化碳进行测量的量程至少是0%～10%。红外光谱分析仪的响应时间应不超过12 s,分析仪的线性度应不低于满量程的1%。

5 试验装置的标定

5.1 概述

根据5.2～5.5标定本试验装置。

5.2 流量分布测量

测定排烟管道中探头附近的流量分布值,达到以下目的:

——检查排烟管道设计,确保获得一个合理的流量分布;

——获得 k_c 值(管径为400 mm时,k_c 约为0.86)。

具体的流量分布测量信息见附录G。

使用校准过的热线式风速仪(或其他仪器),先沿垂直轴线(OY)方向,然后沿水平轴线(OX)方向移动,测量管道内垂直和水平方向上空气流速分布情况。

在测量空气流速分布时,应设置与试验时相同的空气流量(见6.6)。还应设置其他流量来测量流速分布,以证明在操作范围内确定的流速分布具有一致性。

5.3 采样滞后时间测量

气体分析仪需要一定的时间对气体浓度的变化产生响应,即采样滞后时间。确定采样滞后时间是为了使温度、氧气和二氧化碳的测量达到同步。在计算热释放速率前,考虑采样滞后时间的影响,所有数据都应被修正。氧气分析仪的滞后时间可确定为在管道内温度产生3 K变化和氧浓度产生0.05%变化时所需时间。二氧化碳分析仪的滞后时间可确定为管道温度产生3 K变化和二氧化碳浓度产生0.02%变化时所需时间。

在仪器调试前和每次气体分析系统有重大改变后都要测定采样滞后时间。

5.4 调试校准

在初次使用试验装置之前,或当气体分析系统发生重大改变时,或当排烟管道中的流量、进入喷灯的燃气和空气流量以及烟密度的测量在试验过程中有重大变化时,应进行以下检查:

——检查试验装置;

——确定日常测试使用的 k_t 因子;

——检查烟密度测量系统的稳定性;

——核查白光系统的测量准确性。

为了校验HRR测量系统的线性度,应采用不同热释放率等级进行校准。选择的热释放速率等级

(从 20 kW 到 200 kW)应基本涵盖电缆燃烧热释放的范围。关于 HRR 校准和确定校准因子 k_t 的更多信息见附录 F。

附录 F 也给出了烟气测量系统的校准程序。

5.5 常规校准

5.5.1 概述

每个测试日当天都应采用 GB/T 18380.31—2008 规定的点火源进行校准。根据当天测试程序采用的热量等级,在 20.5 kW 或 30 kW 时做一个至少 10 min 的校准,并记录每个测试日的校准结果。当校准结果满足 5.5.4 的要求时,方可进行正式试验。

5.5.2 校准步骤

校准测试按以下步骤进行:

a) 进行无火源的 5 min 基线校准;

b) 确定热输出值,进行至少 10 min 的燃烧校准;

c) 停止供火后进行 5 min 校准。

5.5.3 计算

进行校准测试后,用 k_t 因子和丙烷的 E 值(16.8 MJ/m^3)计算下述参数:

a) 点火前 5 min 内 HRR、氧含量和透光率的漂移;

b) 燃烧阶段最后 5 min 的 HRR 平均值;

c) 在点火前 5 min 基线校准过程中的第 1 min 内的氧含量、透光率和 HRR 的各自平均值为初值;

d) 在校准测试过程中的最后 1 min 内的氧含量、透光率和 HRR 的各自平均值为终值;

e) 氧含量、HRR 和透光率初值和终值的差值。

5.5.4 要求

校准结果应符合以下要求:

a) 燃烧阶段最后 5 min 内的 HRR 平均值与设定值的偏差应在设定值 20.5 kW 或 30 kW 的 ±5%以内;

b) 氧含量初值和终值的差值应小于 0.02%;

c) 透光率初值和终值的差值应等于或小于透光率值的 1%;

d) HRR 初值和终值的差值应等于或小于 2 kW;

e) 点火前 5 min 内透光率的漂移值应小于 1%;

f) 点火前 5 min 内氧含量的漂移值应小于 0.02%;

g) 点火前 5 min 内 HRR 的漂移值应小于 2 kW。

6 试验程序

6.1 试验条件

燃烧室和供给空气的温度应在 5 ℃～40 ℃范围内。

6.2 试验样品

试验样品应由若干根等长的电缆试样组成,每根电缆试样的长度为($3.5^{+0.1}_{0}$)m。电缆试样的总根数应依据 6.4 确定。

6.3 试样准备

试验开始前，电缆试样应在 20 ℃±10 ℃的条件下放置至少 16 h，以确保样品干燥。

6.4 试样根数的确定

试样根数由下面的公式确定。

a) 直径大于或等于 20 mm 的电缆，试样根数 N 由式(1)给出：

$$N = \mathrm{int}\left(\frac{300+20}{d_c+20}\right) \qquad \cdots\cdots(1)$$

式中：

d_c——电缆的直径，单位为毫米(mm)(取最接近的整数)；

int——对结果取整的函数(即整数值)。

b) 直径大于 5 mm 且小于 20 mm 的电缆，试样根数 N 由式(2)给出：

$$N = \mathrm{int}\left(\frac{300+d_c}{2d_c}\right) \qquad \cdots\cdots(2)$$

式中：

d_c——电缆的直径，单位为毫米(mm)(取最接近的整数)；

int——对结果取整的函数(即整数值)。

c) 直径小于或等于 5 mm 的电缆，样品由许多直径大约为 10 mm 电缆束组成，缆束数量 N_{bu} 由式(3)给出：

$$N_{bu} = \mathrm{int}\left(\frac{300+10}{20}\right) = 15 \qquad \cdots\cdots(3)$$

因此，样品由 15 束电缆组成。

每缆束的试样根数 n 由式(4)给出：

$$n = \mathrm{int}\left(\frac{100}{d_c^{\ 2}}\right) \qquad \cdots\cdots(4)$$

式中：

d_c——电缆的直径，单位为毫米(mm)(保留到小数点后一位)；

int——对结果取整的函数(即整数值)。

因此，试样总根数 N 由式(5)给出：

$$N = n \times 15 \qquad \cdots\cdots(5)$$

6.5 试样安装

6.5.1 常用安装

电缆试样应安装在标准梯的前面，标准梯宽 500 mm±5 mm，试样的最低位置应低于喷灯下边缘 200 mm～300 mm，在喷灯下边缘以上的试样长度应有($3\ 300^{+25}_{\ 0}$) mm。

电缆试样段或电缆束试样应采用金属线(钢线或铜线)固定在钢梯的各个横档上，直径 50 mm 及以下的电缆应采用直径为 0.5 mm～1.0 mm 的金属线固定；直径 50 mm 以上的电缆应采用直径 1.0 mm～1.5 mm 的金属线固定。电缆试样的具体固定方法见 GB/T 18380.31—2008；对于电缆束试样，应首先使用金属线在与钢梯的各个横档对应的位置对电缆束进行绑扎，然后按照 GB/T 18380.31—2008 的要求将绑扎好的电缆束固定在钢梯的各个横档上。

固定试样时，第一根电缆或电缆束试样应固定在梯子的中央，其余试样依次固定在其两侧。

试样的安装间距由电缆的外径确定，具体见表 1。

表 1 安装间距与电缆直径的关系

电缆直径/mm	安装间距
大于或等于 20	电缆间距为 20 mm
在 5 与 20 之间	电缆间距为电缆直径
小于或等于 5	电缆按缆束进行安装，每缆束直径约 10 mm，缆束间不得扭绞，缆束的间距为 10 mm

6.5.2 特殊安装

除在标准梯后需要加装不燃硅酸钙背板外，试样的安装要求与 6.5.1 相同。

将不燃硅酸钙背板沿标准梯固定在横档上，其密度为 870 kg/m³ ±50 kg/m³，厚度为 11 mm±2 mm，宽度为 415 mm±15 mm，长度为 3 500 mm±10 mm，可由 2 块或多块板材拼接而成（如图 9 所示）。

单位为毫米

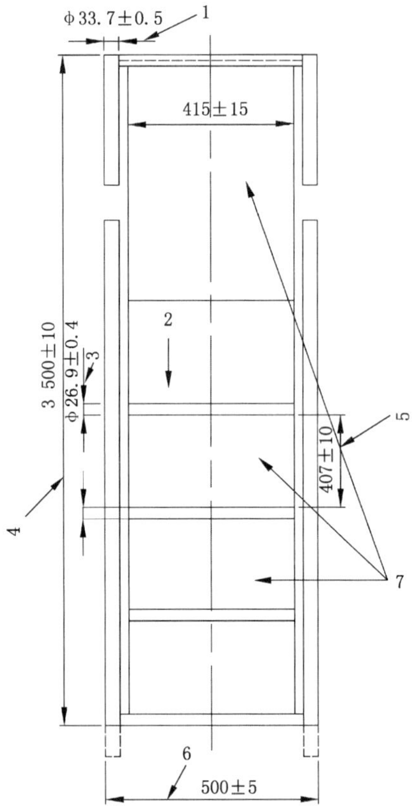

说明：

1——立柱直径；
2——横档数=9；
3——横档的直径；
4——标准梯的总高度；
5——横档间距；
6——宽度；
7——硅酸钙板。

图 9 试样的特殊安装

在测试前，背板应保持干燥，且应在 20 ℃±10 ℃和相对湿度低于 70%的环境条件下养护至少 48 h。

6.6 管道内的体积流量

排烟管道内的体积流量应设置为 1.0 m^3/s±0.05 m^3/s，试验过程中体积流量应保持在 0.7 m^3/s～1.2 m^3/s范围内。

6.7 点火源

6.7.1 概述

点火源为带状丙烷燃气喷灯，燃气应为标称纯度为 95%的技术级丙烷。

测试时，点火源的位置应符合 GB/T 18380.31—2008 的要求。

6.7.2 20.5 kW 火源

点火源功率为 20.5 kW。当丙烷的质量流量为 442 mg/s±10 mg/s，空气的质量流量为 1 550 mg/s±95 mg/s 时，其标称 HRR 相当于 20.5 kW。

试样的安装采用符合 6.5.1 要求的常用安装方式。

6.7.3 30 kW 火源

点火源功率为 30 kW，同时钢梯后加装不燃硅酸钙背板。当丙烷的质量流量为 647 mg/s±15 mg/s，空气的质量流量为 2 300 mg/s±140 mg/s 时，其标称 HRR 相当于 30 kW。

注：丙烷的质量流量按燃烧产生的净热量为 46.4 kJ/g 计算。

试样的安装采用符合 6.5.2 要求的特殊安装方式。

6.8 供火时间

供火时间应为($1\ 200^{+10}_{0}$) s。供火结束后，如果电缆继续保持燃烧或灼热发光，应将其熄灭。

6.9 试验步骤

本试验按以下步骤进行：

a) 打开空气供给风机，将燃烧室内的空气流量调节为 8 000 L/min±400 L/min；

b) 设定管道中的体积流量(见 6.6)；

c) 持续记录管道中的温度和环境温度至少达 300 s，环境温度保持在 5 ℃～40 ℃范围内，管道中的温度与环境温度的差异应不超过 4 ℃；

d) 按附录 C 中 C.3 的要求记录试验前的条件(环境温度、大气压力和湿度)；

e) 开启计时器和数据自动记录仪，开始时间定义为 $t=0$，记录用于计算 HRR 和 SPR 所需的变量；

f) $t=270$ s 时，检查 HRR 和透光率值(或对应的消光系数)的基线值，如果 HRR 与初始值偏差超过 2 kW，或者透光率与初始值偏差超过 2%时应中断试验，并进行分析，确保正确测量 HRR 和 SPR；以试验开始前 30 s 的平均值作为初始值(0 s～30 s 之间)；

g) $t=300$ s±10 s 时，点燃喷灯，按照 6.7 中设定的数值，调节丙烷和空气的质量流量，使喷灯热输出为 20.5 kW 或 30 kW，记录点火时间 t_b；

h) 观察电缆的燃烧情况，包括任何燃烧滴落物/微粒，根据第 8 章的要求，记录相关的报告数据；为了保护测试设备，当 HRR 大于 450 kW 时，数据自动记录仪应被停止，并熄灭火焰，终止试验；

i) $t=(1\ 500^{+10}_{0})$s时，关闭丙烷气；

j) $t=1\ 530$ s±10 s时，停止记录数据，如果电缆继续保持燃烧或灼热发光，应将其熄灭。

当电缆剧烈燃烧并且火焰高出燃烧室顶部时，应中止试验，并记录其发生时间。

6.10 在试验中的观察和测试

在试验过程中应测定以下参数：

——热释放速率与时间的函数关系；

——产烟速率与时间的函数关系；

——燃烧滴落物/微粒的产生和持续时间。

在试验进行的1 200 s内，从滴落物/微粒到达燃烧室的地面时开始记录以下情况：

a) 燃烧滴落物/微粒跌落到燃烧室的地板后继续燃烧时间不超过10 s的滴落情况；

b) 燃烧滴落物/微粒跌落到燃烧室的地板后继续燃烧时间超过10 s的滴落情况。

6.11 试验安全

由于试样在燃烧过程中产生的热量可能会损坏测试设备和仪器，因此一旦试样开始产生火焰的蔓延，应密切注意监控，并做好随时熄灭火焰的准备，当温度过高时，应停止试验，以防损坏试验设备。推荐沿着电缆束，在喷嘴上方1.5 m、2.5 m处以及燃烧室的顶部，采用热电偶监控温度变化。

7 试验结果的评价

7.1 火焰蔓延程度的确定

当电缆停止燃烧(包括阴燃)，或被熄灭后，应将试样擦拭干净。

擦净的试样如果表面没有损坏，则计算火焰蔓延时不考虑表面的烟灰，同时也不考虑非金属材料的软化或变形。火焰蔓延的距离采用损毁长度(m)表示，测量喷灯下缘到炭化起始点间的距离，精确到小数点后2位。炭化起始点可按下述方法判定：用锋利物体，如刀片按压电缆表面，如果表面从弹性变为脆性(粉化)，则表明该点为炭化起始点。

7.2 热释放速率(HRR)和产烟速率(SPR)参数的计算

7.2.1 热释放速率峰值(HRR峰值)

热释放速率峰值定义为 $HRR_{av}(t)$ 的最大值，其中不包括喷灯的热输出，在整个供火阶段内测定，即从喷灯点火时间 t_b 到供火结束时间($t_b+1\ 200$ s)，单位为kW。

在计算 $HRR_{av}(t)$ 时，应从HRR中扣除喷灯的热输出值，扣除喷灯的热输出值后成为负值的HRR都应设为零。

具体计算见附录B中的B.1。

7.2.2 产烟速率峰值(SPR峰值)

产烟速率峰值定义为 $SPR_{av}(t)$ 的最大值，在整个供火阶段 t_b 到($t_b+1\ 200$ s)期间测定，单位为m^2/s。

具体计算见附录B中的B.2。

7.2.3 热释放总量(THR_{1200})

热释放总量采用从喷灯点火开始 t_b 到试验供火结束($t_b+1\ 200$ s)的HRR积分值表示，并从中扣除喷灯的热输出值，单位为 MJ。如果由于 HRR 值太高而提前中断试验，则不计算热释放总量，并清除记录。扣除喷灯的热输出值后成为负值的 HRR 不应包含在积分计算之内。

7.2.4 产烟总量(TSP_{1200})

产烟总量采用从喷灯点火开始 t_b 到试验供火结束(t_b+1 200 s)的 SPR 积分值表示，单位为 m^2。如果由于 HRR 值太高而提前中断试验，则不计算产烟总量，并清除记录。计算 SPR 积分时不包括 SPR 的负值。

7.2.5 燃烧增长速率指数(FIGRA)

FIGRA 采用 $HRR_{av}(t)/(t-t_b)$的最大值表示。具体计算见附录 B 中的 B.3。

8 试验报告

试验报告应包括以下信息：

a) 基本信息：
   1) 试验室地址和名称；
   2) 试验报告的日期和编号；
   3) 受检单位的名称和地址；
   4) 生产厂商的名称和地址；
   5) 测试日期。
b) 样品信息：
   1) 电缆样品的鉴别；
   2) 电缆样品的描述。
c) 试验信息：
   1) 依据标准；
   2) 试样数量；
   3) 试样整体外径；
   4) 试样安装方式；
   5) 是否使用背板；
   6) 供火时间(如 20 min)；
   7) 喷灯输出功率(如 20.5 kW 或 30 kW)。
d) 观察和测量结果：
   1) 火焰蔓延程度；
   2) 燃烧滴落物/微粒的滴落情况；
   3) HRR 和 SPR 与时间的关系曲线；
   4) 试验过程中的其他观察记录。
e) 计算结果：
   1) 热释放速率峰值(HRR 峰值)；
   2) 产烟速率峰值(SPR 峰值)；
   3) 热释放总量(THR_{1200})；
   4) 产烟总量(TSP_{1200})；
   5) 燃烧增长速率指数(FIGRA)。

试验报告中应注明任何与本标准规定的试验程序不一致的情况。

附 录 A
（资料性附录）
本标准修改章条与 EN 50399:2011 章条编号对照和技术性差异及其原因

A.1 本标准修改章条与 EN 50399:2011 章条编号对照一览表见表 A.1。

表 A.1 本标准修改章条与 EN 50399:2011 章条编号对照一览表

本标准章条编号	EN 50399:2011 章条编号
1	1
2	2
4.1	4.1
6.7	6.7
6.11	4.1 的部分内容
附录 A	—
附录 B	附录 G
附录 C	附录 A
附录 D	附录 B
附录 E	附录 C
附录 F	附录 E
附录 G	附录 D
附录 H	附录 F
——	附录 H
——	附录 I

A.2 本标准与 EN 50399:2011 技术性差异及其原因一览表见表 A.2。

表 A.2 本标准与 EN 50399:2011 的技术性差异及其原因一览表

本标准章条编号	技术性差异	原 因
1	删除了 EN 50399:2011 第 1 章中与欧盟电缆燃烧性能分级相关内容	对于电缆燃烧性能分级，欧盟体系与我国不同，应适应我国国情
2	关于“规范性引用文件”，具体调整如下： ——用中国标准 GB/T 5907 替代了 ISO 13943； ——用等同采用国际标准的 GB/T 18380.31—2008 替代了 EN 50266-1； ——用等同采用国际标准的 GB/T 16839.1—1997 替代了 EN 60584-1	依据 GB/T 20000.2—2009 中的要求
4.1	删除了 EN 50399:2011 的 4.1 中关于试验安全方面的技术内容	使标准更严谨

表 A.2（续）

本标准章条编号	技术性差异	原 因
6.7	本标准将 EN 50399:2011 6.7“点火源”分为 6.7.1“20.5 kW 火源 ”和 6.7.2“30 kW 火源”	便于我国电缆及光缆燃烧性能分级标准的引用
6.11	试验过程中安全方面的技术内容独立成为一节	使标准更严谨
——	删除了附录 H	关于背板材料，欧盟的材料与我国有所不同，同时本标准 6.5.2 中已有详细描述
——	删除了 EN 50399:2011 中的附录 I	对于测试数据文本格式的编写，欧盟体系与我国有不同要求

附　录　B
（规范性附录）
HRR_{av}，SPR_{av}和 FIGRA 的计算

B.1　HRR_{av}的计算

B.1.1　HRR_{av}是 HRR 在 30 s 内的平均值，但喷灯点燃后最开始的 12 s 和喷灯熄灭前的最后 12 s 除外。

当 $t_b+15\ s\leqslant t\leqslant t_b+1\ 185\ s$，$HRR_{av}(t)=HRR_{30s}(t)$

$$HRR_{30s}(t)=\frac{\{[0.5\times HRR(t-15\ s)]+HRR(t-12\ s)+K+HRR(t+12\ s)+[0.5\times HRR(t+15\ s)]\}}{10}$$

B.1.2　对于在喷灯点燃后最初 12 s 内的数据点，只在该受火时段内数据点最大可能对称的范围内取平均值。

当 $t=t_b$s　　$HRR_{av}(t_b s)=0$

当 $t=t_b+3$ s　　$HRR_{av}(t_b+3\ s)=\overline{HRR(t_b\Lambda t_b+6\ s)}$

当 $t=t_b+6$ s　　$HRR_{av}(t_b+6\ s)=\overline{HRR(t_b\Lambda t_b+12\ s)}$

当 $t=t_b+9$ s　　$HRR_{av}(t_b+9\ s)=\overline{HRR(t_b\Lambda t_b+18\ s)}$

当 $t=t_b+12$ s　　$HRR_{av}(t_b+12\ s)=\overline{HRR(t_b\Lambda t_b+24\ s)}$

B.1.3　对于在喷灯熄灭前最后 12 s 内的数据点，只在该受火时段内数据点最大可能对称的范围内取平均值。

当 $t=t_b+1\ 188$ s　　$HRR_{av}(t_b+1\ 188\ s)=\overline{HRR(t_b+1\ 176\Lambda t_b+1\ 200\ s)}$

当 $t=t_b+1\ 191$ s　　$HRR_{av}(t_b+1\ 191\ s)=\overline{HRR(t_b+1\ 182\Lambda t_b+1\ 200\ s)}$

当 $t=t_b+1\ 194$ s　　$HRR_{av}(t_b+1\ 194\ s)=\overline{HRR(t_b+1\ 188\Lambda t_b+1\ 200\ s)}$

当 $t=t_b+1\ 197$ s　　$HRR_{av}(t_b+1\ 197\ s)=\overline{HRR(t_b+1\ 194\Lambda t_b+1\ 200\ s)}$

当 $t=t_b+1\ 200$ s　　$HRR_{av}(t_b+1\ 200\ s)=HRR(t_b+1\ 200\ s)$

B.2　SPR_{av}的计算

B.2.1　SPR_{av}是 SPR 在 60 s 内的平均值。但喷灯点燃后最开始的 27 s 和喷灯熄灭前的最后 27 s 除外。

当 $t_b+30\ s\leqslant t\leqslant t_b+1\ 170$ s，$SPR_{av}(t)=SPR_{60s}(t)$

$$SPR_{30s}(t)=\frac{\{[0.5\times SPR(t-30\ s)]+SPR(t-27\ s)+K+SPR(t+27\ s)+[0.5\times SPR(t+30\ s)]\}}{20}$$

B.2.2　对于在喷灯点燃最初 27 s 内的数据点，只在该受火时段内数据点最大可能对称的范围内取平均值。

当 $t=t_b$s　　$SPR_{av}(t_b s)=0$

当 $t=t_b+3$ s　　$SPR_{av}(t_b+3\ s)=\overline{SPR(t_b\Lambda t_b+6\ s)}$

当 $t=t_b+6$ s　　$SPR_{av}(t_b+6\ s)=\overline{SPR(t_b\Lambda t_b+12\ s)}$

…………

当 $t=t_b+27$ s　　$SPR_{av}(t_b+27\ s)=\overline{SPR(t_b\Lambda t_b+54\ s)}$

B.2.3　对于在喷灯熄灭前最后 27 s 内的数据点，只在该受火时段内数据点最大可能对称的范围内取平

均值。

当 $t=t_b+1\,173$ s　　　　$SPR_{av}(t_b+1\,173\ s)=\overline{SPR(t_b+1\,146\Lambda t_b+1\,200\ s)}$

当 $t=t_b+1\,176$ s　　　　$SPR_{av}(t_b+1\,176\ s)=\overline{SPR(t_b+1\,152\Lambda t_b+1\,200\ s)}$

…………

当 $t=t_b+1\,197$ s　　　　$SPR_{av}(t_b+1\,197\ s)=\overline{SPR(t_b+1\,194\Lambda t_b+1\,200\ s)}$

当 $t=t_b+1\,200$ s　　　　$SPR_{av}(t_b+1\,200\ s)=SPR(t_b+1\,200\ s)$

B.3　燃烧增长速率指数 FIGRA 的计算

FIGRA 指数被定义为 $HRR_{av}(t)/(t-t_b)$的最大值，见式(B.1)。仅在受火条件下，在 HRR_{av} 和 THR 的初始值同时超过临界值的时段内进行计算。在全部受火时段内，如果其中一个或所有两个初始值没有超过临界值，则 FIGRA 指数为零。

$$FIGRA=1\,000\times\max\left[\frac{HRR_{av}(t)}{t-t_b}\right] \qquad \cdots\cdots(B.1)$$

式中：

FIGRA ——燃烧增长速率指数，单位为瓦每秒(W/s)；

$HRR_{av}(t)$ ——$HRR(t)$的平均值，单位为千瓦(kW)；

$t\geqslant t_{t\_HRR}$ 且 $t\geqslant t_{t\_TRR}$；

到达临界值的瞬间时刻定义如下：

t_{t_HRR} 是在 $t=t_b$ 后当 $HRR_{av}(t)$大于 3 kW 的瞬间时刻；

t_{t_TRR} 是在 $t=t_b$ 后当 $TRR_{av}(t)$大于 0.4 MJ 的瞬间时刻。

附 录 C
（规范性附录）
热释放速率

C.1 流量计算

在常压和环境温度 25 ℃条件下，排烟管道中的体积流量 V_{298} 由式 C.1 和 C.2 给出：

$$V_{298}=(Ak_t/k_p)\times\frac{1}{\rho_{298}}\times(2\Delta pT_0\rho_0/T_S)^{1/2} \quad\cdots\cdots(C.1)$$

$$V_{298}=22.4(Ak_t/k_p)(\Delta p/T_S)^{1/2} \quad\cdots\cdots(C.2)$$

式中：

V_{298} ——排烟管道中的体积流量，单位为立方米每秒(m^3/s)；

T_S ——排烟管道中的气体温度，单位为开尔文(K)；

T_0 ——$T_0=273.15$ K；

Δp ——由双向探头测得的差压，单位为帕斯卡(Pa)；

ρ_{298} ——在常压和环境温度 25 ℃下的空气密度，单位为千克每立方米(kg/m^3)；

ρ_0 ——在 0.1 MPa 和 0 ℃条件下的空气密度，单位为千克每立方米(kg/m^3)，$\rho_0=1.293\ kg/m^3$；

A ——排烟管道的截面积，单位为平方米(m^2)；

k_t ——校准因子，见 F.3.4；

k_p ——由 Mc Caffrey 和 Heskestad 对双向探头提出的雷诺修正因子。在排烟管道中，Re 通常远远大于 3 800，因此可以把 k_p 当作常数，取 $k_p=1.08$。

式 C.1 中假定材料燃烧产生的气体(相对于空气)密度的变化仅由温度升高而引起，可以忽略化学成分或湿度的变化对其的影响。校准因子 k_t 取决于流速分布校正因子(k_c)，以及丙烷、甲醇校准过程中获得的校正因子，而 k_c 通过顺着排烟管道的内径截面测量流速分布获得(见 F.3.4)。

C.2 产生的热效应

C.2.1 点火源的热释放

校准过程中，点火源的热释放等级 q_b 由式 C.3 给出，根据丙烷的消耗量来计算：

$$q_b=m_b\Delta h_{c,eff} \quad\cdots\cdots(C.3)$$

式中：

q_b ——热释放速率，单位为千瓦(kW)；

m_b ——供给喷灯丙烷气的质量流量，单位为克每秒(g/s)；

$\Delta h_{c,eff}$ ——丙烷的有效燃烧热，单位为千焦每克(kJ/g)；

注：假设燃烧效率为 100%，则 $\Delta h_{c,eff}$ 可以被设定为 46.4 kJ/g。

C.2.2 试验样品的热释放

电缆试样的热释放速率 q，由式 C.4 计算得出：

$$q=E^1V_{298}x_{O_2}^a\left[\frac{\phi}{\phi(a-1)+1}\right]-\frac{E^1}{E_{C_3H_8}}q_b \quad\cdots\cdots(C.4)$$

其中 ϕ 为耗氧因子，由式 C.5 给出：

$$\phi=\frac{x_{O_2}^{0}(1-x_{CO_2})-x_{O_2}(1-x_{CO_2}^{0})}{x_{O_2}^{0}(1-x_{CO_2}-x_{O_2})} \qquad (C.5)$$

$x_{O_2}^{a}$ 为氧的摩尔数，由式 C.6 给出：

$$x_{O_2}^{a}=x_{O_2}^{0}(1-x_{H_2O}^{a}) \qquad (C.6)$$

式中：

q ——电缆的热释放速率，单位为千瓦(kW)；

E ——消耗单位体积氧产生的燃烧热，单位为千焦每立方米(kJ/m^3)；

E^1 ——被测样品在环境温度为 25 ℃时的燃烧热，$E^1=17.2\times10^3$ kJ/m^3；

$E_{C_3H_8}$ ——丙烷在环境温度为 25 ℃时的燃烧热，$E_{C_3H_8}=16.8\times10^3$ kJ/m^3；

V_{298} ——在常压和环境温度 25 ℃条件下，排烟管道中的气体体积流量，根据式 C.1 计算；

a ——因空气中化学反应时消耗了氧气而设定的扩展因子(被测样品燃烧时，$a=1.105$)；

$x_{O_2}^{a}$ ——空气中氧的摩尔分数，包括水蒸气(在没有干燥处理设备时，$x_{O_2}^{a}$ 应在试验前测试)；

$x_{O_2}^{0}$ ——氧分析仪读数的初始值，以摩尔分数表示；

x_{O_2} ——试验过程中氧分析仪的读数，以摩尔分数表示；

$x_{CO_2}^{0}$ ——二氧化碳分析仪读数的初始值，包括在环境空气中的含量，以摩尔分数表示；

x_{CO_2} ——试验过程中二氧化碳分析仪的读数，以摩尔分数表示；

$x_{H_2O}^{a}$ ——空气中水蒸气的摩尔数。

注：每次试验开始阶段，由于去除点火源的热释放，q 将出现负值(此时设为 0)，这是因为材料燃烧产生的气体充满燃烧室并传送到吸烟罩需要一定的时间(即延迟时间)。

式 C.3 到 C.6 都基于近似得出，因此有以下局限：

a) 未考虑一氧化碳的生成量，通常这一误差可以忽略。如果测定了一氧化碳浓度，那么对于那些需要将不完全燃烧的影响进行量化的情况，就能做出修正计算；

b) 仅部分考虑了水蒸气对流量和气体分析的影响。通过对水蒸气局部压力的连续测量可以修正这种误差；

c) E 因子是大量被测样品燃烧热的平均值，取值为 17.2×10^3 kJ/m^3，在大多数情况下能达到可接受的精度。

C.3 空气中水蒸气摩尔数的计算

空气中水蒸气的摩尔数可以根据大气条件(环境温度 θ_{atm}，相对湿度 RH 和大气压力 p_{atm}^{0})，由式 C.7 计算得出：

$$x_{H_2O}^{a}=\frac{RH}{100}\cdot\frac{1}{p_{atm}^{0}}\left\{\frac{e^{23.2}}{e^{\left[\frac{3\,816}{(\theta_{atm}+273.15)-46}\right]}}\right\} \qquad (C.7)$$

式中：

RH ——相对湿度，单位为百分比(%)；

p_{atm}^{0} ——大气压力，单位为帕斯卡(Pa)；

θ_{atm} ——环境温度，单位为摄氏度(℃)。

附 录 D
（规范性附录）
产 烟

D.1 烟密度

烟密度用消光系数 k 来表示，由式 D.1 给出：

$$k=\frac{1}{L}\ln\left[\frac{I_0}{I}\right] \qquad \cdots\cdots(\text{D.1})$$

式中：

k ——消光系数，单位为负一次方米（m^{-1}）；

I_0 ——起始透光率（无烟气环境）；

I ——实时透光率；

L ——光程（光束穿过烟气环境的距离），单位为米（m）。

D.2 产烟速率和产烟总量

产烟速率（SPR）和产烟总量（TSP）的计算公式分别为式 D.2 和 D.3：

$$\text{SPR}=kV_S \qquad \cdots\cdots(\text{D.2})$$

$$\text{TSP}=\int_0^t k\,V_S\,\mathrm{d}t \qquad \cdots\cdots(\text{D.3})$$

式中：

SPR ——产烟速率，单位为平方米每秒（m^2/s）；

TSP ——产烟总量，单位为平方米（m^2）；

V_S ——排烟管道中的实际体积流量（非标准条件下），单位为立方米每秒（m^3/s）；

t ——从点火开始后的持续时间，单位为秒（s）。

注：SPR 如出现负值，则表明 $I>I_0$，说明该现象与烟气无关。

附 录 E
（资料性附录）
图 5 中关于雷诺系数的附加信息

采用一个灵敏的压力传感器测试差压。按照 Mc Caffrey 和 Heskestad 的描述，以两个独立的设备提供相同的低速气流，采用热线式风速仪和静态皮托管测试气流速度，图 5 中的数据点可以拟合为以下的多项式曲线：

$$\frac{\left(2\frac{\Delta p}{\rho}\right)^{\frac{1}{2}}}{V}=1.533-1.366\times10^{-3}Re+1.688\times10^{-6}Re^{2}-9.706\times10^{-10}Re^{3}+2.555\times10^{-13}Re^{4}-2.484\times10^{-17}Re^{5}$$

此公式在 $40<Re<3\ 800$ 的条件下有效，精度大约为 5%。

探头适合的外径为 16 mm。

附　录　F
（规范性附录）
调试校准

F.1　一般要求

对测试设备应定期校准，本标准要求按照生产商的要求对设备进行维护保养和校准，如果生产商没有提供相关技术要求，应按照附录 F 的要求进行校准。

F.2　气体分析仪的校准

F.2.1　概述

校准和试验时的气体流量应相同。

注：气体体积分数分别为 V_{O_2}/V_{air} 和 V_{CO_2}/V_{air}。

F.2.2　氧气分析仪的调节

在每个试验日，应对氧气分析仪进行调零和量程调节。分析仪对室内干燥空气的输出应为(20.95±0.01)%。可采用的调节程序参见 H.2.1。

F.2.3　氧气分析仪输出的噪声和漂移

F.2.3.1　噪声和漂移

氧气分析仪或气体分析系统的其他主要组件经安装、维护、维修或更换后，应对氧气分析仪输出的数据采集系统的噪声和漂移进行检测。

注：本标准推荐每六个月至少检测一次，取决于设备的使用频率。

F.2.3.2　操作步骤

校准按以下步骤进行：

a) 给氧气分析仪输入无氧氮气直至分析仪达到稳定状态；
b) 保持无氧状态至少 5 min 后，调节排烟管道中气体的体积流量至 1.00 m^3/s±0.05 m^3/s，然后向排烟管道内输入流速、压力、干燥程序等与试样气体完全相同的空气，当分析仪达到稳定后，调节分析仪输出至(20.95±0.01)%；
c) 在 0 min～1 min 内开始以 3 s 的时间间隔记录氧气分析仪的输出，记录时间为 30 min；
d) 采用最小二乘法拟合一条通过数据点的直线来确定漂移；该线性趋势线上 0 min 和 30 min 读数之差的绝对值为漂移；
e) 通过计算该线性趋势线的均方根(r.m.s)偏差来确定噪声。

F.2.3.3　判据

漂移和噪声(两者均视为正值)总量应不超过(V_{O_2}/V_{air})的 0.01%。

F.2.3.4　校准报告

校准报告应包括下面信息：

a) $O_2(t)$的曲线图，以(V_{O_2}/V_{air})%表示；

b) 根据F.2.3.2的d)和e)计算出的噪声和漂移值，以(V_{O_2}/V_{air})%表示。

F.2.4 二氧化碳分析仪调节

在每个试验日，应对二氧化碳分析仪进行调零和量程调节。分析仪对校准气体输出应不超过0.1%(V_{CO_2}/V_{air})；该分析仪对氮气(不含二氧化碳)的输出应为(0.00±0.02)%。可采用的调节程序参见H.2.2。

F.3 HRR校准

F.3.1 概述

校准应通过气体喷灯和液体燃烧方式进行。

F.3.2 基于喷灯方式的HRR校准

F.3.2.1 条件

气体喷灯燃烧校准试验应符合以下条件：

——喷灯输出功率：20.5 kW，30 kW，40 kW～50 kW；

——空气/燃气比：按标准点火源设定(40 kW～50 kW均适合1个或2个喷灯)；

——喷灯的燃气和空气流量测定：用质量流量计或转子流量计(本标准推荐质量流量计)；

——通过质量损失对气体损耗进行在线测试。

F.3.2.2 操作步骤

将进入燃烧室的空气流量设定为8 000 L/min±400 L/min，关闭室门，运行设备，进行下述试验步骤：

a) 设定排烟管道中的体积流速为$V_{298}=1.00\ m^3/s\pm0.05\ m^3/s$；

b) 对排烟管道中的温度和环境温度记录至少300 s；管道中的温度与环境温度之差不应超过4 ℃；

c) 开始计时，并自动记录数据，此时定义$t=0$ s；

d) 点燃喷灯，在每个步骤前5 s内调节丙烷的质量流量，使喷灯的HRR符合表F.1的规定；

e) 表F.1中的步骤3结束时，停止数据自动记录。

表F.1 喷灯点燃时间和HRR设定值

步骤	时间 s	HRR kW
1	0～300	0
2	300～900	20.5,30,40～50
3	900～1 200	0

F.3.2.3 计算

根据流速分布测量所得的k_c值和丙烷的E修正值(16.8 MJ/m³)计算下述参数：

a) 540 s～840 s，喷灯的HRR平均值；

b) 校准试验中的 THR;
c) 通过称取丙烷气体瓶计算质量损失;
d) 取 5 min 基线校准期间的第一分钟内氧含量、透光率和 HRR 各自的平均值作为初值;
e) 取校准试验最后一分钟的氧含量、透光率和 HRR 各自的平均值作为终值;
f) 氧含量、HRR 和透光率的初值和终值的差值。

F.3.2.4 判据

计算结果应符合以下判据要求:
a) 540 s~840 s,喷灯的 HRR 平均值与设定值的偏差应在设定值的±10%以内;
b) 校准试验中测试值 THR 与以丙烷质量损失和丙烷有效燃烧热(46.4 kJ/g)计算出的热释放总量的比值应在 0.90~1.10 范围内;
c) 氧含量、HRR 和透光率的初值和终值的差值应符合 5.5.4 的要求。

F.3.3 基于液体燃料燃烧方式的 HRR 校准

F.3.3.1 概述

除了丙烷气体的燃烧,还应通过油盘中给定质量可燃液体的燃烧进行校准,以达到下述目的:
a) 比较两种校准方法;
b) 在短时间内达到较高的热释放水平。
以下给出基于甲醇燃烧的校准程序。

F.3.3.2 条件

甲醇燃烧校准试验应符合以下条件:
——可燃物:甲醇(纯度 99.5%);
——油盘面积:0.4 m^2;

注 1:本标准推荐使用圆盘。

——燃烧质量:(3 200±25)g;
——试验前后通过称重测定总质量损失。

注 2:甲醇质量和油盘面积的选取要根据之前的经验结果,使热释放峰值足够高(接近 150 kW),但是又不致损坏燃烧室。

F.3.3.3 甲醇操作步骤

将燃烧室的空气流量设定为 8 000 L/min±400 L/min,关闭室门,运行设备,进行下述步骤:
a) 设定排烟系统的体积流速为:$V_{298}=1.00\ m^3/s\pm0.05\ m^3/s$;
b) 记录至少 300 s 内的排烟管道内的温度和环境温度,管道内的温度与环境温度的偏差不能超过 4 ℃;
c) 开启计时器,并自动记录数据:此时定义 $t=0$;
d) 称取所需重量的甲醇,在 $t=240$ s 后将其倒入油盘中;
e) 在 $t=300$ s 时点燃液体;
f) 液体燃烧熄灭后再等待 300 s;
g) 在此 300 s 后停止记录数据。

F.3.3.4 计算

根据流速分布测量所得的 k_c 值和甲醇的 E 修正值(17.47 MJ/m^3)计算以下参数:

a) 校准试验中的 THR；

b) 根据甲醇质量损失计算热释放总量；

c) 取 5 min 基线校准期间第一分钟到第二分钟内的氧含量、透光率和热释放速率各自的平均值作为初值；

d) 取校准试验最后一分钟内氧含量、透光率和热释放速率各自的平均值为终值；

e) 氧含量、HRR 和透光率的初值和终值的差值。

F.3.3.5 判据

计算结果应符合下面判据的要求：

a) 校准试验中测试值 THR 与以甲醇质量损失和甲醇有效燃烧热(19.94 kJ/g)计算出的热释放总量的比值应在 0.90～1.10 范围内；

b) 氧含量、HRR 和透光率初值和终值的差值应满足 5.5.4 的要求。

F.3.4 用于 HRR 计算的校准因子 k_t

按照附录 F 的要求，采用丙烷和甲醇燃料进行校准后，应计算最终的校准因子 k_t。对于丙烷和甲醇燃料的校准需要一个修正系数，此修正系数等于根据丙烷或甲醇燃料的质量损失计算得到的 THR 与采用 HRR 测试系统测得的 THR 值之间的比值。最终的校准因子 k_t 就等于 G.2 中确定的 k_c 因子乘以丙烷和甲醇校准试验中获得的修正系数的平均值，但 k_t 因子与 k_c 因子的偏差应在 G.2 中确定的 k_c 因子的±10%以内，如果超出，则应改善流速分布或检查故障并及时处理。

下面给出了一个校准程序的实例。假设按照附录 G 的程序计算得到的 k_c 因子为 0.9。在热释放为 20.5 kW、30 kW、40 kW～50 kW 的条件下进行热释放速率校准时的偏差分别为 3%、2.5%和 −1.5%，丙烷的修正系数平均值因此为 1.3%；甲醇校准结果的 THR 偏差为 6%；所以丙烷和甲醇校准修正系数的总平均值为 3.7%，由此得出 k_t 值为 0.93。图 F.1 和表 F.2 给出了该程序的框图和示例。

表 F.2 k_t 因子的计算示例

校准类型	修正系数	平均值	k 因子
D.2 流速分布的 k_c 因子	—	—	0.90
丙烷 20.5 kW	1.03		—
丙烷 30 kW	1.025	1.013	—
丙烷 40 kW～50 kW	0.985		—
甲醇(4L)	1.06	1.060	—
最终的修正系数	—	1.037	—
k_t 因子	—	—	0.93

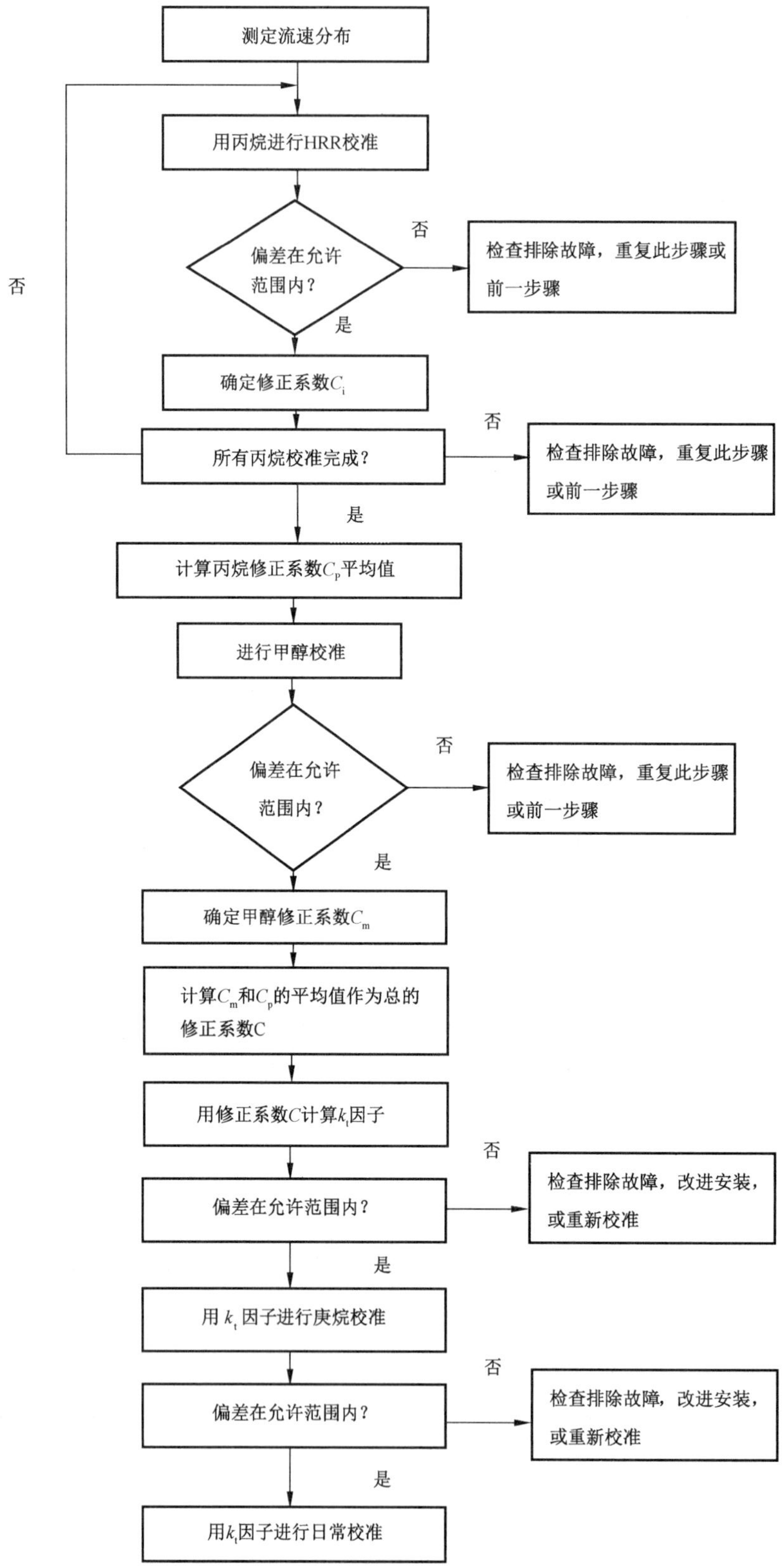
测定流速分布
用丙烷进行HRR校准
偏差在允许范围内？
否
检查排除故障，重复此步骤或前一步骤
是
确定修正系数C_i
否
所有丙烷校准完成？
否
检查排除故障，重复此步骤或前一步骤
是
计算丙烷修正系数C_p平均值
进行甲醇校准
偏差在允许范围内？
否
检查排除故障，重复此步骤或前一步骤
是
确定甲醇修正系数C_m
计算C_m和C_p的平均值作为总的修正系数C
用修正系数C计算k_t因子
偏差在允许范围内？
否
检查排除故障，改进安装，或重新校准
是
用 k_t 因子进行庚烷校准
偏差在允许范围内？
否
检查排除故障，改进安装，或重新校准
是
用k_t因子进行日常校准

图 F.1　校准程序框图

F.4 烟气测量系统的校准

F.4.1 概述

烟气测量系统支架或排烟系统的其他主要部件经安装、维护、修理或更换后，应对光系统进行校准，且校准应至少每六个月进行一次。校准包括三个部分：输出稳定性的检测、白光系统的滤光片校核和庚烷的燃烧校准。

F.4.2 稳定性检测

启动测量设备，使其处于运行状态，点燃燃烧室中的喷灯，进行下述测试步骤：

a) 将排烟系统的体积流速设为：$V_{298}=1.00\ m^3/s\pm0.05\ m^3/s$（按 C.1 的要求进行计算）；

b) 开始计时并持续 30 min 记录光接收器的输出信号；

c) 采用最小二乘法拟合一条通过所测数据点的直线来确定漂移；该线性趋势线上 0 min 和 30 min读数之差的绝对值为漂移；

d) 通过计算该线性趋势线的均方根（r.m.s）偏差来确定噪声。

输出稳定性的判据为：噪声和漂移应小于初始值的 0.5%。

F.4.3 滤光片校核

对烟气测量系统的校准应至少采用五个中性光密度的滤光片（光密度范围为 0.10～2.00）。根据测量的光接收器信号计算得出的光密度应不超过滤光片理论值的±5%（透光率）或±0.01（光密度），二者以能体现较大公差者为准。

注：烟密度定义为 $d_{opt}=\lg(I_0/I)$，其中 I_0 为初始光强度，I 为通过滤光片后的光强度。

按照 F.4 的要求进行校准程序的操作。

F.4.4 通过液体燃料的燃烧校准烟气测量系统

F.4.4.1 概述

在高热释放水平条件下，可通过油盘中给定质量庚烷的燃烧来校准烟气测量系统。

F.4.4.2 条件

庚烷燃烧校准试验应符合以下条件：

——油盘尺寸：外径 350 mm±5 mm，高度 150 mm±5 mm，厚度 3.0 mm±0.5 mm；

——纯度为 99%以上的庚烷质量：1 250 g±10 g；

——水的质量：2 000 g±10 g；

——在校准试验前，将水、庚烷和油盘应放置在 2 ℃的环境条件下至少 4 h。

F.4.4.3 操作步骤

将进入燃烧室的空气流量设定为 8 000 L/min±400 L/min，关闭室门，运行设备，进行下述步骤：

a) 设定排烟系统的体积流速为：$V_{298}=1.00\ m^3/s\pm0.05\ m^3/s$；

b) 记录至少 300 s 内的排烟管道内的温度和环境温度，管道内的温度与环境温度的偏差不能超过 4 ℃；

c) 油盘置于喷灯中心线上同时距燃烧室后墙 435 mm±20 mm，同时将油盘放置于尺寸为 400 mm×400 mm 的标准硅酸钙板上，硅酸钙板距燃烧室底部 100 mm；

d） 称取倒入油盘中水的重量；

e） 开启计时器，并自动记录数据：此时定义 $t=0$；

f） $t=240$ s 时，称取所需质量的庚烷并倒入油盘中；

g） $t=300$ s 时，点燃液体，并特别注意安全；

h） 燃烧液体熄灭后等待 300 s；

i） 在此 300 s 后停止记录数据。

F.4.4.4 计算

计算以下参数：

——校准试验中的 TSP(总产烟量)；

——以庚烷质量损失计算的总产烟量。

F.4.4.5 判据

应符合下面判据的要求：

a） 校准试验结束时与试验前测得透光率的偏差应在±1%内；

b） 校准试验测得的 TSP(总产烟量)与庚烷质量损失的比值应在(110±25)m^2/1 000 g 范围内。

附　录　G
（规范性附录）
管道内的流量分布

G.1　概述

用于计算热释放速率的流速分布因子 k_c 通过测量管道中垂直方向和水平方向的流速分布得到。G.2 给出了测量 k_c 的程序。

G.2　流速分布因子 k_c

G.2.1　概述

采用皮托管、热线式风速仪或双向探头测量流速分布因子 k_c 时，应确使这些仪器安装在正确的位置。

单位为毫米

图 G.1　排烟管道的截面图——气体流速的测量位置点

G.2.2　测量说明

流速分布的测量应符合以下要求：

a)　试验设备应在减震装置上运行，以确保读数稳定；

b) 管道应有四个插孔,间隔 90°环绕在管道圆周,用于安置测速设备。测量探头插入管道后,应采用机械方式固定,而不应采用人工方式托举;

c) 测速应在不同的进风口依次进行,测量时应将没有使用的进风口关闭;

d) 在每个进风口选择半径上的 5 个位置点测量气体流速,一次将测试仪从管道中心向管壁移动,一次从外向管道中心移动,每次测速要有 10 个读数(即每个测量点共有 20 个读数);

e) 根据 ISO 3966,在管道半径上设定的测量位置距管壁的距离用以半径为分母的分数表示为:0.038,0.153,0.305,0.434,0.722,1.00(中心点)。本标准推荐的管道直径为 400 mm,这些测量位置点距离中心的距离为:192 mm,169 mm,139 mm,113 mm,56 mm, 0 mm,见图 G.1。

G.2.3 操作

按照以下步骤操作:

在流速分布已被确认的情况下,排烟管道的体积流量设定在 0.7 m^3/s～1.2 m^3/s 范围内;

——测量所有测量位置点的气体流速,每个进风口处测量 6 个位置点;

——设 v_c 为中心位置点的流速,以 v_n 值表示其他 5 个测量位置点的流速,对所有测量位置点的气体流速值都取 20 个测量值的平均值进行计算。

注:测试结果就是在整个直径线的水平和垂直方向上测量并计算出流量分布。

G.2.4 k_c 的计算

对于一个给定的半径 n,用 v_N 表示半径上的平均流速,即测量值 v_n 的 4 次测量平均值。v_C 表示中心点的流速,即测量值 v_c 的 4 次测量平均值。分布因子的计算由式 G.1 给出:

$$k_c = (1/5) \times (v_{N1} + v_{N2} + v_{N3} + v_{N4} + v_{N5})/v_C \quad \cdots\cdots\cdots\cdots (G.1)$$

式中:

v_{N1}、v_{N2}、v_{N3}、v_{N4}、v_{N5}——5 个半径测试点上的平均流速。

G.2.5 测试报告

测试报告应包括以下内容:

a) 根据 5 个半径测试点的流速 v_n 的平均值和 v_c 得出的每个进风口的流速分布图(垂直和水平截面);

b) 每个半径上 4 个 v_n 值和 4 个 v_c 值,v_N 和 v_C 值,以及计算得到的 k_c。

附 录 H
（资料性附录）
特殊测量设备的校准程序

H.1 对于单独设备部件的一般程序

本附录包含的校准程序满足附录F给出的以性能为基准的校准要求。

H.2 气体分析仪校准

H.2.1 氧气分析仪校准

氧气分析仪按照下述步骤进行调节：

a) 调零时，向分析仪内通入无氧氮气，其流速和压力与试样气体相同。分析仪达到稳定后，将分析仪的输出调至(0.00±0.01)%；

b) 调节量程时，既可使用干燥的室内空气，也可使用氧气浓度为(21.0±0.1)%的特定气体；若使用的是室内空气，则在整个校准期间排烟系统的流量应为1.00 m^3/s±0.05 m^3/s；若使用的是特定气体，则不需排烟系统；分析仪达到平衡后，若使用的是干燥空气，则将分析仪的输出调为(20.95±0.01)%；若使用的是特定气体，则分析仪的输出与实际氧气浓度的偏差应不超过0.01%。

H.2.2 二氧化碳分析仪校准

二氧化碳分析仪按照下述步骤进行调节：

a) 调零时，向分析仪内通入无二氧化碳的氮气，其流速和压力与试样气体相同；分析仪达到平衡后，将分析仪的输出调至(0.00±0.01)%；

b) 调节量程时，应使用二氧化碳浓度大约为满程的75%的特定气体；以与样气相同的流速和压力向分析仪内导入气体；分析仪达到平衡后，将分析仪的输出调到该特定气体的二氧化碳浓度，偏差为±0.01%。

H.3 丙烷质量流量计或转子流量计的校核

H.3.1 概述

通过丙烷气瓶和喷灯来检查质量流量计或转子流量计的精度，将丙烷的质量流量调节为标准热输出为20.5 kW或30 kW时的流量，气体的消耗速率由气瓶的初始质量和最终质量确定。称取质量所使用的天平或磅秤应至少具有5 g的精度。

H.3.2 操作步骤

按以下步骤进行操作：

a) 将气瓶放在磅秤上并将其与供气系统连接；

b) 按校准试验要求安装试验设备(如有要求应安装好背板)，点燃喷灯，调节气体供应速率以达到20.5 kW或30 kW热量，使喷灯的燃烧速率与标准试验中的速率相同；

c) 记录气瓶质量并启动记时器；

d) 1 800 s±30 s 后，再次记录气瓶质量同时关闭记时器；

e) 确定气体的平均消耗速率，单位为毫克每秒(mg/s)。

H.3.3 判据

质量流量计的流量速率与气体的平均消耗速率的偏差应在气体的平均消耗速率的±5%以内。

H.4 白光系统的滤光片校核

H.4.1 概述

对烟气测量系统可按下述程序进行校准，按下述程序校准的光系统也能够符合附录F的要求。用于校核的滤光片应为吸收型，并且应按光学系统的正确波长得到校准。

H.4.2 步骤

启动测量装置，进行下述试验步骤：

a) 将一遮光片插入滤光片插槽里并进行调零；

b) 将遮光片取出，并将光接收器的信号调至100%；

c) 开始计时，记录光接收器信号，记录时间为2 min；

d) 使用一种滤光片并记录相应的信号，滤光片的光密度 d 可选择为：0.1、0.3、0.5、0.8、1.0和2.0，记录时间至少为1 min；

e) 对其他滤光片重复步骤d)；

f) 停止数据采集并计算所有滤光片的平均透光率。

H.4.3 判据

根据平均透光率计算得出的每个数值 $d[d=-\lg(l)]$ 与滤光片理论 d 值的偏差应不超过滤光片理论值的±5%(透光率)或±0.01(光密度)，二者以能体现较大公差者为准。

注：按规定公式计算，对于光密度为0.1、0.3、0.5、0.8、1.0和2.0的滤光片，其理论透光率分别为79.43%、50.12%、31.62%、15.85%、10%和1%。

参 考 文 献

[1] ISO 3966 封闭管道中流体流量的测量 采用皮托静压管的速度面积法

[2] EN 14390 燃烧试验 表面制品大尺寸房间试验

[3] EN 50399:2011 电缆在受火条件下的通用试验方法 电缆在火焰传播试验中的热释放和产烟特性测试 试验装置、程序和结果

ICS 29.020
K 04

中华人民共和国国家标准

GB/T 31249—2014

电子电气产品环境意识设计　材料选择

Environmentally conscious design for electrical and electronic products—Materials selection

2014-12-05 发布　　2015-04-16 实施

中华人民共和国国家质量监督检验检疫总局
中国国家标准化管理委员会　发布

前　言

本标准按照 GB/T 1.1—2009 给出的规则起草。

本标准由全国电工电子产品与系统的环境标准化技术委员会(SAC/TC 297)提出并归口。

本标准起草单位:常熟开关制造有限公司、机械工业北京电工技术经济研究所、深圳市安姆特检测技术有限公司、厦门市华测检测技术有限公司、工业和信息化部电信研究院、中国家用电器研究院、罗克韦尔自动化(中国)有限公司、中国质量认证中心、北京 ABB 低压电器有限公司、深圳市标准技术研究院、通标标准技术服务(上海)有限公司、联想(北京)有限公司、广州威凯检测技术研究院。

本标准主要起草人:张亮、王春华、吕杰华、徐江、滕云、郭丽平、郭伟祥、朱焰、宋伟宏、叶威、刘丽萍、陈展展、宋燕、杜娟、陶弘芝、周建兴、陈金镯、刘功桂。

引　言

材料是构成电子电气产品的基本要素，也是电子电气产品在全生命周期内的重要环境因素。一方面，材料对实现产品预期功能及性能起到保证作用；另一方面，材料在产品生命周期各个阶段与环境发生相互作用，对环境造成相应影响。

材料的生产、使用和生命末期阶段处置会对环境（包括资源、能源）产生重大的影响，不合理的选择和使用材料会造成资源和能源的浪费及对环境的污染，而科学、合理的材料选择则可以减轻或避免对环境的负面影响。

根据GB/T 23686，材料选择是环境意识设计过程的关键步骤，可以通过综合评价材料的性能、成本和环境影响，支持对环境友好材料的选择，在产品性能、成本控制和环境保护之间达到平衡。

本标准规定的材料选择范围包括了在产品全生命周期内需要使用、消耗、回收利用和处置的所有材料，旨在帮助直接参与产品开发的人员、负责在组织内制定政策以及参与决策过程的人员，在产品开发或者改进设计时，在满足产品的安全要求、使用功能和成本控制的条件下，通过评估候选材料在产品各个相关生命周期阶段的环境影响，选择负面环境影响最小的材料。

电子电气产品环境意识设计　材料选择

1　范围

本标准规定了电子电气产品材料选择的原则、目的、过程及信息记录要求。

本标准适用于所有新开发的或者是改进设计的电子电气产品。

2　规范性引用文件

下列文件对于本文件的应用是必不可少的。凡是注日期的引用文件，仅注日期的版本适用于本文件。凡是不注日期的引用文件，其最新版本(包括所有的修改单)适用于本文件。

GB/T 24001—2004　环境管理体系　要求及使用指南

GB/T 24040—2008　环境管理　生命周期评价　原则与框架

IEC/TR 62635　制造商和回收商提供报废信息以及电子电气产品可再生利用率计算的指南(Guidelines for end-of-life information provided by manufacturers and recyclers and for recyclability rate calculation of electrical and electronic equipment)

3　术语和定义

GB/T 24001—2004 和 GB/T 24040—2008 界定的以及下列术语和定义适用于本文件。

3.1

环境意识设计　environmentally conscious design；ECD

在设计和开发过程中考虑环境因素的系统方法，旨在减少产品的负面环境影响。

注 1：与环境设计、生态设计、可持续设计、绿色设计、环境友好设计等术语同义。

注 2：改写 GB/T 23686—2009，定义 3.6。

3.2

材料　material

可以用来制造有用的构件、器件或产品等的物质。

注 1：产品全生命周期使用的材料，不仅包括制造产品的材料，也包括产品在使用、维护阶段所需的零部件备件、消耗品等。

注 2：引自全国科学技术名词审定委员会材料科学名词审定委员会《材料科学技术名词(定义版)》。

3.3

材料选择　material selection

将环境因素引入选择材料的过程，降低与材料相关的产品负面环境影响。

4　材料选择的原则和目的

4.1　原则

使用生命周期思想考虑降低材料对产品生命周期各个阶段的负面环境影响，在考虑材料选择的基础因素的前提下，将考虑环境因素引入产品材料选择过程。

4.2 目的

通过实施材料选择，实现以下目的：

——消除或减少产品中有毒有害物质：材料中可能含有有毒有害物质，在选择材料时应避免或限制使用此类材料，从而降低产品对环境及使用者的危害；

——提高产品的可再生利用率：提高产品生命末期阶段对产品零部件的可再生利用率，可相应减少材料在产品生命周期循环之间的消耗，特别是稀有/紧缺材料的消耗；

——满足产品设计寿命：产品寿命决定了材料特性发挥相应作用的周期长短，选择具有可更换、可升级性能的产品/零部件材料，可以保证产品使用时间满足其设计寿命；

——提高产品能效：对于电子电气产品，材料的导电性能和绝缘性能等会影响产品能效，依据产品设计能效选择适当的材料，可以保证产品达到设计能效要求，从而减少产品使用阶段对能源的消耗；

——其他：在实施材料选择过程中，还会考虑并尽量降低材料自身全生命周期内对环境的负面影响（如原材料开采和提炼过程中破坏植被、水土流失、损害人体健康、污染物排放等）。

5 材料选择的过程

5.1 总则

应在满足产品的安全要求、使用功能和成本控制等基础因素的前提下，通过考虑材料的环境因素，降低产品的负面环境影响。各因素之间的关系如图1所示。

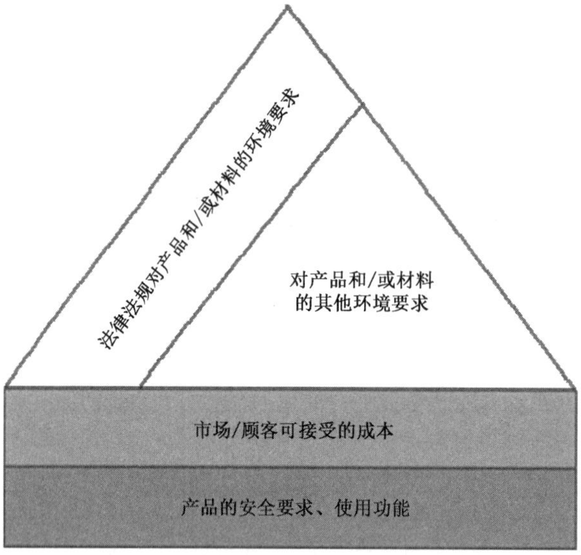

图1 材料选择的基础因素与环境因素之间的关系

5.2 满足材料选择的基础因素

5.2.1 满足产品的安全要求及使用功能

应识别现有国内外法律法规及技术标准中对产品和/或零部件的安全要求，根据安全要求识别并选取材料。

应识别现行技术标准及市场/客户要求中对产品和/或零部件的使用功能要求，根据产品和/或零部件需要实现的使用功能识别并选取材料。

5.2.2 满足产品的成本控制要求

产品成本是材料选择的重要限制因素，用新材料替代昂贵材料、减少材料使用及损耗，可在一定程度上降低产品制造的成本。应针对材料对产品制造阶段成本和使用阶段成本的影响做出评估，并选取能够满足产品成本控制要求的材料。

评估产品制造阶段成本应考虑如下方面：

——材料本身成本；

——制造过程成本，包括制造过程中消耗各种资源的成本；

——组织管理成本，包括劳动力成本、组织环境管理成本等；

——产品使用阶段成本，包括顾客使用产品消耗各种资源的成本（如电力、燃气、水等）、产品维护成本等。

同时，还应对材料本身的限制条件进行识别，这些条件包括但不限于：

——市场中材料的可获得性；

——材料本身的可持续开采性。

5.3 考虑材料的环境因素

5.3.1 概述

材料主要在产品的制造阶段进入产品系统，在产品运输和销售阶段、使用阶段影响产品的环境绩效，在产品生命末期通过循环利用离开产品系统（和/或转入其他产品系统）。应根据各方对于产品负面环境影响的限制要求，针对可选材料对产品各个相关生命周期阶段的环境影响做出评估，进而选择能够最大程度降低产品负面环境影响的材料。

5.3.2 法律法规对产品负面环境影响的限制要求

5.3.2.1 有毒有害物质控制要求

应识别国内外法律法规和技术标准中禁止或限制使用的有毒有害物质要求，材料中有毒有害物质的使用不得违反相关污染控制法规或标准要求。

应尽量避免使用其他已确定具有有毒有害属性、但尚未列入法律法规及技术标准要求的物质。

5.3.2.2 材料的可再使用和/或可再生利用性能要求

可运用 IEC/TR 62635 中的方法计算产品的可再使用率和/或可再生利用率，应选取可以提高产品的可再生利用率的材料。

5.3.3 其他对产品负面环境影响的限制要求

5.3.3.1 原材料获取阶段的环境影响要求

应尽量识别原材料开采期间对环境的影响、材料生产期间工业污染物排放对环境的影响及其生产能效。选取负面环境影响小，生产能效高的材料。

注：材料的生产能效是指材料生产过程的能源利用效率，即材料产量与能源消耗量的比值。

5.3.3.2 对产品生产制造阶段的环境影响要求

应识别材料在产品生产制造阶段产生污染物情况，特别是对操作工人身体健康的影响，选取对环境负面影响小的材料（包括生产辅料等）。

5.3.3.3 对产品生命末期回收利用和处置的要求

应尽量识别产品生命末期阶段所适用的回收利用和处置流程，包括但不限于：

——产品的拆解方法和拆解流程；

——对使用直接可再生利用材料（如铜、铝、ABS 等）制造的产品零部件的附加处理过程；

——对难以进一步拆解的零部件（如微型电机等）的附加处理过程；

——对含有有毒有害物质的零部件（如印制电路板等）的附加处理过程；

——对不同材料的分离过程，如机械分离、化学分离或热分离等。

应根据处理处置流程考虑产品零部件及其之间的联接方式，并根据联接方式选取适合的材料；

对于难以再使用和再生利用的产品/零部件，应尽量选取可降解的材料或不会产生有毒有害渗滤液的材料。

6 材料选择信息记录

应在产品环境意识设计的记录中加入材料选择的因素和评价结果，定期对产品、零部件和/或材料的安全要求、使用功能、成本控制及负面环境影响要求进行复审，并采取改进措施。

参 考 文 献

[1] GB/T 23686—2009 电子电气产品的环境意识设计导则

ICS 13.020.50
K 04

中华人民共和国国家标准

GB/T 31250—2014

电子电气产品环境信息基本要求

General requirements on environmental information of electrical and electronic products

2014-12-05 发布　　2015-04-16 实施

中华人民共和国国家质量监督检验检疫总局
中国国家标准化管理委员会　发布

前　言

本标准按照 GB/T 1.1—2009 给出的规则起草。

本标准由全国电工电子产品与系统的环境标准化技术委员会(SAC/TC 297)提出并归口。

本标准起草单位:工业和信息化部电信研究院、中国检验认证(集团)有限公司、中国质量认证中心、联想(北京)有限公司、杭州华三通信技术有限公司、西门子(中国)有限公司。

本标准主要起草人:郭伟祥、蒋京鑫、王虹、马奇菊、刘妍、唐戈、龚志刚、曹媛。

引　言

由于全球对保护自然环境的强烈关注，导致地区、国家和国际环保法规先后出台。这使得产品生命周期中的所有参与者（从原材料供应商到回收商，贯穿制造商和产品最终用户）更加需要互换环境信息。在各个生命周期阶段，所需环境信息的内容和格式都有所不同。生产商需要收集制造阶段上游的必要信息，并向下游传递与产品相关的环境信息。对企业来说这样持续的局面越来越难以应对，因为这些信息需求的数量在不断增长，而且其所要求的内容、格式都不尽相同，这导致回复也在不断增加。

现有的规则不足以避免利益相关方之间的误解、错误和虚假声明，这些都造成了市场的混乱。因此，现在急需使信息结构标准化、协调各种信息互换方法。

电子电气产品环境信息基本要求

1 范围

本标准为编写电子电气产品声明框架时提供了关于一般性环境属性的指导,使声明框架可以向需求者提供可信的、相关的、协调的产品环境信息。通过声明框架,供应链上游的供应商可向下游的生产商传递必要的具体信息。

本标准适用于电子电气产品。

2 规范性引用文件

下列文件对于本文件的应用是必不可少的。凡是注日期的引用文件,仅注日期的版本适用于本文件。凡是不注日期的引用文件,其最新版本(包括所有的修改单)适用于本文件。

GB/T 24001—2004 环境管理体系 要求及使用指南

GB/T 24040—2008 环境管理 生命周期评价 原则与框架

3 术语和定义

GB/T 24001—2004、GB/T 24040—2008 界定的及下列术语和定义适用于本文件。

3.1

生命周期 life cycle

产品系统中前后衔接的一系列阶段,从原材料的获取或自然资源的生成,直至最终处置。

3.2

电子电气产品环境信息 environmental information on electrical and electronic products;EIEEP

描述电子电气产品生命周期中产品环境因素的任何信息。

3.3

环境因素 environmental aspect

一个组织的活动、产品和服务中能与环境发生相互作用的要素。

3.4

环境影响 environmental impact

全部或部分地由组织的环境因素给环境造成的任何有害或有益的变化。

3.5

生命周期评价 life cycle assessment;LCA

对一个产品系统的生命周期中输入、输出及其潜在环境影响的汇编和评价。

3.6

生态解决方案 eco-solutions

作为系统的组成部分,减少系统环境影响的产品或服务。

3.7

环境相似产品族 environmentally homogeneous product category;EHPC

具有相同功能和技术指标,并能够从某一产品的环境影响推断出另一产品环境影响的一类产品。

3.8

参考产品　reference product

代表EHPC的典型产品，用于测量EHPC的环境影响。

4 方法和原则

4.1 多准则和产品生命周期

产品环境性能应对产品整个生命周期进行评估，确定显著环境因素应以多准则为基础。在没有完成全部评估以前，限于一两个环境因素很可能造成分析失误。

例如，环境声明若都只是着重于单一的材料含量和/或产品在使用阶段的能耗，这样做有可能会隐藏从一阶段转向另一阶段时的污染迁移，或简单忽略掉一些对环境更加有害的因素。

4.2 环境相似产品族(EHPC)

某些情况下，一类产品可能在非显著环境因素或某些常见参数(例如组件数量)有所不同。那么，相关组织就可以定义“环境相似产品类”(EHPC)，该产品族能够被一个单一的声明所覆盖。一份EIEEP则可应用于不同的产品，由此简化工作降低成本。

同一EHPC的产品应具有共同的显著环境特性，例如：

——依据同样的工艺进行制造(相同的基本材料及相同的基本工业制造过程)；

——具有大致相同的质量(重量)，以及相同功能的组件的数量；

——具有大致相同的电力损耗和能量消耗。

5 制定EIEEP框架时需要考虑的描述项目

5.1 生产者或进口商信息

应标明生产者或进口商名称和地址。还可包括：

——电话、传真、E-mail、网址；

——能够提供附加信息的人员或部门名称；

——所实施的环境管理体系的信息。

5.2 产品描述

应提供：

——产品标识(ID)：名称、型号；

——产品质量(重量)和尺寸；

——产品功能：产品的主要使用功能。

还可包括：

——产品的照片、图纸或其他重要的图片。

5.3 环境因素识别：参考产品和方法

应识别并描述用于生命周期评价的参考产品。

应描述用于识别产品环境因素和/或环境影响的方法。

5.4 构成材料

应给出产品中对环境有显著影响的材料名称。

5.5 制造过程

应提供主要制造步骤的基本描述。

还可包括：

在制造过程中旨在减少产品环境影响的行为，例如：

——表明该产品是在通过 ISO 14001 认证的工厂制造的；

——描述制造现场的环境政策。

5.6 分销

应提供主要包装和运输的基本描述。

还可包括：

描述在运输过程和包装环节中为减少产品环境影响所采用的方法。例如：

——表明包装是根据现行法规设计的；

——描述包装采用了环保结构设计。

5.7 使用阶段

5.7.1 能耗

应标明电子电气产品在不同运行模式下的能耗(例如待机模式、关机模式等)。若有可能，应参照相关标准，否则应给出明确的假设条件。

还可包括：

阐明旨在减少能源消耗的行动。

5.7.2 必要的消耗品

应说明在产品生命周期中使用的必要的消耗性部件，例如：

——灯；

——电池；

——熔断器。

5.7.3 维护说明

应给出在使用阶段的维护建议，例如定期为电池充电。

5.7.4 有助于减少环境影响的行为

应列出为减少环境影响而实施的行为，例如：

——减少噪声；

——减少排放。

5.8 生命末期

应提供生命周期末端处理行为的相关信息和数据。

5.9 环境影响

应描述在分析环境影响时所考虑的生命周期的不同阶段，包括：

——原材料；

——制造；
——分销（货运＋包装）；
——使用；
——末期处理。

可从下列清单中选择相关的生命周期影响类型参数（见附录 A）：

——自然资源损耗指数（NRD）；
——能耗指数（ED）；
——水资源损耗指数（WD）；
——全球变暖潜势指数（GWP）；
——平流层臭氧层消耗潜势指数（ODP）；
——空气毒性指数（AT）；
——水资源毒性指数（WT）；
——光化学臭氧生成指数（POC）；
——空气酸化潜力指数（AA）；
——水资源富养指数（WE）；
——有害废物生成指数（HWP）。

所有影响指数都应以数值表示。

5.10 生态解决方案

适用时，应说明生态解决方案给产品自身以及整个系统带来的环境利益。

5.11 制定 EIEEP 的日期

应完整、清晰地表明 EIEEP 的制定日期。

附 录 A
（资料性附录）
生命周期影响类别参数举例

本附录为常见生命周期影响参数举例。

所有指数均以产品的整个生命周期来计算。

A.1 自然资源损耗指数(NRD)

NRD 指数用于表示自然资源的消耗，其考虑了全球资源存贮总量(矿物、化石……)以及当前经济水平对资源的消耗率。

NRD 指数以每年贮量减少的比值来表示(/年)。

A.2 能耗指数(ED)

ED 指数用于表示整个产品生命周期中的能量消耗总量。

ED 指数以焦耳(J)表示。

A.3 水资源损耗指数(WD)

WD 指数用于表示整个产品生命周期中的水资源消耗总量。

WD 指数以立方分米表示(dm^3)。

A.4 全球变暖潜力指数(GWP)

GWP 指数用于表示整个产品生命周期中由于气体排放对全球大气变暖的影响。

GWP 指数以二氧化碳克数表示，将所有排放的气体都根据其变暖潜力等价换算为二氧化碳。

注 1：GWP 指数定义来自于 ISO 14064-1 定义 2.1.8。

注 2：等价换算示例：1 g CH_4(甲烷)等同于 64 g 二氧化碳。

A.5 同温层臭氧消耗潜力指数(ODP)

ODP 指数用于表示整个产品生命周期中由于某些气体排放对同温层臭氧层消耗的影响。

ODP 指数以氟氯化碳-11(CFC-11)的克数表示，将所有排放的气体根据臭氧消耗潜力等价换算为氟氯化碳-11。

A.6 空气毒性指数(AT)

AT 指数用于表示人类环境中的空气毒性，包括通常公认的几种气体的容许浓度及其排放量。

AT 指数以“劣质空气”的体积表示。

A.7 水资源毒性指数(WT)

WT 指数用于表示水资源毒性,包括通常公认的积累物质的容许浓度及其排放量。

WT 指数以“劣质水资源”的体积表示。

A.8 光化学臭氧生成指数(POC)

POC 指数用于表示由于排放气体在低层大气中经过阳光辐射作用变成氧化剂,造成对流层臭氧(“烟雾”)的潜力。

POC 指数以乙烯(C_2H_4)克数表示,将所有排放物质根据其等价潜力换算为乙烯。

A.9 空气酸化潜力指数(AA)

AA 指数用于表示由于某些气体排放到大气中造成的空气酸化。

AA 指数以离子 H^+ 的克数表示,将所有气体根据其酸化潜力等价换算为离子 H^+。或等价换算成二氧化硫(SO_2)。

A.10 水资源富养指数(WE)

WE 指数用于表示由于某些物质的排放过量而造成湖水和海水的富养(富含营养物质)。

WE 指数以 PO_4^{3-} 的克数表示,将所有物质根据其氮饱和潜力等价换算为 PO_4^{3-}。

A.11 有害废物生成指数(HWP)

HWP 指数用于表示整个产品生命周期中产生的有害废弃物数量。

HWP 以千克(kg)表示。

参 考 文 献

[1] IEC PAS 62545 电子电气产品环境信息

ICS 25.160.30
J 64

中华人民共和国国家标准

GB 31251.2—2014/IEC 62135-2:2007

电阻焊设备 第2部分:电磁兼容性要求

Resistance welding equipment—Part 2:
Electromagnetic compatibility(EMC) requirements

(IEC 62135-2:2007,IDT)

2014-12-05 发布　　2015-10-16 实施

中华人民共和国国家质量监督检验检疫总局
中国国家标准化管理委员会 发布

前　言

本部分的全部技术内容为强制性。

GB 31251《电阻焊设备》分为2个部分：

——第1部分：设计、制造和安装的安全要求；

——第2部分：电磁兼容性要求。

本部分为GB 31251的第2部分。

本部分按照GB/T 1.1—2009给出的规则起草。

本部分使用翻译法等同采用国际标准IEC 62135-2:2007《电阻焊设备　第2部分：电磁兼容性要求》。

与本部分中规范性引用的国际文件有一致性对应关系的我国文件见附录NA。

本部分由中国电器工业协会提出。

本部分由全国电焊机标准化技术委员会(SAC/TC 70)归口。

本部分起草单位：江苏科技大学、天津七所高科技有限公司、唐山松下产业机器有限公司、深圳市鸿栢科技实业有限公司、米亚基贸易(上海)有限公司、广州亨龙机电股份有限公司、成都电焊机研究所、浙江肯得机电股份有限公司、无锡汉神电气有限公司、江苏浙南装备技术有限公司、江阴五星焊接铜业有限公司、天津市科华焊接设备有限公司、成都三方电气有限公司、成都电气检验所。

本部分主要起草人：方臣富、胡敏、杨学武、韩玉琦、宗像洋、邹春芽、杜武、朱宣辉、何晓阳、李锋、缪元生、陈振生、何为、杨庆轩、潘颖。

电阻焊设备
第2部分:电磁兼容性要求

1 范围

GB 31251 的本部分适用于输入电压不超过最大交流有效值1 000 V的电阻焊和类似工艺所用设备。本部分没有规定安全要求。

符合本部分要求的电阻焊设备应认为是符合应用要求的。

频率范围从0 Hz～400 GHz。

本部分电阻焊设备的电磁兼容要求不低于其他通用标准,因此无需增加其他的电磁兼容试验项目。

注1:典型的类似工艺有电阻硬钎焊、电阻软钎焊或通过类似电阻焊设备进行电阻加热的工艺。

注2:限值仅适用于本部分规定的频率范围。

电阻焊设备分为A类设备和B类设备。

本部分规定了:

a) 射频辐射测试采用GB 4824—2004中规定的方法;

b) 谐波电流辐射、电压波动及闪烁的相应标准和试验方法。

注3:使用中的电阻焊设备与接收天线的距离小于30 m时,即使电阻焊设备符合标准的限值,也不能完全保证不对电视或者收音机的接收造成干扰。

注4:在特殊情况下,当极易受影响的设备离电阻焊设备较近距离使用时,应采用其他措施减小其电磁辐射。

本部分也规定了连续、瞬时传导骚扰和辐射骚扰(包括静电放电)的抗扰度要求和试验方法。

注5:这些要求不包括极少出现的一些特殊情况。

2 规范性引用文件

下列文件对于本文件的应用是必不可少的。凡是注日期的引用文件,仅注日期的版本适用于本文件。凡是不注日期的引用文件,其最新版本(包括所有的修改单)适用于本文件。

GB 4824—2004 工业、科学和医疗(ISM)射频设备 电磁骚扰特性 限值和测量方法(IEC/CISPR 11:2003,IDT)

GB 17625.1—2012 电磁兼容 限值 谐波电流发射限值(设备每相输入电流≤16 A)(IEC 61000-3-2:2009,IDT)

GB 17625.2—2007 电磁兼容 限值 对每相额定电流≤16 A且无条件接入的设备在公用低压供电系统中产生的电压变化、电压波动和闪烁的限制(IEC 61000-3-3:2005,IDT)

IEC 60050-161 电工术语 电磁兼容(International Electrotechnical Vocabulary—Chapter 161:Electromagnetic compatibility)

IEC 60050-851 电工术语 第851章:电焊(International Electrotechnical Vocabulary—Chapter 851: Electric welding)

IEC 61000-3-11:2000 电磁兼容 第3-11部分:限值 对每相额定电流≤75 A且有条件接入的设备在公用低压供电系统中产生的电压变化、电压波动和闪烁的限制[Electromagnetic compatibility (EMC)—Part 3-11: Limits—Limitation of voltage changes, voltage fluctuations and flicker in public low-voltage supply systems—Equipment with rated current ≤75 A and subject to conditional connection]

IEC 61000-3-12:2011 电磁兼容 第3-12部分:对每相额定电流＞16 A并≤75 A的与公用低压系统连接的设备产生的谐波电流的限值[Electromagnetic compatibility (EMC)—Part 3-12: Limits for harmonic currents produced by equipment connected to public low-voltage systems with input current ＞ 16 A and ≤ 75 A per phase]

IEC 61000-4-2 电磁兼容 试验和测量技术 静电放电抗扰度试验[Electromagnetic compatibility (EMC)—Part 4-2: Testing and measurement techniques—Electrostatic discharge immunity test]

IEC 61000-4-3 电磁兼容 试验和测量技术 射频电磁场辐射抗扰度试验[Electromagnetic compatibility (EMC)—Part 4-3: Testing and measurement techniques—Radiated, radio frequency, electromagnetic field immunity test]

IEC 61000-4-4 电磁兼容 试验和测量技术 电快速瞬变脉冲群抗扰度试验[Electromagnetic compatibility (EMC)—Part 4-4: Testing and measurement techniques—Electrical fast transient/burst immunity test]

IEC 61000-4-5 电磁兼容 试验和测量技术 浪涌(冲击)抗扰度试验[Electromagnetic compatibility (EMC)—Part 4-5: Testing and measurement techniques—Surge immunity test]

IEC 61000-4-6 电磁兼容 试验和测量技术 射频场感应的传导骚扰抗扰度[Electromagnetic compatibility (EMC)—Part 4-6: Testing and measurement techniques—Immunity to conducted disturbances, induced by radio-frequency fields]

IEC 61000-4-7 电磁兼容 试验和测量技术 供电系统及所连设备谐波、谐间波的测量和测量仪器导则[Electromagnetic compatibility (EMC)—Part 4-7: Testing and measurement techniques—General guide on harmonics and interharmonics measurements and instrumentation, for power supply systems and equipment connected thereto]

IEC 61000-4-11 电磁兼容 试验和测量技术 电压暂降、短时中断和电压变化的抗扰度试验[Electromagnetic compatibility (EMC)—Part 4-11: Testing and measurement techniques—Voltage dips, short interruptions and voltage variations immunity tests]

IEC 61000-4-15 电磁兼容 试验和测量技术 闪烁仪 功能和设计规范[Electromagnetic compatibility (EMC)—Part 4-15: Testing and measurement techniques—Flickermeter—Functional and design specifications]

IEC 62135-1 电阻焊设备 第1部分:设计、制造和安装的安全要求(Resistance Welding equipment—Part 1: Safety requirements for design, manufacture and installation)

IEC/CISPR 14-1 家用电器、电动工具和类似器具的电磁兼容要求 第1部分:发射(Electromagnetic compatibility—Requirement for household appliances, electric tools and similar apparatus—Part 1: Emission)

IEC/CISPR 16-1-1 无线电骚扰和抗扰度测量设备和测量方法规范 第1-1部分:无线电骚扰和抗扰度测量设备 测量设备(Specification for radio disturbance and immunity measuring apparatus and methods—Part 1-1: Radio disturbance and immunity measuring apparatus—Measuring apparatus)

IEC/CISPR 16-1-2 无线电骚扰和抗扰度测量设备和测量方法规范 第1-2部分:无线电骚扰和抗扰度测量设备 辅助设备 传导骚扰(Specification for radio disturbance and immunity measuring apparatus and methods—Part 1-2: Radio disturbance and immunity measuring apparatus—Ancillary equipment—Conducted disturbances)

IEC/CISPR 16-1-4 无线电骚扰和抗扰度测量设备和测量方法规范 第1-4部分:无线电骚扰和抗扰度测量设备 辅助设备 辐射骚扰(Specification for radio disturbance and immunity measuring apparatus and methods—Part 1-4: Radio disturbance and immunity measuring apparatus—Ancillary equipment—Radiated disturbances)

ISO 669 阻焊 电阻焊机 机械和电气要求(Resistance welding—Resistance welding equipment—Mechanical and electrical Requirement)

3 术语和定义

ISO 669、IEC/CISPR 的出版物、IEC 60050-851 和 IEC 62135-1 界定的以及下列术语和定义适用于本文件。

3.1

电缆端口 cable port

导体或电缆与设备相连的点。

注 1:例如信号端口、控制端口和电源端口。

注 2:电阻焊设备次级回路不是电缆端口,是外壳端口的一部分。

3.2

约定负载 conventional load

电极短路的负载状态,见 ISO 669。

3.3

约定值 conventional value

测定参数时,用作比较、标定和测试的标准值。

注:在实际焊接过程中,不一定符合约定值。

3.4

外壳端口 enclosure port

电磁场可以辐射侵入或影响设备的物理边界。

3.5

闲置状态 idle state

电阻焊设备通电,但无焊接电流输出的状态。

3.6

端口 port

规定的设备与外部电磁环境的特定界面。

4 通用试验要求

4.1 试验条件

试验应在规定的条件以及 IEC 62135-1 给出的额定输入电压及频率下进行。在 50 Hz 下得到的射频发射和抗扰度的结果对 60 Hz 下的同一操作模式同样有效,反之亦然。

4.2 测量装置

测量装置应符合 IEC/CISPR 16-1-1 的要求以及表 1、表 2、表 3 中涉及的标准要求。

低频发射试验的测量装置应符合 IEC 61000-4-7 关于谐波的要求和 IEC 61000-4-15 关于电压波动的要求。

4.3 人工电源网络

测量电源端子骚扰电压值应使用符合 IEC/CISPR 16-1-2 规定的 50 Ω/50 μH 的 V 型人工电源

网络。

人工电源网络应能在射频范围内向被测试的设备端子之间提供一个规定的阻抗，并能将被测试的设备同供电线路的无用射频信号隔离。

4.4 电压探头

在不能使用人工电源网络时，应使用电压探头进行测试。探头分别接在每根电源线与参考地之间。探头由一个电阻器和一个隔直电容器组成，使电源线与地之间总的电阻值至少为1 500 Ω。电容器或任何测量用的保护装置对测量精度的影响都不应超过1 dB，否则应予以校准。

4.5 天线

在30 MHz～1 GHz频段范围内，天线应符合IEC/CISPR 16-1-4的规定，并在水平和垂直极化方向上进行测量。天线与地面之间的距离不应小于0.2 m。

5 发射及抗扰度试验布局

5.1 总则

发射及抗扰度试验应在下述典型安装下进行。在这样的安装下，被测试的电阻焊设备认为满足本部分中所需的要求。

如电阻焊设备是成套设备的一部分或能与辅助设备相连，则电阻焊设备应在试验的同时与运行端口所需的辅助设备的最小配置相连接。如果电阻焊设备有许多类似的端口，或带有类似连接的端口，那么，试验时必须选择足够数量的端口模拟电阻焊设备的实际运行情况，以确保覆盖所有不同类型的端口。

低频发射限值的测量按相关标准规定的试验程序进行。

抗扰度试验的要求见表1、表2和表3。

被测试的电阻焊设备的配置应在试验报告中详细注明。

A类电阻焊设备可根据制造商的意愿在试验场所或现场进行测试。

注：由于尺寸、复杂性或操作条件，一些电阻焊设备可能必须现场测试，以确认其符合规定的辐射骚扰限值。

B类电阻焊设备应在试验场所测试。

5.2 辅助设备

辅助设备应与电阻焊设备一起进行试验，并按制造商的建议进行连接和安装。

6 发射试验

6.1 设备分类

6.1.1 A类设备

A类设备为非家用和不直接连接到住宅低压供电网设施中使用的设备。

A类设备应满足6.3中规定的A类限值。

6.1.2 B类设备

B类设备为家用设备和直接连接到住宅低压供电网设施中使用的设备。

B类设备应满足6.3中规定的B类限值。

6.2 试验条件

6.2.1 射频发射试验条件

应按照 GB 4824—2004 的试验程序和下列步骤以及第 5 章的规定进行发射限值的测试。

电阻焊设备在设计和工作条件下有极大差异,应在下列条件下试验:

a) 闲置状态;

b) 负载状态:

——调整焊接回路以获得最小阻抗和最大电流(例:用最小电极臂长度和间距);

——电极调整在短路状态;

——若有其他调节的方法,调节电流以达到最大发射;

示例:对晶闸管控制的设备,触发角滞后 90°时将产生最大发射值。

——选择适用于受试电阻焊设备的负载持续率、焊接加热时间和测试仪器要求。

所选试验参数应全部在文件中记载。

6.2.2 低频测试的试验条件

电阻焊设备在设计和工作条件上的差异极大,应在下述条件下进行试验:

——调整焊接回路以获得最小阻抗和最大电流。

——电极调整在短路状态。

——若有其他调节的方法,调节电流以达到最大发射。

——按式(1)计算最大焊接电流下电阻焊设备的负载持续率 X :

$$X=\frac{(I_{2P})^2}{(I_{2MAX})^2} \tag{1}$$

式中:

I_{2P} ——连续输出电流;

I_{2MAX}——最大焊接电流。

——根据计算出的负载持续率,选择适应于被测试的电阻焊设备的观察周期和焊接加热时间以及测量装置。

所选试验参数应全部在文件中记载。

6.3 发射限值

6.3.1 电源端子骚扰电压

6.3.1.1 闲置模式

A 类电阻焊设备的电源端子骚扰电压限值见 GB 4824—2004 中表 2a 的 1 组设备的限值。

B 类电阻焊设备的电源端子骚扰电压限值见 GB 4824—2004 中表 2b 的 1 组设备的限值。

被测试的设备应同时满足用平均值检波器测量时所规定的平均值限值和用准峰值检波器测量时所规定的准峰值限值,或者使用准峰值检波器测量时满足平均值限值。

6.3.1.2 负载模式

A 类电阻焊设备的电源端子骚扰电压限值见 GB 4824—2004 中表 2a 的 2 组设备的限值。应根据最大短路输入电流 I_{1CC} 选择相应的限值。

B 类电阻焊设备的电源端子骚扰电压限值见 GB 4824—2004 中表 2b 的 2 组设备的限值。

被测试的设备应同时满足用平均值检波器测量时所规定的平均值限值和用准峰值检波器测量时所

规定的准峰值限值,或者使用准峰值检波器测量时满足平均值限值。

A 类设备脉冲噪音(喀呖声)少于每分钟 5 次,则不予考虑。

B 类设备脉冲噪音(喀呖声)少于每分钟 0.2 次,则允许把限值放宽到 44 dB。

喀呖声在每分钟 0.2 次至每分钟 30 次之间时,允许把限值放宽到 20 lg(30/N)dB(N 为每分钟喀呖声的次数)。对于断续的喀呖声参见 IEC/CISPR 14-1。

6.3.2 电磁辐射骚扰

6.3.2.1 总则

在辐射骚扰发射试验中,天线和被测试设备之间的分布应按 GB 4824—2004 第 5 章的要求。

6.3.2.2 闲置模式

A 类电阻焊设备的电磁辐射骚扰限值见 GB 4824—2004 中表 3 的 1 组限值。

B 类电阻焊设备的电磁辐射骚扰限值见 GB 4824—2004 中表 3 的 1 组限值。

6.3.2.3 负载模式

频率范围在 30 MHz～1 000 MHz 的 A 类电阻焊设备的电磁辐射骚扰限值见 GB 4824—2004 表 5a 的限值。

频率范围在 30 MHz～1 000 MHz 的 B 类电阻焊设备的电磁辐射骚扰限值见 GB 4824—2004 表 4 的 2 组限值。

6.3.3 低频发射限值

限值为:

a) 谐波电流发射见 GB 17625.1—2012 和 IEC 61000-3-12:2011;

b) 电压波动和闪烁见 GB 17625.2—2007 和 IEC 61000-3-11:2000。

若这些标准的适用范围包含电阻焊设备,则其限值对电阻焊设备同样适用。以最大短路输入电流 I_{1CC} 值为基础选择使用标准。

注:对于其他设备,制造阶段没有特殊要求。连接条件可根据当地电源情况选定。建议参考 GB/Z 17625.4、GB/Z 17625.5和 GB/Z 17625.6。

7 抗扰度试验

7.1 试验的适用范围

不含电子控制回路的电阻焊设备,应认为其满足必要的抗扰度要求,无需试验。

外壳、交流输入电源端口、程序测量端口和控制线端口的抗扰度水平试验,见表 1、表 2 和表 3。

7.2 试验条件

按第 5 章规定的布局对电阻焊设备进行试验。在电阻焊设备的两个电极间接一个 1 kΩ 的电阻。如可调节,控制角调节为 90°,将被测试的电阻焊设备设置为特定的负载持续率和焊接加热时间,或次级输出连续电流,对次级电压进行监视,以评价其与性能判据的符合性。

当试验不能在整台电阻焊设备上进行时,可在其电子组件上进行。

7.3 抗扰度性能判据

7.3.1 判据 A

a) 电阻焊设备应连续正常工作。
b) 次级电压允许在设定值的±10%范围内波动。
c) 不能超过预置的加热时间。
d) 加热时不允许中断。
e) 在“单次”操作模式中,应以正确的方式终止焊接周期。
f) 在“重复”“缝焊”“连续”的操作模式中,应能通过启动开关来中断周期。
g) 所有控制应有连续性功能。
h) 不允许半导体功率开关出现故障。
i) 不允许出现存储数据丢失情况。

7.3.2 判据 B

a) 次级电压允许在设定值的$^{+50}_{-100}$% 范围内波动。
b) 若在预定的加热时间内电流中断,焊接周期以“无电流”终止,可以要求进行手动复位。
c) 不能超过预置的加热时间。
d) 在“单次”操作模式下,应以正确的方式终止焊接周期。
e) 在“重复”“缝焊”“连续”的操作模式中,应能通过启动开关来中断周期。
f) 不允许半导体功率开关出现故障。
g) 不允许出现存储数据丢失情况。

7.3.3 判据 C

a) 如果功能丧失可以自动恢复或能由操作者恢复,则允许功能暂时性丧失。这就要求电阻焊设备的控制电压能通过适当的开关恢复。
b) 不允许半导体功率开关出现故障,但允许功能暂时性丧失。
c) 不允许储存数据丢失,除非其可通过控制操作恢复。

7.4 抗扰度电平

外壳的抗扰度要求见表 1,交流输入端口的抗扰度要求见表 2,检测和控制端口的抗扰度要求见表 3。

8 用户文件

给予用户的文件中应清晰地标明设备的类别。

应告知用户,通过采取适当的安装方式和正确的使用方法,使电阻焊设备的干扰发射减至最小。制造商或者代理商应对每一台电阻焊设备的使用说明书和信息负责。这些信息如下:

a) 对于 B 类设备,应书面声明其符合工业和住宅环境包括由公共低压供电系统供电的住宅环境中的电磁兼容要求。
b) 对于 A 类设备,使用说明书中应包括下列文字或相应文字:
警告:A 类设备不适用于由公共低压供电系统供电的住宅环境。由于传导和辐射骚扰,在这些环境中难以保证电磁兼容性。

c) 对每相输入电流低于 75 A、仅适用于非公共低压系统的设备，当其不满足 IEC 61000-3-12:2011 的要求时，该设备的使用说明书中应包括下列文字或相应文字：

警告：本设备不满足 IEC 61000-3-12:2011 要求。如果需要将其与公共低压供电系统连接，设备的安装者或使用者应与供电公司联系(必要时)，确认该设备可以连接。

d) 提示用户为实现电磁兼容应采取的所有措施，如必须使用屏蔽电缆等。

e) 环境评估建议，为减少电磁骚扰在安装和使用方面应采取的必要措施。

f) 减少电磁骚扰措施建议。

g) 提醒用户注意焊接引起的电磁干扰。

表 1 外壳的抗扰度电平

试验项目		单位	试验规范	基本标准	备 注	判据
射频电磁场，幅度调制		MHz V/m(unmod. r.m.s.) % AM(1 kHz)	80～1 000 10 80	IEC 61000-4-3	规定的试验电平优先于调制	A
静电放电	接触放电	kV(放电电压)	±4[a]	IEC 61000-4-2	见基本标准中接触和/或空气放电试验的适用范围	B
	空气放电	kV(放电电压)	±8[a]			B
[a] 低于上述等级的试验不做要求。						

表 2 AC 输入电源端口的抗扰度电平

试验项目	单位	试验规范	基本标准	备 注	判据
快速瞬变	kV(峰值) 重复频率 kHz Tr/Th ns	±2 5 5/50	IEC 61000-4-4	直接注入	B
射频共模	MHz V(unmod.r.m.s.) % AM(1 kHz)	0.15～80 10 80	IEC 61000-4-6	(见注释) 规定的试验电平优先于调制	A
浪涌 线对线 线对地	Tr/Th μs kV 开路电压 kV 开路电压	1.2/50(8/20) ±1 ±2	IEC 61000-4-5	若 CDN 导致 EUT 不能实现正常功能时，不做此试验	B
电压暂降	%减少 周期	30 0.5	IEC 61000-4-11	—	B
	%减少 周期	60 5			C
注：试验电平也可以按流入 150 Ω 负载的等效电流来确定。					

表 3 检测和控制端口的抗扰度电平

试验项目	单位	试验规范	基本标准	备　注	判据
快速瞬变	kV(峰值) Tr/Th ns 重复频率 kHz	±2 5/50 5	IEC 61000-4-4	容性耦合夹	B
射频共模	MHz V(unmod.r.m.s.) % AM(1 kHz)	0.15～80 10 80	IEC 61000-4-6	(见注释) 规定的试验电平优先于调制	A
适用于连接着电缆的检测和控制端口,除非制造商声明文件中要求电缆长度不超过 3 m。 **注**:试验电平也可以按流入 150 Ω 负载的等效电流来确定。					

附　录　A
（资料性附录）
限　　值

A.1　总则

本附录总结了本部分所涉及的相关标准的限值。参考文献中的图表和限值，只引用了与本部分相关的部分。

A.2　电源端子骚扰电压限值

来源：GB 4824—2004。

表 A.1　闲置状态下设备电源端子骚扰电压限值

<table>
<tr><td rowspan="2">频率范围
MHz</td><td colspan="2">B 类
dBμV</td><td colspan="2">A 类
dBμV</td></tr>
<tr><td>准峰值</td><td>平均值</td><td>准峰值</td><td>平均值</td></tr>
<tr><td rowspan="3">0.15～0.50</td><td>66</td><td>56</td><td rowspan="3">79</td><td rowspan="3">66</td></tr>
<tr><td colspan="2">随频率对数线性减小</td></tr>
<tr><td>56</td><td>46</td></tr>
<tr><td>0.50～30</td><td>56</td><td>46</td><td>73</td><td>60</td></tr>
</table>

表 A.2　负载状态下设备电源端子骚扰电压限值

<table>
<tr><td rowspan="2">频率范围
MHz</td><td colspan="2">B 类
dBμV</td><td colspan="2">A 类
dBμV</td><td colspan="2">A 类>100 A [a]
dBμV</td></tr>
<tr><td>准峰值</td><td>平均值</td><td>准峰值</td><td>平均值</td><td>准峰值</td><td>平均值</td></tr>
<tr><td rowspan="3">0.15～0.50</td><td>66</td><td>56</td><td rowspan="3">100</td><td rowspan="3">90</td><td rowspan="3">130</td><td rowspan="3">120</td></tr>
<tr><td colspan="2">随频率对数线性减小</td></tr>
<tr><td>56</td><td>46</td></tr>
<tr><td>0.50～5</td><td>56</td><td>46</td><td>86</td><td>76</td><td>125</td><td>115</td></tr>
<tr><td rowspan="3">5～30</td><td rowspan="3">60</td><td rowspan="3">50</td><td>90</td><td>80</td><td rowspan="3">115</td><td rowspan="3">105</td></tr>
<tr><td colspan="2">随频率对数线性减小</td></tr>
<tr><td>70</td><td>60</td></tr>
<tr><td colspan="7">[a] 适用于输入电流 I_{1max} 超过每相 100 A 的设备。</td></tr>
</table>

A.3 电磁辐射骚扰限值

来源:GB 4824—2004。

表 A.3 闲置状态下电磁辐射骚扰限值

频率范围 MHz	B类 (测量距离 10 m) dBμV/m	A类 (测量距离 10 m) dBμV/m
30～230	30	40
230～1 000	37	47

表 A.4 负载状态下电磁辐射骚扰限值

频率范围 MHz	B类	A类	
	测量距离 10 m dBμV/m	测量距离 10 m dBμV/m	与建筑外墙的距离 D dBμV/m
30～47	30	68	48
47～53.91	30	50	30
53.91～54.56	30	50	30
54.56～68	30	50	30
68～80.872	30	63	43
80.872～81.848	50	78	58
81.848～87	30	63	43
87～134.786	30	60	40
134.786～136.414	50	70	50
136.414～156	30	60	40
156～174	30	74	54
174～188.7	30	50	30
188.7～190.979	30	60	40
190.979～230	30	50	30
230～400	37	60	40
400～470	37	63	43
470～1 000	37	60	40

对于在试验场地测量的设备,如果测量距离 D 在场地边界内,设备所在的建筑外墙的测量距离 D 应为$(30+x/a)$m 或 100 m(取较小值)。如果计算出的距离 D 超过场地边界,测量距离 D 等于 x 或 30 m(取较大值)。

上述计算值中:

x ——设备所在建筑外墙与用户所在场地边界的每个测量方向的最近距离;

a ——=2.5，当频率低于 1 MHz 时；

a ——=4.5，当频率等于或大于 1 MHz 时。

A.4 谐波电流限值

来源：GB 17625.1—2012 和 IEC 61000-3-12:2011。

表 A.5 输入电流 I_{1CC}≤16 A 的设备最大允许谐波电流限值

谐波次数 n	谐波电流 A
奇次谐波	
3	3.45
5	1.71
7	1.16
9	0.60
11	0.50
13	0.32
15≤n≤39	0.23×15/n
偶次谐波	
2	1.62
4	0.65
6	0.45
8≤n≤40	0.35×8/n

表 A.6 16 A<I_{1CC}≤75 A 的设备的电流发射限值(非三相平衡设备)

最小 R_{sce}	允许的单个谐波电流 I_n/I_1 [a] %						允许的电流谐波畸变率 %	
	I_3	I_5	I_7	I_9	I_{11}	I_{13}	THD	PWHD
33	21.6	10.7	7.2	3.8	3.1	2	23	23
66	24	13	8	5	4	3	26	26
120	27	15	10	6	5	4	30	30
250	35	20	13	9	8	6	40	40
≥350	41	24	15	12	10	8	47	47

注 1：12 次以下的偶次谐波电流不能超过 16/n%。大于 12 次的偶次谐波用与奇次谐波相同方法计入 THD 和 PWHD 值。

注 2：允许相邻的 R_{sce} 各值之间采用线性插值。

[a] I_1=基波电流；I_n=各次谐波电流。

表 A.7 输入电流 16 A<I_{1CC}≤75 A 的三相平衡设备的电流发射限值

最小 R_{sce}	允许的单个谐波电流 I_n/I_1[a] %				允许的电流谐波畸变率 %	
	I_5	I_7	I_{11}	I_{13}	THD	PWHD
33	10.7	7.2	3.1	2	13	22
66	14	9	5	3	16	25
120	19	12	7	4	22	28
250	31	20	12	7	37	38
≥350	40	25	15	10	48	46

注 1：12 次以下的偶次谐波电流不能超过 16/n%。大于 12 次的偶次谐波用与奇次谐波相同方法计入 THD 和 PWHD 值。

注 2：允许相邻的 R_{sce}各值之间采用线性插值。

[a] I_1=基波电流；I_n=各次谐波电流。

表 A.8 输入电流 16 A<I_{1CC}≤75 A 的三相平衡设备在特定条件下的电流发射限值

最小 R_{sce}	允许的单个谐波电流 I_n/I_1[a] %				允许的电流谐波畸变率 %	
	I_5	I_7	I_{11}	I_{13}	THD	PWHD
33	10.7	7.2	3.1	2	13	22
≥120	40	25	15	10	48	46

注 1：12 次以下的偶次谐波电流不能超过 16/n%。大于 12 次的偶次谐波用与奇次谐波相同方法计入 THD 和 PWHD 值。

注 2：允许相邻的 R_{sce}各值之间采用线性插值。

[a] I_1=基波电流；I_n=各次谐波电流。

满足以下的任何一个条件时，可用表 A.8 的限值(三相平衡设备)：

a) 5 次谐波电流相对于基波电压相角在 90°～150°。

注：这种情况通常可以采用不可控整流桥和电容滤波的设备，包括 3% 交流或 4% 直流的电抗来实现。

b) 设备的自身设计导致 5 次谐波相角在 0°～360°的范围内没有一个固定的值。

注：这种情况通常针对于带有晶闸管全控整流桥的设备。

c) 5 次和 7 次谐波电流都小于基波电流的 5%。

注：这种情况通常用“12 脉波”设备来实现。

A.5 电压波动与闪烁的限值

来源：GB 17625.2—2007 和 IEC 61000-3-11:2000。

表 A.9　I_{1CC}≤75 A 的电阻焊设备的限值

最大相对电压变化 d_{max} %	相对稳态电压变化 d_c %	短时闪烁指示值 P_{st}
7	3.3	1.0

P_{st}的要求不适用于由手动调整而产生的电压变化。

根据 GB 17625.2—2007 给定的参考阻抗评价或测试设备时，设备不能满足表 A.9 的限值，则制造商可采取以下措施：

a) 根据 IEC 61000-3-11:2000 中 6.3，确定允许的最大系统阻抗 Z_{max}，并在使用说明书中注明；或

b) 根据 IEC 61000-3-11:2000 中 6.2 测试设备，并在使用说明书中标明设备要求供电系统必须具有每相大于 100 A 电流的供电能力。

附 录 NA
（资料性附录）
与本部分中规范性引用的国际文件有一致性对应关系的我国文件

GB 4343.1—2009 家用电器、电动工具和类似器具的电磁兼容要求 第1部分:发射(IEC/CISPR 14-1:2005,IDT)

GB/T 4365—2003 电工术语 电磁兼容(IEC 60050-161:1990,IDT)

GB/T 6113.101—2008 无线电骚扰和抗扰度测量设备和测量方法规范 第1-1部分：无线电骚扰和抗扰度测量设备 测量设备(IEC/CISPR 16-1-1:2006,IDT)

GB/T 6113.102—2008 无线电骚扰和抗扰度测量设备和测量方法规范 第1-2部分：无线电骚扰和抗扰度测量设备 辅助设备 传导骚扰(IEC/CISPR 16-1-2:2006,IDT)

GB/T 6113.104—2008 无线电骚扰和抗扰度测量设备和测量方法规范 第1-4部分：无线电骚扰和抗扰度测量设备 辅助设备 辐射骚扰(IEC/CISPR 16-1-4:2005,IDT)

GB/T 8366—2004 阻焊 电阻焊机 机械和电气要求(ISO 669:2000,MOD)

GB/T 17626.2—2006 电磁兼容 试验和测量技术 静电放电抗扰度试验(IEC 61000-4-2:2001,IDT)

GB/T 17626.3—2006 电磁兼容 试验和测量技术 射频电磁场辐射抗扰度试验(IEC 61000-4-3:2002,IDT)

GB/T 17626.4—2008 电磁兼容 试验和测量技术 电快速瞬变脉冲群抗扰度试验(IEC 61000-4-4:2004,IDT)

GB/T 17626.5—2008 电磁兼容 试验和测量技术 浪涌(冲击)抗扰度试验(IEC 61000-4-5:2005,IDT)

GB/T 17626.6—2008 电磁兼容 试验和测量技术 射频场感应的传导骚扰抗扰度(IEC 61000-4-6:2006,IDT)

GB/T 17626.7—2008 电磁兼容 试验和测量技术 供电系统及所连设备谐波、谐间波的测量和测量仪器导则(IEC 61000-4-7:2002,IDT)

GB/T 17626.11—2008 电磁兼容 试验和测量技术 电压暂降、短时中断和电压变化的抗扰度试验(IEC 61000-4-11:2004,IDT)

GB/T 17626.15—2011 电磁兼容 试验和测量技术 闪烁仪 功能和设计规范(IEC 61000-4-15:2003,IDT)

参 考 文 献

[1] GB/Z 17625.4—2000 电磁兼容 限值 中、高压电力系统中畸变负荷发射限值的评估(idt IEC 61000-3-6:1996)

[2] GB/Z 17625.5—2000 电磁兼容 限值 中、高压电力系统中波动负荷发射限值的评估(idt IEC 61000-3-7:1996)

[3] GB/Z 17625.6—2003 电磁兼容 限值 对额定电流大于16 A的设备在低压供电系统中产生的谐波电流的限制(IEC TR 61000-3-4:1998,IDT)

ICS 13.220.20
C 81

中华人民共和国国家标准

GB 31252—2014

防火监控报警插座与开关

Electrical receptacles and switches with fire monitoring and alarm function

2014-12-05 发布　　2015-10-16 实施

中华人民共和国国家质量监督检验检疫总局
中国国家标准化管理委员会　发布

前　言

本标准的第4章和第6章为强制性的，其余为推荐性的。

本标准按照GB/T 1.1—2009给出的规则起草。

本标准由中华人民共和国公安部提出。

本标准由全国消防标准化技术委员会火灾探测与报警分技术委员会(SAC/TC 113/SC 6)归口。

本标准负责起草单位：公安部沈阳消防研究所。

本标准参加起草单位：浙江正泰建筑电器有限公司、宁波习羽电子发展有限公司。

本标准主要起草人：丁宏军、邸曼、张颖琮、郭春雷、刘程、刘子巍、康卫东、陈玉、胡少英。

本标准为首次发布。

防火监控报警插座与开关

1 范围

本标准规定了防火监控报警插座与开关的分类、要求、试验、检验规则和标识。

本标准适用于工作电压不大于交流440 V、具有防火监控报警功能的电源插座和按键式开关。

2 规范性引用文件

下列文件对于本文件的应用是必不可少的。凡是注日期的引用文件,仅注日期的版本适用于本文件。凡是不注日期的引用文件,其最新版本(包括所有的修改单)适用于本文件。

GB 2099.1 家用和类似用途插头插座 第1部分:通用要求

GB/T 9969 工业产品使用说明书 总则

GB 12978 消防电子产品检验规则

GB 16838 消防电子产品环境试验方法及严酷等级

GB 16915.1 家用和类似用途固定式电气装置的开关 第1部分:通用要求

GB/T 17626.2 电磁兼容 试验和测量技术 静电放电抗扰度试验

GB/T 17626.4 电磁兼容 试验和测量技术 电快速瞬变脉冲群抗扰度试验

GB/T 17626.5 电磁兼容 试验和测量技术 浪涌(冲击)抗扰度试验

3 分类

产品按防火监控报警功能分为:

a) 具有探测剩余电流功能的插座与开关;

b) 具有探测温度功能的插座与开关;

c) 具有探测故障电弧功能的插座与开关。

4 要求

4.1 总则

防火监控报警插座与开关应符合GB 2099.1和GB 16915.1的规定,并满足本章要求。

4.2 外观和主要部件

4.2.1 产品外观应符合下述要求:

a) 表面无腐蚀、涂覆层脱落和起泡现象,无明显划伤、裂痕、毛刺等机械损伤;

b) 紧固部位无松动。

4.2.2 指示灯应符合以下要求:

——表示各种状态的指示灯应用颜色标识。红色表示报警,黄色表示故障,绿色表示正常;

——所有指示灯应有清楚的功能标注;

——指示灯点亮时，在其正前方 3 m 处、光照度为 100 lx～500 lx 的环境条件下，应清晰可见。

4.2.3 在正常工作条件下，距音响器件正前方 1 m 处的声压级(A 计权)不应小于 70 dB。

4.2.4 接线端子应符合以下要求：

——有保护罩；

——清晰标注功能；

——强、弱电接线端子分开设置。

4.2.5 插座应设有保护接地端子。

4.3 监控报警功能

4.3.1 防火监控报警插座与开关在探测参数达到设定的报警条件时，应在 30 s 内发出声、光报警信号，启动控制输出，并保持至手动复位。

4.3.2 防火监控报警功能应符合表 1 规定。

4.3.3 具有探测剩余电流和/或温度功能的插座与开关在低于表 1 规定的报警条件下工作时，不应发出声、光报警信号。

4.3.4 具有探测故障电弧功能的插座与开关在 1 s 内发生不多于 9 个半周期的故障电弧条件下工作时，不应发出声、光报警信号。

4.3.5 同时具有探测剩余电流、温度和故障电弧探测报警功能的插座与开关，应分别满足表 1 对应的报警条件要求。

表 1 防火监控报警功能

探测参数类别	报警条件
剩余电流	报警设定值±10%，且不大于 30 mA
温度	70 ℃±5 ℃
故障电弧	1 s 内发生不少于 14 个半周期故障电弧

4.4 动作功能

4.4.1 防火监控报警插座与开关应具有断开被保护线路的功能，断开装置的触点的容量、数量及参数应在有关技术文件中说明。

4.4.2 插座与开关报警时，应在 30 s 内启动断开装置，断开装置的动作时间应不大于 25 ms。

4.4.3 在启动断开装置后，应保持至被保护线路恢复正常，并仅能手动恢复。

4.5 耐绝缘冲击性能

防火监控报警插座与开关应能耐受峰值为 6 kV 的冲击电压，在耐绝缘冲击性能试验期间，不应启动断开装置；试验后，监控报警功能应符合 4.3 的要求，动作功能应符合 4.4 的要求。

4.6 电磁兼容性能

防火监控报警插座与开关应能适应表 2 所规定条件下的各项试验要求：

a) 试验期间，不应发出报警信号，也不应启动断开装置；

b) 试验后，监控报警功能应符合 4.3 的要求，动作功能应符合 4.4 的要求。

表 2　电磁兼容性试验条件

<table>
<tr><td rowspan="2">静电放电抗扰度试验</td><td>放电电压
kV</td><td>放电极性</td><td>放电间隔
s</td><td>每点放电次数</td><td>工作状态</td></tr>
<tr><td>空气放电(外壳为绝缘体) 8
接触放电(外壳为导体) 6</td><td>正、负</td><td>≥1</td><td>10</td><td>通电状态</td></tr>
<tr><td rowspan="2">电快速瞬变脉冲群抗扰度试验</td><td>电压峰值
kV</td><td>重复频率
kHz</td><td>极性</td><td>时间
min</td><td rowspan="2">通电状态</td></tr>
<tr><td>AC 电源线:2×(1±0.1)
其他连接线:1×(1±0.1</td><td>AC 电源线:2.5×(1±0.2)
其他连接线:5×(1±0.2)</td><td>正、负</td><td>每次 1</td></tr>
<tr><td rowspan="2">浪涌(冲击)抗扰度试验</td><td>浪涌(冲击)电压
kV</td><td>极性</td><td>持续时间
ms</td><td>试验次数</td><td rowspan="2">通电状态</td></tr>
<tr><td>AC 电源线 线-线:1×(1±0.1)
AC 电源线 线-地:2×(1±0.1)
其他连接线 线-地:1×(1±0.1)</td><td>正、负</td><td>10(下滑 100%)</td><td>AC 电源线:5
其他连接线:20</td></tr>
</table>

4.7　气候环境耐受性能

防火监控报警插座与开关应能耐受住表 3 所规定的气候环境条件下的各项试验，并满足下述要求：

a)　试验期间，不应发出报警信号，也不应启动断开装置；

b)　试验后，表面无破坏涂覆和腐蚀现象，监控报警功能应符合 4.3 的要求，动作功能应符合 4.4 的要求。

表 3　气候环境试验条件

<table>
<tr><td>试验名称</td><td>温度
℃</td><td>持续时间
h</td><td>相对湿度
%</td><td>工作状态</td></tr>
<tr><td>高温试验</td><td>55±3</td><td>16</td><td>—</td><td rowspan="3">通电状态</td></tr>
<tr><td>低温试验</td><td>0±3</td><td>16</td><td>—</td></tr>
<tr><td>恒定湿热试验</td><td>40±2</td><td>96</td><td>90～95</td></tr>
</table>

4.8　机械环境耐受性能

防火监控报警插座与开关应能耐受住表 4 中所规定的机械环境条件下的各项试验。试验期间，不应发出报警信号，也不应启动断开装置；试验后不应有机械损伤和紧固部位松动现象，监控报警功能应符合 4.3 的要求，动作功能应符合 4.4 的要求。

表 4　机械环境试验条件

试验名称	频率循环范围 Hz	加速幅值 m/s^2	扫频速率 oct/min	每个轴线扫频次数	振动方向	工作状态
振动(正弦)(运行)试验	10～150	0.490 5	1	1	X、Y、Z	通电状态
振动(正弦)(耐久)试验	10～150	0.981 0	1	20	X、Y、Z	非通电状态

4.9 使用说明书

防火监控报警插座与开关的功能应在相应的中文使用说明书中说明。说明书应符合 GB/T 9969 的要求，并与产品功能一致。

5 试验

5.1 总则

5.1.1 试验的大气环境

如在有关条文中没有说明，则各项试验均在下述大气条件下进行：

——温度：15 ℃～35 ℃；

——湿度：25%～75%（相对湿度）；

——大气压力：86 kPa～106 kPa。

5.1.2 容差

除在有关条文另有说明外，各项试验数据的容差均为±5%；环境条件参数偏差应符合 GB 16838 要求。

5.1.3 试样

制造商应提供 3 个试样。试验前应编号。

5.1.4 外观和主要部件检查

试验前应按 4.2 要求对试样进行外观和主要部件检查，符合要求后方可进行试验。

5.1.5 试验程序

试验程序见表 5。

表 5 试验程序

条款号	试验项目	试样编号		
		1	2	3
5.1.4	外观和主要部件检查	√	√	√
5.2	监控报警功能试验	√	√	√
5.3	动作功能试验	√	√	√
5.4	耐绝缘冲击性能试验	√		
5.5	浪涌(冲击)抗扰度试验		√	
5.6	电快速瞬变脉冲群抗扰度试验			√
5.7	静电放电抗扰度试验	√		
5.8	高温(运行)试验		√	
5.9	低温(运行)试验	√		
5.10	恒定湿热(运行)试验			√
5.11	振动(正弦)(运行)试验	√		
5.12	振动(正弦)(耐久)试验		√	

5.2 监控报警功能试验

5.2.1 按使用说明书的要求安装具有探测剩余电流功能的插座与开关，使其处于正常工作状态。以不大于 10 mA/s 的速率升高试样保护线路的剩余电流至报警设定值的 85%，保持 10 min；再继续升高至报警设定值和报警设定值的 110%，各保持 1 min；记录试样状态和报警时间。

5.2.2 按使用说明书的要求安装具有探测温度功能的插座与开关，使其处于正常工作状态。以不大于 1 ℃/s 的速率升高试样保护线路的温度至 60 ℃±3 ℃，保持 10 min；再继续升高至 70 ℃±5 ℃，保持 1 min；记录试样状态和报警时间。

5.2.3 按使用说明书的要求安装具有探测故障电弧功能的插座与开关，使其处于正常工作状态。在 1 s 内施加不多于 9 个半周期的故障电弧；1 min后，在 1 s 内施加不少于 14 个半周期的故障电弧；记录试样状态和报警时间。

5.3 动作功能试验

5.3.1 按使用说明书的要求安装试样，使其处于报警状态，保持 1 min，记录试样断开装置的动作时间。

5.3.2 使被保护线路恢复正常，检查试样状态。

5.3.3 手动恢复试样，检查试样状态。

5.4 耐绝缘冲击性能试验

5.4.1 对试样施加峰值为 6 kV 的冲击电压，具体要求是在 10 s 的间隔内随机施加 10 次或受控施加 3 次该冲击电压，其中 3 次受控施加应分别在电源电压波形过零之处、正峰值处和负峰值处。试验期间，观察并记录试样状态。

5.4.2 进行监控报警功能试验和动作功能试验。

5.5 浪涌(冲击)抗扰度试验

5.5.1 试验步骤

5.5.1.1 将试样按 GB/T 17626.5 的规定进行试验配置，接通电源，使其处于通电状态 20 min。

5.5.1.2 按 GB/T 17626.5 规定的试验方法对试样施加表 3 所示条件的电磁干扰试验。试验期间观察并记录试样状态。

5.5.1.3 进行监控报警功能试验和动作功能试验。

5.5.2 试验设备

试验设备应符合 GB/T 17626.5 的规定。

5.6 电快速瞬变脉冲群抗扰度试验

5.6.1 试验步骤

5.6.1.1 将试样按 GB/T 17626.4 的规定进行试验配置，接通电源，使其处于通电状态 20 min。

5.6.1.2 按 GB/T 17626.4 规定的试验方法对试样施加表 3 所示条件的电磁干扰试验。试验期间观察并记录试样状态。

5.6.1.3 按要求进行监控报警功能试验和动作功能试验。

5.6.2 试验设备

试验设备应符合 GB/T 17626.4 的规定。

5.7 静电放电抗扰度试验

5.7.1 试验步骤

5.7.1.1 将试样按 GB/T 17626.2 的规定进行试验布置，接通电源，使试样处于通电状态 20 min。
5.7.1.2 按 GB/T 17626.2 规定的试验方法对试样及耦合板施加表 3 所示条件的电磁干扰试验。试验期间观察并记录试样状态。
5.7.1.3 进行监控报警功能试验和动作功能试验。

5.7.2 试验设备

试验设备应符合 GB/T 17626.2 的规定。

5.8 高温(运行)试验

5.8.1 试验步骤

5.8.1.1 将试样在正常大气条件下放置 2 h～4 h。
5.8.1.2 接通电源，使试样处于通电状态。
5.8.1.3 调节试验箱温度，使其在 20 ℃±2 ℃温度下保持 30 min±5 min，然后，以不大于 1 ℃/min 的速率升温至 55 ℃±3 ℃，保持 16 h。
5.8.1.4 取出试样，在正常大气条件下放置 1 h～2 h 后，检查试样表面涂覆情况。
5.8.1.5 进行监控报警功能试验和动作功能试验。

5.8.2 试验设备

试验设备应符合 GB/T 17626.2 的规定。

5.9 低温(运行)试验

5.9.1 试验步骤

5.9.1.1 将试样在正常大气条件下放置 2 h～4 h。
5.9.1.2 接通电源，使试样处于通电状态。
5.9.1.3 调节试验箱温度，使其在 20 ℃±2 ℃温度下保持 30 min±5 min，然后，以不大于 1 ℃/min 的速率降温至 0 ℃±3 ℃，保持 16 h。
5.9.1.4 取出试样，在正常大气条件下放置 1 h～2 h 后，检查试样表面涂覆情况。
5.9.1.5 进行监控报警功能试验和动作功能试验。

5.9.2 试验设备

试验设备应符合 GB 16838 的规定。

5.10 恒定湿热(运行)试验

5.10.1 试验步骤

5.10.1.1 将试样在正常大气条件下放置 2 h～4 h。
5.10.1.2 接通电源，使试样处于通电状态。
5.10.1.3 调节试验箱温度，使温度为 40 ℃±2 ℃，相对湿度 90%～95%(先调节温度，当温度达到稳定后再加湿)，连续保持 96 h。

5.10.1.4 取出试样，在正常大气条件下放置 1 h～2 h 后，检查试样表面涂覆情况。
5.10.1.5 进行监控报警功能试验和动作功能试验。

5.10.2 试验设备

试验设备应符合 GB 16838 的规定。

5.11 振动(正弦)(运行)试验

5.11.1 试验步骤

5.11.1.1 将试样按正常安装方式刚性安装，使其处于通电状态。
5.11.1.2 使同方向的重力作用与使用时一样(重力影响可忽略时除外)。
5.11.1.3 依次在三个互相垂直的轴线上，在 10 Hz～150 Hz 的频率循环范围内，以 0.490 5 m/s^2 的加速度幅值，1 oct/min 的扫频速率，各进行 1 次扫频循环。
5.11.1.4 检查试样外观及紧固部位。
5.11.1.5 进行监控报警功能试验和动作功能试验。

5.11.2 试验设备

试验设备(振动台及夹具)应符合 GB 16838 的规定。

5.12 振动(正弦)(耐久)试验

5.12.1 试验步骤

5.12.1.1 将试样按正常安装方式刚性安装(重力影响可忽略时除外)，试样不通电。
5.12.1.2 依次在三个互相垂直的轴线上，在 10 Hz～150 Hz 的频率循环范围内，以 0.981 0 m/s^2 的加速度幅值，1 oct/min 的扫频速率，各进行 20 次扫频循环。
5.12.1.3 检查试样外观及紧固部位。
5.12.1.4 进行监控报警功能试验和动作功能试验。

5.12.2 试验设备

试验设备(振动台及夹具)应符合 GB 16838 的规定。

6 检验规则

6.1 产品出厂检验

出厂检验项目为：

a) 外观和主要部件检查；
b) 监控报警功能检验；
c) 动作功能检验。

6.2 型式检验

6.2.1 型式检验项目为第 5 章规定的全部试验项目。检验样品在出厂检验合格的产品中抽取。
6.2.2 有下列情况之一时，应进行型式检验：

a) 新产品试制定型时；
b) 老产品转厂生产时；

c) 正式生产后，产品的结构、主要部件、生产工艺等有较大的改变可能影响产品性能时；

d) 产品停产一年以上，恢复生产时；

e) 出厂检验结果与上次型式检验结果差异较大时；

f) 质量监督部门依法提出要求。

6.2.3 检验结果按 GB 12978 规定的型式检验结果判定方法进行判定。

7 标志

7.1 产品标志

7.1.1 产品上应清晰牢固地标注下列信息：

a) 产品名称、型号；

b) 监控报警功能类别；

c) 主要技术参数；

d) 制造商名称。

7.1.2 产品包装箱上应清晰地标注下列信息：

a) 制造商名称、地址；

b) 产品名称、型号；

c) 监控报警功能类别；

d) 主要技术参数；

e) 制造日期及产品编号；

f) 使用环境；

g) 执行标准代号。

7.2 质量检验标志

产品出厂应经生产商质量检验部门检验合格，并附有产品质量合格证。

ICS 75.060
E 24

中华人民共和国国家标准

GB/T 31253—2014

天然气　气体标准物质的验证 发热量和密度直接测量法

Natural gas—Validation for gaseous reference materials—Direct measurement of calorific value and density

2014-12-05 发布　　2015-05-01 实施

中华人民共和国国家质量监督检验检疫总局
中国国家标准化管理委员会 发布

前　言

本标准按照GB/T 1.1—2009给出的规则起草。

本标准由中国石油天然气集团公司提出。

本标准由全国天然气标准化技术委员会(SAC/TC 244)归口。

本标准起草单位:中国石油西南油气田公司天然气研究院、中国计量科学研究院、中国测试技术研究院。

本标准主要起草人:罗勤、蔡黎、韩桥、陈赓良、方正、陈勇。

天然气　气体标准物质的验证
发热量和密度直接测量法

1　范围

本标准规定了采用发热量和密度直接测量验证天然气分析用气体标准物质的方法。

本标准适用于称量法制备的气体标准物质的验证。

2　规范性引用文件

下列文件对于本文件的应用是必不可少的。凡是注日期的引用文件，仅注日期的版本适用于本文件。凡是不注日期的引用文件，其最新版本（包括所有的修改单）适用于本文件。

GB/T 11062　天然气发热量、密度、相对密度和沃泊指数的计算方法

GB/T 12206　城镇燃气热值和相对密度测定方法

GB/T 19205　天然气标准参比条件

JJF 1033—2008　计量标准考核规范

JJF 1059.1　测量不确度评定与表示

3　术语和定义

下列术语和定义适用于本文件。

3.1

间接测量　indirect measurement

利用已有的天然气或气体标准物质组成数据，按照 GB/T 11062 计算，在 GB/T 19205 规定状态下测定天然气或气体标准物质发热量或密度的方法。

3.2

直接测量　direct measurement

直接使用量热计和密度天平测量获得，在 GB/T 19205 规定状态下测定天然气或气体标准物质发热量或密度的方法。

3.3

量热计　calorific meter

直接进行气体发热量测定的检测仪器。

3.4

密度天平　density balance

使用称量方式直接进行气体密度测量的检测装置。

4 气体标准物质验证方法

4.1 方法原理

4.1.1 直接测量方法

天然气标准物质的发热量可使用量热计或 GB/T 12206 方法直接测量其发热量,并按 JJF 1059.1 规定的方法评估其测量不确定度。使用量热计和按 GB/T 12206 方法测量天然气标准物质发热量的方法分别参见附录 A 和附录 B。

使用密度天平直接测量天然气标准物质的密度,并按 JJF 1059.1 规定的方法评估其测量不确定度。使用密度天平测量天然气标准物质密度的方法参见附录 C。

4.1.2 间接测量方法

按照 GB/T 11062 计算天然气标准物质的发热量和密度,间接测量其发热量和密度,并按 JJF 1059.1 规定的方法评估其测量不确定度。按照 GB/T 11062 间接测量天然气标准物质发热量和密度的方法参见附录 D。

4.1.3 验证方法

根据 JJF 1033—2008 中的传递比较法要求,式(1)给出的气体标准物质验证公式。

$$|x_{di}-x_{in}|\leqslant 2\sqrt{u(x_{di})^2+u(x_{in})^2} \qquad \cdots\cdots(1)$$

式中:

x_{di} ——直接法测定的气体标准物质发热量或密度值;

x_{in} ——间接法计算所得的气体标准物质发热量或密度值;

$u(x_{di})$——气体标准物质发热量或密度直接测量的标准不确定度;

$u(x_{in})$——气体标准物质发热量或密度间接测量的标准不确定度。

待验证的气体标准物质符合式(1)的条件时,通过验证。

4.2 仪器要求

4.2.1 量热计要求

待测气体标准物质应以完全燃烧的方式放出热量,并使用吸热介质吸收热量,通过测量吸热介质的温度升高值来测量待测气体标准物质的发热量。其中燃烧时,各影响测量准确度的因素均应充分的进行补充计算,并将其作为不确定度源进行了评估。仪器测量结果的不确定度应按照 JJF 1059.1 规定的方法进行评估,应不低于使用待测气体标准物质计算发热量的不确定度。

4.2.2 密度天平要求

密度天平可采用阿基米德浮力原理,使用天平称量检测气体密度。仪器测量结果的不确定度应不低于使用待测气体标准物质计算密度的不确定度。

4.3 验证程序

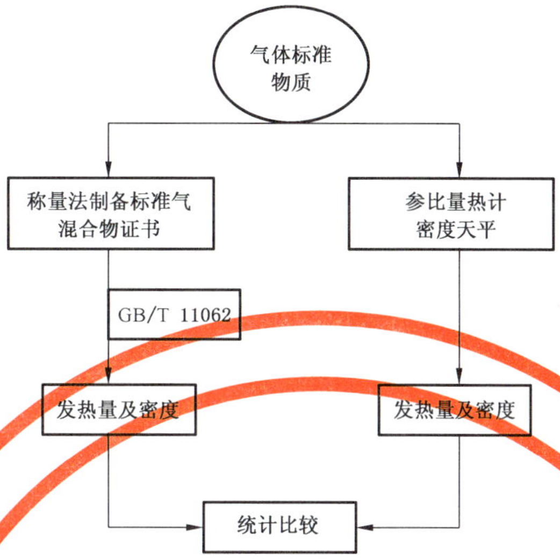

图 1 气体标准物质验证方法

图 1 所示为气体标准物质验证方法，按照图 1 所给定的方法，按以下步骤进行气体标准物质的验证，附录 A 为发热量直接测量验证气体标准物质的实例：

a) 按 4.1.1 中规定的方法直接测量待验证的气体标准物质的发热量或密度。

b) 利用气体标准物质称量制备时的组成定值，按 4.1.2 中规定的方法间接测量待验证的气体标准物质的发热量或密度。

c) 按式(1)对待验证的气体标准物质进行验证。

附录 E 列出了使用发热量方法验证气体标准物质的实例。

附 录 A
（资料性附录）
使用量热计测量天然气标准物质发热量的方法

A.1 量热计结构

图 A.1 给出了参比量热计的基本结构。它由两个套入的铁罐构成，两个铁罐间为空气隔热。内罐中装满蒸馏水，放置一个带有热交换器的玻璃反应器、一个校准的发热器、一个定速的搅拌器及一支铂电阻温度计。凹槽内有一冷臂，可使量热计回到初始的温度。量热计使用时，移开冷臂，堵上凹槽。组分通过内罐的盖子后用 O 型圈及硅橡胶将它密封，防止水损失。

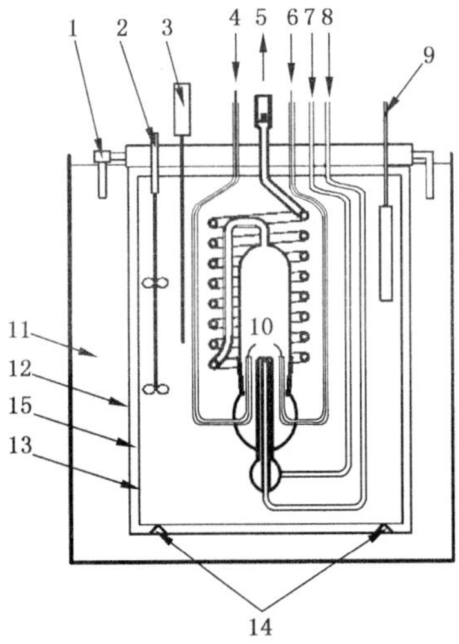

说明：

1——泵盖；
2——搅拌器；
3——铂温度计；
4——氧气；
5——排气；
6——点火电压；
7——氧氩混合气；
8——燃料；
9——标定加热器；
10——点火器；
11——外浴；
12——外容器；
13——内容器；
14——支架；
15——保温层。

图 A.1 量热计热交换单元示意图

内罐装有三个塑料支点，将内罐固定在外罐内，使两罐间保持相同的距离。使用空心盖子将外罐顶部封好后，将它放入恒温控制水浴，使水刚好超过盖子的顶部。水通过盖子上的泵加入，使内罐保持恒定的温度环境。实验在 GB/T 19205 规定条件下进行，以 kJ/g 为单位的高位发热量。

A.2 量热计原理

此量热计的目标是测量烃类燃料气完全燃烧后释放的热量。在量热计中，可通过向充分搅拌液体释放热量后，测量液体温度的升高来实现。在燃烧中释放的热量等量传给了量热计，引起温度升高。量热计升高 1 ℃需要的能量燃烧试验的平均温度一致，通过电子校准试验决定。理想的量热计是将其与环境热隔离，目的是为了使观测到的量热计温度变化仅由燃烧引起。在实际操作中，量热计不可能完全与环境隔离，使用恒温控制的夹套将量热计包裹，对水池及各种能量源进行修正，将基准量热计设计为独立环境仪器。图 A.2 表示了典型试验中温度与时间曲线（燃烧或校准）。在预定的温度开始收集数据，出于上面介绍了影响因素，量热计的温度会升高，这是前期；在 t_b 时，升温期开始，燃烧试验开始，或校准加热器打开，升温期持续。

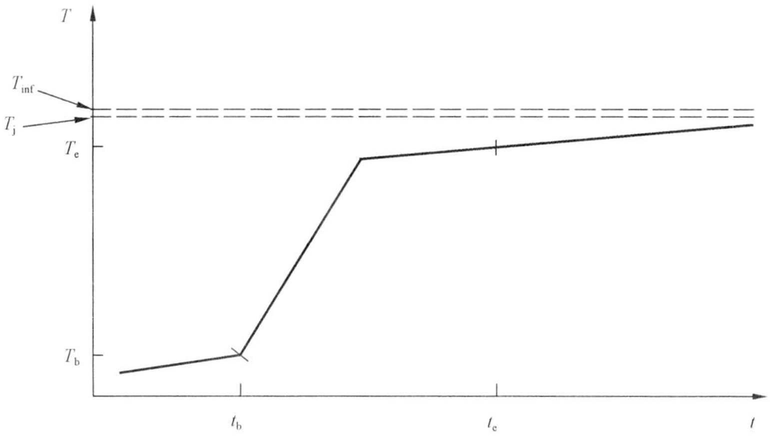

注：此量热计为等环境型，意味着温度可能跟随环境温度波动。

图 A.2 量热计典型测量周期中温度时间曲线

在热量输入后，升温期还将持续到 t_e，使量热计达到平衡；这时后期开始，在该时期，仍在升高的温度是客观影响引起的。升温期中观测到的温度升高是由燃烧生成的能量及三个客观影响引起的，客观影响引起的温度升高可通过前期和后期温度升高数据进行校正。

量热计在前期及后期温度变化率由式(A.1)给出：

$$\frac{dT}{dt}=u+k(T_j-T) \qquad \cdots\cdots(A.1)$$

式中：

T ——量热计的温度；

T_j ——夹套温度；

u ——温度计及搅拌器能量输入常数；

k ——通过牛顿制冷定律得到的夹套热损失的制冷常数。

如经过很长时间，量热计的温度将超过夹套温度达到 T_{inf}，该点 $dT/dt=0$，从式(A.1)得到 $T_j=T_{inf}-u/k$，将 T_j 代入式(A.1)：

$$\frac{dT}{dt}=k(T_{inf}-T) \qquad \cdots\cdots(A.2)$$

将式(A.2)求积分：

$$T=T_{inf}-(T_{inf}-T_0)\exp(-kt) \qquad \cdots\cdots(A.3)$$

此处 $T=T_0$，$t=0$ 与前期及后期是不相同的。

前期及后期的温度与时间关系通过线性回归用于式(A.2)。将 T_f 和 T_a 作为前期及后期的中间温度，用 g_f 及 g_a 表示等量的 dT/dt，通过式(A.2)消除 T_{inf}，得到：

$$k=\frac{g_f-g_a}{T_a-T_f} \qquad \cdots\cdots(A.4)$$

及

$$T_{inf}=\frac{g_f T_a - g_a T_f}{g_f - g_a} \qquad \cdots\cdots(A.5)$$

使用 k 及 T_{inf} 值吻合式(A.3),用前期及后期的线性回归温度比 $\exp(-kt)$,得出了 T_{inf} 及 T_0 的正确值,两个时期的 T_{inf} 值是相同的。以此新定值,在时间为 t_a 和 t_e 时,主要加热期开始及结束时的温度值可以用式(A.3)进行内插。

由于存在其他的能量源,校正后的温度升高值由温度升高值(T_e-T_b)减去 T_{ex} 得到,式(A.2)求积分可得到该校正值:

$$T_{ex}=k\int_{t_b}^{t_e}(T_{inf}-T)\mathrm{d}t \qquad \cdots\cdots(A.6)$$

所以

$$T_{ex}=k(T_{inf}-T_m)(t_e-t_b) \qquad \cdots\cdots(A.7)$$

$$T_m=\frac{1}{(t_e-t_b)}\int_{t_b}^{t_e}T\mathrm{d}t \qquad \cdots\cdots(A.8)$$

T_m 为升温期的中点温度,它可以通过温度与时间数据关系,利用梯形规则求数的积分得到,它不一定等于(T_b+T_e)/2。

A.3 操作

A.3.1 温度测量及数据收集

铂电阻温度计每 3 秒记录一次电阻率读数。25 Ω 的标准电阻浸入一温度控制在 20 ℃油浴中,测量的电阻温度稳定性好于 0.1 ℃,通过电阻校准曲线,可以计算 25 Ω 电阻的值。量热计控制计数据收集传到工作站,试验完成后进行数据处理。

A.3.2 气体燃烧

样品气在玻璃反应器内燃烧,玻璃反应器浸没在内罐的水中,特纯的氧气与氩气混合后,通过反应器的一臂进入燃烧池,于第二个臂提供燃料气混合,氩气作为缓合剂,使火焰远离顶部,避免样品分解、热量传递到臂及在顶部形成碳。第二个氧气进气通过第三个臂进入反应器提供的富氧环境。铂金电极产生的火花正好在燃烧池上方,汽车点火线圈对气体连续进行 20 kV 脉冲点火,电能由反应器内两条臂中的电线供给。

使用 250 mL 钢瓶充满样品气,钢瓶重约 190 g,试验中约有 1 g 气体燃烧,每次试验前后使用天平(可读至 10^{-5} g)对钢瓶进行称量,浮力的变化可以量化,可以使用一相同大小、有同样外部体积的空钢瓶同时称量,空钢瓶重量的变化用来校正使用气体的重量。气瓶由控制精确的针型阀控制,并通过一臂连接到反应器。在前期的尾段,电脑打开两个阀通入氧气以及氩气。电脑信号的 60 s 后,操作者手工打开钢瓶阀。同时电脑自动点火。一旦点火成功后,操作者连续调整针型阀达到连续气流。使得燃烧获取的升温速率与标定时一致。气体燃烧结束后,操作者关掉样品气,计算机打开氩气,清洗针型阀及管线,确保所有离开钢瓶的气体全燃烧,30 s 后关掉所有气体,仪器继续到后期结束,移开钢瓶并称钢瓶重量。

燃烧后热的气体离开反应器,经过热交换器,将它的能量传给水,以当时量热计的温度下离开量热计,而后气体进入串联的三个水吸收管和电子的一氧化碳监控器。一氧化碳监控器用来检测是否完全燃烧,检测试验用来调节氩气,主要及次要氧气的流速,在仍能点燃气体的情况下,尽可能减少一氧化碳的含量。水分吸收管中装有高氯酸镁,在天平上称量时,使用对比管来校正浮力的变化,高氯酸镁吸收水后,它的体积膨胀率为 0.6 cm^3/g。膨胀的体积将置换管中相等的体积,结果是明显的质量损失。这种损失计算后用来校正水分质量。用干燥的氧气通过刚装的管子，使它老化 12 h。

燃烧中生成的大部分水仍以液态形式留在反应器中。但是，在燃烧时约有 10% 的水以水蒸气形式离开了反应器，这些水约有 470 J 的冷凝热没有释放出（2 441.78 J · g^{-1}），试验结束后，反应器外排臂用氧气冲洗 20 min，将所有在臂中的水分转移到水分吸收管中。这也确保了吸收管在第一次称量时充满了氧气，管子随后被移开并称量，并随后对能量平衡进行校正。

将水吸收管再次连接到反应器出口，用氧气整夜排出残留水分，这水分使能量等式在此增加。通过多次增加水热容一半与此质量与温度升高的乘积来校正温度的升高。大致 12 J。

A.3.3 校正

反应压力为普通大气压力加上反应器中的额外压力，反应中的压力被测量后，使用 Vant-Hoff 方程校正到 101.325 8 kPa；能量校正可达到 ±80 J。

$$q = nRT\ln\left(\frac{p}{101.325}\right) \qquad \text{(A.9)}$$

式中：

q ——试验中应增加的能量，单位为焦(J)；

p ——反应器中的总压，单位为千帕(kPa)；

R ——气体常数，单位为焦每摩开(J · mol^{-1} · K^{-1})；

T ——绝对温度，单位为开尔文(K)；

n ——气体体积减少的摩尔数。

第二次冲洗后，对离开反应器的水蒸气应进行小的校正。水蒸气 7 J 热量没有通过冷凝释放给出，温度和压力的校正是很小的，在长和短的试验中几乎抵消。另外需对以下两方面进行校正：1)点火的能量；2)在点火及熄灭阶段不完全燃烧的影响。

这两方面的影响因数可以通过无气燃烧时空白试验来进行量化。在基准量热计中，这些因数可以通过 80 s 的短期气体试验进行校正。在点火及熄灭阶段减少的气体质量和点火时输出的能量，与在长和短试验中是一样的。如果用长试验中释放的能量及消耗的气体质量(E_l 及 m_l)减去短试验中释放的能量及消耗的气体质量(E_s 及 m_s)，这结果就正好是气体燃烧时释放的热量 $=(E_l - E_s)/(m_l - m_s)$，只有在几天内(短时间)进行的试验才能一起用来校正燃烧时释放的热量，这可以避免由于点火条件的变化影响结果。

附 录 B
（资料性附录）
按照 GB/T 12206 方法测量天然气标准物质发热量的方法

B.1 发热量直接测量方法

8 个气体标准物质，其发热量直接测定是在相同条件下用同一台量热计，先后用连续水流吸收 V_s 体积的甲烷标准气和 V_g 体积的样品完全燃烧时产生的热量；用式(B.1)计算甲烷标准气发热量测定值($H_{s,s}$)，用式(B.2)计算量热计的校准系数(f_2)，用式(B.3)计算样品发热量测定值(H_{di})。

$$H_{s,s}=\frac{W_s C \Delta t_s T_s p_n}{p_s V_s T_n} \quad \cdots\cdots(B.1)$$

$$f_2=\frac{H_{s,s}}{H_{s,0}} \quad \cdots\cdots(B.2)$$

$$H_{di}=\frac{W_g C \Delta t_g T_g p_n}{p_g V_g \bar{f}_2 T_n} \quad \cdots\cdots(B.3)$$

式中：

$H_{s,s}$——甲烷标准气发热量测定值，单位为兆焦每立方米(MJ/m^3)。

W_s ——测定标准气时的用水量，单位为克(g)；

C ——水的比热，单位为兆焦每克摄氏度[MJ/(g·℃)]；

Δt_s ——测定标准气时量热计进出口水的温差，取 10 次读数的平均值，单位为摄氏度(℃)；

T_s ——甲烷标准气温度，单位为开尔文(K)；

p_n ——标准参比压力，单位为千帕(kPa)；

p_s ——甲烷标准气压力，单位为千帕(kPa)；

V_s ——甲烷标准气消耗量，单位为立方米(m^3)；

T_n ——标准参比温度，单位为开尔文(K)；

f_2 ——量热计的校准系数；

$H_{s,0}$——甲烷标准气证书给出的发热量，单位为兆焦每立方米(MJ/m^3)；

H_{di} ——直接法测量样品发热量，单位为兆焦每立方米(MJ/m^3)；

W_g ——测定样品时的用水量，单位为克(g)；

Δt_g ——测定样品时进出口水温差，取 10 次读数的平均值，单位为摄氏度(℃)；

T_g ——样品温度，单位为开尔文(K)；

V_g ——样品消耗量，单位为立方米(m^3)；

p_g ——样品压力，单位为千帕(kPa)；

$\bar{f}_2$ ——量热计的校准系数平均值。

B.2 直接测量不确定度评定

B.2.1 A 类不确定度评定

发热量直接测定结果的 A 类不确定度包括由样品发热量的和校准系数测定实验标准偏差引入的 A 类标准不确定度。按 JJF 1059.1 规定方法计算得到样品发热量测定 A 类相对标准不确定度

$u_{A,rel}(H_{di})$，以及校准系数测定的 A 类相对标准不确定度 $u_{A,rel}(\bar{f}_2)$。

B.2.2 B 类不确定度评定

发热量测定的 B 类不确定度主要包括水质量称量、进出口水温差测量、气体压力测量、气体体积测量、气体温度测量、甲烷标准气发热量值的不确定度以及环境条件引入的不确定度等。由于用甲烷标准气测定校准系数和测定样品发热量环境条件基本一致，环境条件的影响可忽略不计，根据 JJF 1059.1 得出发热量测定 B 类不确定度计算式(B.4)为：

$$u_{B,rel}^2(H_{di}) = u_{rel}^2(W) + u_{rel}^2(\Delta t) + u_{rel}^2(T) + u_{rel}^2(H_{s,0}) + u_{rel}^2(V) + u_{rel}^2(p) \quad \cdots\cdots(B.4)$$

式中：

$u_{B,rel}(H_{di})$——发热量测定 B 类相对不确定度，%；

$u_{rel}(W)$ ——水量称量引入的相对标准不确定度，%；

$u_{rel}(\Delta t)$ ——进出口水温差测量引入的相对标准不确定度，%；

$u_{rel}(T)$ ——气体温度测量引入的相对标准不确定度，%；

$u_{rel}(H_{s,0})$——标准气高位发热量的相对标准不确定度，%；

$u_{rel}(V)$ ——气体体积测量引入的相对标准不确定度，%；

$u_{rel}(p)$ ——压力测量引入的相对标准不确定度，%。

B.2.3 不确定度合成

按 JJF 1059.1 规定的方法将发热量测定的 A 类和 B 类不确定度进行合成，计算式(B.5)如下：

$$u_{di}^2(H_{di}) = u_{A,rel}^2(H_{di}) + u_{A,rel}^2(f_2) + u_{B,rel}^2(H_{di}) \quad \cdots\cdots\cdots\cdots(B.5)$$

式中：

$u_{di}(H_{di})$——发热量测定的相对合成标准不确定度，%。

B.2.4 不确定度扩展

相对扩展不确定度置信概率为 95%，$k=2$，则发热量测定的相对和绝对扩展不确定度计算式为：

$$U_{rel}(H_{di}) = 2 \times u_{di}(H_{di}) \quad \cdots\cdots\cdots\cdots\cdots\cdots\cdots\cdots\cdots\cdots(B.6)$$

$$U_{di}(H_{di}) = H_{di}U_{rel}(H_{di}) \quad \cdots\cdots\cdots\cdots\cdots\cdots\cdots\cdots\cdots\cdots(B.7)$$

式中：

$U_{rel}(H_{di})$——发热量测定的相对扩展不确定度，%；

$U_{di}(H_{di})$——发热量测定的扩展不确定度，单位为兆焦每立方米(MJ/m^3)。

附　录　C
（资料性附录）
使用密度天平测量天然气标准物质密度的方法

测量方法使用“双 Sinker 法”，该方法是一补偿方法，依据的原理是阿基米德浮力原理。该装置用两个特别的、相匹配的比对器代替了单比对器，装置图见图 C.1。一个为空心球(S)，另一个为实心环(R)，这两个比对器质量相同、表面积相同，用相同的不锈钢材料（表面镀金）制成，但是，它们的体积却有很大的差异(V_S 约为 106.8 cm^3，V_R 约为 15.6 cm^3)。

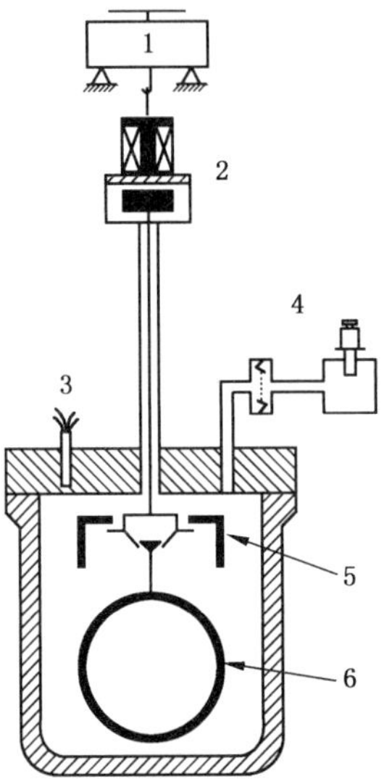

说明：
1——微型天平；
2——磁偶；
3——铂温度计；
4——压力测量；
5——实心环比对器；
6——空心球比对器。

图 C.1　密度仪示意图

每个比对器放在比对器支架上或移开，支架与微量天平通过磁悬偶用一细的金属线相连。为了测量小容器中气体的密度，比对器被交替放置在比对器支架上或从上面移开，用位于磁悬偶上方的半微量天平测量比对器受到的不同浮力 $\Delta F=\Delta m\cdot g$。

密度可使用式(C.1)计算：

$$\rho=\frac{\Delta m-\Delta m_{vac}}{\Delta V(t,p)}\left(1-\frac{\rho_{air}}{\rho_w}\right) \qquad \cdots\cdots(C.1)$$

式中：

ρ ——密度；

Δm ——测试气体时环和球的重量差(m_R-m_S)，30 次测量的平均值($m_R\approx m_S\approx 123.4$ g)；

Δm_{vac} ——在空瓶中测得的比对器质量差值$(m_R-m_S)_{VAC}$；

$\Delta V(t,p)$——在温度 T 和压力 p 时，比对器的体积差(V_S-V_R)；

ρ_{air} ——校准天平时空气密度；

ρ_w ——为天平质量校准单元的密度($\rho_w=8\ 000$ kg/m^3)。

附 录 D
（资料性附录）
使用 GB/T 11062 间接测量天然气标准物质发热量和密度的方法

D.1 发热量间接测量方法

在配制的样品充分稳定后，先后两次按 GB/T 13610 规定方法对样品进行组成分析。气体标准物质的组成数据验证宜使用 GB/T 10628《气体分析 校准混合气组成的测定和校验 比较法》。标准气中除甲烷以外各组分的扩展不确定度均优于 2.5%，所选择的标准气摩尔分数满足 GB/T 13610—2003 中 4.2 的规定。

在相隔约 20 天，两次分析结果的再现性均满足 GB/T 13610 要求的情况下。取两次分析的平均值，并按 GB/T 11062 的规定的方法计算样品的高位热量。

D.2 间接测量不确定度评定

把 JJF 1059.1—2012 中式(19)应用于 GB/T 11062 中的公式，推导出标准参比条件下物性参数计算组成分析数据引入的标准不确定度计算式如下：

$$u_{c}(Z_{n,c})=2\sqrt{(1-Z_{n})\sum_{i=1}^{n}\left[\sqrt{b_{i}}u_{c}(y_{i})\right]^{2}} \quad \cdots\cdots\cdots(D.1)$$

$$u_{c}(H_{c})=\frac{1}{Z_{n}}\sqrt{u_{c}^{2}(H_{c}^{0})+\left[Hu_{c}(Z_{n,c})\right]^{2}} \quad \cdots\cdots\cdots(D.2)$$

$$u_{in}(H_{c}^{0})=\sqrt{\sum_{i=1}^{n}\left[H_{i}^{0}u_{c}(y_{i})\right]^{2}} \quad \cdots\cdots\cdots(D.3)$$

式中：

$u_{c}(Z_{n,c})$——标准参比条件下天然气压缩因子计算组成分析数据引入的标准不确定度；

Z_{n} ——标准参比条件下天然气压缩因子；

$\sqrt{b_{i}}$ ——标准参比条件下天然气第 i 组分的求和因子；

$u_{c}(y_{i})$ ——天然气第 i 组分的合成标准不确定度；

$u_{c}(H_{c})$ ——标准参比条件下天然气发量热计算组成分析数据引入的标准不确定度；

H ——标准参比条件下天然气发热量；

H^{0} ——标准参比条件下天然气理想气体发热量；

$u_{in}(H_{c}^{0})$——标准参比条件下天然气理想气体发量热计算组成分析数据引入的标准不确定度；

H_{i}^{0} ——标准参比条件下天然气第 i 组分理想气体发热量。

附 录 E
（资料性附录）
使用发热量方法验证气体标准物质的实例

E.1 标准物质组成

此附录内容包括对整个验证方法实际应用的实例。在此实例中，对 8 种气体标准物质（组成见表 E.1）的发热量分别进行了直接测量和间接测量，并分别评估了两种不同方法得到发热量的不确定度，并通过 JJF 1033 中的规定，对直接测量和间接测量结果进行比对，验证气体标准物质。

表 E.1 发热量实验样品组成分析所用标准气体的组成数据（y_{si}） %

编号	N_2	CO_2	C_1	C_2	C_3	iC_4	nC_4	iC_5	nC_5	C_6+
1	0.575	1.309	85.265	7.660	3.029	0.491	0.850	0.230	0.252	0.339
2	2.304	1.895	88.900	4.760	1.565	0.184	0.172	0.093	0.055	0.072
3	19.028	0.657	74.703	2.270	1.202	0.525	0.509	0.272	0.551	0.283
4	1.751	0.276	96.150	0.984	0.488	0.096	0.086	0.055	0.067	0.047
5	0.921	1.048	97.422	0.479	0.047	0.048	0.035			
6	1.341	2.617	95.294	0.663	0.085					
7	5.122	2.434	84.215	2.962	2.663	0.925	1.149	0.239	0.186	0.105
8	2.724	0.139	87.642	6.251	1.944	0.628	0.337	0.075	0.073	0.187

E.2 发热量直接测量结果

根据附录 B 中的方法对表 E.1 中的 8 个气体标准物质样品进行分析，标准参比条件取 0 ℃，0 ℃，101.325 kPa，获得各气体标准物质样品的发热量和不确定度结果，详见表 E.2。

表 E.2 发热量直接测量及不确定度评定结果

编号	1	2	3	4	5	6	7	8
发热量 H_{di}/（MJ/m^3）	45.63	41.16	35.76	39.96	39.29	38.47	41.69	43.2
扩展不确定度/（MJ/m^3）	0.22	0.20	0.18	0.18	0.19	0.18	0.19	0.19
相对扩展不确定度/%	0.48	0.48	0.50	0.45	0.48	0.47	0.46	0.44

E.3 发热量间接测量结果

根据附录 D 中的方法对表 E.1 中的 8 个气体标准物质样品进行分析，标准参比条件取 0 ℃，0 ℃，101.325 kPa，获得各气体标准物质样品的发热量和不确定度结果，详见表 E.3。

表 E.3　发热量间接测定及不确定度评定结果

编号	1	2	3	4	5	6	7	8
发热量 H_{in}/(MJ/m³)	45.58	41.23	35.77	40.09	39.39	38.61	41.92	43.15
扩展不确定度/(MJ/m³)	0.19	0.12	0.2	0.05	0.03	0.04	0.12	0.15
相对扩展不确定度/%	0.42	0.29	0.56	0.12	0.08	0.10	0.29	0.35

E.4　验证比对

为了便于比较，把表 E.2 和表 E.3 中两种方法的测定结果及其不确定度汇总于表 E.4，并分别计算式(1)左右两边的值，结果列于表 E.4。8 个样品中，除编号 7 的比对项结果存在问题以外，其他结果均满足式(1)，说明此 7 个样品的发热量数据真实可信。

表 E.4　两种方法测定发热量结果的比对表

单位为兆焦每立方米

编号	间接法		直接法		比对结果	
	H_{in}	$U(H_{in})$	H_{di}	$U(H_{di})$	$\lvert H_{di}-H_{in}\rvert$	$\sqrt{U^2(H_{di})+U^2(H_{in})}$ $(2\sqrt{u(x_{di})^2+u(x_{in})^2})$
1	45.58	0.19	45.63	0.22	0.05	0.29
2	41.23	0.12	41.16	0.20	0.07	0.23
3	35.77	0.20	35.76	0.18	0.01	0.27
4	40.09	0.05	39.96	0.18	0.13	0.19
5	39.39	0.03	39.29	0.19	0.10	0.19
6	38.61	0.04	38.47	0.18	0.14	0.18
7	41.92	0.12	41.69	0.19	0.23	0.22
8	43.15	0.15	43.20	0.19	0.05	0.24

ICS 13.110
J 09

中华人民共和国国家标准

GB/T 31254—2014

机械安全　固定式直梯的安全设计规范

Safety of machinery—Safety specification for the design of fixed ladders

2014-12-05 发布　　　　2015-07-01 实施

中华人民共和国国家质量监督检验检疫总局
中国国家标准化管理委员会　发布

前　言

本标准按照 GB/T 1.1—2009 给出的规则起草。

本标准由全国机械安全标准化技术委员会(SAC/TC 208)提出并归口。

本标准起草单位:天津市金锚集团有限责任公司、中机生产力促进中心、长春机械科学研究院有限公司、南京林业大学光机电仪工程研究所。

本标准主要起草人:李勤、张晓飞、王胜江、李杰、宁燕、王学智、居荣华、程红兵、李春平、付卉青、刘治永。

引　　言

机械领域安全标准的结构如下：

——A类标准（基础安全标准），给出适用于所有机械的基本概念、设计原则和一般特征；

——B类标准（通用安全标准），涉及在机械的一种安全特征或使用范围较宽的一类安全装置：

- B1类，安全特征（如安全距离、表面温度、噪声）标准；
- B2类，安全装置（如双手操纵装置、联锁装置、压敏装置、防护装置）标准；

——C类标准（机器安全标准），对一种特定的机器或一组机器规定出详细的安全要求的标准。

根据GB/T 15706，本标准属于B类标准。

C类标准可补充或修改本标准中的条款。

对于按照C类标准设计和构造的机器，如果C类标准中的条款与A类或B类标准不一致时，优先采用C类标准。

机械安全　固定式直梯的安全设计规范

1　范围

本标准规定了固定式直梯以及安全使用相关的平台、安全护笼、安全门等的安全技术条件。

本标准适用于用作进入机械的固定设施的固定式直梯。

2　规范性引用文件

下列文件对于本文件的应用是必不可少的。凡是注日期的引用文件，仅注日期的版本适用于本文件。凡是不注日期的引用文件，其最新版本(包括所有的修改单)适用于本文件。

GB/T 8013.1—2007　铝及铝合金阳极氧化膜与有机聚合物膜　第1部分：阳极氧化膜

GB/T 12467(所有部分)　金属材料熔焊质量要求

GB/T 13912　金属覆盖层　钢铁制件热浸镀锌层技术要求及试验方法

GB/T 15706—2012　机械安全　设计通则　风险评估与风险减小

GB 17888.2　机械安全　进入机械的固定设施　第2部分：工作平台和通道

GB 17888.3—2008　机械安全　进入机械的固定设施　第3部分：楼梯、阶梯和护栏

GB 17888.4—2008　机械安全　进入机械的固定设施　第4部分：固定式直梯

GB/T 17889.2　梯子　第2部分：要求、试验和标志

GB/T 19355　钢铁结构耐腐蚀防护　锌和铝覆盖层　指南

GB/T 22086　铝及铝合金弧焊推荐工艺

GB 24537—2009　坠落防护　带柔性导轨的自锁器

GB 24542—2009　坠落防护　带刚性导轨的自锁器

GB 24544—2009　坠落防护　速差自控器

GB/T 31255—2014　机械安全　工业楼梯、工作平台和通道的安全设计规范

ISO 12944(所有部分)　色漆和清漆　钢结构的腐蚀防护、防护涂料系统(Paints and varnishes—Corrosion protection of steel structures by protective paint systems)

3　术语和定义

GB/T 15706—2012 和 GB 17888.4—2008 界定的以及下列术语和定义适用于本文件。

3.1

安全护笼　safety cage

用于限制人员由直梯上坠落风险的一种组合式框架，见图1、图2、图3和图4。

注：改写 GB 17888.4—2008，定义 3.6.1。

3.2

立柱　stiles

固定式直梯上用于支承踏棍、踏板或支撑腿横撑的构件。

单位为毫米

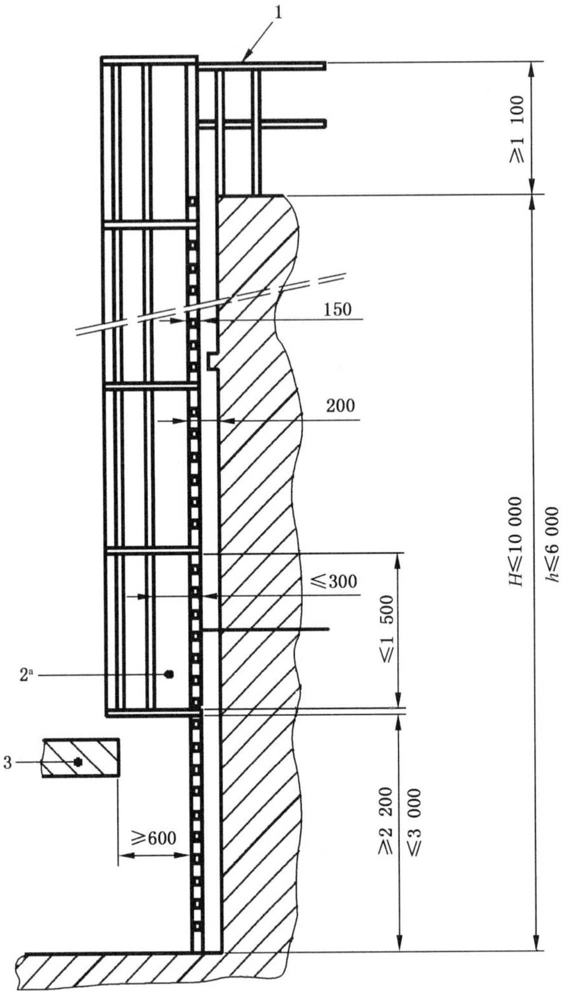

说明：

1——连接件；

2——护笼的空区域；

3——不连续障碍物。

[a] 面积不大于 0.4 m^2。

图 1　带安全护笼的梯子的左视图

单位为毫米

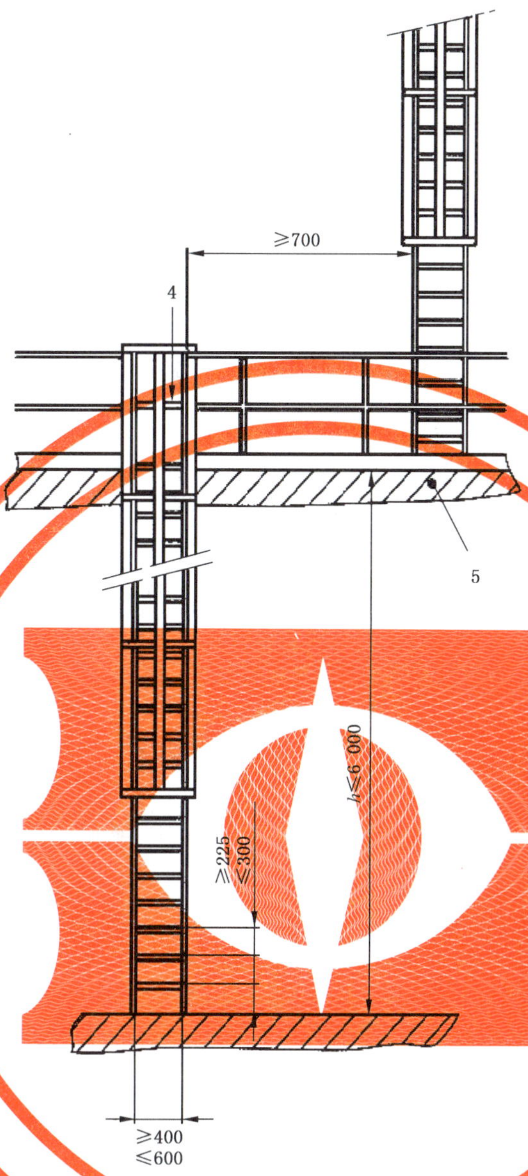

说明：

4——门；

5——中间平台。

图 2　带安全护笼的梯子的主视图

单位为毫米

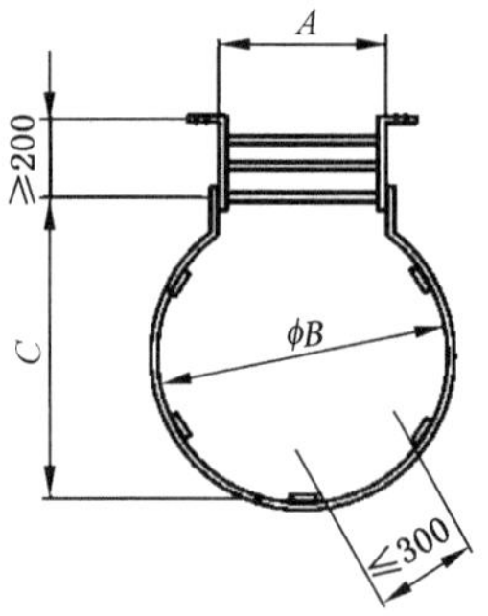

a) 圆形中间箍和底部箍

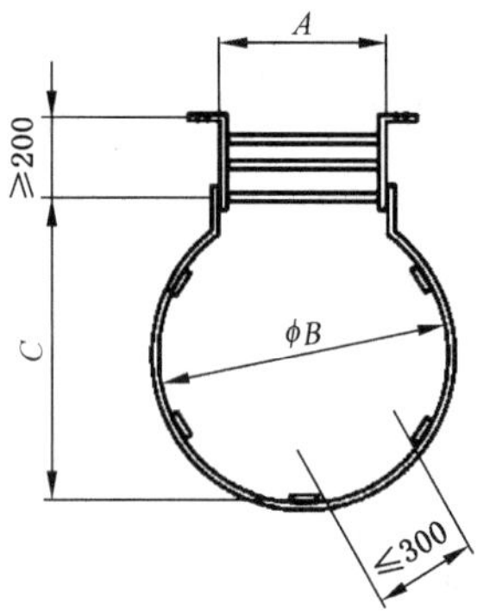

b) 与梯子延伸部分相连的顶部箍

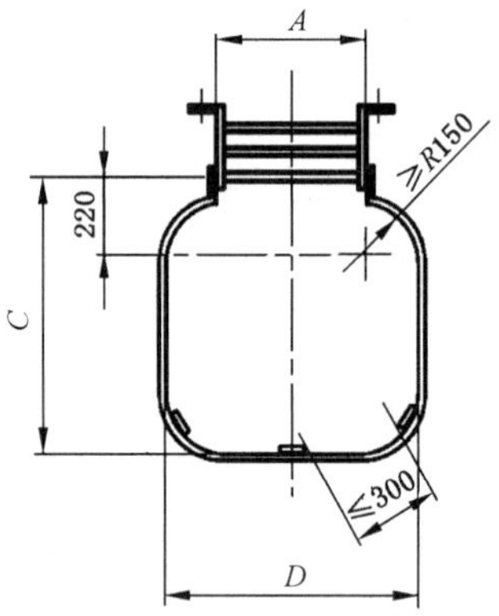

c) 可选的方形中间箍和底部箍

注：$A_{min}=400$ mm，$A_{max}=600$ mm；$C_{min}=700$ mm，$C_{max}=800$ mm；
$B_{min}=650$ mm，$B_{max}=800$ mm；$D_{min}=650$ mm，$D_{max}=700$ mm。

图 3 带安全护笼的梯子的俯视图

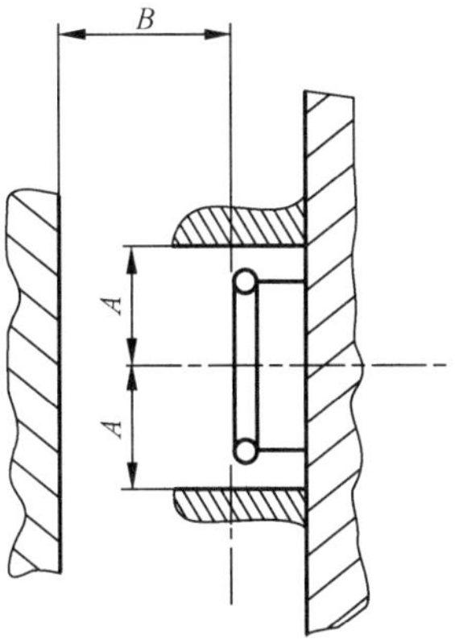

注：$A_{min}=325$ mm，$A_{max}=400$ mm；
$B_{min}=650$ mm，$B_{max}=800$ mm。

图 4　无安全护笼的梯子的俯视图

4　材料

4.1　一般要求

用于制造的梯子、箍、带、平台和连接器的材料和附属装置应足够坚固耐用，以满足适当的强度和挠度试验，并满足环境条件。低碳钢截面最小尺寸的示例见表 1。

注 1：本标准中的所有尺寸考虑了工业原材料的公差。

注 2：如果满足金属梯子的相同性能要求，则不排除使用其他材料进行梯子设计，如玻璃钢(GRP)。

表 1　低碳钢截面最小尺寸

单位为毫米

护笼立杆		50 × 8
箍		50 × 8
踏棍		ϕ20
立柱	固定支架的最大间距	
	固定在钢构件上	固定在混凝土构件上
65×10	3 700	2 460
65×12	4 100	2 730
70×10	4 000	2 660
70×12	4 400	2 930
80×10	4 600	3 060
80×12	5 000	3 330
70×50×8L	4 800	3 200
100×65×8L	6 200	4 130
125×75×8L	7 700	5 130
注：无论是混凝土还是钢，固定支架的间距都宜满足这些尺寸，以承受相同的拉拔载荷。		

4.2 连接

组件之间的连接应选择经验证的耐用方式，以承受规定载荷或计算载荷。传统连接方式是螺纹紧固件和焊接；如果选择传统方式，则应满足相应的标准。

4.3 焊接

焊接应满足相应的标准，例如，铝合金弧焊应满足 GB/T 22086，金属材料熔焊应满足GB/T 12467。

4.4 表面处理

4.4.1 一般要求

应确保没有可能割伤用户或阻碍进入的锋利的末端或锐边，可触及的边、角和突出部分都应去毛刺，例如：倒角或倒圆角。

4.4.2 防护

根据钢梯的使用地点和气候条件，应按照表 2 进行适当的防护性表面处理。适当时，防护措施的选择应满足 GB/T 13912、GB/T 19355 或 ISO 12944。

注：由于热浸镀锌过程可能导致脆化，因此不推荐梯子上使用铆钉(见 GB/T 13912)。

表 2 钢制构件的涂层

构件	涂层
钢构件	电镀锌[a]
	电镀镉[a]
	热浸镀锌
	镀锌粉
	电镀镍
	电镀镍铬
螺纹件	上述任何涂层
[a] 锌涂层更适用于一般用途，包括工业环境中使用；镉涂层更适用于海洋环境。	

如果需要防护铝制构件，则其阳极组件应满足 GB/T 8013.1—2007 的要求。

5 性能要求

5.1 一般要求

固定式直梯通常应设计双立柱或单立柱，但通常情况下不建议使用单立柱固定式直梯。特殊情况下(如倾角改变的连续梯子或无足够的空间提供两个立柱)，固定式直梯也可采用单立柱。

为确保使用者在正常使用条件下的安全，装配点、铰链、锚定点、支撑点和安装点应具备足够的刚度和稳定性。

5.2 强度要求

梯子元件应满足 GB/T 17889.2 和 GB 17888.4—2008 中第 4 章的要求。

5.3 立柱

5.3.1 性能

立柱的设计应能承受体重均为 100 kg 的两个人在固定式梯子上攀登 6 m 产生的力。在攀登过程中，立柱在任何方向的挠度不应大于 2 mm。

5.3.2 设计

对于双立柱直梯，两个立柱应是平行的，且对于整个安装踏棍的部分，每 3 m 的长度公差小于或等于 10 mm。从内表面测得的立柱之间的净宽 x 应在 300 mm～600 mm 之间，宜选择 400 mm。用于进入平台的直梯，其安装尺寸见图 5。选择较短距离之前，应检查是否有可能找到更有利的梯子位置，从而允许净宽达到 400 mm 或以上。

单位为毫米

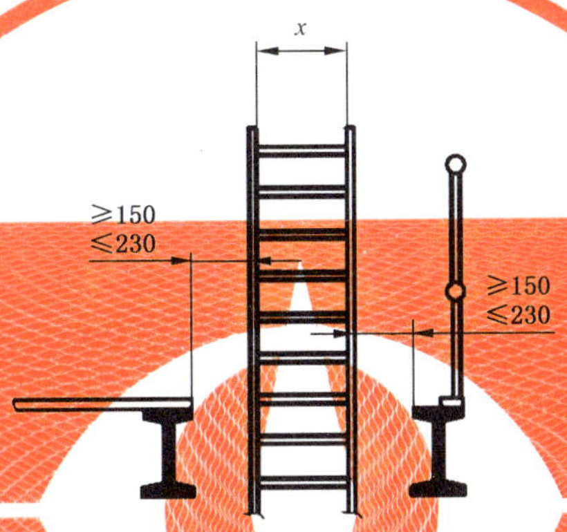

图 5 用于进入平台的直梯的安装尺寸

对于单立柱固定式直梯的主要尺寸，应满足图 6 的要求。

单位为毫米

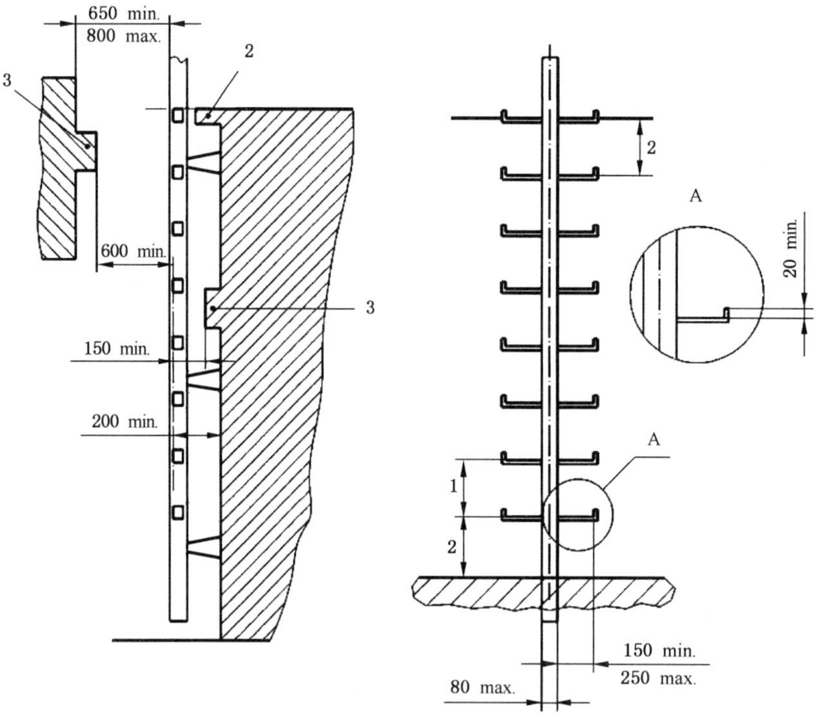

说明：

1——见 5.4.2 和 GB 17888.4—2008 中的 4.4.1.1；

2——见 5.4.2 和 GB 17888.4—2008 中的 4.4.1.2；

3——非连续障碍物。

图 6　单立柱固定式直梯的主要尺寸

5.3.3　立柱的延伸

为便于攀登出去，立柱应向上延伸，其角度与梯子一致，其高度至少能起到防护作用。如果有侧面台阶，则立柱应充分延伸，以使顶部踏棍至少高于平台 1 680 mm。立柱部分末端应牢固固定[见图 7a)]。立柱的延伸不应影响平台出入口的净宽。

为了从梯子踏入到达平台，有必要穿过立柱的延伸部分时，立柱延伸部分应从平台平面开始向外展开，以确保扶手之间在扶手平面能提供 600 mm～700 mm 的净宽(见图 4)。固定在烟囱上梯子，其立柱及延伸部分应距离烟囱顶部 300 mm 以下终止，以确保不受烟气的影响。如果要求进入烟囱顶部，则应考虑提供平台或其他安全进入设施。

5.3.4　立柱的接头

如果需要一段以上的梯段，则立柱应通过合适的方式进行连接。如果采用螺栓或铆钉，则至少在立柱外部应为埋头孔或杯头。

5.4　踏棍

5.4.1　截面

踏棍应能承受在踏棍中心 100 mm 以内均匀分布的 150 kg 载荷，挠度不应大于 2 mm。

踏棍的直径应至少为 20 mm，或者多边形或 U 形踏棍的步行表面的水平深度应至少为 20 mm。

为便于抓牢，踏棍横截面的最大尺寸不应超过 35 mm。

当可预见有滑倒风险时(例如由于环境条件),应采取附加措施防滑。

5.4.2 间距

梯子踏棍或梯段在整个长度上的间距应均匀,且中心线之间的距离应在 225 mm～300 mm 之间[见图 7a)]。梯子顶部的布置应使得顶部踏棍的上表面与平台的表面处于同一水平面,必要时平台应延伸,以使踏棍与平台之间的间隙至少为 65 mm,但不超过 75 mm。另外一种方法是在梯子顶部踏棍与平台之间增加水平构件,以减小间隙,使其不超过 75 mm[见图 7b)]。

单位为毫米

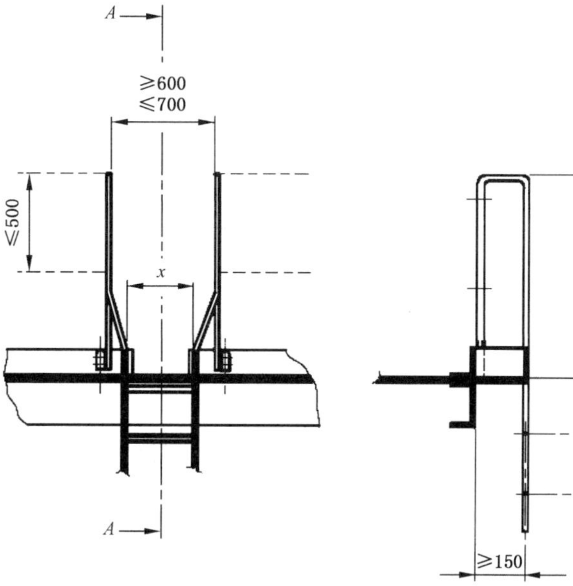

注:x,见图 5。

说明:

1——A 级:至少为 1 100 mm;

2——尺寸相等,在 225 mm～300 mm 之间。

a) 前视图与 A—A 截面

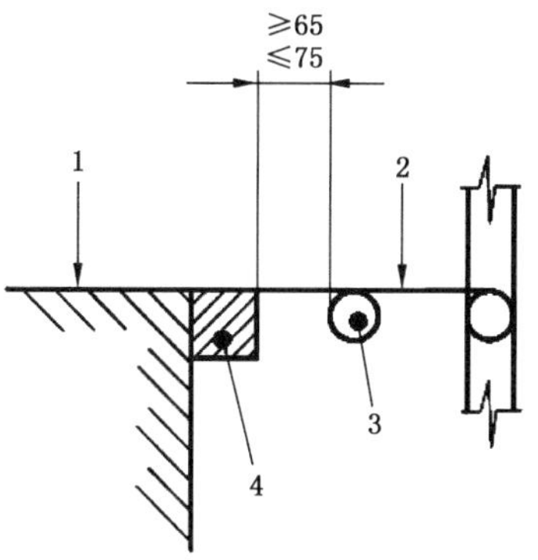

说明:

1——到达区域的步行表面;

2——踏棍表面;

3——附加顶部踏棍;

4——平台延伸。

b) 附加顶部踏棍的位置

图 7 立柱的延伸

底部踏棍的上表面与步行水平面之间的距离宜等于踏棍的间距。如果不可行,则此距离不应超过两个连续踏棍之间的间距。

5.4.3 踏棍在立柱上的固定

由于热镀锌过程中存在酸滞留的可能性,因此踏棍焊接在立柱上时,不应采用密封焊。

5.5 坠落保护

5.5.1 一般要求

在以下情况时,应提供坠落保护:

a) 梯子的高度大于 2 m;

b) 梯子的高度小于或等于 2 m,但存在坠落高度大于 2 m 的风险。当这种情况发生在进入距离梯子中心线 3 m 半径内侧面无保护的平台时(见图 8)。

单位为毫米

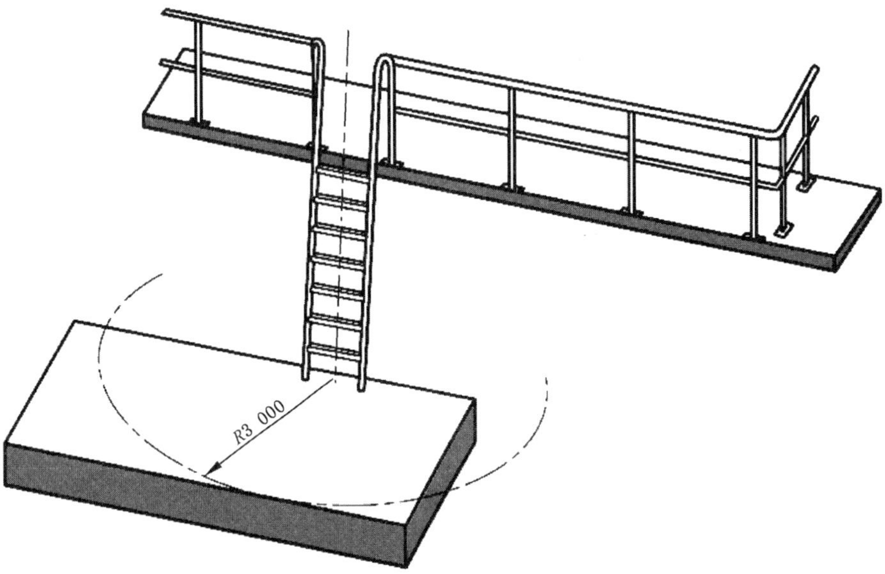

图 8 梯子底部的起程面

例如:一个被动的保护系统,安全护笼(见图 9)应是首选。不可能使用安全护笼时,应提供个体防护装备。只有进入频率较低或专门进入(如维护)时,才应提供坠落保护器。

注:只有使用者选择使用时,坠落保护器才有效。如果带有不兼容的滑行系统的安全带与导轨式坠落保护器一起使用,则存在风险。

单位为毫米

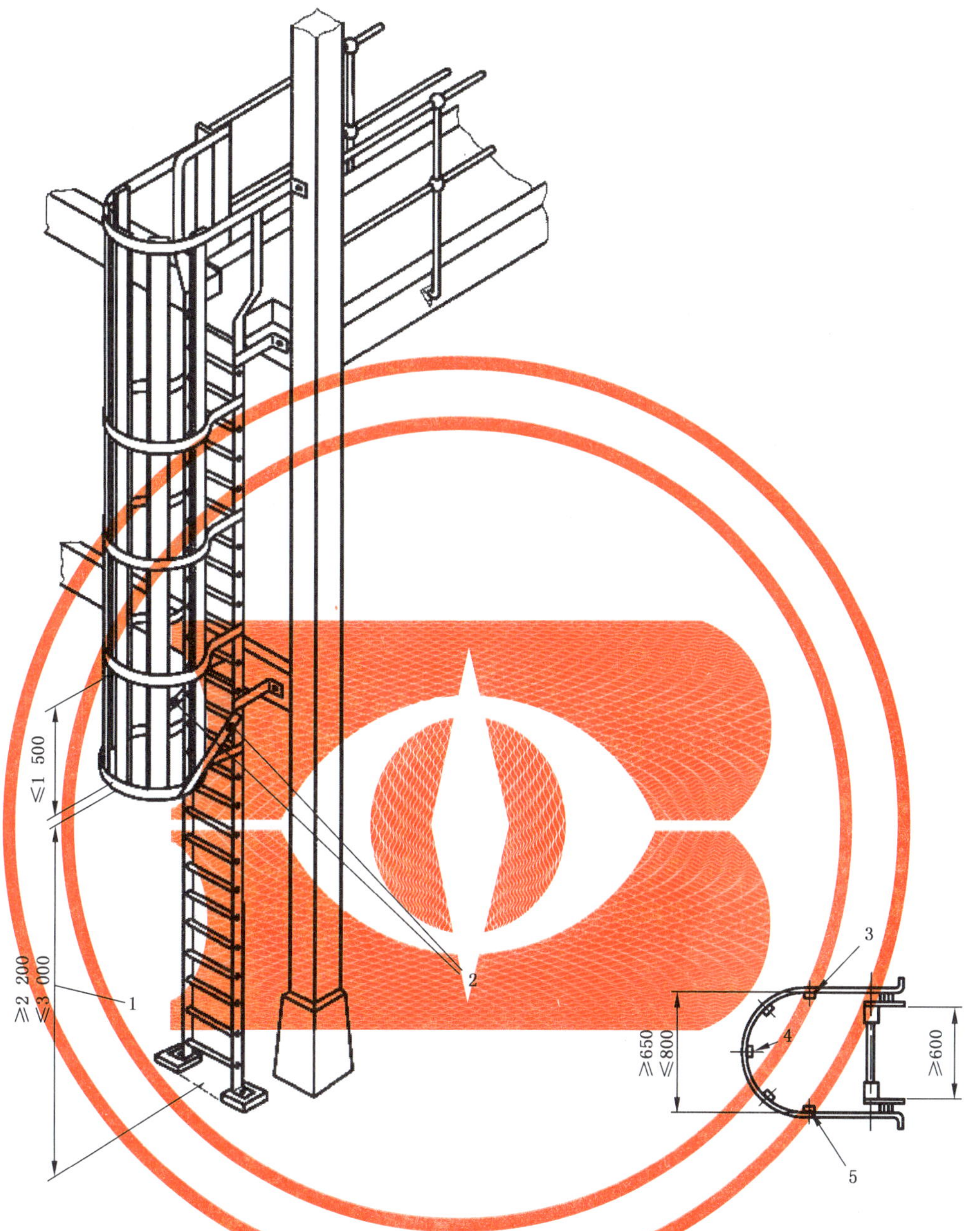

a） 安全箍间距　　　　b） 顶部安全箍与立柱的连接平面图

说明：

1——距离地面的高度；

2——拉条；

3——焊接、铆钉或螺栓：螺栓最小尺寸为 M12 或 M10(HT)，铆钉最小直径为 12 mm；

4——中心线上的带子；

5——位于箍内侧 5 个以上的垂直构件。

图 9　安全护笼

5.5.2 安全护笼

5.5.2.1 尺寸

安全护笼的底部部件，如底部箍，应从距离起程面2 200 mm～3 000 mm的位置开始。在所选择的进入面上的护笼下面，安全护笼不应有妨碍进入梯子正面区域的元件。在到达区，安全护笼应延伸至到达区护栏的高度（见图1）。

在到达区，沿着梯子踏棍水平轴测得的护笼内表面净距应在500 mm～700 mm之间。

安全护笼箍内的净距（矩形护笼见图3中的D）应在650 mm～800 mm之间，这对于非圆形和圆形安全护笼都适用。踏棍至安全护笼的距离（见图4中的B）应在650 mm～800 mm之间。在没有安全护笼的情况下，梯子轴线与周围结构之间的距离（见图4中的A）应在325 mm～400 mm之间。

两个箍之间的距离不应超过1 500 mm，且护笼上两个垂直构件之间的距离不应超过300 mm。箍与护笼垂直构件之间的角度应为直角。安全护笼的垂直构件应固定在箍内，且为等间距。

对于安全护笼组件的间距，其设计应使得在任何情况下空区域不超过0.4 m^2（见图1）。

如果梯子正面和两侧的结构（墙、机器部件等）能提供类似的保护水平（如提供类似尺寸），则不需要安全护笼（见图4）。

5.5.2.2 箍和带的固定

箍和带应通过铆钉、螺栓或焊接进行固定。如果使用螺栓或铆钉，则应为埋头孔或杯头型，并从箍或带的内表面插入。如果有必要防止变形，则箍和带的装配应牢固（见图9）。

5.5.3 坠落保护系统

如果配备坠落保护系统，则应满足GB 24544—2009的要求。

如果配备导轨式坠落保护器，则应满足GB 24537—2009或GB 24542—2009。

5.6 防止未经授权的进入

应考虑提供适当的安全防护装置，如锁定装置，以确保只有授权和培训且装备齐全的操作者进入。

5.7 平台

5.7.1 一般要求

当攀登高度H小于或等于10 000 mm时[图10a)]，一个梯子就足够。当H大于10 000 mm时，应提供一个以上的梯子，此时单个梯子的高度h应小于或等于6 000 mm，以适应攀登高度。梯段高度h应错开，且每个梯子之间应提供休息平台[图10b)]。

如果有几个梯段，起程面至最近的休息平台之间或者连续的休息平台之间的梯段高度h不应超过6 000 mm。

注：安装在烟囱上的梯子提供平台时，可能产生设计问题。如果提供平台不可行，假如梯子配备坠落保护系统，则可使用连续的梯子长度（见5.5.3）。

专门用作休息平台的平台应至少为700 mm×700 mm（见图11）。

中间层或中间平面也可能用作休息平台。平台应当根据GB 17888.3—2008进行适当的防护。

工作平台应满足GB 17888.2。工作平台的净宽和长度应根据平台的预定用途确定。

单位为毫米

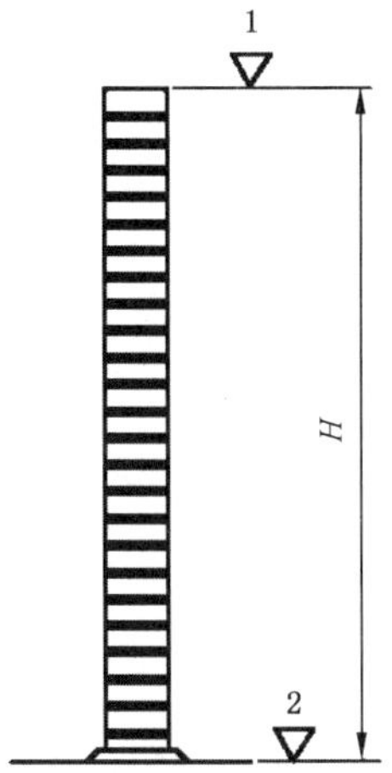

H_{max}=10 000 mm。

a） 不带休息平台的梯子(单梯段)

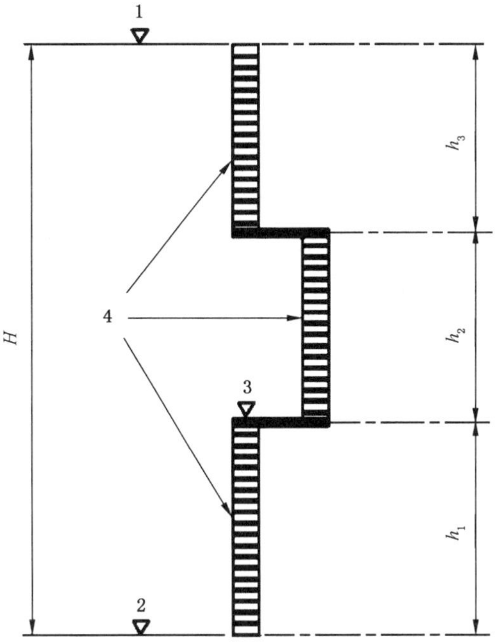

说明：

H_{max}> 10 000 mm。

h_{max}=6 000 mm。

1——到达面；

2——起程面；

3——中间平台；

4——梯段。

b） 梯段交错的梯子

图 10 梯段高度与平台位置

单位为毫米

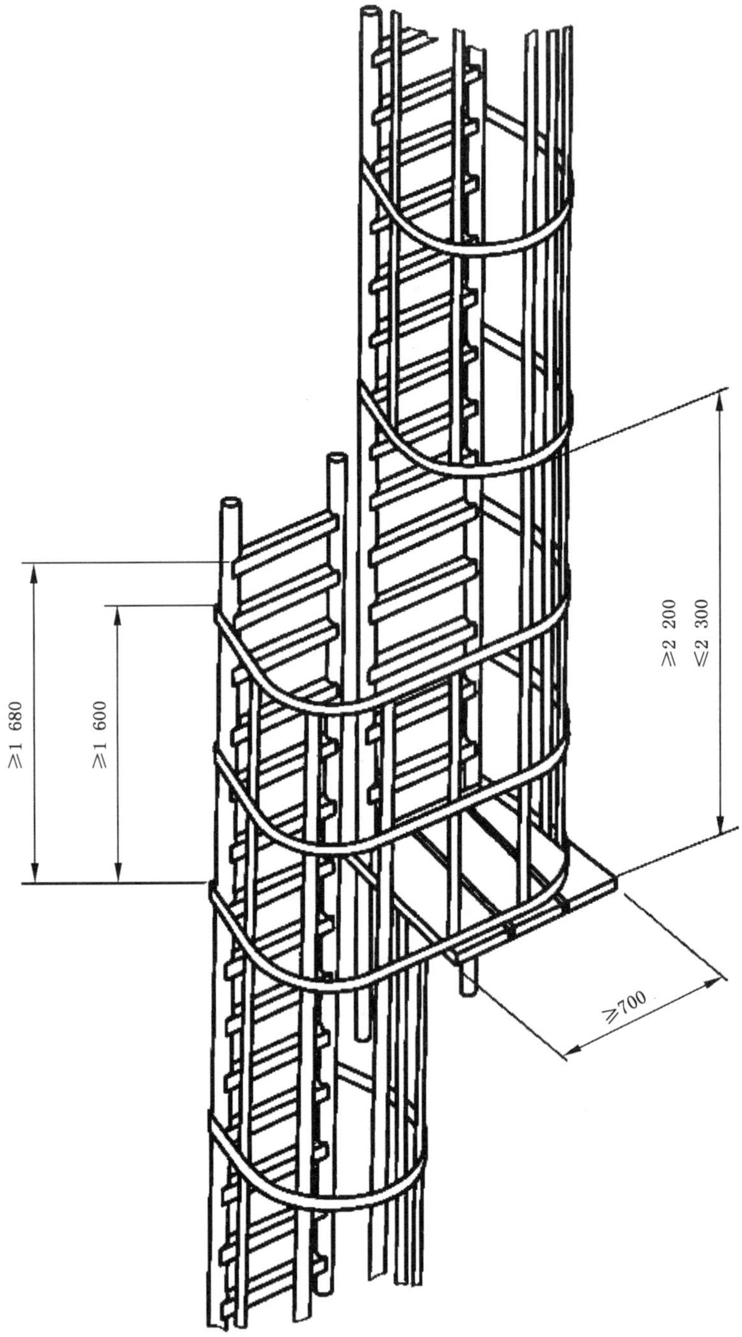

图 11 带有休息平台的相邻交错梯段的示例

5.7.2 交错梯段

如果机器或其环境的布局使其不可避免，则两个连续的梯段应是交错的，且不带有单独的平台。在这种情况下，下面的梯段应至少延伸至其顶部踏棍距离平台 1 680 mm 以上，以向梯子使用者提供良好的手握性能。平台上方的防护高度应至少为 1 600 mm（见图 11）。

平台与安全护笼完整的底部箍之间的净高应在 2 200 mm～2 300 mm 之间。

5.7.3 障碍物

如果矮墙、栏杆、顶盖或其他障碍物干扰直接从梯子接近需要进入的平面，则梯子应延伸至已适当防护的平台。平台的宽度应至少为 600 mm，跨越障碍并提供获得进入所需平面的安全方式。

5.7.4 通过活门穿过平台

如果通过平台的开口进入梯子，则应通过活门或保护栅栏与门结合使用来提供坠落风险的保护（见图 12）。

防护结构应符合 GB/T 31255—2014 第 9 章的要求，门应满足本标准第 6 章的要求。

活门的设计应满足以下要求：

a） 开口应至少等于所需的梯子护笼尺寸（见 5.5.2）；

b） 活门不应向下打开，应向上或水平运动；

c） 应能手动且容易的打开活门；

d） 活门处于打开位置时应允许操作者安全通过；

e） 活门应在操作者安全通过后由操作者关闭，但无需操作者继续干预，如使用弹簧或气压支撑杆等方式；

f） 操作者安全通过后活门应关闭。

单位为毫米

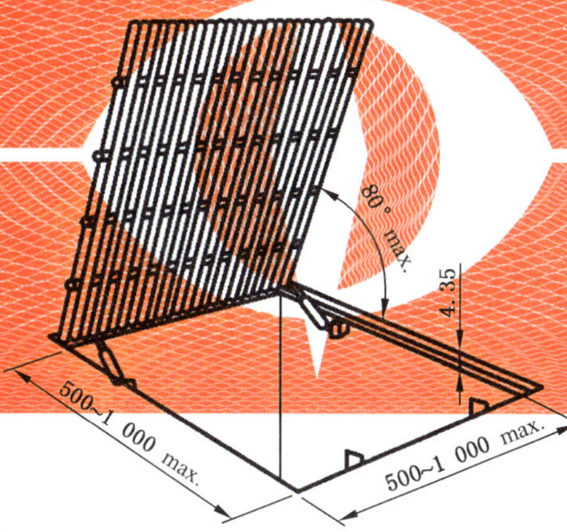

注 1：由防滑复合材料制成的格栅活门，配备有液压缸，在使用者通过后关闭系统。

注 2：任何情况下，为了产生自重关闭运动，活门的打开角度宜限制在 80°以内。

注 3：使用复合材料可大大降低活门的重量（10～11 kg/m²），且不影响其他任何技术特征。

注 4：双动作液压缸宜可调节，以增加或降低关闭速度。

注 5：在关闭位置，活门由具有一定支撑角度的热浸镀锌框架来支撑，该支撑框架或者按支撑角度焊接在承重结构上，或者通过螺钉和螺栓固定（这种情况下，支撑角度预先在车间完成）。

图 12 自关闭活门示例

5.8 连接

5.8.1 梯子的倾角

梯子应与结构面平行，且与水平面的倾角应在 75°～90°之间（见图 13）。

单位为毫米

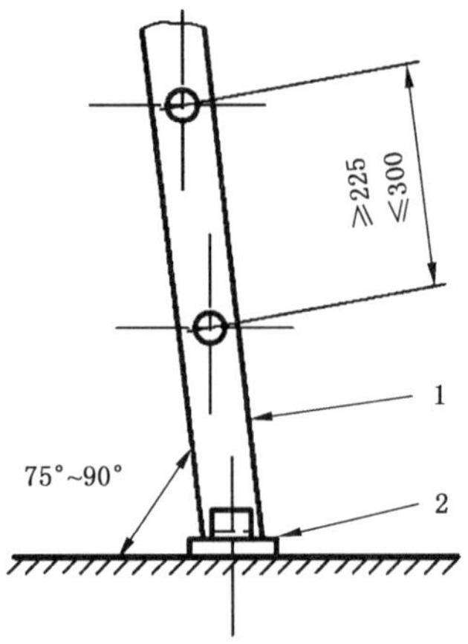

说明：
1——立柱；
2——需要时允许包装或灌浆。
注：见表1。

图13 梯子倾角

5.8.2 立柱的安装

锚定点及其连接应满足表1。锚定点应能同时承受沿垂直于结构面的0.5 kN拉拔载荷和在每个立柱上施加的3 kN垂直载荷。

连接器应尽量靠近，以便使梯子具有足够的刚度，从而将连接器之间的横向运动限制在10 mm内。立柱的固定应采用能够承受外加载荷和限制立柱在固定点运动的连接器或支架来固定（见GB 17888.4—2008）。

连接器应足够长，以使其距离踏棍正面至少为200 mm，距离任何不连续障碍物至少为150 mm。

当梯子固定在一个连续的垂直高建筑或容器上时，应考虑固定点的差胀，这需要在相邻梯框之间保留一个间隙，间隙两侧的梯框上各自有固定点。

6 安全门

潜在的危险区域，如梯子顶部扶手与到达面的扶手之间的间隙，应有一个完整的深度自关闭活门进行防护。

安全门的设计应使其容易自动打开和关闭，如使用弹簧或通过重力效应。安全门宜缓慢而安全的关闭。

安全门应设计为仅在平台上侧转打开。

安全门的设计还宜提供与到达面上任何相邻的安全防护同等级的防护，如至少包含GB 17888.3—2008中3.2规定的扶手、横挡和踢脚板。

不应用链条代替安全门。

注：图12给出了典型的自关闭安全门的示例。

7 安全要求的验证

梯子及其所有防坠落保护装置，以及锚定点的安全要求的验证见GB 17888.4—2008第5章。

ICS 13.110
J 09

中华人民共和国国家标准

GB/T 31255—2014

机械安全　工业楼梯、工作平台和通道的安全设计规范

Safety of machinery—Safety specification for the design of industrial type stairs, working platforms and walkways

2014-12-05 发布　　2015-07-01 实施

中华人民共和国国家质量监督检验检疫总局
中国国家标准化管理委员会　发布

前 言

本标准按照 GB/T 1.1—2009 给出的规则起草。

本标准由全国机械安全标准化技术委员会(SAC/TC 208)提出并归口。

本标准起草单位:天津市金锚集团有限责任公司、中机生产力促进中心、长春机械科学研究院有限公司、南京林业大学光机电仪工程研究所。

本标准主要起草人:李勤、张晓飞、王胜江、李杰、宁燕、王学智、居荣华、程红兵、李春平、付卉青、刘治永。

引　言

机械领域安全标准的结构如下：

——A 类标准（基础安全标准），给出适用于所有机械的基本概念、设计原则和一般特征；

——B 类标准（通用安全标准），涉及在机械的一种安全特征或使用范围较宽的一类安全装置：

- B1 类，安全特征（如安全距离、表面温度、噪声）标准；
- B2 类，安全装置（如双手操纵装置、联锁装置、压敏装置、防护装置）标准。

——C 类标准（机器安全标准），对一种特定的机器或一组机器规定出详细的安全要求的标准。

根据 GB/T 15706，本标准属于 B 类标准。

C 类标准可补充或修改本标准中的条款。

对于按照 C 类标准设计和构造的机器，如果 C 类标准中的条款与 A 类或 B 类标准不一致时，优先采用 C 类标准。

机械安全　工业楼梯、工作平台和通道的安全设计规范

1　范围

本标准规定了工业楼梯、工作平台和通道的安全设计规范。

本标准适用于用作进入机械的固定设施的工业楼梯、工作平台和通道。

本标准也适用于没有固定在机器上，但在对机器进行某些操作时可能需要移除或移动到旁边(例如：更换大型压力机的工具)的工业楼梯、工作平台和通道。

其他工业楼梯、工作平台和通道也可参照使用。

2　规范性引用文件

下列文件对于本文件的应用是必不可少的。凡是注日期的引用文件，仅注日期的版本适用于本文件。凡是不注日期的引用文件，其最新版本(包括所有的修改单)适用于本文件。

GB/T 15706—2012　机械安全　设计通则　风险评估与风险减小

GB 17888.1—2008　机械安全　进入机械的固定设施　第1部分：进入两级平面之间的固定设施的选择

GB 17888.2—2008　机械安全　进入机械的固定设施　第2部分：工作平台和通道

GB 17888.3—2008　机械安全　进入机械的固定设施　第3部分：楼梯、阶梯和护栏

3　术语和定义

GB/T 15706—2012 界定的以及下列术语和定义适用于本文件。

3.1

工业楼梯　industrial type stairs

可以步行通过的一系列不同高度的连续水平面(踏板或梯段平台)。

注：常见工业楼梯通常有两种形式：直楼梯和螺旋楼梯，典型的工业楼梯见图1和图2。

3.1.1

直楼梯　straight stairs

具有20°～45°倾角，坡度线呈直线的工业楼梯。

注：典型的直楼梯见图1。

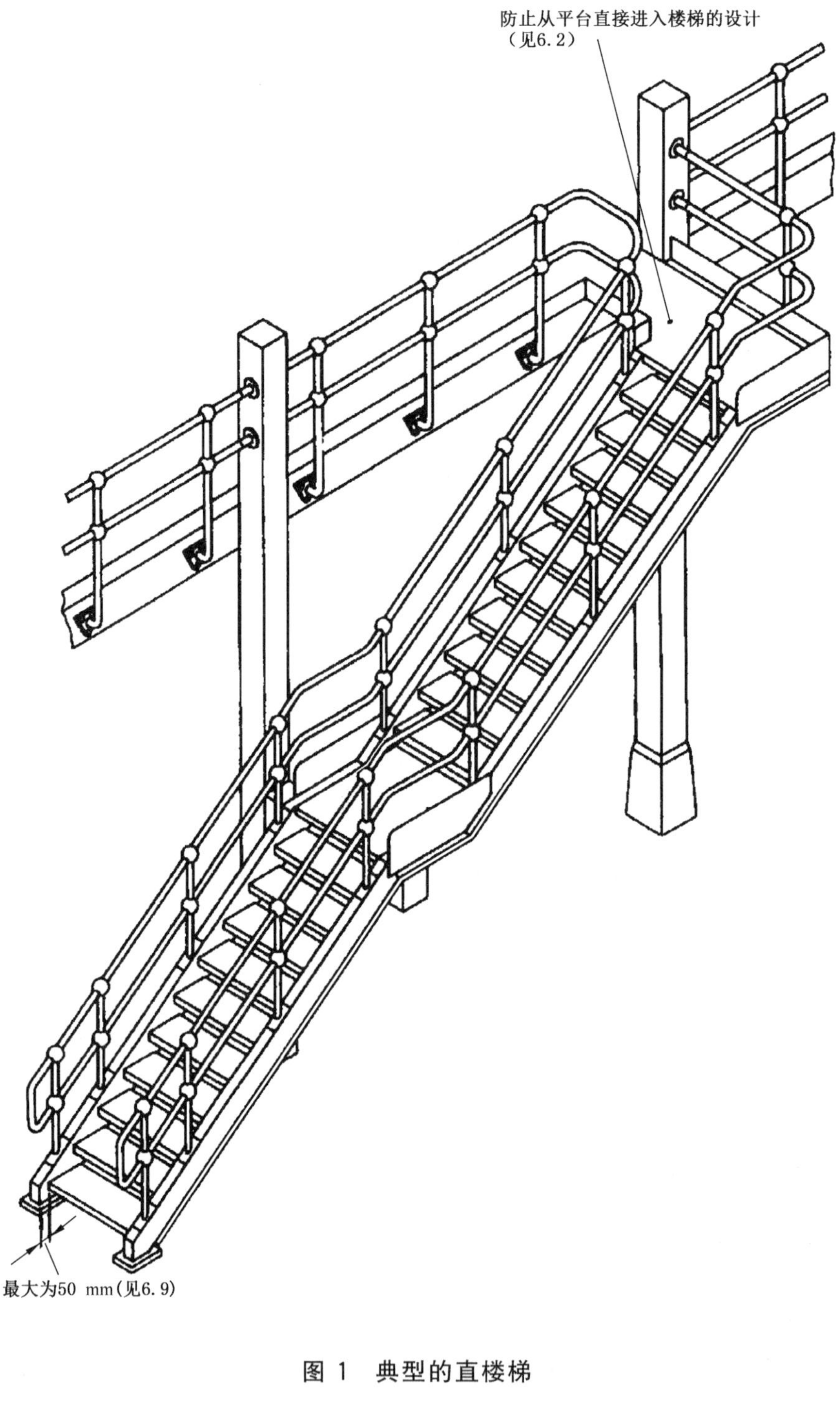

图 1　典型的直楼梯

3.1.2

螺旋楼梯　helical and spiral stairs

具有 65°～75°倾角，坡度线呈螺旋状，其水平构件为踏板且两侧带有扶手的工业楼梯。

注：典型的直楼梯见图 2。

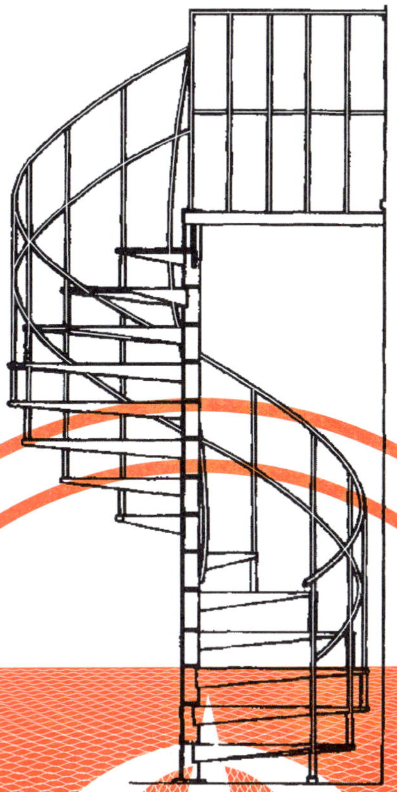

图 2 典型的螺旋楼梯

3.2

工作平台 working platforms

为进行操作、维修、检验、修理、抽样和与机械有关的其他工作所用的水平表面。

3.3

通道 walkway

由一个位置通向另一个位置的水平表面。

3.4

坡度线 pitch line

一条假想的直线，此直线连接具有楼梯走线的连续踏板突沿的前缘，并且从梯段顶部的梯段平台前缘延伸至梯段底部的梯段平台。

3.5

倾角 pitch angle

坡度线或其切线与其在水平面上投影之间的夹角(见图 3 中的 α)。

3.6

净空 clearance

垂直于坡度线方向上，坡度线与上面任何障碍之间的绝对最小距离(见图 3 中的 c)。

注：工业楼梯的一些通用术语可见图 3。

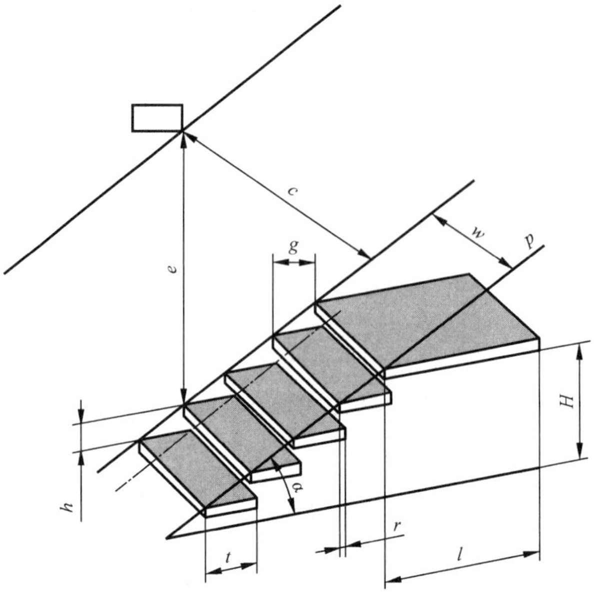

说明：

H ——上升高度；	g——级距；
e ——净空高度；	h——踏板间距；
l ——平台长度；	r——搭接部分；
α ——倾角；	w——宽度；
p ——坡度线；	t——踏板深度；
c ——净空。	

图 3 工业楼梯的基本术语

4 总则

当风险评估结果表明需要提供进入或逃生设施时，设计者应考虑表 1 中列出的所有因素，以及 GB 17888.1—2008 中第 5 章的要求。任何给定装置的设计特点应一致。

表 1 选择进入或逃生设施时的影响因素

需要考虑的因素	说明
高度	高度决定梯段数量(见 6.1)、踏板间距(见 6.4)、净距和净空高度
规划面积	规划面积决定踩踏面和净宽宽度(见 6.2)； 螺旋楼梯需要的空间比直楼梯更小
方便使用与安全性	直楼梯最方便。经常负重登梯时，宜采用楼梯而不采用直梯
人数	人数决定尺寸和荷载(见 7.2)
使用频率	
监管要求	
残障人士使用	
消防	参见 GB 23819

5 材料

宜选用表2中列出的材料，并符合相关的标准。

使用两种或两种以上的材料时，其材料应相容，如最大限度减小电蚀作用、选择膨胀系数相近的材料。

防腐蚀保护还应符合相关的标准。

表2 结构材料

材料	国家标准	其他建议
现浇混凝土	GB 50010	
预制混凝土	GB 50010	
铝合金	GB/T 3190、GB/T 6892、GB/T 17889.2	
铸铁	GB/T 1348	
铜合金	GB/T 2040	
钢材，包括不锈钢	GB/T 699	对不锈钢外部楼梯，宜使用奥氏体不锈钢
热固性/化塑料和复合材料	GB/T 17889.2	
木材	GB/T 17889.2	

6 楼梯

6.1 一般要求

除了6.2～6.11规定的要求之外，工业楼梯还应满足GB 17888.3—2008中第5章规定的安全要求。

6.2 梯级

直楼梯的最大梯级数宜为16，螺旋楼梯的最大梯级数宜为22。

直楼梯在32级之后或螺旋楼梯在44级之后应有不低于30°的方向改变。楼梯顶端平台的设计应使得人员在不改变方向的情况下不可能从其他工作平台或通道进入楼梯。

6.3 宽度

偶尔通过的单向楼梯的宽度宜不小于600 mm，经常通过的单向楼梯或偶尔通过的双向楼梯的宽度宜不小于800 mm，经常通过的双向楼梯的宽度宜不小于1 000 mm。

6.4 倾角（直楼梯）

直楼梯的最小倾角宜为30°。

偶尔进入的直楼梯的最大倾角宜为42°。

经常通过的双向直楼梯的最大倾角宜为38°。

6.5 踏板间距

梯段中的所有踏板间距都应是一致的，公差应满足6.6给出的要求。楼梯踏板间距 h 和级距 g 之间的关系不应随着坡度线改变，两者的公差应保持一致。

6.6 公差

踏板间距 h 与级距 g 的一致性对于使用者的安全是最重要的。楼梯同一梯段内，踏板间距 h 和级距 g 的公差应为±5 mm。

6.7 室外用楼梯

如果楼梯暴露在室外，不仅仅用作进入机械的固定设施时，其上升高度 H 不应超过6 m。如果超过6 m，应保护起来，例如用不易燃物封闭(见9.7)。

6.8 踏板

踏板应满足GB 17888.3—2008中第4章规定的安全要求，并采取适当的防滑措施或者至少有宽度不小于25 mm的防滑前缘。

对于漏空踏板楼梯，其踏板的搭接部分不应小于16 mm，并且前缘的深度在25 mm～50 mm之间，以提高能见度。

6.9 梯梁

梯梁应有足够的刚度，以尽量减少横向挠度，且超出底部踏板前缘的距离不应超过50 mm(见图1)。

6.10 梯段平台

梯段平台的设计应满足第7章和第8章的要求。

梯段平台的长度 l(见图3)不应小于楼梯净宽或850 mm，取二者的较大值。

6.11 扶手

直楼梯、梯段平台和螺旋楼梯应有满足第9章相关要求的连续扶手。

坡度线总的高度超出周围结构的高度大于500 mm时，应提供扶手。

7 工作平台和通道

7.1 一般要求

除了7.2～7.7规定的要求之外，工作平台和通道还应满足GB 17888.2—2008中第4章规定的安全要求。

不经常使用的，其无障碍宽度应至少为500 mm；日常使用的工作平台或通道，其无障碍宽度应至少为600 mm，但最佳为800 mm；经常使用的工作平台或通道，其无障碍宽度应至少为1 000 mm(见表3)。

工作平台或通道上表面以上的净空高度应不低于2 100 mm。

注：建议在装置上贴上声明已按照本标准设计的铭牌。该声明宜包括本标准的编号以及设计荷载。

表 3 工作平台和通道的荷载

工作平台或通道的使用情况	均匀分布载荷[a] kN/m²	1.0 m 直径内 300 mm×300 mm 范围能承受的集中载荷[b] kN
不常用，仅限一人进入	3.0	1.0
日常使用，定期双向通行	5.0	1.0
经常使用，高密度通行	7.5	1.0(见 7.2.2)

[a] 均匀分布载荷(UDL)是每平方米内均匀分布的等效静载荷。

[b] 宜考虑集中荷载施加到产生最大应力的位置，如果挠度为设计依据，则考虑施加到产生最大挠度的位置。

7.2 垂直载荷与挠度

7.2.1 设计荷载不应小于表 3 中规定的值。工作平台或通道的设计应使其能承受合适的分布载荷或集中载荷，取产生较大应力的载荷。

7.2.2 在充分考虑机械或其他物体可能放置在工作平台或通道上的情况下，设计者应使在工作平台或通道区域内中心距为 1 000 mm，边长为 300 mm 正方形上能承受的集中载荷不小于 1.0 kN，并且针对动态载荷增加额外的余量。

7.2.3 施加设计载荷后，工作平台或通道的挠度不应超过 10 mm 或 0.5%跨度，取二者的较小值。

7.3 固定

工作平台和通道不应仅靠其自重固定。

当采用仅靠拉力的固定件时，其工作载荷系数应不小于 1.5。

设计者应考虑腐蚀或疲劳应力是否会对工作平台或通道的固定造成很大影响。

7.4 扶手

工作平台和通道的所有开放侧都应安装满足第 9 章相关要求的扶手。

7.5 踢脚板

工作平台与通道所有开放侧，以及开放的楼梯第一级踏板的下面都应安装满足第 8 章相关要求的踢脚板。

7.6 通道

通道一般应是水平的。但无法避免使用倾斜的通道时，应特别注意确保人员使用通道时可获得足够的摩擦力。通道的斜度不应超过 10°。

7.7 前缘

如果通道没有防滑，则所有楼梯的顶部和进入梯子的位置都应有防滑的前缘，并与楼梯踏板上的前缘匹配(见 6.7)。

8 边缘保护

工作平台、通道和梯段平台，包括起始于起重位置的漏空踏步楼梯的第一级踏板下面，应在距离步行面不小于 100 mm 的范围内安装踢脚板,以防止人员从横杆下面滑出或者工具等物体从边缘滑落。步行面与踢脚板之间的间隙不应超过 10 mm。

9 防护结构

9.1 一般要求

除非本章有专门规定,护栏的设计应满足 GB 17888.3—2008 的相关要求。在同一垂直平面内,应有不少于两条的栏杆,较低位置的栏杆应位于顶部栏杆与工作平台/楼梯坡度线或踢脚板的中间。如果楼梯的一侧是墙,则在靠墙一侧只需装扶手。

在可能的情况下,扶手应沿坡度线连续。在垂直平面内,应避免方向的急剧变化。为避免产生伤害,栏杆的末端应弯折,并与墙、横杆或者螺旋楼梯中柱相连。弯折末端距离护栏末端支柱中心线的延长距离不应超过 350 mm。在楼梯底座,扶手的弯折末端应至少延长到斜梁的最大延伸点。

防护结构的典型细节如图 2 所示。

9.2 横向载荷

扶手的最小设计横向载荷在表 4 中给出。

表 4 扶手的横向载荷

使用扶手	载荷 kN/m
不常用,仅限一人进入	0.36
日常使用,定期双向通行	0.36
经常使用,高密度通行;逃生路线	0.74
群荷载区域,宽度超过 3 m	3.00

9.3 接头

连续护栏的接头应位于最小应力点的位置,并且距离支柱中心线不应超过 150 mm。接头的位置不应位于末端支柱的外侧或位于拐角处两个连续支柱之间。接头不应有任何锋利的边缘或毛刺。

9.4 支柱

除非可用作踢脚板结构构件,否则支柱不应在踢脚板上安装。

9.5 净空

为确保手能牢固抓住扶手,扶手下面应有 75 mm 以上的净空。

9.6 自关门

有潜在危险的区域,如梯子顶部扶手处的间隙,应通过自关门进行保护。自关门的关闭应安全缓慢,且应设计为向梯段平台内打开。不应安装保持打开状态的装置。

9.7 封闭

如果需要加强保护(见 6.7),则应封闭围栏(见图 4)。

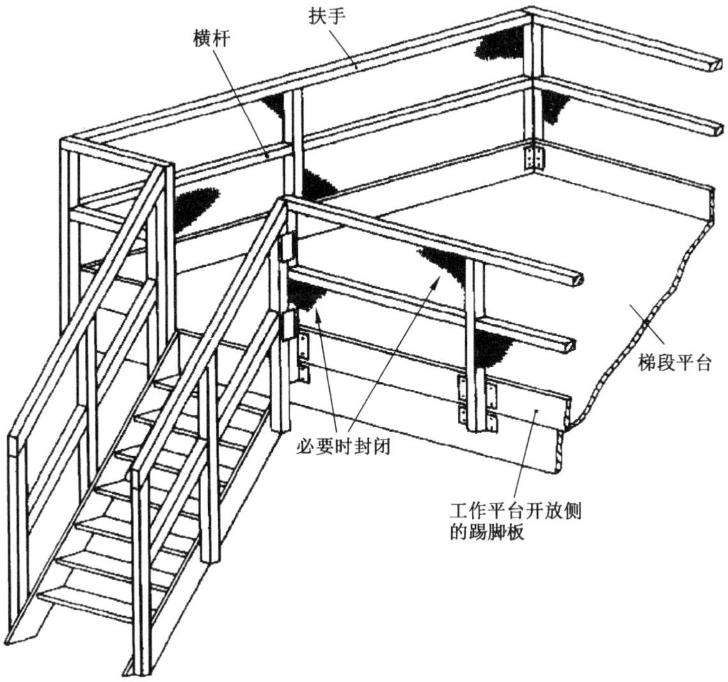

图4　典型的保护屏障布置

参 考 文 献

[1] GB/T 699 优质碳素结构钢
[2] GB/T 1348 球墨铸铁件
[3] GB/T 2040 铜及铜合金板材
[4] GB/T 3190 变形铝及铝合金化学成分
[5] GB/T 6892 一般工业用铝及铝合金挤压型材
[6] GB/T 17889.2 梯子 第2部分:要求、试验和标志
[7] GB 23819 机械安全 火灾防治
[8] GB 50010 混凝土结构设计规范

ICS 53.040.20
G 42

中华人民共和国国家标准

GB/T 31256—2014/ISO 22721:2007

输送带 具有橡胶或塑料覆盖层的地下采矿用织物芯输送带规范

Conveyor belts—Specification for rubber-or plastics-covered conveyor belts of textile construction for underground mining

(ISO 22721:2007,IDT)

2014-12-05 发布　　　　2015-07-01 实施

中华人民共和国国家质量监督检验检疫总局
中国国家标准化管理委员会 发布

前　言

本标准按照 GB/T 1.1—2009 给出的规则起草。

本标准使用翻译法等同采用 ISO 22721:2007《输送带　具有橡胶或塑料覆盖层的地下采矿用织物芯输送带规范》(英文版)。

与本标准中规范性引用的国际文件有一致性对应关系的我国文件如下：

GB/T 528—2009　硫化橡胶或热塑性橡胶　拉伸应力应变性能的测定(ISO 37:2005,IDT)；

GB/T 3512—2001　硫化橡胶或热塑性橡胶　热空气加速老化和耐热试验(eqv ISO 188:1998)；

GB/T 3690—2009　织物芯输送带　全厚度拉伸强度、拉断伸长率和参考力伸长率　试验方法(ISO 283:2007,IDT)；

GB/T 6759—2013　输送带　层间粘合强度　试验方法(ISO 252:2007,IDT)；

GB/T 7983—2013　输送带　横向柔性(成槽性)　试验方法(ISO 703:2007,MOD)；

GB/T 12736—2009　输送带　机械接头强度的测定　静态试验方法(ISO 1120:2002,IDT)；

HG/T 2410—2006　输送带　取样(ISO 282:1992,IDT)。

本标准由中国石油和化学工业联合会提出。

本标准由全国带轮与带标准化技术委员会输送带分技术委员会(SAC/TC 428/SC 1)归口。

本标准负责起草单位:浙江双箭橡胶股份有限公司、阜新环宇橡胶(集团)有限公司、浙江三维橡胶制品股份有限公司、山东朗特实业有限公司、青岛新干线技术咨询有限公司、青岛科技大学、青岛新材料科技工业园发展有限公司、青岛科大新橡塑技术服务有限公司。

本标准主要起草人:沈会民、张敬伟、张国方、苑书海、辛永录、刘莉、吕桂芹、叶杨政。

输送带　具有橡胶或塑料覆盖层的地下采矿用织物芯输送带规范

警告:本标准的使用者应当知道,欧盟标准 EN 14973 中包含相关的导电性和可燃性安全要求,其中规定了地下设备用输送带的各种安全类别。在涉及购买地下采矿用输送带的合同中,应明确规定必须遵守本标准和 EN 14973 的相关要求。在使用输送带的时候,还应注意到地方法规对安全性的要求。

1　范围

本标准规定了当运行在平型托辊或槽型托辊上的时候,具有橡胶或塑料覆盖层的地下采矿用织物芯输送带所应遵守的规范。本标准不适用于 ISO 21183-1 规定的轻型输送带。

本标准不包括对塑料覆盖层的要求。这需要由生产商和购买方根据所使用的塑料的类型达成协议。

附录 A 中的相关条款不是本标准的要求,但推荐生产商和购买方对其中的内容达成协议。

附录 B 中指出了建议带的购买方在购买时提供的详细要求。

输送带是否能直线运行只有在安装后才能得到评定。因此,这一要求超出了本标准的范围。但附录 C 中给出了关于带的运行跑偏量的建议。

2　规范性引用文件

下列文件对于本文件的应用是必不可少的。凡是注日期的引用文件,仅注日期的版本适用于本文件。凡是不注日期的引用文件,其最新版本(包括所有的修改单)适用于本文件。

GB/T 9867—2008　硫化橡胶或热塑性橡胶耐磨性能的测定(旋转辊筒式磨耗机法)(ISO 4649:2002,IDT)

ISO 37　硫化橡胶或热塑性橡胶　拉伸应力应变性能的测定(Rubber, vulcanized or thermoplastic—Determination of tensile stress-strain properties)

ISO 188　硫化橡胶或热塑性橡胶　热空气加速老化和耐热试验(Rubber, vulcanized or thermoplastic—Accelerated ageing and heat resistance tests)

ISO 252　输送带　层间黏合强度　试验方法(Conveyor belts—Adhesion between constitutive elements—Test methods)

ISO 282　输送带　取样(Conveyor belts—Sampling)

ISO 283　织物芯输送带　全厚度拉伸强度、拉断伸长率和参考力伸长率　试验方法(Textile conveyor belts—Full thickness tensile strength, elongation at break and elongation at the reference load—Test method)

ISO 583　织物芯输送带　带总厚度和各层厚度　试验方法(Conveyor belts with a textile carcass—Total belt thickness and thickness of constitutive elements—Test methods)

ISO 703　输送带　横向柔性(成槽性)　试验方法[Conveyor belts—Transverse flexibility (troughability)—Test method]

ISO 1120　输送带　机械接头强度的测定　静态试验方法(Conveyor belts—Determination of strength of mechanical fastenings—Static test method)

ISO 10247 输送带 覆盖层性能 类别(Conveyor belts—Characteristics of covers—Classification)

ISO 16851 织物芯输送带 环形输送带(拼接)净长度的测定[Textile conveyor belts—Determination of the net length of an endless (spliced) conveyor belt]

EN 14973:2006 地下矿井用输送带 导电性和可燃性安全要求(Conveyor belts for use in underground installations—Electrical and flammability safety requirements)

3 术语及其定义

下列术语和定义适用于本文件。

3.1

大片带 slab belting

大宽度和大长度的输送带,制成后根据需要切割成较短、较窄的输送带以适应某一特定输送机。

3.2

整体织物芯输送带 solid woven belting

由整体织物构成带芯的输送带。整体织物包含多层织物,它们在织造过程中借助另外的编织线编织为一个整体。

3.3

单层芯输送带 mono-ply belting

由一层织物构成带芯的输送带。

3.4

双层芯输送带 duo-ply belting

由两层织物构成带芯的输送带。两层织物之间设有足够厚度的弹性体,以保证在带的接头处两层织物能黏合在一起。

3.5

多层芯输送带 multi-ply belting

由两层或多层织物构成带芯的输送带。相邻织物层之间通过弹性体黏合在一起。

3.6

主承载线 primary yarn

对带的全厚度拉伸强度的贡献大于50%的织物纱线。

3.7

次承载线 secondary yarn

对带的全厚度拉伸强度的贡献小于50%的织物纱线。

4 结构

带芯层应包含一层或多层织物或整体织物,其上(或其内)涂覆有(或浸渍有)橡胶或塑料。

如果在覆盖层与带芯层之间或在覆盖层内部设有由网眼布、帘布或线绳层构成的用来保护带芯的织物层,该层称作缓冲层,其厚度应算作覆盖层厚度的一部分,而不能加在带芯层厚度上。

如果在带芯层的一面或两面有与带芯编织在一起的织物层,则其厚度应构成带芯层厚度的一部分。

注:一般地,输送带外表面设有一定厚度和质量的弹性体材料。

5 长度

5.1 如果订货时订购的是非环形带,则该带的长度应符合表1所示极限偏差。

5.2 有接头的环形带的长度以“净环形长度”表示,按ISO 16851测量时其结果应符合表2所示极限偏差。

推荐在订购带时采用如下方法:购买者要求的带长度包括进行试验所需要的长度和制作硫化接头所需要的长度。

表1 非环形带的长度极限偏差

输送带交货要求	合同规定长度的极限偏差/%
大片带	±5
提供的是一段带	$^{+2.5}_{0}$
提供的是几段带: 每段带长度 所有带长度之和	 ±5 $^{+2.5}_{0}$

表2 环形带的净环形长度极限偏差

带长度	极限偏差
≤15 m	±50 mm
>15 m 且≤20 m	±75 mm
>20 m	±0.5%

6 宽度

带宽及其极限偏差应符合表3。

7 橡胶覆盖层

7.1 如果橡胶覆盖层为H、D或L级,它应符合表4的相应要求,并且,在按照ISO 188的要求在70 ℃下老化168 h之后其拉伸强度和拉断伸长率的变化量应不大于原始值的25%。

7.2 如果按ISO 583测定的橡胶覆盖层厚度为0.8 mm~1.6 mm,则在ISO 37规定的试验中所用试样的厚度应为在该带上所能取得的最大厚度。拉伸强度和拉断伸长率试验结果对表4规定值的下极限偏差为−15%。

8 带的总厚度和覆盖层厚度的极限偏差

8.1 输送带总厚度极限偏差

如果按ISO 583测量出的3、5或8个带总厚度的平均值不大于10 mm,则其中最大厚度与最小厚度之间的最大差值应大不于 1 mm。对整体织物芯输送带而言,两者的最大差值应不大于 1.5 mm。

如果按 ISO 583 测量出的 3、5 或 8 个带总厚度的平均值大于 10 mm,则其中最大厚度与最小厚度之间的最大差值应不大于平均值的 10%。对整体织物芯输送带而言,两者的最大差值应不大于平均值的 15%。

8.2 覆盖层厚度极限偏差

当采用 ISO 583 中的任意一种方法测量时,覆盖层厚度的平均值对合同规定厚度的极限偏差应符合表 5 要求。

表 3 输送带宽度和宽度极限偏差

输送带公称宽度/mm	宽度极限偏差
300 400 450[a] 500	± 7.5 mm
600 650 750[a] 800 900[a] 1 000 1 050[a] 1 200 1 350[a] 1 400 1 500[a] 1 600 1 800 2 000	± 1.5 %

[a] 仅适用于已有装置的替换带的宽度,不能作为新装置用带的公称宽度。

9 织物横向接头

9.1 总则

织物横向接头与带的纵向中心线的夹角应为 45°～70°。

9.2 外层

带的外层织物在每 100 m 长度内的横向接头应不多于 1 个。

9.3 内层

带的内层织物每 100 m 长度内的横向接头应不多于 2 个。

9.4 相邻层与非接邻层

相邻层或非相邻层织物上的任意两个横向接头之间应有不少于 3 m 的间距。

9.5 同层接头

同层织物上的任意两个横向接头之间应有不少于 5 m 的间距。

9.6 单层芯输送带、双层芯输送带和整体织物芯输送带

单层芯输送带、双层芯输送带和整体织物芯输送带不允许有横向接头。

表 4 橡胶覆盖层输送带的分类

覆盖层等级	最小拉伸强度/(N/mm^2)	最小拉断伸长率/%	最大体积磨耗量/mm^3
H	24	450	120
D	18	400	100
K	20	400	200
L	15	350	200
V	17	350	175
试验方法	ISO 37	ISO 37	GB/T 9867—2008 中方法 A
这些值将有助于选择适合的覆盖层胶料。其他值，比如抗撕裂强度，在需要的情况下也可考虑在内。输送带的包括耐磨性和抗切割性在内的可靠性评估不能单纯由拉伸强度、伸长率和磨耗量来决定。对覆盖层等级 H、D 和 L 的规定与 ISO 10247 一致。 如果为了特殊要求(如安全性、耐油性或耐热性)需要使用其他材料或质量的覆盖层，生产者与购买者双方应就覆盖层的特殊特性达成协议。			

表 5 覆盖层厚度极限偏差

特性项目	要求		
	上极限偏差	下极限偏差	
		合同规定厚度 ≤4 mm	合同规定厚度>4 mm
合同规定的覆盖层厚度的极限偏差	1 mm	−0.2 mm	−5%

10 织物纵向接头

10.1 多层芯输送带

10.1.1 接头间距

织物纵向接头与带芯层纵向边缘的间距应不小于 100 mm。每层织物的纵向接头与其他层织物的纵向接头的间距应不小于 100 mm。当带的宽度允许其在同一层上有两个纵向接头时，输送带任意部分上的同层织物的纵向接头间距应不小于 300 mm。

10.1.2 接头数量

除包边式结构的输送带以外，织物纵向接头的最大数量如表 6 所示。

表 6 纵向接头最大数量

带 宽/mm	外层织物	内层织物
≤1 200	0	1
>1 200 且≤1 600	1	2
>1 600 且≤2 000	2	2

10.2 双层芯输送带

宽度不大于 1 600 mm 的双层芯输送带上应没有织物纵向接头。宽度大于 1 600 mm 的双层芯输送带，同一层上的织物纵向接头的数量应不大于 1。纵向接头与带芯层纵向边缘的间距应不小于 100 mm。每层织物的纵向接头与其他层织物的纵向接头的间距应不小于 200 mm。

纵向接头距轮槽弯曲部位(即两相邻托辊间夹角位置)至少 100 mm。因此，购买方应提前告诉生产商带安装位置的具体信息。

10.3 整体织物芯输送带和单层芯输送带

整体织物芯输送带和单层芯输送带上应没有织物纵向接头。

11 伸长率

按 ISO 283 的 3.2 测定的带在标准参考力下的伸长率应不大于 4%。

12 全厚度拉伸强度

按 ISO 283 测定的带的纵向全厚度拉伸强度(单位为牛顿每毫米)应不小于表 7 所示数值。根据第 16 章，这个值应是带标记的一部分。

对于公称全厚度拉伸强度不大于 1 250 N/mm 的带，按 ISO 1120 测试的可拆式机械接头的最小静态拉伸强度应为公称全厚度拉伸强度的 60%。对于公称全厚度拉伸强度大于 1 250 N/mm 的带，按 ISO 1120 测试的可拆式机械接头的最小静态拉伸强度应为公称全厚度拉伸强度的 50%。

最小动态拉伸强度应由双方协商确定。

表 7 最小全厚度拉伸强度

拉伸强度/(N/mm)	160	200	250	315	400	500	630
	800	1 000	1 250	1 600	2 000	2 500	3 150

13 层间黏合强度

按 ISO 252 测定的层间黏合强度应不小于表 8 所示数值。

14 成槽性

当按 ISO 703 进行试验时,成槽性指标 F/L 比率的最小值应按表 9 根据托辊倾斜角度确定。

15 取样

根据 ISO 282 进行取样。

表 8 具有合成纤维带芯的输送带最小层间黏合强度

特性项目	相邻织物层间的最小值 N/mm	覆盖层与带芯间的最小值	
		覆盖层厚度:0.8 mm~1.5 mm N/mm	覆盖层厚度大于 1.5 mm N/mm
试验结果的平均值	6	3.2	4.5
所有试验中记录的最低峰值	5.5	2.4	3.5
为避免在制作接头时加工带端的困难,除整体织物芯输送带的相邻织物层间之外,所有试验的最高峰值都应不超过 20 N/mm。			

表 9 最小成槽性

侧托辊倾角	F/L 比率最小值
≤20°	0.08
25°	0.10
30°	0.12
35°	0.14
40°	0.16
45°	0.18
50°	0.20
55°	0.23
60°	0.26

F——根据带厚度进行修正后的试样竖向挠度,单位为毫米。

L——试样长度,当试样平放的时候等于输送带的安装宽度,单位为毫米。

16 标记

16.1 应根据下列输送带特性确定带的标记:

a) 提及符合本标准,即 GB/T 31256;

b) 长度,单位为米;

c) 宽度,单位为毫米(见表 3);

d) 带芯的纤维种类,包括经向的和纬向的(见表 10 和 16.2);

e) 公称全厚度拉伸强度,单位为牛顿每毫米(见表 7);

f) 带芯类型及织物层数(见第 3 章);

g) 上覆盖层厚度,单位为毫米;

h) 下覆盖层厚度,单位为毫米(见第 4 章);

i) 覆盖层类别(见表 4);

j) 安全类别,按 EN 14973 的规定。

16.2 下面是订购输送带时需确定的带的标记的应用举例。

示例 1:多层芯输送带

一条长 400 m、宽 1 200 mm 的输送带,纵向(即经向)织物材质为涤纶(E),横向(即纬向)织物材质为锦纶(P),最小全厚度拉伸强度为 1 000 N/mm,具有五层带芯织物,上覆盖层厚度为 4 mm,下覆盖层厚度为 2 mm,覆盖层级别为 H(根据表 4),符合 EN 14973:2006 中 A 类安全要求,其标记为:

400 m×1 200 mm 织物芯输送带 GB/T 31256 EP 1000/5 4+2H A

示例 2:双层芯输送带

一条长 200 m、宽 1 000 mm 的输送带,织物经向材质为涤纶与尼龙混纺(EP),纬向材质为锦纶(P),最小全厚度拉伸强度为 1 250 N/mm,具有两层带芯织物,上、下覆盖层厚度均为 1.5 mm,符合 EN 14973:2006 中 B2 类安全要求,其标记为:

200 m×1 000 mm 织物芯输送带 GB/T 31256 EPP 1250/2 1.5+1.5 B2

示例 3:单层芯输送带

一条长 150 m、宽 1 200 mm 的单层芯输送带,织物经向材质为涤纶(E),纬向材质为锦纶(P),最小全厚度拉伸强度为 630 N/mm,带的上覆盖层厚度为 6 mm,下覆盖层厚度为 2 mm,覆盖层级别为 D(根据表 4),符合 EN 14973:2006 中 C2 类安全要求,其标记为:

150 m×1 200 mm 织物芯输送带 GB/T 31256 EP 630/1 6+2D C2

示例 4:整体织物芯输送带

一条长 300 m、宽 1 600 mm 的整体织物芯输送带,织物经向材质为涤纶与尼龙混纺(EP),纬向材质为锦纶与棉混纺(PB),经向编织线的材质为棉(B),最小全厚度拉力强度为 1 250 N/mm,上、下覆盖层厚度均为 1.5 mm,符合 EN 14973:2006 中 C1 类安全要求,其标记为:

300 m×1 600 mm 织物芯输送带 GB/T 31256 EP(B)PB 1250/1SW 1.5+1.5 C1

表 10 纱线标记字母

标记字母	纱线
B	棉线
P	聚酰胺纤维(锦纶)
E	聚对苯二甲酸乙二酯(涤纶)
D	芳香族聚酰胺纤维(芳纶)
如果织物包括次承载线,其标记字母应加括号。	

17 标志

输送带上应制作出下列标志:生产商的名字、对本标准的符合性、安全类别(根据 EN 14973)、出厂时间。在带上制作这些标志的方法应由买卖双方协商确定。

如果商定采用模压法制作输送带标志,标志深度应不超过 1.5 mm。标志字母的高度应为20 mm~80 mm,其在输送带上重复出现的间隔应不大于 25 m。

附 录 A
（资料性附录）
买卖双方协商确定的事项

下列事项宜由买卖双方协商确定：

a） 最大参考力的伸长率（适用于某些长距离输送机）；

b） 塑料带的标记（适用于塑料带）；

c） 如果试验不由带的生产厂家进行，买卖双方应在订货时就此达成协议；

d） 如果购买输送带不是为了在常规条件下使用，买卖双方在订货时就使用条件达成协议；

e） 本标准没有规定的其他特殊性能。

附 录 B
（资料性附录）
买方订货时提供的有用信息

B.1 适用性

订货时，买方宜按第16章(标记)确定自己的要求。

B.2 替换带

如果购买带是为了替换现有的输送带，宜提供下列信息：

a) 被替换带的详细信息；
b) 带宽，单位为毫米；
c) 带长，单位为米；
d) 带速，单位为米每秒；
e) 滚筒直径，单位为毫米，标出中凸滚筒的位置；
f) 张紧方法和张紧装置数量；
g) 驱动装置的类型，其布置和连接方法；
h) 驱动滚筒是绝缘的还是导电的；
i) 托辊的间距、长度和角度；
j) 轮廓草图，指明驱动装置、张紧装置、卸料机等的位置，以及运行线路的垂直/水平弯曲部的曲线半径；
k) 带接头的类型；
l) 安装的电机功率；
m) 起动类型；
n) 带的安全类别(根据EN 14973)，即类别A、B1、B2、C1或C2。

B.3 用于新装置的附加信息

在适当并且可能的情况下，宜提供下列附加信息：

a) 被输送的物料；
b) 物料状况：潮湿的、干燥的、黏性的、油腻的或磨蚀性的，如果是热的或者冷的，在温度可知的情况下说明温度或者描述状况，是否需要清扫器；
c) 物料的容积密度；
d) 大块物料的尺寸(三维)，单位为毫米；
e) 物料尺寸的平均值，单位为毫米；
f) 物料的近似筛选分析(见GB/T 10061[1]和GB/T 15602[2])；
g) 将物料放到输送带上之前的物料搬运方法；
h) 给料过程中是否需要对其进行调节，首选的给料机类型；
i) 输送机的日工作量和小时工作量，每日工作小时数；
j) 输送机卸料方法；

k) 提升和下降的高度;

l) 初始输送距离(头部滚筒与尾部滚筒的中心距);

m) 最终输送距离(头部滚筒与尾部滚筒的中心距);

n) 驱动位置;

o) 输送机装置的轮廓草图;

p) 首选的托辊布置图和成槽角;

q) 环境条件;

r) 其他特性要求或试验要求;

s) 安全类别要求即类别 A、B1、B2、C1 或 C2(根据 EN 14973)。

附　录　C
（资料性附录）
跑偏量（直线运行性指标）

对于使用在对中良好的输送机上以对称装载方式进行输送的输送带，其偏离正常运行轨迹的跑偏量应符合以下要求：当带宽 ≤800 mm 时，跑偏量不大于 40 mm；当带宽＞800 mm 时，跑偏量既不大于带宽的 5%，也不大于 75 mm。

参 考 文 献

[1] GB/T 10061 筛板筛孔的标记方法
[2] GB/T 15602 工业用筛和筛分 术语
[3] ISO 21183-1 轻型输送带 第1部分:基本性能及应用

ICS 97.200.40
Y 57

GB

中华人民共和国国家标准

GB/T 31257—2014

蹦极通用技术条件

Specifications of bungy

2014-12-05 发布 2015-06-01 实施

中华人民共和国国家质量监督检验检疫总局
中国国家标准化管理委员会 发布

前　言

本标准按照GB/T 1.1—2009给出的规则起草。

本标准由全国索道与游乐设施标准化技术委员会(SAC/TC 250)提出并归口。

本标准起草单位:中国特种设备检测研究院、江苏省特种设备安全监督检验研究院、山东省特种设备检验研究院、辽宁省安全科学研究院、上海冠伦游乐设施有限公司、济宁鲁科检测器材有限公司、淄博华龙游乐设备有限公司、北京拒马娱乐有限公司、深圳市伟捷科技有限公司、北京龙人旅游开发有限公司、重庆市特种设备质量安全检测中心、武汉市特种设备检测所。

本标准主要起草人:张勇、李向东、陈红军、侯振亚、肖原、马军、王银兰、鄂立军、郑志涛、柴彬、骆长春、腾桂龙、晋显民、隗立田、易水洪、陈峥、盛佑成、林伟高、付杰、王树华。

蹦极通用技术条件

1 范围

本标准规定了蹦极的设计、制造与安装、安全要求和试验方法。

本标准适用于高空固定平台蹦极、弹射蹦极和小型蹦极。

2 规范性引用文件

下列文件对于本文件的应用是必不可少的。凡是注日期的引用文件，仅注日期的版本适用于本文件。凡是不注日期的引用文件，其最新版本(包括所有的修改单)适用于本文件。

GB 8408 游乐设施安全规范

GB 8918 重要用途钢丝绳

GB/T 18204.15 公共场所风速测定方法

GB/T 20306 游乐设施术语

GB 50017 钢结构设计规范

3 术语和定义

GB/T 20306 界定的以及下列术语和定义适用于本文件：

3.1

高空固定平台蹦极 high-altitude bungy from fixed platform

游客依靠弹性绳或其他弹性件的伸缩，从高空固定塔架或平台向下跳跃并在空中产生弹跳、翻滚运动的游乐设施。

3.2

弹跳运动区域 spring zone

弹跳者或其乘坐物的最大运动空间。

3.3

安全空间 safety space

在弹跳运动区域外侧指定尺寸的空间范围。

3.4

弹跳总空间 spring space

弹跳运动区域和安全空间的总和。

3.5

动载安全系数 dynamic safety factor

受力分析中考虑物体惯性加速度等动载荷(动荷载是指随时间而变化的荷载)后，计算得出的安全系数。

3.6

静载安全系数 static safety factor

仅考虑静载荷(静荷载是指不随时间变化的荷载)，计算得出的安全系数。

4 设计

4.1 总则

4.1.1 蹦极的设计应有设计说明书、设计计算书、安全分析、使用维修说明书及符合国家有关标准的全套设计图样,并满足 GB 8408 的规定。

4.1.2 钢结构的设计应符合 GB 50017 的规定。

4.1.3 蹦极应按照 GB 8408 的规定进行安全分析、安全评估和安全控制。

4.1.4 蹦极在设计时,应充分考虑设备运行中发生故障时弹跳者和游客的疏导措施,并配置应急救援装备。

4.1.5 绑腰式蹦极和绑胸式蹦极的加速度应不超过 $4.5g$,绑腿式蹦极的加速度应不超过 $3.5g$。

4.1.6 蹦极的设计计算和安全系数应符合 GB 8408 中的规定。弹性绳、安全附件、跳跃装备、重要轴、销轴、部件和焊缝的动载安全系数应不小于 5,且静载安全系数不小于 10。

4.2 基础和塔架及其他

4.2.1 基础和塔架结构应符合 GB 8408 的规定。

4.2.2 设计单位应校验当地的气象、地震和地质资料。

4.2.3 基础和塔架结构应按设计图样施工,并做好施工记录,收集保管好试验报告。

4.3 高空蹦极平台

4.3.1 高空蹦极平台活动载荷应按不小于 3.5 kN/m^2 计算。高空蹦极平台结构设计中应考虑最大承载人数、各种附属配置、变载荷、冲击等载荷的影响。

4.3.2 高空蹦极平台应规定最大承载人数。

4.3.3 高空蹦极平台应设置隔离区,使弹跳者与其他无关人员隔离。

4.3.4 高空蹦极平台的弹跳口应设置拦挡物,并设置两道锁紧装置或一道带保险的锁紧装置,防止意外打开。

4.3.5 高空蹦极平台的表面应有防滑措施。

4.3.6 高空蹦极平台应设置方便向下观察的区域(如观察孔或观察窗),操作人员应视野开阔。

4.3.7 蹦极平台上,用于安全带(或安全背带)的固定装置、冲击绳、回收绳和定滑轮等装备的悬挂(或固定)装置应有足够的强度,其动载安全系数≥5。

4.3.8 蹦极平台的安全栅栏应能承受≥1 kN/m 的水平推力,其结构型式等应符合 GB 8408 的相关规定。

4.3.9 对于上回收设施,回收绳与蹦极平台的水平距离不小于 400 mm。

4.3.10 高空蹦极应有避免弹性绳缠绕的措施。

4.3.11 最大弹跳重量不应超过 150 kg。

4.3.12 高空蹦极平台上所有非封闭栅栏区域的人员应有安全保护装置(安全带、安全绳等)。

4.4 着陆区域的要求

4.4.1 接应点在陆地或固体表面上,应设置面积不小于 4 m^2 的着陆垫;

4.4.2 接应点在水面上,应有安全水域,防止其他船只、人员或带有潜在危险的漂浮物、浸没物进入。

4.4.3 接应船上应设置必要的接应设备(面积不小于 1.5 m^2 的着陆垫)。船上的着陆垫应放置在船内部,并低于两侧船舷高度。接应船上应配备足够的救生衣和救援装置。船上的所有人员都应穿戴救生衣或类似装置。

4.4.4 着陆区域应与游客隔离，着陆区域应有保证弹跳者安全着陆的空间。

4.4.5 着陆垫可选用充气软垫或弹性网，充气软垫的厚度不应小于 400 mm；弹性网距离地面的高度应不小于 500 mm，在弹性网 4 m^2 范围内不应有金属支架等坚硬物体。

4.5 提升、下降及传动系统的要求

4.5.1 机械传动系统、提升、下降装置应满足 GB 8408 规定。

4.5.2 载人绳索静载安全系数应大于 10。

4.5.3 弹射蹦极塔架左侧与右侧的两台提升设备应有同步控制装置，两台提升设备应分别设有高度一致的上升和下降的限位装置，限位装置应安全可靠。

4.5.4 每台提升设备应有可靠的制动器和防过卷、防脱落装置。

4.5.5 在室外安装的提升设备应有防雨措施。

4.5.6 小型蹦极固定环与支架的焊接应牢固可靠，应能承受大于 6 kN 的拉力；滑轮应转动灵活无异常声响，滑轮轴两端应有可靠的固定措施；滑轮与固定环的连接应可靠，并且有二次保护措施。

4.6 弹性绳

4.6.1 弹性绳应配备产品合格证书及使用说明书，内容至少应包括：弹性绳的无载长度、使用载荷和拉伸率范围、断裂强度及断裂伸长率、使用次数、报废断丝比例、保管及存放要求、制造日期、有效期及保险绳的长度等。

4.6.2 高空蹦极弹性绳应装有安全绳，安全绳的动载安全系数应不小于 5 且静载安全系数不小于 10。

4.6.3 弹性绳的端头连接方式应合理、安全可靠。其末端附件要求如下：

a) 有足够的空间和形状，可以方便地连接弹跳者的背带、踝部绷带和吊挂点等。

b) 破断载荷不小于 20 kN 的测试报告或证明资料。

c) 能够防止意外脱落、打开。

4.6.4 高空蹦极弹性绳上应标注使用载荷，并有明显标识。

4.6.5 每条新弹性绳投入运营前，操作者都应检查其合格证书和使用说明书，确认制造厂家提供的技术参数，并按照最大载荷、最小载荷、额定载荷 3 种情况模拟实际工况试运行。

4.6.6 弹性绳维护管理应符合以下要求：

a) 在使用中，每日都要对弹性绳进行仔细检查并检查弹性绳的动载荷长度与无载荷长度的变化，如发现异常变化，应立即更换；记录每日弹性绳使用的跳跃次数。

b) 蹦极载荷应严格控制在弹性绳使用载荷范围内。

c) 弹性绳应防止紫外线的曝晒及与尖锐物、化学品接触。

d) 当弹性绳不使用时，应贮藏在干燥的仓库内，并远离热源。

4.6.7 出现下列情况之一时，弹性绳应终止使用，予以报废并销毁：

a) 弹性绳的断丝数量已达到制造规定的断丝量，或胶管类弹性绳出现肉眼可见的老化纹、破损或缩径。

b) 弹性绳已达到规定的报废时间。

c) 弹性绳使用的蹦极跳次数已达到所规定的最大跳跃次数。

d) 弹性绳遭受破坏，或接触了腐蚀性的化学物质或溶剂。

e) 其他危及安全使用的情况。

4.6.8 绑腰式和绑背式蹦极应配备抱枕，抱枕应固定可靠，防止其沿弹性绳上下滑动。

4.7 安全附件

4.7.1 安全附件应有合格证或型式试验报告，动态安全系数应不小于 5。安全附件之间以及安全附件

与弹性绳、弹跳者、塔架之间的连接和固定位置应安全可靠。安全附件应有破断载荷不小于 20 kN 的测试报告或证明资料。

4.7.2 弹性绳与跳跃装备连接的卡扣应为闭锁结构。高空蹦极使用的弹性绳与人连接的卡扣应反向成对使用。

4.7.3 各种安全附件应规定使用寿命，并按期更换。

4.7.4 用于握持或下降的绳索最小直径应不小于 11 mm，绳索材料应由合成纤维或性能相似的材料制成，应能承受拉伸和冲击载荷。

4.7.5 扁带连接方式应安全可靠(打结或缝制)，采用缝合连接的，其缝合长度应为其宽度的 2 倍。

4.7.6 跳跃装备应有合格证，背带、扁带和踝部绑带应安全可靠。蹦极者穿戴的各种安全防护装置应能根据蹦极者的体型进行适当调整。跳跃装备上的锁扣应牢固可靠，破断拉力不小于 6 000 N。

4.7.7 当使用绳结方式连接时，绳结应牢固可靠，绳结的自由端长度应不小于 4 倍的绳宽。

4.7.8 弹跳者的背带应为全身安全吊带或带有背带的悬坐式安全带。

4.8 钢丝绳和牵引绳

4.8.1 钢丝绳应符合 GB 8918 的相关规定，并有质量合格证明。

4.8.2 钢丝绳的端部应用紧固装置固定，固定效率不小于 80%，固定方法应符合 GB 8408 的要求。

4.8.3 钢丝绳磨损应符合 GB 8408 的规定。

4.8.4 应设置防止钢丝绳从滑轮上脱落的装置和防止钢丝绳打折或缠绕的装置。

4.8.5 应设置钢丝绳防过卷和防松弛装置。

4.8.6 钢丝绳的终端在卷筒上应留有不少于 3 圈的余量。

4.8.7 小型蹦极牵引绳(静力绳)可选用尼龙纤维绳或钢丝绳，牵引绳应有破断拉力不小于 10 kN 的测试报告或证明资料。牵引绳端部应可靠紧固，固定效率不小于 80%，固定方法应符合 GB 8408 的要求，应设置防止牵引绳过卷位置。

4.8.8 滑轮仅能作为导向轮使用，当钢丝绳对滑轮包角不大于 90°时，滑轮直径与钢丝绳直径之比应不小于 20。提升乘人装置用的卷筒与钢丝绳直径之比应不小于 30。小型蹦极的滑轮或卷筒与钢丝绳的直径之比应不小于 10。设计时应规定钢丝绳使用寿命。

4.9 电气系统

电气系统应符合 GB 8408 的规定。

4.10 其他要求

4.10.1 在蹦极入口处应有体重称量装置和血压计，并有记录。

4.10.2 高于 20 m 的塔架或蹦极的平台均应设有风速计。

4.10.3 位于弹跳平台、接应区、入口处等部位的工作人员应配备可靠的通讯设备和必要的音响信号装置。

4.10.4 蹦极应视野开阔，工作人员能观察弹跳者的从准备到安全着陆的整个过程。

4.10.5 蹦极入口处的醒目位置应有标示牌，标明详细的游客须知。

4.10.6 当遇到雨、雪、冰雹、雷电、大雾及风速大于 15 m/s 等可能影响蹦极正常使用的情况时应停止使用。

4.10.7 弹跳区应备有一套紧急救护装备(包括医疗救助箱)，同时有 2 名以上的受过专业培训的人员，以便突发事故时，在现场做紧急救护。

5 制造与安装

制造与安装应符合 GB 8408 的相关规定。

6 安全要求

6.1 弹跳运动区域、安全空间和弹跳总空间的要求

6.1.1 高空蹦极的弹跳运动区域应满足以下要求：

a) 当跳跃高度≤40 m 时，弹跳运动区域前向、后向、侧向距离均应≥8 m；

b) 当跳跃高度>40 m 时，弹跳运动区域前向、后向、侧向距离均应≥10 m。

6.1.2 高空蹦极的弹跳总空间应符合以下要求：

a) 上部安全空间：反弹最高点与平台下缘的竖向距离应不小于运行高度的 7%，并不小于 2 m。

b) 底部安全空间(下落最低点距着陆区域的安全距离)：

——当跳跃高度≤40 m 时，竖向距离≥3 m；

——当跳跃高度>40 m 时，竖向距离≥4 m。

c) 侧向安全空间：从弹跳运动区域边缘向外延伸的水平距离应不小于弹跳运动区域边缘的任意点到弹跳点的投影点对应距离的 20%。

6.1.3 当弹跳总空间的底部不是平坦地面时，底部安全空间应以弹性绳最大伸长量的弧线范围进行计算。

6.1.4 弹射蹦极的弹跳总空间应符合以下要求：

a) 弹射蹦极上部安全空间内不应有电线、电缆等。

b) 座舱弹射点向上的安全距离应不小于塔架高度的 2 倍。

c) 弹射蹦极的弹跳运动区域为圆柱体，其底部圆心为弹射点，圆柱体直径应不小于 5 m。

d) 弹射蹦极的安全空间为前向、后向和侧向与弹跳运动区域的安全距离不小于 5 m。

注：弹跳运动区域、安全空间和弹跳总空间可参考附录 A 进行测试。

6.1.5 小型蹦极跳跃区上部安全距离不应小于 3 m，侧向的安全距离(运动过程中人体的各部分与障碍物之间最短距离)不应小于 0.5 m。

6.1.6 弹跳者在自由落体运动和回弹运动过程中不应进入安全空间，否则设备应停止运行。

6.2 提升、下降装置及传动系统的要求

6.2.1 传动系统、提升、下降装置应运行平稳可靠，运行中不应有异常的冲击振动。

6.2.2 应在确认游客和乘坐物已停止跳跃后，方可起动卷扬机提升或下放游客。操作者能够观察弹跳者的回收过程，并且能够在必要的情况下停止回收。

6.2.3 弹射蹦极应在显著位置设有座舱被拉紧后的位置标识，且应在此位置至少停留 3 s，确认系统安全后方可释放电磁铁，以防由于特殊原因导致意外(钢丝绳打绞、扭曲或因油管爆裂发生意外)。

6.3 弹性绳

6.3.1 高空蹦极的弹性绳在弹跳者设计载荷范围下其最小伸长量应不小于无载长度的 2.5 倍，对所有形式蹦极的弹性绳在最大动载荷下最大伸长量应不超过无载长度的 4 倍。

6.3.2 弹性绳应规定最大使用次数，该次数应通过试验数据确定。

6.3.3 高空蹦极弹性绳应装有安全绳，其拉直长度应等于弹性绳的有效拉伸量，高空蹦极安全绳拉直后应保证跳跃者离水面或地面的最小距离不小于 3 m。

6.4 弹射蹦极座舱及锁定装置的要求

6.4.1 座舱应结构合理，牢固可靠。座椅应设置头部靠枕，座椅尺寸和乘人安全束缚装置应符合 GB 8408 的规定。座舱表面应无外露的锐边、尖角、毛刺和危险凸出物等。

6.4.2 座舱应配置锁定装置，保证锁定可靠和释放灵活。使用电磁铁做锁定装置的，电磁铁吸力应满足设计要求，并设置保险措施。

6.5 应急救援

设备发生故障时，针对弹跳者和游客应有必要的疏导措施和应急救援装备，能够及时将弹跳者和其他等待游客解救下来，疏导至安全区域。

7 试验方法

7.1 一般试验要求

7.1.1 试验前应使蹦极具备正常的技术状态，以保证试验结果的正确性。同时为保证安全及试验顺利进行，应尽力消除各种隐患，避免发生意外事故。

7.1.2 根据试验要求选择相应精度的检测仪器和量具。各种检测仪器和量具应检定合格或在校准的有效期内。风速计的精度要求不超过±0.4 m/s。风速按照 GB/T 18204.15 规定的方法测量。基本参数、重要线性尺寸和角度尺寸检验采用钢卷尺、钢直尺、游标卡尺、万能角度尺等通用量具检查。

7.1.3 试验前应检查蹦极各部件、附件、附属装置的完整性，各处紧固件的紧固程度，各润滑点的润滑、密封程度。

7.1.4 试验条件应满足以下要求：

a) 在露天试验时风速应不大于 8 m/s；

b) 环境温度应为 0 ℃～40 ℃，相对湿度宜不大于 85%；

c) 试验载荷与其设计载荷值的误差应不超过±5%。

7.1.5 各种运行试验中，零部件不应有永久变形及损坏现象。试验时做好试验记录，并建档备查。

7.1.6 试验后对于有问题或疑问的部件应进行拆检，对发现的问题及时判明原因，并做好详细记录。各项试验结束后，应编写有明确结论的试验报告。

7.2 弹跳运动区域、安全空间和弹跳总空间的试验

7.2.1 按照弹性绳的最大载荷、最小载荷、额定载荷 3 种情况模拟实际工况，每种工况不少于 30 次。

7.2.2 模拟运行试验中，用钢卷尺(或激光测距仪)测量反弹最高点与平台(或障碍物)下缘的竖向距离为上部安全距离。弹跳过程中的下落最低点距着陆区域的竖向距离为底部安全距离。以弹跳点在地面的垂直投影为起点，以弹跳者在弹跳过程中的最大前向、最大后向、最大侧向的垂直投影为末端，其测量值为该蹦极的前向距离、后向距离、侧向距离。

7.3 提升、下降装置及传动系统的试验

7.3.1 按照弹性绳的最大载荷、最小载荷、额定载荷 3 种情况模拟实际工况，每种工况不少于 30 次。

7.3.2 模拟运行试验中，目视及感观检查，传动系统、提升、下降装置运行平稳可靠，运行中不产生异常的冲击振动，各种连接无松动现象。

7.3.3 模拟运行试验中，目视检查，操作者能够观察弹跳者的回收过程，按动停止按钮，能够停止回收。

7.3.4 弹射蹦极的模拟运行试验中，操作者通过控制系统在上升最低位置至少停留 3 s，目视和感观检查，滑轮组没有明显位移，液压气动系统无泄露，钢丝绳无打绞、扭曲现象，则判定为合格。

7.4 弹性绳的试验

7.4.1 模拟实际工况，通过试验机，在 100 mm/min～500 mm/min 的拉伸速度下，在力作用点施加载荷，将弹性绳试件分别拉伸至试件原长度的 2.5 倍、4 倍。当试件拉伸 2.5 倍长度对应的拉伸载荷值大于设计载荷，且试件拉伸 4 倍长度对应的拉伸载荷值小于设计最大动载荷时，判定为合格。

7.4.2 弹性绳疲劳试验应符合以下规定条件：

a) 将弹性绳试件安装于试验机上，拉伸 50 次，确认试件无异常后再进行疲劳试验；

b) 设定拉伸次数 1 000 次，进行等幅度拉伸疲劳试验，弹性绳最大力衰减幅度不大于 20% 为合格。

7.4.3 按照蹦极绳最大载荷模拟运行试验，弹跳过程中的下落最低点距着陆区域的竖向距离不小于 3 m，则为合格。

7.5 弹射蹦极座舱及锁定装置的测量和试验

7.5.1 座舱结构

用钢板尺测量安全带宽度，测量不少于 3 个点，取最小值。对其强度有质疑时，应检查型式试验报告，必要时重新做型式试验。安全压杠应逐一检验，是否有影响安全的空行程，动作是否可靠。锁紧装置是否安全可靠，且运行中不会自行开锁或被乘客打开。

7.5.2 座舱尺寸

7.5.2.1 座席宽度

测量其两内侧面距离，座席上、下宽度不等时，取其最大和最小宽度的平均值。

7.5.2.2 座席靠背高度

测量座席表面到靠背上边缘距离。相同形式的座席测量不少于 3 个，取其最小尺寸，不同形式的座席，测量尺寸最小的一种。

7.5.3 座舱锁定装置

模拟运行试验中，目测和感观判断，检查锁定装置是否可靠。

7.6 应急救援的试验

模拟动力电源突然断电或设备发生故障，操作人员和工作人员能够借助应急救援装备，采取安全有效的疏导措施，将蹦极者和游客疏导到安全区域。

附　录　A
（资料性附录）
弹跳运动区域、安全空间和弹跳总空间

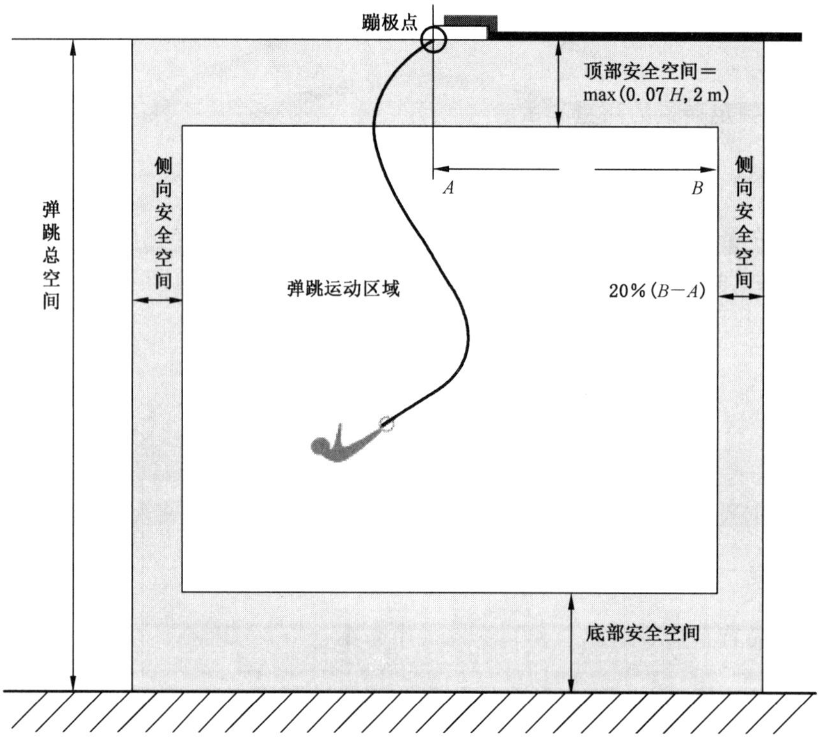

说明：

A——弹跳点向地面投影线上的任意点；

B——弹跳运动区域边缘的任意点。

图 A.1　高空平台蹦极主视图

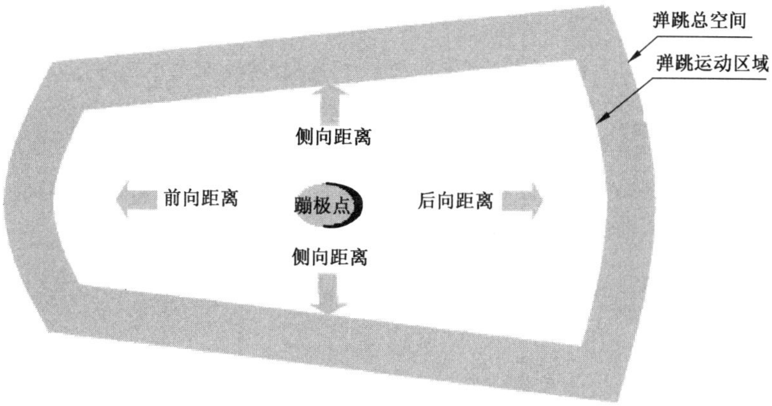

图 A.2 高空平台蹦极俯视图

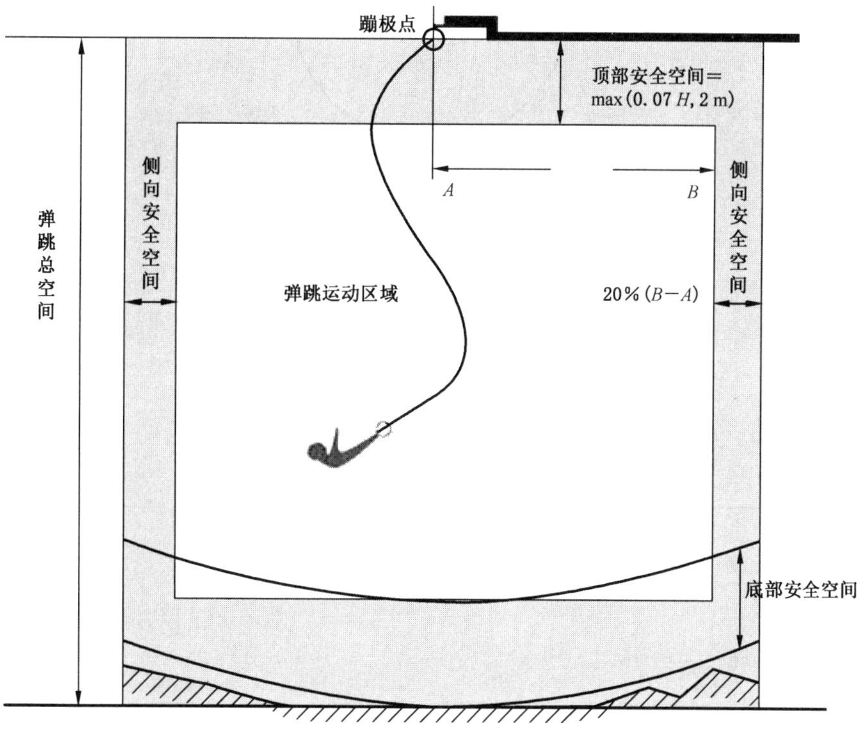

说明：

A ——弹跳点向地面投影线上的任意点；

B ——弹跳运动区域边缘的任意点。

图 A.3 在非平坦地面的底部安全距离(主视图)

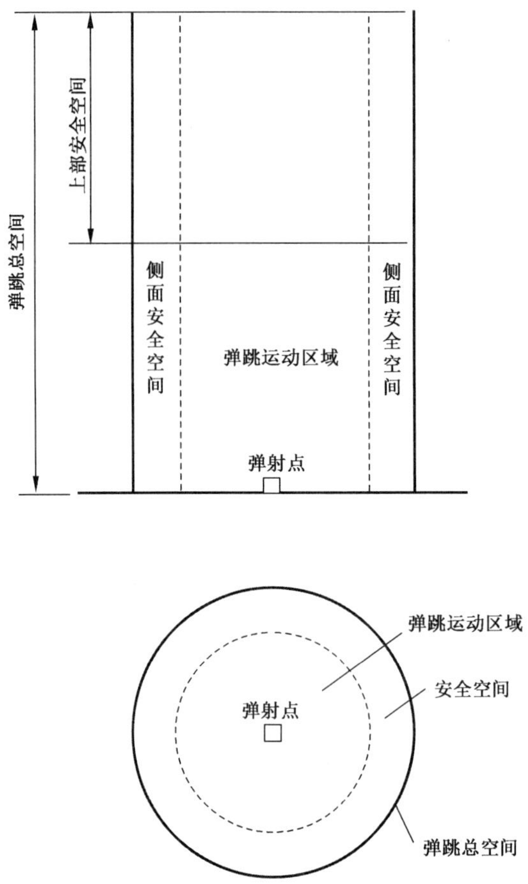

图 A.4　弹射蹦极主视图和俯视图

参 考 文 献

[1] GB 28265—2012 游乐设施安全防护装置通用技术条件

ICS 97.200.40
Y 57

中华人民共和国国家标准

GB/T 31258—2014

滑索通用技术条件

Specifications of strop

2014-12-05 发布 2015-06-01 实施

中华人民共和国国家质量监督检验检疫总局
中国国家标准化管理委员会
发布

前　言

本标准按照 GB/T 1.1—2009 给出的规则起草。

本标准由全国索道与游乐设施标准化技术委员会(SAC/TC 250)归口。

本标准起草单位:中国特种设备检测研究院、北京起重运输机械设计研究院、重庆市特种设备检测研究院、广东省特种设备检测院、哈尔滨鸿基索道工程有限公司、诸暨市新飞娱乐设备制造厂、葫芦岛市奔腾索道有限公司、锦州北普陀风景名胜区管理处、新乡市新世纪体育游乐用品有限公司、济宁鲁科检测器材有限公司。

本标准主要起草人:詹蕴鑫、黄鹏智、梁海燕、郑志涛、鄂立军、易水洪、陈少鹏、涂洪森、赵海潮、王昆、杜宏军、陈清潮、马军。

滑索通用技术条件

1 范围

本标准规定了乘坐人数不大于4人的滑索的基本设计要求、技术要求、制造与安装和试验方法。

本标准适用于滑索的设计、制造、安装、试验。

2 规范性引用文件

下列文件对于本文件的应用是必不可少的。凡是注日期的引用文件，仅注日期的版本适用于本文件。凡是不注日期的引用文件，其最新版本(包括所有的修改单)适用于本文件。

GB/T 4162 锻轧钢棒超声检验方法

GB 8408—2008 游乐设施安全规范

GB 8918 重要用途钢丝绳

GB 50007 建筑地基基础设计规范

GB 50010 混凝土结构设计规范

GB 50017 钢结构设计规范

GB 50135—2006 高耸结构设计规范

JB/T 4730.4 承压设备无损检测 第4部分：磁粉检测

JB/T 4730.5 承压设备无损检测 第5部分：渗透检测

3 基本设计要求

3.1 滑索的设计应计算正确、结构合理并能保证乘人安全。

3.2 滑索的设计文件

a) 滑索的设计文件应包括设计计算书、设计说明书、使用维护说明书以及符合国家有关标准的全套设计图样。

b) 设计说明书中应有风险评价内容，风险评价应至少包括：

——乘人停滞滑行途中采取的应急救援措施分析；

——滑索各部件二次保护的实效性分析；

——带牵引装置滑索应按照附录A的要求进行分析。

c) 使用维护说明书中应至少包括以下要求：

——同一条滑索上应禁止两辆滑车同时滑行；滑索停运时，应将滑车拆下或锁住；

——当遇到雨、雪、冰霜、雾以及风速大于8 m/s的天气时，滑索应停止运行；

——应急救援措施制定应详尽，且具备可操作性；

——操作人员应配备安全防护装置，防止操作人员意外坠落；

——规定固定钢丝绳金属结构的设计使用期限。

3.3 滑索线路和站址应避免建在下列地区：

——山地风口、高压线周围25 m内；

——有雪崩、滑坡、塌方、溶洞、风暴、海啸、洪水、火灾等危及滑索运行安全的地区。

3.4 滑索的设计计算载荷包括永久载荷、活载荷、人员活动区域载荷，载荷选取应符合 GB 8408—2008 中 4.2～4.4 的规定；人体迎风面积取 0.3 m^2；冲击系数取 1.1(钢丝绳载荷不考虑冲击系数)；属于裹冰区的，应按 GB 50135—2006 的规定考虑裹冰工况，钢丝绳裹冰载荷计算应符合附录 B 的规定，裹冰状态下的钢丝绳不应破断，固定钢丝绳金属结构不应失稳。

3.5 承载索、牵引索、滑行小车所有构件安全系数应不小于 5；固定钢丝绳金属结构安全系数应不小于 3.5，抗倾覆安全系数应按 GB 8408—2008 中表 4 的规定选取。

3.6 塔架应按 GB 50017 规定设计。

4 技术要求

4.1 钢丝绳

4.1.1 承载索、牵引索应符合 GB 8918 的要求。承载索应采用线接触、镀锌钢丝绳，且直径应不小于 12 mm；牵引索应采用线接触、纤维芯钢丝绳，且直径应不小于 6 mm。

4.1.2 承载索宜采用双绳，各承载索受力应均匀。

4.1.3 承载索应有张力调节装置或张力调整措施，出发站和到达站的固定端应采取有效的防松措施并设置二次保护。

4.1.4 承载索、牵引索的断丝和磨损应符合 GB 8408—2008 中表 18 的相关要求。

4.1.5 牵引索的弯曲直径与钢丝绳直径之比不小于 30，回收装置用钢丝绳的弯曲直径与钢丝绳直径之比不小于 20。

4.1.6 承载索应至少每 6 年更换 1 次。

4.2 滑车与滑行装备

4.2.1 滑车应设有防止其从钢丝绳上脱落的装置。

4.2.2 滑车滑轮轴应有二次保护。按照 6.6 的规定进行试验，滑车不应从钢丝绳脱落。

4.2.3 滑车应按照 6.4 的规定进行载荷试验，滑车结构不应产生破坏；滑行装备应提供破断拉力不小于 6 000 N/人的测试报告或证明。

4.2.4 编织物型式的滑行装备应按照 6.5 的规定进行负载试验，不应出现损坏现象。

4.2.5 滑行装备吊挂部分宜设有二次保护。

4.2.6 座舱型式的滑行装备应配置安全带。

4.3 制动(缓冲)装置

4.3.1 滑索的到达站应设置两套独立的制动(缓冲)装置，制动(缓冲)装置应使乘客平稳、安全地到达停止点。滑车制动前，运行速度应按照 6.3 的规定进行测试，滑车最大进站速度应不大于 6 m/s。

4.3.2 滑索的到达站应设置缓冲防护垫，防护垫的固定方式应可靠，其型式应切实起到缓冲保护作用；防护垫宜采用软性泡沫塑料填充，缓冲垫尺寸应不小于 1.5 m(高)×1.5 m(宽)，其厚度应不小于 400 mm。制动装置应按照 6.7 的规定进行测试，滑车经过停止点时的运行速度应小于 1 m/s。

4.4 回收装置

4.4.1 回收装置应设有限位装置并操作简单、性能可靠。

4.4.2 回收装置应设置防止绳索从滑轮上脱落的装置和防止绳索打折或缠绕的装置。

4.4.3 电动回收装置应设防过卷装置。

4.5 站房

4.5.1 站房塔架楼梯的设置应便于乘客的集散，其尺寸应符合 GB 8408—2008 中 7.8.4 的规定；安全栅栏应符合 GB 8408—2008 中 7.8.1 的规定。

4.5.2 滑索的出发站应分别设置等待区和出发区；等待区与出发区应有隔离措施。

4.5.3 滑索出发站等待区应悬挂符合国家标准规定的警示标志，设置乘客须知且应在乘客须知中显著标识乘客的乘坐限制条件，并在显著位置标识乘人进站动作的提示。

4.5.4 滑索出发站应设置安全可靠的乘客放行装置。

4.5.5 滑索出发站、到达站的站台出、入口处与相邻地面(或水面)高差大于 2 m 时应增设安全防护网，防护网尺寸应不小于 2 m(长)×2 m(宽)。

4.5.6 滑索高点应设置风速计。

4.5.7 滑索在出发站和到达站均应配备对讲机或专用电话等通讯器材。

4.6 电气要求

电气要求应符合 GB 8408—2008 中第 6 章的规定。

5 制造与安装

5.1 滑索制造与安装要求应符合 GB 8408—2008 中第 8 章的相关规定。

5.2 滑索与障碍物的距离应不小于 1.5 m。跨距小于 360 m 时，相邻滑索距离应不小于 1.5 m；跨距不小于 360 m 时，相邻滑索距离应不小于 2.0 m。当滑索跨越行人通道时，承载索距地面高度应不小于 6.5 m；当滑索跨越公路、铁路、电线、通航河流湖泊时，彼此应互不影响。

5.3 滑索的基础工程应符合 GB 50010、GB 50007 的规定。

5.4 滑行小车的滑轮轴、吊挂金属结构的焊缝应进行 100% 磁粉或渗透探伤，滑轮轴直径大于 30 mm 时应进行 100% 的超声波探伤。采用磁粉或渗透探伤时，探伤方法及其质量评定应按照 JB/T 4730.4 和 JB/T 4730.5 的有关规定执行，检验质量等级不低于Ⅲ级；采用超声波探伤时，探伤方法及质量评定应按照 GB/T 4162 中有关规定执行，检验质量等级不低于 A 级。

6 试验方法

6.1 试验条件

6.1.1 试验时风速应不大于 8 m/s。

6.1.2 除特殊要求外，试验时的环境温度一般在 −5 ℃～40 ℃之间，环境相对湿度不大于 85%。

6.1.3 试验载荷分为额定载荷(750 N/人)和超载载荷(超载 25%)，试验载荷误差不超过 5%。

6.2 试验仪器与量具

6.2.1 根据试验要求，选择相应精度的测试仪器及量具。

6.2.2 用于测试的仪器、仪表和其他测量工具在测试前应进行校对。

6.3 滑车运行速度试验

滑索安装完成后，滑车从上站下滑至下站(额定载荷与超载工况)，用雷达测速仪测量载荷进站速度。

6.4 滑车载荷试验

滑车出厂时，抽取10%的同批次样品，每个滑车吊装7 500 N载荷，静置30 min，目视检查。

6.5 编织物型式滑行装备负载试验

将编织物型式滑行装备吊装7 500 N载荷，静置5 min，目视检查。

6.6 滑车防脱落试验

滑车从上站下滑至下站（额定载荷和超载工况），运行50次，目视检查。

6.7 制动装置试验

滑车从上站下滑至下站停止点（额定载荷工况），用雷达测速仪测量载荷经过停止点时的速度。

6.8 试验报告

各种试验和测试结束后，应编写试验报告。

附 录 A
（规范性附录）
带牵引装置滑索的要求

除自行下滑型式的滑索外，滑索在乘人滑行过程中，如需牵引装置控制乘人滑行速度，则牵引力的方向应始终与滑行方向相反；如在滑行过程中出现牵引力大于乘人重力分力的情况，且牵引力方向与滑行方向相同时，则设备在设计说明书中应增加传动系统失效及牵引装置失效后的风险评价内容，并根据风险评价内容增加保险措施。

附 录 B
（规范性附录）
钢丝绳裹冰载荷计算

B.1 裹冰厚度可按下列经验数值分析采用：

a) 重裹冰区：川东北、川滇、秦岭、湘黔、闽赣等地区，基本裹冰厚度可取 10 mm～30 mm；

b) 轻裹冰区：东北(部分)、华北(部分)、淮河流域等地区，基本裹冰厚度可取 5 mm～10mm。

其余地区可在设计计算中不考虑裹冰工况。

B.2 单位长度上的裹冰荷载可按式(B.1)计算：

$$q_1 = \pi b \alpha_1 \alpha_2 (d + b \alpha_1 \alpha_2) \gamma \cdot 10^{-6} \qquad \text{(B.1)}$$

式中：

q_1 ——单位长度上的裹冰荷载，单位为千牛每米(kN/m)；

b ——基本裹冰厚度，单位为毫米(mm)；

d ——钢丝绳直径，单位为毫米(mm)；

α_1 ——与钢丝绳直径有关的裹冰厚度修正系数，按表 B.1 选取；

α_2 ——裹冰厚度的高度递增系数，按表 B.2 选取；

γ ——裹冰重度，一般取 9 kN/m^3。

表 B.1 与钢丝绳直径有关的裹冰厚度修正系数 α_1

直径/mm	5	10	20	30	40	50	60	70
α_1	1.1	1.0	0.9	0.8	0.75	0.7	0.63	0.6

表 B.2 裹冰厚度的高度递增系数 α_2

离地高度/m	10	50	100	150	200	250	300	350
α_2	1.0	1.6	2.0	2.2	2.4	2.6	2.7	2.8

ICS 93.010
P 22

中华人民共和国国家标准

GB/T 31259—2014

热棒式管架

Pipe supports with thermoprobe

2014-12-05 发布

2015-06-01 实施

中华人民共和国国家质量监督检验检疫总局
中国国家标准化管理委员会 发布

前 言

本标准按照 GB/T 1.1—2009 给出的规则起草。

本标准由全国交通工程设施(公路)标准化技术委员会(SAC/TC 223)提出并归口。

本标准起草单位:江苏中圣高科技产业有限公司、中国科学院寒区旱区环境与工程研究所、南京市锅炉压力容器检验研究院。

本标准主要起草人:郭宏新、刘丰、吴青柏、业成、田朝阳、殷德庚、曾强、梁斌。

热 棒 式 管 架

1 范围

本标准规定了热棒式管架的术语和定义、组成与分类、技术要求、试验方法、检验规则以及标志、包装、运输与贮存。

本标准适用于多年冻土地区管道工程。

2 规范性引用文件

下列文件对于本文件的应用是必不可少的。凡是注日期的引用文件，仅注日期的版本适用于本文件。凡是不注日期的引用文件，其最新版本(包括所有的修改单)适用于本文件。

GB/T 1231 钢结构用高强度大六角头螺栓、大六角螺母、垫圈技术条件
GB/T 1804 一般公差 未注公差的线性和角度尺寸的公差
GB/T 2650 焊接接头冲击试验方法
GB/T 2651 焊接接头拉伸试验方法
GB/T 2652 焊缝及熔敷金属拉伸试验方法
GB/T 2653 焊接接头弯曲试验方法
GB/T 2654 焊接接头硬度试验方法
GB/T 3098.1 紧固件机械性能 螺栓、螺钉和螺柱
GB/T 3098.2 紧固件机械性能 螺母 粗牙螺纹
GB/T 3098.4 紧固件机械性能 螺母 细牙螺纹
GB/T 3098.6 紧固件机械性能 不锈钢螺栓、螺钉和螺柱
GB/T 17116.1 管道支吊架 第1部分:技术规范
GB/T 17116.2 管道支吊架 第2部分:管道连接部件
GB/T 17116.3 管道支吊架 第3部分:中间连接件和建筑结构连接件
GB/T 18851.1 无损检测 渗透检测 第1部分:总则
GB/T 18851.2 无损检测 渗透检测 第2部分:渗透材料的检验
GB/T 18851.3 无损检测 渗透检测 第3部分:参考试块
GB/T 18851.4 无损检测 渗透检测 第4部分:设备
GB/T 27880 热棒
GB 50017 钢结构设计规范
GB 50205 钢结构工程施工质量验收规范
HG/T 20670 化工、石油化工管架、管墩设计规定
JGJ 118 冻土地区建筑地基基础设计规范

3 术语和定义

下列术语和定义适用于本文件。

3.1

热棒式管架 pipe support with thermoprobe

带有热棒的支承架空管道系统的装置的总称。

4 组成与分类

4.1 组成

4.1.1 热棒式管架由热棒、固接件、管架柱、管架梁、管托或/和管吊架等部件组成(见图1)。
4.1.2 管托由管卡、高效复合保温层、支座、滑动摩擦副、径向限位器和紧固件等部件组成(见图2)。
4.1.3 管吊架由管卡、高效复合保温层、万向装置、吊杆、花兰螺栓(吊环螺栓)和紧固件等部件组成(见图3)。

4.2 分类与代号

4.2.1 按结构形式可分为:单柱式(代号Ⅰ)、双柱式(代号Ⅱ)、四柱式(代号Ⅲ)。
4.2.2 按支承形式可分为:管托式(代号GT)、管吊架式(代号DJ)。
4.2.3 按管托形式可分为:单摩擦副式,底板长≤600 mm(代号DM);双摩擦副,底板长>600 mm(代号SM)。
4.2.4 按管吊架形式可分为:微可调型吊架式(代号A)、可调型吊架式(代号B)、吊环型吊架式(代号C)、可调吊环型吊架式(代号D)。

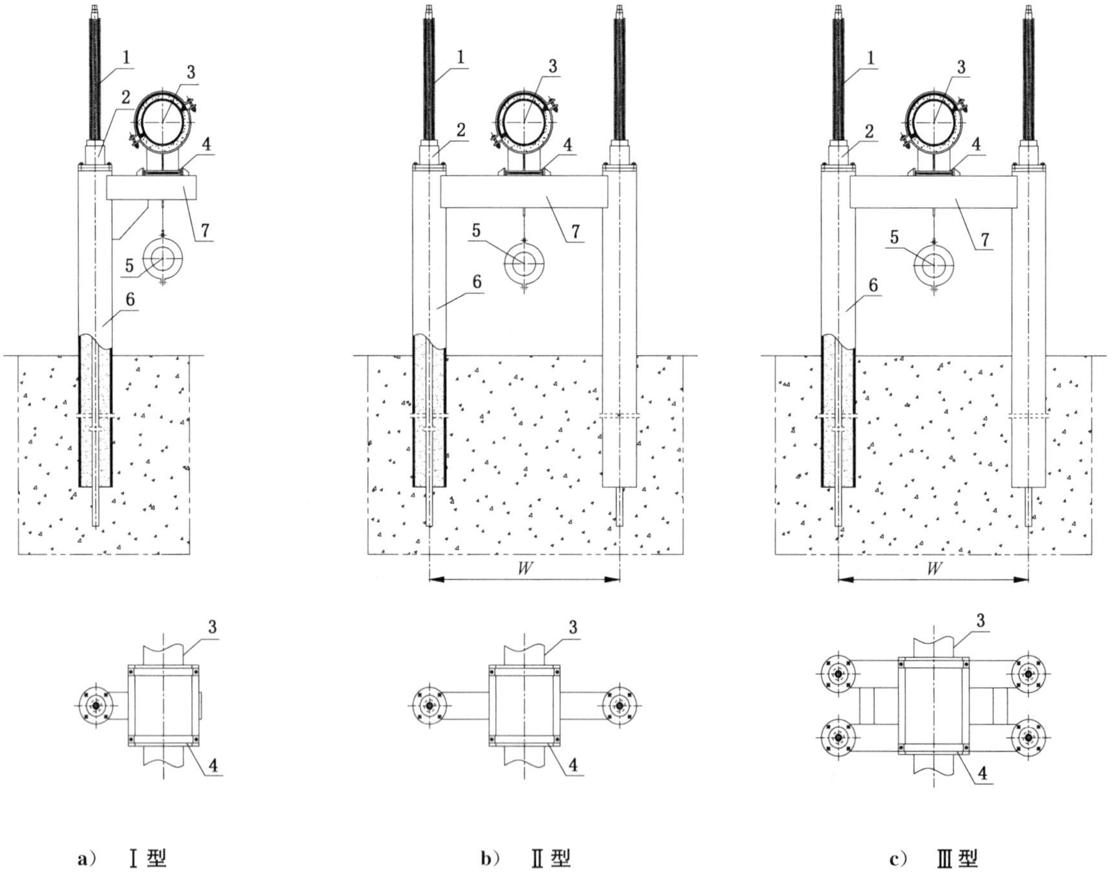

a) Ⅰ型　　b) Ⅱ型　　c) Ⅲ型

说明:

1——热棒;
2——固接件;
3——管道;
4——管托;
5——管吊架;
6——管架柱;
7——管架梁。

图1 热棒式管架形式

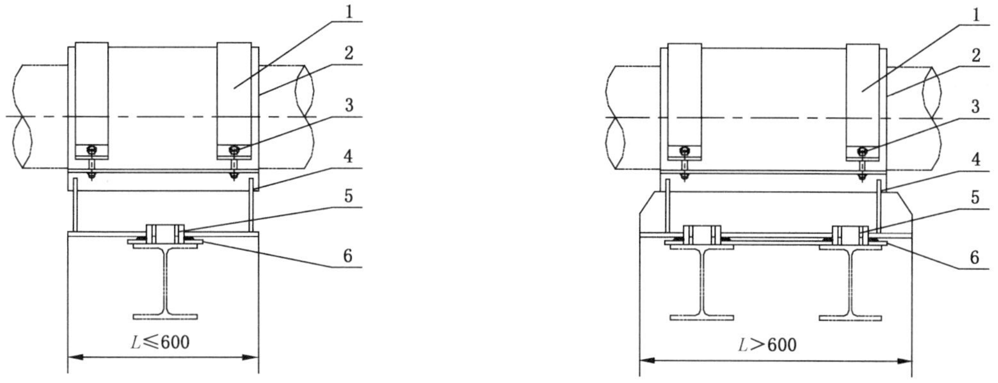

a） A型　　b） B型

说明：

1——管卡；

2——高效复合保温层；

3——紧固件；

4——管座；

5——径向限位器；

6——摩擦副。

图 2　管托形式

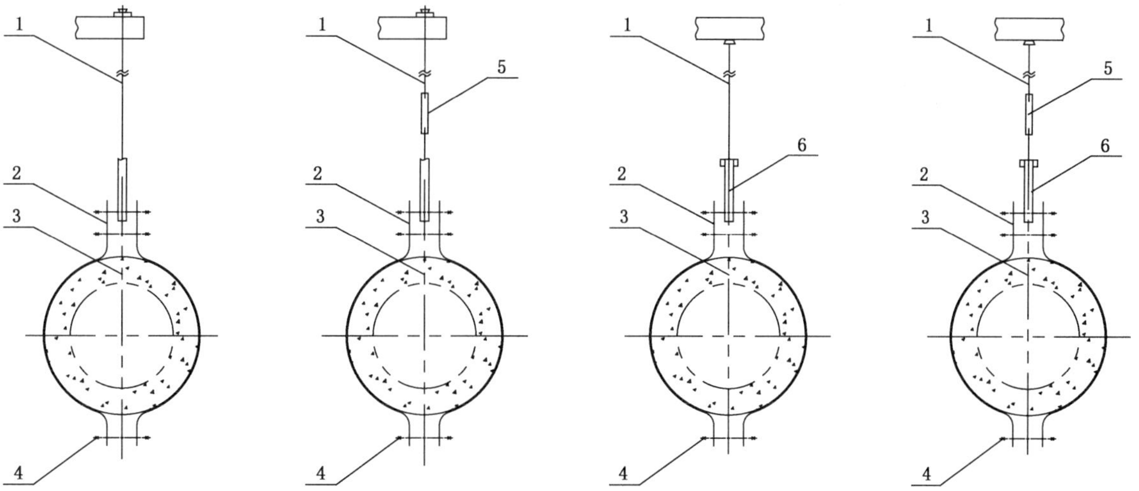

a） A型　　b） B型　　c） C型　　d） D型

说明：

1——吊杆；

2——管卡；

3——高效复合保温层；

4——紧固件；

5——花兰螺栓；

6——万向装置。

图 3　管吊架形式

4.3 型号与示例

热棒型号由七个单元组成，其结构如下：

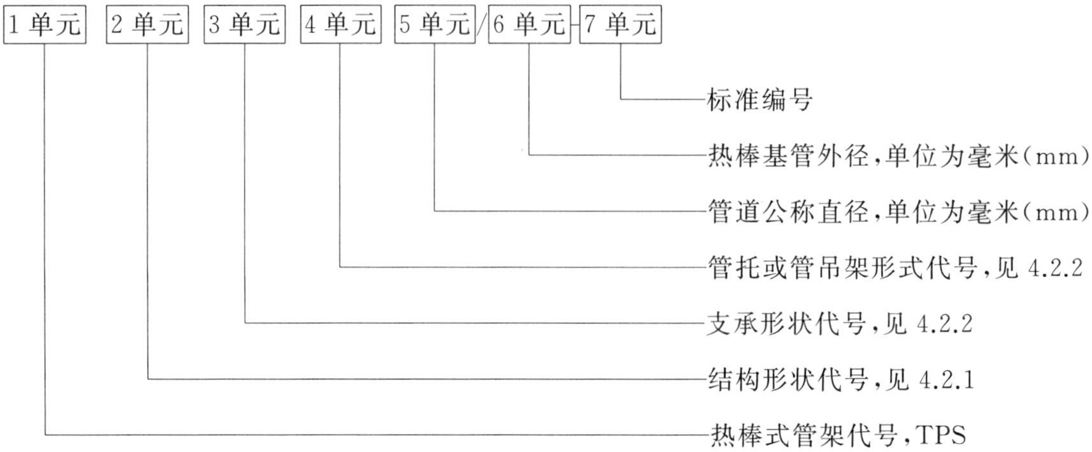

示例1：公称直径DN1500的管道，采用双摩擦副管托安装，使用热棒基管外径 ϕ89 四柱式管架，其标志为：

TPS Ⅲ GT SM 1500/89-GB/T 31259—2014。

示例2：公称直径DN100的管道，采用微可调型管吊架吊装，使用热棒基管外径 ϕ60 双柱式管架，其标志为：

TPS Ⅱ DJ A 100 / 60-GB/T 31259—2014。

5 技术要求

5.1 一般要求

5.1.1 热棒的设计、制造、检验、验收应符合GB/T 27880的规定。

5.1.2 热棒应采用固接件与管架柱连接。

5.1.3 热棒与管架的连接采用法兰、紧固件。

5.1.4 热棒插入冻土区域地基的冻层深度根据JGJ 118计算确定。

5.1.5 管托、管吊架的材料、设计、制造、安装、试验、检验和运行应符合GB/T 17116.1、GB/T 17116.2、GB/T 17116.3的要求。

5.1.6 滑动支座、导向(限位)支座用钢板对聚四氟乙烯板作为滑动摩擦副，也可用钢板对钢板作为滑动摩擦副，摩擦系数≤0.1。

5.1.7 管架结构应符合GB 50017和HG/T 20670的规定。常见参数见附录C。

5.2 材料要求

5.2.1 热棒的材料选用应符合GB/T 27880的规定。

5.2.2 管托、管吊架的材料选用应符合GB/T 17116.1的规定。

5.2.3 管架和连接件材料应符合GB 50017的规定。

5.2.4 浇注料隔热层的综合导热系数≤0.2 W/(m·K)，抗压强度≥7 MPa，防火性能≥B1级，表面无裂纹或破碎。

5.2.5 当管道内介质温度≤−40 ℃时，应使用高密度聚氨酯(PUR)或聚异氰脲酸酯(PIR)绝热层。导热系数≤0.025 W/(m·K)。

5.2.6 上摩擦副材料为06Cr19Ni10(0Cr18Ni9)镜面不锈钢。当公称直径DN≤300 mm时，厚度为1.5 mm。当公称直径DN>300时，厚度为3 mm。下摩擦副材料为聚四氟乙烯(PTFE)板，密度不小于2.2 g/cm^3。

5.3 外观质量

5.3.1 金属结构件应具有金属光泽，无裂纹、凹坑及毛刺缺陷存在。

5.3.2 构件切割面或加工面无毛刺，无尖角。

5.3.3 焊接接头焊缝应平整光滑。100％渗透检测，Ⅰ级合格。

5.3.4 防腐涂层成形饱满，厚度均匀，无挂瘤，无流迹。

5.4 规格尺寸与偏差

5.4.1 热棒规格尺寸与偏差应符合 GB/T 27880 的规定。

5.4.2 管托结构规格尺寸参数应符合附录 A 的规定。

5.4.3 管吊架结构规格尺寸参数应符合附录 B 的规定。

5.4.4 管架载荷参数应符合附录 C 的规定。

5.4.5 管架的允许偏差应符合表 1 的规定。

表 1 管架允许偏差

单位为毫米

管道公称直径 DN	管夹直径公差 D_0
DN≤150	$^{+1.5}_{0}$
150＜DN≤300	$^{+2.5}_{0}$
300＜DN≤500	$^{+3.5}_{0}$
500＜DN≤800	$^{+5.0}_{0}$
800＜DN≤1 200	$^{+8.0}_{0}$
1 200＜DN≤1 800	$^{+10.0}_{0}$
DN＞1 800	$^{+15.0}_{0}$
管架柱高度	$^{+10.0}_{0}$
两管架柱间对角线长	≤1‰管架柱长
管架柱、梁端面平面度	≤1
管架柱端平面与管架柱中心线的垂直度	≤1

5.4.6 未注尺寸公差的极限偏差应不超过 GB/T 1804 规定的 C 级偏差值。

6 试验方法

6.1 一般要求

6.1.1 管托、管吊架的试验、验收按 GB/T 17116.1、GB/T 17116.2 的规定执行。

6.1.2 热棒的试验、验收按 GB/T 27880 的规定执行。

6.1.3 管架用紧固件的力学性能试验按 GB/T 3098.1、GB/T 3098.2、GB/T 3098.4、GB/T 3098.6 和

GB/T 1231 的规定执行。

6.1.4 管架焊接接头的力学性能试验按 GB/T 2650、GB/T 2651、GB/T 2652、GB/T 2653、GB/T 2654 焊接接头力学性能试验方法的规定执行。

6.2 材料要求

主要核查原材料的材质证明单是否齐全有效，必要时对原材料的主要性能指标(如力学性能)进行检验。

6.3 外观质量

在充分照明条件下逐根目视检查。当目视判断不清时，应用放大镜检查。

6.4 规格尺寸

用分辨力 0.5 mm、精度 A 级的钢卷尺进行长度测量；用分辨力 0.02 mm、精度 0.02 mm 的游标卡尺或直尺进行直径测量；用垂直度检查仪进行垂直度测量，用水平尺进行端面平面度测量。

6.5 渗透检测

管架焊缝渗透检测应按 GB/T 18851 的规定执行。

6.6 防腐涂层

管架表面防腐涂层按 GB 50205 规定的要求进行。

7 检验规则

7.1 一般规则

热棒式管架的检验分为型式检验和出厂检验，热棒通过型式检验合格后，才能批量生产。

7.2 型式检验

7.2.1 型式检验一般由国家法定的质量监督机构组织进行。

7.2.2 凡有下列情况之一时，应进行型式检验：

a) 新产品试制定型鉴定或老产品转厂生产；

b) 正式生产后，如结构、材料、工艺有较大改变，可能影响产品性能时；

c) 产品长期停产后，恢复生产时；

d) 正常批量生产时，每两年一次；

e) 国家质量监督机构提出要求时。

7.2.3 型式检验中，抽取的试样中经检验有某一项不合格时，应在同一批次产品中加倍抽取试样，对不合格项目进行检验。若仍不合格，则该次型式检验不合格。

7.2.4 型式检验的项目按表 2 的规定执行。

7.3 出厂检验

7.3.1 热棒式管架由其生产企业质量检验部门按表 2 的规定进行检验，应随机抽取不小于 5%的样品(不少于 3 件)进行检验。若检验全部合格，则整个检验批合格，签发合格证，允许出厂；若检验存在不合格项，则加倍抽检；检验若还有不合格项，逐件检验，剔除不合格品。

7.3.2 出厂检验中，剔除的不合格品允许返修，返修后重新对不合格项进行检验。

表 2 检验项目表

序号	检验项目	技术要求	试验方法	型式检验	出厂检验
1	材料要求	5.2	6.2	√	×
2	外观质量	5.3	6.3	√	√
3	规格尺寸	5.4	6.4	√	√
4	渗透检测	5.3	6.5	√	√
5	防腐涂层	5.3	6.6	√	×
注：√为检验项目；×为非检验项目。					

8 标志、包装、运输与贮存

8.1 标志

热棒式管架产品标志采用铭牌或直接喷刷、印字等形式，标志应清晰，易于识别且不易随自然环境的变化而褪色、脱落。标志上应至少包括以下内容：

a) 制造厂名称、地址及商标；

b) 产品编号；

c) 型号(标记)；

d) 产品名称、规格、质量、件数。

8.2 包装

8.2.1 热棒式管架的包装采用钢架或木箱。热棒式管架间应放衬垫，必要时采用固定架固定。应有防潮、防水措施。

8.2.2 包装箱应至少随带如下文件：

a) 产品合格证；

b) 安装使用说明书；

c) 装箱单；

d) 质量证明书及签发日期。

8.3 运输

热棒式管架产品运输时，应至少满足以下要求：

a) 装运产品的车厢、船舱和集装箱应保持清洁、干燥、无污染物；

b) 不应将产品同腐蚀性化学物品及潮湿性材料混装混运；

c) 敞车运输时，应用苫布盖好，以保证产品不被雨(雪)及杂物浸入；

d) 产品的装卸不应损坏和碰伤产品。

8.4 贮存

热棒式管架产品的贮存，应至少满足以下要求：

a) 产品应堆放在库房内，下边要用木方等进行衬垫。衬垫支点设置合理，堆放高度不得超过2.5 m。露天堆放时，应用苫布进行覆盖。

b) 库房内就保持清洁、干燥、无腐蚀性气氛。

c) 库房内不应有腐蚀性化学物品和潮湿性材料。

d) 库房应防止雨、雪浸入。

附 录 A
（资料性附录）
管托结构规格尺寸参数

为了方便设计计算、选型，常用管托结构见图 A.1，规格尺寸参数列于表 A.1。

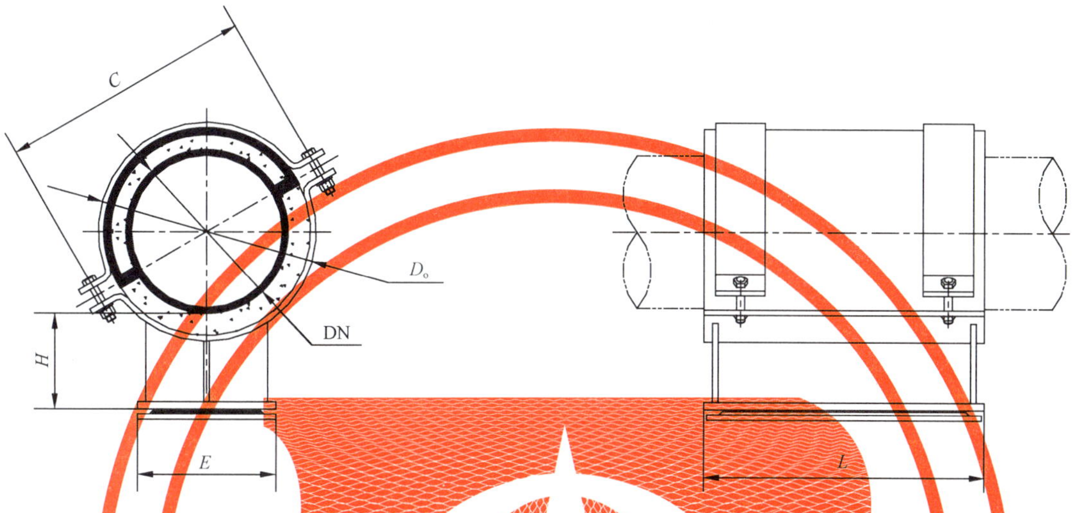

图 A.1 管托结构

表 A.1 管托尺寸参数

管道公称直径 DN mm	最大许用垂直载荷 kN	最大许用径向载荷 kN	*H* mm	*E* mm	D_o mm	*C* mm	*L* mm
80	3.15	30	212	132	300	380	315
90	3.15	30	224	132	300	380	315
100	3.15	30	224	132	320	400	315
125	4.62	40	250	132	344	424	335
150	6.50	40	265	132	372	472	335
175	9.25	40	280	200	400	500	335
200	11.2	40	300	200	440	530	335
225	14.0	40	315	200	460	600	335
250	18.5	75	335	200	460	600	400
275	22.4	75	335	265	500	670	400
300	25.8	75	335	265	520	710	400
350	36.5	75	400	335	580	800	400
400	48.7	75	425	335	640	950	400
450	60.0	75	450	425	700	1 000	400
500	77.5	75	475	475	780	1 120	400

表 A.1（续）

管道公称直径 DN mm	最大许用垂直载荷 kN	最大许用径向载荷 kN	H mm	E mm	D_o mm	C mm	L mm
550	87.5	75	500	475	850	1 200	400
600	122	106	530	560	900	1 420	475
650	132	106	560	630	900	1 420	475
700	155	106	600	630	1 000	1 500	475
750	185	106	600	710	1 050	1 600	475
800	212	106	670	800	1 150	1 800	475
850	243	106	670	800	1 150	1 800	475
900	272	106	710	900	1 300	2 000	475
950	325	140	750	900	1 300	2 000	530
1 000	355	140	750	950	1 380	2 240	530
1 050	387	140	800	1 000	1 380	2 240	530
1 100	450	140	850	1 120	1 500	2 500	530
1 150	500	140	850	1 180	1 500	2 500	530
1 200	530	140	900	1 180	1 600	2 800	530
1 300	670	170	950	1 320	1 700	3 000	630
1 400	825	200	1 000	1 400	1 800	3 200	710
1 500	925	200	1 060	1 500	1 900	3 400	710
1 600	1 120	236	1 120	1 600	2 000	3 600	750
1 700	1 250	236	1 120	1 700	2 100	3 800	750
1 800	1 500	265	1 180	1 800	2 200	4 000	850
1 900	1 650	265	1 250	1 900	2 300	4 200	850
2 000	1 950	300	1 320	2 000	2 400	4 400	900
2 100	2 120	300	1 320	2 120	2 500	4 600	900
2 200	2 430	335	1 400	2 220	2 600	4 800	1 000
2 300	2 800	335	1 480	2 340	2 700	5 000	1 000
2 400	3 200	375	1 560	2 440	2 800	5 200	1 100
2 500	3 650	375	1 640	2 560	2 900	5 400	1 100
2 600	4 150	412	1 730	2 660	3 000	5 600	1 200
2 700	4 600	412	1 830	2 780	3 100	5 800	1 200
2 800	5 200	450	1 930	2 880	3 200	6 000	1 350
2 900	5 800	450	2 040	3 000	3 300	6 200	1 350
3 000	6 500	450	2 150	3 100	3 400	6 400	1 350

附　录　B
（资料性附录）
管吊架结构规格尺寸参数

为了方便设计计算、选型，常用管吊架结构见图 B.1，规格尺寸参数列于表 B.1 。

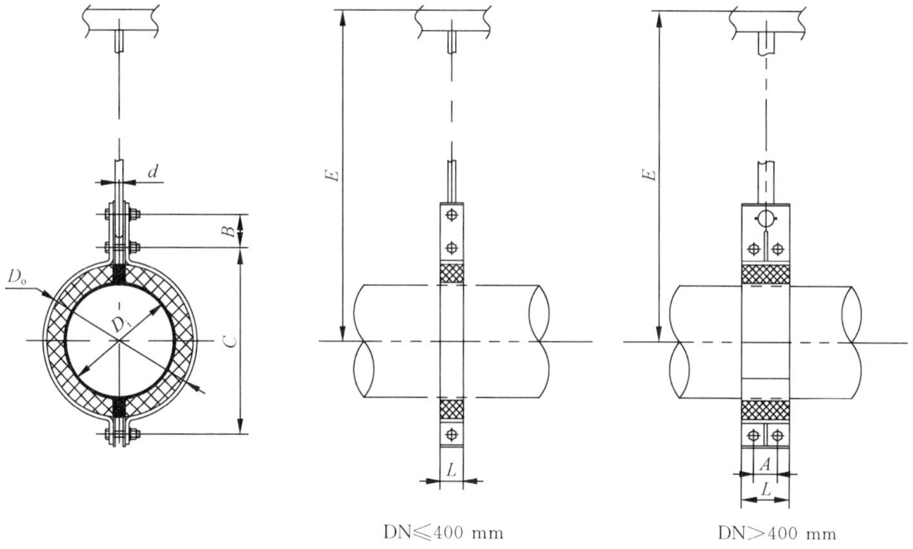

图 B.1　管吊架结构

表 B.1　管吊架参数

管道公称直径 DN mm	最大许用载荷 kN	d mm	B mm	E mm	L mm	D_o mm	A mm	C mm
80	3.15	12	200	300	100	300	—	380
90	3.15	12	200	300	100	300	—	380
100	3.15	12	200	350	100	320	—	400
125	4.62	12	200	350	100	344	—	424
150	6.50	16	200	400	100	372	—	472
175	9.25	20	200	400	100	400	—	500
200	11.2	20	200	450	100	440	—	530
225	14.0	24	200	480	150	460	—	600
250	18.5	24	200	480	150	460	—	600
275	22.4	30	200	500	150	500	—	670
300	25.8	30	200	550	150	520	—	710
350	36.5	36	200	600	150	580	—	800
400	48.7	42	200	650	150	640	—	950

表 B.1（续）

管道公称直径 DN mm	最大许用载荷 kN	d mm	B mm	E mm	L mm	D_o mm	A mm	C mm
450	60.0	42	250	700	200	700	100	1 000
500	77.5	48	250	800	200	780	100	1 120
550	87.5	56	250	850	200	850	100	1 200
600	122	64	250	900	200	900	100	1 420
650	132	64	250	900	200	900	100	1 420
700	155	64	250	1 000	200	1 000	100	1 500
750	185	72	250	1 050	200	1 050	100	1 600
800	212	80	250	1 150	200	1 150	100	1 800
850	243	80	250	1 150	200	1 150	100	1 800
900	272	90	250	1 300	200	1 300	100	2 000
950	325	90	250	1 300	200	1 300	100	2 000
1 000	355	100	250	1 380	200	1 380	100	2 240
1 050	387	100	300	1 380	250	1 380	150	2 240
1 100	450	110	300	1 500	250	1 500	150	2 500
1 150	500	110	300	1 500	250	1 500	150	2 500
1 200	530	125	300	1 500	250	1 600	150	2 800

附 录 C
（资料性附录）
管架载荷常见参数

为方便设计计算、选型，常用管架载荷常见参数列于表 C.1 。

表 C.1 管架载荷常见参数

管架管柱跨距 W/mm	承受管道最大载荷 P/kN	管架形式
$W \leqslant 1\ 000$	200	Ⅰ型
	400	Ⅱ型
$1\ 000 < W \leqslant 2\ 000$	800	Ⅱ型
	1 600	Ⅲ型
$2\ 000 < W \leqslant 3\ 000$	2 000	Ⅱ型
	3 200	Ⅲ型
$3\ 000 < W \leqslant 4\ 000$	4 000	Ⅱ型
	6 500	Ⅲ型

ICS 33.060.30
M 11

中华人民共和国国家标准

GB/T 31261—2014

数字视频广播(DVB)卫星分发系统交互信道通信协议

Digital Video Broadcasting (DVB)—Interaction channel communication protocol for satellite distribution systems

2014-12-05 发布　　2015-04-01 实施

中华人民共和国国家质量监督检验检疫总局
中国国家标准化管理委员会　发布

前　言

本标准按 GB/T 1.1—2009 给出的规则起草。

本标准由中华人民共和国工业和信息化部提出。

本标准由中国通信标准化协会归口。

本标准主要起草单位：南京中网卫星通信股份有限公司、中国人民解放军理工大学。

本标准主要起草人：郝建强、李广侠、王巧梁、冯少栋、盛伟、宋小东、宋军。

引　言

国家发展与改革委员会2007年《关于促进卫星应用产业发展的若干意见》明确了大力推进我国卫星应用产业的战略思想,国内卫星通信近年来增长十分迅速,尤其是2008年发生的两次重灾以来,移动应急指挥/保障系统在政府、部委和行业的应急平台建设中的需求成爆发性增长。卫星通信以其广域性、机动性、抗毁性等突出优势成为应急平台建设中的核心内容。DVB-RCS是由多厂商倡导的VSAT标准,目的是作为DVB-S的扩展,提供双向宽带交互连接。基于该标准的产品十分适用于广域性的不对称综合业务接入,尤其适合于为偏远、地面通信网络不便到达的地区提供Internet接入、电话接入、音视频会议及远程专用数据接入等业务。

为促进国内DVB -RCS产品及应用的发展，编制本标准有着重要意义。

数字视频广播(DVB)卫星分发系统交互信道通信协议

1 范围

本标准规定了数字视频广播(DVB)卫星分发系统交互信道通信协议的符号和缩略语、参考模型。

本标准适用于分配给 GEO 卫星业务的所有频段的数字视频广播(DVB)卫星分发系统交互信道通信协议。

2 规范性引用文件

下列文件对于本文件的应用是必不可少的。凡是注日期的引用文件,仅注日期的版本适用于本文件。凡是不注日期的引用文件,其最新版本(包括所有的修改单)适用于本文件。

GB/T 17966—2000 微处理器系统的二进制浮点运算

GB 20600—2006 数字电视地面广播传输系统帧结构、信道编码和调制

YD/T 976—1998 B-ISDN 用户网络接口(UNI)物理层规范

ISO/IEC 13818-1:2007 信息技术 运动图像及其伴音信息的通用编码——第 1 部分:系统(Information technology—Generic coding of moving pictures and associated audio information: Systems)

ITU-T J.112 ANNEX A—2001 数字视频广播数字电视互动频道电缆电视(有线电视)分配系统(Digital Video Broadcasting:DVB interaction channel for Cable TV (CATV) distribution systems)

ITU-T I.363.5 FRENCH—1996 B-ISDN ATM 适配层规范:类型 5 AAL(B-ISDN ATM Adaptation Layer specification: Type 5 AAL SPéCIFICATION DE LA COUCHE D'ADAPTATION ATM DU RNIS-LB: AAL DE TYPE 5)

ITU-T Q.2931—1995/Amd 2—1999/Cor 1—2000 NO.2 数字用户信令系统 用于基本呼叫/连接控制的用户网络接口第 3 层规范(Digital Subscriber Signalling System No. 2—User—Network Interface (UNI) layer 3 specification for basic call/connection control)

AS/NZS 13818.6—1999 信息技术 移动图象和相关有声信息的一般代码 第 6 部分:数据存储媒体命令和控制的扩展(Information technology—Generic coding of moving pictures and associated audio information—Extensions for DSM-CC)

DIN ETS 300468—1997 数字视频广播. DVB 系统服务信息(SI)的规范(Digitale Fernsehrundfunk (DVB) Festlegung der Serviceinformation(SI) fuer DVB-Systeme)

DIN ETS 300802—1998 数字视频广播(DVB).DVB 交互业务用网络独立协议(Digital Video Broadcasting (DVB)—Network-independent protocols for DVB interactive service)

DIN EN 301192—2010 数字视频广播(DVB) 数据广播的 DVB 规范[Digital Video Broadcasting (DVB)—DVB specification for data broadcasting (Endorsement of the English version EN 301192 V1.5.1 (2009-11) as German standard)]

DIN EN 301426—2002 卫星地面站和系统(SES) 包括 R&TTE 指令 3.2 条规定的基本要求在内不用于 1.5/1.6 GHz 频带工作呼救与安全通信的低数据速率地面移动卫星地球站(LMES)和海上移动卫星地面站(MMES)的协调 EN[Satellite Earth Stations and Systems (SES)—Harmonized EN for

Low data rate Land Mobile satellite Earth Stations (LMES) operating in the 1，5/1，6 GHz frequency bands covering essential requirements under article 3.2 of the R&TTE directive]

ETSI TS 102 472—2009 数字视频广播(DVB)；基于 DVB-H 的 IP 数据广播：内容投递协议[Digital Video Broadcasting (DVB)；IP Datacast over DVB-H：Content Delivery Protocols V1.3.1]

ETSI TS 102 602—2009 卫星地球站和系统(SES)；用于 DVB-RCS 的连接控制协议[Satellite Earth Stations and Systems (SES)；Broadband Satellite Multimedia；Connection Control Protocol (C2P) for DVB-RCS；Specifications V1.1.1；Includes Diskette]

ETSI TS 102 606—2007 数字视频广播(DVB)；通用流封装(GSE)协议[Digital Video Broadcasting (DVB)；Generic Stream Encapsulation (GSE) Protocol V1.1.1]

ETSI EN 301 358-1—1999 卫星地球站和系统(SES)；基于工作于 19.7GHz 至 20.2GHz(空到地)和 29.5GHz 至 30GHz(地到空)频段上的静止轨道卫星的卫星用户终端(SUT)[Satellite Earth Stations and Systems(SES)；Satellite User Terminals(SUT) Using Satellites in Geostationary Orbit Operating in the 19,7 GHz to 20,2 GHz (Space-to-Earth) and 29,5 GHz to 30 GHz (Earth-to-Space) Frequency Bands V1.1.1]

ETSI EN 301 427—2001 卫星地球站和系统(SES)；涵盖 R&TTE 导则第 3.2 章中基本要求的工作于 11/12/14 GHz 频段的除去航空站以外的低速率移动卫星地球站(MES)的协调 EN 标准[Satellite Earth Stations and Systems (SES)；Harmonized EN for Low Data Rate Mobile Satellite Earth Stations (MESs) Except Aeronautical Mobile Satellite Earth Stations，Operating in the 11/12/14 GHz Frequency Bands Covering Essential Requirements under Artic]

ETSI EN 302 186—2004 卫星地球站和系统(SES)；涵盖 R&TTE 导则 V1.1.1 第 3.2 章中基本要求的工作于 11/12/14GHz 频段的低速率卫星移动航空地球站(AESs)的协调 EN 标准[Satellite Earth Stations and Systems (SES)；Harmonized EN for satellite mobile Aircraft Earth Stations (AESs) operating in the 11/12/14 GHz frequency bands covering essential requirements under article 3.2 of the R&TTE Directive V1.1.1]

ETSI EN 302 307-2—2009 数字视频广播(DVB)；第二代帧结构、信道编码和调制系统广播、互动服务、新闻采集和其他宽带卫星应用程序[Digital Video Broadcasting (DVB)；Second generation framing structure，channel coding and modulation systems for Broadcasting，Interactive Services，News Gathering and other broadband satellite applications (DVB-S2) V1.2.1]

ETSI EN 302 340-2—2006 卫星地球站和系统(SES)；涵盖 R&TTE 导则第 3.2 章中基本要求的工作于分配给固定卫星业务的 11/12/14GHz 频段的船载卫星地球站(MES)的协调 EN 标准[Satellite Earth Stations and Systems (SES)；Harmonized EN for satellite Earth Stations on board Vessels (ESVs) operating in the 11/12/14 GHz frequency bands allocated to the Fixed Satellite Service (FSS) covering essential requirements under article 3.2 of]

ETSI EN 302 448-3—2007 卫星地球站和系统(SES)；涵盖 R&TTE 导则第 3.2 章中基本要求的工作于 14/12GHz 频段的火车载跟踪卫星地球站(MES)的协调 EN 标准[Satellite Earth Stations and Systems (SES)；Harmonized EN for tracking Earth Stations on Trains (ESTs) operating in the 14/12 GHz frequency bands covering essential requirements of article 3.2 of the R&TTE directive V1.1.1]

IEEE 802.3 Corrigendum 1—2009 信息技术 系统 本地和城域网之间的电信与信息交换 特殊要求 第 3 部分：带冲突检测的载波监听多路访问方法及物理层规范部分 1～5；勘误表 1：时间考虑暂停业务[Information technology — Telecommunications and information exchange between systems—Local and metropolitan area networks；Specific requirements—Part 3：Carrier sense multiple access with collision detection (CSMA/CD) access method and physical layer specifications Section 1 to 5；Corrigendum 1：Timing considerations for PAUSE operatio]

3 符号和缩略语

以下界定的符号和缩略语均适用于本文件。

3.1 符号

× ——乘

^ ——幂

～ ——并置

mod ——以…为模

"" ——空字符串(零长度)

N_{atm} ——在一个 ATM TRF 突发帧中的 ATM 信元数(1、2 或 4)

N_{mpeg} ——在一个可选的 MPEG2-TS TRF 突发帧中的 MPEG 包数(1、2×n ,n=1～12)

$N_{p,atm}$ ——在一个 ATM TRF 突发帧中使用的可选前缀的字节数(0、2 或 4)

$N_{p,sync}$ ——在 SYNC 突发帧中使用的可选 SAC 域的字节数，在随机化以及包含了可选的 CRC 后，对于级联码为 0,2…31，对于 Turbo 码为 0、12 或 16(见 6.4)

3.2 缩略语

NCC：随机字符串（nonce1）

RCST：随机字符串（nonce2）

AAL：ATM 适配层（ATM Adaptation Layer）

ACM：适应性编码调制（Adaptive Coding and Modulation）

ACQ：捕获突发帧（ACQuisition burst）

ADT：应用数据表（Application Data Table）

ATM：异步转移模式（Asynchronous Transfer Mode）

AUU：ATM 用户至 ATM 用户（ATM-UsertoATM-User）

AVBDC：完全基于容量的动态容量（Absolute Volume Based Dynamic Capacity）

BAT：业务群关联表（Bouquet Association Table）

BBHEADER：基带头标(DVB-S2)[Baseband Header（DVB-S2）]

BCD：二进制编码的十进制（Binary Coded Decimal）

BTP：突发帧时间计划（Burst Time Plan）

C2P：连接控制协议（Connection Control Protocol）

CBC：密码分组链接（Cipher Block Chaining）

CCC-IE：连续载波控制信息元（Continuous Carrier Control Information Element）

CCM：连续编码调制（Constant Coding and Modulation）

CMF：控制和监视功能（Control and Monitoring Functions）

CMT：校验信息表（Correction Message Table）

CNI：载波与噪声加干扰的比值（Carrier to Noise plus Interference ratio）

CPCS-PDU：公共部分会聚子层协议数据单元（Common Part Convergence Sublayer Protocol Data Unit）

CR：容量申请（Capacity Requests）

CRA：恒速率分配（Constant-Rate Assignment）

CRC：循环冗余校验（Cyclic Redundancy Check）

CRSC：循环递归系统卷积码（Circular Recursive Systematic Convolutional）

CSC：公共信令信道（Common Signalling Channel）

CTRL/MNGM：DULM 中使用的控制/管理虚拟信道（Control/Management virtual channel used in DULM）

DES：数据加密标准（Data Encryption Standard）

DSM-CC：数字存贮介质-指令与控制（Digital Storage Medium—Command and Control）

DULM：数据单元标识方式（Data Unit Labelling Method）

DVB：数字视频广播（Digital Video Broadcast）

DVB-S：基于卫星的数字视频广播（Digital Video Broadcast by Satellite）

DVB-S2：数字视频广播-卫星传输第 2 版（Digital Video Broadcasting—Satellite transmission 2nd generation）

EIRP：全向辐射功率（Emitted Isotropic Radiated Power）

EIT：事件信息表（Event Information Table）

EKE：显式密钥交换（Explicit Key Exchange）

ESI：编码符号识别符（Encoding Symbol Identifier）

FCA：自由容量分配（Free Capacity Assignment）

FCT：帧组成表（Frame Composition Table）

FDT：前向纠错数据表（Forward Error Correction Data Table）

FEC：前向纠错（Forward Error Correction）

FECFRAME：前向纠错帧(DVB-S2)[Forward Error Correction Frame（DVB-S2）]

FLS：前向链路信令（Forward Link Signalling）

GEO：静止地球轨道（Geostationary Earth Orbit）

GFC：通用流量控制（Generic Flow Control）

GSE：通用流封装（Generic Stream Encapsulation）

HMAC：基于散列的消息认证码（Hash-based Message Authentication Code）

I：同相（In-phase）

IANA：因特网分配的成员授权（Internet Assigned Numbers Authority）

ID：标识符（Identifier）

IDU：室内单元（InDoor Unit）

IE：信息元（Information Element）

IEC：国际电工委员会（International Electrotechnical Commission）

IEEE：电气电子工程师协会（Institute of Electrical and Electronics Engineers）

IP：英特网协议（Internet Protocol）

ISDN：综合业务数字网（Integrated Services Digital Network）

ISO：国际标准化组织（International Standards Organization）

ITU：国际电信联盟（International Telecommunication Union）

IV：初始化矢量（Initialization Vector）

LFSR：线性反馈移位寄存器（Linear Feedback Shift Register）

LLC：逻辑链路控制（Logical Link Control）

LL-FEC：链路层前向纠错（Link Layer Forward Error Correction）

LSB：最低位（Least Significant Bit）

M&C：监视与控制（Monitoring and Control）

MAC:媒体接入控制(Medium Access Control)

MF-TDMA:多频-时分多址访问(Multiple Frequency—Time Division Multiple Access)

MIB:管理信息库(Management Information Base)

MKE:主密钥交换(Main Key Exchange)

Mobile Opt:支持移动的 RCST 的可选要求(Optional requirement for RCST's supporting Mobility)

Mobile Req:支持移动的 RCST 的强制要求(Mandatory provisions for RCST's supporting Mobility)

MODCOD:联合编码调制(DVB-S2)[MODulation-CODing combination (DVB-S2)]

MPAF:MPEG 适配域方式(MPEG Adaptation Field method)

MPEG:移动图象专家组(Multiple Protocol Encapsulation)

MPE:多协议封装(Moving Picture Experts Group)

MSB:最高位(Most Significant Bit)

NCC:网络控制中心(Network Control Centre)

NCR:网络时钟参考(Network Clock Reference)

NIT:网络信息表(Network Information Table)

NIU:网络接口单元(Network Interface Unit)

NLOS:非视距(Non Line of Sight)

NMC:网络管理中心(Network Management Center)

ODU:室外单元(Outdoor unit)

OPCR:初始节目时钟基准(Original Program Clock Reference)

OSI:开放系统互连(Open Systems Interconnection)

PAT:节目关联表(Program Association Table)

PC:个人计算机(Personal Computer)

PCR:节目时钟基准(Program Clock Reference)

PDU:净荷数据单元(Payload Data Unit)

PID:包识别符(Packet Identifier)

PLFRAME:物理层帧(DVB-S2)[Physical Layer Frame (DVB-S2)]

PLHEADER:物理层头标(DVB-S2)[Physical Layer Header (DVB-S2)]

PLR:丢包率(Packet Loss Ratio)

PMT:节目映射表(Program Map Table)

PPm:百万分之(Parts Per Million)

PRBS:伪随机二进制序列(Pseudo Random Binary Sequence)

PRNG:伪随机数字发生器(Pseudo-Random Number Generator)

PSI:节目特殊信息(Program Specific Information)

PSTN:公共电话交换网(Public Switched Telephone Network)

PVC:永久虚拟电路(Permanent Virtual Circuit)

Q:求积分(Quadrature)

QKE:快速密钥交换(Quick Key Exchange)

QPSK:四相移位键控(Quadrature Phase-Shift Keying)

RBDC:基于速率的动态容量(Rate-Based Dynamic Capacity)

RCS:卫星回传信道(Return Channel via Satellite)

RCST:回传信道卫星终端(Return Channel Satellite Terminal)

RMT:RCS 映射表 (RCS Map Table)
RS:里德-所罗门 (Reed-Solomon)
SAC:卫星接入控制 (Satellite Access Control)
SAR:分割与重装 (Segmentation And Re-assembly)
SBN:源块编号 (Source Block Number)
SCT:超帧组成表 (Superframe Composition Table)
SDT:业务描述表 (Service Description Table)
SF:扩频因子 (Spreading Factor)
SI:业务信息 (Service Information)
SIT:卫星交互终端 (Satellite Interactive Terminal)
SMATV:卫星共用天线电视 (Satellite Master Antenna Television)
SNAP:子网访问协议 (Sub Network Access Protocol)
SNMP:简单网络管理协议 (Simple Network Management Protocol)
SOF:帧起始 (Start Of Frame)
SPT:卫星位置表 (Satellite Position Table)
SUT:卫星用户终端 (Satellite User Terminal)
SVC:交换虚电路 (Switched Virtual Circuit)
SYNC:同步 (SYNChronization burst type)
TBTP:终端突发时间计划 (Terminal Burst Time Plan)
TCT:时隙组成表 (Time-slot Composition Table)
TDMA:时分多址访问 (Time Division Multiple Access)
TG:业务网关 (Traffic Gateway)
TIM:终端信息消息 (Terminal Information Message)
TRF:业务(突发类型)(Traffic (burst type))
TS:传输流 (Transport Stream)
Tx:发送器 (Transmitter)
UNI:用户网络接口 (User Network Interface)
VBDC:基于容量的动态容量 (Volume-Based Dynamic Capacity)
VCI:虚电路识别符 (Virtual Circuit Identifier)
VPI:虚通道识别符 (Virtual Path Identifier)
WGS84:世界测地系统 1984 (World Geodetic System 1984)
XFECFRAME:复杂 FECFRAME(DVB-S2)[CompleX FECFRAME (DVB-S2)]

4 DVB 中的卫星交互网络参考模型

4.1 协议栈模型

对于具有前向广播和回传信道的交互性业务,其简单的通信模型有以下层构成:

a) 物理层:定义了所有的物理(电气)传输参数;

b) 传输层:定义了所有相应的数据结构和通信协议,例如,数据容器等;

c) 应用层:是指交互应用软件和运行环境(例如,家庭购物、脚本翻译等)。

注:为了有助于这些层规范的制定,本标准采用了一个简化的 OSI 协议层模型,图 1 指出了该模型的几个低层,并表明了最低两个层的几个关键参数,本文只描述与卫星交互相关层规范。

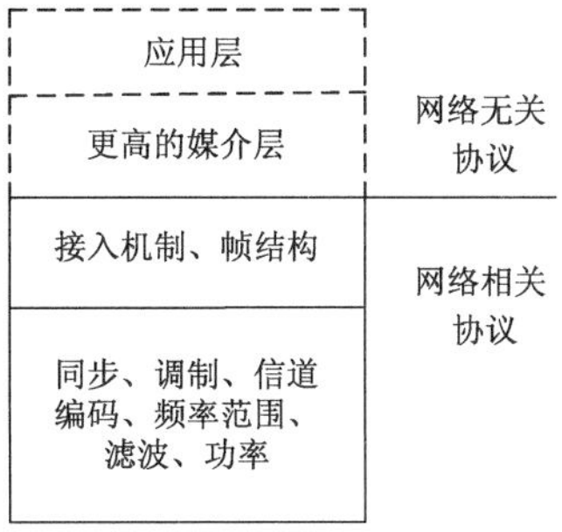

图 1　一般系统参考模型的层结构

4.2　系统模型

用于 DVB 交互业务的系统模型见图 2，在服务提供商(SP)与用户之间应建立以下两个信道：

a)　广播信道：在 SP 和用户间建立起单向宽带广播信道，用于传输视频、音频、数据等业务，它可以包含前向交互路径。

b)　交互信道：在 SP/用户和用户间建立起双向交互信道，由以下两部分组成：

——回传交互路径：从用户至 SP，用于向 SP/用户提出申请、应答和发送数据；

——前向交互路径：从 SP 至用户，用于提供从 SP/用户至用户的信息，以及其他交互业务规定所需的通信信息。它可以嵌入到广播信道中，在一些简单的应用中，该信道可能不要，而借助于广播信道来携带数据至用户；

——RCST 由网络接口单元(由广播接口模块和交互接口模块组成)和机顶盒组成，RCST 同时为广播和交互信道提供接口。RCST 与交互网络的接口是通过交互接口模块实现的。

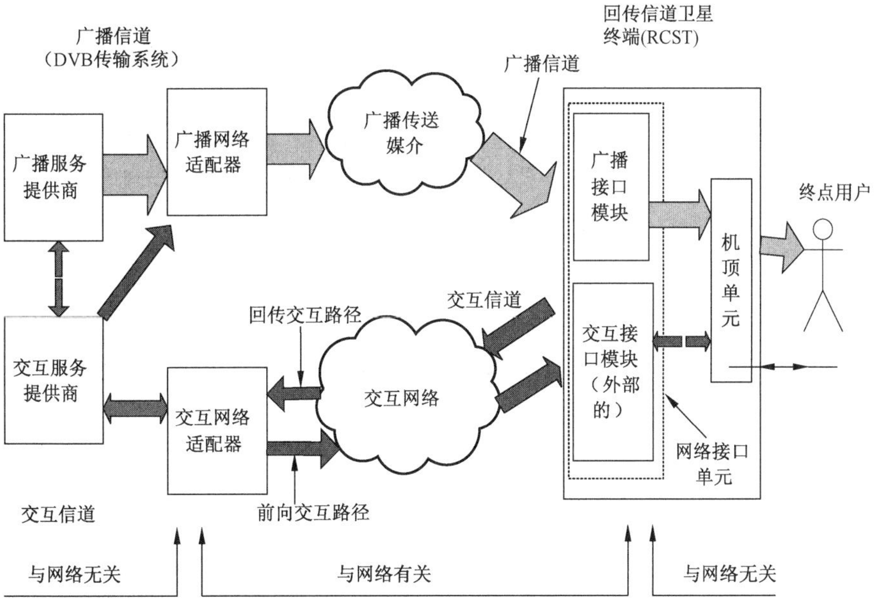

图 2　交互业务的一般系统参考模型

4.3　卫星交互网络的参考模型

云量 RCST 的卫星交互网络的总体参考模型见图 3，应具有以下功能模块：

a)　网络控制中心(NCC)：提供控制与监视功能(CMF)，它产生控制和定时信号，并由一个或几个馈接站发送，用于卫星交互网络操作；

b) 业务网关(TG)：一个TG接收RCST回传信号，提供计费功能、交互业务、与外部公网的连接、专用业务提供(数据库、付费TV或视频、软件下载、网上购物、网上银行、金融业务、股市接入、交互式游戏等)以及网络(因特网、ISDN、PSTN等)；

c) 馈接站：一个馈接站发送标准的DVB-S或DVB-S2上行链路信号，该链路上复合了用户数据，用于卫星交互网络操作的控制和定时信号：

注：RCST也就是SIT或SUT。

——前向链路传送从NCC和用户到RCST的信令，从NCC到RCST的信令是回传链路操作所应具备的，后文中称为“前向链路信令”。用户业务和前向链路信令均能在不同的前向链路中传送，可能会有几种RCST配置，这取决于RCST有几个前向链路接收通道。

——适应移动环境的卫星交互网络与固定环境下情况相比具有相同的功能模块(例如，NCC、NMC、网关、交互网络适配器等)，以及信令机制(前向、回传链路)，图4是该情况下参考模型。

——移动RCST、NCC和网关还实现了附加的专门适应于移动环境的特性(例如，扩频、信道受阻应对措施等)，在不同的应用和环境条件下的切换(例如，视距、非视距)要涉及移动性管理机制与技术，以及NCC、网关、RCST在管理波束切换时需要的一些特殊的信令。

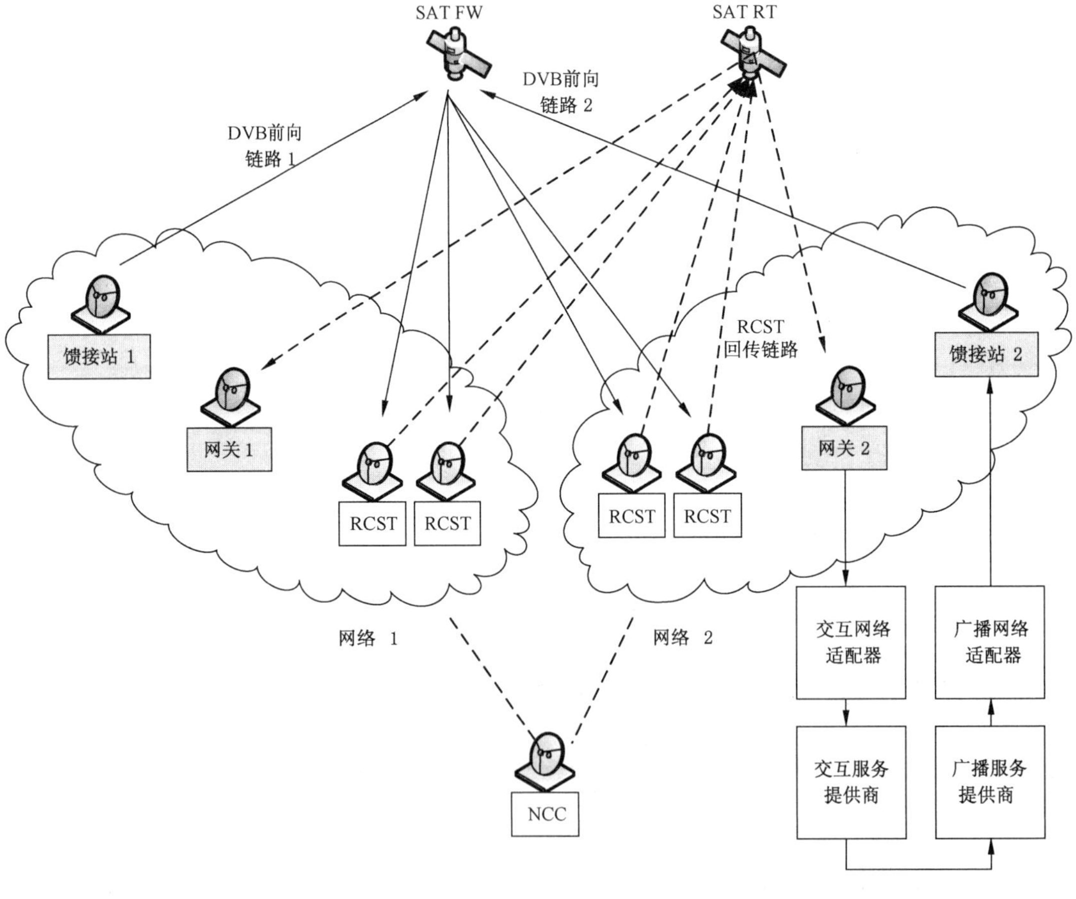

图3 卫星交互网络参考模型

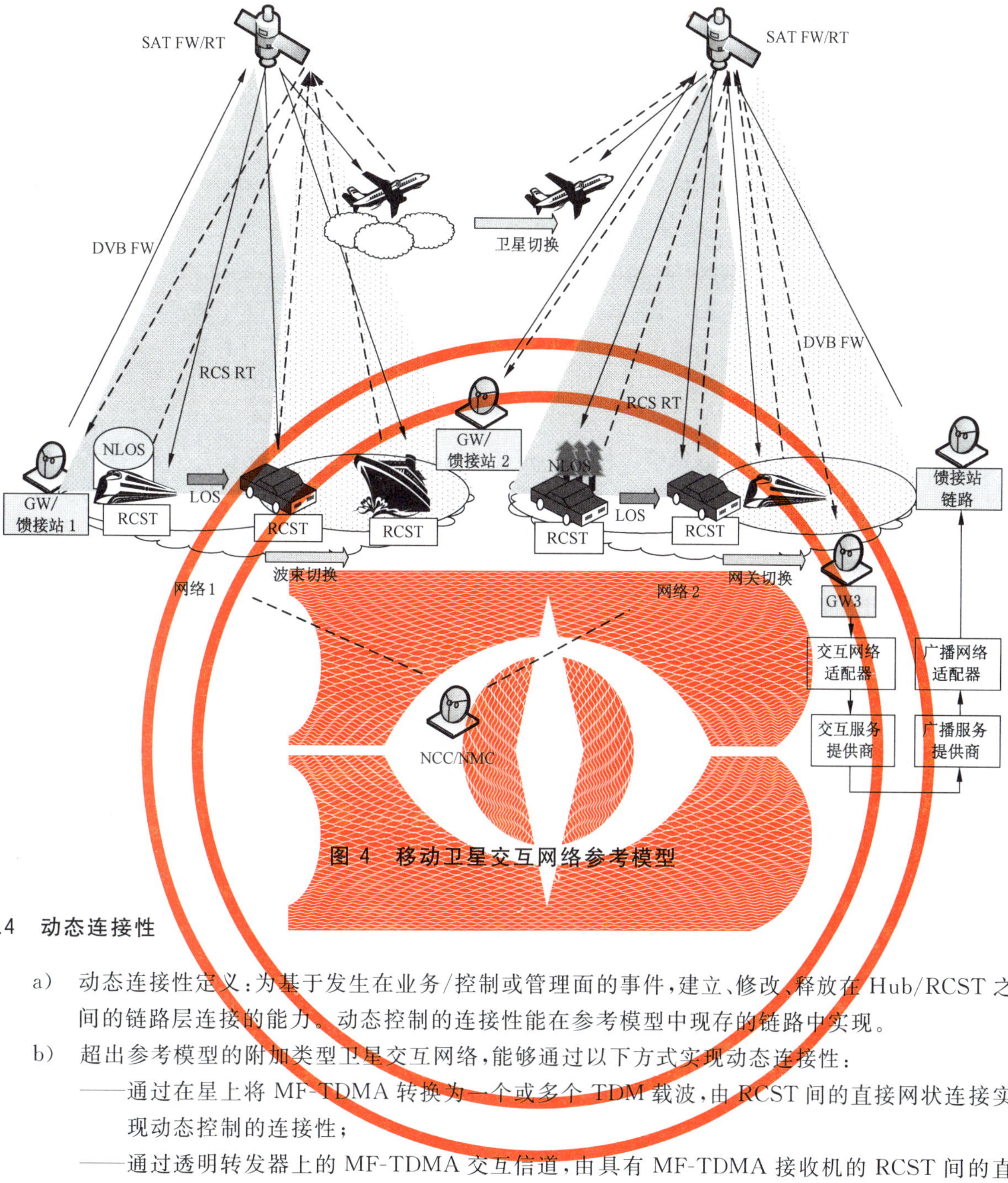

图 4 移动卫星交互网络参考模型

4.4 动态连接性

a) 动态连接性定义：为基于发生在业务/控制或管理面的事件，建立、修改、释放在 Hub/RCST 之间的链路层连接的能力。动态控制的连接性能在参考模型中现存的链路中实现。

b) 超出参考模型的附加类型卫星交互网络，能够通过以下方式实现动态连接性：

——通过在星上将 MF-TDMA 转换为一个或多个 TDM 载波，由 RCST 间的直接网状连接实现动态控制的连接性；

——通过透明转发器上的 MF-TDMA 交互信道，由具有 MF-TDMA 接收机的 RCST 间的直接网状连接实现动态控制的连接性。

5 前向链路

5.1 RCST 接收数字信号范围

RCST 应能接收符合 GB 20600—2006，DIN ETS 300802—1998，DIN ETS 300468—1997，DIN EN 301192—2010，ETSI EN 302 307-2—2009 标准的数字信号。

5.2 DVB-S2 的模式

对于 DVB-S2，应有两种模式(profiles)，一种是广播模式，只能用连续编码调制(CCM)；一种是交互模式,可以用自适应编码调制(ACM)。应用时前向信道的 ACM 需要在 NCC 的控制下进行,并且要在回传信道传送 CNI 参数和 MODCOD_RQ(调制编码请求)参数,这些参数在 ETSI EN 302 307-2—2009 中的 D.5 中有定义。两个参数在 SAC 域的 ACM 子域中传送(见 6.7.1.1.1),或在 DULM 中的 ACM 信息单元中传送(见 6.7.2.2 或 6.7.2.3)。

5.3 ACM 子域和 ACM 信息单元

a) ACM 子域和 ACM 信息单元由 8bit 无符号整数组成,CNI 取值为 0～255,对于 MODCOD_RQ,其中 7bit 为参数,1bit 预留作将来用。按 ETSI EN 302 307-2—2009 定义,MODCOD_RQ 参数允许要么请求一个特殊的传输模式,其特征为 MODCOD 和存在引导符号;要么表明信息无效和无需特殊传输模式。RCST 应能传送当前测量到的 CNI 参数,并在每次获得一个包含 ACM 子域的分配时隙时,导出 MODCOD_RQ 参数(在网络中使用 DULM 情况下,ACM 的传送条件尚未定义)。

b) 在 8.6.5.14 中描述的传输模式支持表,描述了网络前向链路实际能支持的传输模式。该表包含一个传输模式定义上的循环,每个模式以 MODCOD_RQ 值表征,还有引导符号的使用和可能的 FECFRAME 长度。当 RCST 应传送 MODCOD_RQ 参数值时,其要么从表中选择一个传输模式,并组成相应的 MODCOD_RQ 参数值,或者如 ETSI EN 302 307-2—2009 中所定义的,用特殊的 MODCOD_RQ 值表明信息无效。

c) 在响应从 RCST 来的 ACM 子域或信息单元时,NCC 将采用相应的 RCST 将接收的每个 PLFRAME 的传输模式。其要么采用 RCST 通过 MODCOD_RQ 请求的传输模式,要么是在请求一个模式之前的传输模式支持表中的模式。

5.4 前向链路扩频(移动选项)

a) 应用本标准,DVB-S2 前向链路能够被扩频,该扩频应用有两级:扩展和扰码。第一项操作是扩展,即将每一个($I+jQ$)符号乘以一个 chip 序列,以扩展信号带宽。每个符号的 chip 数称为扩展因子(SF),当 SF=1 时,就是常规的 DVB-S2 信号。第二种操作是扰码,就是对扩展信号进行扰码处理。图 5 是两级处理的示意图。

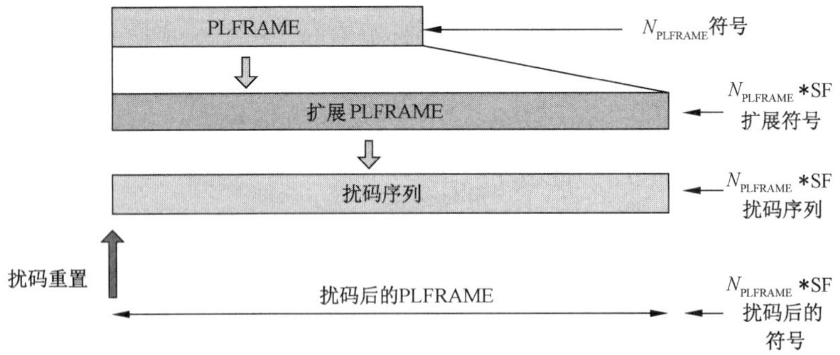

图 5 前向链路扩频

b) 扩展应基于 PLFRAME,随后是常规的 DVB-S2 物理层扰码处理。每个 PLFRAME 中的符号,包括 PLHEADER 和引导符号(如果有的话),均应被一个实值扩展序列 $C(i)$ 所扩展。I 和 Q 支路的每个符号的扩展输出于是变成相应的 SF 个 chip 的序列。实质上就是将实值符号项与 $C(i)$ 相乘的结果。扩展序列应在时间上与符号沿对齐。

c) 若$\{d[k]\}$,$k=0,1,\cdots,N_{PLFRAME}-1$,表示 PLFRAME 的($I+jQ$)符号,这里 $N_{PLFRAME}$表示一个

PLFRAME 中的符号数，于是，扩展后得到扩展序列 $s(i)$：

$$s(i)=d([i/\mathrm{SF}])C(\mathrm{mod}(i,\mathrm{SF}))\quad for\quad i=0,1,\ldots,(N_{\mathrm{PLFRAME}}\times \mathrm{SF})-1$$

d) 扩展码 $C(i)$ 共定义了四种扩展因子：1、2、3、4，具体值在 8.6.5.11.11 中的卫星前向描述符中发送，就 DVB-S2 ETSI EN 302 307-2—2009 中的参考调制信号流程而言，扩展应在物理层扰码之前立即执行。

e) 第二步操作扰码，应采用与 ETSI EN 302 307-2—2009 中 5.5.4 定义的物理层扰码一样的方式，除以下之外：

——这里的扰码序列长度为 $N_{\mathrm{PLFRAME}}*\mathrm{SF}$，而不是 N_{PLFRAME}；

——扰码序列作用于整个 PLFRAME，包括 PLHEADER 和引导比特；

——扰码序列与 PLFRAME 在时间上应对齐，并且在每个 PLFRAME 起始要重新初始化。

f) 对于复值序列，当 SF>1，则用 ETSI EN 302 307-2—2009 中 5.5.4 定义的复值扰码序列 $w(i)$ 进行扰码。扩展 PLFRAME 帧周期取决于所选择的调制方式和扩展因子。扰码后的符号，应直接将扩展符号 $s(i)$ 乘以扰码序列 $w(i)$：

$$z(i)=s(i)\times w(i\ 模\ 66420),i=1,2,\ldots,(N_{\mathrm{PLFRAME}}\times \mathrm{SF})-1$$

g) 扰码后，信号 $\{z(i)\}$ 应按 ETSI EN 302 307-2—2009 中 5.6 所描述的进行平方根升余弦滤波。

h) 当 SF>1 时，在相应的卫星前向链路描述符(8.6.5.11.11)中要强制定义明确的扰码序列。

6 回传链路基带物理层规范与多址接入定义

6.1 基带物理层的规范

RCST 回传链路基带信号处理框图见图 6，图 6 表示 RCST 发送侧所执行的一般数字信号处理，其中包括从串行信息比特流的突发帧格式化到表示数模转换的调制。

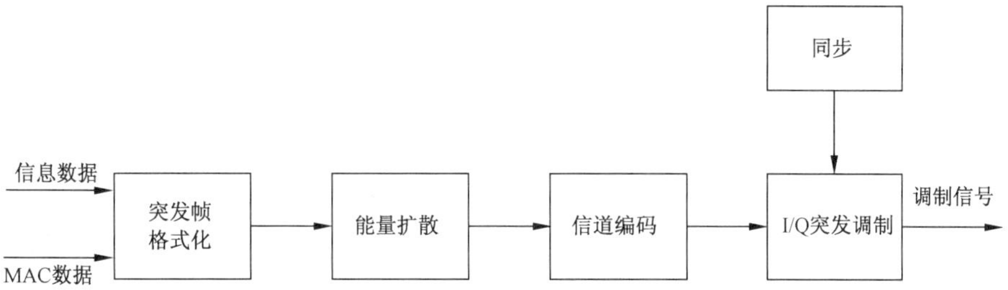

图 6 RCST 回传链路基带信号处理框图

6.2 RCST 同步

6.2.1 定时控制

RCST 的同步是卫星交互网络的一个重要特征，为了使 TDMA 系统中用户间的干扰最小并且吞吐量最大，对于 RCST 要有一些强制性约束，但如果 NCC 能处理诸如卫星频率转换错误，以及 RCST 载波频率的普通模式(common-mode)Doppler 补偿等任务，这些约束能够被最小化。由于这个原因，RCST 同步方案将基于前向链路信令中的如下信息：

a) 网络时钟参考(NCR)；

b) DVB/MPEG2-TS 私有部分中的信令；

c) NCR 作为前向链路信令，以特殊的 PID 在 MPEG2 传输流中传输。如果前向链路采用了 CCM 方式的 DVB-S 或 DVB-S2，则 NCR 遵循 ISO/IEC 13818-1:2007 中定义的 PCR 分发机制。NCR 通常由 MPEG 视频编码器导出，然而此处的 NCR 是从 NCC 参考时钟中导出的。NCC 参考时钟具有或好于 5 ppm 的精度；

d) 若前向链路采用了 ACM 方式的 DVB-S2，应采用以下机制：

——在前向链路采用了 ACM 方式的 DVB-S2 情况下，为了能够为 TDMA 传输建立起时间参考，RCST 将成功接收到的 NCR 域值与一个前向链路中的 PLFAME 帧中的参考符号(reference_symbol)的到达时间关联在一起。该参考符号是与系统相关的参考点，它应是第 N 个 DVB-S2 物理层帧的帧起始域的第一个符号，对一个 NCR 域，其最高位在第 $N+2$个 DVB-S2 物理帧中；

e) 偏移 2 帧是为适应于前向链路设备的编码时间。一个 NCR 域分到两个物理帧中不会引起模糊，因为 NCR 的最高位通常在第一个物理层帧中传输，如图 7 所示；

f) 图 7 给出了一个 NCR 域在两个 DVB-S2 帧中可能的拆分。在 DVB-S2 信号载有单一的传输流情况下，图 7 中显示，两个 NCR 片段将被连续地在 DVB-S2 帧 $n+2$ 和 $n+3$ 中传输。更一般情况是一个 DVB-S2 可以有多个传输流。在这种情况下，属于其他传输流 ID 的帧 $n+3$，…，$n+k-1$ 可以出现在物理帧 $n+2$ 和 $n+k$($k\geqslant 3$)之间，其中载有指向事件 SOFn 的 NCR 域片段。

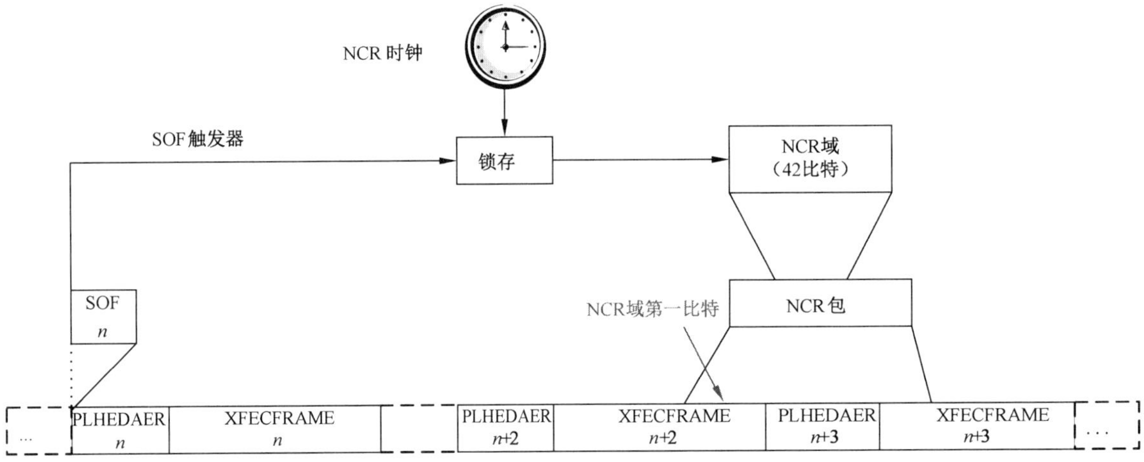

图 7　发送器中 NCR 与 SOF 事件的关系

6.2.2　载波同步

a) 载有前向链路信令的 MPEG2 传输流含有一个 NCR 信息，它为 RCST 提供 NCC 参考时钟的 27 MHz 参考；

b) 正常的载波频率精度应优于 10^{-8}(均方根)。

6.2.3　突发帧同步

a) 通过检查前向链路信令，RCST 重新找到中心频率、开始时间以及发送突发帧时长(见 8.4.1 中 SCT、FCT 和 TCT 表)；

b) 在反向链路上 RCST 之间的冲突解决在 6.8 中描述；

c) 突发帧应参照突发时间表(BTP)来发送的，该表是从前向链路信令中接收到的(见 6.8.3)；BTP 描述了中心频率、超帧的绝对起始时间(以 NCR 计数值给出)以及突发帧定位的相关频率和时间偏移等。同时,表中还有时隙属性描述。一个超帧通常起始于 RCST 的本地 NCR 计数器的一个给定值,该计数器为超帧中所有突发帧定位提供参考。基于与网络同步的目的,RCST 重建 NCC 参考时钟的绝对值,比较重建值与 BTP 给出的 NCR 值。当两个值相等时,即出现计数时隙的参考时间;

d) 突发同步精度应在符号周期的 50%以内,其分辨率应为 1 个 NCR 计数间隔。突发同步精度是指偏离计划突发时间和发送端实际起始时间的最坏情况。计划突发时间是一个时间点,该点出现在理想重建的 NCR 值等于写入该突发帧 TBTP 中的值时。理想重建的 NCR 观察点定义在理想无时延 DVB-S 接收机的输出口上。如果需要获得特殊的精度,接收机时延的补偿可以由 RCST 完成;

e) 若采用了通过突发帧重复实现扩频的方式,则这些同一帧的重复帧的发送时刻相对于其给定的分时隙时刻的变化量不能超过±5%个码元符号。

6.2.4 符号时钟同步

符号时钟精度应在 TCT 中的正常符号速率值的 20 ppm 之内(见 8.6.5.5)。符号时钟速率应有一个短期稳定性以限制突发帧中的任何符号的时间错误在 1/20 符号周期内。

6.3 突发帧格式

6.3.1 四种类型的突发帧

共有以下四种类型的突发帧:

a) 业务(TRF);

b) 捕获(ACQ);

c) 同步(SYNC);

d) 公共信令信道(CSC)。

注:突发帧格式将在下面描述。

6.3.2 业务(TRF)突发帧格式

6.3.2.1 业务突发帧

a) 业务突发帧用于承载从 RCST 到网关/RCST 的有用数据;

b) 具有 ATM TRF 突发帧格式和可选 MPEG2 传输流突发帧格式,用于承载 ATM 信元或 MPEG2 传输流。

注:这些突发帧的信道编码在 6.5 中定义。一个 TRF 通常跟着一个保护时隙以用于关闭发送功率和时间偏移补偿,这些将在 6.6.4 中描述。

6.3.2.2 ATM TRF 突发帧格式

ATM 业务突发帧的净荷由 N_{atm} 个串接的 ATM 信元组成,诸如 6.7.1.1.1 中描述的,每个信元 53 比特,加上可选的 $N_{p,atm}$ 比特前缀。此处的 ATM 信元遵循标准 ATM 结构,但并不必要支持 ATM 的业务。如图 8 描述的 ATM TRF 突发帧。

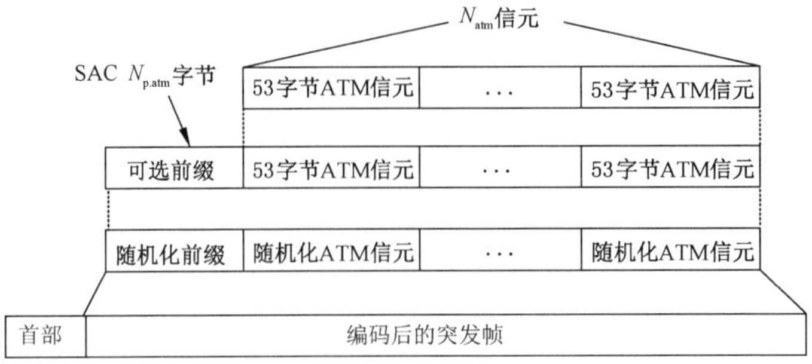

图 8 ATM TRF 突发帧的描述

6.3.2.3 可选 MPEG2 传输流突发帧格式

在以 MPEG2-TS 包为基本传输单元的情况下，每个突发帧包含 Nmpeg 个串接的 MPEG2-TS 包，每个包长度为 188bit，在 6.5 中描述了突发帧包括几个信道编码块，如图 9 MPEG2-TS TRF 突发帧的描述。

从 TCT 的 time_slot_duration 域中，RCST 能够推算出 TRF 时隙内的 MPEG2 包的数目。MPEG2-TS TRF 突发帧的传送是可选的。RCST 在 CSC 突发帧上会告知 NCC 它支持这种机制(见 6.3.4)。

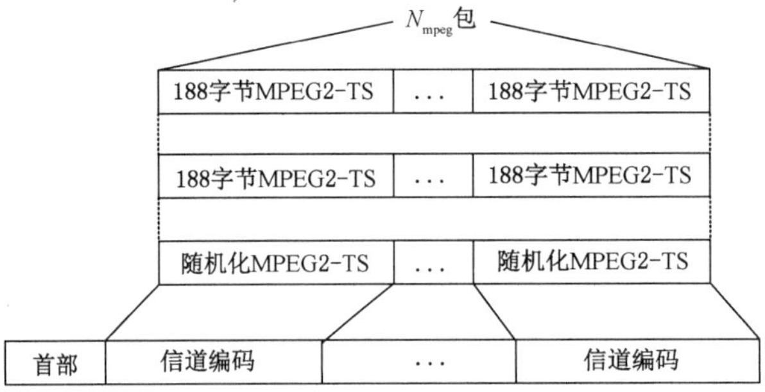

图 9 携带 MPEG2-TS 包的可选 TRF 突发帧的组成

6.3.3 同步与捕获突发帧格式

6.3.3.1 同步(SYNC)突发帧格式

SYNC 突发帧被 RCST 用于维持同步和向系统发送控制信息，它由用于突发帧检测的报头(可配置的，在 TCT 中向 RCST 指明，在 8.6.5.5 中描述)和一个长度为 SAC_length 字节的卫星接入控制(SAC)域(见 6.7.1.1.1)组成。在随机化后(见 6.4)，一个可选的 CRC(见 6.5)能被加到这个域中，并给出总的容器大小 $N_{p,sync}$字节数。以 6.4 中描述的恰当的差错控制编码，使该容器被进一步保护。如同 TRF，SYNC 通常跟随一个保护时隙，以用于减小发射功率和时间偏移补偿(见 6.6.4)。图 10 示出了 SYNC 突发帧组成。在何种程度上使用 SYNC 突发帧取决于 NCC 的能力。

注：SYNC 能够被用在连续模式下。

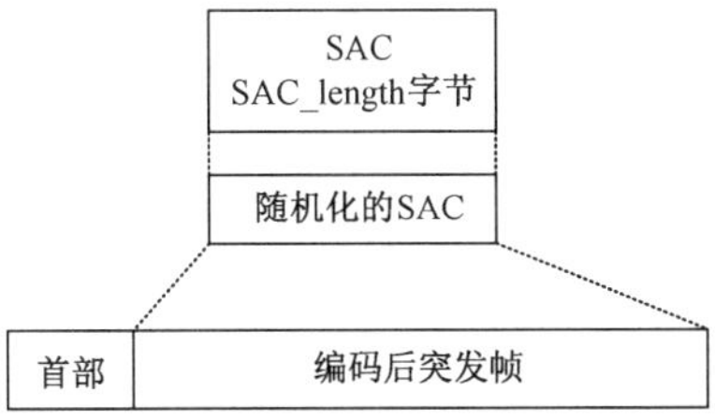

图 10　SYNC 突发帧组成

6.3.3.2　捕获(ACQ)突发帧

在 RCST 网络可以进行操作之前，应能用 ACQ 突发帧来实现同步。发送的 ACQ 突发帧应具有如图 11 的格式。报头的长度和内容(包括频率序列)经由 TCT(见 8.6.5.5)发送到 RCST。

图 11　ACQ 突发帧组成

6.3.4　公用信令信道(CSC)突发帧格式

a)　公用信令信道(CSC)突发帧只为 RCST 所用，用以开始登录期间过程、回传链路同步、以及指明在未登录期间移动和便携终端所处的波束位置。CSC 突发帧由用于帧和帧头检测的报头、描述 RCST 能力的三个域、RCST MAC 地址、CSC_Route_ID、保留域、和帧类别识别等组成(见图 12)。突发帧的编码在 6.5 中定义。CSC 突发帧数据域参数、RCST 能力域“A”、RCST 能力域“B”、执行的 RCS 标准版本、RCST 能力域“C”、移动性支持域值见表 1～表 6；

b)　没有登录的移动 RCST 可以通过将 CSC 突发帧的移动性支持域设置为“位置更新”，以向主站表明其位置变化，而主站之前知道其支持位置更新功能，该突发 CSC 帧是移动 RCST 在新波束中发送的。一个 RCST 若并不知道是否被主站许可，则不应发起该位置更新。

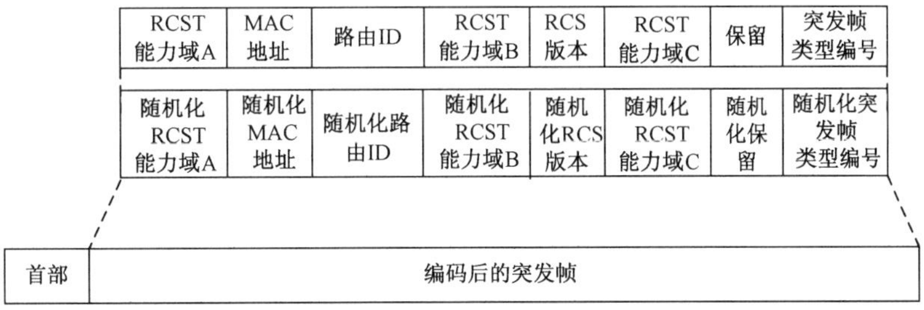

图 12　CSC 突发帧组成

表 1　CSC 突发帧数据域参数

域名	大小(比特)	描述/内容
首部	可变	用于突发帧检测和突发帧开始检测，由 TCT 定义。参阅 8.6.5.5
RCST 能力域“A”	24	参阅表 2
RCST MAC 地址	48	遵照 IEEE 802.3 Corrigendum 1—2009 标准的 RCST MAC 地址

表 1 CSC 突发帧数据域参数

域名	大小(比特)	描述/内容
CSC_Route_ID	16	在再生系统中，能够为 CSC 突发帧定义一个目标前向链路(下行链路)。如果 RCST 表明这个域被重载，则该值取决于系统
RCST 能力域 “B”	5	参阅表 3
RCST 协议版本	2	参阅表 4
RCST 能力域 “C”	8	参阅表 5
保留	8	保留
突发帧类型号	1	“1”(用于识别 CSC 突发帧)

表 2 定义了在 RCST 能力域“A”中的不同的比特图案。该 24 比特域用符号 $b_0 \sim b_{23}$ 从最低位到最高位进行编号。

表 2 RCST 能力域“A”

参数	比特大小	描述
安全机制	1(b_{23})	“1”表示 RCST 执行 9.5 节所述的安全机制；“0”表示其他
SNMP	1(b_{22})	“1”表示 RCST 支持 SNMP 协议(参阅 8.5.2,8.5.3 和 8.6.5.11.2 节)；“0”表示其他
ATM 连接	1(b_{21})	“1”表示具有 RCST ATM 连接能力(B 型)；“0”表示没有(A 类)
MPEG2-TS TRF	1(b_{20})	“1”表示 RCST 具有 MPEG2-TS TRF 帧能力；“0”表示没有
RCST 板型	2($b_{19} \sim b_{18}$)	RCST 前向链路接收机数目：”00”表示 1 个；“01”表示 2 个；“10”表示多于 2 个；“11”保留
RCST ACQ	1(b_{17})	“0”表示 RCST 不要求 ACQ 突发帧；“1”表示要求 ACQ 帧
Multi_IDU	1(b_{16})	“0”表示单一室内单元/单一室外单元配置；“1”表示 2 个或多个 IDU 连接到单个 ODU
S/W 版本	8($b_{15} \sim b_8$)	依赖于系统。能够被用于确定 RCST 软件版本
跳频频率范围	2($b_7 \sim b_6$)	定义 RCST 突发帧到突发帧的跳频范围的能力：“00”为 20 MHz；“01”为 120 MHz。其他模式依赖于系统
MF-TDMA	1(b_5)	“1”表示 RCST 支持动态 MF-TDMA 帧；“0”表示 RCST 支持固定 MF-TDMA 帧(参阅 6.8.2 节)
RCST 类	2($b_4 \sim b_3$)	依赖于系统
Route_ID 能力	1(b_2)	“1”表示 RCST 可以在 SAC 域插入 Route_ID
RCST 模式	2($b_1 \sim b_0$)	“00”表示安装模式(参阅 8.6.5.11.5 节)； “01”表示操作模式； “10”表示参考 RCST 模式(能被用于测量卫星频率转换偏移，D/ L 的降雨衰减等)； “11”保留

表 3 定义了在 RCST 能力域“B”中的不同的比特图案。该 5 比特域用符号 $b_0 \sim b_4$ 从最低位到最高位进行编号。

表 3 RCST 能力域"B"

参数	比特大小	描述
动态链接性	1(b_4)	参照 ETSI TS 102 602—2009，"0"表示 RCST 支持动态链接性，并支持 8 比特 Channel_ID；"1"表示不支持。声明支持动态连接可以引发附加的可选的登录阶段，以确定 C2P 版本和功能，如 ETSI TS 102 602—2009 中定义
跳频	1(b_3)	"1"表示 RCST 支持相邻时隙的跳频；"0"表示 RCST 在不同的载波频率传输需要一个 TRF 帧时隙
DVB-S 能力域	1(b_2)	定义 RCST 能够在前向链路使用 DVB-S，如果符合 DVB-S 的能力，该字段是"1"；否则为"0"
DVB-S2 能力域	2(b_1-b_0)	RCST 能够使用 DVB-S2 前向链路："11"表示没有 DVB-S2 的能力；"01"表示在 DVB-S2 只使用 CMM 的能力；"00"表示在 DVB-S2 使用 ACM 和 CMM 的能力；"01"被保留

表 4 执行的 RCS 标准版本

值	版本号
11	版本 1.4 或更早
10	版本 1.5
01	保留
00	保留

表 5 定义了在 RCST 能力域"C"中的不同的比特图案。该 8 比特域用符号 b_0～b_7 从最低位到最高位编号。

表 5 RCST 能力域"C"

参数	比特大小	描述
Route_ID_overload	1(b_7)	表示可选择的，依赖于系统使用 CSC_route_ID 域。"1"表示该字段按表 1 定义的使用；"0"表示该值取决于系统
移动支持	3(b_6～b_4)	移动支持。参阅表 6
连续 ACM	1(b_3)	RCST 在连续模式下支持回传链路 ACM。"0"表示支持；"1"表示不支持
NLOS 对策支持	1(b_2)	RCST 具有非线距移动信道对策的能力。"0"表示有能力；"1"表示没有
透明网状网接收支持	2(b_1～b_0)	表示支持透明网状网信号的接收。该字段编码为： 11：无突发模式接收支持； 10：单载波突发模式接收机； 01：多载波突发模式接收机； 00：保留

表 6 移动性支持域值

值	能力域设置
000	位置更新
001	无扩频,无连续载波
010	无扩频,基本连续载波
011	无扩频,增强型连续载波
100	扩频,无连续载波
101	扩频,基本连续载波
110	扩频,增强型连续载波
111	无移动性支持
注:在任意方向上的扩频传输和回传链路传输的连续载波工作方式,分别在 6.6.5 和 10 中定义。	

6.3.5 比特计数与解释

"bit0"应指多比特域的最低位。K 比特无符号域的最高位应指为"bit$k-1$"。对于一个有符号域,"bit$k-1$"应为符号位,而"bit$k-2$"为数值相关的最高位。

6.3.6 传输顺序

数据结构中的域应以它们被定义的次序发送:

a) 无符号值应从最高位开始传,以最低位结束;

b) 有符号位应从符号位开始传,紧跟着是最高位,以最低位结束;

c) 字节应先从 MSB 开始处理。

6.4 随机能量扩散

回传链路数据流应按 6.3 组帧。以及确保合适的二进制转换,突发帧中的串行数据流应被随机化。伪随机序列的多项式应为 GB 20600—2006 中的一个(见图 13)。例如:

$$1+x^{14}+x^{15}$$

数据的随机化采用了 15 级线性反馈移位寄存器(LFSR)输出的随机序列(见图 13),随机化器执行数据与伪随机序列的模 2 加,以确保"1"和"0"的随机性。SR-1～SR-15 寄存器的初始值由表 7 给出。伪随机序列的第一个比特与串行数据流的第一个比特(也就是,突发帧报头后的第一个比特)相加。在处理下一个突发帧之前随机化器将被复位为初始值。

表 7 随机寄存器的初始化内容

移位寄存器	SR1	SR2	SR3	SR4	SR5	SR6	SR7	SR8	SR9	SR10	SR11	SR12	SR13	SR14	SR15
比特值	1	0	0	1	0	1	0	1	0	0	0	0	0	0	0

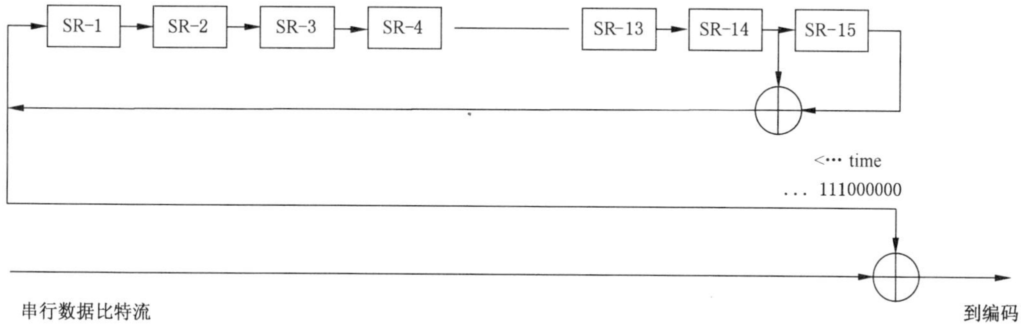

图 13 随机化器

6.5 编码

6.5.1 信道容错编码

a) 信道容错编码用于业务和控制数据,在 6.3 描述的突发帧类型中传送;

b) 编码方案为 Turbo(见 6.5.5)和级联码编码,RCST 应能实现这两种方案。在一次会话过程中(见 7),不要求 RCST 改变编码方案(即在一个给定的会话过程中,RCST 要么用 Turbo 码,要么用级联码)。在用级联码的情况下,外码是可旁路的里德-所罗门码(RS),而内码是可旁路的非系统卷积码(GB 20600—2006);

c) 对于这两种方案,可旁路的 CRC 也能被用于 CSC 和 SYNC 突发帧中,以允许错误检测。

6.5.2 CRC 错误检测码

a) 一个 CRC-16 应能被用于 CSC 和 SYNC 突发帧中,以允许错误检测。CRC 多项式是 $x^{16}+x^{15}+x^2+1$。NCC 通过 TCT(见 8.4.1.4)向 RCST 表明是否使用了 CRC。如果使用了,在任何其他编码之前将 CRC 附加到突发帧的尾部。CRC 应用于被随机化的比特流。CRC 是突发帧净荷基于多项式做除法的余数。在 turbo 编码的 CSC 突发帧中 CRC 码是强制性的;

b) CRC 应等于由如图 14 电路计算出来的值。在开始计算前移位寄存器单元应初始化为"0"。首先,开关被置于位置"A",数据字被移进(同时也被发送),直到数据的最后一个比特,开关打向"B"位,从末位寄存器开始,移出移位寄存器的内容并被发送,这就是 CRC 字。

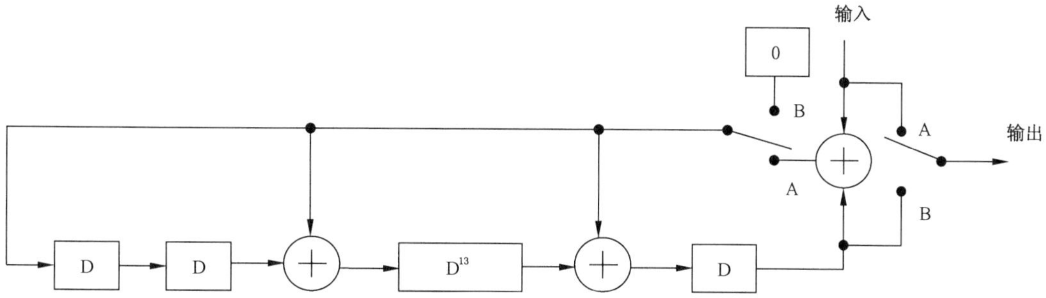

图 14 CRC 计算

6.5.3 里德—所罗门外码

a) 一个 GB 20600—2006 中里德—所罗门码 RS(N-B, K-B, T)截短码是从原 RS(255,239,8)导出的,截短了 B 字节,能被用于某些突发帧格式。码生成多项式为:$g(x)=(x+\lambda^0)(x+\lambda^1)(x+\lambda^2)\cdots(x+\lambda^{15})$,这里 $\lambda=02_{HEX}$。域生成多项式为 $p(x)=x^8+x^4+x^3+x^2+1$。该

码类似于 GB 20600—2006 中使用的码；

b） 对于 ATM 业务突发帧，其编码后的信息字长 K-B 为 $N_{atm} \times 53 + N_{p,atm}$。当基本容器为 MPEG2-TS 包时，$K$-$B$ = 188 字节；

c） 外码能够被旁路，当采用 turbo 码时其常常被旁路；

d） 若 CRC 和 RS 码都被使用了，则首先计算突发帧净荷的 CRC，然后再加上 RS 校验字节。

6.5.4 卷积内码

卷积编码过程应符合 GB 20600—2006 的相关要求，内容如下：

a） 基于 1/2 码率、$K=7$ 约束长度的母卷积码，相应于 64 栅格状态（见图 15），回传链路应允许采用一定范围内的删余卷积码。以八进制表示的生成多项式为 $G_0=171$ 和 $G_1=133$，同时应能支持 1/2、2/3、3/4、5/6 和 7/8 码率，此种选择将允许在给定业务和数据率的情况下，选择最合适的错误纠正级别。该内码能够被旁路，这种情况下编码数据的最高位将受 I 支路影响而下一个比特将受 Q 支路影响，以此类推。当采用 Turbo 码时，卷积内码通常被旁路；

b） 在编码第一个比特前，编码器寄存器应初始化为"0"；

c） 在每一个数据块的末尾，编码器应该用 6 比特"0"进行清空，该块称为"后同步"块。其输出应是连续的，直至编码器处于全零状态。若内码被旁路了，那后同步块也同时被省略；

d） 在编码第一个数据比特之前，删余模式周期计数器应被初始化，这样第一个编码符号（C_2，C_1）通常能对应于表 8 中的一对（Y_1，X_1）。

e） 在编码完后同步块最后的 bit0，如果信息长度对于删余周期是不可整除的，则将会剩下不完整的符号（##，C_1）。这种情况下，缺少的 C_2 被设置为"0"，且突发帧被终止。

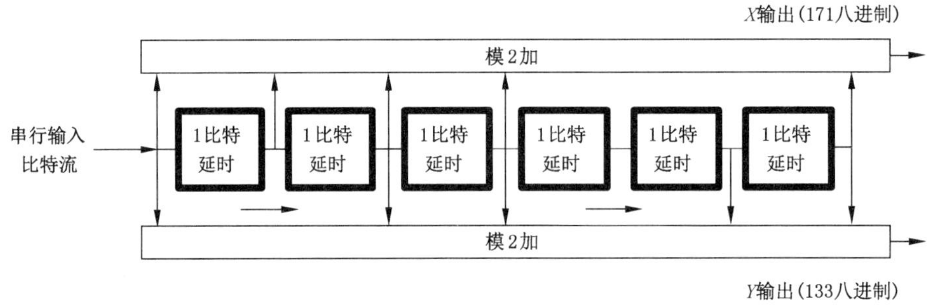

图 15 1/2 码率卷积编码

f） 删余卷积码应按表 8 要求应用（参照于 GB 20600—2006 ）。

表 8 删余编码定义

原码			编码率									
			1/2		2/3		3/4		5/6		7/8	
K	$G_1(X)$	$G_2(Y)$	P	d_{free}	P	d_{free}	P	d_{free}	P	d_{free}	P	d_{free}
7	171_{oct}	133_{oct}	X：1 Y：1 $C_1=X_1$ $C_2=Y_1$	10	X：10 Y：11 $C_1=X_1Y_2Y_3$ $C_2=Y_1X_3Y_4$	6	X：101 Y：110 $C_1=X_1Y_2$ $CE=Y_1X_3$	5	X：10 101 Y：11 010 $C_1=X_1Y_2Y_4$ $C_2=Y_1X_3X_5$	4	X：1 000 101 Y：1 111 010 $C_1=X_1Y_2Y_4Y_6$ $C_2=Y_1Y_3X_5X_7$	3
注：1=传输比特；0=非传输比特。												

6.5.5 Turbo 编码

6.5.5.1 Turbo 编码器

a) Turbo 码编码器如图 16 所示。它采用双二进制循环递归系统卷积码(CRSC)。突发帧报头后的第一个字节的 MSB 被分配给 A,下一个比特被除数分配给 B,对于剩下的突发帧内容以此类推:

——编码器被馈入 k 比特块或 N 对($k=2\times N$ 比特),N 是 4 的倍数(k 是 8 的倍数);

——以八进制和表示符定义的连接关系多项式如下:

- 对于反馈支路:15(八进制),即 $1+D+D^3$(以表示符表示);
- 对于 Y 校验比特:13,即 $1+D^2+D^3$;
- 对于 W 校验比特:11,即 $1+D^3$。

——输入 A 被连接到移位寄存器的抽头"1",输入 B 被连接到移位寄存器的抽头"1"、D 和 D^2。

b) 首先编码器(通过循环状态 S_{C_1} 初始化后,见 6.5.5.3)以递增的地址 $i=0,\ldots N-1$ 馈入正常次序序列(开关处于位置 1)这第一次的编码称为 C_1 编码。接着编码器(通过循环状态 S_{C_2} 初始化后,见 6.5.5.3)以递增的地址 $i=0,\ldots N-1$ 馈入交织序列(开关处于位置 2),这第二次的编码称为 C_2 编码。函数 $\Pi(j)$ 由 6.5.5.1 给出,当在 j 位置为第二次编码读取它时,它给出了被考虑数据对的自然地址 i。

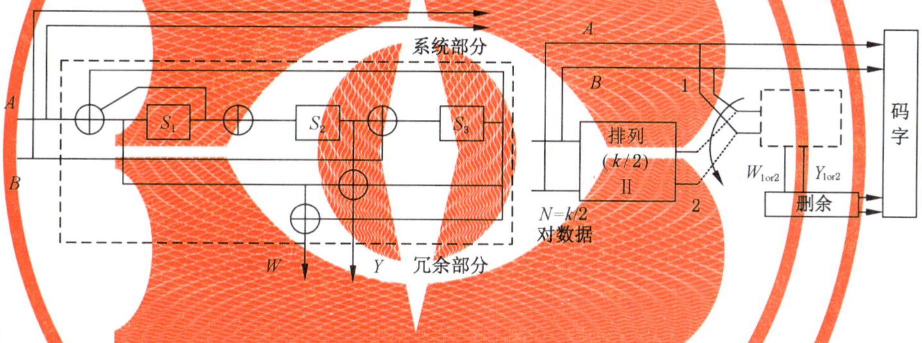

图 16 编码器框图(turbo 编码)

6.5.5.2 Turbo 码排序的描述

Turbo 编码排列参数见表 9,排序在两个级别上进行,第一个是在数据对内(第 1 级),第二个数据对之间(第 2 级):

a) 设排序参数 P_0,P_1,P_2 和 P_3

$$j=0,\ldots N-1$$

b) 第 1 级

如果 j 模 $2=0$,使 $(A,B)=(B,A)$(反转数据对);

c) 第 2 级

——如果 j 模 $4=0$,则 $P=0$;

——如果 j 模 $4=1$,则 $P=N/2+P_1$;

——如果 j 模 $4=2$,则 $P=P_2$;

——如果 j 模 $4=3$,则 $P=N/2+P_3$。

$$i=P_0\times j+P+1 \text{ 模 } N$$

表 9 Turbo 编码排列参数

成对的帧大小	P_0	$\{P_1, P_2, P_3\}$
$N=48$(12 字节)	11	{24,0,24}
$N=64$(16 字节)	7	{34,32,2}
$N=212$(53 字节)	13	{106,108,2}
$N=220$(55 字节)	23	{112,4,116}
$N=228$(57 字节)	17	{116,72,188}
$N=424$(106 字节)	11	{6,8,2}
$N=432$(108 字节)	13	{0,4,8}
$N=440$(110 字节)	13	{10,4,2}
$N=848$(212 字节)	19	{2,16,6}
$N=856$(214 字节)	19	{428,224,652}
$N=864$(216 字节)	19	{2,16,6}
$N=752$(188 字节)	19	{376,224,600}

表 9 提供了所采用的缺省参数组,这些参数能够由 TCT 更新(见 8.6.5.5)。交织关系满足奇/偶规则(也就是,当 j 是偶数时,i 是奇数,反之亦然),这使得对于两个编码删余图是一样的。

6.5.5.3 循环状态的确定

a) 以 S 表示编码器状态($0 \leqslant S \leqslant 7$),$S=4\times s_1+2\times s_2+s_3$(见图 16)。循环状态 S_{C_1} 和 S_{C_2} 由以下操作决定:

b) 以状态 0 初始化编码器。为确定 S_{C_1},以自然顺序编码序列,为确定 S_{C_2},以交织顺序编码序列(没有产生冗余)。在这两种情况下,编码器的连续状态以 S_k^0 表示,$0 \leqslant k \leqslant N$。$S_0^0$ 为初始化状态,而 S_N^0 为最终状态(也就是,在所有 N 对均被编码后的编码状态)。

参照长度为 N 的序列,用以下对应数据寻找 S_{C_1} 和 S_{C_2},见表 10。

表 10 循环状态关联表

$S_N^0 \rightarrow$ $\downarrow N$ mod 7	0	1	2	3	4	5	6	7
1	$S_C=0$	$S_C=6$	$S_C=4$	$S_C=2$	$S_C=7$	$S_C=1$	$S_C=3$	$S_C=5$
2	$S_C=0$	$S_C=3$	$S_C=7$	$S_C=4$	$S_C=5$	$S_C=6$	$S_C=2$	$S_C=1$
3	$S_C=0$	$S_C=5$	$S_C=3$	$S_C=6$	$S_C=2$	$S_C=7$	$S_C=1$	$S_C=4$
4	$S_C=0$	$S_C=4$	$S_C=1$	$S_C=5$	$S_C=6$	$S_C=2$	$S_C=7$	$S_C=3$
5	$S_C=0$	$S_C=2$	$S_C=5$	$S_C=7$	$S_C=1$	$S_C=3$	$S_C=4$	$S_C=6$
6	$S_C=0$	$S_C=7$	$S_C=6$	$S_C=1$	$S_C=3$	$S_C=4$	$S_C=5$	$S_C=2$

6.5.5.4 速率与删余图

Turbo 模式定义了 1/3、2/5、1/2、2/3、3/4、4/5、6/7 七种码速率,是通过有选择性地删除奇偶校验位来做到的(删余)。应用了表 11 中的删余图，这些图对于 C_1 和 C_2(通常是成对删除)是一样的，并且适当地以整数或分数次数重复。删余速率经由 TCT(见 8.6.5.5)告知 RCST。速率 1/3、2/5、1/2、2/3 和 4/5 是精确的，与块大小独立。速率 3/4 、6/7 只有在 N 是 3 的倍数时是精确的。在其他情况下，实际速率稍稍地比标称值小一点。依赖于码速率，编码块长度应为：

a) $2N+M$ for $R<1/2$，其中：
 ——$M=N$ for $R=1/3$；
 ——$M=N/2$ for $R=2/5$；

b) $N+M$ for $R\geqslant 1/2$，其中：
 ——$M=N$ for $R=1/2$；
 ——$M=N/2$ for $R=2/3$；
 ——for $R=3/4$；

c) $M=N/3$ (若 N mod 3=0)；
 ——或 $M=(N-4)/3+2$ (if N mod 3=1)；
 ——或 $M=(N-8)/3+3$ (if N mod 3=2)；

d) $M=N/4$ for $R=4/5$；
 ——for $R=6/7$；

e) $M=N/6$ (若 N mod 3=0)；
 ——或 $M=(N-4)/6+1$ (若 N mod 3=1)；
 ——或 $M=(N-8)/6+2$ (若 N mod 3=2)。

表 11 Turbo 码的删余模式“1”=保留

1/3 $\begin{matrix}Y\\W\end{matrix}\begin{bmatrix}1\\1\end{bmatrix}$	2/5 $\begin{matrix}Y\\W\end{matrix}\begin{bmatrix}1 & 1\\1 & 0\end{bmatrix}$
1/2 $\begin{matrix}Y\\W\end{matrix}\begin{bmatrix}1\\0\end{bmatrix}$	2/3 $\begin{matrix}Y\\W\end{matrix}\begin{bmatrix}1 & 0\\0 & 0\end{bmatrix}$
3/4 $\begin{matrix}Y\\W\end{matrix}\begin{bmatrix}1 & 0 & 0\\0 & 0 & 0\end{bmatrix}$	4/5 $\begin{matrix}Y\\W\end{matrix}\begin{bmatrix}1 & 0 & 0 & 0\\0 & 0 & 0 & 0\end{bmatrix}$
6/7 $\begin{matrix}Y\\W\end{matrix}\begin{bmatrix}1 & 0 & 0 & 0 & 0 & 0\\0 & 0 & 0 & 0 & 0 & 0\end{bmatrix}$	

6.5.5.5 传输次序以及在 QPSK 星座中的映射

a) 允许有以下两种传输顺序：
 ——以自然顺序，所有数据对(A,B)先传输，随后是所有删余后的剩余数据对(Y_1,Y_2)，接着是所有删余后的剩余数据对(W_1,W_2)(见图 17)；
 ——以反转顺序，数据对(Y_1,Y_2)先传输，以其自然顺序，随后是数据对(W_1,W_2)，如果有，则最后传数据对(A,B)；

b) 每对被映射到 QPSK 星座的一个点上，如图 22 所示。在图 17 中，有 A 符号的行被映射到 I 支路(图 22 中的 C_1)；

c） 传送顺序在时隙组成表 TCT 中被 NCC 作为内码参数进行发送（见 8.6.5.5）。

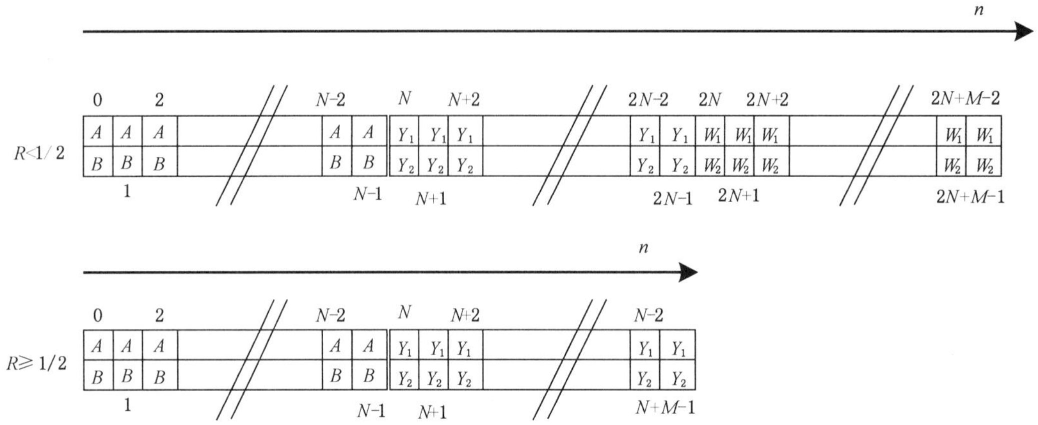

图 17　编码后的块（自然顺序）

6.5.6　非视距信道对策

6.5.6.1　数据业务的组播和单播通过采用规定的附加编码处理，能够防止因诸如短时中断和遮挡而造成的信道损坏，采用的技术称为链路层前向纠错（LL-FEC）。在 CSC 突发脉冲中宣称支持非视距对策的 RCST 应能接收和处理与这些规定相关的前向链路信号。该技术也能用于 10 中定义的可选连续载波回传方式中。

6.5.6.2　LL-FEC 技术的引入是为了针对 MPE 会话级的高丢包率（PLR）问题，该高 PLR 可以发生在诸如速度过高的移动信道，或信噪比过低的情况下，也可以因为视线阻挡造成中断。采用 LL-FEC 后，需要分配一个可变的容量用于放置校验开销。

6.5.6.3　应用 LL-FEC 的传输采用与其他 MPE 传输相同的基本数据结构，尽管头标中的某些域解释不同，存在的一种可能性是，当发送到一个不支持 LL-FEC 头标的终端时，LL-FEC 头标可以被解释为一个规则的 DSM-CC 头标。为防止这一点，应用了 LL-FEC 的传输不宜采用与规则 MPE 传输相同的基本流。

6.5.6.4　LL-FEC 的应用是可选的，是对传输流中的每个基本流单独定义的，每个基本流可以配置不同的码参数，会造成不同的时延、保护级别和 FEC 开销。采用通用流封装（GSE）的系统能够用 6.5.6.7 中的应用数据和校验数据封装方式。在 GSE 上承载的 LL-FEC 与在 MPE 上承载的 LL-FEC 是分开定义的，GSE 被定义用在通用流中，而 MPE 被定义用在传输流中。作为过渡的解决方案，一个指明 LL-FEC 承载于 GSE 的识别符能够在传输中传送。

6.5.6.5　LL-FEC 能采用如 ETSI TS 102 472—2009 附录 C 中规范的 Raptor 码，其支持的 LL-FEC 帧的 ADT 大小最大为 12Mbyte。也可以是如 DIN EN 301192—2010 9.5.1 中规范的 MPE-FEC 里德-所罗门码，其任何 LL-FEC 帧的 ADT 大小最大为 191Kbyte。所选择的编码方式可以从前向链路信令中识别。

6.5.6.6　在本中应采用以下定义

a） 数据报文：网络层（OSI-层 3）数据帧，在 Internet 协议情况下，数据报文为 IP 报文；

b） GSE-FEC 流：具有相同 gse_fec_id 识别符的 GSE 包序列；

c） LL-FEC：在多协议（MPE）段或 GSE 包中传递的数据报文的校验数据的传递方式；

d） LL-FEC 帧：数据和校验段/基本流包/具有相同 fec_frame_number 的 GSE-FEC 流的集合；

e） LL-FEC 帧应用数据表：数据段/基本流包/具有相同 fec_frame_number 的 GSE-FEC 流的集

合，它也定义各个报文到 LL-FEC 帧的映射关系；

f) LL-FEC 帧校验数据表：校验段/基本流包/具有相同 fec_frame_number 的 GSE-FEC 流的集合，它也定义 LL-FEC 帧校验符号的产生方式；

g) 接收机：接收机是 RCST 中的一个实体，由射频前端、信道编码和解复用组成，输入到接收机的是 RF 信号，而输出是网络层报文。

6.5.6.7 LL-FEC 帧

6.5.6.7.1 LL-FEC 的结构

a) LL-FEC 是概念上的结构，用于从 3 层数据报序列产生 LL-FEC 校验段，它由 ADT 和 FDT 组成。概念上，LL-FEC 帧应被安排成一个 ADT 和 FDT 均具有灵活可变列数的矩阵。no_adt_columns 和 no_fdt_columns 的最大值依赖于所采用的码的类型。no_adt_columns 在每个校验段/包中发送，并在该 LL-FEC 帧中传送。对于 Raptor 码，no_fdt_columns 并不明确传送，但对于 RS 码要传送。该矩阵有一个灵活可变的行数，其最大值取决于码的类型。图 18 示出了概念上的帧组织形式。

b) 行数是在 LL-FEC 识别描述符中发送的(见 8.6.5.11.24)，矩阵中的每个位置能装入 1 个信息字节，LL-FEC 帧的左边部分用于 OSI3 层(网络层)数据报(例如，IP 数据报)和可能的填充，并称为应用数据表。LL-FEC 帧的右边部分用于 FEC 校验码信息，并称为 FEC 数据表(FDT)。ADT 和 FDT 的列能以数逐帧变化。

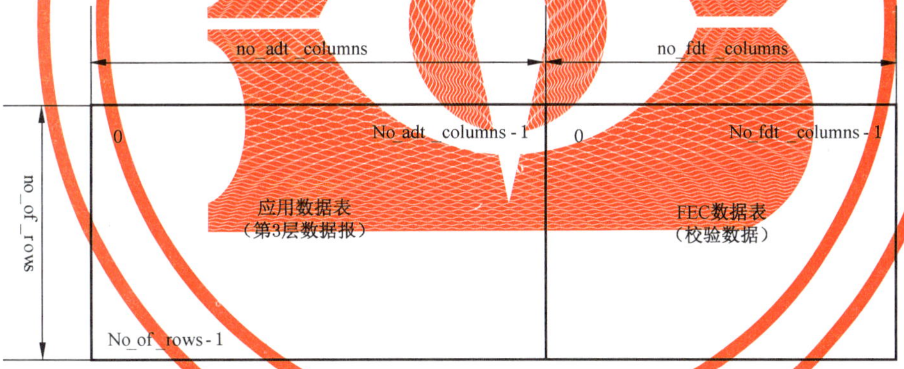

图 18 **LL-FEC 帧**

6.5.6.7.2 应用数据表填充

a) 3 层数据报应连贯插入，从矩阵 ADT 表的左上角开始插入第一个报文的第一个字节，直到第一列的最后一行填完再转向下一列继续进行，报文的长度是可变的。报文的插入依赖于寻址粒度，并明确地通过 LL-FEC 识别描述符中的 frame_size 参数发送(见 8.6.5.11.24)，图 19 是其处理过程。

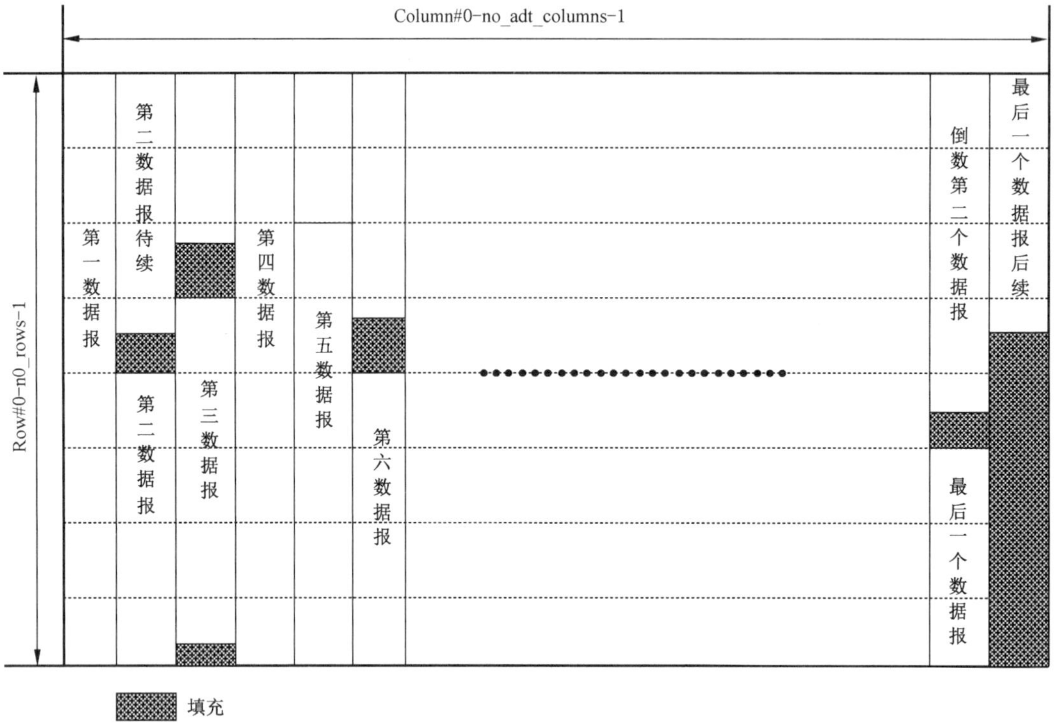

图 19 应用数据表

b) 在 LL-FEC ADT 表中每个 3 层报文应分配一个特别的地址，必要的话，为使 ADT 的最后一列填满，可以用字节"0"来填充。对于寻址粒度为 1 的情况，连贯插入的报文间没的填充。当寻址粒度大于 1 时，ADT 中的每个报文插入如下：其第一个字节应插在下一个 ADT 地址，该地址是寻址粒度的整数倍。前一个 3 层报文的最后一个字节与新起的一个 3 层报文的第一个字节之间的字节都应以"0"填充。在 LL-FEC ADT 中的每个 3 层报文将获得一个分配的特别地址，该地址是寻址粒度的整数倍。

c) 与每个报文相关的信令参数在 6.5.6.6 中定义。

6.5.6.7.3 FEC 数据表的生成

6.5.6.7.3.1 FDT 校验数据列计算判定

a) 一旦 ADT 填满，即能通过选择的编码技术计算 FDT 校验数据列，判定何时完成 ADT 可按系统特别要求来执行，已不在本标准的范围内，它能依赖于时延考虑、LL-FEC 码率或其他参数。

b) 发送器应确保在一个给定 LL-FEC 帧中的第一个和最后一个段/包发送间的时间差异，不应超出 LL-FEC 识别描述符中发送的 buffer_timeout 参数。

6.5.6.7.3.2 里德-所罗门码

a) 里德-所罗门码应符合 DIN EN 301192—2010 9.5.1 中的规定，这种情况下，最大的 no_adt_columns 为 191，而最大的 no_fdt_columns 为 64。在 no_adt_columns 小于 191 的情况下，ADT 表应扩展 191 减 no_adt_columns 列"0"填充列，并且应采用 DIN EN 301192—2010 9.3.3.1 中的规定截短码。在 no_fdt_columns 小于 64 的情况下，最后的 64 列 no_fdt_columns 应按 DIN EN 301192—2010 中 9.3.3.2 的规定进行删余。

b) LL-FEC 帧构建方式应与 DIN EN 301192—2010 中 9.3.1 定义的 MPE-FEC 帧一样，DIN EN

301192—2010 中 MPE-FEC 帧元与 LL-FEC 帧元的一致性如下：

c) FDT 与 DIN EN 301192—2010 中定义的里德一所罗门数据表(RSDT)一样；

d) DIN EN 301192—2010 中定义的时间分片未采用。

6.5.6.7.3.3 **Raptor 码**

a) 应采用 ETSI TS 102 472—2009 C.4 中的系统 Raptor 码编码过程，其最大的 no_adt_columns 为 8192，而最大 no_fdt_columns 是 65536 减去 no_adt_columns，编码过程应这样用：具有 no_adt_columns 列的 ADT 对应于具有 no_adt_columns 列源符号的源块，ADT 的每一列对应于一个源符号。no_adt_columns 小于 4 的情况下，ADT 表应扩展 4 减 no_adt_columns 列“0”填充列，并且应采用 DIN EN 301192—2010 9.3.3.1 中的规定截短码。

b) FDT 定义为连贯的 Raptor 码的编码符号，据此，第一个 FDT 列对应于编码符号 ID(ESI) no_adt_columns，因此每行 FDT 准确地包含了一个 Raptor 码，ETSI TS 102 472—2009 中规定的子块划分选项不应采用。

c) FDT 的列数应至多为 65536 减去 ADT 的列数。

注 1：不发送的 Raptor 符号不必产生，因此，一般不需要删余，no_fdt_columns 不需要发送至接收机。

注 2：对于在接收机端的每一个 LL-FEC 帧，解码器需要：

——该 FEC 帧的 ADT 的列数，no_adt_columns，它相应于 Raptor 源块大小，只要 no_adt_columns≥4。注意，no_adt_columns 可以每 LL-FEC 帧变化。

——源块数(SBN)，等于 fec_frame_number。

——解码器需要每个接收的编码符号 ID(ESI)，ESI 信令到 Raptor 校验数据的映射在 6.5.6.4 中规定。

6.5.6.8 **LL-FEC 帧厢(Carriage)**

a) 报文应封装于报文段，并与 AS/NZS 13818.6—1999 中私有数据的 DSM-CC 段格式兼容，这些段就是所说的 MPE 段，因为其遵循 DIN EN 301192—2010 中的 7 为多协议封装(MPE)定义的数据传输规范。ADT 列是按 6.5.6.3 来装载的，FDT 列是按 6.5.6.4 中规范，在 LL-FEC 段装载的；

b) 作为可选，采用通用流封装(GSE)的系统应能用 6.5.6.7 中的规定来封装 3 层报文和 LL-FEC 帧 FDT 列。装载来自同一个 LL-FEC 帧的 3 层报文和 FDT 列的 GSE 包应在 GSE-FEC 流中传输。每个在该 GSE-FEC 流中传输的 GSE 包应标记为相同的 gse_fec_id 标识，该标识在相应的 LL-FEC 标识描述符中规定，gse_fec_id 应在 6.5.6.7 中规定的 LL-FEC 扩展头中传输；

c) 装载一个给定的 LL-FEC 帧数据的第一个段应是以地址“0”装载应用数据报文的 MPE 段，所有装载一个给定 LL-FEC 帧应用数据报文的段应在第一个装载 LL-FEC 帧校验数据的段前发送。在一个基本流中，一个 LL-FEC 帧中第一个和最后一个段之间的所有段应装载属于该 LL-FEC 帧的数据。在一个基本流中，发送不同 LL-FEC 帧中数据的段不应被交织；

d) 跟随在装载 LL-FEC 帧中的应用数据报文的最后一个段的段，要么是包含同一 LL-FEC 帧中校验数据的第一个段，要么是下一个 LL-FEC 帧的第一个应用数据段，第一个 LL-FEC 帧的校验数据不传送；

e) 被传送的应用数据表中的应用数据之间不应存在填充，也就是，任何插入用于计算校验数据的填充应在发送前移除。在一个应用数据表中的报文不能重叠，校验数据表中的被发送的校验数据之间不应存在填充。

6.5.6.9 **传输流中的应用数据厢**

本条中的规定适用于在 ll_fec_identifier_descriptor 中指明采用了 LL-FEC 的每个基本流：

a) 每个 LL-FEC 帧应只包含完整的报文(也就是,报文不应在 LL-FEC 间拆分);
b) 每个 LL-FEC 帧至少要传送一个 MPE 段;
c) 基本流中的每个 MPE 段的 section_syntax_indicator 应置为“1”,表示段结束应用了 CRC_32;
d) 基本流中的报文应在 MPE 段的净荷中传送,并遵照 DIN EN 301192—2010 中 7.2 封装;
e) 采用了 LL-FEC 的基本流中传送的每个 MPE 的头部中的 MAC_address_1 至 MAC_address_6 字节应携带如 6.5.6.6 中定义的有效实时参数,以及 6.5.6.5 中定义的 NLOS_RCST_ID。这些参数到 MAC_address 字节的映射如图 20 中定义。
f) 在 GSE 包中携带应用数据的方式,在 6.5.6.7 中定义。

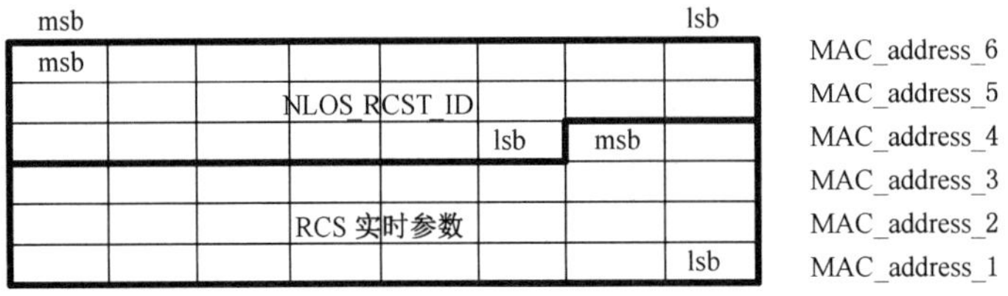

图 20 实时参数到 MAC_address 字节的映射

6.5.6.10 传输流中的校验数据厢

6.5.6.10.1 LL-FEC 帧的校验数据

a) 每个 LL-FEC 帧的校验数据应按 8.6.5.15 中定义的,在 LL-FEC 段中传送,对应于应用数据,LL-FEC 段应在同一基本流中携带。
b) LL-FEC 段应与 DSMCC_section 的类型“用户私有”兼容(见 AS/NZS 13818.6—1999)。段到 MPEG-2 传输流包的映射,在 MPEG-2 系统 ISO/IEC 13818-1:2007 中定义。

6.5.6.10.2 里德-所罗门码校验数据厢

当采用里德-所罗门码时,按 DIN EN 301192—2010 中 9.10 定义的 MPE-FEC 实时参数应按照表 12,在 RCS 实时参数中携带,RCS 实时参数在 6.5.6.6 中定义。

表 12 MPE-FEC 和 LL-FEC 之间的实时参数映射

MPE-FEC 帧 (DIN EN 301192—2010 第 9.10)	LL-FEC 帧(6.5.6.6)	注释
delta_t (5 lsb)	ec_frame_number	只 5 个最低位在 LL-FEC 中携带
delta_t (7 msb)	—	只 7 个最高位在 LL-FEC 中携带
table_boundary	table_boundary	
frame_boundary	—	不在 LL-FEC 中携带
address	dt_position (18 lsb)	18bit 映射到 dt_position 的最低位
—	dt_position (2 msb)	设置为“00” 的比特

6.5.6.10.3 Raptor 码校验数据厢

a) 每个 LL-FEC 段至少应装载一个编码符号,但可以装载几个连续的 FEC 数据表列,这与一个具有 encoding_symbol_id(ESI)的修复符号组和整数量的编码符号相对应。每个 FEC 段中的整数量编码符号能够由段净荷长度除以 LL-FEC 帧的行数来确定。列的长度即行数是在相应的 ll_fec_identifier_descriptor 中的 frame_size 域中传送的。

b) 段中的第一个编码符号的 encoding_symbol_id (16 bit)应在段的头标中发送。

c) LL-FEC 段应只装载 encoding_symbol_id 值大于或等于 no_adt_columns，小于 65536 的编码符号。

6.5.6.11 非视距 RCST 识别符 nlos_rcst_id

a) 这 22 bit 域是一个特殊的识别符，应在本地或静态地在每个支持 NLOS 的 RCST 中配置，它能用于代替常规的 MAC 地址，过滤接收数据，该 MAC 地址因实时参数厢而无法获得。

b) 用 0x3FFFFF 来表示广播或组播，该值用于装载不明确指向单个 RCST 的校验数据的段。

c) nlos_rcst_id 在 RCST 应可配置，建议该识别符的缺省值与 RCST 的低 22 bit MAC 地址相同。

6.5.6.12 实时参数

a) 在采用 LL-FEC 的流中，每个 MPE 段和 LL-FEC 段应装载表 13 中描述的实时参数，这也应被用于 GSE-FEC 流相应的包中。

表 13 实时参数

语法	比特号	识别符
rcs_real_time_parameters () {		
table_boundary	1	bslbf
fec_frame_number	5	bslbf
dt_position	20	bslbf
}		

b) rcs_real_time_parameters 语法：

c) table_boundary： 该 1bit 标志，当设置为“1”时，表示当前段是当前 LL-FEC 帧中的最后一个段，若该段是一个 MPE 段，该标志表示应用数据表中的最后一个段。

注：不支持 MPE-FEC 的解码器可以忽略所有随后的段，直至 LL-FEC 帧尾。在 LL-FEC 帧 ADT 中没检测到丢包的情况下，table_boundary 也可以被用于忽略任何到达的 LL-FEC 校验数据。最后，table_boundary 宜被接收机用于在 LL-FEC 帧 ADT 最后一列插入填充。

d) fec_frame_number： 该域在一个基本流中支持一个循环 LL-FEC 帧索引，该域的值按每个顺序 LL-FEC 帧增加 1，当值为“11111”时，该域又重新从“00000”开始，该域能被用于解决由于长串丢失数据所造成的模糊。

e) t_position： 该 20bit 域规定相应的 LL-FEC 帧表中段内净荷第一个字节的位置，在 3 层报文拆分在多个 MPE 段中的情况下，每个 MPE 段在应用数据表中指明段内装载的报文片段的第一个字节的 dt_position。所有为 LL-FEC 帧发送数据的段应按该域的值以递增次序发送，dt_positon 是由地址除以地址粒度导出的。

f) 在一个 LL-FEC 帧 ADT 中的字节位置是以 0 为基准的线性地址，从第一列的第一行开始，并增加到列尾。到了列尾，其下一个字节位置在下一列的第一行。

g) 对于每一个 LL-FEC 帧，精确地，应只有一个 dt_position 域被设置为“0”值的 MPE 段被发送。

h) 对于 RS 校验按 6.5.6.4 规定传送的每一个 LL-FEC 帧，精确地，应只有一个 dt_position 域被设置为“0”值的 LL-FEC 段被传送。

i) 对于 Raptor 校验按 6.5.6.4 规定传送的每一个 LL-FEC 帧,dt_position 应是一个保留域,并应设置为"0xFFFFF"。

6.5.6.13 LL-FEC 在 GSE 流中的载入规则

6.5.6.13.1 封装方式

a) 本标准提供采用通用流封装的系统中 LL-FEC 信息厢的机制和 LL-FEC 在该类系统中临时的传送方式,一旦该机制可用,该临时传送方式将被专门为 GSE 设计的发送机制所取代。

b) 当采用这种封装方式时,ll_fec_identifier_descriptor 中的 stream_type_indication 标志应设置为"1",将应用数据和校验数据封装入 GSE PDU 应与 ETSI TS 102 606—2007 一致。

6.5.6.13.2 GSE-FEC 流的 LL-FEC 识别符定位

在缺少一个专门 GSE 流发送框架情况下,ll_fec_identifier_descriptor 被用于为 GSE 流传送有关 LL-FEC 信息,该描述符应置于传输流中,该传输流要么是纯 TS 流,要么是装载在 GSE 中的 TS 流,后一种方式在 ETSI TS 102 606—2007 中定义。

6.5.6.13.3 GSE-FEC 流中的应用数据厢

6.5.6.13.3.1 GSE-FEC 应用数据包封装条件

以下规则用于每个 GSE-FEC 流,其 ll_fec_identifier_descriptor 表明使用了 LL-FEC:

a) 应用数据包封装应与 ETSI TS 102 606—2007 一致,在应用数据之间不应有填充,也就是说,任何用于计算校验数据的填充,在发送前要移除。

b) 实时参数和 LL-FEC 处理的识别应在按 6.5.6.7.3.2 中定义的可选扩展头中装载。

c) 每个 LL-FEC 帧应只包含完整的报文(也就是报文不应在 LL-FEC 帧间被拆分)。

d) 对于每个 LL-FEC 帧,至少有一个装载应用数据的 GSE 包被发送。

e) 第一个装载给定 LL-FEC 帧数据的包应是以地址"0" 装载应用数据报文的 GSE 包。

f) 装载给定 LL-FEC 帧应用数据报文的所有包应在第一个装载 LL-FEC 帧校验数据的包之前发送(也就是,在单一的 LL-FEC 帧中,装载应用数据报文的包不应与装载校验数据的包交织)。

g) 在一个 GSE-FEC 流中,LL-FEC 帧的第一个和最后一个包之间的所有包应装载属于该 LL-FEC 帧的数据(也就是只允许装载报文的 GSE 包和装载校验数据的 LL-FEC 包)。

h) 在一个 GSE-FEC 流中,发送不同 LL-FEC 帧数据的包不应交织。

i) 当 3 层报文需要被拆分到多个 GSE 包中时,6.5.6.7.3.2 中定义的可选扩展头应只装载在装有第一个报文片段的 GSE 包中,并且应在应用数据表中指明报文第一个字节的 dt_position。

j) 接收处理附加的可靠性信息可以通过应用 6.5.6.7.3.3 中定义的 NLOS 适配可选扩展头来获得。

6.5.6.13.3.2 GSE-FEC 应用数据可选头标扩展

用于装载应用数据的 GSE 可选扩展头标是指 LL_RCS_FEC_ADT,详见表 14。

表 14 装载应用数据的 GSE 可选扩展头标

语法	比特号	识别符
LL_RCS_FEC_ADT () {		
Reserved	2	bslbf

表 14（续）

语法	比特号	识别符
gse_fec_id	14	uimsbf
reserved_for future_use	6	bslbf
rcs_real_time_parameters ()	26	参阅语义
}		

a) LL_RCS_FEC_ADT 语义：
——reserved： 应设置为“11”；
——gse_fec_id： 假设在描述符中的 stream_type 域已被设置为“1”，该 14 bit 域是指已定义了采用相同 gse_fec_id 值的 LL-FEC 识别描述符的 LL-FEC 帧。该域用于通过其相应的 LL-FEC 帧来区别 GSE-FEC 流，该域也能用于过滤；
——reserved_for_future_use： 该 8 bit 域应设置为“11111111”；
——rcs_real_time_parameters： 该 26 bit 域装载应用数据的实时参数。

b) 是否存在可选扩展头标是通过一个值小于 0x600 的无效 protocol_type 来定义的，protocol_type 域要么在主 GSE 头中，要么在 ETSI TS 102 606—2007 中规定的可选头之后。装载在 protocol_type 域中的 16 bit 可选头类型域按表 15 定义的生成。

表 15 GSE 可选扩展头标类型定义

语法	比特号	识别符
optional_extension_header_type () {		
start_indicator	5	bslbf
header_length	3	bslbf
optional_header_type	8	uimsbf
}		

c) optional_extension_header_type 语议：
——start_indicator： 该 5 bit 域应设置为“00000”；
——header_length： 该 3 bit 域规定可选头的长度，可以让接收机忽略某种可选头类型，以跳过头部后还能解调 GSE 净荷，当表示如 ETSI TS 102 606—2007 中定义的 6 字节头部长度时，该值应设置为“100”；
——optional_header_type： 该 8 bit 域用于唯一地识别可选扩展头。

6.5.6.13.3.3 NLOS 适配可选头标扩展

本定义的可选扩展头可用于在 GSE-FEC 流上承载的 LL-FEC 帧，其目的是改善性能。该扩展头称为 LL_CRC32，且如表 16 中描述，其只可以用于承载非拆分 3 层报文的 GSE 包。

表 16 GSE CRC-32 可选扩展头标

语法	比特号	识别符
CRC_32_extension () {	—	—
LL_CRC32	32	rpchof
}	—	—

a) LL-CRC32 域应基于从 GSE 长度域(包含)开始到 GSE 包的末尾的所有字节计算,但不包含 CRC 扩展头域,计算方式应与 ETSI TS 102 606—2007 4.2.2 中定义的相同;

b) CRC_32_extension 的头类型定义应采用表 15 中的语法,其语义如下:

——tart_indicatior: 该 5 bit 域应设置为"00000";

——header_length:该 3 bit 域规定可选头的长度,可以让接收机忽略某种可选头类型,以跳过头部后还能解调 GSE 净荷,当表示如 ETSI TS 102 606—2007 中定义的 4 字节头部长度时,该值应设置为"011";

——optional_header_type: 该 8 bit 域用于唯一地识别可选扩展头。

6.5.6.13.4 GSE-FEC 流中的校验数据厢

校验数据及其相关的实时参数应在本中定义的 GSE 包中装载,该包格式定义了一个强制的扩展头,该头称为 LL_RCS_FEC_FDT。

注 1:采用强制扩展头确保不支持 LL-FEC 的接收机丢弃整个包,参照 ETSI TS 102 606—2007 。

a) 当承载 Raptor 码校验数据时,每个 PDU 应正好装载一个修复符号或一组修复符号,也就是,一个 FDT 列或一组几个连续的 FDT 列。

b) 当装载 RS 校验数据时,每个 PDU 应装载一个 FDT 列。

包格式应与表 17 一致。

注 2:encapsulation_type 元变量并不明确装载在该包中,相关的值定义在用于被发送 LL-FEC 数据的 LL_FEC_identifier_descriptor 中(8.6.5.11.24)。

表 17 校验数据的 GSE 包格式

语法	比特号		信息助记符
	保留	信息	
GSE_packet () {	—	—	—
start_indicator	—	1	bslbf
end_indicator	—	1	bslbf
label_type_indicator	—	2	bslbf
gse_length	—	12	uimsbf
if ((start_indicator=="0") OR (end_indicator==0)) {	—	—	—
frag_id	—	8	uimsbf
}	—	—	—
if ((start_indicator=="1") AND (end_indicator=="0")) {	—	—	—
total_length	—	16	uimsbf

表 17（续）

语法	比特号		信息助记符
	保留	信息	
}	—	—	—
if (start_indicator= ="1") {	—	—	—
protocol_type		16	uimsbf
gse_fec_id	2	14	Uimsbf
reserved_for_future_use	6		bslbf
if (encapsulation_type= =0) {	—	—	—
padding_columns	—	8	uimsbf
column_number	—	8	uimsbf
last_column_number	—	8	uimsbf
rcs_real_time_parameters()	—	26	See semantics
}	—	—	—
else{	—	—	—
no_adt_columns	3	13	uimsbf
encoding_symbol_id	—	16	uimsbf
fec_frame_number	13	5	uimsbf
}	—	—	—
}	—	—	—
for (i=0; i<N; i+ +) {	—	—	—
parity_data_byte	—	8	bslbf
}	—	—	—
if((start_indicator= ="1")AND(end_indicator= ="1") {	—	—	—
parity_data_crc_32	—	32	rpchof
}	—	—	—
if((start_indicator= ="0")AND(end_indicator= ="1") {	—	—	—
crc_32	—	—	—
}	—	—	—
}	—	—	—

c) GSE_packet 语义：

——start_indicator： 该域应按 ETSI TS 102 606—2007 中定义的解释；

——end_indicator： 该域应按 ETSI TS 102 606—2007 中定义的解释；

——label_type_indicator： 这是个 2 bit 域，它应设置为“10”，以表示无标签域存在；

——gse_length： 该域应按 ETSI TS 102 606—2007 中定义的解释；

——frag_id： 该域应按 ETSI TS 102 606—2007 中定义的解释；

——total_length： 该域应按 ETSI TS 102 606—2007 中定义的解释；

——protocol_type： 该 16 bit 域应指明存在 LL_RCS_FEC_FDT 强制扩展，其 8MSB 应设置为“00000000”，而 8LSB，与头类型域相对应，应唯一地识别该强制扩展头；

——gse_fec_id： 假设在描述符中的 stream_type 域已被设置为“1”，该 14 bit 域指示 LL-FEC 帧已用相同的 gse_fec_id 值定义了 LL-FEC 识别描述符，该域用于通过其相应的 LL-FEC 帧来区别 GSE-FEC 流，它也能用于过滤；

——reserved_for future_use： 这 6 bit 应设置为“111111”；

——padding_columns： 该 8 bit 域指明一个实际 LL-FEC 帧的满列应用数据表中只填填充字节的列数，也就是，它等于 191 减去含有应用数据的列数。该值应从 0～190，并逐帧可变；

——column_number： 该 8 bit 域给出包含 RS 数据的 FDT 列数，LL-FEC 帧中包含 RS 数据的第一列的 column_number 应为“0x00”，column_numbe 应随着相应 LL-FEC 帧的每个附加的包含 RS 数据的列递增 1；

——last_column_number： 该 8 bit 域应指示当前 LL-FEC 帧包含 RS 数据的最后一个列的编号；

——rcs_real_time_parameters： 该 26 bit 域装载 FEC 校验数据的 RCS 实时参数，其细节在 6.4.5.6 中规定；

——no_adt_columns： 该 13 bit 域表示实际 FEC 帧的应用数据表的列数，表示的值从 0～8191，且可以逐帧可变；

——encoding_symbol_id： 该 16 bit 域规定本段的第一个编码符号的 ESI，该 ESI 应大于或等于 LL-FEC 帧的 no_adt_columns；

——fec_frame_number： 该域应按 6.5.6.6 中的定义解释；

——parity_data_byte： 这些字节包含校验数据；

——parity_data_crc_32： 该 32 bit 域应基于从 GSE 长度域(包含)开始到 GSE 包的末尾的所有字节计算，但不包含 CRC 扩展头域，计算方式应与 ETSI TS 102 606—2007 4.2.2 中定义的相同；

——crc_32： 该域应按 ETSI TS 102 606—2007 中的定义解释。

6.6 调制

6.6.1 比特信息到 QPSK 星座的映射

到 QPSK 星座的映射应如下：

a） 报头应是可配置的，并通过 TCT 通知 RCST，其描述见 8.6.5.5。

b） 紧跟着在报头插入之后，编码器的输出 C_1 和 C_2 应被发送，而不对 QPSK 比特映射器作修改(见图 21)。

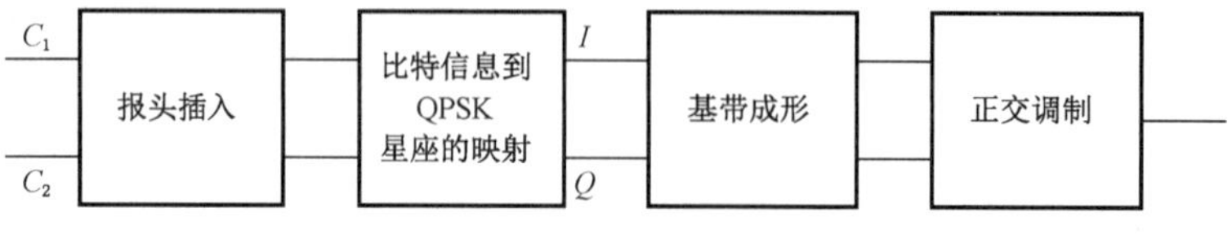

图 21 编码后的处理

c） 应采用具有绝对映射(无差分编码)常规格雷编码的 QPSK 调制。在 QPSK 星座中的比特映射应遵循图 22。若 I 和 Q 部分应用了归一化因子 $1/\sqrt{2}$，相应的每符号平均功率将等于 1。

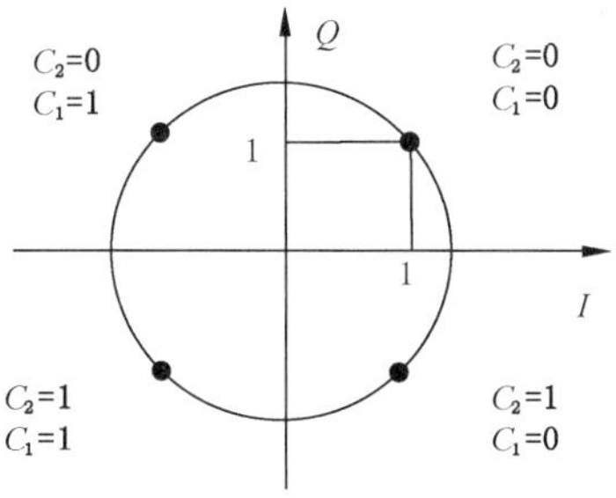

图 22 比特信息映射到 QPSK 星座

d) 信道编码的 C_1 输出应被映射到调制的 I 支路,信道编码的 C_2 输出应被映射到调制的 Q 支路。

e) 调制处理后,QPSK 信号频谱不应倒置。

6.6.2 基带成形与正交调制

a) 在调制之前,I 和 Q 信号(在数学上表示为一系列狄拉克三角函数,乘以振幅 I 和 Q,以符号周期 $T_s = 1/R_s$ 为间隔)应被均方根升余弦滤波。滚降因子应如 TCT 表明的那样为 35%(见 8.6.5.5)。基带均方根升余弦滤波应具有理论上的函数形式,其定义如下:

$$H(f)=1 \qquad 在|f|< f_N(1-\alpha)$$

$$H(f)=\sqrt{\frac{1}{2}+\frac{1}{2}\sin\frac{\pi(f_N-|f|)}{2\alpha f_N}} \qquad 在 f_N(1-\alpha)\leqslant|f|\leqslant f_N(1+\alpha)$$

$$H(f)=0 \qquad 在|f|> f_N(1+\alpha)$$

式中:

$f_N=\frac{1}{2T_s}=\frac{R_s}{2}$——奈奎斯特频率;

α——滚降系数。

b) 在 RCST 天线输出端(使用大的输出回退),对于终端支持的每种回传链路符号速率,允许的频谱和群时延应遵循 GB 20600—2006 给出的框架。

6.6.3 EIRP 控制

a) 在由厂家规定的工作范围内,RCST 应能以 0.5dB 的标称步进调整发送 EIRP。

b) 在此范围内,终端输出功率变化应对功率调整指令在 0.5dB 或 20%要求调整的 dB 值内作出反应,不管哪一个都不是很严格的(见 8.6.5.10 和 8.6.5.11.3)。

6.6.4 保护间隔

a) 每个突发帧均有保护间隔,从而能容忍 RCST 瞬时关闭功率和系统定时错误。

b) 保护间隔作为 TCT 的一个隐含的元素由 NCC 分配。

c) 保护间隔与网络有关,并且由系统的总体要求决定。

d) 对于可选的 MPEG2-TS TRF 突发帧,保护间隔应小于半个 MPEG2-TS 帧。

6.6.5 回传链路扩频(移动选项)

DVB-RCS 的回传链路 MF-TDMA 传输能够采用本规则选用扩频,连续载波回传链路扩频规则定义于10.5.2。扩频有两种实现方式,第一种是采用π/2-BPSK调制,这相当于对QPSK调制方式的信号进行了扩频因子为2的扩频,也能通过突发脉冲重复实现扩频。生成的信号应与图23所示处理流程获得相同的效果,本描述如下:

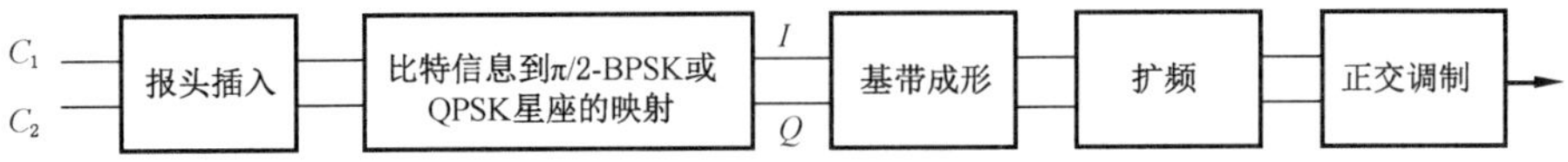

图23 带扩频的后编码处理

a) 当采用π/2-BPSK调制方式时,应采用绝对映射(无差分编码),比特至符号的映射应遵循图24所示。若 I 和 Q 部分应用了归一化因子 $1/\sqrt{2}$,相应的每符号平均功率将等于1。C_1 和 C_2 交替地在π/2移相的BPSK星座上传送,传送顺序是先 C_1,再 C_2,再 C_1,以此交替;

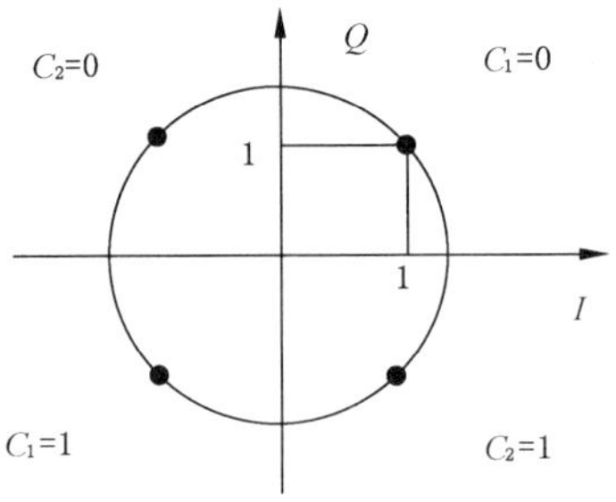

图24 MF-TDMA传输中比特信息到π/2-BPSK星座的映射

b) 通过重复实现扩频应遵循以下方式:经基带成形后,信号按一个突发中有 N 个复数样值 X_i 进行组织,包括保护间隔、平方根升余弦滤波器的滚升滚降。输入符号率为 R_s,每个突发帧在时域上重复 F 次,扩频突发帧包含 $F \times N$ 复数样值 Y_j,其定义如下:

$$Y_j = X_j \bmod N$$

c) 在输出端,扩展突发帧应具有与非扩展突发帧一样的持续宽度,因此,符号率为 $F \times R_s$,在TCT表中发送的就是这个符号率;

d) 扩展突发帧应在一个时隙中发送,如图25所示。含有该扩展突发帧的时隙组成在TCT表中传送(见8.6.5.5)。

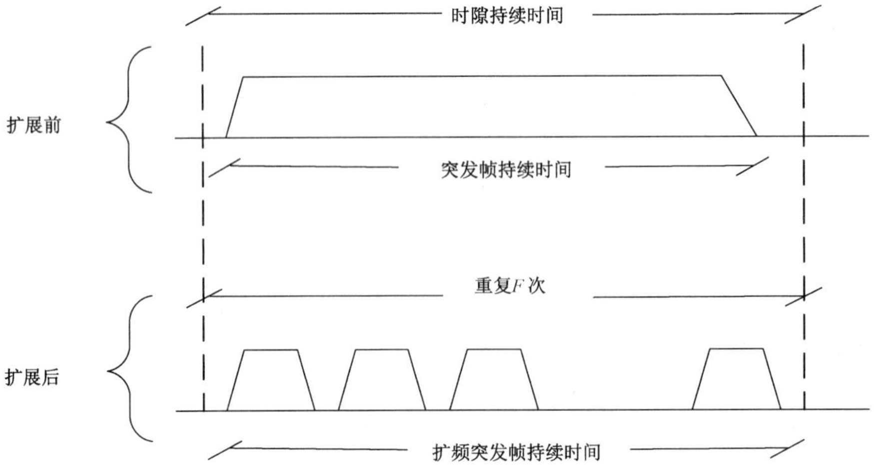

图25 通过突发帧重复的扩频

6.7 MAC 消息

a) 以下描述的所有方式均能被 RCST 采用，用于容量请求和 M&C 消息。

b) 前四种方式基于卫星接入控制(SAC)域，最后一个方式允许以 ATM 或 MPEG-2 数据单元封装，该方式称为数据单元标记方式(DULM)。

c) 卫星交互式网络中可以用一种或多种方式。

d) 对于特别的实现方式，通过在 TIM 中传输的登录初始化描述符(见 8.6.5.11.4)或网状网登录初始化描述符(见 8.6.5.11.22)，RCST 在登录时刻被配置。

6.7.1 基于卫星接入控制(SAC)域的方式

6.7.1.1 SAC 域的组成

6.7.1.1.1 卫星接入控制(SAC)域组成

a) 卫星接入控制(SAC)域可以包含在 SYNC、附加于 ATM TRF 突发帧和可选的 MPEG TRF 突发帧的可选的前缀中，它由 RCST 在会话中，以请求容量为目的而增加的信令信息，或其他的附加性 MAC 信息组成。

b) SAC 由可选的子域组成，其定义见表 18。

c) 针对于特殊 SYNC(见 6.7.1.3 和 6.7.1.4)或 ATM TRF(见 6.7.1.2)时隙的 SAC 域的配置是由 NCC 在 TCT 中传送的，其描述于 8.6.5.5。

d) MPEG 突发帧的可选 SAC 域配置是直接在特定的 MPEG TRF 突发帧中的 TS 包中传送的，见 6.7.1.5。

注：符号、缩写以及在前面文档中使用的描述语法的方法与 ISO/IEC 13818-1:2007 中 2.2 和 2.3 定义是一样的。

表 18 SAC 域的语法

语法(见注释)	比特号		信息助记符
	保留	信息	
SAC_field() {	—	—	—
if (Route_ID_flag==0)	—	—	—
Route_ID	—	16	uimsbf
if (request_flag==1)	—	—	—
for (i=0;i<=capacity_requests_number;i++) {	—	—	—
Capacity_Request {	—	—	—
Scaling_Factor	—	1	bslbf
Capacity_Request_Format	—	1	bslbf
Capacity_Request_Type	—	2	bslbf
If (Capacity_Request_Format==0) {	—	—	—
Channel_ID	—	4	uimsbf
Capacity_Request_Value	—	8	uimsbf
If (Capacity_Request_Format==0) {	—	—	—
Channel_ID	4	8	uimsbf

表 18（续）

语法(见注释)	比特号		信息助记符
	保留	信息	
Capacity_Request_Value	—	8	uimsbf
}	—	—	—
}	—	—	—
}	—	—	—
CR_Pad_Byte	—	—	uimsbf
if (M_and_C_flag==1)	—	—	—
M_and_C_Message	—	16	bslbf
if (Group_ID_flag==1)	—	—	—
Group_ID	—	8	uimsbf
if (Logon_ID_flag==1)	—	—	—
Logon_ID	—	16	uimsbf
if (ACM_flag==0) {	—	—	—
ACM {	—	—	—
CNI	—	8	uimsbf
MODCOD_RQ	—	8	bslbf
}	—	—	—
}	—	—	—
if (MOB_flag==0)	—	—	—
Mobility_Control_Message	—	32	bslbf
Pad_Bytes	—	—	uimsbf
}	—	—	—

注：对于 SYNC 帧和 ATM TRF 突发帧，用于测试说明(Route_ID_Flag，request_flag，capacity_requests_number，M_and_C_flag，Group_ID_flag，Login_ID_flag，和 ACM_flag)的子域是指 TCT 特殊时隙的子域，为此，RCST 应发送一个在 8.6.5.5 中定义的 SAC 域。
对于载有 SAC 域的 MPEG TRF 突发帧，用于测试说明的子域是指 6.7.1.5 中定义的适配域私有数据的 SAC_composition 的子域

e) SAC 域的语义：

——Route_ID：该 16 比特域定义了可以用于再生系统中前缀净荷的目的前向(下行)链路，或指出与动态连接性/QoS 优化相关的连接信道，该值依赖于系统。

——Capacity_Request：每个容量申请包括以下子域：

——Scaling_Factor：该 1 比特子域定义 Capacity_Request_Value 子域的比例因子(见表 19)。

表 19 Scaling_Factor

值	Scaling_Factor
0	1
1	16

——Capacity_Request_Format： 若采用了 4 bit Channel_ID，该标志被设置为“0”，若采用了 8 bit Channel_ID，设置为“1”。

——Capacity_Request_Type：该 2 比特子域说明容量申请的分类（见表 20）。容量分类在 6.9 中描述。

表 20 Capacity_Request_Type

Capacity_Request_Type 值	容量分类	Capacity_Request_Value 单位
00	VBDC	净荷大小的单位×比例因子
01	RBDC	2 kbit/s 的单位×比例因子
10	AVBDC	净荷大小的单位×比例因子
11	保留	
注：根据在登录时定义的数据封装模式，确定净荷是 53 字节还是 188 字节		

——Channel_ID：当 Capacity_Request_Format＝0 时，这是个 4 bit 域，当等于 1 时，是个 8 bit 域。该域指明相应的容量申请正被提出，缺省值为 0000，表示申请可以在任何信道上进行。其他值依赖于系统。

——Capacity_Request_Value：该 8 比特无符号整数定义净荷大小的数量单位，或以 2 kbits/s 为单位 r 的容量申请比特率，见表 20。可以使用表 19 中定义的比例因子。

——CR_Pad_Byte： 若由 SAC 域规定的容量申请空间比实际用的大，则该域应包含值为“0”的必要数目的 8 bit 域，以填满未用空间。如果 RCST 没有容量申请要传送，它应传送总计为“0”的 VBDC 请求。

——M_and_C_Message：该 16 bit 子域定义 M&C 消息（见表 21）。

表 21 M_and_C_Message

M_and_C_Message 值	意义
0x0000	没有消息
0x0001	精同步完成
0x0002	离线请求
0x0003～0x7FFF	保留
0x8000～0xFFFF	回应

——RCST 用“No Message”来表明没有特别的 M&C 消息发送。

——RCST 用“Fine synchronization achieved”消息在返回链路表明它已完成上行链路的同步，而且已准备发送业务。

——RCST 用“Log-off request”消息来发起注销网络。

——“Echo Reply”是一个维持特征，NCC能要求RCST在本SAC中回应一个的预定序列，以用于问题定位。NCC将该请求放置在TIM中(见8.6.5.11.8)。

——Group_ID：该8比特域定义了RCST在登录时被分配了哪个组ID，如同以终端信息消息(TIM)进行识别。Group_ID和Logon_ID子域使NCC能够识别RCST在一个竞争时隙中发送了一个突发帧。

——Logon_ID：该16比特域定义了RCST在登录时被分配了哪个登录ID，如同以终端信息消息(TIM)识别。Group_ID和Logon_ID子域使NCC能够识别RCST在一个竞争时隙中发送了一个突发帧。

——ACM：ACM子域允许RCST传送前向链路接收质量到NCC，以实现5定义的自适应编码调制，它由以下两个子域组成：

- CNI：该8比特域定义5定义的载波与噪声加干扰之比；
- MODCOD_RQ：该8比特域定义5定义的调制类型和编码要求。

——Mobility_Control_Message：Mobility_Control_Message子域允许RCST传送与移动性相关的请求与状态信息到NCC，其内容在6.7.1.1.2中定义，对于在CSC突发帧中声明支持移动性的RCST，支持该子域是强制性的。

——Pad_bytes：若SAC域长度(由突发帧的SAC_Length给定)比其总的子域长度大，此时为匹配SAC域长度，该域将用值为“0”的8比特子域补满。

——当几个SAC子域同时出现时，其出现顺序定义在表18中。

6.7.1.1.2 移动性控制消息域组成(移动选项)

Mobility_Control_Message允许RCST发送与移动性有关请求及状态信息到NCC，其信息格式如表22中定义。

表22 Mobility_Control_Message域的语法

语法(见注释)	比特号		助记符
	保留	信息	
Mobility_Control_Message () {	—	—	—
Message_Type	—	3	uimsbf
if (Message_Type==0)	—	—	—
Reserved	—	29	uimsbf
if (Message_Type==1|2|3) {	—	—	—
Reserved	—	1	bslbf
Current_beam_ID	—	16	uimsbf
Candidate_beam_ID_1	—	4	uimsbf
Candidate_beam_ID_2	—	4	uimsbf
Candidate_beam_ID_3	—	4	uimsbf
}	—	—	—
if (Message_Type==4) {	—	—	—
Exclusion_Zone_Action_Request	—	3	uimsbf
Current_Beam_ID	—	16	uimsbf

表 22（续）

语法(见注释)	比特号		助记符
	保留	信息	
Exclusion_Zone_ID	—	10	uimsbf
}	—	—	—
else if (Message_Type==5) {	—	—	—
Back_Off	—	5	uimsbf
Azimuth_Pointing_Error	—	8	tcimsbf
Elevation_Pointing_Error	—	8	tcimsbf
Orientation_Error	—	8	tcimsbf
}	—	—	—
else if (Message_Type==6) {	—	—	—
Position_Report_Valid	—	1	bslbf
Position_Report_Part	—	1	bslbf
Position_Report_Sequence_Number	1	3	uimsbf
if (Position_Report_Part==0) {	—	—	—
Position_Latitude	1	18	tcimsbf
Altitude_Base	—	4	uimsbf
}	—	—	—
else {	—	—	—
Position_Longitude	—	19	tcimsbf
Altitude_Extension	—	4	uimsbf
}	—	—	—
}	—	—	—
}	—	—	—

Mobility_Control_Message 的语义：

a) Message_Type：该 3 bit 子域定义发送消息类型，如表 23 定义；

表 23 移动消息类型

消息类型	值
没有消息	000
前向和回传链路切换请求	001
前向链路切换请求	010
回传链路切换请求	011
进入禁止区	100
传输状态报告	101
位置报告	110
保留	111

b) Current_Beam_ID： 该 16 bit 子域定义承载切换请求链路的卫星波束号，当 Message_Type =1 时，该域可用于识别前向和回传链路两者的波束；

c) Candidate_Beam_ID_1： 该 4 bit 子域识别相对于当前波束的第一候选切换目标波束，值 “1111”表示没有识别到第一候选波束；

d) Candidate_Beam_ID_2： 该 4 bit 子域识别相对于当前波束的第二候选切换目标波束，值 “1111”表示没有识别到第二候选波束；

e) Candidate_Beam_ID_3：该 4 bit 子域识别相对于当前波束的第三候选切换目标波束，值 “1111”表示没有识别到第三候选波束；

f) Exclusion_Zone_Action_Request： 该 3 bit 域表示当 RCST 进入禁止区(exclusion zone)时的行动请求，如表 24 定义；

表 24 禁止区行动请求

行动请求	值
没有特别请求	000
离线	001
改变频率	010
调整传输参数	011
保留	100～111

g) Exclusion_Zone_ID： 该 10 bit 子域用于识别禁止区，相对于当前回传链路，是 RCST 将要进入的区域；

h) Back_Off： 该 5 bit 子域表示最大的发射功率的当前回退，以 0.5dB 为单位，值“11111”应表示回退 16.5dB 或更大；

i) Azimuth_Pointing_Error： 该 8 bit 子域表示沿当前回传链路卫星静止轨道经度方向的天线指向偏移，单位为 0.1 度，指向卫星的东边应正值表示，值 0x80 表示不能确定的指向错误；

j) Elevation_Pointing_Error： 该 8 bit 子域表示沿当前回传链路卫星静止轨道纬度方向的天线指向偏移，单位为 0.1 度，指向卫星的北边应正值表示，值 0x80 表示不能确定的指向错误；

k) Orientation_Error： 该 8 bit 子域表示沿当前回传链路天线方向图从其长轴与静止轨道平行的标称方向的旋转，单位为 2 度，从 RCST 侧看的反时针旋转为正值表示，值 0x80 表示不能确定的指向错误；

l) Position_Report_Valid： 该 1 bit 子域表示位置报告是否有效，若报告有效则设置为“1”，否则为“0”；

m) Position_Report_Part： 该 1 bit 子域表示在表中定义的两部分位置报告中哪一个正被传送，一个完整的报告包括两部分，每一个在一个 Mobility_Control_Message 中传送；

n) Position_Report_Sequence Number： 该 3 bit 子域保持了一个位置报告序列号，该序列号宜随每发送的报告增加，并在达到最大值时折回“0”，一个位置报告的两部分的序列号应一样；

o) Position_Latitude： 该 18 bit 子域表示终端数据方式的当前的纬度，单位为 0.001 度，北纬应以正值描述，南纬以负值描述；

p) Altitude_Base： 该 4 bit 子域表示终端的海拨高度，单位为 1600m，高度低于参考面应表示 “0”；

q) Position_Longitude： 该 19 bit 子域表示终端数据方式的当前经度，单位为 0.001 度，东纬应以正值描述，西纬以负值描述；

r) Altitude_Extension： 该 4 bit 子域表示终端高于 Altitude_Base 中值的高度，单位为 100m，高度低于参考面应表示“0”；

注 1：“自适应传输参数”请求会涉及功率、数据速率、编码方案，以及扩展因子等的各种组合，NCC 认为这些组合是适当的。

注 2：该标志也能用于表示拒绝提供位置报告，例如出于安全原因。

注 3：总的报告高度为 100×(16×Altitude_Base+Altitude_Extension)。

6.7.1.2 前缀方式机制

a) 该机制是基于附加于 ATM 业务突发帧可选的 $N_{p,atm}$ 字节前缀。

b) 如果该前缀被采用，它将携带从 RCST 到 NCC 的控制与管理信息，当它附加在 ATM 业务突发帧上时(见 6.3.2.2)，该机制通过 SAC route_ID 和请求子域支持(见 6.7.1.1.1)。

6.7.1.3 小时隙方式

a) 该机制基于为已登录的 RCST，周期性地分配比业务时隙小的突发帧。

b) 这些小时隙携带从 RCST 到 NCC 的控制与管理信息，同时还用于维持 RCST 的同步。

c) 该机制通过用于 SYNC 突发帧(见 6.3.3.1)的 SAC 请求子域(见 6.7.1.1.1)来支持。

6.7.1.4 基于竞争的小时隙方式

a) 依据前面中描述的方式，小时隙在竞争的基础上能接入一组 RCST。

b) 该机制由用于 SYNC 突发帧(见 6.3.3.1)的 SAC 请求、Group_ID 和 Logon_ID 子域(见 6.7.1.1.1)所支持。

6.7.1.5 MPEG 适配域方式(MPAF)(可选)

该方式是采用 MPEG 层适配域的私有数据字节来携带 SAC 消息。该适配域如果被采用，则携带从 RCST 到 NCC 的控制与管理信息。该方式的有效性并不在 TCT 中传送，而是直接在 MPEG TRF 突发帧的 MPEG 头中传送。在 RCST，其功能应可以配置，以确保与没实现本可选项的网关兼容。在适配域中载有 SAC 的 TS 包格式应遵循 ISO/IEC 13818-1:2007 2.4.3 要求。特别是，该域应按如下规则编码：

a) sync_byte：如 ISO/IEC 13818-1:2007 中定义；

b) transport_error_indicator：如 ISO/IEC 13818-1:2007 中定义；

payload_unit_start_indicator：若 TS 包在跟随适配域后的净荷段中包含用户数据，则设置为“1”；若 TS 包不载有净荷部分，则设置为“0”；

c) transport_priority：设置为“0”；

d) PID：设置为用于返回链路业务的，已分配的 PID；

e) transport_scrambling_control：如 ISO/IEC 13818-1:2007 中定义；

f) adaptation_field_control：在只传送 SAC 消息(无净荷)时设置为“10”，当适配域后跟有净荷段时设置为“11”；

g) adaptation_field()：按如下定义：

——当 TS 包中不载有 SAC，适配域将依照 ISO/IEC 13818-1:2007 2.4.3.4，并用下域值进行编码：

- adaptation_field_length：设置为“2+ transport_private_data_length”；
- discontinuity_indicator：设置为“0”；
- random_access_indicator：设置为“0”；

- elementary_stream_priority_indicator：设置为"0"；
- PCR_flag：设置为"0"；
- OPCR_flag：设置为"0"；
- splicing_point_flag：设置为"0"；
- transport_private_data_flag：设置为"1"；
- adaptation_field_extension_flag：设置为"0"；
- transport_private_data_length：设置为"随后的 private_data_bytes 数字"；
- private_data_byte：以下表显示的编码。

h) 适配域的私有数据字节应按表 25 定义的编码语义为：

表 25 MPEG 适配域私有数据的语法

语法	比特号		助记符
	保留	信息	
Adaptation_Field_Private_data() {	—	—	—
SAC_composition {	—	—	—
Route_ID_flag	—	1	bslbf
ACM_flag	—	1	bslbf
MOB_flag	—	1	bslbf
SAC_length	—	5	uimsbf
request_flag	—	1	bslbf
M_and_C_flag	—	1	bslbf
Group_ID_flag	—	1	bslbf
Logon_ID_flag	—	1	bslbf
capacity_requests_number	—	3	bslbf
Reserved	—	1	bslbf
}	—	—	—
SAC_field 定义在 6.7.1.1.1	—	n	—
}	—	—	—

——SAC_composition；

i) 适配域私有数据子域语义：

——(Route_ID_flag，ACM_flag，SAC_length，request_flag，M_and_C_flag，Group_ID_flag，Logon_ID_flag，capacity_requests_number)与 TCT 中相应的域相同(见 8.6.5.5)；

——SAC_field：见 6.7.1.1.1 中定义。

6.7.2 数据单元标记方式(DULM)

6.7.2.1 数据单元标记方式

a) 数据单元标记方式(DULM)是"基于消息"的方式，它允许 RCST 通过早已在 TRF 突发帧中分配的数据单元净荷发送控制和/或管理信息到 NCC。这些数据单元要么是 ATM 信元，要么是 MPEG TS 包，这依赖于 RCST 的封装模式，如 6.3.2.1 中描述。

b) 这些从 RCST 到 NCC 的“特殊”TRF 突发帧组成的序列建立了一个专用虚拟信道，命名为 CTRL/MNGM。该虚拟信道因而能用于支持基于消息的控制信息传送(如带宽申请)和/或管理信息传送，还可能与本中的其他方式结合。

c) CTRL/MNGM 虚拟信道可以由 NCC 或 RCST 主动使用。例如，一个活动的 RCST 可以在早已分配的时隙中插入带宽请求，NCC 可以从 RCST 请求状态信息，以及为 CTRL/MNGM 信道，给终端调度时隙等等。

6.7.2.2 ATM 格式的 DULM

a) 对于采用 6.3.2.2 中定义的 ATM TRF 突发帧的 RCST，CTRL/MNGM 虚拟信道应通过数据单元头中的特殊值来识别，将 PT 域的 MSB 设置为“1”，这样就使其能从正常业务信息中区别开来(见 8.2.2)。

b) 一个 DULM 消息应由整数个(1～64)信息元(IE)组成。每个 IE 应具有图 26 描述的格式，它由 2 字节头(IE 类型和 IE 长度)加上一个 n 字节的主体组成，其中 n 在 1～512 之间。一个给定的 DULM 可以由不同长度的 IE 组成。

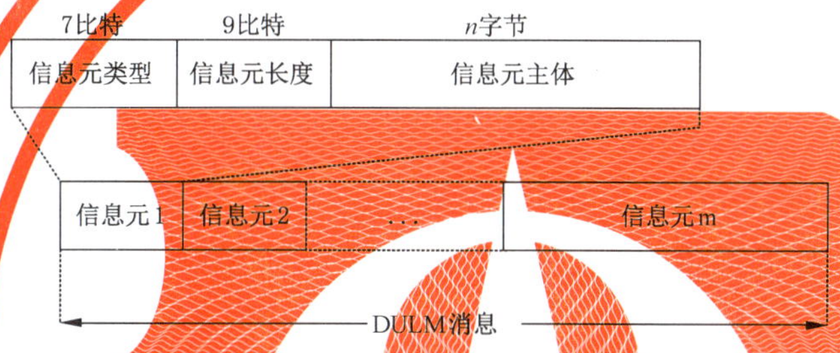

图 26　ATM TRF 突发帧的 DULM 消息

c) DULM 消息应以 AAL5 标准机制传送，该标准在 ITU-T I.363.5 FRENCH—1996 中定义。信息元应按表 26 中的定义。

表 26　ATM TRF 事件信元

IE 类型		IE 长度[a]	IE 主体
0x00	容量申请	2 字节	按 6.7.1.1.1
0x01	M&C	2 字节	按 6.7.1.1.1
0x02	Group_and_Logon_ID	3 字节	按 6.7.1.1.1[b]
0x03	消息头部	4 字节	见 6.7.2.2 d)
0x04	原因	2 字节	见 6.7.2.2 d)
0x05	Channel_ ID	1 字节	见 6.7.2.2 d)
0x06	源地址	6 字节	见 6.7.2.2 d)
0x07	目的地址	6 字节	见 6.7.2.2 d)
0x08	前向流标识符	3 字节	见 6.7.2.2 d)
0x09	回传流标识符	3 字节	见 6.7.2.2 d)
0x0A	类型	1 字节	见 6.7.2.2 d)
0x0B	前向概况	3 字节	见 6.7.2.2 d)

表 26（续）

IE 类型		IE 长度[a]	IE 主体
0x0C	回传概况	3 字节	见 6.7.2.2 d)
0x0D	安全签到响应	8 字节	
0x0E	Route_ID	2 字节	见 6.7.2.2 d)
0x0F～0x1E	保留用于连接控制	定义在 ETSI TS 102 602—2009	
0x1F	等待	按 9.5.10.10	
0x20～0x30	保留	—	
0x31	主密钥交换响应	按 9.5.10.5	
0x32	保留		
0x33	快速密钥交换响应	按 9.5.10.7	
0x34	保留		
0x35	显性密钥交换响应	按 9.5.10.9	
0x36	ACM	2 字节	按 6.7.1.1.1
0x37	Mobility_Control_Message	4 字节	按 6.7.1.1.1
0x38	连续载波控制	按 10.5.4	
0x39～0x5F	保留		
0x60～0x7F	用户定义	[c]	

[a] “IE length”:IE 主体的长度(字节)。

[b] Group_and_Logon_ID:以 1 字节 Group_ID 和 2 字节 Logon_ID 域的次序，两者的组合。

[c] 由用户定义的值，能用于特定系统的信元。

d) IE 类型描述：

——消息头：用于识别消息类型，设置消息的总字节数以及识别由连接控制信令发起的连接；

——原因：载有前次请求遭拒绝的原因；

——信道 ID：遵照当前文档定义和利用；

——源地址：这是主叫端地址；

——目的地址：被叫端地址；

——前向流标识符：用于识别属于连接或连接集合的单个前向信息流；它要么是一个(VPI，VCI(对，要么是单个 PID，取决于信息流的 ATM 或 MPEG2 特征；

——回传流标识符：用于识别属于连接或连接集合的单个回传信息流；它要么是一个(VPI，VCI(对，要么是单 PID，取决于信息流的 ATM 或 MPEG2 特征；

——类型：用方向和编排来描述连接配置；

——前向概况：描述连接的前向流的优先级及总的资源数；

——回传概况：描述连接的回传流的优先级及总的资源数；

——路由 ID：见 6.7.1.1.1。

6.7.2.3 MPEG 格式的 DULM

a) 对于使用可选的 MPEG TRF 突发帧的 RCST，在 CTRL/MNGM 突发帧的头部中应使用一个 CTRL/MGNM PID，该 PID 是由 RCST 在登录过程中获得的(见 8.6.5.11.4)。DULM 消息应采用以下描述的传输机制，并描绘于如图 27 所示。

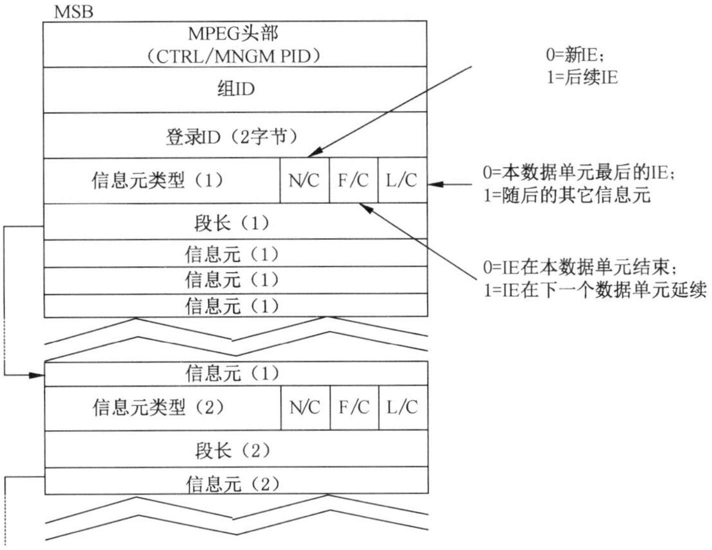

图 27　可选 MPEG 包上的 DULM

b)　每个数据单元净荷的前 3 个字节应包含 RCST Group_ID 和 Logon_ID。随后是一个或多个信息元 IE，下文是其结构描述。

c)　IE 的第 1 个字节包含 4 个域：

——前 5 比特是[IETYPE]域，如表 27 定义，它含有 IE 类型；

——第 6 比特是[N/C]，如果[N/C]=0，则 IE 从将本数据单元开始；如果[N/C]=1，将延续从同一个 RCST 来的，前一个 CTRL/MNGM 数据单元的 IE；

——第 7 比特是[F/C]，如果[F/C]=0，IE 在本 CTRL/MNGM 数据单元结束；[F/C]=1，IE 将延续到从同一个 RCST 来的，下一个 CTRL/MNGM 数据单元；

——第 8 比特是[L/C]，如果[L/C]=0，CTRL/MNGM 数据单元的最后的 IE；[L/C]=1，在同一个 CTRL/MNGM 数据单元中将跟有另一个 IE。

d)　IE 的第二个字节是[SLENG]域，它表明了以字节数表示的段长，它被定义为当前数据单元内的 IE 的一部分。随后的字节包含可变长度的分段。

注：如果 IE 横跨几个 CTRL/MNGM 数据单元，则 IE 头(IETYPE，[N/C]，[F/C]，[L/C]，segment_length)将被复制到所有的数据单元。

e)　CTRL/MNGM 数据单元的最后一个 IE 要附加填充全“0”字节。

表 27　MPEG TRF 情况下的 IE

IE 类型(MPEG)		IE 长度	IE 主体
0x00	容量申请	2 字节	按 6.7.1.1.1
0x01	M&C	2 字节	按 6.7.1.1.1
0x02	保留		
0x03	消息头部	4 字节	见 6.7.2.3 f)
0x04	原因	2 字节	见 6.7.2.3 f)
0x05	Channel_ ID	1 字节	见 6.7.2.3 f)

表 27（续）

IE 类型(MPEG)		IE 长度	IE 主体
0x06	源地址	6 字节	见 6.7.2.3 f)
0x07	目的地址	6 字节	见 6.7.2.3 f)
0x08	前向流标识符	3 字节	见 6.7.2.3 f)
0x09	回传流标识符	3 字节	见 6.7.2.3 f)
0x0A	类型	1 字节	见 6.7.2.3 f)
0x0B	前向概况	3 字节	见 6.7.2.3 f)
0x0C	回传概况	3 字节	见 6.7.2.3 f)
0x0D	安全签到响应	8 字节	按 9.5.10.3
0x0E	Route_ID	2 字节	见 6.7.2.3 f)
0x0F～0x10	保留		
0x11	主密钥交换响应	按 9.5.10.5	
0x12	保留		
0x13	快速密钥交换响应	按 9.5.10.7	
0x14	保留		
0x15	显性密钥交换响应	按 9.5.10.9	
0x16	ACM	2 字节	按 6.7.1.1.1
0x17	Mobility_Control_Message	4 字节	按 6.7.1.1.1
0x18	连续载波控制	按 10.5.4	
0x19～0x1B	保留		
0x1C～0x1D	用户定义	依赖于系统	
0x1E	用于连接控制的扩展 IE 类型	见 6.7.2.3 f)	
0x1F	等待	按 9.5.10.10	

f) IE 类型描述：

——消息头：用于识别消息类型，设置消息的总字节数以及识别由连接控制信令发起的连接；

——原因：载有前次请求遭拒绝的原因；

——信道 ID：遵照当前文档定义和利用；

——源地址：这是主叫端地址；

——目的地址：被叫端地址；

——前向流标识符：用于识别属于连接或连接集合的单个前向信息流；它要么是一个(VPI，VCI(对，要么是单个 PID，取决于信息流的 ATM 或 MPEG2 特征；

——回传流标识符：用于识别属于连接或连接集合的单个回传信息流；它要么是一个(VPI，VCI(对，要么是单 PID，取决于信息流的 ATM 或 MPEG2 特征；

——类型：用方向和编排来描述连接配置；

——前向概况：描述连接的前向流的优先级及总的资源数；

——回传概况：描述连接的回传流的优先级及总的资源数；

——路由 ID：见 6.7.1.1.1；

——连接控制的扩展 IE 类型：如 ETSI TS 102 602—2009 定义。

6.8 多址接入

6.8.1 多址接入能力

a) 多址接入能力既可以是固定时隙 MF-TDMA，也可以是动态时隙 MF-TDMA；

b) RCST 应通过用 CSC 突发帧中的 MF-TDMA 域表明其接入能力(见 6.3.4)；

c) 此外，第 10 章中定义的连续载波接入可选规则可以被采用。

6.8.2 MF-TDMA

a) 卫星接入方案为多频时分多址接入(MF-TDMA)；

b) MF-TDMA 允许一组 RCST 以一组载波频率与网关通信，每个载波频率又被分为若干时隙；

c) NCC 将分配给每个激活的 RCST 一系列突发帧，每个帧由频率、带宽、起始时间和持续时间定义。

6.8.2.1 固定时隙 MF-TDMA

在固定时隙 MF-TDMA 中，RCST 使用的连续业务时隙的带宽和持续时间是固定的，如图 28 所示，箭头表示由 NCC 分配给一个 RCST 的典型时隙序列。这种情况下，定义超帧中突发帧参数(符号率、内码类型、内码排序、外码、内码删余、调制方式以及基带成形)的 TCT 参数(见 8.6.5.5)是固定的。若突发帧参数满足前述要求，固定的 MF-TDMA RCST 能够发送 SYNC 与单一大小 TRF 的混合帧。如果 NCC 请求改变这些参数，则这些改变将如 6.8.3.4 中描述的，经一定时延后应用于新超帧。

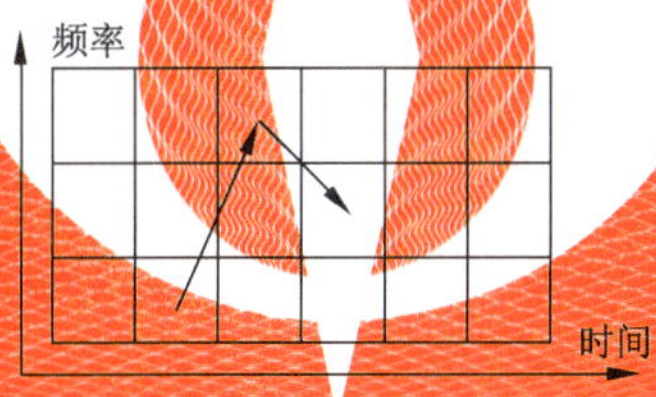

图 28 固定时隙 MF-TDMA

6.8.2.2 动态时隙 MF-TDMA(可选)

动态时隙 MF-TDMA 通过动态改变分配给 RCST 的连续时隙、带宽及持续时间，增加了 RCST 的灵活性。除改变带宽及持续时间，RCST 也可以在连续突发帧间改变传输速率和编码速率。灵活的 RCST 优势是，更有效地适应广泛变化的传输要求，典型的如多媒体业务。图 29 示出了灵活 RCST 的基本原理，其中箭头表示一个采用连续时隙的 RCST，它具有不同带宽和持续时间。

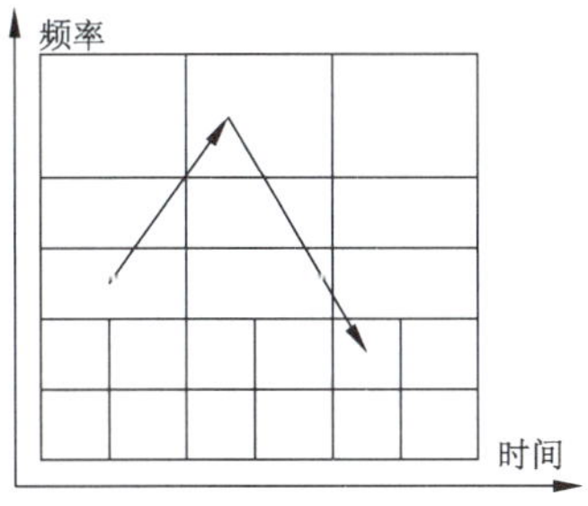

图 29 使用灵活 RCST 的可选动态时隙 MF-TDMA

6.8.2.3 频率范围

a) 对于从一个时隙到另一个时隙的频率的跳变，RCST 具有特殊的频率范围。频率跳变范围是通过登录过程中的 CSC 突发帧，从 RCST 传到 NCC 的(见 6.3.4)。RCST 的频率跳变能力应由厂家自己决定，并且应至少有 20 MHz(就是说，位于中心频率内的±10 MHz 范围内)；
b) 频率的灵活性具体是以短时频率跳变和长时频率调谐来描述的；
c) 频率跳变包括相邻时隙的频率变化，突发帧之间的调整时间不应超过 6.6.4 中定义的保护间隔。调整时间是指为改善 6.2.2 给出的频率容限而要求的时间间隔。作为一种可选，厂家能够宣称终端在跳频率范围内的不同载频上传输时需要完整的 TRF 时隙。被选择的可选项应在 CSC 突发帧中传送；
d) 频率调谐包括跳变范围内的中心频率变化，调整时间应不超过 1 s。

6.8.3 回传链路容量的分割

6.8.3.1 回传链路分配

在卫星交互网络中，回传链路时隙要被组织和数字编排的，这样网络才能将其分配给各个 RCST。

6.8.3.2 超帧

a) 超帧是回传链路时间和频率的组成部分；
b) 在卫星交互网络中，超帧 ID(Superframe_ID)用于识别被一组给定的 RCST 访问的回传链路资源。图 30 示出了一个典型例子，说明了为什么超帧 ID 事实上是各个载频组；
c) 在卫星交互网络中，总的回传链路容量可以按若干组 RCST 来分割，此后网络将分别管理几个超帧 ID。下面，我们只考虑一个超帧 ID。如图 30 所示，对于给定超帧 ID 的连续超帧在时间上是相邻的。每个出现的超帧均被标注了一个数字，称为“超帧计数”；
d) 对于每个超帧(属于一个给定的超帧 ID)，时隙分配是通过 TBTP 表(见 8.6.5.8)传给 RCST 的。RCST 只允许在分配给它的时隙中发送突发帧(“专用接入”)，或者在随机接入时隙(”竞争接入”)中发送突发帧。

注 1：某些时隙(如 ACQ 和 SYNC 突发帧，见 6.3.3.1 以及 6.3.3.2)能基于比超帧长得多的周期，通过 TIM 消息来分配给 RCST(见 8.6.5.11.5 和 8.6.5.11.6)。这些时隙的周期依赖于系统，但典型地，在秒级。因此超帧持续时间是给终端分配资源的基本时间单元。

注 2：某些时隙(如 SYNC 突发帧，见 6.3.3.1)，能基于比超帧长得多的周期分配给 RCST，该周期级别在秒级(依赖于系统)。

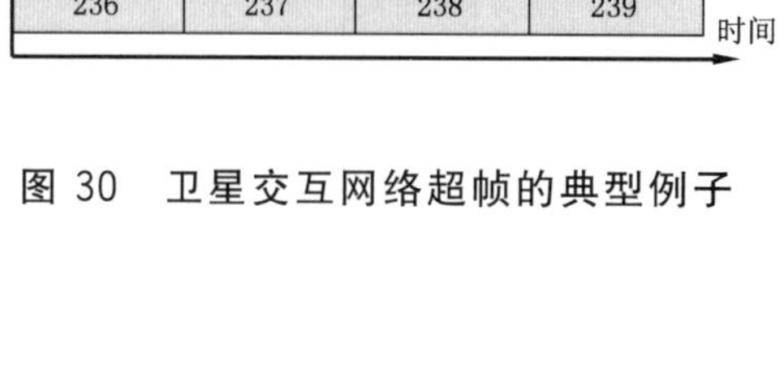

图 30 卫星交互网络超帧的典型例子

6.8.3.3 帧

a) 超帧由帧组成，帧又由时隙组成。帧是超帧和时隙之间的中间级。其被引入的原因是信令效

率(在前向链路信令中)。帧周期并不用作时隙分配的基础;

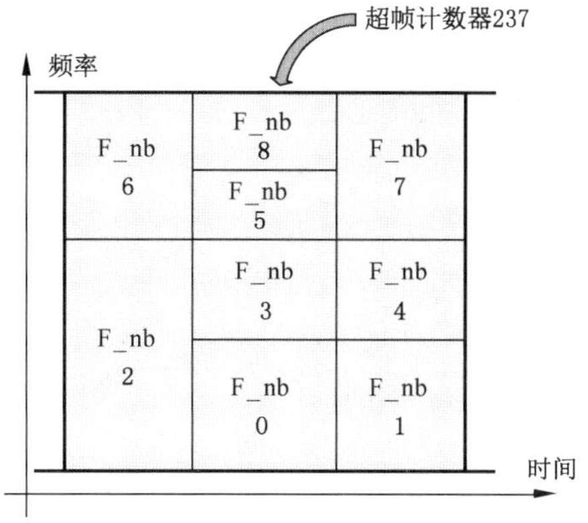

图 31 超帧组成例子

b) 在超帧中,帧被用从 0(最低频率,时间上第一)~N(最高频率,时间上最后)的数字标注,先以时间排序,然后以频率排序,如图 31 所示。其中 N 应小于等于 31;

c) 超帧中的帧可以不要求都具有相同的持续时间、带宽以及时隙组成;

d) 帧超和帧可以都具有相同的持续时间,这时帧能被看为超帧的频率子带。不管如何,这项性能不是强制性的。图 31 示出了一个超帧是其中帧 3 倍长度的例子。

6.8.3.4 时隙

a) 帧由时隙组成(见 8.6.5.4)。"frame_id"用于标识一个时隙的特殊排列,例如,frame_id=1 能标识在同一载波上的 10 个"用户业务"时隙的序列,而 frame_id=2 则标识都在同一载波上的 4 个"控制"时隙后随 8 个"用户业务"时隙的序列;

b) 一帧可以跨越几个载波频率。在一帧中,时隙用数字从 0(最低频率,时间上第一)~M(最高频率,时间上最后)标注,先以时间排序,然后以频率排序,如图 32 所示。M 应小于或等于 2 047;

c) 基于分配的目的,每个时隙通过其超帧 ID、超帧计数、帧号以及时隙号唯一确定;

d) 为获得其分配区,RCST 应处理从 NCC 来的 TBTP 消息,以提取分配计数以及它下一次上行传输的分配时隙。对于 MF-TDMA 发送,从 RCST 收到 TBTP 到 RCST 准备好发送由 TBTP 分配的突发帧的时延不应超过 90 ms。对于可选的连续载波传送,准备好发送的时延不应超过 2 s。

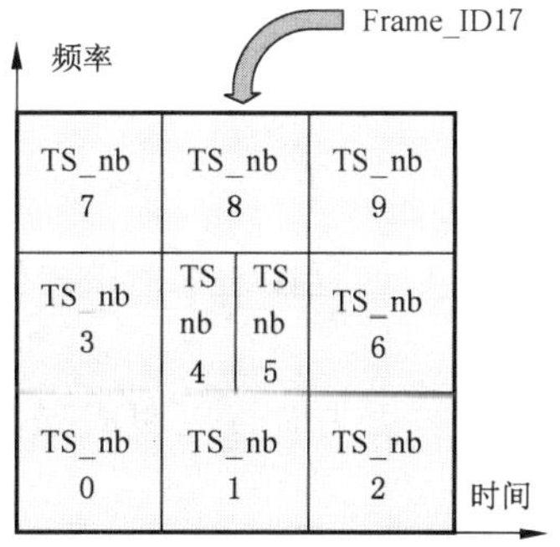

图 32 帧组成例子

6.9 容量申请分类

6.9.1 时隙分配处理支持容量分配类型

时隙分配处理应支持五类容量分配：

a) 连续速率分配(CRA)；

b) 基于速率的动态容量分配(RBDC)；

c) 基于容量的动态容量分配(VBDC)；

d) 基于绝对容量的动态容量分配(AVBDC)；

e) 空闲容量分配(FCA)。

对于可选的连续载波接入方式，容量申请机制在第10章中定义。

6.9.2 连续速率分配(CRA)

a) CRA是一个速率容量，如果需要的话应全额提供给每个超帧；

b) 该容量应直接在RCST与NCC间商定。

6.9.3 基于速率的动态容量分配(RBDC)

a) RBDC是一个速率容量，它是由RCST动态请求的。RBDC容量应在RCST直接向NCC请求时提供，该请求应是绝对的(也就是，相应于当前请求的全速率)。每个请求应覆盖从同一个RCST来的所有之前的RBDC请求，而且应受到直接由RCST与NCC间商定的最大速率限制；

b) 为避免终端非正常造成的容量分配挂起，NCC收到的来自给定终端RBDC请求在超时后应自动失效，该定时值的缺省值为2个超帧长度。此失效操作将导致RBDC被设置为0。超时值能在1～15个超帧间通过8.5.2的可选机制来配置(若设置为0，超时机制被禁止)；

c) CRA和RBDC能够联合使用，用CRA提供每超帧固定的最小容量，用RBDC提供在最小容量之上的动态可变部分。

6.9.4 基于容量的动态容量分配(VBDC)

a) VBDC是由RCST动态请求的容量；

b) VBDC容量应在从RCST到NCC的直接请求后被提供，该请求应是可累积的(也就是，每次请求应加到之前的从同一个RCST来的请求中)；

c) 每个RCST累积总值的减少值应是在每个超帧中分配的VBDC值。

6.9.5 基于绝对容量的动态容量分配(AVBDC)

a) AVBDC是由RCST动态请求的容量；

b) AVBDC容量应在从RCST到NCC的直接请求后被提供，该请求是绝对的(也就是，该请求替代之前从同一RCST来的请求)；

c) 当RCST感觉到VBDC请求可能被丢失时，AVBDC被用于替代VBDC(例如，在竞争小时隙情况下)。

6.9.6 空闲容量分配(FCA)

a) FCA是应从没有使用的容量中分配给RCST的容量。该容量分配应是自动的，而且不涉及从RCST到NCC的任何信令。对任何RCST，NCC应该能够禁止FCA；

b) FCA 不宜被映射到任何业务类中,因为其可用性是高度可变的。在该类中分配的容量试图作为奖励容量,该容量能用于降低能忍受时延抖动的任何业务的时延。

7 同步过程

7.1 定义

a) 本定义允许一个 RCST 登录到卫星交互网络和终端如何从网络中注销的过程;

b) 对于可选的连续载波接入方式的附加规则在第 10 章中提供。终端从登录到离网之间的时期称为一次会话。

7.2 总的事件序列

为能够执行登录,RCST 应处于接收同步状态,其过程遵循 7.3 中描述的初始同步过程。一个 RCST 进入系统要经历以下 4 个阶段:

a) 登录过程:RCST 请求初始接入网络,并从网络获得初始登录信息(相应地,登录请求可以被网络拒绝),见 7.4;

b) 捕获粗同步过程(可选):RCST 改善其物理同步(频率、时间、和功率调整),见 7.5;

c) 精同步过程(可选):RCST 完成物理同步,见 7.6;

d) 同步保持过程:RCST 在整个会话期间保持物理同步,见 7.7;相应于该过程,RCST 能够处于以下状态之一:

——保持:RCST 处于保持模式。TIM 中的 RCST 状态域包含一个标志,称为 Transmit_Disable(8.6.5.9),一个终端接收到该标志设置为“1”时,应停止传输并释放所有登录会话参数(也就是,Logon_ID,Group_ID,和时隙分配),并进入保持模式。这种情况发生在终端处于接收同步状态、准备粗同步状态、准备精同步状态、或精同步状态。处于保持状态的终端应一直处于该状态,直至断电或复位。终端只有接收到一个 Transmit_Disable 标志设置为“0”的 TIM 时,才从保持状态进入接收同步状态;

——非活动关闭/待机:RCST 没有加电,或处于待机模式,或丢失同步;

——接收同步:RCST 捕获到前向链路;

——准备粗同步:RCST 已被 NCC 检测到,并可以发起一个粗同步过程;

——准备精同步:RCST 已被 NCC 检测到,并可以发起一个精同步过程;

——精同步:RCST 已同步,并能传送业务数据;

——7.8 中描述的离网过程允许 RCST 离开网络。图 25～图 30 给出了事件序列的概况。图 33示出了 RCST 同步状态图,其中黄色表示状态,蓝色表示过程;

——所有的状态、事件、条件和过程均将进一步在本描述;

——RCST 不允许发送 TRF 突发帧,直至其已达到“精同步”状态;

——信令消息。

在 RCST 与 NCC 之间的信令消息交换,包括可选消息,在图 34 中示出。该图示出了在可选的粗同步和精同步过程均被采用的情况下,事件的正常流程。

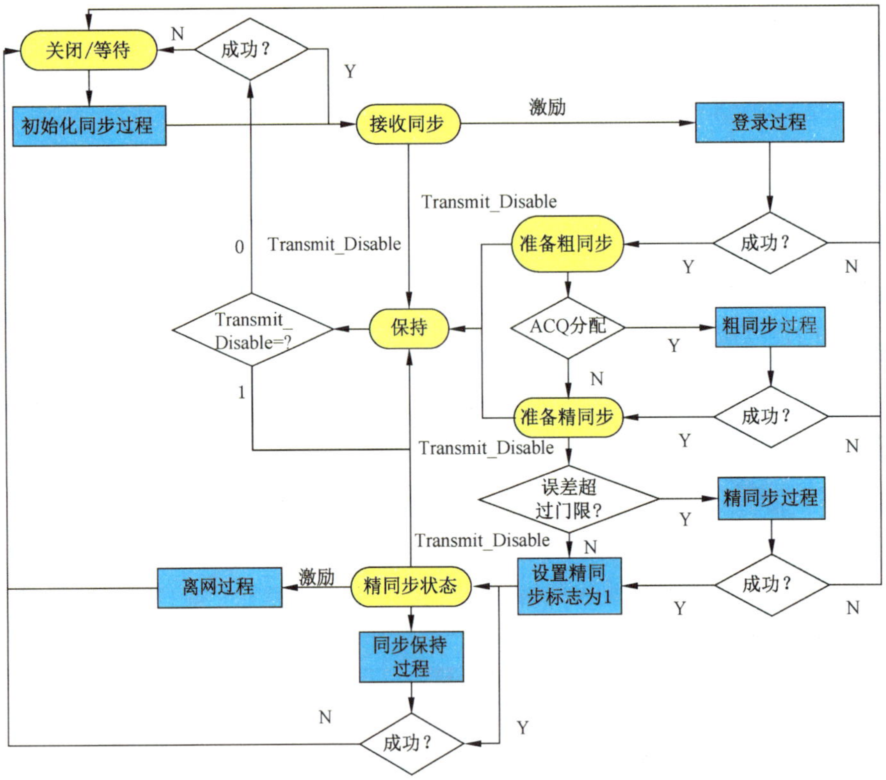

图 33 **RCST** 同步状态图

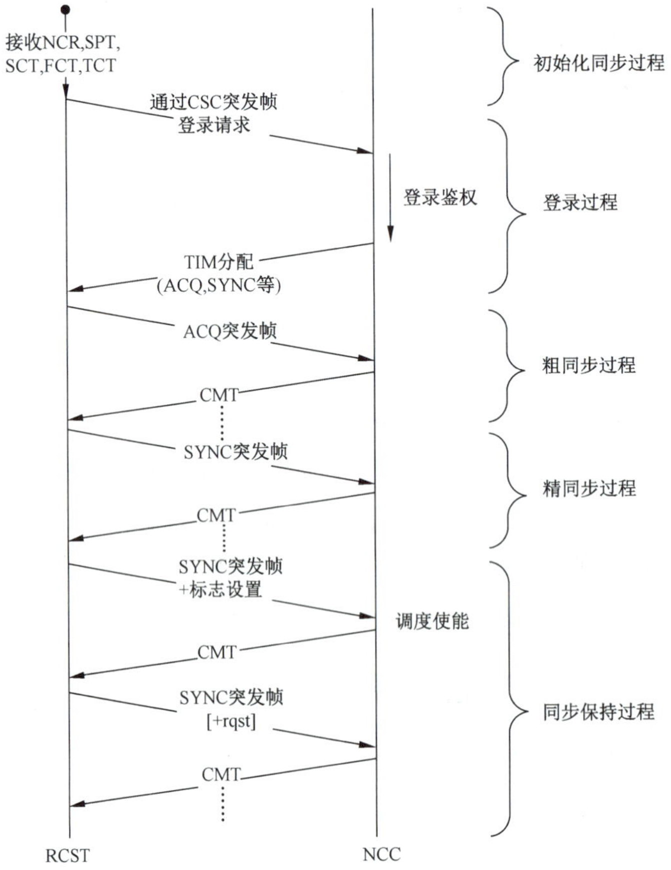

图 34 **RCST** 进入网络的信令流例子

7.3 初始同步过程

上电之后,RCST 将执行以下详细过程:

a) RCST 首先应按照 8.6.5.12 中描述的过程找到所有与 RCS 网络操作有关的必要的控制信息,其中包括 NCR 同步。通过跟踪 NCC 在前向链路中传送的 NCR,RCST 初始化其内部时钟。

b) 接着,RCST 应采用卫星位置表(SPT)中的星历数据和其自身的位置信息(纬度、经度和海拨高度),计算出前向和回传链路距离。RCST 凭此距离计算出卫星至 RCST 和 RCST 至卫星的传播时延。在 NCC 不发送 SPT 的情况下,RCST 应使用 NIT 中的标称卫星位置。

c) RCST 应继续在整个会话期间接收 NCR,在出现 NCR 同步丢失事件时,RCST 停止发送(见 7.8.3),并重新启动初始同步过程。相似的,任何后面描述过程的 RCST 失败,均将使 RCST 返回初始同步过程。

d) RCST 应接收 NCC 以有规律的间隔传送的突发帧时间计划,BTP 包含在前向链路信令中,并由超帧、帧和时隙组成表组成,所有这些表在 8 中描述。RCST 还应捕获广播 TIM。

遵循这些步骤后,RCST 应进入接收同步状态。

7.4 登录步骤

7.4.1 RCST 的登录

RCST 在接收到了所有与卫星交互网络结构相关的 SI 表之后,为了能被系统认可,并能准备处理业务,它准备发起一次网络登录。RCST 能决定从"接收同步"状态移出,例如因为其正在引导或因为它想发送数据,又因长时间处于非活动状态已不再处于登录状态时。也可以是,网络通过在 8.6.5.9 中描述的单播 TIM 中发送一个"唤醒"信令给 RCST 来触发登录过程。图 35 示出了登录过程,其细节如下:

a) RCST 在 CSC 时隙中采用时隙 Aloha 随机接入方式发送一个登录请求,该请求包含 RCST MAC 地址,和一个表示终端能力的域(见 6.3.4)。若该请求被正确接收,NCC 将执行下一步,若在预定时间内没有得到 NCC 的响应,RCST 假设可能发生了多个同时发出的请求发生了碰撞,应随机选择一个时延并重发。若可行,重复率的上限和登录请求持续时间在 DIN EN 301426—2002 中规定。重传方案的参数是由终端从连接控制描述符(见 8.6.5.11.14)中重载的,该描述符是在初始同步过程中获得的。

b) NCC 验证传输资源是否可用(ACQ 和 SYNC 突发帧)以及检查管理方面要求是否满足(也就是,账户有效、账单已结等)。若所有的条件均满足,NCC 执行下一步。如图 35 所示,RCST 应等待 n^2 乘以值 max_time_before_retry 的时间,其中 n 为通过这一循环的重发次数。

c) 作为回应,NCC 发送一个 TIM 消息到 RCST,该"登录"TIM 应包含 8.6.5.9 和 8.6.5.11.1 中细化的信息。

d) 随后,RCST 将用一个 ATM VPI/VCI 发送 ATM TRF 突发帧,对于在 TRF 帧中发送可选的 MPEG 包的 RCST 将分配一个 PID。VPI/VCI 或 PID 值是 TIM 在登录初始化描述符(见 8.6.5.11.4)或网状网登录初始化描述符(见 8.6.5.11.22)中分配的。

注:在例外情况下,如严重的网络错误,CSC 帧的接入可以是专用的而不是随机的。

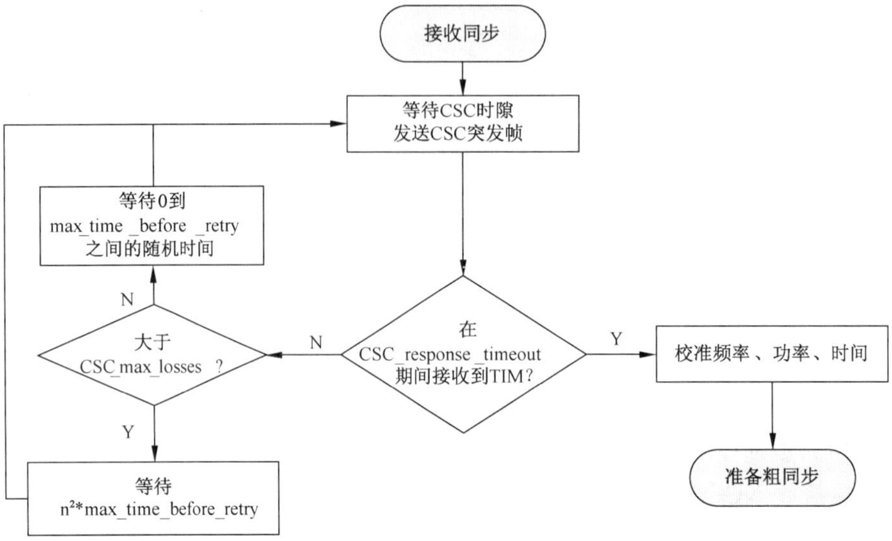

图 35 登录过程

7.4.2 存在大定时不确定性时的登录(移动选项)

a) 7.4 中所述规则可以用于允许 RCST 至卫星的时延没有确定性的登录情形,确定的时延是保证 CSC 突发帧能正常传送,也就是 CSC 突发帧应落在 CSC 时隙边界内;

b) 在这种情况下,NCC 能在登录 TIM 中传送可选的 Correction_message_extension 描述符,以识别 CSC 帧在哪个时隙中接收。在计算了总的定时校正时,RCST 应联合这种方式中的“粗”校正和 Correction_message_extension 描述符中包含的“精”校正;

c) 为支持这种可选特征,应在前向链路信令中指明,即通过将相应的超帧组成段中的 Large_Timing_Uncertainty_Flag 标志设置为“0”。对于需要采用这种方式的 RCST 不应尝试登录,除非该支持已被发送;

d) 当采用这种方式时,RCST 应定位超帧中最长的、有效的 CSC 时隙连续序列,并尝试发送 CSC 帧,使得其接收为以下情况之一:

——若连续的 CSC 数是奇数,则在时隙的中央;

——若连续的 CSC 数是偶数,在任意两个最靠近序列中央瞬时点的时隙之一。

7.5 粗同步过程(可选)

a) 在一个所有的 RCST 均锁定于前向链路 NCR 的网络中,除了差分 Doppler 外,NCC 能校正 RCST 与 NCC 之间的所有频率和定时误差。当卫星和终端位置为确定时,初始突发帧时间误差会较低。虽然 NCC/网关接收机能够处理这些残余的误差,对于卫星定位姿态很稳定的情况下,这些残余的误差还是较小的。对于 RCST 没有提出执行粗同步过程测距处理的要求,这种情况下,TIM 将不包含 ACQ 分配描述符(见 8.6.5.11.5),且 RCST 将直接进入“准备精同步”状态。若包含该描述符,则 RCST 将执行此处给出的粗同步过程;

b) RCST 完成登录后,且已被授权继续执行,它应着手捕获阶段以改善定时、频率同步和功率调整,该过程示于图 36,其细节如下。

通过 TIM,RCST 被分配 ACQ 突发帧,RCST 在其保留的时隙中发送一个 ACQ 突发帧,相比于系统参考,NCC 测量该 ACQ 突发帧的定时、频率和功率误差,并在校正消息表(CMT,见 8.6.5.10)中发回测量信息,RCST 再重复该过程。该过程一直继续到精度处于 ACQ 分配描述符(见 8.6.5.11.5)中向

RCST 指明的“粗同步门限”内。同是这个描述符提供了限制该过程循环次数的措施(最大尝试次数),该过程的参数包含在 correction_control_descriptor 中(见 8.6.5.11.15)。

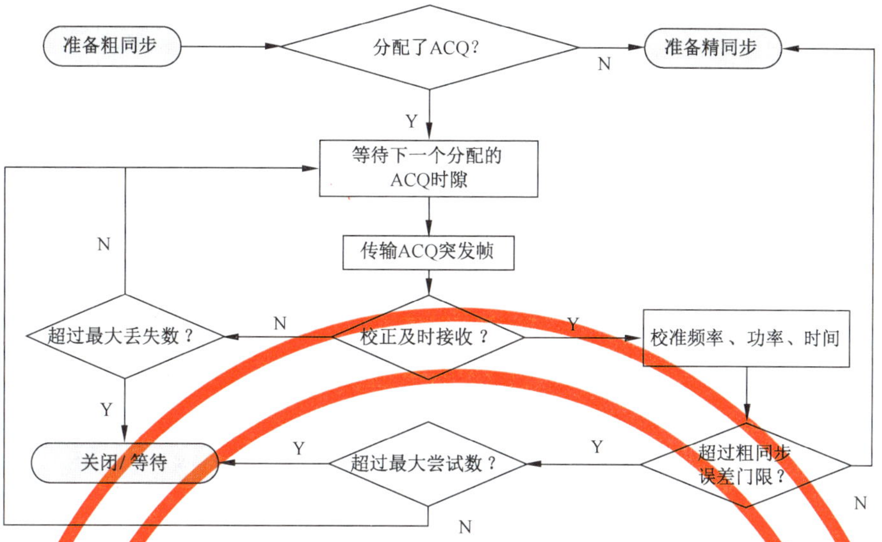

图 36 粗同步过程(可选)

7.6 精同步过程(可选)

a) 在原理上该过程与 7.5 中描述的粗同步过程十分相似,但其采用专用的 SYNC 时隙代替 ACQ 突发帧。该过程只在这种情况下执行:在最近的校正消息中指出的误差(该消息要么包含在紧跟 CSC 后收到的“登录”TIM 中,要么在可选的 ACQ 过程中的 CMT 中)大于“登录”TIM 中的 SYNC 分配描述符中指明的“精同步门限”(见 8.6.5.11.6)。

b) 精同步过程示于图 37,该过程的参数包含在 correction_control_descriptor 中(见 8.6.5.11.15)。

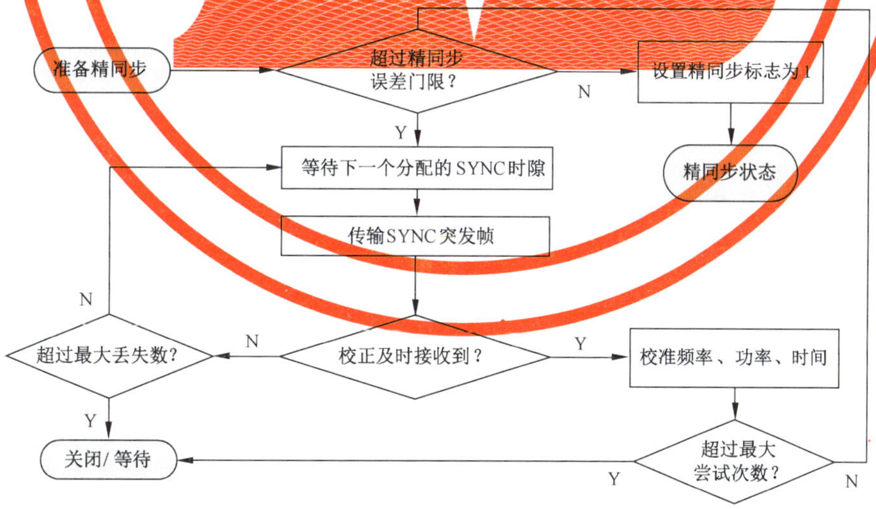

图 37 精同步过程(可选)

注:可能需要对一组误差测量取平均,以得到足够的精度。

7.7 同步维持过程

a) 一旦达到精同步状态,RCST 将被允许发送 TRF 帧,但它应同时维持同步,如图 38 所示,该过程在整个会话期间内连续完成。然而，当 NCC 已向 RCST 指明网络需要安全注册时（见 8.6.5.11.4 登录初始化描述符，或 8.6.5.11.22 网状网初始化描述符），RCST 将等待安全握手的发生（见 9.5），一旦它回复了“安全注册响应”消息，它被允许在所分配的 TRF 时隙发送用户业务。

b） 循环计数、超时、和门限值是通过嵌入在 TIM（见 8.6.5.11.6）中的 SYNC_Assign 描述符向 RCST 指明的。本过程的参数包含在 correction_control_descriptor 中（见 8.6.5.11.15）。

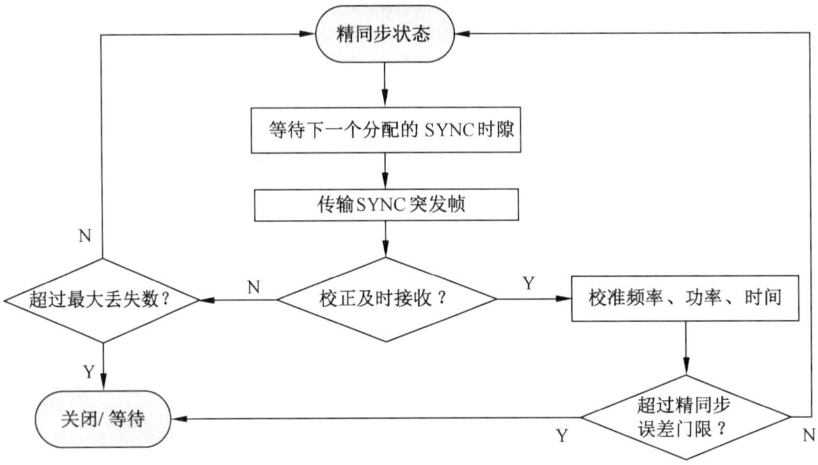

图 38　同步保持过程

7.8　RCST 离网过程

7.8.1　概述

a） 本描述的 RCST 离网过程用于 RCST 处于精同步状态的情况下；

b） 当 RCST 离网，它应停止所有的发送，且其逻辑地址和 SYNC 时隙将被从活动表中移除，并使这些资源可以被其他入网的 RCST 使用。离网过程可以是因会话结束而发起的（正常），或者由以下描述的失败所发起的（非正常）。

7.8.2　正常离网

a） 一次正常的离网能够由用户在会话结束时自动或人工发起。

b） 对于 RCST 发起的离网，应在 M&C 中发送离网请求消息。

c） 对于 NCC 发起的离网，离网消息应在发送给 RCST 的终端信息消息（TIM）中发送（见 8.6.5.9）。

7.8.3　非正常离网

在以下情况下，RCST 应离网：

a） 接收同步丢失；

b） 在连续几秒钟内收不到 NCR；

c） 连续几个 SYNC 没有收到 CMT 突发帧校正。

8　控制与管理

8.1　RCST 登录控制与监控功能

a） 本定义允许 RCST 登录到卫星交互网络的消息，这些消息将用于协调呼叫中的 RCST 识别、

RCST 功率调节过程和登录过程，登录过程为 RCST 给出了一个身份识别，能被用于传送元信令以请求业务连接。下面将详细描述前向和回传链路的协议栈，以及每一条在 NCC/网关和 RCST 间交换的消息；

b） 作为一组最低要求，RCST 应与 DIN EN 301426—2002 中规定的控制与监控功能（CMF）兼容。其他情况下，当它正确收到控制时，本标准要求 RCST 只被允许发送。

8.2 协议栈

8.2.1 回传链路协议栈

在回传链路，协议栈是基于映射到 TDMA 突发帧的 ATM 元或可选 MPEG2-TS 包，对于 IP 报文传输，以下是用于回传链路协议栈：

a） 基于 ATM 的回传链路：IP/AAL5/ATM。

b） 可选的 MPEG2 回传链路：基于 MPEG2 传输流的多协议封装，如 DIN EN 301192—2010 定义。

在前向链路中，协议栈是基于 DVB/MPEG2-TS 标准。对于 IP 报文传送，如下是用于前向链路的协议栈：

c） IP 基于多协议封装，再基于 DVB/MPEG2 传输流，如 DIN EN 301192—2010 定义。

d） 可选的数据管道模式下 IP/AAL5/ATM/MPEG-TS。因此能够实现在再生式卫星系统中的终端对终端的直接通信。

8.2.2 RCST 类型 A（IP）

RCST 类型 A 应只能够支持 IP 业务。ATM 信元被用于回传链路，这可受益于 AAL5 的分段的重装（SAR）功能。其中定义的两种复用方式，应采用称为“基于 VC 的路由协议复用”的那种。ATM 信元应按 6.3.2.2 中定义的方式映射到 MF-TDMA 业务帧中，53 字节的 ATM 信元由 5 字节头部和 48 字节净荷组成，ATM 信元可以用于用户业务、控制和管理业务（由上层处理），对于类型 ARCST，5 字节的 ATM 头应遵循 ATM UNI 信元格式，如图 39 所示。

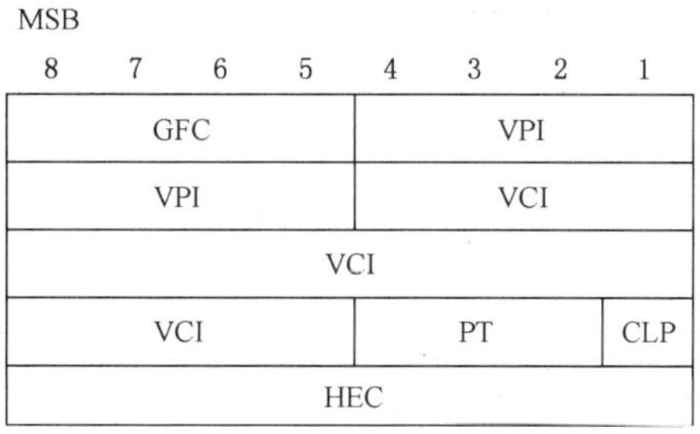

图 39 ATM 信元头格式

以下是不同域的使用：

a） GFC：保留，当采用了可选的安全机制时，该域有另外的含义（见 9.5.7.4）；

b） VPI：设置为终端登录后由网络传给终端（见 8.6.5.11.4）的 VPI 值，，或从上层信令中获得的 VPI 值；

c） VCI：设置为终端登录后由网络传给终端（见 8.6.5.11.4）的 VCI 值，或从上层信令中获得的 VCI 值；

d） 对给定的 VPI/VCI 在给定的时间内，不应被网络分配给多于一个的 RCST；

e） PT：该域应按如下使用：

——第四个 8 位字节的 bit2 应用于 AAL5 分段和重装处理（AUU 位），如 ITU-T I.363.5 FRENCH—1996 定义；

——第四个 8 位字节的 bit3 通常用于 ATM 信令，以表明信元是否已经历拥塞，该 bit 应设置为“0”；

——第四个 8 位字节的 bit4(通常用于 ATM 信令，以表明此信元是业务信元)，该 bit 设置为“0”时为业务信元，为“1”时为 CTRL/MNGM 突发帧(见 6.7.2)。

f) CLP：信元丢弃优先级，该 bit 用于表明当在某个 ATM 网络节点发生缓冲拥塞时被首先丢弃的信元，该 bit 应设置为“0”；

g) HEC：该应按 YD/T 976—1998 描述的来产生；

h) 可选数据管道模式：

——用户业务在用户设备和网关之间传输，或可选地在两个用户设备间传输。在采用基于 ATM 回传信道的系统中，在再生式卫星系统中的两个用户设备间的业务传输意味着终端将需要支持数据管道模式；

i) 可选 MPEG 模式：

——作为选择，IP SAR 功能能够以 MPEG2 传输流包作为容器，由 DVB 多协议封装方式提供，并应按 6.3.2.2 中定义的将包映射到 MF-TDMA 业务帧中去；

——在回传信道 MPEG TS 包中用户业务，以及 CTRL/MNGM 消息(如果可用的话，见 6.7.2)的 PID 是由登录初始化描述符(见 8.6.5.11.4)或网状网初始化描述符(见 8.6.5.11.22)设置的，或从上层信令中获得；

——用户业务在用户设备和网关之间传送，或可选地在两个用户设备间传送，而信令只在 NIU 和 NCC 之间传送。图 40 示出了用户业务和信令协议栈的一个例子。

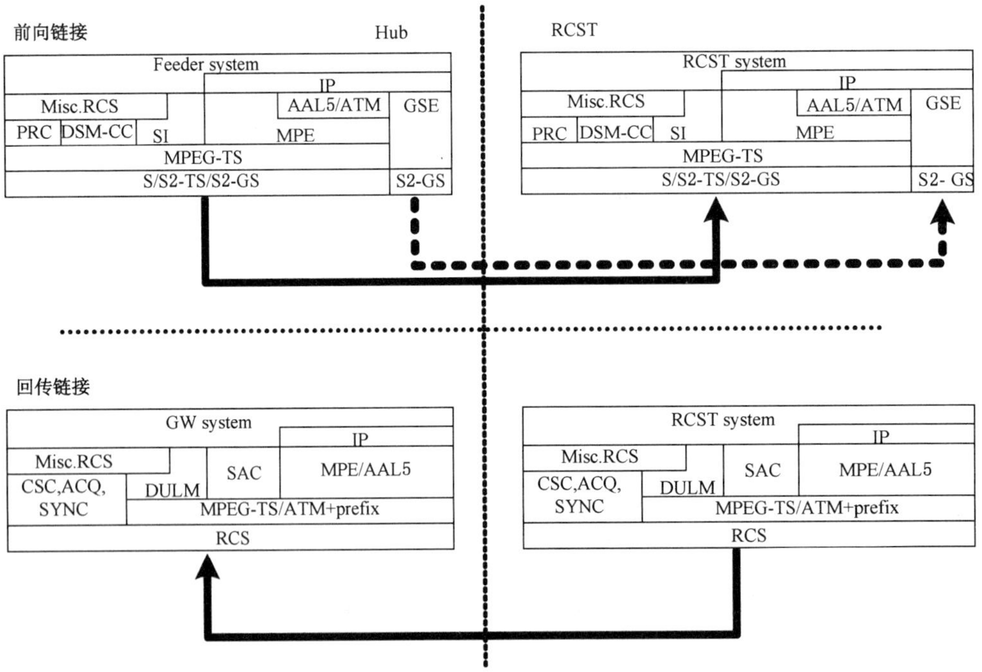

说明：在前向链接中 IP/AAL5/ATM/MPEG2/DVBS 是可选的。

图 40　类型 A RCST 协议栈例子

8.2.3 可选 RCST 类型 B(纯 ATM)

a) RCST B 类应能按 RCST A 类工作，也能通过在前向链路上的 MPEG2 传输流中封装 ATM 信元来支持纯 ATM 协议。在回传信道，ATM 信元应按 6.3.2.2 中定义映射到 MF-TDMA 业务突发帧中；

b) 作为一个 UNI，RCST 能够在前向和回传链路上支持永久虚拟电路(PVC)和交换虚拟电路(SVC)，并应采用遵循 ITU-T Q.2931—1995/Amd 2—1999/Cor 1—2000 的标准兼容信令。与常规 ATM 环境不同的是，在终端和网关间有一个共享介质。在登录过程中，通过 TIM 中的登录初始化描述符或网状网初始化描述符，VPI/VCI 被分配给 RCST，见 8.6.5.11.4、8.6.5.11.22 和 8.6.5.9。被分配的 VPI/VCI 应改写其原值 0/5，0/5 值通常用于 ITU-T Q.2931—1995/Amd 2—1999/Cor 1—2000 信令；

c) RCST 中的 ATM 连接性是可选的。

8.3 RCST 寻址

a) 在前向链路，应通过一个物理 MAC 地址和一个逻辑地址特别地被识别，除非当采用了 6.5.6 的可选规则，MAC 地址应被 6.5.6.5 定义的非视距识别符替代；

b) MAC 是一个物理地址存贮在非易失存贮器中，它与一个特殊 RCST 物理识别符相对应，且应由 48 bit 组成，值 0xFFFFFFFFFFFF 保留用于对所有 RCST 广播。MAC 地址应的一个 CSC 突发帧中使用，且用在载有 TIM 的 DSM-CC 私有数据段，它还将用于将 IP 报文封装入 MPEG2-TS 帧 TR 101 202 中；

c) 逻辑地址由二个域组成：Group_ID 和 Logon_ID，这些是 RCST 的登录期间被分配的，它们用于访问每个 RCST，直至离网；

d) Group_ID 对应于一组登录的 RCST，它应由 8 bit 组成，值 0xFF 应保留用于系统；

e) Logon_ID 用于特别地识别具有相同 Group_ID 的组中的 RCST，它应由 16 bit 组成，值 0XFFFF 应保留用于系统(回传链路的竞争模式)；

f) 对于一个类型 A RCST，任何指定传到一个特定的 RCST 的数据(用户业务)应采用 RCST MAC 地址，任何指定传到所有 RCST 的数据(用户业务)应采用广播 MAC 地址(0xFFFFFFFFFFFF)；

g) 独立地，每个用在高层的协议可以采用其自己的寻址方案，也就是，IP 报文等。

8.4 前向链路信令

8.4.1 前向链路信令与通用 SI 表

a) DVB 基于 MPEG PSI 表建立了一组用于提供关于广播网络的详细信息的表格，这些 DVB 表就是所指的业务信息(SI)表。

b) 在一个由前向和回传链路组成的双向卫星交互网络中，媒质接入控制信息和其他信令，是通过前向链路传输的，并应以 DVB 兼容模式传送，因此，应采用 DIN ETS 300468—1997 DVB 系统中的业务信息(SI)表规范。

c) 前向链路信令由通用 SI 表(携带关于卫星交互网络结构的信息)、发送到每个 RCST 的特定消息、为标准 DVB-SI 表定义的私有数据域、特殊传输流包(PCR 插入)和描述符(包括标准 DVB-SI 表的私有描述符)等组成。

8.4.2 通用 SI 表

8.4.2.1 卫星交互网络组织的通用 SI 表

a) 描述卫星交互网络组织的通用 SI 数据结构化为六类表，这些表在私有段广播的(见 ISO/IEC 13818-1:2007)描述符的使用允许对表的组织进行灵活的处理，并允许将来兼容扩展。

b) 8.6.5 给出了表内容的精确定义。

8.4.2.2 超帧组成表(SCT)

a) 本表描述将整个卫星交互网络再分为超帧和帧,每个超帧的表包括一个超帧识别、中心频率、以 NCR 表示的绝对起始时间和一个超帧计数。
b) 每个超帧进一步分为帧,每一类帧由一个 frame_id 识别。
c) 超帧中的帧位置由 TBTP 中用于时隙分配的帧号给出,帧编号规则在 6.8.3 中描述。
d) 这些帧根据中心频率和相关的超帧起始时间来安排。

8.4.2.3 帧组成表(FCT)

a) 本表描述将帧分割成时隙,每个 frame_id(也就是每类帧)的表包括一个帧周期、一帧中包含的总时隙数、时隙的起始时间和频率偏移。
b) 每个时隙的传输参数(例如,符号率、码率、报头等)通过一个时隙识别符(timeslot_id)被指定为一个 TCT 中的描述。

8.4.2.4 时隙组成表(TCT)

本表通过时隙识别符为每一个时隙类型定义传输参数,它提供关于时隙特性的信息,如符号率、码率、报头、净荷内容(采用 ATM 信元的 TRF、采用 MPEG2 TS 包的 TRF、CSC、ACQ、SYNC)以及其他信息。

8.4.2.5 卫星位置表(SPT)

本表包含卫星的星历数据,该数据是在规则的间隙更新突发帧位置时所要求的,本表应包含作为特定卫星交互网络组成部分的卫星的数据。

8.4.2.6 校正消息表(CMT)

a) NCC 发送校正消息表到一组 RCST,CMT 的作用是指导登录的 RCST 对于它们要发送的突发帧应采取什么校正措施,它提供了突发频率、定时和幅度的校正值。
b) CMT 通过最新的测试的 ACQ 和 SYNC 突发帧提供 RCST 校正信息。

8.4.2.7 终端突发时间计划表(TBTP)

a) 本消息是由 NCC 发给一组终端的,NCC 通过一个逻辑 Group_ID 寻址该终端组,而通过一个逻辑 Logon_ID 寻址每个终端,Group_ID 和 Logon_ID 均是在登录时告知终端的。
b) TBTP 包含每个 RCST 的一个和多个入口,每个入口分配了一块相邻的时隙,每个业务分配是以块中的起始时隙号和一个连续时隙分配的重复因子来描述的。
c) TBTP 允许时隙被一次或连续分配,在后一种情况,提供了一种从 TBTP 中增加或移除分配时隙的机制。

8.4.3 终端信息消息表(TIM)

a) 本消息是由 NCC 根据 MAC 地址发给一个指定的 RCST(单播消息),或以保留的广播 MAC 地址广播到所有的 RCST,TIM 包含前向链路的静态和半静态的信息,如配置信息;
b) 本消息也可以用于促使一个 RCST 切换到不同的组、网络组或网络,或切换一组 RCST 到不同的,信令服务在另一个 MPEG2-TS 中的前向链路。本消息在 DSM-CC 私有数据段中传送(见 AS/NZS 13818.6—1999)。

8.4.4 PCR 插入传输流包

插入 PCR 传输流包用于插入 NCR 值，该值用于回传链路同步，其 PID 应经由前向链路信令业务（见 8.6.5.12）的 PMT 来分配，可选的净荷可以包含所有相关的卫星到 NCC 和卫星网关的总时延信息。

8.4.5 总结

图 41 给出了前向链路协议栈的概况，该协议栈相应于图 40 所示的协议。

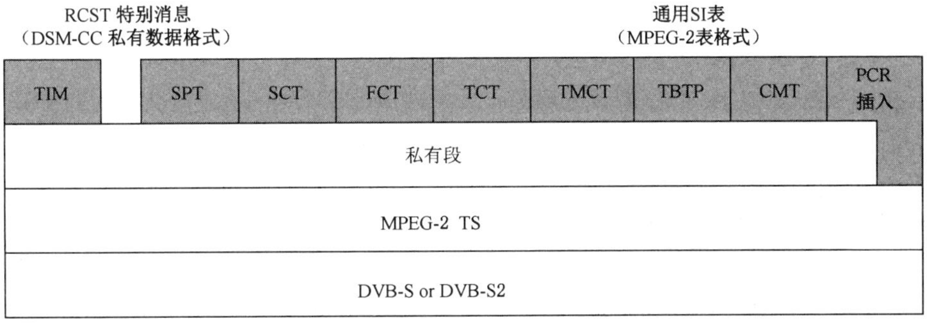

图 41 前向链路协议栈

8.4.6 重复频率

a) SCT、FCT、TCT、SPT、TMST 以及 TIM 的所有段应至少每 10 s 传送 1 次，以允许新激活的 RCST 获得必要的启动状态信息，而且，TIM 应按要求更新，以向 RCST 反应系统状态的变化，促使 RCST 马上按要求修改参数；

b) TBTP 应每超帧更新；

c) PCR 插入 TS 包中的 NCR 值的更新频率应在 200 次/s 和 10 次/s 之间，若采用了的话，可选的 PCR 插入 TS 包净荷段应至少每秒钟传输 1 次；

d) 单播 TIM 应按要求更新，以反应影响一个给定 RCST 的变化。

8.5 回传链路信令

8.5.1 RCST 的同步与标识消息

NCC 管理 RCST 的同步，同步过程是在保留时隙上，NCC 和 RCST 之间的一组信令交换，该过程允许同步参数、定时、频率和功率的精调（见第 7 章）。以下描述的消息用于 RCST 的同步。ACQ 和 SYNC 是特殊的突发帧，它们包含专用于 NCC 的，用于测量频率和定时偏移的符号。

a) NCC 经由 TIM 要求一个 RCST，通过被分配的一个有限重复次数的 BTP ACQ 时隙，发送一系列 ACQ 突发帧。在能承受要求的信令带宽的系统中，NCC 要求 RCST 按要求在 TBTP 中分配的 ACQ 时隙中发送 ACQ 突发帧；

b) 在采用周期性 SYNC 发送的系统中，NCC 还要求 RCST 周期性地发送 SYNC 突发帧，其 SYNC 时隙每 N 个超帧一次，是 NCC 通过 TIM 分配的。在采用 ad hoc(非周期性)SYNC 发送的系统中，NCC 要求 RCST 按要求在 TBTP 中分配的 SYNC 时隙中发送 SYNC 突发帧；

c) NCC 确定 RCST 功率、频率和突发时间误差，频率和突发时间误差的校正信息是由 RCST 在 CMT 中发送的；

d) 前向：消息/DSM-CC 和 SI 段/MPEG2-TS/(DVB-S or DVB-S2)；

e) 回传：特殊突发帧/空中接口；

f) 采用的消息：

——TIM (前向) - [DSM-CC] 或 TBTP [SI]

——CMT (前向) - [SI]；

——CSC (回传)；

——ACQ (回传)；

——SYNC (回传)。

8.5.2 RCST 与 NCC 间的配置参数(可选)

a) NCC 用 RCST 和 NCC 间交换的配置参数来识别 RCST 的能力，以及它能从指定的 RCST 获得什么样的传输特性，并且 NCC 能够获得诸如厂家识别、RCST 版本[前向链路接收机数、RCST 类型(放大器功率)、用户识别、硬件版本、软件版本、RCST 位置(纬度、经度、海拔高度)、室外单元特性(功率、天线尺寸和增益)、RCST 连接类型(SMATV、单用户、多用户)、安装者识别、邮政编码、安装时间日期等]。RCST 中的一个私有管理信息数据库(MIB)以变量形式存贮这些配置参数，NCC 采用 SNMP 指令从 RCST MIB 获得当前的配置参数。NCC 通过在 RCST MIB 中设置标志来表明收到了配置参数，RCST 中的 SNMP 代理响应 NCC 中的 SNMP 代理的指令。配置参数交换是可选的，RCST 若支持 SNMP 功能，则应在 CSC 突发帧中说明(见 6.3.4)；

b) 前向：SNMP/UDP/IP/DSM-CC/MPEG2-TS/(DVB-S 或 DVB-S2)；

c) 回传：SNMP/UDP/IP/业务突发帧/空中接口；

d) 消息：

——get-request [MIB 变量] (前向)；

——get-next-request [MIB 变量] (前向)；

——get-response [MIB 变量，值] (回传)；

——set-request [确认标志] (前向)。

注：私有 MIB 变量超出了本标准描述范围。

8.5.3 网络管理的其他消息(可选)

a) 每当网络管理需要时，NCC 和 RCST 会发送一些其他的 SNMP 消息。这些消息实现安装过程、软件升级、发送授权或禁止、个别/组控制和前向业务链路分配、RCST 状态查询、以及 RCST 或 NCC 请求离网等。NCC 查询 MIB 值以确定 RCST 状态，并在 MIB 变量中存贮值以触发 RCST 活动。当 RCST 完成触发活动或提出请求时，它发送 trap 消息通知 NCC，例如，NCC 发送一个含有 MIB 变量值的 set-request 消息，以授权或禁止 RCST 发送，类似地，RCST 发送一个 trap 消息到 NCC，以请求离网。该消息交换是可选的，RCST 若实现 SNMP 功能，则应在 CSC 突发帧中说明(见 6.3.4)；

b) 前向：SNMP/UDP/IP/DSM-CC/MPEG2-TS/(DVB-S 或 DVB-S2)；

c) 回传：SNMP/UDP/IP/业务突发帧/空中接口；

d) 消息：

——get-request [MIB 变量] (前向)；

——get-next-request [MIB 变量] (前向)；

——get-response [MIB 变量] (回传)；

——set-request [MIB 变量，值] (前向)；

——trap [MIB 变量值，值] (回传)。

注：私有 MIB 变量超出了本标准描述范围。

8.5.4 突发时间计划的交换

a) 突发帧时间计划(BTP)要被发送到所有的 RCST，并通过终端突发帧时间计划消息(TBTP)产生作用。该信息是 RCST 知道何时传送突发帧的基础，容量请求(CR)消息是由 RCST 发送到 NCC 的，用于所有基于队列中数据流量的连接。对于固定比特速率连接，NCC 处的 TDMA 调度器将遵照链路建立参数自动更新 BTP；

b) 前向：消息/SI 表/MPEG2-TS/(DVB-S 或 DVB-S2)；

c) 回传：容量请求(CR)/空中接口；

d) 消息：

——TBTP (前向)；

——CR (回传)。

8.6 前向链路信令的 SI 编码

8.6.1 引言

卫星交互网络的前向链路信令分为 5 个部分：

a) 通用 SI 表(SCT、FCT、TCT、SPT、TBTP 以及 CMT)；

b) RCST 特殊消息(TIM)；

c) 为标准 DVB-SI 表定义的私有数据域；

d) 特殊传输流包(PCR 插入)；

e) 描述符，包括标准 DVB-SI 的私有描述符。

后面描述这些表、消息以及描述符的编码和定义。

8.6.2 SI 表机制

a) 卫星交互网络的 SI 表是在 ISO/IEC 13818-1:2007 中定义的私有段中传送的。

b) DIN ETS 300468—1997 中定义的用于将表在一个或多个段中拆分的 SI 表语法和语义、段长度、段识别、段到传输流的映射、重复率和随机访问等也应可用于本文档定义的卫星交互网络 SI 表。

如果需要，在本文档中定义的表可以被扰码，以禁止业务被分析，若表被扰码，则应采用 DIN ETS 300468—1997 中定义的同样机制。

8.6.3 DSM-CC 段机制

a) 卫星交互网络的 RCST 特殊消息是在 DSM-CC 私有数据段中传送的，AS/NZS 13818.6—1999 为其常规定义，DIN ETS 300468—1997 为 DVB 中的定义。

b) 如果需要，本文档定义的 RCST 特殊消息可以被扰码，以禁止业务被分析，它们可以个别地被扰码。

8.6.4 PID 与 table_ID 域的编码

表 28 列出了 PID 和 table_ID 值，这些值用于装载本标准定义的 SI 表和 RCST 特殊消息的 TS 包。

表 28 PID 和 table id 分配 SI 表

现有文件中定义的私有数据段和表	PID	Table_id
保留		0x00～0x40
RMT	已指定[a]	0x41
保留		0x42～0x9F

表 28（续）

现有文件中定义的私有数据段和表	PID	Table_id
SCT	已指定	0xA0
FCT	已指定	0xA1
TCT	已指定	0xA2
SPT	已指定	0xA3
CMT	已指定	0xA4
TBTP	已指定	0xA5
PCR 净荷包	已指定	0xA6
保留		0xA7
保留		0xA8
保留		0xA9
传输模式支持表	已指定	0xAA
保留待用		0xAB～0xAF
TIM	已指定	0xB0
LL_FEC_parity_data_table	已指定	0xB1
保留待用		0xB2～0xBF
用户自定义		0xC0～0xFE
[a] PID 值应定义为一个给定系统的交互式网络上的一个给定值。		

8.6.5 表的定义

8.6.5.1 不同类表的语法与语义

下面描述不同类型表的语法与语义：

注：本标准使用的符号、缩略词，以及描述语法的方法与 ISO/IEC 13818-1:2007 中 2.2 和 2.3 定义一样。

在本标准的表中使用了 ISO/IEC 13818-1:2007 2.2.6 定义的助记符，为了方便，本文档进一步定义了三个助记符，以涵盖频繁使用的参数格式：

a) spfmsbf=单精度浮点值，这是遵照 GB/T 17966—2000 格式化的一个 32 位值，第一位是最高位（也就是指数的最高位）；

b) upcrmsf=无符号 PCR 计数值，该类参数的编码方式应与 ISO/IEC 13818-1:2007 中描述的 program_clock_reference（PCR）的编码方式完全一样，由一个最多 33 bit 的基本域和 9 bit 的扩展域组成。在 bit 数小于全 42 bit 的 PCR 格式时，最低 9 bit 应与扩展域相符，且剩下的 bit 应与基本域的最低 bit 相符。第一位是最高位；

c) flagmsf=多 bit 布林标志域（例如，状态字节/字），第一位是最高位。每个标志被宣称处于逻辑“1”，在对 ISO/IEC 13818-1:2007 语法的扩展中，单个标志以标准的对象参考“dot”标记为参考，也就是在参数“状态”中的“foo”标志以“status.foo”为参考，且如果 foo 标志位为“1”，则取 TRUE 值。

8.6.5.2 标准段头

8.6.5.2.1 标准头

标准头是为前向链路信令使用定制的，且代表在DVB和ISO标准中规定的更通用格式的一个子集。

8.6.5.2.2 SI段头

标准的SI段头总共占64 bit，且应按表29定义。标准的SI段头语义为：

a) table_id：该8 bit域用于识别表，table_id值见表28；
b) section_syntax_indicator：是一个1 bit域，应设置为“1”；
c) section_length：这是个12 bit域，其前两比特应为“00”，它规定段的字节数，从紧跟section_length域开始计，并包括CRC。section_length不超过1021，因此整个段的最大长度为1024字节；
d) interactive_network_id：这是个16 bit域，用作识别采用本表的卫星交互网络的标签；
e) version_number：该5 bit域是分表的版本号，当分表中的信息发生变化时该版本号要增加1，当达到31时，又折回“0”。当current_next_indicator被设置为“1”时，则version_number应指当前可用的由table_id和interactive_network_id_mask定义的分表，当current_next_indicator被设置为“0”时，则version_number应指下一个可用的由table_id和interactive_network_id_mask定义的分表；
f) current_next_indicator：这是个1 bit标志，当设置为“1”时，表示分表是当前可用分表，当设置为“0”时，它表示发送的分表还不可用，且要求下一个分表也是合法的；
g) section_number：这个8 bit域给出了段的编号，分表中第一个段的section_number应为“0x00”，section_number应随每个具有相同table_id和interactive_network_id附加段增加1；
h) last_section_number：这8 bit域规定分表中的最后一个段的编号(也就是，具有最高section_number的段)。

表29 标准SI段的表头

语法	位号	助记符
table_id	8	uimsbf
section_syntax_indicator	1	bslbf
reserved_for_future_use	1	bslbf
保留	2	bslbf
section_length	12	uimsbf
interactive_network_id	16	uimsbf
保留	2	bslbf
version_number	5	uimsbf
current_next_indicator	1	bslbf
section_number	8	uimsbf
last_section_number	8	uimsbf

8.6.5.2.3 DSM-CC 私有段头

DSM-CC 私有域的标准头共占 96 bit，宜如表 30 定义，DSM-CC 私有域的标准头的语义如下：

a) table_id：这 8 bit 域用于识别表，table_id 值见表 28；
b) section_syntax_indicator：这是个 1 bit 域，应设为"1"，表示在段尾使用了 CRC32 校验域；
c) private_indicator：这是个 1 bit 域，应设为 section_syntax_indicator 的补数"也就是"0")；
d) section_length：这是个 12 bit 域，其前两 bit 应为"00"，它规定段的字节数，紧随 section_length 域开始，并包括 CRC。section_length 不应超过 1021，因此，整个段的最大长度为 1024 字节；
e) MAC_address_[1～6]：这是个 48 bit 域，含有目的地 MAC 地址，MAC 地址分为 6 个 8 bit 的域，标为 MAC_address_1 至 MAC_address_6，MAC_address_1 域含有 MAC 地址的最高字节，而 MAC_address_6 含有最低字节；

注：字节中 bit 的顺序不反向，且每个字节的 MSB 还是先发。

f) payload_scrambling_control：这是个 2 bit 域，定义净荷段的扰码模式(见表 31)，净荷段包括 MAC_address_1 后的净荷，但不包括 CRC32 域。采用的扰码方式是用户私有的，若 9.5 中定义的可选安全机制是活动的，本域应如 9.5.7.4 中定义；
g) address_scrambling_control：这是个 2 bit 域，定义 MAC 地址段的扰码方式(见表 32)，本域使能 MAC 地址的动态变化，采用的扰码方式是用户私有的；
h) LLC_SNAP_flag：这是个 1 bit 域，应设为"0"，表示净荷不用 LLC_SNAP 封装；
i) current_next_indicator：这是个 1 域，应设为"1"；
j) section_number：这 8 bit 域给出的段的编号，消息中第一段的 section_number 应设为"0x00"，section_numbe 应随同一个消息的每个附加段增加 1；
k) last_section_number：这 8 bit 规定消息的最后段的编号(也就是，具有最高 section_number 的段)。

表 30 标准 DSM-CC 私有字段表头

语法	位号	助记符
table_id	8	uimsbf
section_syntax_indicator	1	bslbf
private_indicator	1	bslbf
保留	2	bslbf
section_length	12	uimsbf
MAC_address_6	8	uimsbf
MAC_address_5	8	uimsbf
保留	2	bslbf
payload_scrambling_control	2	bslbf
address_scrambling_control	2	bslbf
LLC_SNAP_flag	1	bslbf
current_next_indicator	1	bslbf
section_number	8	uimsbf

表 30（续）

语法	位号	助记符
last_section_number	8	uimsbf
MAC_address_4	8	uimsbf
MAC_address_3	8	uimsbf
MAC_address_2	8	uimsbf
MAC_address_1	8	uimsbf

表 31　payload_scrambling_control 域的编码

数值	净荷扰码控制
00	未加密
01	按服务情况定义
10	按服务情况定义
11	按服务情况定义

表 32　address_scrambling_control 域的编码

数值	地址扰码控制
00	未加密
01	按服务情况定义
10	按服务情况定义
11	按服务情况定义

8.6.5.3　超帧组成表(SCT)

SCT(见表 33)包含与卫星交互网络组织相关的信息,特别是帧结构的细分,interactive_network_id 和 the superframe_id 的联合可以特别地识别每个超帧。对于每个卫星交互网络,分配了一个单独的 interactive_network_id,用作独特的识别码,它在整个给定网络中是独特的。

SCT 应按 DIN ETS 300468—1997 中定义的语法拆分到超帧组成段中,任何组成 SCT 一部分的段应在 TS 包中传送,其 PID 值在 PMT 表中分配。SCT 的任何段应有表 28 中定义的 table_id 值。

表 33　超帧组成字段语法

语法	位号		助记符
	保留[a]	信息	
Superframe_composition_section(){			
SI_private_section_header		64	—
superframe_loop_count		8	uimsbf

表 33（续）

语法	位号		助记符
	保留[a]	信息	
for(i=0;i<=superframe_loop_count;i++){			
superframe_id		8	uimsbf
Large_Timing_Uncertainty_Flag		1	bslbf
uplink_polarization	5	2	bslbf
superframe_start_time_base		33	uimsbf
superframe_start_time_ext	6	9	uimsbf
superframe_duration		32	upcrmsf
superframe_centre_frequency		32	uimsbf
superframe_counter		16	uimsbf
frame_loop_count	3	5	uimsbf
for(j=0;j<=frame_loop_count;j++){			
frame_id		8	uimsbf
frame_start_time		32	upcrmsf
frame_centre_frequency_offset		24	tcimsbf
}			
}			
CRC_32		32	rpchof
}			
[a] 保留位的类型是 bslbf，并且在同一行中要先于信息位			

superframe_composition_section 的语义：

a) SI_private_section_header：这是一个标准的 SI 私有段头，定义见表 29，共占 64 bit；

b) superframe_loop_count：这是个 8 bit 域，表示一个小于随后的循环反复次数的数，零值表示一个循环；

c) superframe_id：这是个 8 bit 域，用作在卫星交互网络内一个超帧区别任何其他超帧的识别标签；

d) Large Timing Uncertainty_Flag：该标志当设置为“0”时，表示在相关的超帧中支持大定时不确定性，且 Correction_Message_Extension_Descriptor 将被与 Correction_Message_Descriptor 一起传送；

e) uplink_polarization：这是个 2 bit 域，规定发送信号的极化方式(见表 34)；

f) superframe_start_time_base 和 superframe_start_time_ext：这两个域给出了由 superframe_id 识别的超帧绝对起始时间。两个域的的编码与 ISO/IEC 13818-1：2007 中描述的 program_clock_reference(PCR)编码是相同的，两个域分别对应于 PCR 的基本部分和扩展部分；

注：用 6 个保留 bit 分隔基本部分和扩展部分与广泛用于其他 DVB 表的 PCR 值格式是匹配的。

g) superframe_duration：这 32 bit 域给出由 superframe_id 识别的超帧的持续时间，以 PCR 计数间隔表示。32 bit 域对应的最大持续时间为 93.2 s；

h) superframe_centre_frequency：这 32 bit 域给出由 superframe_id 识别的超帧的绝对中心频率，该频率为 100 Hz 的倍数；

i) superframe_counter：这 16 bit 域给出超帧的计数值，模 65 536，用于避免 TBTP 消息处理时的模糊；

j) frame_loop_count：这 5 bit 域表示一个小于随后的循环反复次数的数，零计数表示一个循环。帧号遵循 6.8.3 中定义的编号规则；

k) frame_id：给出第 j 个帧的帧类型识别符，相应于 FCT 中定义的帧类型；

l) frame_start_time：这 32 bit 域给出第 j 个帧相对于超帧起始时间的起始时间，以 PCR 计数间隔表示。该 32 bit 与最大的 93.2 s 持续时间对应，对于连续载波工作时，该参数只用作载波分配控制的定时参考，不表示载波的特性；

m) frame_centre_frequency_offset：这 24 bit 域给出第 j 个帧的中心频率相对于 superframe_centre_frequency 参数(SCT)的带符号的偏置值，该频率以 100 Hz 的倍数给出；

n) CRC_32：这是个 32 bit 域，包含 CRC 值，在处理了整个段后，它使 DIN ETS 300468—1997 的附录 B 中定义的寄存器的输出端给出零值。

表 34 极化定义

极化	数值
线性-水平	00
线性-垂直	01
圆-左旋	10
圆-右旋	11

8.6.5.4 帧组成表(FCT)

FCT 携带描述不同帧类型的信息，本表每个帧类型定义以频率/ 时间划分的结构。

FCT 应如表 35 中定义，它按 DIN ETS 300468—1997 中描述的语法被拆分成帧组成段，任何组成 FCT 一部分的段应以 PMT 中分配的 PID 在 TS 包中传送，任何 SCT 段应具有表 28 中定义的 table_id 值。

表 35 帧组成段语法

语法	位号		助记符
	保留[a]	信息	
Frame_composition_section(){			
SI_private_section_header		64	—
frame ID loop_count		8	uimsbf
for(i=0;i<=frame_ID_loop_count;i++){			
frame_id		8	uimsbf
frame_duration		32	upcrmsf
total_timeslot_count	5	11	uimsbf
start_timeslot_number	5	11	uimsbf

表 35（续）

语法	位号		助记符
	保留[a]	信息	
timeslot_loop_count		8	uimsbf
for(j=0;j<=timeslot_loop_count;j++){			
timeslot_frequency_offset		24	tcimsbf
timeslot_time_offset		32	upcrmsf
timeslot_id		8	uimsbf
repeat_count		8	uimsbf
}			
}			
CRC_32		32	rpchof
}			
[a] 保留位的类型是 bslbf，并且在同一行中要先于信息位。			

frame_composition_section 语义：

a） SI_private_section_header：这是一个表 29 中定义的标准 SI 段头，共占有 64 bit；

b） frame_ID_loop_count：这是个 8 bit 域，表示一个小于随后的循环反复次数的数，零计数表示一个循环；

c） frame_id：这个 8 bit 域用作从任何其他帧类型中识别出第 i 帧的标志；

d） frame_duration：这 32 bit 域给出由 frame_id 识别的第 i 个帧的持续时间，以 PCR 计数间隔表示。该 32 bit 与最大的 93.2 s 持续时间对应，对于连续载波工作时，该参数只用作载波分配控制的定时参考，不表示载波的特性；

e） total_timeslot_count：这 11 bit 域定义第 i 个帧中的总的时隙数；

f） start_timeslot_number：这 11 bit 定义在本段中第 i 帧的第 1 个时隙号，并遵循 6.8.3 中定义的编号规则，这简化了跨段帧的分割，因为定义的非同源帧会超出一个段的容量；

g） timeslot_loop_count：这是个 8 域，表示一个小于随后的循环反复次数的数，零计数表示一个循环。其规则遵循 6.8.3 中定义的编号规则；

h） timeslot_frequency_offset：这 24 bit 域给出第 j 个时隙组的中心频率相对于 frame_centre_frequency 参数(FCT)的带符号的偏置值，该频率以 100Hz 的倍数给出；

i） timeslot_time_offset：这 32 bit 域给出相对于帧起始时间的第 j 个时隙组的时间偏移量，以 PCR 计数间隔表示。该 32 bit 与最大的 93.2 s 持续时间对应，对于连续载波工作时，该参数只用作载波分配控制的定时参考，不表示载波的特性；

j） timeslot_id：这是个 8 域识别第 j 个时隙组的时隙类型，且相应于 TCT 中定义的 timeslot_id；

k） repeat_count：这 8 bit 域值是前导 timeslot_id 的重复次数，该值是小于相同类型连续时隙的总数，例如，0 值表示没有重复(只发生一次)。当值为 2 时，表示进一步重复 2 次，共 3 次。所有的重复应具有相同的 timeslot_frequency_offset 值，但 timeslot_time_offset 值应从前一时隙增加一个属于该 timeslot_id 的 TCT 中的 timeslot_duration。当定义表示连续载波的时隙实例时，repeat_count 的值应设为 0；

l） CRC_32：这是个 32 bit 域，包含 CRC 值，在处理了整个段后，它使 DIN ETS 300468—1997 的

附录 B 中定义的寄存器的输出端给出零值。

8.6.5.5 时隙组成表(TCT)

a) TCT(见表 36)携带与时隙类型特性相关的信息,例如,ATM 信元的 TRF、MPEG2-TS 包的 TRF、CSC、SYNC、以及 ACQ,timeslot_id 允许每种时隙被特别地识别。本表只描述时隙特性,特定时隙的时间与频率的协调包含在 SCT/FCT 中。

表 36 时隙组成字段

语法	位号		助记符
	保留[a]	信息	
Timeslot_composition_section(){			
SI_private_section_header		64	—
timeslot_loop_count		8	uimsbf
For(i＝0;i ＜＝timeslot_loop_count;i＋＋){			
timeslot_id		8	uimsbf
symbol_rate		24	uimsbf
timeslot_duration		24	upcrmsf
burst_start_offset		16	upcrmsf
inner_code_type		1	bslbf
inner_code_ordering		1	bslbf
outer_coding		2	bslbf
inner_code_puncturing		4	bslbf
modulation		5	bslbf
baseband_shaping		3	bslbf
timeslot_payload_type		8	uimsbf
Route_ID_flag		1	bslbf
ACM_flag		1	bslbf
MOB-flag		1	bslbf
SAC_length		5	bslbf
request_flag		1	bslbf
M_and_C_flag		1	bslbf
Group_ID_flag		1	bslbf
Logon_ID_flag		1	bslbf
capacity_requests_number		3	bslbf
New_permutation		1	bslbf
If((Inner_code_type＝＝1) and(New_permutation＝＝1)){			
P0	3	5	uimsbf
P1	6	10	uimsbf

表 36（续）

语法	位号		助记符
	保留[a]	信息	
P2	6	10	uimsbf
P3	6	10	uimsbf
}			
preamble_length		8	uimsbf
for(j=0;j<preamble_length;j++){			
preamble_symbol		2	bslbf
}			
while (! bytealigned){			
stuffing_bit }		1	bslbf
}			
CRC_32		32	rpchof
}			
[a] 保留位的类型是 bslbf,并且在同一行中要先于信息位			

b) TCT 应采用 DIN ETS 300468—1997 描述的语法，被拆分到时隙组成段中，任何组成 TCT 部分的段应以 PMT 中分配的 PID 在 TS 包中传送，任何 TCT 段应具有表 28 中定义的 table_id 值。

c) timeslot_composition_section 的语义：

——SI_private_section_header：这是一个标准的 SI 私有段头，定义见表 29，共占 64 bit；

——timeslot_loop_count：这是个 8 bit 域，表示一个小于随后的时隙循环反复次数的数；

——timeslot_id：这是个 8 域用作识别第 j 个时隙，包括所有时隙特性；

——symbol_rate：这 24 bit 域给出单位为符号/秒的符号率；

——timeslot_duration：这 24 bit 域定义时隙的持续时间，以 PCR 计数间隔表示，24 bit 与最大 364 ms 对应，对于表示连续载波的时隙，timeslot_duration 应设为 0；

——burst_start_offse：这 16 bit 域定义从时隙起始开始的突发帧起始偏移，以 PCR 计数间隔表示，16 bit 相应于最大偏移为 1.42 ms；

——inner_code_type：这 1 bit 规定采用的内码类型，“0”表示 $K=7$ 的卷积码（见 6.5.4），而“1”表示 Turbo 码（见 6.5.5）；

——inner_code_ordering：这 1 bit 规定 Turbo 码编码块的传送次序，“0”表示正常次序，“1”表示反向次序（见 6.5.5.4），当 $K=7$ 的卷积码时，该 bit 保留；

——outer_coding：这 2 bit 域规定所采用的外码方式，“01”表示 6.5.3 规定的 RS 码被打开，“10”表示采用了 6.5.2 定义的 CRC 差错检测，“00”表示 RS 和 CRC 都采用了，“11”表示 RS 和 CRC 都没有采用；

——inner_code_puncturing：这 4 bit 域（见表 37）与选择的内码一起规定所采用的内码码率。当回传采用连续载波时，这是被采用的内码，除非 RCST 在可选回传传输方式描述符中允许采用其他内码；

表 37　内码编码

编码率	数值 0000 0001	$K=7$ 0011 0100	Turbo 码 1111	Contin. Carrier[a]	Contin. Carrier[c]
1/2	0000	×	×	×	×
2/3	0001	×	×	×	不用
3/4	0010	×	×	×	×
5/6	0011	×	不用	×	不用
7/8	0100	×	不用	不用	不用
1/3	0101	不用	×	×	不用
2/5	0110	不用	×	×	不用
4/5	0111	不用	×	×	不用
6/7	1000	不用	×	不用	不用
1/4	1001	不用	不用	×	×
3/5	1010	不用	不用	×	不用
8/9	1011	不用	不用	×	不用
9/10	1100	不用	不用	[b]	不用
保留待用	1101～1110				
忽略内码编码	1111	×	×	×	

注：×代表支持。

[a] 带有正常和短帧的 DVB-S2。
[b] 带有正常帧的 DVB-S2。
[c] 带有甚短帧的 DVB-S2 扩展。

——modulation：这是个 5 bit 域，用作调制方案的识别，如表 38 定义。当采用回传信道扩频时，第一个 bit(MSB)等于 1；第二个 bit 当为 $\pi/2$-BPSK 调制时等于 0，当为 QPSK 调制时为 1；最后三个 bit(LSB)决定扩展因子 F，如表 39 定义。当回传信道采用连续载波工作方式时，也表示采用的调制方式，除非 RCST 在可选的回传方式描述符中允许使用其他调制方案；

表 38　调制方案

调制	数值	MF-TDMA	连续载波
未定义	00000		
QPSK	00001	是	是
8PSK	00010		是
16APSK	00011		是
32APSK	00100		是
$\pi/2$-BPSK(不扩展)	00101	移动的	是
保留待用	00110～01111		
带扩展的 $\pi/2$-BPSK	10000～10111	移动的	是
带扩展的 QPSK	11000～11111	移动的	是

表 39　回传链路扩展因子

扩展因子	调制方案 LSBs
2	000
3	001
4	010
6	011
8	100
10	101
13	110
16	111

——baseband_shaping：这是个 3 bit 域，用作所使用的平方根余弦滚降基带成形的识别，如表 40 定义；

表 40　回传链路的基带形成

滚降参数	MF-TDMA	连续载波
0.35	000	000
0.25	不使用	001
0.20	不使用	010
保留待用	011～111	

——timeslot_payload_type：这是个 8 bit 域，用作时隙类型的识别标志，其值由表 41 分配。"用户定义"值的范围能用于发送带传送方案的，依赖于系统的连续载波应用，不仅限于 DVB-S2，当回传信道采用连续载波工作方式时，也表示采用该格式，除非 RCST 在可选的回传方式描述符中允许使用其他格式；

表 41　时隙类型

时隙类型	数值
保留	0x00
带有一个 ATM 信元的 TRF	0x01
带有两个 ATM 信元的 TRF	0x02
保留	0x03
带有四个 ATM 信元的 TRF	0x04
带有 MPEG2-TS 数据包的 TRF	0x05
CSC	0x06
ACQ	0x07
SYNC	0x08
带有引导的 DVB-S2 正常帧	0x09

表 41（续）

时隙类型	数值
不带有引导的 DVB-S2 正常帧	0x0A
带有引导的 DVB-S2 短帧	0x0B
不带有引导的 DVB-S2 短帧	0x0C
带有引导的 DVB-S2 扩展甚短帧	0x0D
保留待用	0x0E～0x7F
用户自定义	0x80～0xFF

——Route_ID_flag：值“0”表示本时隙的 SAC 域包含一个 route_ID 子域，如 6.7.1.1.1 中定义，值“1”表示没有 route_ID 子域；

——ACM_flag：值“0”表示这个时隙的 SAC 域包含一个如 6.7.1.1.1 描述的 ACM 子域，值“1”表示没有；

——MOB_flag：值“0”表示这个时隙的 SAC 域包含一个如 6.7.1.1.1 描述的 Mobility_Control_Message，值“1”表示没有；

——SAC_length：这 5 bit 域规定以字节表示的 SAC 长度，不包括可选的 CRC；

——Request_flag：值“1”表示这个时隙的 SAC 域包含一个如 6.7.1.1.1 描述的请求子域，这种情况下，请求的次数由以下描述的 capacity_requests_number 域表示，值“1”表示没有请求子域；

——M_and_C_flag：值“1”表示这个时隙的 SAC 域包含一个如 6.7.1.1.1 描述的 M&C 子域，值“0”表示没有；

——Group_ID_flag：值“1”表示这个时隙的 SAC 域包含一个如 6.7.1.1.1 描述的 Group_ID 子域，值“0”表示没有；

——Logon_ID_flag：值“1”表示这个时隙的 SAC 域包含一个如 6.7.1.1.1 描述的 Logon_ID 子域，值“0”表示没有；

——capacity_requests_number：这 3 bit 域表示一个小于如 6.7.1.1.1 描述的，在 SAC 中允许的 capacity_requests 次数。在使用 TRF 前缀信令方式的网络中（容量请求附在 TRF 突发帧中），该域正常地取 0 值（“000”）。前缀方式不需要指明 CR 次数。前缀应是 4 个字节以满足一个 3 字节CR，若 4 字节前缀只用于 CR，适配到这 4 字节空间的 CR 可以是 3 字节也可以 2 字节。若指明了最大请求次数（不同于零），它定义适配到这 4 字节空间最大的 2 字节 CR 次数。若请求标志等于“0”时，该域为保留域；

——New_permutation：当设为“0”时，这个 bit 表示采用的 turbo 码的排列是缺省的，如表 9 定义。当设为“1”时，表示排列参数按后续的 TCT 定义。若不使用 turbo 码，则该 bit 保留（inner_code_type==0）；

——P_0，P_1，P_2 和 P_3：定义用于特定突发帧类型的排列参数组；

——preamble_length：这是个 8 bit 域，以符号数规定前同步码的长度，而随后的循环在字节边界对齐。其意思是，例如，如果前同步码长度为 14 个符号，前同步码字节的循环将由 4 字节组成，其最后 4 位为纯填充 bit；

——preamble_symbol：这是个 2 bit 域，规定前同步码的 QPSK 符号，符号以将要被发送的次序给出。第一个 bit 规定 QPSK 符号的 I bit，第二 bit 规定 Q bit，由于前同步码没有被扰码，应适当选择前同步码序列，以满足 ETSI 关于偏轴向 EIRP 的要求；

——stuffing_bit：由于前同步码是按字节对齐的，下一个字节边界前会出现填充 bit，填充 bit 可以

是任何值,RCST 会丢弃这些值;

——CRC_32:这是个 32 bit 域,包含 CRC 值,在处理了整个段后,它使 DIN ETS 300468—1997 的附录 B 中定义的寄存器的输出端给出零值。

8.6.5.6 卫星位置表(SPT)

a) SPT 包含所有用于前向和回传链路的卫星位置信息。在 RCST 注册时,NCC 以 27 MHz 时钟周期计算 RCST 至卫星距离的情况下,SPT 没有必要传送。

b) SPT 应按 DIN ETS 300468—1997 中定义的语法拆分到卫星位置段中,任何组成 SPT 一部分的段应在 TS 包中传送,其 PID 值在 PMT 表中分配。SPT 的任何段应有表 28 中定义的 table_id 值,SPT 如表 42 定义。

表 42 卫星位置表段的语法

语法	位号		助记符
	保留[a]	信息	
satellite_position_section(){			
SI_private_section_header		64	—
satellite_loop_count		8	uimsbf
for(i=0;i<=satellite_loop_count;i++){			
satellite_id		8	uimsbf
x_coordinate		32	spfmsbf
y_coordinate		32	spfmsbf
z_coordinate		32	spfmsbf
}			
CRC_32		32	rpchof
}			

[a] 保留位的类型是 bslbf,并且在同一行中要先于信息位。

c) satellite_position_section 的语义:

——SI_private_section_header:这是个表 29 中定义的标准 SI 私有段头,总共占 64 bit;

——satellite_loop_count:这 8 bit 定义一个小于属于系统的卫星数的一个数,零表示一个循环;

——satellite_id:这 8 bit 域定义一个系统分配的卫星识别符;

——x_coordinate:这 32 bit 域以米定义星历表的 x 轴坐标;

——y_coordinate:这 32 bit 域以米定义星历表的 y 轴坐标;

——z_coordinate:这 32 bit 域以米定义星历表的 z 轴坐标;

注:卫星的位置将以大地测量参考框架 ITRF96(IERS 地球参考框架)中的笛卡尔坐标 x,y,z 表示,该系统与 WGS84(世界大地测量系统 84)参考系统在米级上是一致的。

d) CRC_32:这是个 32 bit 域,包含 CRC 值,在处理了整个段后,它使 DIN ETS 300468—1997 的附录 B 中定义的寄存器的输出端给出零值。

8.6.5.7 传输流中插入的 PCR 包

8.6.5.7.1 NCR 计数

传输流中插入的 PCR 包用于插入用于回传链路同步的 NCR 计数。

8.6.5.7.2 TS 包的格式

TS 包的格式应按 ISO/IEC 13818-1:2007 2.4.3 定义,TS 包中的域值(ISO/IEC 13818-1:2007, 表 2.3)应如下:

a) sync_byte:如 ISO/IEC 13818-1:2007 中定义;
b) transport_error_indicator:设为"0";
c) payload_unit_start_indicator:若 TS 包的净荷中包含 PCR 插入净荷段,payload_unit_start_indicator 值应为"1",表示这个 TS 包的净荷的第一个字节携带了一个指针域,该指针域是个 8 bit域,其值应是紧跟在指针域后的字节数,直至 TS 包的净荷中出现的段的第一个字节(因此,指针域的 0x00 值表示段紧跟在指针域后开始);
d) transport_priority:设为"0";
e) PID:设为分配的 PID 值;
f) transport_scrambling_control:如 ISO/IEC 13818-1:2007 中定义,依赖于是否采用了 TS 扰码;
g) adaptation_field_control field:在只传 PCR 值时(没有净荷)设为"10",当表示该包包含一个适配域,并后跟着净荷,以表示已有了一个或多个前向或回传链路复合数据的更新时,设为"11";
h) adaptation_field():有,见下面定义的适配域(见 8.6.5.7.3);
i) data_byte [loop]:有,若 adaptation_field_control 域设为"11",见下面净荷定义(见 8.6.5.7.4)。

8.6.5.7.3 适配域

适配域应按照 ISO/IEC 13818-1:2007 2.4.3.4 编码,其值如下:

a) adaptation_field_length:设为"7";
b) discontinuity_indicator:设为"0";
c) random_access_indicator:设为"0";
d) elementary_stream_priority_indicator:设为"0";
e) PCR_flag:设为"1";
f) OPCR_flag:设为"0";
g) splicing_point_flag:设为"0";
h) transport_private_data_flag:设为"0";
i) adaptation_field_extension_flag:设为"0";
j) program_clock_reference_base;program_clock_reference_extension:设为插入的 NCR 值,如 ISO/IEC 13818-1:2007 定义。

注:适配域的剩余域不可用。

8.6.5.7.4 可选的净荷域

TS 包的可选净荷可以包含 NCC 和卫星,以及业务网关与卫星之间的时延,相应的语法与为私有段定义的标准 ISO/IEC 13818-1:2007 中的定义一致,该段应整个的包含在含有 NCR 的 TS 包的净荷中。

若该净荷用于传送时延数据,语法见表 43。

表 43 可选的 PCR 数据包插入 TS 包净荷段语法

语法	位号		信息助记符
	保留	信息	
PCR Insertion TS packet payload section (){			
SI_private_section_header		64	—
forward_link_combinations		8	uimsbf
for (i=0; i<forward_link_combinations; i++){			
satellite_id		8	uimsbf
NCC_id		8	uimsbf
propagation_delay }		32	upcrmsf
return_link_combinations		8	uimsbf
for (i=0; I<return_link_combinations; i++) {			
satellite_id		8	uimsbf
gateway_id		8	uimsbf
propagation_delay}		32	upcrmsf
descriptor_length		8	uimsbf
for(i=0; i<N; i++) {			
descriptor()}			
CRC_32		32	rpchof
}			

a) SI_private_section_header:这是个表 29 中定义的标准 SI 私有段头,总共占 64 bit;

b) forward_link_combinations:这 8 bit 域定义信道在前向链路上所有可用的 NCC 与卫星组合数;

c) satellite_id:这 8 bit 域定义一个组合的卫星端识别号,satellite_id 是系统管理员分配的,RCST 应将这个 satellite_id 与在 8.6.5.11.11 中定义的卫星前向链路描述符中提供的 satellite_id 相匹配;

d) NCC_ id:这 8 bit 域定义一个组合的 NCC 识别号,NCC_ id 是系统管理员分配的,RCST 应将这个 NCC_ id 与在 8.6.5.11.11 中定义的卫星前向链路描述符中提供的 NCC_ id 相匹配;

e) propagation_delay:这 32 bit 域以一个 PCR 计数定义 NCC 与卫星间的传播时延,对于前向链路,它是 NCC 到卫星的时延,而对于回传链路,它是卫星到网关的时延。这 32 bit 对应于93.2 s最大时延,RCST 可以用该信息计算时延。当存在可选的 PCR TS 包净荷,组合与在用的 satellite_id 和 NCC_id 匹配时,RCST 应将时延值加到基于 8.6.5.6 中定义的 RCST 位置和卫星位置表计算的时延值结果中,也就是,发送时刻应被提前一个等于前向链路 propagation_delay 的量,比较于确定的没有考虑 propagation_delay 的值。包含在可选的 PCR 插入 TS 包净荷段的时延值依赖于 NCC 的实现,当可选的 PCR 插入 TS 包净荷段存在,且回传链路组合与在用的 satellite_id 和 NCC_id 匹配时,RCST 应将时延值加到基于 RCST 位置和卫星位置表计算的时延值结果中。当存在对于前向和回传链路都可用的值时,校正值应是这两个值之和;

注:若提供的值与 NCC 与卫星间以及卫星与网之间的实际时延分别相符,相应的校正将在网关设置系统定时参考面。若发送的值为零,或若没有提供可用的校正值,该参考面将设置在卫星,参考面的位置由系统设计决定。

f) return_link_combinations:这 8 bit 域定义回传链路上的所有的卫星到网关的组合数;

g) Gateway_ id:这 8 bit 域定义一个组合的网关端的识别号,Gateway_ id 是系统管理员分配的,

RCST 应将这个 Gateway_ id 与在 8.6.5.11.12 中定义的卫星回传链路描述符中提供的 Gateway_ id 相匹配；

h) descriptor_length:这 8 bit 域以字节给出将来描述符的总长度；

i) CRC_32:这是个 32 bit 域，包含 CRC 值，在处理了整个段后，它使 DIN ETS 300468—1997 的附录 B 中定义的寄存器的输出端给出零值。

8.6.5.8 终端突发时间计划(TBTP)

TBTP 定义每个超帧产生的动态时隙分配。TBTP 应如表 44 定义，用 DIN ETS 300468—1997 定义的语法，被拆分到 TBTP 段中，任何组成 TBTP 一部分的段应以一个在 PMT 中分配的 PID，在 TS 包中传送，TBTP 的任何段应具有表 28 定义的 table_id。

表 44 终端突发时间规划段

语法[a]	位号		助记符
	保留[a]	信息	
Terminal_burst_time_plan(){			
SI_private_section_header		64	—
Group_ID		8	uimsbf
Superframe_count		16	uimsbf
frame_loop_count	3	5	uimsbf
for (i=0;i<=frame_loop_count;i++){			
frame_number	3	5	uimsbf
BTP_loop_count	5	11	uimsbf
for (j=0;j<=BTP_loop_count;j++){			
Logon_ID		16	upcrmsf
Multiple_channels_flag		1	bslbf
Assignment_type		2	bslbf
VBDC_queue_empty_flag		1	bslbf
Start_slot	1	11	uimsbf
If (Multiple_channels_flag==1)			
If(8- bit Channel_ID is not supported)			
Channel_ID	4	4	uimsbf
If(8-bit Channel_ID is supported)			
Channel_ID		8	a,b
Assignment_count}		8	uimsbf
}			
CRC_32		32	rpchof
}			

[a] 保留位的类型是 bslbf，并且在同一行中要先于信息位。

[b] 8 位格式的 Channel_ID 只限于已确认被特定的 RCST 支持。如果无法确认，则这种 RCST 只能支持 4 位格式的 Channel_ID。

terminal_burst_time_plan 语义：

a) SI_private_section_header：这是个表 29 中定义的标准 SI 私有段头，总共占 64 bit；

b) Group_ID：这是个 8 bit 域，用于识别消息所作用的业务组，见 8.2；

c) Superframe_count：这 16 bit 域用于识别 BTP 所作用的模 65536 超帧计数；

d) Frame_loop_count：这 5 bit 域规定一个小于随后超帧循环次数的数，零表示一个循环，每个循环的条目对应超帧的一个定义的帧；

e) frame_number：这 5 bit 规定超帧中的帧数，并以 6.8.3 中定义的帧编码方式编码；

f) BTP_loop_count：这 11 bit 域规定一个小于随后帧的 BTP 条目循环数的数，零值表示一个循环，循环中的每个条目提供一个已分配的时隙块的定义，若给定终端被分配了多个块，那每一块均有一个条目。给定终端的条目在段中可以不是连续的；

g) Logon_ID：这 16 bit 域给出在登录期间分配给终端的识别号，该数范围限制在 Group_ID 内（也就是，在不同的 Group_ID 内的终端能分配相同的 Logon_ID），见 8.3；

h) Multiple_channels_flag：这 1 bit 标志表示当前的分配存在一个 Channel_ID 域，值 1 对应于 Channel_ID 存在，若为 0，RCST 应假设 channel_id=0；

i) Assignment_Type：这 2 bit 域定义分配的特征，如表示 45 定义；

表 45　分配类型

MF-TDMA 时隙的分配类型	定义连续载波的时隙分配类型	数值
一次分配	载波分配	00
重复分配	永久载波分配	01
分配释放	载波释放	10
保留	永久载波释放	11

j) VBDC_queue_empty_flag：在表中进行了分配后，当 RCST 的 VBDC 队列为空时，这 1 bit 设为“1”，反之设为“0”，若 Multiple_channels_flag 被设为“1”，则队列为由 Channel_ID 域识别的信道的队列；

k) Start_slot：这 11 bit 域给出相对于帧的块中第一个时隙号（编号遵循 6.8.3 中定义的编号规则）；

l) Channel_ID：这 4 bit 或 8 bit 域指明时隙被分配给的信道，该值由 NCC 管理，若 multiple_channels_flag 设为“1”，该域存在。若不支持 8 bit 域则采用 4 bit 域，它携带 Channel_ID，其值范围为 0～15。若支持 8 bit 域就采用 8 bit 域。该域携带的 Channel_ID 值范围为 0～255，按{(Channel_ID+240)模 256}编码。是否支持 8 bit 域在登录时的 CSC 突发帧中指明，如 6.3.4. 定义；

m) Assignment_count：这 8 bit 域给出一个小于块中分配的时隙数的数，这些时隙将以 start_slot 开始连续递增编号；

n) CRC_32：这是个 32 bit 域，包含 CRC 值，在处理了整个段后，它使 DIN ETS 300468—1997 的附录 B 中定义的寄存器的输出端给出零值。

8.6.5.9　终端信息消息（TIM）

TIM 用于发送关于前向和回传链路的静态或半静态信息，如配置参数。其格式支持该消息的两种变异形式。

a) 一种包含给特定终端信息的终端特定消息（单播），这种变体可以因安全原因加密，在登录初始化期间发送,以及在参数发生变化时发送。当TIM包含多个描述符时,在改变其配置前,终端应处理所有描述符。

b) 一种给出对所有终端有效的一般信息的广播消息,这种变体不会被加密,其传送频度应足够大,以便新开机的终端能够在合理的时间内捕获任何必要的信息,这一要求与SCT、FCT和TCT类似的要求相匹配,建议重复间隔相同(见8.4.6)。对于通常包含于广播TIM中的参数,推荐RCST以合适的缺省值进行预编程,尤其是在竞争控制描述符(见8.6.5.11.14)和校正控制描述符(见8.6.5.11.15)中。在安装RCST前,合适缺省值的选择将通常由厂家或网络运营商制定,包含在广播表中的值应覆盖缺省值。

表46 终端信息消息段

语法	位号		信息助记符
	保留	信息	
terminal_information_message_section() {			
DSM-CC_private_section_header		96	
If MAC_address==RCST MAC (not broadcast) {			
RCST_Status }		8	flagmsf
else {			
Network_status }		8	flagmsf
descriptor_loop_count		8	uimsbf
for (i=0; i<=descriptor_loop_count; i++) {			
descriptor() }			
If MAC_address==RCST MAC (not broadcast) {			
Pad_bytes }		[a]	bslbf
CRC_32		32	rpchof
}			

[a] 保留位的类型是bslbf,并且在同一行中要先于信息位。在RCST协议中它们应被忽略。对于加密的单播TIM,为了防止加密哄骗,位值应该以一种随机形式变化。

c) TIM表应如表46定义,它应按DIN ETS 300468—1997中描述的语法,被拆分到终端信息消息段中,任何组成TIM一部分的段应在TS包中传送,其PID值在PMT表中分配。TIM的任何段应有表28中定义的table_id值。

d) terminal_information_message_section 语义:

——DSM-CC_private_section_header:这是个表30中定义的标准的DSM-CC私有段头,共占96 bit;

——RCST_Status:这8 bit域给出状态标志,定义RCST的网络状态(见表47);

表 47 RCST 状态

位	标识符
(MSB)7	ID_encrypt
6	Logon_fail_(忙)
5	Logon_denied
4	Log_off
3	Transmit_Disable
2	Rain_Fade_release
1	Rain_Fade_detect
(LSB)0	Wake_up

e) 以下是标志位的语义,"1"表示定义的条件有效:

——ID_encrypt:表示终端应使用 TBTP 登录 ID 加密;

——Logon_fail_(忙):表示终端由于缺乏资源不能进入网络;

——Logon_denied:表示终端没有被授权进入系统;

——Log_off:表示系统已强制终端离网,该终端应立刻停止发送并进入离网状态;

——Transmit_Disable:表示终端应立即停止发送,并进入保持状态,且应保持不恢复,直至其接收到一个该 bit 被设为"0"的单播 TIM;

——Rain_Fade_release:表示 NCC 正执行重新配置过程,以恢复停止雨衰补偿后的设置;

——Rain_Fade_detect:表示 NCC 已检测到一个雨衰事件,并正执行重新配置过程,以建立雨衰设置;

——Wake_up:表示 NCC 要唤醒 RCST;

——Network_Status:这 8 bit 域给出状态标志,该标志为 RCST 定义广播 MAC 地址范围内的网络状态,该标志 bit 应如表 48 定义。

表 48 网络状态

位	标识符
(MSB)7	ID_encrypt
6	保留
5	保留
4	CSC_link_failure_rec
3	Link_failure_recovery
2	Return_link_failure
1	NCC_Receive_Failure
(LSB)0	Scheduler_Failure

f) 以下这标志位语义,逻辑"1"表示定义的条件有效:

——ID_encrypt:表示终端应使用 TBTP 登录 ID 加密;

——CSC_link_failure_rec:表示系统正从前向或回传链路的失败中恢复,NCC 在 TBTP 中影响 CSC 突发帧，终端应等待其保留的时隙或使用一个 CSC 竞争时隙；

——Link_failure_recovery：表示系统正从前向或回传链路的失败中恢复，对于长时停电恢复，终端应遵循一个预定义的过程，直至接收到一个新的该 bit 设为"0"的广播 TIM；

——Return_link_failure：表示 NCC 已检测到回传链路失败，所有的 RCST 应停止发送，直至接收到一个新的该 bit 设为"0"的广播 TIM；

——NCC_Receive_Failure：表示 NCC 有一个接收信道失败，受影响的终端应挂起发送，直至收到一个新的广播 TIM，表示该失败已不复存在；

——Scheduler_Failure：表示 NCC 有一个调度器失败，受影响的终端应挂起发送所有的业务，但不包括 SYNC 突发帧，直至收到一个新的广播 TIM，表示该失败已不复存在。在出错期间发送的 SYNC 突发帧，应将 SAC 的请求域设为"0"；

——descriptor_loop_count：这 8bit 域定义一个小于随后的循环中的描述符数的数，零计数表示一个循环；

——descriptor()：可以被插入到 TIM 中的描述符在 8.6.5.11 中定义，其宜被标注，以说明允许的描述符在单播 TIM 和广播 TIM 中是不同的（如同 MAC 地址范围定义）；

——Pad_bytes：每个 Pad_byte 应是一个 8 bit 域，为填充消息的加密部分到加密算法的边界，要有足够的填充字节插入，这些域的内容没有定义，且应被随机化，以防止代码被哄骗。消息的加密部分紧跟着 MAC 地址域开始，且在紧贴在 CRC_32 域前结束；

——CRC_32：这是个 32 bit 域，包含 CRC 值，在处理了整个段后，它使 DIN ETS 300468—1997 的附录 B 中定义的寄存器的输出端给出零值。

8.6.5.10 校正消息表(CMT)

a) CMT 应如表 49 所示，它应用 DIN ETS 300468—1997 中描述的语法被拆分到终端信息消息段中，任何组成 CMT 一部分的段应在 TS 包中传送，其 PID 值在 PMT 表中分配。CMT 的任何段应有表 28 中定义的 table_id 值。该消息为若干个终端提供闭环反馈，允许它们调整发射功率电平、频率以及突发帧定时，这是保持链路完整性所需要的，除此之外，还有其他错误反馈消息。

表 49 校验消息表段

语法	位号		信息助记符
	保留	信息	
correction_message_table_section(){			
SI_private_section_header		64	—
Entry_loop_count		8	uimsbf
for (i=0;i <=Entry_loop_count; i++) {			
Group_ID		8	uimsbf
Logon_ID		16	uimsbf
Time_correction_flag		1	bslbf
Power_correction_flag		1	bslbf
Frequency_correction_flag		1	bslbf

表 49（续）

语法	位号		信息助记符
	保留	信息	
Slot_Type		2	bslbf
Burst_time_scaling		3	uimsbf
If (Time_correction_flag==1)			
Burst_time_correction		8	tcimsbf
If (Power_correction_flag==1)			
Power_control_flag		1	bslbf
If(Power_control_flag==1)			
Power_correction		7	tcimsbf
else			
EsN0		7	tcimsbf
If (Frequency_correction_flag==1)			
Frequency_correction}		16	tcimsbf
CRC_32		32	rpchof
}			
注：保留位的类型是 bslbf，并且在同一行中应先于信息位。			

b) correction_message_table_section 语义：

——SI_private_section_header：这是个表 29 中定义的标准 SI 私有段头，总共占 64 bit；

——Entry_loop_count：这个域规定一个小于随后的校正消息循环数的数，零计数表示一个循环；

——Group_ID：这 8 bit 域定义 RCST 被分配的 Group_ID，该 Group_ID 由终端信息表（TIM）识别。并与 TBTP 段中使用的 Group_ID 匹配（见 8.6.5.8）；

——Logon_ID：这 16 bit 域定义分配的终端登录识别符，由终端信息表（TIM）识别。通常，它与 TBTP 段中的相同，当采用扰码时，CMT 中使用的 Logon_ID 将不被扰码，以避免可能影响的 TBTP 安全性；

——Time_correction_flag；Power_correction_flag；Frequency_correction_flag；Slot_type；Burst_time_scaling；Burst_time_correction；Power_control_flag；Power_correction；EsN0；Frequency_correction：这些域与 Correction_message_descriptor 中相匹配的域是相同的，且定义了同一测量校正组，见 8.6.5.11.3 描述符定义；

注：CMT 不直接使用描述符，因为增加的 descriptor_tag 和 descriptor_length 参数将代表一个实质性的、不必要的报头。

——CRC_32：这是个 32 bit 域，包含 CRC 值，在处理了整个段后，它使 DIN ETS 300468—1997 的附录 B 中定义的寄存器的输出端给出零值。

8.6.5.11 描述符编码

8.6.5.11.1 描述符的标识与定位

a) 表 50 列出了本文档中定义的描述符，给出了描述符标记值以及预期的表中位置。

表 50 描述符的标识与定位

描述符	标识数值	PMT	RMT	TIM[a]	
				广播	单播
保留	0x00～0x49				
保留	0x4B～0x9F				
Network_layer_info_descriptor	0xA0				×
Correction_message_descriptor	0xA1				×
Logon_initialize_descriptor	0xA2				×
ACQ_assign_descriptor	0xA3				×
SYNC_assign_descriptor	0xA4				×
Encrypted_Logon_ID_descriptor	0xA5			×	×
Echo_value_descriptor	0xA6		×		
Linkage_descriptor（私有数据）[b]	0xA7	×			
RCS_content_descriptor	0xA8		×		×
Satellite_forward_link_descriptor	0xA9		×		×
Satellite_return_link_descriptor	0xAA			×	
table_update_descriptor	0xAB			×	
Correction_control_descriptor	0xAC			×	
Forward_interaction_path_descriptor	0xAD				×
Return_interaction_path_descriptor	0xAE				×
Connection_control_descriptor	0xAF				×
Mobility control descriptor	0xB0				×
Correction_message_extension_descriptor	0xB1				×
Return_Transmission_Modes_descriptor	0xB2			×	×
Mesh_Logon_initialize_descriptor	0xB3				×
保留	0xB4				×
Implementation_type_descriptor	0xB5			×	
LL_FEC_identifier_descriptor	0xB6			×	×
保留	0xB7～0xDF				
用户自定义，能够在依赖于系统的扩展中被采用	0xE0～0xFE				

[a] 对于 TIM 信息部分，预期位置的定义，对于消息的广播和单播的版本是不同的。

[b] 现有的 DVB 描述符的私有扩展。

注：×表示支持。

b) 登录后，单播 TIM 至少包含以下描述符：Correction_message_descriptor、Logon_initialize_descriptor 或 Mesh_Logon_initialize_descriptor、SYNC_assign_descriptor 和 Satellite_return_link_descriptor，支持 Mesh_ Logon_initialize_descriptor 是可选的。

8.6.5.11.2 网络层的信息描述符(可选)

a) 网络层信息描述符通过网络级信息提供一种机制,如元信令 VPI/VCI 和基本 IP 地址,在登录启动配置阶段期间或之前,能够被传递给 RCST 的管理平面,就此而论,消息内容是从本文涵盖的低层透明地穿过的,并不在此定义。该描述符如表 51 定义。

表 51 网络层信息描述符

语法	位号	助记符
Network_layer_info_descriptor(){		
descriptor_tag	8	uimsbf
descriptor_length	8	uimsbf
Message_body	见 8.6.5.11.2 b)	
}		

b) Network_layer_info_descriptor 语义:
——descriptor_tag:描述符标记是一个 8 bit 域,用于识别每个描述符,其值在表 50 的标记值列中给出;
——descriptor_length:描述符长度是一个 8 bit 域,规定紧跟在 descriptor_length 域后的描述符字节数;
——Message_body:这个可变长域应包含一个传给目标应用的报文。消息体长度不应超过 255 字节,并宜更好地加以限制,以使包含此描述符的段能适配到单个 TS 包中,该报文将采用 SNMP 消息的形式,通过这种方式传递的消息已不在本标准的范围内。与网络相关的基本功能是由登录初始化描述符(见 8.6.5.11.4)或网状网登录初始化描述符(见 8.6.5.11.22)提供的,网络层信息描述符是可选的,若支持 SNMP,将由 RCST 在 CSC 突发帧中指明(见 6.3.4)。

8.6.5.11.3 校正消息描述符

a) 校正消息描述符定义一个用于终端测量的传输参数校正组,它应如表 52 定义;

表 52 校验消息描述符

语法	位号		信息助记符
	保留[a]	信息	
Correction_message_descriptor(){			
descriptor_tag		8	uimsbf
descriptor_length		8	uimsbf
Time_correction_flag		1	bslbf
Power_correction_flag		1	bslbf
Frequency_correction_flag		1	bslbf
Slot_Type		2	bslbf
Burst_time_scaling		3	uimsbf

表 52（续）

语法	位号		信息助记符
	保留[a]	信息	
If (Time_correction_flag==1)			
Burst_time_correction		8	tcimsbf
If (Power_correction_flag==1)			
Power_control_flag		1	bslbf
If(Power_control_flag==1)			
Power_correction		7	tcimsbf
Else			
EsN0		7	tcimsbf
If (Frequency_correction_flag==1)			
Frequency_correction}		16	tcimsbf
}			
[a] 保留位的类型是 bslbf，并且在同一行中要先于信息位。对于加密信息类型，这些位的值没有定义。			

b) Correction_message_descriptor：语义：

——descriptor_tag：描述符标记是一个 8 bit 域，用于识别每个描述符，其值在表 50 的标记值列中给出；

——descriptor_length：描述符长度是一个 8 bit 域，规定紧跟在 descriptor_length 域后的描述符字节数；

——Time_correction_flag、Power_correction_flag、Frequency_correction_flag：这三 bit 用于表明在描述符的剩余部分，分别存在时间、功率和频率校正域；

——Slot_type：这 2 bit 域识别被测量的突发帧的类型，如表 53 定义：

表 53　时隙类型

数值	标识符
00	TRF
01	CSC
10	ACQ
11	SYNC

——Burst_time_scaling：这 3 bit 域给出用于 Burst_time_correction 参数的 2 次方缩放比例，也就是值 2 表示方缩放比例为 4(左移 2 bit)，在本描述符中无时间校正的情况下，也就是 Time_correction_flag 等于 0，Burst_time_scaling 域应设为 000；

——Burst_time_correction：这 8 bit 域以 PCR 时钟计数的 2 的补码(也就是，以 27 MHz PCR 时钟的计数)给出突发帧定时所需的校正，且应按 Burst_time_scaling 域进行比例缩放，为减小舍位误差，被缩放值的 N 个 LSB 比特应设为近似中间值："1"后面跟 $N-1$ 个"0"，并使 N 比特成为 Burst_time_scaling 域的值，例如，当 $N=2$，造成的时钟计数值为："dd dddd dd10"；

——Power_control_flag：这 1 bit 域定义是如何完成回传链路的上行功率控制，值“1”表示 NCC 为 RCST 传送功率校正值，而值“0”表示 NCC 代以传送测到的 Es/No；

——Power_correction：这 7 bit 域给出回传链路的上行功率所要求的校正值，以 0.5 dB 为步进，以 2 的补码整数值表示；

——Es/No：这 7 bit 给出在回传链路上测得的 Es/No 值，以 0.5 dB 为步进，以 2 的补码整数值表示。该值能作为 Power_correction 的替代项用于控制上行功率，Es/No 是每比特能量除以噪声与干扰谱密度；

——Frequency_correction：这 16 bit 域给出要求的频率校正值，以 10 Hz 为步进，以 2 的补码整数值表示。负值表示终端应降低频率，对于不支持频率校正的系统，该域应设为全 0。

8.6.5.11.4 入网初始化描述符

这个描述符提供初始化所需的参数（见表 54）。

表 54 入网初始化描述符

语法	位号		信息助记符
	保留[a]	信息	
Logon_Initialize_descriptor() {			
descriptor_tag		8	uimsbf
descriptor_length		8	uimsbf
Group_ID		8	uimsbf
Logon_ID		16	uimsbf
Continuous_carrier		1	bslbf
Prefix _flag		1	bslbf
Data_unit_labelling_flag		1	bslbf
Mini_slot_flag		1	bslbf
Contention_based_mini_slot_flag		1	bslbf
Capacity_type_flag		1	bslbf
Traffic_burst_type		1	bslbf
If (Traffic_burst_type==0) {			
Connectivity		1	bslbf
If (Connectivity==0) {			
Return_VPI		8	uimsbf
Return_VCI		16	uimsbf
}			
Else {			
Return_signalling_VPI		8	uimsbf
Return_ signalling_VCI		16	uimsbf
Forward_ signalling_VPI		8	uimsbf

表 54（续）

语法	位号		信息助记符
	保留[a]	信息	
Forward_ signalling_VCI		16	uimsbf
}			
}			
Else {			
Return_TRF_PID		13	uimsbf
Return_CTRL_MNGM_PID		13	uimsbf
}			
if (Capacity_type_flag==0) {			
CRA_level		24	uimsbf
VBDC_max		11	uimsbf
RBDC_max		24	uimsbf
RBDC_timeout		16	uimsbf
}			
}			
[a] 保留位的类型是 bslbf,并且在同一行中要先于信息位。在 RCST 协议中它们应被忽略。对于加密了的单播 TIM,为了防止加密哄骗,位值应以一种随机形式变化。			

Logon_initialize_descriptor 语义：

——descriptor_tag:描述符标记是一个 8 bit 域,用于识别每个描述符,其值在表 50 的标记值列中给出；

——descriptor_length:描述符长度是一个 8 bit 域,规定紧跟在 descriptor_length 域后的描述符字节数；

——Group_ID:这 8 bit 域定义 RCST 被分配的 Group_ID,并与 TBTP 和 CMT 段中使用的 Group_ID 匹配；

——Logon_ID:这 16 bit 域定义分配的终端登录识别符,它与 TBTP 和 CMT 段中的 Logon_ID 相匹配；

——Continuous_carrier:这个标志表示描述符是应用于 MF-TDMA 空中接口(值“1”),还是连续载波空中接口(值“0”)；

——Security_handshake_required:值“1”表示采用了 9.5 中描述的安全握手,否则设为“0”；

——Prefix_flag:值“1”表示在网络中支持遵照 6.7.1.2 的前缀方式,“0”表示不支持；

——Data_unit_labelling_flag:值“1”表示网络中支持遵照 6.7.2 的数据单元标记方式,“0”表示不支持；

——Mini_slot_flag:值“1”表示网络中支持遵照 6.7.1.3 的小时隙方式,“0”表示不支持；

——Contention_based_mini_slot_flag:值“1”表示网络中支持遵照 6.7.1.4 的基于竞争的小时隙方式,“0”表示不支持；

——Capacity_type_flag:值“0”表示存在定义设置和限制容量请求的域,“1”表示不存在；

——Traffic_burst_type:这 1 bit 域定义回传链路的业务突发帧类型,值“0”表示遵照 6.3.2.2 的 ATM TRF,“1”表示可选的、遵照 6.3.2.3 的 MPEG2-TS TRF；

——Connectivity:这 1 bit 域定义采用的连接性,“0”表示遵照 8.2.2(类型 A RCST)的 IP 连接,

“1”表示遵照 8.2.3(类型 B RCST)的可选 ATM 连接。在 MPEG2-TS TRF 情况下,一般是 IP 连接,所以不用发送;

——Return_VPI,Return_VCI:这些域定义 RCST 在回传链路的 ATM 信元中要用的 VPI/VCI;

——Return_signalling_VPI,Return_signalling_VCI:这些域定义针对于 ITU-T Q.2931—1995/Amd 2—1999/Cor 1—2000 信令的回传链路 VPI/VCI,以替代正常的值 0/5,该信令用于建立业务连接,这些参数对于所有 RCST 能够是一样的;

——Forward_signalling_VPI,Forward_signalling_VCI:这些域定义针对于 ITU-T Q.2931—1995/Amd 2—1999/Cor 1—2000 信令的前向链路 VPI/VCI,以替代正常的值 0/5,该信令用于建立业务连接,这些参数对于所有 RCST 可以是一样的;

——Return_TRF_PID:这 13 bit 域定义 RCST 回传链路上采用可选 MPEG2 TS 包时的业务信息 PID,这些参数对于所有 RCST 能是一样的;

——Return_CTRL_MNGM_PID:这 13 bit 域定义 RCST 回传链路上采用可选 MPEG2 TS 包时的 CTRL/MNGM 信息 PID,这些参数对于所有 RCST 能是一样的;

——CRA_level:以 bits/s 为单位,分配给终端的 CRA;

——VBDC_max:通过 A/VBDC,每超帧分配给 RCST 的最大净荷单元数,对于每个超帧,该数并不一定要求是绝对值,它能够是几个超帧的平均值;

——RBDC_max:以 bits/s 为单位,最大分配的 RBDC 数据速率;

——RBDC_timeout:超帧中的 RBDC 超时,“0”表示禁止超时。

8.6.5.11.5 ACQ 分配描述符

a) 这个描述符(见表 55)定义在登录时,用于可选的粗同步过程的捕获突发帧的分配,如果使用的话,它只在检测到来自终端的缺省 CSC 之后存在,有些系统可以选择通过 TBTP 分配捕获时隙,以替代使用本描述符。

表 55 ACQ 分配描述符

语法	位号		信息助记符
	保留[a]	信息	
ACQ_assign_descriptor() {			
descriptor_tag		8	uimsbf
descriptor_length		8	uimsbf
ACQ_achieved_time_threshold		8	uimsbf
ACQ_achieved_frequency_threshold		16	uimsbf
ACQ_repeats	2	6	uimsbf
ACQ_start_superframe		16	uimsbf
ACQ_frame_number	3	5	uimsbf
ACQ_repeat_period	2	6	uimsbf
ACQ_slot_number	5	11	uimsbf
}			

[a] 保留位的类型是 bslbf,并且在同一行中要先于信息位。在 RCST 协议中它们应被忽略。对于加密了的单播 TIM,为了防止加密哄骗,位值应以一种随机形式变化。

b) ACQ_assign_descriptor 语义：

——descriptor_tag：描述符标记是一个 8 bit 域，用于识别每个描述符，其值在表 50 的标记值列中给出；

——descriptor_length：描述符长度是一个 8 bit 域，规定紧跟在 descriptor_length 域后的描述符字节数；

——ACQ_achieved_time_threshold：这 8 bit 给出突发帧定时误差门限值的大小，用于从粗同步过程向"准备好精同步"状态转移，见 7.2。该值按与校正消息表和校正消息描述符的 Burst_time_correction 值相同的比例缩放，允许直接与该值比较大小。当测量到的 Burst_time_correction 值小于或等于 ACQ_achieved_time_threshold 时，发生"准备好精同步"状态转移；

——ACQ_achieved_frequency_threshold：这 16 bit 给出载波频率误差门限值的大小，用于从粗同步过程向"准备好精同步"状态转移，见 7.2。当测量到的 Frequency_correction 值小于或等于 ACQ_achieved_frequency_threshold 时，发生"准备好精同步"状态转移；

注：若 ACQ_achieved_time_threshold 和 ACQ_achieved_frequency_threshold 均有非零值，则在两个准则均满足时，发生"准备好精同步"状态转移。

——ACQ_repeats：这 6 bit 域定义在粗同步过程中 ACQ 被重复发送的最大次数，特别值"000000"保留用于表示正提供给终端一个连续的捕获突发帧，该特别值保留用于终端对准期间，典型的情况是安装时；

——ACQ_start_superframe：这 16 bit 域给出模 65536 的超帧号，基于该值 ACQ 开始对准(见 8.6.5.3 SCT Superframe_counter 参数)；

——ACQ_frame_number：这 5 bit 域识别超帧中哪一个帧号包含 ACQ 突发帧，这个号与 6.8.3 中的帧编号相匹配；

——ACQ_repeat_period：这 6 bit 域给出在 ACQ 间重复的超帧数；

——ACQ_slot_number：这 11 bit 域识别用于 ACQ 的时隙号，这个号与 6.8.3 中的帧编号相匹配。

8.6.5.11.6 SYNC 分配描述符

a) 主要描述符(见表 56)提供 SYNC 突发帧的静态 BTP 分配，它典型地在检测到从终端来的缺省 CSC 之后发送，但有必要修正 SYNC 对准时也可以发送。

表 56 SYNC 分配描述符

语法	位号 保留[a]	位号 信息	信息助记符
SYNC_assign_descriptor() {			
descriptor_tag		8	uimsbf
descriptor_length		8	uimsbf
SYNC_achieved_time_threshold		8	uimsbf
max_SYNC_tries		8	uimsbf
SYNC_achieved_frequency_threshold		16	uimsbf
SYNC_start_superframe		16	uimsbf
SYNC_frame_number	3	5	uimsbf

表 56（续）

语法	位号		信息助记符
	保留[a]	信息	
SYNC_repeat_period		6	uimsbf
SYNC_slot_number	5	11	uimsbf
}			

a 保留位的类型是 bslbf,并且在同一行中要先于信息位。在 RCST 协议中它们应被忽略。对于加密了的单播 TIM,为了防止加密哄骗,位值应以一种随机形式变化。

b） SYNC_assign_descriptor 语义：

——descriptor_tag:描述符标记是一个 8 bit 域,用于识别每个描述符,其值在表 50 的标记值列中给出；

——descriptor_length:描述符长度是一个 8 bit 域,规定紧跟在 descriptor_length 域后的描述符字节数；

——SYNC_achieved_time_threshold:这 8 bit 给出突发帧定时误差门限值的大小,用于从精同步过程向"精同步"状态转移,见 7.2。该值按与校正消息表和校正消息描述符的 Burst_time_correction 值相同的比例缩放,允许直接与该值比较大小。当测量到的 Burst_time_correction 值小于或等于 SYNC_achieved_time_threshold 时,发生"精同步"状态转移；

——max_SYNC_tries:这 8 bit 域给出从"准备好精同步"状态开始,为达到精同步 RCST 能发送的最大突发帧数(见 7.2)；

——SYNC_achieved_frequency_threshold:这 16 bit 给出载波频率误差门限值的大小,用于从精同步过程向"精同步"状态转移,见 7.2。当测量到的 Frequency_correction 值小于或等于 SYNC_achieved_frequency_threshold 时,发生"精同步"状态转移；

注：若 SYNC_achieved_time_threshold 和 SYNC_achieved_frequency_threshold 均有非零值,则在两个准则均满足时,发生"精同步"状态转移。

——SYNC_start_superframe:这 16 bit 域给出模 65536 的超帧号,基于该值 SYNC 开始对准(见 8.6.5.3 SCT Superframe_counter 参数)；

——SYNC_frame_number:这 5 bit 域识别超帧中哪一个帧号包含 SYNC 突发帧,这个号与 6.8.3 中的帧编号相匹配；

——SYNC_repeat_period:这 16 bit 域给出在 SYNC 间重复的超帧数,例如,SYNC_repeat_period=0 意思是每个超帧分配 SYNC 时隙,SYNC_repeat_period=1 意思是两个分配 SYNC 时隙的超帧间有一个没有分配 SYNC 时隙的超帧,以此类推；

——ACQ_slot_number:这 11 bit 域识别用于 SYNC 的时隙号,这个号与 6.8.3 中的帧编号相匹配。

8.6.5.11.7 加密的登录 ID 描述符

a） 当 TBTP 被加密时,这个描述符(见表 57)作为一种可能的 TBTP 密钥管理方式,它要求 TIM 消息本身以一个 RCST 特别密钥加密。

表 57 加密的入网 ID 描述符

语法	位号		信息助记符
	保留[a]	信息	
Encrypted_Logon_ID_descriptor() {			
descriptor_tag		8	uimsbf
descriptor_length		8	uimsbf
ID_start_time		16	uimsbf
ID_update_period		16	uimsbf
ID_loop_count		8	uimsbf
for (i=0; i<=ID_loop_count; i++) {			
Encrypted_Logon_ID }		16	uimsbf
}			

[a] 保留位的类型是 bslbf,并且在同一行中要先于信息位。在 RCST 协议中它们应被忽略。对于加密了的单播 TIM,为了防止加密哄骗,位值应以一种随机形式变化。

b) Encrypted_Logon_ID_descriptor 语义:

——descriptor_tag:描述符标记是一个 8 bit 域,用于识别每个描述符,其值在表 50 的标记值列中给出;

——descriptor_length:描述符长度是一个 8 bit 域,规定紧跟在 descriptor_length 域后的描述符字节数;

——ID_Start_time:这 16 bit 给出超帧计数值,凭此,第一个 Encrypted_Logon_ID 参数在随后的循环中起作用,该值相应于 SCT 和 TBTP 中定义的超帧计数;

——ID_update_period:这 16 bit 域给出以超帧计数表示的周期,跟随第一个这个参数,连续的 Encrypted_Logon_ID 参数开始起作用;

——ID_loop_count:这 8 bit 域定义一个随后的小于 Encrypted_Logon_ID 的编号,零表示一个循环,该 ID 遵循时间顺序,第一个最早;

——Encrypted_Logon_ID:这 16 bit 值给出将来的加密登录 ID。

8.6.5.11.8 反馈值描述符

a) 这个描述符(见表 58)支持简单的回环 RCST 诊断测试。

表 58 反馈值描述符

语法	位号		信息助记符
	保留[a]	信息	
Echo_value_descriptor() {			
descriptor_tag		8	uimsbf
descriptor_length		8	uimsbf
Echo_Value		16	"1"+bslbf
}			

[a] 保留位的类型是 bslbf,并且在同一行中要先于信息位。在 RCST 协议中它们应被忽略。对于加密了的单播 TIM,为了防止加密哄骗,位值应以一种随机形式变化。

b) Echo_value_descriptor 语义：

——descriptor_tag：描述符标记是一个 8 bit 域，用于识别每个描述符，其值在表 50 的标记值列中给出；

——descriptor_length：描述符长度是一个 8 bit 域，规定紧跟在 descriptor_length 域后的描述符字节数；

——Echo_value：这 16 bit 域定义反馈的值（例如，回传链路 SAC 域的 2 字节 M&C 中的值），MSB 应设为“1”。

8.6.5.11.9 连接描述符（私有数据）

a) 标准 DVB 连接描述符的一个扩展（见 DIN ETS 300468—1997，6.2.1.1），占用描述符末端为私有数据预留的字节，它用于 RCST 识别服务其用户组的交互网络是哪一个。连接描述符应如 DIN ETS 300468—1997、表 47，并具有表 59 中加粗字体的改变。

表 59 连接描述符（私有数据）

语法	位号		信息助记符
	保留[a]	信息	
linkage_descriptor(){			
descriptor_tag		8	uimsbf
descriptor_length		8	uimsbf
transport_stream_id		16	uimsbf
original_network_id		16	uimsbf
service_id		16	uimsbf
linkage_type		8	uimsbf
Interactive_Network_ID		16	uimsbf
Population_ID_loop_count		8	uimsbf
for (i=0; i<=Population_ID_loop_count; i++) {			
population_ID_base		16	uimsbf
population_ID_mask		16	uimsbf
}			
for (i=0;i<N;i++) {			
private_data_byte		8	bslbf
}			
}			

[a] 保留位的类型是 bslbf，并且在同一行中要先于信息位。在 RCST 协议中它们应被忽略。对于加密了的单播 TIM，为了防止加密哄骗，位值应该以一种随机形式变化。

b) linkage_descriptor 私有数据部分的语义：

——descriptor_tag：描述符标记是一个 8 bit 域，用于识别每个描述符，其值在表 50 的标记值列中给出；

——descriptor_length：描述符长度是一个 8 bit 域，规定紧跟在 descriptor_length 域后的描述符字节数；

——transport_stream_id：这 16 bit 域识别包含指定信息业务的 TS；

——original_network_id:这 16 bit 域给出识别指定信息业务的发起传送系统的 network_id 标识;

——service_id:这 16 bit 域特别地识别 TS 中的一个信息业务,service_id 与 corresponding program_map 段中的 program_number 是一样的;

——linkage_type:这是个 8 bit 域,规定连接类型,对于"RCS FLS"其值为 0x81;

——Interactive_Network_ID:这 16 bit 给出用于识别服务 population_ID 后随内容的交互网络的 network_ID;

——Population_ID_loop_count:这 8 bit 域表示一个小于在随后列表范围内的 population_ID 的编号;

——population_ID_base 和 population_ID_mask:这两个 16 bit 值一起定义一个与本连接描述符/交互网络有关的 population_ID 的范围。population_ID 是 RCST 所归属的群组的识别号,该值是由网络操作员分配的,并且是一个在前向链路捕获前,对 RCST 是已知的配置参数。population_ID_base 参数定义 population_ID 的固定的比特位图部分,而 population_ID_mask 参数定义 population_ID 中那些"不重要"的比特位位置,在掩码中的比特"1"表示相应的 RCST population_ID 的比特位可以是"1"或"0",比特"0"表示相应的 RCST population_ID 的比特位应与基参数中的比特位相匹配;

——private_data_byte:这是个 8 bit 域,该值是私自定义的,它保留了用于将来扩展;

——初始 linkage_descriptor 的功能。

8.6.5.11.10 RCS 内容描述符

a) RCS 内容描述符提供分配给 RCS 特殊表的 PID 的定义,如表 60 所示。该描述符用于节目映射表(PMT)的第二个循环,如 ISO/IEC 13818-1:2007 中,2.4.4.8 中表 2-28 定义。每个描述符定义与一个基本 PID 关联的通用 RCS SI 表和 RCS 特殊消息。对于 RMT,RCS 内容描述符的使用是可选的。

注:作为 PCR_PID 参数,PCR 插入包 PID 应较早地在 PMT 段中发送。

b) RCS_content_descriptor 语义:

——descriptor_tag:描述符标记是一个 8 bit 域,用于识别每个描述符,其值在表 50 的标记值列中给出;

——descriptor_length:描述符长度是一个 8 bit 域,规定紧跟在 descriptor_length 域后的描述符字节数;

——table_id:这 8 bit 域给出用于通用 RCS SI 表或 RCS 特殊消息的 table_id 值,如表 28 定义。

表 60 RCS 内容描述符

语法	位号		信息助记符
	保留[a]	信息	
RCS_content_descriptor() {			
descriptor_tag		8	uimsbf
descriptor_length		8	uimsbf
for (i=0; i<N; i++) {			
Table_id		8	uimsbf
}			

表 60（续）

语法	位号		信息助记符
	保留[a]	信息	
}			

a 保留位的类型是 bslbf，并且在同一行中要先于信息位。在 RCST 协议中它们应被忽略。对于加密了的单播 TIM，为了防止加密哄骗，位值应以一种随机形式变化。

8.6.5.11.11 卫星前向链路描述符

a) 卫星前向链路描述符定义前向链路，并用于 RCS 系统，替代 DIN ETS 300468—1997 中的卫星传送系统描述符，见表 61。

表 61 卫星前向链路描述符

语法	位号		信息助记符
	保留[a]	信息	
Satellite_forward_link_descriptor() {			
descriptor_tag		8	uimsbf
descriptor_length		8	uimsbf
satellite_ID		8	uimsbf
beam_ID		16	uimsbf
NCC_ID		8	uimsbf
link_usage		3	bslbf
local_link_ID		5	uimsbf
Frequency		32	uimsbf
orbital_position		16	bslbf
west_east_flag		1	bslbf
Polarization		2	bslbf
transmission_standard		2	uimsbf
if (transmission_standard==0) {			
"001"		3	uimsbf
}			uimsbf
else if ((transmission_standard==1) or (transmission_standard==2)) {			
scrambling sequence selector		1	bslbf
roll_off		2	uimsbf
}			
symbol_rate		24	uimsbf
if (transmission_standard==0){			
FEC_inner		4	bslbf

表 61（续）

语法	位号		信息助记符
	保留[a]	信息	
保留	4		bslbf
}			
else if ((transmission_standard==1) or (transmission_standard==2)) {			
Input_Stream_Identifier		8	uimsbf
if (scrambling_sequence_selector==0)			
spreading_code_selector		3	
scrambling_sequence_index	3	18	uimsbf
}			
for (i=0; i<N; i++) {			
private_data_byte		8	bslbf
}			
}			

[a] 保留位的类型是 bslbf，并且在同一行中要先于信息位。在 RCST 协议中它们应被忽略。对于加密了的单播 TIM，为了防止加密哄骗，位值应以一种随机形式变化。

b) Satellite_forward_link_descriptor 语义：

——descriptor_tag：描述符标记是一个 8 bit 域，用于识别每个描述符，其值在表 50 的标记值列中给出；

——descriptor_length：描述符长度是一个 8 bit 域，规定紧跟在 descriptor_length 域后的描述符字节数；

——satellite_ID：这 8 bit 域识别哪一个颗卫星载有前向链路，且相应于 SPT/PCR 插入包的净荷中的 satellite_ID；

——beam_ID：这 16 bit 域识别载有前向链路的卫星的波束号；

——NCC_ID：这 8 bit 域识别哪一个 NCC 正发送前向链路，且相应于 PCR 插入包的净荷中的 NCC_ID 域（见 8.6.5.7）；

——link_usage：这 3 bit 用于 RCST 辨别同时在多个前向链路上工作，用法编码如表 62 所示。

表 62　前向链路使用编码

使用编码	作用
000	信号/数据联合链路
001	仅信号链路
010	仅数据链路
111	释放数据链路
011～110	保留待用

c) RMT 在 RMT 的任何入口传输流 ID(TS_id)中,表中的前两个码是互为排它的(对于一个给定的 population_ID 可能只有一个信令链路),“仅信令链路”值可只用于被该 TS_id 所涵盖的所有 RCST,能同时接收多个前向链路的情况。

d) “释放数据链路”值允许前面分配的链路被释放,而无需使终端离网。

e) 对于能够同时工作在多个前向链路的 RCST,在登录期间有两种定义链路的模式:

——只定义信令链路, TIM 定义任何“仅数据链路”,这是一种最灵活的模式;

——RMT 使用多描述符,每个分别用于定义的前向链路,其中只有一个可以是信令链路。

注:就 DVB 而言,该模式实际上将传输流的定义 “伸展”至涵盖一组有内在联系的传输流。

——对两种模式,TIM 均能指令改变经由 RMT 定义的初始配置。

注:改变信令会造成业务中断,不推荐采用。

——只能在单个载波上工作的 RCST 应只使用“信令/数据链路联合”描述符,且应忽略其他 link_usage 码的描述符:

- local_link_ID:这 5 bit 域用于简单改变能够同时在多个前向链路上工作的 RCST 的链路定义,且是一个由交互网络操作员定义的 RCS 本地值,它允许 NCC 指明正创建、改变或释放哪一个前向链路,最后两项操作只能通过 TIM 消息来执行;
- frequency:这 32 bit 域给出频率值,该频率以 100Hz 的倍数给出;
- orbital_position:这是个 16 bit 域,给出 4 位 BCD 值,以规定轨道位置的 4 个符号,十进制小数点在第 3 个符号后(例如:019.2°);
- west_east_flag:这是个 1 bit 域,表示卫星是在轨道的西部还东部,“0”表示西部而“1”表示东部;
- polarization:极化是个 2 bit 域,规定发送信号的极化方式(见表 63);
- transmission_standard:DVB-S 为 0,DVB-S2 采用 CCM 为 1,DVB-S2 采用 ACM 为 2,3 保留;
- scrambling sequence selector:值 1 意思是指数 0 的缺省 DVB-S2 物理层扰码序列,值 0 意思是所用的扰码序列是特殊的,采用 scrambling_sequence_index 域。若采用了扩展因子大于 1 的扩频,应采用值 0;
- roll_off:0 没有定义,1 表示 20%、2 表示 25%、3 表示 35%;
- symbol_rate:这是个 24 bit 域,给出 100 符号/秒倍数的符号率;
- FEC_inner:这是个 4 bit 域规定内码 FEC 方案,如表 64 所示。

——Input_Stream_Identifier:如 ETSI EN 302 307-2—2009 中 5.1.6 定义;

——spreading_code_selector:这 3 bit 域定义用于扩频的码片序列,如表 65 所示;

- scrambling_sequence_index:DVB-S2 物理层扰码序列指数,如 ETSI EN 302 307-2—2009 中 5.5.4 定义;
- private_data_byte:这是个 8 bit 域,其值是私自定义的,例如,它能用于表示系统特殊的 NCC 信息。

表 63 前向链路极化

极化	数值
线性-水平	00
线性-垂直	01
圆-左旋	10
圆-右旋	11

表 64 内部 FEC 格式

码率	数值
1/2	0000
2/3	0001
3/4	0010
5/6	0011
7/8	0100
内部码被省略	1111
保留待用	0101～1110

表 65 前向链路扩频序列

数值	扩频因子	码片序列
000	2	1,1
001	2	1,−1
010	3	1,1,1
011	4	1,1,1,1
100	4	1,1,−1,−1
101	4	1,−1,1,−1
110	4	1,−1,−1,1
111	1(没有扩频)	1

8.6.5.11.12 卫星回传链路描述符

表 66 卫星回传链路描述符

语法	位号		信息助记符
	保留[a]	信息	
Satellite_return_link_descriptor() {			
descriptor_tag		8	uimsbf
descriptor_length		8	uimsbf
satellite_ID		8	uimsbf
beam_ID		16	uimsbf
gateway_ID		8	uimsbf
保留	8		
orbital_position		16	bslbf
west_east_flag	7	1	bslbf

表 66（续）

语法	位号		信息助记符
	保留[a]	信息	
Superframe_ID		8	uimsbf
Tx_frequency_offset		24	tcimsbf
for (i=0; i<N; i++) {			
private_data_byte		8	bslbf
}			
}			

[a] 保留位的类型是 bslbf，并且在同一行中要先于信息位。在 RCST 协议中它们应被忽略。对于加密了的单播 TIM，为了防止加密哄骗，位值应以一种随机形式变化。

a) 卫星回传链路描述符定义回传链路特性，见表 66。

b) Satellite_return_link_descriptor 语义：

——descriptor_tag：描述符标记是一个 8 bit 域，用于识别每个描述符，其值在表 50 的标记值列中给出；

——descriptor_length：描述符长度是一个 8 bit 域，规定紧跟在 descriptor_length 域后的描述符字节数；

——satellite_ID：这 8 bit 域识别哪一个颗卫星载有回传链路，且相应于 SPT/PCR 插入包的净荷中的 satellite_ID；

——beam_ID：这 16 bit 域识别载有回传链路的卫星的波束号；

——gateway_ID：这 8 bit 域识别哪一个网关正接收回传链路，且相应于 PCR 插入包的净荷中的 gateway_ID 域（见 8.6.5.7）；

——orbital_position：这是个 16 bit 域，给出 4 位 BCD 值，以规定轨道位置的 4 个符号，十进制小数点在第 3 个符号后（例如，019.2°）；

——west_east_flag：这是个 1 bit 域，表示卫星是在轨道的西部还东部，“0”表示西部而“1”表示东部；

——superframe_ID：这 8 bit 域识别终端使用了哪一个超帧，该识别符与 SCT 中的一个入口相匹配；

——Tx_frequency_offset：这 24 bit 域给出 RCST 发送中心频率相对于 Superframe_centre_frequency parameter（SCT）的带符号的偏移量，该频率值以 100 的倍数给出，当用于广播消息时，RCS 应忽略该参数；

——private_data_byte：这是个 8 bit 域，其值是私自定义的，例如，它能用于表示系统特殊的 NCC 信息。

8.6.5.11.13 表更新描述符

a) 当将要对一个 RCS 表修改时，表更新描述符（见表 67）提供一种通知 RCST 的机制。在正常工作下，这些表并不希望频繁改变。当发生一个或多个这类表需要马上更新时，这个描述符提供了一种在特殊交互网络上通知 RCST 的方式，允许 RCST 只扫描当前的表变化，因此释放了处理能力资源。连续监视组成表的 RCST 可以忽略此描述符，使用此描述符并不修改由段头中的 version_number 和 current_next_indicator 域所执行的正常更新控制方式，而且，表更新描述符可以用于指明当前文档中定义的通用 SI 表或 DVB-SI 表中的更新，例如：NIT、BAT、SDT、EIT 等。

注：在 SCT 情况下，为每个超帧定义的超帧开始时间（参数：Superframe_start_time_base 和 Superframe_start_time_ext）以对称方式改变，以反映规则的超帧周期。当仅仅是一次对超帧定时并无实质性影响的改变时，则没有更新被发送（也就是新起始时间等于先前起始时间加上一个不确定超帧的整数超帧周期）。

b） table_update_descriptor 语义：

——descriptor_tag：描述符标记是一个 8 bit 域，用于识别每个描述符，其值在表 50 的标记值列中给出；

——descriptor_length：描述符长度是一个 8 bit 域，规定紧跟在 descriptor_length 域后的描述符字节数；

——interactive_network_id：这 16 bit 域表示该表属于哪个交互网络，并与表头中的同名域相匹配；

——table_id：这 8 bit 域表示相关表的改变，table_id 值对于本文档的通用 SI 表如表 28 定义，对于标准 DVB-SI 表在 DIN ETS 300468—1997 中定义；

——new_version：这 5 bit 域表示表变化后的新版本号，并与表头中的 version_number 域相匹配。

表 67　表更新描述符

语法	位号		信息助记符
	保留[a]	信息	
table_update_descriptor() {			
descriptor_tag		8	uimsbf
descriptor_length		8	uimsbf
interactive_network_id		16	uimsbf
for (i=0; i<n; i++) {			
table_id		8	uimsbf
new_version	3	5	uimsbf
}			
}			

[a] 保留位的类型是 bslbf，并且在同一行中要先于信息位。在 RCST 协议中它们应被忽略。对于加密了的单播 TIM，为了防止加密哄骗，位值应以一种随机形式变化。

8.6.5.11.14　竞争控制描述符

a） 竞争控制描述符（见表 68）定义 CSC 突发帧必要的重传参数；

b） contention_control_descriptor 语义：

——descriptor_tag：描述符标记是一个 8 bit 域，用于识别每个描述符，其值在表 50 的标记值列中给出；

——descriptor_length：描述符长度是一个 8 bit 域，规定紧跟在 descriptor_length 域后的描述符字节数；

——Superframe_ID：这是个 8 bit 域，用作本描述符被用于的超帧的标识；

——CSC_response_timeout：这 32 bit 域给出超时值，在此之后，RCST 应考虑到其前一个

CSC 突发帧发生了碰撞，它以 PCR 计数间隔表示，32 bit 相应于最大持续时间为 93.2 s；

——CSC_max_losses：这 8 bit 域规定 RCST 放弃其登录过程前的最大的未成功 CSC 尝试次数；

——Max_time_before_retry：在 CSC_response_timeout 到期时，这 32 bit 域给出重传一个 CSC 突发帧的上界，以 PCR 计数间隔表示。另一种说法，当 CSC_response_timeout 到期时，且如果 CSC_max_losses 还不满足，则 RCST 在发送一个新的 CSC 突发帧前，应等待一个 0 s 至上界的随机的时间。32 bit 相应于最大持续时间为 93.2 s。

表 68 竞争控制描述符

语法	位号		信息助记符
	保留[a]	信息	
Contention_Control_descriptor(){			
descriptor_tag		8	uimsbf
descriptor_length		8	uimsbf
Superframe_ID		8	uimsbf
CSC_response_timeout		32	upcrmsf
CSC_max_losses		8	uimsbf
Max_time_before_retry		32	upcrmsf
}			

[a] 保留位的类型是 bslbf，并且在同一行中要先于信息位。对于加密信息类型，这些位的值没有定义。

8.6.5.11.15 校正控制描述符

a) 校正控制描述符(见表 69)定义必要的粗同步、精同步、同步保持过程时限。

b) correction_control_descriptor 语义：

——descriptor_tag：描述符标记是一个 8 bit 域，用于识别每个描述符，其值在表 50 的标记值列中给出；

——descriptor_length：描述符长度是一个 8 bit 域，规定紧跟在 descriptor_length 域后的描述符字节数；

——ACQ_response_timeout：这 32 bit 域给出时限值，在此这后，RCST 应假设其前面的 ACQ 突发帧出了问题，它对应于粗同步过程的“及时收到校正”测试，以 PCR 计数间隔表示，32 bit 相应于最大持续时间为 93.2 s；

——SYNC_response_timeout：这 32 bit 域给出时限值，在此这后，RCST 应假设其前面的 SYNC 突发帧出了问题，它对应于精同步和同步保持过程的“及时收到校正”测试，以 PCR 计数间隔表示，32 bit 相应于最大持续时间为 93.2 s；

——ACQ_max_losses：这 8 bit 域规定在 ACQ_response_timeout 到时前没有收校正而连续发送 ACQ 的最大数，当达到这个数时，RCST 应返回“关/待机”状态，它对应于粗同步过程“超过最大丢失”测试(见 7.5)；

——SYNC_max_losses：这 8 bit 域规定在 SYNC_response_timeout 到时前没有收校正而连

续发送 SYNC 的最大数，当达到这个数时，RCST 应返回“关/待机”状态，它对应于精同步和同步保持过程“超过最大丢失”测试(见 7.6 和 7.7)；

表 69 校验控制描述符

语法	位号		信息助记符
	保留[a]	信息	
Contention_Control_descriptor(){			
descriptor_tag		8	uimsbf
descriptor_length		8	uimsbf
ACQ_response_timeout		32	upcrmsf
SYNC_response_timeout		32	upcrmsf
ACQ_max_losses		8	uimsbf
SYNC_max_losses		8	uimsbf
}			
[a] 保留位的类型是 bslbf，并且在同一行中要先于信息位。			

8.6.5.11.16 **前向交互路径描述符**

a) 交互业务的 DVB 标准需要前向交互路径和回传交互路径，前向交互路径描述符(见表 70)提供 RCST 需要用于在前向链路上发现其前向交互路径业务的参数，当 RCST 不采用可选连接控制描述符时，该描述符传送给 RCST，并为其所用。

b) 前向交互路径描述符在 TIM 中携带，在被新版本改写前，它取缺省值，(在特殊网络结构中的“可唤醒”RCST，在离网后可以继续在分配的前向交互路径上接收业务)。单播 TIM 允许在可用的前向链路容量上发布到 RCST。NCC 能够分配一个或多个传输流(也就是转发器)到一个 RCST，这取决于 RCST 含有接收机数目，因此，该描述符在传输流上包含一个循环。在每个传输流上，业务能够在一个或多 PID 上承载，这在第二个循环中列出。

c) 前向交互路径描述符语义：

——descriptor_tag：描述符标记是一个 8 bit 域，用于识别每个描述符，其值在表 50 的标记值列中给出；

——descriptor_length：描述符长度是一个 8 bit 域，规定紧跟在 descriptor_length 域后的描述符字节数；

——original_network_id：这 16 bit 域给出识别含有前向交互路径的发起发送系统的 network_id 标识；

——transport_stream_id：这是个 16 bit 域，识别含有前向交互路径的传输流；

——PID_loop_count：这个域给出一个小于随后的 PID 数的数；

——PID：这 13 bit 域给出一个载有前向交互路径业务的 PID。

表 70　前向交互路径描述符

语法	位号		信息助记符
	保留[a]	信息	
Forward_interaction_path_descriptor() {			
descriptor_tag		8	uimsbf
descriptor_length		8	uimsbf
for (i=0; I<n; I++}			
original_network_id		16	uimsbf
transport_stream_id		16	uimsbf
PID_loop_count	4	4	uimsbf
For (k=0; k<=PID_loop_count; k++) {			
PID	3	13	uimsbf
}			
}			
}			
[a] 保留位的类型是 bslbf,并且在同一行中要先于信息位。在 RCST 协议中它们应被忽略。对于加密了的单播 TIM,为了防止加密哄骗,位值应以一种随机形式变化。			

8.6.5.11.17　回传交互路径描述符

a) 交互业务的 DVB 标准需要前向交互路径和回传交互路径,当登录时(见登录初始化描述符和网状网登录初始化描述符)分配的初始 PID 不够时,回传交互路径描述符(见表 71)提供 RCST 所需要用于封装其回传业务的参数。当 RCST 不采用可选连接控制描述符时,本描述符传送给 RCST,并为其所用。回传交互路径描述符在 TIM 中携带,在被新版本改写前,它取缺省值。

b) 回传交互路径描述符语义:

——descriptor_tag:描述符标记是一个 8 bit 域,用于识别每个描述符,其值在表 50 的标记值列中给出;

——descriptor_length:描述符长度是一个 8 bit 域,规定紧跟在 descriptor_length 域后的描述符字节数;

——Continuous_carrier:本标志指明该描述符是应用于 MF-TDMA 空中接口中(值"1")还是连续载波空中接口中(值"0");

——Network_Routing_Label_Loop_count:本域指明一个小于随后帧的循环数的数,零值表示一个循环;

——Allocation_Desallocation_flag:本 1 bit 域表明这是个分配给 RCST 的 Network_Routing_label(此时标志宜设为"1")还是个去分配(此时标志宜设为"0");

——PID_flag:值"1"表示描述符含有 PID;值"0"表示不含有;

——PID_Loop_count:这个域表示一个小于随后的 PID 的数,零值表示一个 PID;

——PID:这 13 bit 域给出在回传交互路径上,RCST 在可选 MPEG2 TS 业务包内要使用的 PID;

——VPI/VCI_flag：值“1”表示描述符含有 VPI/VCI；值“0”表示不含有；

——VPI/VCI_Loop_count：这个域表示一个小于随后的 VPI/VCI 编号的数，零值表示一对 VPI/VCI；

——VPI：这 8 bit 域给出回传交互路径上，RCST 在 ATM 业务包中要用的 VPI；

——VCI：这 16 bit 域给出回传交互路径上，RCST 在 ATM 业务包中要用的 VCI；

——Route_ID_flag：值“1”表示描述符含有 route_ID；值“0”表示没有；

——Route_ID__Loop_count：这个域表示一个小于随后的 route_ID 数的数，零值表示一个 route_ID；

——Route_ID：这 16 bit 域给出一个 route_ID，RCST 将其用于回传交互路径上的带前缀的 ATM 业务包中；

——Channel_ID：这 4 bit 域指明 RCST 中 Network_Routing_label 应关联的信道，该值由 NCC 管理，并用于提供差异化 QoS 和连接性目的。

表 71 回传交互路径描述符

语法	位号		信息助记符
	保留[a]	信息	
Return_interaction_path_descriptor() {			
descriptor_tag		8	uimsbf
descriptor_length		8	uimsbf
Continuous_carrier	3	1	bslbf
Network_Routing_Label_loop_Count		4	uimsbf
For(i=0;i<=Network_routing_Label_loop_Count;i++) {			
Allocation_Desallocation_flag	6	1	bslbf
PID_flag		1	bslbf
If (PID_flag ==1) {			uimsbf
PID_loop_count		8	uimsbf
For (j=0; j<=PID_loop_Count; j++) {			bslbf
PID	3	13	uimsbf
}			
}			
VPI/VCI_flag	7	1	bslbf
If (VPI/VCI_flag ==1) {			
VPI/VCI_loop_count		8	uimsbf
For (k=0; k<=VPI/VCI_loop_Count; k++) {			
VPI		8	uimsbf
VCI		16	uimsbf
}			

表 71（续）

语法	位号		信息助记符
	保留[a]	信息	
}			
Route_ID_flag	7	1	bslbf
If (Route_ID_flag ==1) {			
Route_ID_loop_count		8	uimsbf
For (l=0; l<=Route_ID_loop_Count; l++) {			
Route_ID		16	uimsbf
}			
}			
Channel_ID	4	4	uimsbf
}			
}			
[a] 保留位的类型是 bslbf，并且在同一行中要先于信息位。在 RCST 协议中它们应被忽略。对于加密了的单播 TIM，为了防止加密哄骗，位值应以一种随机形式变化。			

8.6.5.11.18 **连接控制描述符(可选)**

a) 连接控制描述符提供一种机制，在连接控制阶段，通过该机制信令信息被传送给 RCST 的控制平面，就此而言，消息内容被透明地穿过本文档涵盖的低层，且不此定义，描述符如表 72 定义。

表 72 连接控制描述符

语法	位号	助记符
Connection_Control_descriptor(){		
descriptor_tag	8	uimsbf
descriptor_length	8	uimsbf
Message_body	见 8.6.5.11.18 b)	
}		

b) Connection_Control_descriptor 语义：

——descriptor_tag：描述符标记是一个 8 bit 域，用于识别每个描述符，其值在表 50 的标记值列中给出；

——descriptor_length：描述符长度是一个 8 bit 域，规定紧跟在 descriptor_length 域后的描述符字节数；

——message_body：如 ETSI TS 102 602—2009 定义，这个可变长域应包含一个传送给目标连接控制实体的控制信令消息。消息体长度不宜超过 255 字节，并宜更好地加以限制，以使包含此描述符的段能适配到单个 TS 包中。

8.6.5.11.19 移动性控制描述符(移动要求项)

a) 主要描述符(见表 73)支持传送与移动性相关的指令到 RCST。

b) Mobility_control_descriptor 语义:

——descriptor_tag:描述符标记是一个 8 bit 域,用于识别每个描述符,其值在表 50 的标记值列中给出;

——descriptor_length:描述符长度是一个 8 bit 域,规定紧跟在 descriptor_length 域后的描述符字节数;

——Command_value:这 16 bit 域规定一个由 RCST 执行的与移动性相关的指令,如表 74 定义;

——Command_parameter:这 16 bit 域定义与 Command_value 的特别取值相关的参数特性,如表 74 定义。

表 73 移动性控制描述符

语法	位号		信息助记符
	保留[a]	信息	
Mobility_control_descriptor() {			
descriptor_tag		8	uimsbf
descriptor_length		8	uimsbf
Command_value		16	uimsbf
Command_parameter		16	见 8.6.5.11.19 b)
}			

[a] 保留位的类型是 bslbf,并且在同一行中要先于信息位。在 RCST 协议中它们应被忽略。对于加密了的单播 TIM,为了防止加密哄骗,位值应以一种随机形式变化。

表 74 移动命令和参数值

行动请求	数值	参数
无指令	0x0000	保留
执行前向和回传连接切换	0x0001	保留
执行前向连接切换	0x0002	保留
执行回传连接切换	0x0003	保留
保留	0x0004	保留
发送传输器状态报告	0x0005	保留
发送位置报告	0x0006	保留
没有强制初始同步过程情况下的最大 NCR 缺失时间	0x0007	最大允许时间[a]
保留	0x0008~0x8FFF	
用户自定义	0x9000~0xFFF	

[a] 时间是以秒为量度。格式为 uimsbf。当值为 0 时,表示在一次注销之后的登陆之前,RCST 应无条件执行初始同步过程。

8.6.5.11.20 校正消息扩展描述符(移动要求项)

a) 主要描述符(见表75)用于支持传送接收到CSC突发帧的时隙的身份到RCST;

b) Correction_Message _Extension descriptor 语义:

——descriptor_tag:描述符标记是一个8 bit 域,用于识别每个描述符,其值在表50的标记值列中给出;

——descriptor_length:描述符长度是一个8 bit 域,规定紧跟在descriptor_length 域后的描述符字节数;

——superframe_id:这8 bit 域识别超帧,在该超帧中检测到CSC突发帧,以及Correction_Message_descriptor 的作用对象;

——Superframe_count:当检测到的CSC突发帧时,这16 bit 域识别模65536的超帧计数,以及Correction_Message_descriptor 的作用对象;

——frame_number:这5 bit 域规定超帧中的帧号,在此帧中检测到的CSC突发帧,以及Correction_Message_descriptor 的作用对象;

——slot_number:这11 bit 域识别时隙号,在此时隙中检测到突发帧,以及Correction_Message_descriptor 的作用对象,该号与6.8.3定义的编号方式相匹配。

表75 校正消息扩展描述符

语法	位号		信息助记符
	保留[a]	信息	
Correction_Message _Extension_descriptor(){			
descriptor_tag		8	uimsbf
descriptor_length		8	uimsbf
Superframe-ID		8	uimsbf
Superframe_Count		16	uimsbf
Frame _Number	3	5	uimsbf
Slot_Number	5	11	uimsbf
}			

[a] 保留位的类型是bslbf,并且在同一行中要先于信息位。在RCST协议中它们应被忽略。对于加密了的单播TIM,为了防止加密哄骗,位值应以一种随机形式变化。

8.6.5.11.21 回传传输模式(RTM)描述符(移动选项)

a) 当工作在连续传输模式下,回传传输模式描述符(见表76)指明RCST可以在回传链路中采用的不同的扰码序列、调制方案、FEC码率和格式。

b) return_transmission_modes_descriptor 语义:

——descriptor_tag:描述符标记是一个8 bit 域,用于识别每个描述符,其值在表50的标记值列中给出;

——descriptor_length:描述符长度是一个8 bit 域,规定紧跟在descriptor_length 域后的描述符字节数;

——superframe_id_loop_count:这是superframe_id 的编号,由本描述符分配传输模式,每次

循环描述分配给一个 superframe_id 的传输模式；

——superframe_id：以此 superframe_id 的循环应用传输模式；

——scrambling_sequence_index：DVB-S2 物理层扰码序列指数，如 ETSI EN 302 307-2—2009 中 5.5.4 定义；

——transmission_mode_count：这是随后的循环数，每次循环描述一种被各个 superframe_id 的接收机所支持的传输模式；

——inner_code_puncturing：这 4 bit 域规定一个内码删余，可以用作 TCT 入口给出的之外的另一种选择，本域的编码方式如同 8.6.5.5 中的同名域，只允许应用于连续载波工作的值；

——modulation：这 5 bit 域规定一个调制/扩展组合，可以被用作 TCT 入口给出的之外的另一种选择，本域的编码方式如同 8.6.5.5 中的同名域，只允许应用于连续载波工作的值；

——timeslot_payload_type：这 8 bit 域指明时隙类型，可以被用作 TCT 入口给出的之外的另一种选择，本域的编码方式如同 8.6.5.5 中的同名域，只允许应用于连续载波工作的值；

——EsNo_threshold_flag：这 1 bit 标志指明 EsNo_threshold 域是含有缺省门限(值"1")还是没有(值"0")；

——EsNo_threshold：这 7 bit 域规定在解调器端的最低 Es/No 值，以允许传输模式下的解调器具有适当的质量，以 0.5 dB 步进，并以 2 的补码整数值表示。若 EsNo_threshold_flag 为"0"，本域的值没有规定。

表 76 回传传输模式（RTM）描述符(移动选项)

语法	位号		信息助记符
	保留	信息	
return_transmission_modes_descriptor(){			
descriptor_tag		8	uimsbf
descriptor_length		8	uimsbf
superframe_id_loop_count		8	uimsbf
for(i=0; i<superframe_id_loop_count; i++){			
superframe_id	6	8	uimsbf
scrambling_sequence_index		18	uimsbf
transmission_mode_count		8	uimsbf
for(j=0; j<transmission_mode_count; j++){			
inner_code_puncturing	4	4	bslbf
modulation	3	5	bslbf
timeslot_payload_type		8	uimsbf
EsNo_threshold_flag		1	bslbf
EsNo_threshold		7	uimsbf
}			
}			
}			

8.6.5.11.22 网状网登录初始化描述符(可选)

a) 主要描述符提供支持网状网的 RCST 初始化登录所需要的参数(见表 77),以代替 8.6.5.11.4 中为这类 RCST 定义的 logon_initialize_descriptor,这个描述符是登录初始化描述符的超集,因而它允许终端在星状和网状两种模式下同时工作。

b) Mesh_Logon_Initialize_descriptor 语义:

——descriptor_tag:描述符标记是一个 8 bit 域,用于识别每个描述符,其值在表 50 的标记值列中给出;

——descriptor_length:描述符长度是一个 8 bit 域,规定紧跟在 descriptor_length 域后的描述符字节数;

——Group_ID:这 8 bit 域定义 RCST 被分配的 Group_ID,并与 TBTP 和 CMT 段中使用的 Group_ID 匹配;

——Logon_ID:这 16 bit 域定义分配的终端登录识别符,它与 TBTP 和 CMT 段中的 Logon_ID 相匹配;

——Continuous_carrier:这个标志表示描述符是应用于 MF-TDMA 空中接口(值"1"),还是连续载波空中接口(值"0");

——Security_handshake_required:值"1"表示采用了 9.5 中描述的安全握手,否则设为"0";

——Prefix_flag:值"1"表示在网络中支持遵照 6.7.1.2 的前缀方式;值"0"表示不支持;

——Data_unit_labelling_flag:值"1"表示网络中支持遵照 6.7.2 的数据单元标记方式;值"0"表示不支持;

——Mini_slot_flag:值"1"表示网络中支持遵照 6.7.1.3 的小时隙方式;值"0"表示不支持;

——Contention_based_mini_slot_flag:值"1"表示网络中支持遵照 6.7.1.4 的基于竞争的小时隙方式;值"0"表示不支持;

——Mesh_connectivity_flag:值"0"表示定义设置和限制网状网容量请求的域存在;值"1"表示不存在;

——Capacity_type_flag:值"0"表示存在定义设置和限制星状网容量请求的域;值"1"表示不存在;

——Traffic_burst_type:这 1 bit 域定义回传链路的业务突发帧类型,值"0"表示遵照 6.3.2.2 的 ATM TRF;值"1"表示可选的、遵照 6.3.2.3 的 MPEG2-TS TRF;

——Connectivity:这 1 bit 域定义采用的连接性,"0"表示遵照 8.2.2(类型 ARCST)的 IP 连接;值"1"表示遵照 8.2.3(类型 BRCST)的可选 ATM 连接。在 MPEG2-TS TRF 情况下,一般是 IP 连接,所以不用发送;

——Return_VPI, Return_VCI:这些域定义 RCST 在回传链路的 ATM 信元中要用的 VPI/VCI;

——Return_signalling_VPI, Return_signalling_VCI:这些域定义针对于 ITU-T Q.2931—1995/Amd 2—1999/Cor 1—2000 信令的回传链路 VPI/VCI,以替代正常的值 0/5,该信令用于建立业务连接,这些参数对于所有 RCST 能是一样的;

——Forward_signalling_VPI, Forward_signalling_VCI:这些域定义针对于 ITU-T Q.2931—1995/Amd 2—1999/Cor 1—2000 信令的前向链路 VPI/VCI,以替代正常的值 0/5,该信令用于建立业务连接,这些参数对于所有 RCST 能是一样的;

——Return_TRF_PID:这 13 bit 域定义 RCST 应使用的回传链路上的可选 MPEG2 TS 包的业务信息 PID,这些参数对于所有 RCST 可以是一样的;

——Return_CTRL_MNGM_PID:这 13 bit 域定义 RCST 应使用的回传链路上的可选

MPEG2 TS 包的 CTRL/MNGM 信息 PID，这些参数对于所有 RCST 能是一样的；

——CRA_ level：对于所有星状网通信，以 bits/s 为单位，分配给星状网终端；

——VBDC _max：在星状网通信下，通过 A/VBDC，每超帧分配给 RCST 的最大净荷单元数，对于每个超帧，该数并不一定要求是绝对值，它可以是几个超帧的平均值；

——RBDC _max：对于所有星状网通信，以 bits/s 为单位，最大分配的 RBDC 数据速率；

——RBDC_ timeout：在星状网通信下，表示超帧中的 RBDC 超时，“0”表示禁止超时。

——CRA_mesh_ level：对于所有网状网通信，以 bits/s 为单位，分配给网状网终端；

——VBDC _mesh_max：对于网状网通信下，通过 A/VBDC，每超帧分配给 RCST 的最大净荷单元数，对于每个超帧，该数并一定要求是绝对值，它可以是几个超帧的平均值；

——RBDC _mesh_max：对于所有网状网通信，以 bits/s 为单位，最大分配的 RBDC 数据速率；

——RBDC_ mesh_timeout：在网状网通信下，表示超帧中的 RBDC 超时，“0”表示禁止超时。

表 77　网状网登录初始化描述符

语法	位号		信息助记符
	保留[a]	信息	
Mesh_logon_Initialize_descriptor() {			
descriptor_tag		8	uimsbf
descriptor_length		8	uimsbf
Group_ID		8	uimsbf
Logon_ID		16	uimsbf
Continuous_carrier	2	1	bslbf
Security_handshake_required		1	bslbf
Prefix_flag		1	bslbf
Data_unit_labelling_flag		1	bslbf
Mini_slot_flag		1	bslbf
Contention_based_mini_slot_flag		1	bslbf
Mesh_connectivity_flag		1	
Capacity_type_flag		1	bslbf
Traffic_burst_type		1	bslbf
If (Traffic_burst_type==0) {			
Connectivity		1	bslbf
If (Connectivity==0) {			
Return_VPI	4	8	uimsbf
Return_VCI		16	uimsbf
}			
Else {			
Return_signalling_VPI	4	8	uimsbf

表 77（续）

语法	位号		信息助记符
	保留[a]	信息	
Return_ signalling_VCI		16	uimsbf
Forward_ signalling_VPI	8	8	uimsbf
Forward_ signalling_VCI		16	uimsbf
}			
}			
Else {			
Return_TRF_PID		13	uimsbf
Return_CTRL_MNGM_PID	3	13	uimsbf
}			
if (Capacity_type_flag==0) {			
CRA_level		24	uimsbf
VBDC_max	5	11	uimsbf
RBDC_max		24	bslbf
RBDC_timeout		16	uimsbf
}			
If (Mesh_connectivity_flag==0) {			
CRA_mesh_level		24	bslbf
VBDC_mesh_max	5	11	uimsbf
RBDC_mesh_max		24	uimsbf
RBDC_mesh_timeout		16	
}			
}			
[a] 保留位的类型是 bslbf，并且在同一行中要先于信息位。它们应被 RCST 忽略。对于加密了的单播 TIM，为了防止加密哄骗，位值应以一种随机形式变化。			

8.6.5.11.23 执行类型描述符(可选)

a) 主要描述符(见表 78)指明主站的一般执行类型，指明的选项能够被 RCST 所解释，而不需要附加信息，所提供的信息能够帮助 RCST 选择一种工作方式，该描述符支持系统特别扩展。

表 78　执行类型描述符

语法	位号		信息助记符
	保留[a]	信息	
Implementation_type_descriptor() {			
descriptor_tag		8	uimsbf
descriptor_length		8	uimsbf
ncc_protocol version		8	uimsbf
location_update_allowed_flag	2	1	bslbf
rbdc_accepted_flag		1	bslbf
vbdc_accepted_flag		1	bslbf
avdbc_accepted_flag		1	bslbf
timing_offset_flag		1	bslbf
timing_reference_flag		1	bslbf
C2P_protocol_version	5	3	uimsbf
hub_type_id		24	uimsbf
hub_sw_id		24	uimsbf
user_options_count		8	uimsbf
For(i=0; i < user_options_count; i++){			
user_options_byte		8	uimsbf
}			
For(i=0; i < n; i++){			
reserved_byte		8	uimsbf
}			
}			

[a] 保留位的类型是 bslbf，并且在同一行中要先于信息位。它们应被 RCST 忽略。对于加密了的单播 TIM，为了防止加密哄骗，位值应以一种随机形式变化。

b) Implementation_type_descriptor 语义：

——descriptor_tag：描述符标记是一个 8 bit 域，用于识别每个描述符，其值在表 50 的标记值列中给出；

——descriptor_length：描述符长度是一个 8 bit 域，规定紧跟在 descriptor_length 域后的描述符字节数。这个描述符特别预见了要在未尾扩展更多特殊字节，以用作将来修订，为一般执行类型更多的信息提供空间。若 descriptor_length 规定的字节少于需要容纳表 78 规定的信息，该描述符将在相应点截短。如此，以特定 RCST 知道的解释规则，从头标后的第一个字节开始的信息能被安全地解释，并跳过任何未知的内容。一个特定系统可以使用一个短的或长的描述符装载所需多的信息，然而，如果规定了一个非零值 user_options_count，descriptor_length 应足够适合规定的 user_options_byte 数；

——ncc_protocol_version：这 8 bit 域表示 NCC 支持的 RCS 协议版本，其编码如表 79 规定；

表 79　NCC 实现的标准版本

数值	版本号
2～255	保留
1	版本 1.5
0	版本 1.4 或更早的版本

——location_update_allowed_flag:“1”表示主站一般允许由 RCST 在“CSC 突发帧格式”规定的 CSC 时隙中发起的位置更新。“0”表示一般禁止通过用 CSC 时隙发起的位置更新,但可以特别地允许有问题的 RCST 遵循系统特定方式;

——rbdc_accepted_flag:“1”表示主站遵循在缺省信道上的 RBDC 请求;“0”表示主站可以无条件丢弃在缺省信道上的 RBDC 请求;

——vbdc_accepted_flag:“1”表示遵循在缺省信道上的 VBDC 请求;“0”表示主站可以无条件丢弃在缺省信道上的 VBDC 请求;

——avbdc_accepted_flag:“1”表示遵循在缺省信道上的 AVBDC 请求;“0”表示主站可以无条件丢弃在缺省信道上的 AVBDC 请求;

——timing_offset_flag:“1”表示主站要求 RCST 偏移其从 NCR 净荷域中指明的纯 NCR 包源参考点开始的定时;“0”表示 RCST 可以尝试以系统定时登录,即使其丢弃可选的 NCR 净荷;

——timing_reference_flag:“1”表示主站应用每个回传路径的回传链路卫星的标称位置作为纯 NCR 包源参考点,参照具有 NCR 值的 PCR 包进入信道交织器的时间点,以及在标称链路速率下的 FEC 编码,或参照为 DVB-S2 ACM/VCM 规定的可用的帧信号(SOF)起始点。“0”表示主站可以应用一个系统特定的纯 NCR 包源参考点;

——C2P_Protocol_version:这 3 bit 域定义 ETSI TS 102 602—2009 中定义的被 NCC 支持的连接控制协议的版本,该域的编码如表 80 定义;

表 80　NCC 实行的连接控制协议版本

数值	版本号
0	无连接控制协议支持
1	版本 1
2～7	保留

——hub_type_id:是个 24 bit 参数,用于识别主站类型,该值可以是一个 OUI 值,这是由主站厂家在 IEEE 注册授权下的公司 ID。若该主站无法获得 OUI,该域应设为 0xFFFFFF,以无条件指出是一个未知主站类型;

——hub_sw_id:是个 24 bit 参数,表示运行在一个已知类型主站上的 SW,若 hub_type_id 为未知,它宜被丢弃;

——user_options_count:用于表示由用户定义的可选项的字节数;

——user_option_byte:这个级联的 user_option_byte 域含有用户定义的可选项,这些可选项应在 known hub_type_id 上下文中被解释,且应在 hub_sw_id 的上下文中被解释,若 hub_type_id 为未知,其内容应被丢弃;

——reserved_byte:该内容应被接收机丢弃。

8.6.5.11.24 LL-FEC 识别符描述符(可选)

a) 主要描述符(表 81)定义一个或多个链路层 FEC 帧的特性,FEC 帧不应利用时间分片。

表 81 LL_FEC 标识符描述

语法	位号		信息助记符
	保留[a]	信息	
fec_identifier_descriptor() {			
descriptor_tag			
descriptor_length			
loop_count		8	uimsbf
for (i=0; i < loop_count; i++) {			
link_direction		1	bslbf
encapsulation_type		1	bslbf
if (encapsulation_type=="0") {			
elementary_stream_id	1	13	uimsbf
} else {			
gse_fec_id		14	uimsbf
}			uimsbf
ll_fec		2	uimsbf
frame_size	2	3	uimsbf
buffer_timeout		3	uimsbf
Dscp		6	uimsbf
保留待用	32		uimsbf
}			
}			

[a] 保留位的类型是 bslbf,并且在同一行中要先于信息位。它们应被 RCST 忽略。对于加密了的单播 TIM,为了防止加密哄骗,位值应以一种随机形式变化。

b) LL-FEC 识别描述符语义:

——descriptor_tag:应设为 0xB6;

——descriptor_length:描述符长度是一个 8 bit 域,规定紧跟在 descriptor_length 域后的描述符字节数。

——loop_count:这是个 8 bit 域,表示随后循环中的循环数;

——link_direction: 这是个 1 bit 域,表示参考流是在前向链路传送(设为"0")还是在回传链路中(设为"1");

——encapsulation_type:这是个 1 bit 域,表示参考流是基本流(设为"0")还是 GSE-FEC 流(设为"1");

——elementary_stream_id:这个域定义 13 bit 载有 LL-FEC 帧的基本流 PID;

——gse_fec_id:这 14 bit 域载有一个识别 FEC 处理的独特值,它用于将各个 LL_FEC 帧与处

理关联;

——ll_fec:这 2 bit 域表示参考基本流是否采用 LL-FEC,以及采用哪个算法。该域的编码如表 82 所示;

表 82 LL_FEC 算法

数值	LL-FEC	算法
00	LL-FEC 不用	n/a
01	LL-FEC 采用	Reed-Solomon 码
10	LL-FEC 采用	Raptor 码
11	保留待用	保留待用

——frame_size:这 3 bit 域表示每个 LL-FEC 帧中的准确的行数,其编码如表 83 规定;

表 83 LL_FEC 帧大小编码

数值	LL-FEC 帧行 (RS)	LL-FEC 帧行 (Raptor)	地址粒度	最大 LL-FEC ADT 大小 (Raptor, 告知性的)
0x00	256	256	2	16777216 bits=16 Mbits
0x01	512	512	4	33554432 bits=32Mbits
0x02	768	768	6	50331648 bits=48 Mbits
0x03	1024	1024	8	67108864 bits=64 Mbits
0x04	保留待用	64	1	4194304 bits=4 Mbits
0x05	保留待用	2048	16	134217728 bits=128Mbits
0x06	保留待用	4080	32	267386880 bits=255 Mbits
0x07	保留待用	保留待用	保留待用	保留待用
注:所有的 Reed-Solomon 码选项的地址粒度都是 1。				

——buffer_timeout:这 3 bit 域表示具有 given fec_frame_number 的第一个段(一般为数据段)和具有相同 given fec_frame_number 的最后一个段(一般是校验段)之间的最大时间间隔,以毫秒表示,其编码如表 84 所示;

表 84 buffer_timeout 编码

数值	缓冲延时/ms
0x00	10
0x01	40
0x02	160
0x03	640
0x04	2560
0x05	10240
0x06	未定
0x07	保留待用

——dscp：这 16 bit 域能用于传送一个与 LL-FEC 帧或任何其他类型的 QoS 标记相关的分类业务编码点(DSCP)，该与系统有关；

——reserved_for_future_use：这 32 bit 域应设为“0xFFFFFFFF”。

8.6.5.12 前向链路信令的接入

a) 前向链路信令(FLS)的服务信息应在一个或多个前向链路信令业务中传送。作为 DVB 数据业务，FLS 业务应如同任何其他节目关联表(PAT)、节目映射表(PMT)和可选的业务描述表(SDT)中的 DVB 业务一样被用作参考。若包含在 SDT 中，对于“RCS FLS”业务类型应被设为 0x0F。FLS 业务的 PMT 应包含本文档中定义的 NCR、通用 SI 表和 RCST 消息的 PID。

b) 关于卫星交互网络的附加信息应装载在一个 RCS 映射表(RMT)中，该表具有与 NIT 一样的语法，但在不同的 PID 中传送，该表应包含一个或多个指向一个或多个 FLS 业务的连接描述符。每个连接描述符应包含一列 population_id，正被 RCST 用于选择其合适的 FLS 业务，基于此目的，RCST 有一个用于安装过程的缺省 population_id，它可以在后阶段被改变，并保存用于随后的网络登录。population_id 值在卫星网络中是独特的，但除去移动应用之外，因为此时 population_id 值可以被用于几个波束和几个 TS_ID 的情况下。

c) 一个交互网络由一组由单个 NCC 服务的终端组成，最简单的情况是每个 NCC 处理单个交互网络，而一个大的 NCC 逻辑上将其能力分到几个交互网络，一个群体是一个特别交互网络的子集。

d) 基于本文档的目的，前向链路捕获过程与载有前向链路信令业务的前向链路捕获有关，这个前向链路捕获过程由以下步骤组成：

——物理链路同步；

——前向链路定位(见图 42)；

——NCR 同步；

——DVB-RCS 特殊表的装载。

e) 物理链路同步是一个调谐到要求的转发器、恢复发送的信号和同步到该信号上的 DVB 传输流格式的过程，这一过程在 RCST 每次被要求移至一个不同的转发器时应执行。

f) 前向链路定位是一个识别哪一个转发器载有前向链路信令业务，以及 PID 的过程，这个过程采用以下三个标准的 DVB 表：

——网络信息表(NIT)；

——节目定位表(PAT)；

——节目映射表(PMT)。

g) 前向链路定位的详细过程应如本节下文定义，宜注意的是，该过程可以包含顺序调谐到最多三个转发器，要求对于每个转发器物理链路同步。

h) 图 42 是一个前向链路定位流程的轮廓，该过程要求以下参数存贮在 RCST，作为上电配置数据：

——前向链路开始阶段传输流(TS)的定位细节，可以是网络中任何传输流。这些参数与 DIN ETS 300468—1997 satellite_delivery_system_descriptor 中定义的相符合；

——population_ID 值。

i) RCST 应调谐至开始阶段的传输流，并扫描 NIT 的拷贝以定位载有 RMT 的传输流，这应通过定位包含 linkage_type 码(0x07)的连接描述符来识别，应使用从连接描述符中得到的 TS_id 参数定位该传输流的 satellite_delivery_system_descriptor(在 NIT 的第二个循环中)，从而可以获知载有 RMT 的传输流的细节。

j) RCST 应接着重新调谐至(若有必要)载有 RMT 的传输流，并应采用分配的 PID 装载 PMT，它应扫描 RCS 映射表，得到包含 RCS FLS 码 0x81 的所有 linkage_descriptor，以发现包含其 population_id 的描述符（在该描述符的私有扩展部分），该描述符将也包含用于 RCST 的 Interactive_network_id，以及用于 RCST 登录的传输流 TS_id 和用于后面 PAT 的 service_id。

k) RCST 接着应定位 RCS 映射表的第二个循环中的 TS_id 的入口，并提取卫星前向链路和回传链路描述符，这里有多个实例，接着它应至少要提取正在发送的卫星前向链路和原卫星回传链路，并用于过程平衡。这些描述符包含后续回传链路捕获过程所需的初始化参数、名义上是用于前向和回传链路的 satellite_id、回传链路的 gateway_id、前向链路的 NCC_id、以及 superframe_id 和回传链路传输中心频率偏移。用正在发送的卫星前向链路描述符中定义的参数，RCST 应接着重新调谐至（若必要）载有前向链路信令的传输流载波，并用 prg_nbr 参数等于 service_id 来定位 PAT 入口。这是定义相关的 PMT 的 PID。

l) 从 PMT，它应提取 PCR 插入包的 PID（PCR_PID），以及 RCS 特殊信令表的 PID，这些 PID 通过定位那些包含 RCST 内容描述符的流定义来识别（在 8.6.5.11.10 中定义），并将 RCS 表的 table_id 与为该流定义的 elementary_PID 值相关联。

m) 前向链路定位过程的结果应如下：

——识别出前向链路信令业务的 NCC 和卫星；

——识别出回传链路的网关和卫星；

——定义 DVB-RCS 前向信令消息的 PID；

——定义用于回传登录过程的超帧。

n) NCR 同步是锁定 RCST 定时到 NCC 的 NCR 计数上的过程，这应通过在传送间隙接收 PCR 插入传输流包（见 8.6.5.7）来完成，在 RCST 本地导出一个同步 PCR 计数和 PCR 时钟，并锁定至该包中的 PCR 计数，在成功捕获到接收 NCR 的基础上，RCST 应继续监视它。基于安全考虑，若前向链路的接收被中断，RCST 将停止发送，如果 7.8.3 中定义的条件满足。

o) DVB-RCS 特殊表装载，用前向链路定位过程中识别的 PID，RCST 应装载以下表：

——SCT、FCT、和 TCT，用于识别可用的超帧和帧结构；

——SPT，用于获得前向链路信令和回传链路所需的卫星星历数据；

——TIM（广播版本），用于识别可能的链路异常。

——RCST 应监视寻址到 RCST MAC 地址的单播 TIM 消息，以得到可能的唤醒消息。

一个 RCST 能够支持只接收 DVB-S 、DVB-S2，或两者都接收三种方式。在一个应支持前两者的网络中，RCS 映射表应同时在 DVB-S 转发器和 DVB-S2 转发器上传送，这三种类型的不同 Population_ID 将每个 RCST 与一个 FLS 和它能接收的前向链路连接。

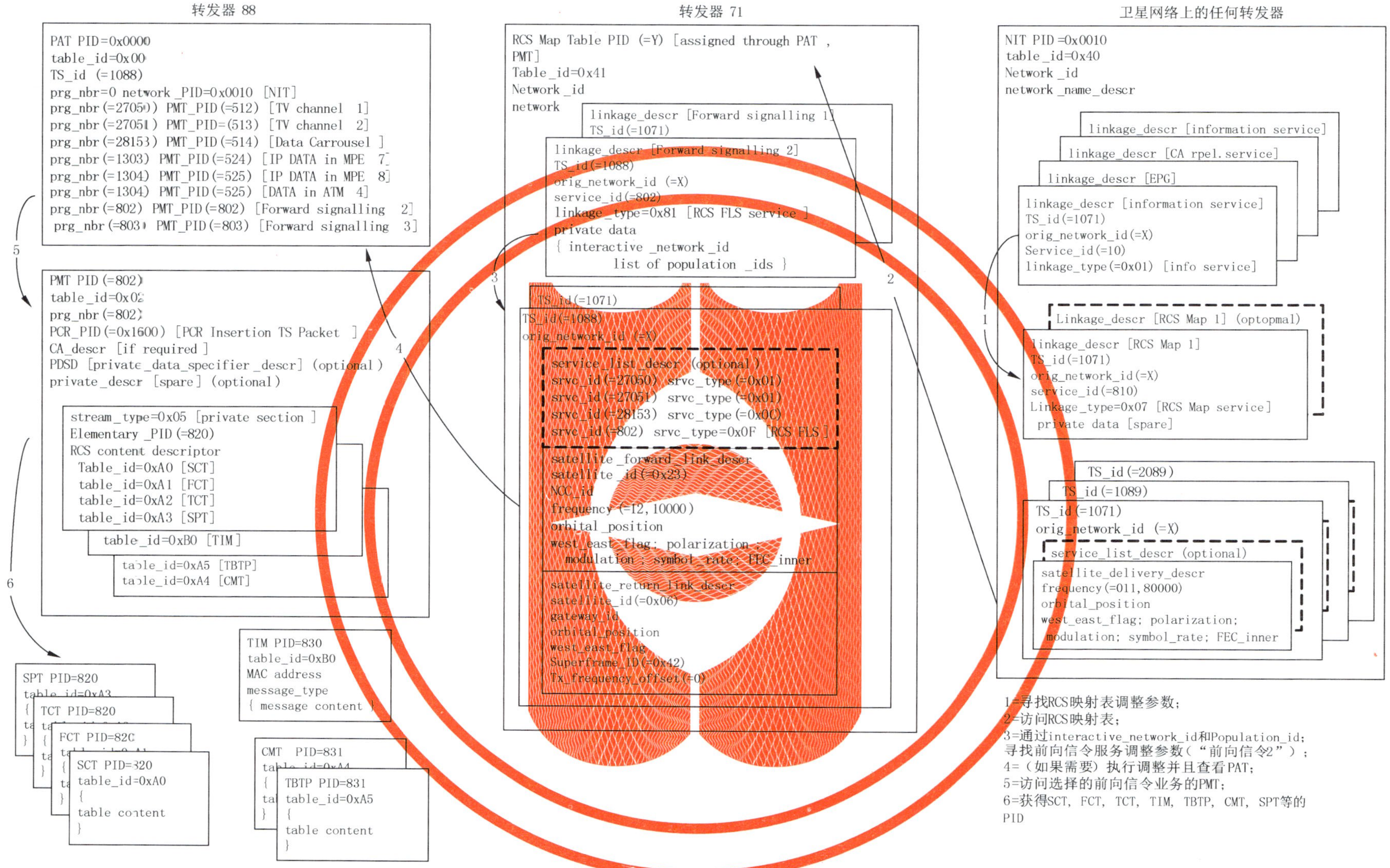
转发器 88
PAT PID=0x0000
table_id=0x00
TS_id (=1088)
prg_nbr=0 network_PID=0x0010 [NIT]
prg_nbr(=27050) PMT_PID(=512) [TV channel 1]
prg_nbr(=27051) PMT_PID(=513) [TV channel 2]
prg_nbr(=28153) PMT_PID(=514) [Data Carrousel]
prg_nbr(=1303) PMT_PID(=524) [IP DATA in MPE 7]
prg_nbr(=1304) PMT_PID(=525) [IP DATA in MPE 8]
prg_nbr(=1304) PMT_PID(=525) [DATA in ATM 4]
prg_nbr(=802) PMT_PID(=802) [Forward signalling 2]
prg_nbr(=803) PMT_PID(=803) [Forward signalling 3]
PMT PID(=802)
table_id=0x02
prg_nbr(=802)
PCR_PID(=0x1600) [PCR Insertion TS Packet]
CA_descr [if required]
PDSD [private_data_specifier_descr] (optional)
private_descr [spare] (optional)
stream_type=0x05 [private section]
Elementary _PID(=820)
RCS content descriptor
Table_id=0xA0 [SCT]
table_id=0xA1 [FCT]
table_id=0xA2 [TCT]
table_id=0xA3 [SPT]
table_id=0xB0 [TIM]
table_id=0xA5 [TBTP]
table_id=0xA4 [CMT]
SPT PID=820
TCT PID=820
FCT PID=820
SCT PID=820
table_id=0xA0
{
table content
}
TIM PID=830
table_id=0xB0
MAC address
message_type
{ message content }
CMT PID=831
TBTP PID=831
table_id=0xA5
{
table content
}
转发器 71
RCS Map Table PID (=Y) [assigned through PAT , PMT]
Table_id=0x41
Network_id
network
linkage_descr [Forward signalling 1]
TS_id(=1071)
linkage_descr [Forward signalling 2]
TS_id(=1088)
orig_network_id (=X)
service_id(=802)
linkage_type=0x81 [RCS FLS service]
private data
{ interactive _network_id
list of population _ids }
TS_id(=1071)
TS_id(=1088)
orig_network_id (=X)
service_list_descr (optional)
srvc_id(=27050) srvc_type(=0x01)
srvc_id(=27051) srvc_type(=0x01)
srvc_id(=28153) srvc_type(=0x0C)
srvc_id(=802) srvc_type=0x0F [RCS FLS]
satellite_forward_link_descr
satellite_id(=0x23)
NCC_id
frequency(=12,10000)
orbital_position
west_east_flag; polarization
modulation ; symbol_rate; FEC_inner
satellite_return_link_descr
satellite_id(=0x06)
gateway_id
orbital_position
west_east_flag
Superframe_ID(=0x42)
Tx_frequency_offset(=0)
卫星网络上的任何转发器
NIT PID=0x0010
table_id=0x40
Network_id
network_name_descr
linkage_descr [information service]
linkage_descr [CA rpel.service]
linkage_descr [EPG]
linkage_descr [information service]
TS_id(=1071)
orig_network_id(=X)
Service_id(=10)
linkage_type(=0x01) [info service]
Linkage_descr [RCS Map 1] (optopmal)
linkage_descr [RCS Map 1]
TS_id(=1071)
orig_network_id(=X)
service_id(=810)
Linkage_type=0x07 [RCS Map service]
private data [spare]
TS_id(=2089)
TS_id(=1089)
TS_id(=1071)
orig_network_id (=X)
service_list_descr (optional)
satellite_delivery_descr
frequency(=011,80000)
orbital_position
west_east_flag; polarization;
modulation; symbol_rate; FEC_inner
1
2
3
4
5
6
1=寻找RCS映射表调整参数；
2=访问RCS映射表；
3=通过interactive_network_id和Population_id;
寻找前向信令服务调整参数（“前向信令2”）；
4=（如果需要）执行调整并且查看PAT；
5=访问选择的前向信令业务的PMT；
6=获得SCT，FCT，TCT，TIM，TBTP，CMT，SPT等的PID

图 42 前向链路定位

8.6.5.13 **RCS 映射表**

a) RCS 映射表能够使不同的 RCST 群组连接到特定的 FLS，其语法基于定义在 DIN ETS 300468—1997 中 DVB 网络信息表的语法。

b) RCS 映射表应包含一个或多个连接描述符，每个指向一个 FLS 业务，每个 FLS 业务应载有一组用于定义的 RCST 群组的信令表(SCT、TCT、FCT、SPT、TBTP、CMT)和 TIM，连接描述符如 8.6.5.11.9 中定义。一个 RCST 通过比较其自已的群组 ID 与列在每个连接描述符中的群组来选择其 FLS 业务。

c) RCS 映射表应包含一个载有 FLS 的 MPEG 传输流上的循环，对于这些 MPEG 传输流中的每一个应包含一个卫星前向链路描述符，该描述符在 8.6.5.11.11 中定义，和一个卫星回传链路描述符，在 8.6.5.11.12 中定义。

d) RCS 映射表应按表 85 的语法被拆分到段中。

e) RCS 映射表语义：

——table_id：这 8 bit 域识别表，其值为 0x41；

——section_syntax_indicator：这是个 1 bit 域，应设为"1"；

——section_length：这是个 12 bit 域，前两比特应设为"00"，它规定段的字节数，紧跟着 section_length 开始计算，包括 CRC。section_length 不应超过 1021，因此整个段总长为 1024 字节；

——network_id：这 16 bit 域用作识别发送系统的标识；

——version_number：这 5 bit 域是 sub_table 的版本号，当装载在 sub_table 中的信息发生改变时，version_number 应当加 1，当它达到 31 时折回 0。当 current_next_indicator 设为"1"时，则 version_number 应是当前可用的，由 table_id 和 network_id_mask 定义的 sub_table。当 current_next_indicator 设为"0" 时，则 version_number 应是下一个可用的，由 table_id 和 network_id_mask 定义的 sub_table；

——current_next_indicator：这 1 bit 域，当设为"1"时表示 sub_table 是当前的可用的 sub_table，当为"0"时，它表示发送的 sub_table 还不可用，且将是下一个合法的 sub_table；

——section_number：这 8 bit 域给出段的编号，第一个段的 section_number 应为"0x00"，section_number 应随每个具有相同 table_id 和 network_id 的附加的段加 1；

——last_section_number：这 8 bit 域规定 sub_table 的最后一个段的编号(也就是，具有最高 section_number 的段)；

——network_descriptors_length：这 12 bit 域给出随后网络描述符的以字节表示的总长度，网络描述符应包含由 DIN ETS 300468—1997 而来的网络名描述符，以及一个或多个包含 8.6.5.11.9 中定义的私有数据字节的连接描述符，来自 DIN ETS 300468—1997 中定义的 NIT 的附加描述符是可选的，RCST 没有必要使用；

——transport_stream_loop_length：这 12 bit 域规定随后的传输流循环的总长度，以字节表示，紧贴第一个 CRC-32 字节前结束；

——transport_stream_id：这 16 bit 域用作一个标记，以识别出一个传输系统中的复合流中的传输流；

——original_network_id：这 16 bit 域给出的标记识别发起传送系统的 network_id；

——transport_descriptors_length：这是个 12 bit 域，规定随后的传输流描述符的总长度，以字节表示。传输流描述符应包含卫星前向路径描述符，其定义在 8.6.5.11.11 中，还包含卫星回传路径描述符中，其定义在 8.6.5.11.12 中。来自 DIN ETS 300468—1997 中定义的 NIT 的附加描述符是可选的，RCST 没有必要使用；

——CRC_32:这是个 32 bit 域,包含 CRC 值,在处理了整个段后,它使 DIN ETS 300468—1997 的附录 B 中定义的寄存器的输出端给出零值。

表 85 RCS 映射表

语法	位号		信息助记符
	保留	信息	
RCS_map_section(){			
table_id		8	uimsbf
section_syntax_indicator		1	bslbf
保留待用		1	bslbf
保留		2	bslbf
section_length		12	uimsbf
network_id		16	uimsbf
保留		2	bslbf
version_number		5	uimsbf
current_next_indicator		1	bslbf
section_number		8	uimsbf
last_section_number		8	uimsbf
保留待用		4	bslbf
network_descriptors_length		12	uimsbf
for(i=0;i<N;i++){			
descriptor()			
}			
保留待用		4	bslbf
transport_stream_loop_length		12	uimsbf
for(i=0;i<N;i++){			
transport_stream_id		16	uimsbf
original_network_id		16	uimsbf
reserved_future_use		4	uimsbf
transport_descriptors_length		12	uimsbf
for(j=0;j<N;j++){			
descriptor()			
}			
}			
CRC_32		32	rpchof
}			

8.6.5.14 传输模式支持表

a) 传输模式支持表定义网络前向链路的 DVB-S2 传输模式，若前向链路传输采用 DVB-S2，则本表应作为前向链路信令的一部分被传送。

b) 表 86 包含一个传输模式定义上的循环，MODCOD、引导符和 FECFRAME，如 ETSI EN 302 307-2—2009 定义。本表的使用如 5 定义。

c) 传输模式支持表应以表 86 中定义的语法被拆分到段中。

d) transmission_mode_support_section 语义：

——SI_private_section_header：这是个标准的 SI 段头，如表 29 中定义，共占 64 bit；

——transmission_mode_count：这是随后循环中的循环数，每个循环描述一个网络支持的 DVB-S2 的传输模式；

——frame length：这个域表示可能的 FECFRAME 长度，应用于由循环描述的传输模式，"01"表示只支持短帧；"10"表示只支持长帧；"11"表示长帧短帧都支持；"00"为保留；

——pilot_symbols：这个域表示由循环描述的传输模式是否使用引导符号，"1"表示使用引导符号；"0"表示不使用；

——MODCOD：这个域表示由循环描述的传输模式的调制方案，其值的定义与 DVB-S2 标准 ETSI EN 302 307-2—2009 中的 MODCOD 参数一样；

——CRC_32：这是个 32 bit 域，包含 CRC 值，在处理了整个段后，它使 DIN ETS 300468—1997 的附录 B 中定义的寄存器的输出端给出零值。

表 86 传输模式支持表

语法	位号		信息助记符
	保留	信息	
transmission_mode_support_section(){			
SI_private_section_header		64	—
transmission_mode_count		8	uimsbf
for(i=0; i<transmission_mode_count; i++){			
frame_length		2	bslbf
pilot_symbols		1	
MODCOD		5	bslbf
}			
CRC_32		32	rpchof
}			

8.6.5.15 LL-FEC 校验数据表

a) LL-FEC 校验数据表使能用于系统编码的传输校验数据，该数据用于克服信道中断和其他由移动终端遇到的信道缺陷。LL-FEC 校验段在与相应应用数据相同的基本流中承载。

LL-FEC 校验数据表应如表 87 定义，它应按 DIN ETS 300468—1997 中描述的语法被拆分到段中。

注：encapsulation_type 元变量并不显性地装载在此表中，其适当的值在正被传输的 LL-FEC 数据的 LL_FEC_identifier_descriptor 入口中定义(8.6.5.11.24)。

b) LL_FEC_parity_data_section 语义:

——table_id:这 8 bit 域识别本表,其值为 0xB1;

——section_syntax_indicator:这个域应设为 1,且按 AS/NZS 13818.6—1999 定义的解释;

——private_indicator:这个域应设为 0,且按 AS/NZS 13818.6—1999 定义的解释;

——reserved:应设为"11";

——section_length:这 8 bit 域规定从紧跟本域后到段末的剩余字节数,包括 CRC-32;

——padding_columns:这 8 bit 域表示实际 LL-FEC 帧应用数据表中只填填充字节的列数,也就是,它等于 191 减去含有应用数据的列,表示的值应从 0~190,该值可以逐帧改变;

——no_adt_columns:这 13 bit 域表示实际 LL-FEC 帧中应用数据列数,表示的值应从 0~191,该值可以逐帧改变;

——reserved_for_future_use:这 17 bit 域应设为"0x1FFFF";

——section_number:这 8 bit 域给出段编号,第一个含有 LL-FEC 帧 RS 数据的段的编号应为"0x00",section_number 随每个附加的含有相应 LL-FEC 帧 RS 数据的段加 1;

——last_section_number:这 8 bit 域表示当前 LL-FEC 帧载有 RS 数据的最后一个段的编号;

——encoding_symbol_id:这 16 bit 域规定本段内的第一个编码符号的 ESI,该 ESI 应大于或等于 LL-FEC 帧的 no_adt_columns;

——rcs_real_time_parameters:这 26 bit 域载有用于 FEC 校验数据的 RCS 实时参数,其细节规定于 6.5.6.6;

——parity_data_byte:含有发送的校验数据,段中载有的 parity_data_byte 数应是相应 LL-FEC 帧行的倍数;

——CRC_32:这是个 32 bit 域,包含 CRC 值,在处理了整个段后,它使 DIN ETS 300468—1997 的附录 B 中定义的寄存器的输出端给出零值。

表 87 LL_FEC 校验数据表

语法	位号		信息助记符
	保留	信息	
LL_FEC_parity_data_section(){			
table_id		8	uimsbf
section_syntax_indicator		1	bslbf
private_indicator		1	bslbf
保留			bslbf
section_length		12	uimsbf
if (encapsulation_type=="0") {			
padding_columns		8	uimsbf
}			
else {			
no_adt_columns		13	uimsbf
}			
保留待用		17	bslbf

表 87（续）

语法	位号		信息助记符
	保留	信息	
if (encapsulation_type= ="0") {			
section_number		8	uimsbf
last_section_number		8	uimsbf
}			
else {			
encoding_symbol_id		16	uimsbf
}			
rcs_real_time_parameters()		26	参照语义
for (i=0; i<N; i++) {			
parity_data_byte		8	uimsbf
}			
CRC_32		32	rpchof
}			

8.7 移动性管理(移动选项)

a) 波束切换管理依赖于三个不同的过程:切换检测/确认、切换判决和切换执行,它们包含一系列在 RCST 和 NCC 发生的事件/活动。

b) 波束切换管理应基于分布处理,切换检测/确认发生在 RCST,切换判决发生在 NCC,NCC 还应控制整个切换执行过程。

注:NCC 能够从其数据库中的 Superframe_ID - Beam_ID 导出 RCST 在登录时的位置(也就是 RL 转发器/波束),用作捕获到的回传链路 Superframe_ID 的入口。

c) RCST 应检测切换的需求,并应通过发送一个或多个 Mobility_Control_Message SAC 子域来通知这件事,该子域含有切换请求,以及目标波束的建议优先顺序。

d) 每次切换请求可以指前向链路、回传链路、或两者,在两个链路切换而这两个链路又分属不同的波束情况下,应为前向和回传分别提交单个的请求。

e) RCST 在预测到若不切换的话链路将丢失,则应至少要提前 10 s 尝试发送初次切换请求。

f) RCST 可以发送多个切换请求的拷贝,直至它们被 NCC 确认收到[通过发送一个含有切换指令的 TIM,见 h)]。

g) NCC 侧的判决算法应接受多个这样的来自 RCST 的切换建议,并响应一个特定的切换判决。

h) NCC 应能够包括分布在波束中 DVB-RCS 表中的相关信令,在给定时间,RCST 能在该波束中找到自己,特别地,NCC 应能够产生和在当前波束中发送一个 TIM,该 TIM 含有与目标波束资源有关的信息。

i) 切换执行的开始应包括:发送切换指令,以及在目标波束中操作所需的所有的信息到 RCST。

j) 在 RCST 还在当前波束中工作的同时,NCC 应传送目标波束中操作所需的所有的信息,包括发布所有前向和回传链路的描述(RMT、SCT、FCT、TCT)。

k) 与目标波束相关的切换指令和所有的信息应通过单播 TIM 发送,该 TIM 有以下描述符:

——网络层信息描述符，载有信令 PID 值的任何变化；
——移动性控制描述符，包括有关切换指令；
——卫星前向链路描述符，含有新的波束 ID 和新链路的物理特性(频率、极化、调制/编码)；
——卫星回传链路描述符，含有新的波束 ID 和具有相关 Tx 频率偏移的新的超帧 ID；

注：新超帧 ID 与新帧结构有关，由组成表(SCT、FCT、TCT)参照新波束/转发器定义。

——SYNC 分配描述符，给出定位(也就是时隙号)、帧和新的静态 SYNC 分配(可用于新的帧结构)的开始超帧以及重复间隔，若 SYNC 时隙是通过 TBTP 分配的，就不需要该描述符；
——可选的 ACQ 分配描述符，给出定位(也就是时隙号)、帧和临时分配的 ACQ 时隙(可用于新的帧结构)的开始超帧，以及重复次数和重复间隔；
——前向交互路径描述符，含有业务 PID 值(若遇到变化)；
——登录初始化描述符或网状网登录初始化描述符，含有新的组 ID、登录 ID。

l) 在收到切换指令的基础上，RCST 应提取并存贮在目标波中工作所需要的信息。
m) RCST 应能够处理多组表项、物理和逻辑资源(相应于不同波束)，以及由预定义的事件触发的下从一组到另一组的转换。
n) RCST 同步方案应能够处理在切换期间 PCR 分布的不连续性。
o) RCST 应在目标波束中捕获突发帧同步，通过采用 DVB-RCS 机制(包括使用 SYNC 突发帧和 CMT 回应，以及可选的 ACQ 突发帧)。
p) 在传送了切换指令后，且 RCST 在目标波束中捕获前向和回传同步期间，NCC 应停止向 RCST 发送业务和信令。
q) 在激活了目标波束的组成表后，RCST 应停止发送 SYNC 到老的波束。
r) 一个处于离网状态的 RCST 可以发送一个 CSC 突发帧，其"位置更新"比特设为 0，以通知 NCC 其位置，接收此 CSC 突发帧不应造成 NCC 发起一个登录过程。

8.8 移动终端的干扰避免(移动选项)

a) 移动 RCST 适用于控制和监测功能(CMF)的可用性要求，该标准适用于 ETSI EN 302 186—2004、ETSI EN 301 427—2001、ETSI EN 302 340-2—2006、ETSI EN 301 358-1—1999 和 ETSI EN 302 448-3—2007 中的航空、海事和陆地移动站，涵盖关于 R&TTE 指令的 3.2 的基本要求，该 3.2 与 R&TTE 指令下的频谱使用有关。
b) 下面单元规定满足所述的 CMF 要求的最低要求功能，以控制干扰，否则错误操作：
——EIRP 发射密度偏轴到相邻的 FSS 卫星；
——在特定地面站的接收干扰信号的功率通量密度；
——错误条件。

8.8.1 偏轴 EIRP 发射密度

a) NCC 应控制偏轴 EIRP 发射密度，通过调节相应的偏轴 EIRP 发射密度电平，以符合 ETSI EN 302 186—2004、ETSI EN 301 427—2001、ETSI EN 302 340-2—2006、ETSI EN 301 358-1—1999 和 ETSI EN 302 448-3—2007 中的监管要求，为了允许 NCC 确定容许的发射电平，RCST 应在单播 TIM 中支持 Mobility_Control_Message SAC 域和移动性控制描述符。
b) 当有要求时，RCST 应尽早发送 Mobility_Control_Message 的传输状态报告。

8.8.2 地球表面的功率通量密度

a) NCC 应控制移动终端的 EIRP 密度，以确保在 FS、RAS、SRS 和任何其他可用业务的地球站的接收功率通量密度不超过 ETSI EN 302 186—2004、ETSI EN 301 427—2001、ETSI EN 302 340-2—2006、ETSI EN 301 358-1—1999 和 ETSI EN 302 448-3—2007 中规定的相关限制。

b) RCST 应能够确定什么时候此干扰会发生，在检测到这种情况的基础上，RCST 应尽早发送 Mobility_Control_Message SAC 的禁止区域入口类型，该消息应至少发送两次。

c) Mobility_Control_Message SAC 域可以包含一个补救行动的特别类型，以避免有害的干扰。判决和执行应由 NCC 来做，可能的补救行动包括：

——离网；

——将频率改至没有或较少限制的波段；

——改变传输参数，以符合限制。

若 RCST 被强制离网，以响应 Mobility_Control_Message SAC 域的禁止区域入口类型的传输，它应不恢复发送，直至它确定已离开了禁止区域。

8.8.3 差错情况

a) NCC 应定期监视和检测任何会导致正常工作出错的错误条件，包括造成系统间和系统内干扰的错误，并应采取适当的补救行动。

b) 错误条件应包括 ETSI EN 302 186—2004、ETSI EN 301 427—2001、ETSI EN 302 340-2—2006、ETSI EN 301 358-1—1999 和 ETSI EN 302 448-3—2007 中规定的一般要求。

9 安全、识别、加密

9.1 定义

a) 安全旨在保护用户的身份，包括：它的精确位置、用户间的信令往来、用户间的数据往来，以及禁止没有签约或授权的用户使用网络等。共有三级安全能被应用到不同层上：

——前向链路中的 DVB 公共加扰(服务提供商可能需要)；

——前向和回传链路中卫星交互网络个体用户加扰；

——IP 或高层安全机制(服务提供商和内容提供商可能会用)。

b) DVB 公共加扰并不按每个用户来提供安全，也不提供双向安全服务(只在前向链路)。

c) IP 或高层安全机制是由服务提供商或内容提供商建议的一个端到端解决方案。

d) DVB-RCS 私有性(见 9.5)在数据链路层提供了一个安全系统，这样在卫星段系统是天然安全的，而不需要额外的保护措施。该安全系统对于前向和回传链路数据流的单播和多播均能应用。

9.2 鉴权

a) 鉴权可以通过在客户端要求用户名和密码来实现。在使用 PC 作为客户端设备时，RCST 不需要完成任何特别操作。若 RCST 含有一个客户代理时，则代理能够为自己向 NCC 鉴权。鉴权服务器可以装在 NCC，它管理着对每个用户的鉴权。

b) 鉴权功能可以用 RCST 上的智能卡来替代，可以用于链路层单独的控制字加密。

9.3 前向链路

a) 前向链路需要 DVB 公共加扰。

b) 单独加扰可以在会话层实现，但用户的 MAC 地址应保持清楚，因为 RCST 用 MAC 地址来过滤消息。

9.4 回传链路

a) 客户端设备可以处理 Ipsec，因此网关的路由器能够处理 Ipsec。

b) 单独层 2 加扰也可以实现。

9.5 安全(可选)

9.5.1 安全机制

a) 本条描述的可选安全机制是从 AS/NZS 13818.6—1999 中的应用导出的。

b) RCST 若实现了本选项，则在 CSC 突发帧中指明。若本机制被采用，NCC 将在登录初始化描述符或网状网登录初始化描述符中指明。安全机制由两个独立的子系统组成：

——在 NCC 与 RCST 间采用了一组 MAC 消息用于鉴权和密钥协定。这些消息用于会话建立以及动态更新密钥期间密钥商定(见 9.5.8)。

——净荷数据流的动态加解密。

c) 当会话建立起来后，三个请求/响应 MAC 消息对中的一个被用于产生与会话相关的特定于净荷数据流的会话密钥。

d) 会话密钥是在 NCC 与 RCST 之间密秘共享的；即使每个 MAC 消息均被截取，协议的加密措施能确保窃听者无法确定会话密钥值。

e) 这是通过采用公共密钥协议达到的，它需要一个最初的共享密钥，或一个基于在 NCC 和 RCST 间的被称为 cookie 的长期共享密钥的简单协议。该 cookie 为 160 比特长，它能被 NCC 用于授权 RCST 登录。

f) 每个 RCST 将在非易失性存储器中保存其自己的 cookie，而 NCC 将维持其网络上 RCST 的 cookie 值数据库。Cookie 值将会非定期的被安全策略更新，但与会话密钥相比它们不太容易受到攻击：一次成功强力的对会话密钥的攻击揭示不了 cookie 值，也揭示不了其他会话密钥。

g) MAC 消息还实现了防止克隆：一个是现有 RCST 的物理复制品试图在网络中以克隆的身分工作(当被克隆的 RCST 自身并未在网络中注册)。抗克隆措施是在 NCC 和 RCST 采用了一个在时间上同步增加的简单的非易失性 8 比特计数器，若一个克隆的 RCST 加入其中与 NCC 发生业务关系，这将在下次被克隆的 RCST 连接时被发现，因为计数器值无法同步。

h) 如果克隆机想与被克隆机同时工作，由于 MAC 协议混乱，这两个机子将立刻发生功能性瘫痪。这将被计入拒绝服务攻击，NCC 宜对诸如此类的协议失败有所准备。

9.5.2 密码原语

a) 密钥交换协议和数据流加密技术基于一组公认的原语密码函数。在密码分析和强力攻击成为一种现实威胁时，将来这些函数以及与其相关的密钥大小能够被改变。

b) 特定的函数组与密钥大小是由 NCC 与 RCST 在登录时商定的。目前支持的函数有 Diffie-Hellman，HMAC-SHA1，DES 以及 AES。从当前的密码学文献中根据它们的安全性及使用可以查找其最新资料。

c) 下面将给出密码原语的概况，详细描述了他们是怎样用于协议的。后而将描述 MAC 消息域的精确布局。

d) 协议参数是以字节串来描述的，整数量被表示为基数 256 字节的串。

e) 采用大端字节排序，也就是，先是最高字节。若需要固定长度，在最高端字符串应填充 0。

9.5.2.1 公共密钥交换

a) 公共密钥交换原语用于 NCC 和 RCST 协商密码，尽管是公开通信的。Diffie-Hellman 方案是基于无符号整数算法，且工作过程如下：

——NCC 选择两个公开值，一个质数 m，和一个(小的)数 g，g 为模 m 产生器(也就是，对于变化的 a，g^a 模 m 将产生所有从 0 到 $m-1$ 的数字)；

——NCC 还选择一个保密数字 $x<m$，并将以下三个值发送到 RCST：m，g，$x=g$^x 模 m；

——RCST 选择一个保密的值 $y<m$，并以值 $y=g$^y 模 m 响应 NCC；

——RCST 现在计算 $s=x$^y 模 $m=(g$^$x)$^y 模 $m=g$^$(x*y)$ 模 m；

——而 NCC 计算 y^x 模 $m=(g$^$y)$^x 模 $m=g$^$(y*x)=s$；

——这样 NCC 与 RCST 现在协定了值 s。

b) 值 s 是在 NCC 与 RCST 之间保密共享的。要从公开传送的值 m、g、x 以及 y 来确定 s，偷听者应通过解方程 $z=g$^z 模 m，以得到未知的 z。这是所知的离散对数问题，当 m 足够大时，以目前的算法在计算上不可实现的。

c) 对于质数 m，支持的参数大小为 512 比特，且对于剩下的值也是如此，因为所有的算法是模 m 的。

d) 在可用的 MAC 消息中，无符号整数量 m、g、x 以及 y 被编码并放入固定长度域中(64 字节、96 字节或 128 字节)，并以大端字节顺序排列。

9.5.2.2 散列

a) 协议利用了加密密钥散列函数，该函数用于计算安全校验和，而该校验和只有拥有密钥时才能验证。该函数具有单向特性，也就是要找到一个输入值以映射到一个给定的输出值在计算上是不可实现的。

b) 基于主密钥，散列函数也可以用于产生导出的密钥。由于单向特性，即使导出密钥被发现，主密钥依然受到保护。

c) 通常，加密密钥散列函数以两个字节串作为输入：密钥和数据串，并产生另一个字节串摘要(digest)：

digest＝H (key, data)

d) H 函数应接受任何大小的密钥和数据参数，而协议被设计成能接受任何大小的 digest。

e) 本标准目前支持在 ITU-T I.363.5 FRENCH—1996 中定义的 HMAC-SHA1 函数。它产生一个 20 字节长的 digest。

9.5.2.3 加密

a) 净荷数据的加解密采用的是对称密钥分组密码。标准目前支持与对称密钥分组密码相关的两种特别的操作模式：

——密码块连接(CBC)模式；

——计数(CTR)模式。

b) 密码块连接模式。通常来说，加解密函数取 3 个字节串作为输入：密钥、初始化矢量(IV)和数据块，并产生作为输出的具有相同长度的数据块。密码块连接模式需要输入的明文块是密码块大小的精确倍数。这时需要填充操作：

——密文＝E (密钥, IV, 明文)；

——D (密钥, IV, 密文)＝明文。

c) 密钥长度、IV 长度以及块长度由被选的密码给定，且净荷流处理逻辑将合理地将其应用于不同长度的数据单元。

——IV 是一个公开的非保密随机二进制值，它用于加密明文的初始化输入算法。每一个明文块加密要计算一个新的 IV 值。IV 应是不可预知的；

——IV 以清晰的形式与密文组合在一起。它处于被保护(加密)的净荷之前;
——目前的标准建议,CBC 模式下的 AES 算法隐示了一个 16 字节的随机值(IV),产生用于每个明文块,并且与产生的密文一起传送;
——本标准也支持 CBC 模式下的 DES 算法,此时初始化矢量设置为 0。

d) 计数模式。除了初始化矢量被计数参数替代外,计数模式下的加解密函数的输入与 CBC 模式相同:
——密文=E(密钥,计数,明文);
——D(密钥,计数,密文)=明文。

e) 密钥长度和块长度由被选的密码给定,且净荷流处理逻辑将合理地将其应用于不同长度的数据单元。计数特性(长度,产生与处理)也具有情景特异性。一般要求与一个给定的会话密钥相关的计数值应只能用一次。
——本标准目前支持的 CTR 模式下的 AES 算法有以下计数用法:
——计数长度为 16 字节;

f) 计数由三部分组成,标为:现时(4 字节)、计数(8 字节),以及块计数(4 字节)。子计数部分是 big-endian 整数值。
——**现时值(nonce)**。现时值是一个与给定会话密钥关联的随机值,该值在 EKE 交换期间与每个会话密钥一起传送(见 9.5.5)。对一个给定的交换密钥将使用同一个 nonce 值。
——**主计数**。主计数是一个与会话密钥关联的动态计数值。它以这种方式被发送者管理:
——只要开始用一个新的会话密钥加密时,主计数被设置为 0。
——对于每个被加密的明文,主计数增加 1。
——主计数以清晰的形式与密文组合在一起。它处于被保护(加密)的净荷之前。
——**块计数**。块计数域是计数块的最低 4 个字节。块计数被设置为每个明码加密的值(它将内在地增加,以产生密钥流的后续部分)。两个与管理和计数参数格式相关的备注:
——密钥应实施更新操作,并考虑对于给定的会话密钥计数值是特殊的。实际情况认为,使用同一密钥的加密的明文块不会多于 2^64。
——由于计数的块计数部分大小原因,加密的最大明文块长度为 68 719 476 720 字节(八位)。

9.5.2.4 伪随机序列

a) 用于产生保密值的协议依赖于伪随机序列的可用性,也就是,实际上不可预测、无结尾的字节串。典型地,这是由伪随机数字产生器 PRNG 算法产生的。

b) 随机数用于产生保密的 Diffie-Hellman 值、x、y,和用于密钥交换的 nonce 值。随机输入的不可预测特性确保了每次都产生不同保密值,该随机性对于明文是必要的,它可以限制密码分析,并避免重发旧的已被截取的消息。

c) 当前文档不需要任何特别的算法,只是 NCC 和 RCST 分别选取一个公认的并经过密码学分析的算法。

d) 使用 PRNG 最困难的一方面是用一个不可预测种子值对其进行初始化。该种子宜包含多个高粒度、与设备有关的时间样值,还有其他可能的伪随机要素,如文件定位表等。这些随机源值被散列在一起挤出种子值的熵。

9.5.2.5 填充

a) 与加密算法相关的操作模式可以要求输入的明文块大小是密码块的精确倍数。因此填充操作是必需的。相关的填充方案是:
——填充字节被初始化为一系列(无符号,1 字节)整数值。第一个附加到明文中的填充字节

被标为1,随后填充字节形成一个单调增加的序列:1、2、3等;

——无论何时,明文块大小是密码块的精确倍数,一个完整的填充块大小与密码块大小相同,且如同前一种方案来递增加填充字节值;

——前一种规则允许收端在解密后明确地删去填充数据;

——本标准目前支持:

- CBC模式下的AES算法,采用16字节(八位)块大小。要求填充操作保持16字节(八位)块大小;
- CBC模式下的DES算法,采用8字节(八位)块大小。要求填充操作采用8字节(八位)块大小。

b) 应注意的是,CTR模式下的AES不需要填充数据。

9.5.3 主密钥交换(MKE)

a) 主密钥交换(MKE)通过使用Diffie-Hellman在NCC与RCST间产生出一个共享密码,该密码与cookie值无关。此外,MKE使用cookie值将RCST鉴权至NCC。可选择地,它使用最新产生的共享密码更新cookie值。最后它导出一个用于处理净荷流数据的共享密钥。

b) 交换是由NCC发起的,NCC发送一个包含Diffie-Hellman值、m、g、x,和一个随机nonce串nonce1的消息。RCST响应一个包含Diffie-Hellman值、y、一个随机nonce串nonce2,和认证字串auth的消息。NCC与RCST分别使用相同公式计算认证字串:

auth=H (cookie, nonce1 ~nonce2);

c) 该auth值由RCST发送,并由NCC验证。这保证了RCST的唯一性,因为它需要相关cookie知识来计算auth的正确值。RCST和NCC使用Diffie-Hellman值(见9.5.2.1)来得到相同的密码值s:

$$s=g\hat{}(x\times y)\ \mathrm{mod\ m}$$

d) 该无符号整数值被编码为字节串,其长度由Diffie-Hellman参数大小规定,采用big-endian字节排序。然后它被用于计算临时共享密码串temp:

temp=H (encode (s), nonce2 ~nonce1)。

e) 若cookie被更新了,对于$n=1, 2, \cdots$将分段计算新的值:

newcookie(n)=H (temp ~(unsigned char)1 ~(unsigned char)n, "")。

f) 这些字串值被计算和级连,直至总长度与cookie长度匹配或超过。然后从级连片段中截取最初的20字节作为cookie。用于净荷流加密的会话密钥分段计算如下:

key(n)=H (temp ~(unsigned char) 2 ~(unsigned char) n, "")。

g) 这里,再一次有足够的片段被计算出来,以产生足够的字节来覆盖密钥长度。会话密钥的获得方式与cookie相同:通过从级连片段开头起截取所需数目的字节。

9.5.4 快速密钥交换(QKE)

a) 快速密钥交换(QKE)采用现有的cookie值来实现RCST向NCC的认证,接着导出用于净荷数据的上下文安全处理的共享密钥。

b) 密钥交换由NCC发起,NCC发送一个含有一个随机nonce串nonce1的消息,RCST响应一个含一个随机nonce串nonce2的消息,以及一个认证值auth。

c) Auth值的计算方式与主密钥交换相同,并能用于验证RCST的身份(见9.5.3)。接着RCST和NCC分别计算一个临时的共享密码串temp:

temp=H (cookie ~(unsigned char)3 , nonce2 ~nonce1) 。

d) 与主密钥交换方式一样该值被用于产生净荷加密密钥(见9.5.3)。

9.5.5 显式密钥交换(EKE)

a) 显式密钥交换被 NCC 用于发送预定的会话密钥到 RCST。会话密钥被从 cookie 值导出的临时密钥加密,并被用于净荷数据的上下文的安全处理。

b) 显式交换由 NCC 发起,NCC 发送一个含有一个随机 nonce 串 nonce1 的消息,和一个字节串值 encryptedkey,其长度与用于净荷加密的密钥长度相同。RCST 响应一个含一个随机 nonce 串 nonce2 的消息,以及一个认证值 auth。

c) Auth 值的计算方式与主密钥交换相同,并能用于验证 RCST 的身份(见 9.5.3)。RCST 和 NCC 分别计算一个临时的共享密码串 temp:

temp=H (cookie ~(unsigned char)4, nonce1)

d) 与主密钥交换方式相同,该值用于产生临时密钥的片段(见 9.5.3)。NCC 使用这些临时密钥串片段与会话密钥异或(XOR),以得到 encryptedkey 值,而 RCST 再执行第二次异或以解密会话密钥值。

e) 对于常规 DES,传送 8 字节行密钥数据,用于以适当数目的有效比特导出实际密钥,下面将会加以描述(见 9.5.3)。

f) 对于 AES,传送 16 字节行密钥数据,用于以适当数目的有效比特导出实际密钥,下面将会加以描述(见 9.5.3)。

9.5.6 密钥的导出

a) 用于处理净荷数据的实际密钥值是从在密钥交换期间产生的密钥片段导出的。对于 DES,需要 8 字节行密钥数据,因此,一个单一 20 字节片段 key(1)就足够了,该片段是由 HMAC-SHA1 计算出的。

b) 对于 AES,需要 16 字节行密钥数据,一个单一的由 HMAC-SHA1 计算出的 20 字节片段 key(1)就足够了。在每一字节中,最低位是不用的(它能用于其他 7 位的奇校验),使得有效密钥大小降为 56 比特。再者,当 DES 采用 40 比特模式时,密钥中每个字节的两个最高比特将被置 0。

9.5.7 数据流的处理

9.5.7.1 安全与净荷流

a) 安全能够有选择性地应用于不同的净荷数据流。安全的基本单元称为安全上下文,它包含两个用于净荷数据流加解密的会话密钥,其中只有一个密钥被用于处理特殊净荷单元,每个密钥均能用于处理上行和下行净荷数据流。

b) 在有两密钥的情况下,允许协商一个新的密钥,以取代净荷数据正使用的旧密钥,一个新密钥商定后就可以马上切换到新密钥,而不需中断净荷业务。NCC 发起密钥交换,且一旦新密钥交换完成后就开始在下行业务流中使用。对于上行业务流加密,RCST 宜使用被 NCC 用于最近净荷单元加密的密钥。

9.5.7.2 净荷流

a) 一个净荷流由以下二者之一识别:
——24-bit (UNI) ATM 虚拟电路 VPI/VCI;
——48-bit MAC 地址:该地址用于 DVB 多协议封装下行净荷数据。

b) 当一个净荷流是受保护时,RCST 和 NCC 将有匹配的安全上下文,它用于加/解密上行和下行流业务。对于无保护净荷流，将没有安全上下文，净荷数据也不加密。

c) 为了支持加密的多播业务，将为每个采用 EKE 的(见 9.5.5)成员产生相同的安全上下文，因此，每个 RCST 能够解密公共净荷数据流。

9.5.7.3 数据加密

在净荷数据流中，数据被装载在各种协议层的单独的单元中，加密尽量在最低层实施，并与净荷流一致：

——加密单元为 AAL5 CPCS-PDU 的净荷域，该净荷由流中隐含的安全上下文加密。

——DVB 多协议封装净荷流：加密单元为单个 DVB 多协议封装段。报文数据字节(在 MAC 地址和 CRC/校验和之间)由流中隐含的安全上下文加密，如 9.5.2.5 中定义，要被加密的 DVB 多协议封装净荷会加以调整，以使其对 DES 算法具有 $n\times8$ 字节(n 为整数)、对 AES 算法具有 $n\times16$字节，其调整方法是遵照 DIN ETS 300468—1997 、附件 B，在处理完整个段后，在 CRC/校验之前加入适当的填充字节。CRC/校验在加密的报文字节上计算，此时，高级协议层只能看到没有加密的报文。

9.5.7.4 加密标志

a) 在每个加密单元的头部有标志说明两个会话密钥中哪一个被使用。

b) 接收端将通过净荷流的安全上下文观察是否应解密。

c) AAL5 净荷：在 AAL5 CPCS-PDU 中的 CPCS-PDU 后挂单元内的 CPCS-UU 域(见图 43)的 Bit 0 和 1 用于承载以下列出的安全信息：

d) DVB 多协议封装段，遵照 DIN EN 301192—2010，段头部使用了 2 比特 payload_scrambling_control 域：

——00：没有加密；

——01：保留；

——10：用会话密钥 0 加密；

——11：用会话密钥 1 加密。

e) 段头中的 2 比特 address_scrambling_control 域始终为 00(地址不加扰)。

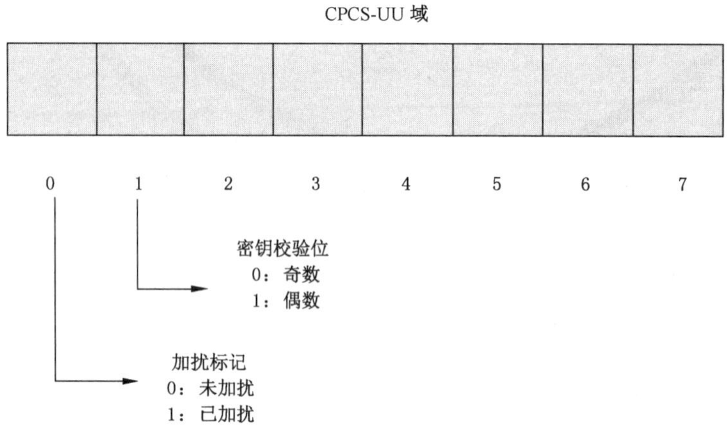

图 43 CPCS-UU 域

9.5.8 安全的建立

a) 安全控制操作加强了认证服务，以及通过允许 NCC 与 RCST 商定将被加密的流、算法和将使用的密钥,使NCC和RCST准备处理加密工作。为了做到这点,NCC和RCST应处理一些安全消息并遵循安全信令协议。

b) 总体来说,控制操作分为终端间的安全连接和加密上下文的密钥更新。

c) 安全连接过程发生在RCST通过了DVB-RCS登录后,并允许NCC和RCST:

——商定安全参数;这是安全连接的商定步骤。

——商定初始会话密钥和认证RCST;这是安全连接的密钥交换步骤。

d) 加密上下文的密钥更新由NCC周期性发起,其目的是更新在交互网络中使用的会话密钥,以加强针对基于攻击的密码分析的保护措施。

e) 如前所指出,DVB-RCS的安全机制作用于数据流和加密上下文。一个数据流要么通过MPE MAC地址识别,要么通过ATM VPI/VCI对识别,而加密上下文由KeyID识别。

f) KeyID是加密上下文的编号,该编号对于一个给定的RCST是局部的。KeyID 0(数字0)保留给单播加密上下文,而其他值保留给多播流。

g) 数据流在加密的上下文上的映射完成于安全连接过程的商定步骤期间,而加密上下文的密钥商定完成于密钥交换步骤期间,或在密钥更新过程前。

h) RCST的合法性可以由NCC在密钥交换步骤和密钥更新期间检验。

i) RCST的安全连接。从开始起,下面描述在连接时期是如何解决安全问题的:

——当RCST注册到网络上时,它首先将经历如7描述的正常的登录过程,接着它将与NCC进行协商定义要保护的流和应建立的安全级,尤其是随后要用的加密算法和密钥大小。在登录期间,RCST在CSC突发帧中向NCC说明其加密能力(见6.3.4),而NCC在登录初始化描述符中(见8.6.5.11.4)或网状网登录初始化描述符中(见8.6.5.11.22)发送是否采用安全措施。

——若采用了安全措施,NCC通过发送RCST所需要的登录请求消息,以协商步骤开启安全连接过程。对于与多播前向MPE流相关的登录请求消息,NCC只选择一个其建议的加密算法,该加密上下文将被全网RCST所共享。

——RCST接着将回复每个消息,发送一个包含其选择的登录响应消息。

——在协商期间的失败将造成RCST从DVB-RCS网络离网。

——一旦协商这一步完成,NCC将通过为每个前面步骤中处理的加密上下文发送EKE请求消息,进入密钥交换步骤。NCC会要求RCST增加其克隆计数值,RCST用一个包含其克隆计数值以及“身份认证”值的EKE响应消息回复每个EKE请求消息,NCC可以基于克隆计数值以及“身份认证”值来认证终端。如果RCST应增加其克隆计数值,它将在增加前先发送克隆计数值。密钥交换步骤期间的失败将造成RCST从DVB-RCS网络离网。

j) 密钥更新:

——NCC能够发起一个密钥更新过程以更新加密上下文的会话密钥。为发送一个新密钥,对连接操作的密钥交换步骤,NCC应发送EKE请求消息。对于多播加密上下文,NCC应发送一个EKE请求消息到每个连接的RCST。

——RCST应从进来的EKE请求消息中提取出会话密钥,并以EKE响应消息回复。克隆计数值不能在密钥更新期间更新。当加密上下文正在被更新,旧的密钥还要用。对于下行链路流,网关只有接收到了EKE响应消息(或所有对于多播加密上下文的EKE响应消息)才能开始用新密钥进行加密计算。对于上行链路流,一接收到EKE请求消息,ST马上能切换到新的密钥。

——该协议阶段的失败将造成RCST离网。

9.5.9 固定状态变量

9.5.9.1 保持性 RCST 变量

a) 为促成鉴权、密钥交换、和克隆检测，RCST 具有一组状态变量（见表 88），其值将在整个注册和上电期间被保持。

b) 序列编号用于确保 NCC 和 RCST 能保持同步，即使在协议交换中 RCST 掉网。

表 88 保持性 RCST 变量

名称	功能	大小
Cookie	Cookie 识别	160 bits
Cookie_SN	Cookie 序列号	1 bit
Clone_Counter	克隆识别计数	8 bits
Clone_Counter_SN	克隆识别计数序列号	1 bit

9.5.9.2 保证递送

a) 在继续进行前，NCC 将确保协议交换完成，若在给定的时间间隔内 NCC 没有接收到 MAC 消息响应，它将无变化地重传原消息。在 RCST 需要响应时也将这样做。若重传数超过 3 次，则协议失败。

b) 由于在竞争情况下，NCC 和 RCST 两者可以产生过多的重发，在一个消息被正确接收后那些重发消息要被丢弃。

c) 若 RCST 特定的超时内未准备好响应，它能够发送＜MAC＞等待消息（见 9.5.10.10）以扩展时间，使其有时间产生适当的响应。在收到等待消息后，NCC 将起动其定时器，并复位重试计数。

d) 协议超时值能够由 ITU-T J.112 ANNEX A—2001 中 5.5.3.2 定义的＜MAC＞缺省配置消息设置，否则用以下缺省值：

表 89 协议超时相关码值

单位为 ms

码值	协议段	默认值
0xD	安全签到	700
0xE	主密钥交换	1200
0xF	快速密钥交换 显性密钥交换	900

9.5.10 安全 MAC 消息

9.5.10.1 安全 MAC 信息作用

a) 下面示出的是在 DVB-RCS 架构下定义的安全消息。定义了两对请求/响应消息，一对适用于协商安全参数，另一对用于商定会话密钥和对 RCST 鉴权。

b) 表 90 详细描述了每对消息的作用。

c) 请求消息由 NCC 发向 RCST，而响应消息由 RCST 发向 NCC。

表 90 安全 MAC 消息作用

消息对	作用
签到请求和签到响应	在连接过程的协商步骤中: 允许对数据流的加密上下文关联; 允许协商算法和参数
EKE 请求和 EKE 响应	在连接过程的密钥交换步骤和密钥更新过程: 允许 NCC 为 RCSTS 提供会话密钥; 允许 NCC 授权 RCSTS

9.5.10.2 MAC 安全标识发出

a) 当 RCST 执行登录时,作为注册过程的一部分,NCC 和 RCST 将协商一组用于密钥交换协议和净荷加密的特殊的密码算法及参数。

b) 该选择是全局的,并应用于后续所有的安全交换中,只要 RCST 注册到了网络中。

c) 该选择将影响后续密钥交换消息的布置,因为针对于算法和参数选择,消息中的一些域大小是变化的。

d) 通过在<MAC>安全登录中位的适当设置,NCC 可以指明其支持的算法和参数。共有四类算法,NCC 将在四个域的每一个中设置一些比特以说明其支持的算法。

e) 登录请求消息表 91 所示,一个登录请求消息关联一个加密上下文,以 Key_Id 域表示,数据流通过 Flow_Id 来表示。

f) 用于特殊 Key_Id 的协商有四类:公共密钥算法(用于主密钥交换)、散列算法、加密算法和 Nonce 大小。在 Public_Key_Alg、Hash_Alg、Encryption_Alg and Nonce_Size 域中载有 NCC 为 RCST 提出的建议的登录消息,对每一类,通过设置相应的比特为“1” NCC 为 RCST 建议了一个可能值:

表 91 安全签到消息结构

Security_Sign-On(){	位数	字节数	位号/说明	参数字节数
Public_Key_Alg		1	公共密钥算法选择:	P_{pka} :
PKA_Reserved	7		7～1 位:保留,应该置 0	64
PKA_DH_512	1		0 位:(是/否)Diffie-Hellman,512 位	
Hash_Alg		1	HASH 算法选择:	P_{ha} :
HA_Reserved	7		7～1 位:保留,应该置 0	2
HA_HMACSHA1	1		0 位:(是/否) HMAC-SHA1	0
Encryption_Alg		1	加密算法选择:	P_{ea} :
EA_Reserved	4		7～4 位:保留,应该置 0	
EA_AES_CTR_128	1		3 位:AES,计数模式下,128 位密钥	24
EA_AES_CBC_IV_128	1		2 位:AES,CBC 模式下,带有一个随机Ⅳ,128 位密钥	16
EA_DES_56	1		1:(yes/no)DES,56 位密钥	
EA_DES_40	1		0:(yes/no)DES,40 位密钥	8

表 91（续）

Security_Sign-On(){	位数	字节数	位号/说明	参数字节数
Nonce_Size 　NS_Reserved NS_64 　NS_64	 7 1	1	当前大小选择： 7～1 位：保留，应该置 0 0 位：(是/否)8 个随机字节	P_{pka}:8
Security_Ctxt_Version_Flow Id_Type Flow_Id Key_Id	1 1 24 6	4	32 位：安全协议的版本，应当置 0 31 位：由消息指定的流类型，如果“Id_Type”是 0，则 FLOW_Id 的低 23 位是数据流的低 23 位 MAC 地址。否则，FLOW_Id 是一个 ATM VPI/VCI 对 7～30 位：识别数据流 1～6 位：加密上下文的密钥 ID	
}				

——若支持安全选项，则支持的最小子集为 PKA_DH_512、HA_HMACSHA1、EA_DES_40、and NS_64，EA_DES_56 是可选的。

——登录请求消息表明具有 Flow_Id 域的数据流。该域的意思取决于 Id_Type 值。

——若 Id_Type 被设为“0”，数据流为 MPE 流，且 Flow_Id 设置如下：

- 若流为 RCST 单播流，Flow_Id、Key_Id 被设置为 0；
- 若流为多播 MPE 流，Flow_Id 的最低 23 位为流 MAC 地址的最低 23 位；
- 若 Id_Type 被设为“1”，则数据流为 ATM PVC，且 Flow_Id 是 PVC 的 VPI/VCI（见图 44）：

VPI(8位)	VCI（16位）

图 44　当 Id_Type 置“1”时的 FLOW_ID

9.5.10.3　MAC 安全标识响应

a） RCST 在其安全登录响应中指明了使用的是哪些特别算法和参数（见表 92）。它是通过选择 NCC 提供的四种建议之一来做到的。

b） 响应消息的域与从 NCC 来的消息定义相同，除了每个域中的一个比特均要精确设置以外。

c） 若 RCST 不能支持所有建议的任何一种算法，它返回一个全 0 域值，而 NCC 将还原为非安全通信方式，或重发具有不同选择的＜MAC＞安全登录消息，此时 NCC 将使 RCST 离网。

表 92　安全签到响应信息结构

Security_Sign-ON_Response(){	位数	字节数	位号/说明	参数字节数
Public_Key_Alg 　PKA_Reserved 　PKA_DH_512	 7 1	1	公共密钥算法选择： 7～1 位：保留，应该置 0 0 位：(是/否)密钥交换协议，512 位	P_{pka}： 64

表 92（续）

Security_Sign-ON_Response(){	位数	字节数	位号/说明	参数字节数
Hash_Alg		1	HASH 算法选择：	P_{ha}：
HA_Reserved	7		7～1 位：保留，应该置 0	20
HA_HMACSHA1	1		0 位：(是/否) HMAC-SHA1	
Encryption_Alg		1	加密算法选择	P_{ea}：
EA_Reserved	4		7～4 位：保留，应该置 0	
EA_AES_CTR_128	1		3 位：AES，计数模式下，128 位密钥	24
EA_AES_CBC_IV_128	1		2 位：AES，CBC 模式下，带有一个随机 4，128 位密钥	16
EA_DES_56	1		1：(yes/no)DES，56 位密钥	
EA_DES_40	1		0：(yes/no)DES，40 位密钥	8
Nonce_Size		1	当前大小选择：	P_{pka}：
NS_Reserved NS_64	7		7～1 位：保留，应该置 0	8
NS_64	1		0 位：(是/否)8 个随机字节	
Security_Ctxt_Version_Flow	1	4	32 位：安全协议的版本，应当置 0	
Id_Type	1		31 位：由消息指定的流类型，如果“Id_Type”是 0，则 FLOW_Id 的低 23 位是数据流的低 23 位 MAC 地址。否则，FLOW_Id 是一个 ATM VPI/VCI 对	
Flow_Id	24		7～30 位：识别数据流	
Key_Id	6		6～1 位：加密上下文中的密钥 ID	
}				

9.5.10.4 MAC 主密钥交换

a) 主密钥交换消息用于发起一个与 cookie 无关的与 RCST 的密钥交换，同时也指导 RCST 是否更新其 cookie 值和克隆计数值。此时 connection_id 不使用，且应置为全“0”(见表 93)。

b) FL_Session_Key 位规定更新哪一个安全上下文的会话密钥。

——若 FL_Update_Counter 被置位，它指使 RCST 增加其克隆检测计数值。

——若 FL_Update_Cookie 被置位，它指使 RCST 产生一个新的 cookie 值，以用于将来的鉴权和密钥交换，并复位克隆检测计数值为 0。

——若 FL_Initializing 被置位，它告知 RCST 响应中的鉴权域将被忽略。

c) 多字节域的大小由在安全登录期间选择的算法参数所决定(见 9.5.10.2)。

d) NCC 将使用其自身的 Diffie-Hellman 值、X 以及从 RCST 来的响应消息的一些域导出新的会话密钥值，同时也导出 cookie 的任何新值(见 9.5.3)。

表 93 主密钥交换信息结构

Main_Key_Exchange () {	位数	字节数	位号/说明
Connection_ID	32	4	MAC 连接标识
Main_Key_Exchange () {	位数	字节数	位号/说明
标记		1	
Reserved	4		7-4 位:应置 0
FL_Initializing	1		3 位:(是/否)首次密钥交换
FL_Update_Cookie	1		2 位:(是/否)作出新的 Cookie 值
FL_Update_Counter	1		1 位:(是/否)增量克隆计数器
FL_Session_Key	1		0 位:(是/否)选择会话密钥 0 或 1
保留	8	1	保留将来使用,应当置 0
Nounce		Ppns	随机字符串 nounce 1
DH_Modulus		Ppka	Diffie-Hellman 系数 m
DH_Generator		Ppka	Diffie-Hellman 生成器 g
DH_Pubic_X		Ppka	Diffie-Hellman 公共数值 X
}			

9.5.10.5 MAC 主密钥交换响应

a) 主密钥交换响应消息认证 RCST 并完成与 cookie 无关的与 NCC 的密钥交换。它还含有克隆检测计数值的当前值。此时 connection_id 不使用,且应置为全“0”(见表 94)。

b) FL_Counter_SN 位为克隆检测计数值的当前序列号,Clone_Counter 域为当前计数值。若 NCC 发现与期望的值不匹配,则认为检测到一个克隆冲突。

c) FL_Cookie_SN 位为鉴权用 cookie 的序列号。

——若 FL_Update_Cookie 位被 NCC 置位,RCST 将产生一个新的 cookie 值和补余 cookie 序列号位。它还将复位克隆计数值并清除克隆计数序列号位。

——若 FL_Update_Counter 位被 NCC 置位,RCST 将增加克隆计数值(模 256)并补余克隆序列号位。

d) 对 cookie、克隆计数值或相关的序列号位的任何更新并不马上起作用,也不应保存到非易失性存储器中,直到 RCST 接收到了下面<MAC>连接确认消息。

e) RCST 将使用其自身的 Diffie-Hellman 值、y 以及消息域导出新的会话密钥值,同时也导出 cookie 的任何新值(见 9.5.3)。

表 94 主密钥交换响应信息结构

Main_Key_Exchange () {	位数	字节数	位号/说明
Connection_ID	32	4	MAC 连接标识
标记		1	
Reserved FL_Cookie_SN	6		7～2 位:应该置 0
FL_cookie_SN	1		1 位:cookie 序列号
FL_Counter_SN	1		0 位:克隆计数序列号
Clone_Counter	8	1	目前的克隆计数器的值

表 94（续）

Main_Key_Exchange () {	位数	字节数	位号/说明
Nounce		P_{ns}	随机字符串 nonce2
Authenticator		Pha	鉴权值 auth
DH_Public_Y		Ppka	Diffie-Hellman 公共值 Y
}			

9.5.10.6 MAC 快速密钥交换

a) 快速密钥交换消息用于发起一个与 cookie 有关的与 RCST 的密钥交换，同时也指导 RCST 是否更新其克隆计数值。此时 connection_id 不使用，且应置为全“0”(见表 95)。

b) FL_Session_Key 位规定更新哪一个安全上下文的会话密钥。

——若 FL_Update_Counter 被置位，它指使 RCST 增加其克隆检测计数值。

c) NCC 将用其 cookie 值知识以及从 RCST 来的响应消息的一些域导出会话密钥值(见 9.5.4)。

表 95 快速密钥交换消息结构

Main_Key_Exchange () {	位数	字节数	位号/说明
Connection_ID	32	4	MAC 连接识别
Flags	8	1	7～1:应设置 0
Reserved	6		1:(是/否)增量克隆计数器
FL_Update_Counter	1		0:选择会话密钥 0 或 1
FL_Session_Key	1		留为后用，应设为 0
Reserved	8	1	
Nonce		Pns	随机字符串 nonce1
}			

9.5.10.7 MAC 快速密钥交换响应

a) 快速密钥交换响应消息认证 RCST 并完成与 cookie 有关的与 NCC 的密钥交换。它还含有克隆检测计数器的当前值。此时 connection_id 不使用，且应置为全“0”(见表 96)。

b) FL_Cookie_SN 位是用于认证的 cookie 序列号。

c) FL_Counter_SN 位是克隆检测计数值的当前序列号，Clone_Counter 域为当前计数值。若 NCC 发现与期望的值不匹配，则认为检测到一个克隆冲突。

——若 FL_Update_Counter 被 NCC 置位，RCST 将增加克隆计数值(模 256)并补余克隆序列号位。

d) RCST 用其 cookie 值以及消息域导出会话密钥值(见 9.5.4)。

表 96 快速密钥交换响应消息结构

Main_Key_Exchange () {	位数	字节数	位号/说明
Connection_ID	32	4	MAC 连接标识
标记		1	
Reserved	6		7～2 位:应该置 0
FL_Cookie_SN	1		1 位:cookie 序列号
FL_Counter_SN	1		0 位:克隆计数器序列号
Clone_Counter	8	1	当前克隆计数器的值
Nonce		P_{ns}	随机字符串 nonce1
Authenticator		Pha	识别码 auth
}			

9.5.10.8 **MAC 显式密钥交换**

a) 显式密钥交换消息用于安全传送一个现有的会话密钥值到 RCST,并指示 RCST 是否更新其克隆计数值(见表 97)。

b) 其示于下表的布局,是通过商定步骤解决的,并通过参数 Pns 和 Pea 表示。

c) 该发送的会话密钥用于由 Key_Id 域规定的加密上下文。

d) 此时 connection_id 不使用,且应置为全“0”。

表 97 显式密钥交换消息结构

Main_Key_Exchange () {	位数	字节数	位号/说明
Connection_ID	32	4	MAC 连接标识
Key_id	6	1	2～7 位:消息指向的 Key_id
标记		1	
FL_Update_Counter	6		7～2 位:应该置 0
FL_Session_Key	1		1 位:(是/否)增殖克隆计数器
	1		0 位:选择会话密钥 0 或 1
Nonce		P_{ns}	随机字符串 nonce1
Encryptedkey		Pea	加密会话密钥
}			

e) FL_Session_Key 位规定要更新的安全上下文的会话密钥是哪一个。

注: 若 FL_Update_Counter 位被置位,它指示 RCST 增加其克隆检测计数值。

f) NCC 使用其关于 cookie 值的知识加密会话密钥值(见 9.5.5)。

g) 针对加密算法和用法,可以在传送加密密钥时附加一些信息,在使用 AES CTR 方案时就是这种情况(见图 45)。计数值的 Nonce 部分应置于加密会话密钥前。当双向加密时,可以使用相同的会话密钥。会话密钥载有两个 nonce 值,一个加密时被 NCC 使用(而在解密时被 RCST 使用),加一个加密时被 RCST 使用(而在解密时被 NCC 使用)。

h) 当密钥只用于单向加密时,没用的 nonce 值被设置为 0。

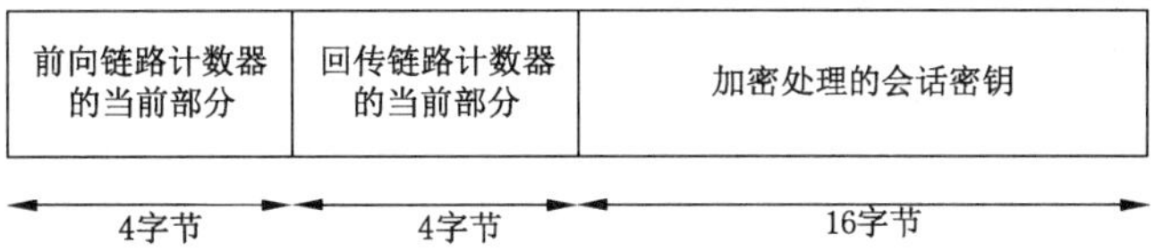

图 45 当使用 AES-CTR 时的"加密密钥"的字段格式

9.5.10.9 MAC 明确密钥交换响应

a) 显式密钥交换响应消息认证 RCST，以及确认接收到发送的密钥，它包含克隆检测计数器的当前值。此时 connection_id 不使用，且应置为全"0"(见表 98)。

表 98 明确密钥交换响应消息结构

Main_Key_Exchange ( ) {	位数	字节数	位号/说明
Connection_ID	32	4	MAC 连接标识
Key_Id	6	1	2～7 位：消息所指的关联 Key_Id
标记			
FL_Cookie_SN	1		1 位：cookie 序列号
FL_Counter_SN	1		0 位：克隆计数器序列号
Clone_Counter	8	1	当前克隆计数器的值
Nonce		P_{ns}	随机字符串 nonce2
Authenticator		Pha	鉴权值 auth
}			

b) FL_Cookie_SN 位是用于鉴权和会话密钥加密的 cookie 序列号，若 NCC 确定用于会话密钥的 cookie 用错了，它将用旧的 cookie 值重发＜MAC＞显式密钥交换消息。

c) FL_Counter_SN 位是克隆检测计数器的当前序列号，Clone_Counter 域为当前计数值。若 NCC 发现与期望的值不匹配，则认为检测到一个克隆冲突。

——若 FL_Update_Counter 被 NCC 置位，RCST 将增加克隆计数值(模 256)并补余克隆序列号位。

d) RCST 将用其 cookie 值以及消息域导出会话密钥值(见 9.5.5)。

9.5.10.10 MAC 等待

a) 等待消息被 RCST 用于扩展 NCC 等待给定消息的响应时间，在收到等待消息后，NCC 将复位超时计数器，并重新计数(见表 99)。(见 9.5.9.2)。

表 99 等待消息结构

Wait ( ) {	位数	字节数	位号/说明
Connection_ID	32	4	MAC 连接标识
Message_Type	8	1	NCC 发布的消息类型
Reserved	8	1	待用，应当置 0
}			

b) Message_Type 域是从 NCC 来的正被处理的消息的消息类型值。此时 connection_id 不使用，且应置为全“0”。RCST 指明其当前不能发送响应。

9.6 安全消息的传输(可选)

a) 在空中接口发送的 MAC 安全消息能够以如下方式传送：
——在回传路径用 DULM(见 6.7.2)，而在前向路径用专用的众所周知的 PID。“安全增强”型 RCST 将因此要用 MIC 过滤该 PID。
——或在 DVB-RCS 网络中采用相同的 IP 通信协议栈承载用户及管理业务，如图 46 所示。

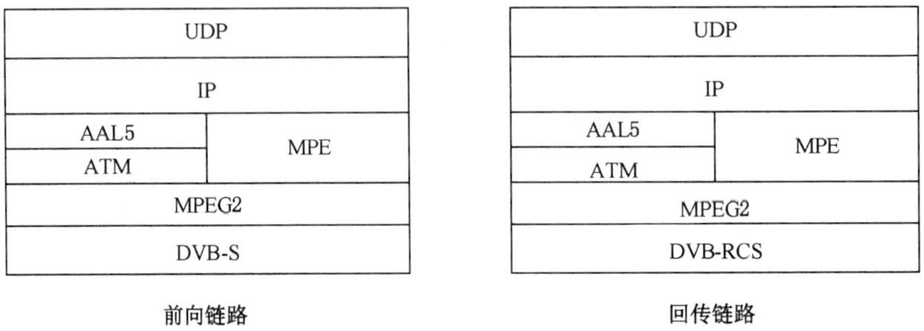

图 46 安全消息传输的 IP 协议栈

b) 安全消息以 TLV 描述符被插入在 UDP 报文中，在每个报文中可能有多个安全消息(见图 47)。

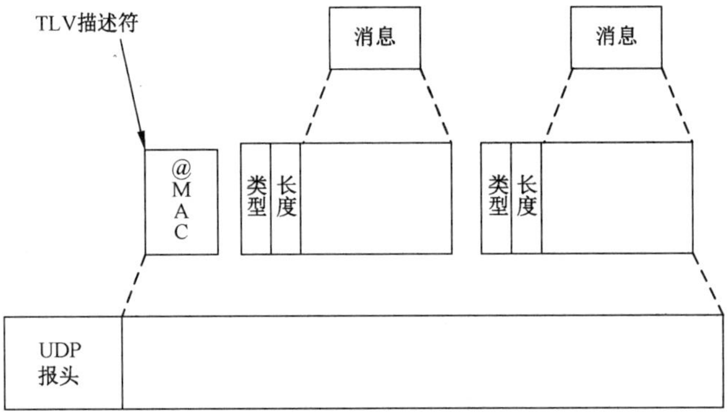

图 47 每条报文数个安全消息

c) 对于从 RCST 传送到 NCC 的消息，RCST 的 MAC 地址应插入到 UDP 净荷的开始，如图 47 所示。该 MAC 地址使 NCC 知道消息是从哪个 RCST 来的。

d) TLV 描述符允许识别具有表 100 所示语法的安全消息的类型。

表 100 TLV 描述符的结构

Security_TLV_descriptor {	字节数	参数
类型	1	
长度	1	Mlen

If (Type==0x0d) {
EKE message
}
	Mlen	

if (Type==0x35) {
Sign On message
}
	Mlen	

e) 在表 100 中,EKE 消息域可以是 EKE 请求消息,也可以是 EKE 响应消息,这依赖于是哪个实体发送的(NCC 或 RCST)。对登录消息域有同样的描述。

f) Length 域是 EKE 消息或登录消息域的字节长度。

10 连续载波工作(移动选项)

10.1 连续载波模式

RCST 能够采用符合本规定的连续载波模式,要能够支持这种工作模式应在 CSC 突发帧中通知,宣称支持基本连续载波模式的 RCST 应能传送连续载波或 MF-TDMA 信号,但通常不能同时发送两个载波。宣称支持增强连续载波模式的 RCST 应能同时发送两种类型的信号。

10.2 工作模式

a) RCST 的稳定工作的特征应是以下四种工作模式之一:
——关机/待机:如 MF-TDMA 工作方式中定义;
——精同步:如 MF-TDMA 工作方式中定义;
——连续:只以连续载波方式工作;
——连续+精同步(可选):同时工作在连续载波和 MF-TDMA 方式下。

b) 不考虑连续载波的存在,所有 MF-TDMA 传输应符合 6 中规定。

c) 支持“连续+精同步”模式是可选的,图 48 示出了基本 RCST 的工作状态和事件的转移图,图 49示出了同时支持连续载波和 MF-TDMA 方式的增强型 RCST 的状态转移图。

d) 以下的状态转移对两种 RCST 均适用:
——从关机/待机状态出,成功执行登录处理过程,将导致 RCST 处于精同步状态(MF-TDMA 工作方式);
——从精同步状态出,成功执行离网处理过程,将导致 RCST 处于关机/待机状态;
——从关机/待机状态出,以预分配的载波成功初始化 RCST,将导致 RCST 处于连续工作状态,该转移过程不应依赖于要接收到定义载波计划的前向信令;
——从连续工作状态出,释放所分配的载波,将导致 RCST 处于关机/待机状态;

e) 下面的转移适用于不支持连续+精同步模式的基本 RCST:
——从精同步状态出,成功分配了连续载波,将导致 RCST 离网并处于连续工作状态;
——从连续工作状态出,成功执行登录过程,将导致释放所分配的载波,并且 RCST 处于精同步状态(MF-TDMA 方式)。

f) 下面的转移适用于支持连续+精同步模式的增强型 RCST:
——从精同步状态出,成功分配了连续载波,将导致 RCST 处于连续+精同步状态;
——从连续+精同步状态出,释放所分配的载波,将导致 RCST 处于精同步状态;
——从连续+精同步状态出,成功执行离网过程,将导致 RCST 处于连续工作状态;
——从连续工作状态出,成功执行登录过程,将导致 RCST 处于精同步状态(MF-TDMA 方式)。

g) 登录和离网过程应如 7 中对于 MF-TDMA 方式的定义,分配和释放连续载波在本定义。

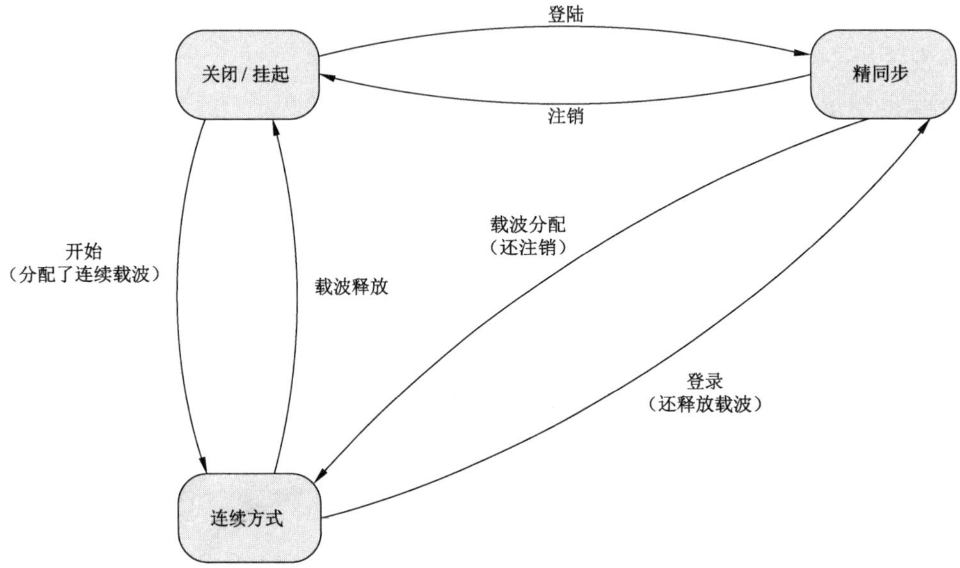

图 48　基本连续载波工作的状态图

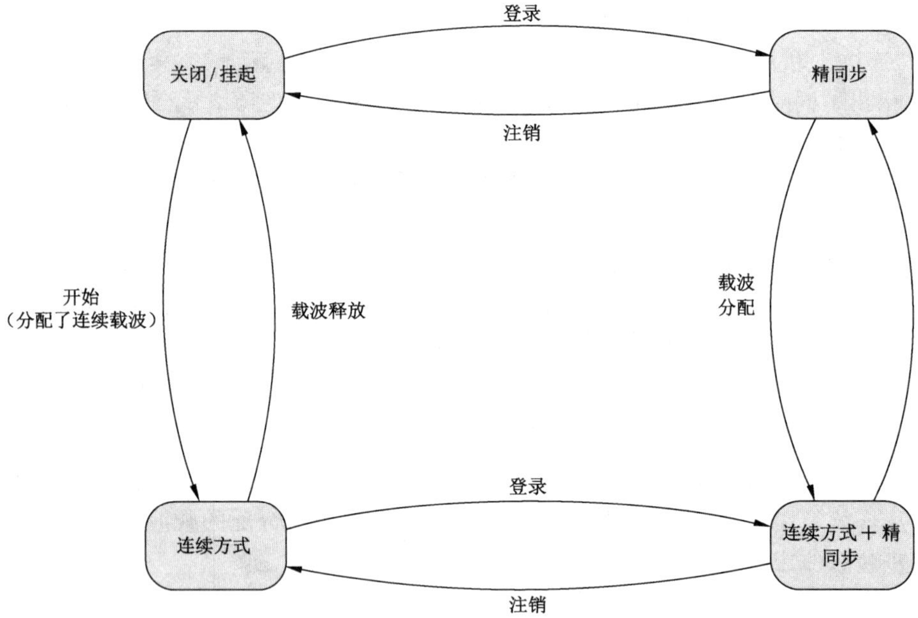

图 49　增强型连续载波工作的状态图

10.3　前向链路

a）工作在连续方式和连续＋精同步方式的前向链路应如第 5 章中定义，对于本标准定义的移动工作方式，可能要作修改。

b）与连续载波回传链路工作方式相关的前向链路信令，其传送应符合 8.4 中的规定。

10.4 RCST 同步

a) RCST 同步应同 6.2 中定义；

b) 连续＋精同步方式的载波同步应如 6.2.2 中定义。

10.5 回传链路

a) 连续回传链路载波的基线传输方案是 ETSI EN 302 307-2:2009；

b) 本标准的应用应符合后面的规定；

c) 控制机制额外允许采用专用的传输方案来管理回传链路载波工作，这些载波的属性没有提及。

10.5.1 调制与编码

10.5.1.1 载波工作

a) 回传链路 DVB-S2 载波能工作在 CCM 模式下，RCST 应支持为 ETSI EN 302 307-2—2009 中的广播业务规范定义的强制性 MODCOD 和帧大小的组合。

b) 作为另一种选择，回传链路 DVB-S2 载波能工作在 ACM 模式下，通过设置 CSC 突发帧中 Continuous_ACM 标志，RCST 能够传送其控制传输模式能力，当该标志设为 0 时，在工作在连续载波模式下，RCST 能够选择为回传链路业务选择一种合适的传输模式。RCST 可以接着选择另一种传输模式，而不是由传输模式描述符给出的 TBTP 中指明的模式。当该标志设为 1 时，或如果没有收到可用的传输模式描述符，RCST 在相应载波上的所有连续模式链路业务，应使用由 TBTP 指明的传输模式。

注：完全在 NCC 控制下的 VCM/ACM 工作方式能够通过在 TCT 中定义多个连续载波类型来实现，且只是在调制/编码参数上不同。相应地在 FCT 中定义多个连续载波类型，且占用相同的频率空间，但具有不同的调制/编码参数。改变调制/编码参数是通过 TBTP，采用连续载波的分配/ 释放机制来完成的。由 NCC 负责避免相同的频率空间被重复分配。

c) 系统中支持的连续回传链路载波的特性应通过时隙组成表发送，其中专用的“时隙类型”表示连续载波。由 NCC 负责不将该类时隙分配给不支持连续载波工作方式的 RCST。

d) ACM 模式不应与 π/2-BPSK 调制方式和 1/4 编码率联用。

10.5.1.2 比特信息至 π/2 BPSK 星座的映射

a) 一个连续回传链路载波能以 π/2 BPSK 调制方式传输，当这样用时，它应采用绝对编码(不做差分编码)。

b) 比特到符号的映射应遵循图 50，从 BBHEADER 的 MSB(发送 b1)开始，子星座的 b1 和 b2 被交替发送。

c) 归一化的每符号平均能量应等于 1。

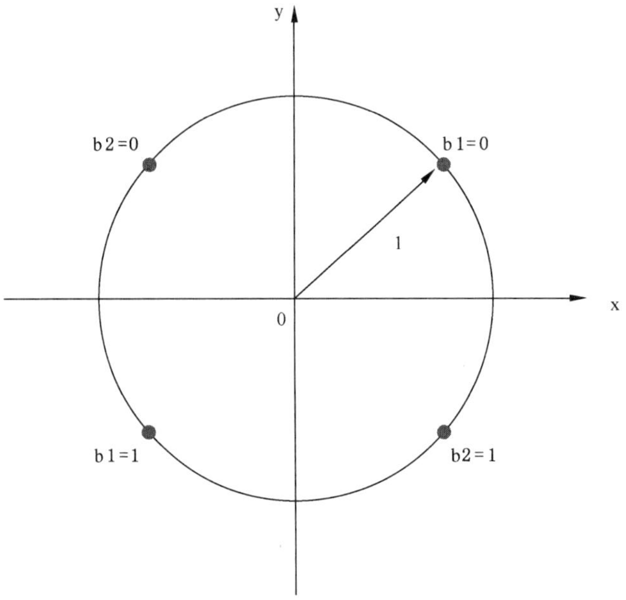

图 50 连续回传链路载波的 bit 到 π/2-BPSK 星座的映射

10.5.1.3 物理层扰码

a) 用于 DVB-S2 回传链路连续载波传输的物理层扰码序列能通过回传模式描述符来发送。

b) 若在可用的超帧中没有回传模式描述符,应采用缺省的物理层扰码序列。

10.5.1.4 物理层头标

a) 物理层头标的 SOF 域应符合 ETSI EN 302 307-2—2009 中 5.5.2.1。

物理层头标的 MODCOD 域的编码应符合 ETSI EN 302 307-2—2009 中 5.5.2.2,除了采用 π/2-BPSK 调制方式之外,这种情况下,MODCOD 值应设为"11111"。

b) 物理层头标的 TYPE 域应符合 ETSI EN 302 307-2—2009 中 5.5.2.3,除了采用甚短帧方式之外,这种情况下,TYPE 域应设为"00"。在采用甚短帧方式时,通常要有引导序列。

10.5.1.5 甚短帧大小

a) 采用本的规定,回传链路连续载波传输能够采用甚短帧,该甚短帧是 DVB-S2 的一个扩展,除了本中描述的,应遵循 ETSI EN 302 307-2—2009 的规定。定义载波采用甚短帧的信令装载于时隙组成表中(见 8.6.5.5)。

b) 模式适配和流适配应分别符合 ETSI EN 302 307-2—2009 的 5.1 和 5.2,除了 K_{BCH} 值应是附件 C 中给出的之外。FEC 编码应符合附件 C。

c) ETSI EN 302 307-2—2009 中定义的比特交织将不采用。

d) 对于 QPSK、8PSK、16APSK、32APSK,比特信息到调制星座的映射应符合 ETSI EN 302 307-2—2009 中的 5.4,对于 π/2-BPSK 应符合 10.5.1.2;对于 8PSK,在 FECFRAME 未尾应附上 2 个填充比特,以获得一个整数符号;对于 32APSK,要附加 4 个这样的比特;对于 π/2-BPSK、QPSK 和 16APSK,没填充比特。

e) 除了每帧的最后一个时隙应包含 k 个装载信息的符号,物理层成帧应符合 ETSI EN 302 307-2—2009 中的 5.5,因此帧中总的此类符号数,也就是,除物理层头标和引导 $90\times S+k$ 之外,其中 S 和 k 的值由表 101 给出。在每个帧最后一个时隙中的剩余的 $90-k$ 个符号应填成引导符号。每个引导符号应是个无调制的符号，其值 $I=Q=(1/\sqrt{2})$。每帧中的总的符号数，包括物理层头标和引导，为 $90\times(S+2)+P\times[(S-1)/16]$，其中，$P=36$，而$[x]$表示不大于 x 的最大整数。

f) 物理层头标应符合 10.5.1.4，物理层扰码应符合 10.5.1.3，脉冲成形和调制应符合 ETSI EN 302 307-2:2009。

表 101 每个甚短 XFECFAME 的时隙数量

编码方式	S	k
π/2-BPSK	45	46
QPSK	22	68
8PSK	15	16
16APSK	11	34
32APSK	9	10
注：S 是帧中具有完整 90 个符号的时隙的数量。		

10.5.2 连续回传链路载波扩频

a) 回传链路连续传输能够以本的规定扩频，该扩频应用于两个阶段：扩展和扰码。第一个操作为扩展，每个$(I+jQ)$符号乘以一个码片序列，以增大信号的频谱。每个符号的码片数称为扩展因子(SF)，当 SF=1 时，传输的序列与通常的 DVB-S2 信号相等。第二个操作为扰码，用一个扰码序列扩展信号，其处理类似于对 DVB-S2 前向链路的扩展，如图 5 所示。

b) 扩展应基于 PLFRAME，PLFRAME 中的每个符号，包括 PLHEADER 和引导符号(若使用了的话)，应被一个实数值扩展码序列 $C(i)$ 所扩展，$C(i)=1$ 对于 $0\leqslant i<\mathrm{SF}$，因此，每个符号在 I 和 Q 支路的扩展输出序列是一个原符号重复 SF 次得到的(但码元周期为原符号的 1/SF)。

c) 若 $\{d[k]\}$，$k=0,1,\cdots,N_{\mathrm{PLFRAME}}-1$，表示 PLFRAME 的 $(I+jQ)$ 符号，N_{PLFRAME} 是 PLFRAME 中的符号数，则扩展操作得到的扩展序列 $s(i)$ 为：

$$s(i)=d([i\ /\ \mathrm{SF}])\ \text{for}\ i=0,\ 1,\ldots,\ (N_{\mathrm{PLFRAME}}\times\mathrm{SF})-1$$

d) 扩展因子是在时隙组成表中发送的(见 8.6.4)。

e) 就 DVB-S2 在 DVB-S2 ETSI EN 302 307-2:2009 中定义的调制器信号参考流程而言，扩展应紧跟在物理层扰码之后。

f) 第二个操作，扰码，应替换 DVB-S2 ETSI EN 302 307-2:2009 5.5.4 中定义的物理层扰码，并应通过相同的方式来实现，除了这里的扰码序列长度等于 $N_{\mathrm{PLFRAME}}\times\mathrm{SF}$，而不是 N_{PLFRAME}。扩展序列应与 PLFRAME 时间点对齐，并且应在每个 PLFRAME 的开始时被重新初始化。

g) 当 SF>1 时，复数值 chip 序列应采用复数值扰码序列扰码(以 chip 为单位复数相乘)$w(i)$，如 DVB-S2 ETSI EN 302 307-2—2009 5.5.4 定义。扩展 PLFRAME 的周期依赖于选择的调制方式和采用的扩展因子。扰码后的符号 $z(i)$，是直接将扩展符号 $s(i)$，乘以扰码序列 $w(i)$，得到的：

$$z(i)=s(i)\times w(i\ 模\ 66\ 420),i=0,1,2,i\cdots,(N_{\mathrm{PLFRAME}}\times\ \mathrm{SF})\text{-}1$$

h) 扰码后，信号$\{z(i)\}$应进行 DVB-S2 ETSI EN 302 307-2—2009 5.6 中描述的平方根升余弦滤波。

10.5.3 流格式和数据封装

a） 连续载波的流格式应是单一的、分包的通用流。

b） 应支持以 ATM 规范分包的方式，所使用的 VPI/VCI 值应采用单播信令发送给 RCST。

c） 对于在 MF-TDMA 中支持 MPEG 的 RCST，应支持以 MPEG 规范分包的方式，所使用的 PID 值应采用单播信令发送给 RCST。所有包的同步字节均为 0x47。

注：尽管该流在采用了 MPEG 规范后，让人想到传输流，但它缺少传输流的某些属性，因而还是以通用流的特征来描述。

10.5.4 回传链路信令

a） 特定于连续载波工作的回传链路信令应以分配的 VPI/VCI 或 PID 采用 DULM 装载。当使用 MPEG 规范时，包含在 DULM 中的 logon_ID 和 group_ID 消息应被忽略。

b） 对于所有非永久性分配的连续载波，在停止工作前，RCST 应发起载波释放请求，除非为防止因这样做会引起设备功能失常和功率中断。

c） 连续载波控制信息单元（CCC-IE）应被用于装载相关的回传链路信令，该信息单元的格式由表 102给出。

表 102 连续载波的控制信息单元

语法	位号		信息助记符
	保留[a]	信息	
Continuous_carrier_control_element() {			
message_type		8	uimsbf
if (message_type==0) {			
assign_carrier_id	8	8	uimsbf
}			
else if (message_type==1) {			
release_carrier_superframe		8	uimsbf
release_carrier_frame	3	5	uimsbf
release_carrier_timeslot	5	11	uimsbf
}			
else if (message_type==2) {			
replace_carrier_superframe		8	uimsbf
replace_carrier_frame	3	5	uimsbf
replace_carrier_timeslot	5	11	uimsbf
replace_carrier_id		8	uimsbf
}			
else if (message_type==3) {			
permanent_assign_carrier_id	8	8	uimsbf
}			

表 102（续）

语法	位号		信息助记符
	保留[a]	信息	
else if (message_type==4) {			
permanent_release_carrier_superframe		8	uimsbf
permanent_release_carrier_frame	3	5	uimsbf
permanent_release_carrier_timeslot	5	11	uimsbf
}			
else if (message_type==5) {			
assign_accept	7	1	bslbf
assign_carrier_superframe		8	uimsbf
assign_carrier_frame	3	5	uimsbf
assign_carrier_timeslot	5	11	uimsbf
}			
}			

[a] 保留位的类型是 bslbf，并且在同一行中要先于信息位。RCST 应忽略它们。对于一个加密了的单播 TIM，为了防止加密哄骗，位值应以一种随机形式变化

d) 连续载波控制信息单元语义：

——message_type：这 8 bit 域定义包含在信息单元中的消息类型，并符合表 103；

表 103 连续载波消息类型

数值	信息
0x00	申请载波分配
0x01	释放分配的载波
0x02	申请替换载波
0x03	请求永久载波分配
0x04	请求释放永久载波
0x05	载波分配确认
0x06～0x7F	保留
0x80～0xFF	用户自定义

assign_carrier_id：这 8 bit 域定义申请载波的类型(timeslot_id)；

——release_carrier_superframe：这 8 bit 域定义了一个超帧的 superframe_id，该超帧中包含要求被释放的载波；

——release_carrier_frame：这 5 bit 域定义超帧内的一个帧号，该帧含有要求被释放的载波；

——release_carrier_timeslot：这 11 bit 域定义帧内的一个时隙号，该时隙定义了要求被释放的载波；

——replace_carrier_superframe：这 8 bit 域定义了一个超帧的 superframe_id，该超帧中包含

了要求被替代的载波；

——replace _carrier_frame：这 5 bit 域定义超帧内的一个帧号，该帧含有要求被替代的载波。

——replace_carrier_timeslot：这 11 bit 域定义帧内的一个时隙号，该时隙定义了要求被替代的载波；

——replace_carrier_id：这 8 bit 域定义申请用于替代的载波的类型（timeslot_id）；

——permanent_assign_carrier_id：这 8 bit 域定义申请的永久分配载波的类型（timeslot_id）；

——permanent_release_carrier_superframe：这 8 bit 域定义了一个超帧的 superframe_id，该超帧中包含了要求被释放的永久分配的载波；

——permanent_release_carrier_frame：这 5 bit 域定义超帧内的一个帧号，该帧内含有要求被释放的永久分配的载波；

——permanent_release_carrier_timeslot：这 11 bit 域定义帧内的一个时隙号，该时隙定义了要求被释放的永久分配的载波；

——assign_accept：这 1 bit 域表示 RCST 是否能适应请求的载波分配，"1"表示接收，"0"表示拒绝；

——assign_carrier_superframe：这 8 bit 域定义了一个超帧的 superframe_id，该超帧中包含了正被确认的分配载波；

——assign _carrier_frame：这 5 bit 域定义超帧内的一个帧号，该帧内含有正被确认的分配载波；

——assign _carrier_timeslot：这 11 bit 域定义帧内的一个时隙号，该时隙定义了正被确认的分配载波。

10.5.5 载波分配与释放

a) NCC 能够分配特定载波给一个 RCST，并能连续修改或唤醒此分配，该活动能作为来自 RCST 的请求的响应，其操作是采用 TBTP 来沟通的。

b) 由 NCC 发起的与连续载波相关的指令会造成 RCST 改变其如 10.2 定义的操作模式。

c) 这些指令应有以下作用：

——Carrier assignment：RCST 应在 CCC-IE 中发出一个确认，且可以开始将分配的载波用于回传链路业务，如果它能够这样做。在分配时隙的标称开始时间之前，RCST 不应开始传输。若 RCST 支持精同步＋连续模式，它可以继续使用 MF-TDMA 空中接口。若不支持该模式，RCST 应发出一个离网指令，并停止使用 MF-TDMA 空中接口。

——Carrier release：在分配时隙（用于传送撤销指令）的标称开始时间 2 s 内，RCST 应停止使用载波；

——Permanent carrier assignment：应具有与一次常规的载波分配同样的作用，除了在下一次初始化下，RCST 无需尝试登录，但应代之以使用永久分配载波的情况之外。

——Permanent carrier release：除了在下一次初始化时，RCST 无需尝试登录，而使用该永久分配的载波外，应具有与一次常规的载波释放指令同样的作用。